제4 전정증보판

주택정책론

하 성 규

博 英 社

제 4 전정증보판 서문

2008년 주택시장에 한파가 몰아닥쳤다. 이유는 미국의 서브프라임 모기지론 사태와 연관이 깊다. 서브프라임(subprime)이란 서브프라임 모기지론(subprime mortgage loan) 즉 비우량 주택담보대출을 줄인 말로, 신용도가 일정 기준 이하인 저소득층을 상대로 한 미국의 주택담보대출을 말한다. 지난 4~5년간 미국의 집값이 2~4배 상승하였기 때문에 서브프라임 모기지를 얻어서라도 집을 사는 것이 대유행이었다. 일단 돈을 빌려서라도 집을 사기만 하면 집값이 오르기 때문에 그 상승분만큼 돈을 벌게 되기 때문이다. 또한 서브프라임 모기지 회사들도 무리하게 돈을 빌려주어도 집값이 올라가기 때문에 원금을 떼일 염려가 별로 없었기 때문에 대출심사를 적당히 하여 왔다.

미국 서브프라임 사태 이후 대부분의 국가들의 주택가격이 하락하기 시작하였다. 다만 하락폭과 기간은 국가별로 다소 차이가 있었다. 한국은 최고점 시기인 2008년 9월부터 6개월 동안 2.1% 하락하였으며, 미국은 S&P Case/Shiller 지수 기준으로 20개 도시 평균이 2006년 7월 이후 25개월 동안 29.1% 하락하였고, 영국은 2007년 8월 이후 19개월 동안 21.2% 하락하였다.

다행히 우리나라는 미국, 영국 등 주요국과 비교하여 주택가격 하락폭이 적고 하락기간이 짧았다고 생각된다. 그 이유로는 주택담보대출(LTV), 총부채상환비율(DTI) 등의 주택금융 부실가능성을 사전에 차단한 것이 효과적이었다. 아울러 주택담보대출의 유동화비율이 낮고 관련 파생상품과 이러한 상품 거래가 미국처럼 활발하지 못했던 점 등을 들 수 있다.

주택은 이제 한 개인과 가정의 보금자리임과 동시에 국민경제 및 금융의 주요한 정책 대상이 되었다. 한편 주택은 도시 및 지역개발의 지표이자 삶의 질을 평가하는 가장 중요한 척도이기도 하다.

최근 대도시의 주택공급은 도시재생사업(도시재개발사업)에 좌우된다. 그동안 도시재생 관련 사업은 민간이 주축이 되어 신규주택 공급확대와 도시환경개선에 상당부분 기여한 것은 사실이다. 그러나 해결되지 않은 문제점으로는 기존 원주민들의 재정착 비율이 낮아 해당 주민의 삶을 우선하는 도시정비사업이 되지 못했다는 점이다. 서울시 뉴타운사업 시행 후 원거주민 재입주율은 20%에도 미치지 못했고, 사업 전 전세주택의 60%가 4천만 원 이하였으나 사업 후에는 하나도 없다. 저렴주택이 철거되어 원주민은 결국 쫓겨 나가는 꼴이 되어버렸다.

재개발·재건축 등 도시정비사업은 '비리 복마전'으로 알려져 있다. 일부 사업지구에서 부정과 비리에 연루되거나 주민과 조합의 갈등도 끊이지 않는다. 선진외국의 재생사업은 철저히 주민중심 사회경제적 관점에 초점을 맞춘다. 실업률이 높고 저소득 주민이 많음을 감안, 주로 취업알선을 위한 직업훈련 및 다양한 사회복지 프로그램과 연계한다. 아울러 주민들의 소득창출을 돕기 위해 해당 지역 '사회적 기업'을 지원하고 이를 통해 많은 주민이 일자리를 얻게 했다. 해당 지구 주택공급과 함께 주민의 생활안정에 목표를 둔다.

도시재생사업은 우리의 도시를 살맛나는 정주공간으로 탈바꿈하는 절호의 기회이다. 주택공급과 인프라 개선뿐 아니라 주민의 삶이 우선되는 주민중심의 도시재생사업이 정착되도록 해야 한다. 가장 먼저 해야 할 일은 재생대상지구 거주민의 사회경제적 실태를 조사·확인하고 이를 반영한 재생사업이 되도록 해야 한다.

이번 제 4 전정증보판은 이러한 시대적 현상을 반영하는 다양한 자료를 삽입하고 그동안의 제도적 변화에 주목하여 보완한 것이 특징이다. 자료수집에 참여한 대학원생 염민규 군과 박상일 군 그리고 최은진 양에게 감사한 마음을 전하는 바이다.

2010년 2월

저 자 **하 성 규**

제 3 전정증보판 서문

주택은 크게 두 가지 기능을 가지고 있다고 볼 수 있다. 하나는 사용자가치(user value)이며, 다른 하나는 교환가치(exchange value) 혹은 투자가치이다.

오늘날 한국사회에서 가장 큰 투자가치는 아파트를 꼽을 수 있으며, 아파트는 한국인의 보편적 삶의 모습으로 자리잡고 있다. 인구주택센서스에 따르면 우리나라 전체 주택재고에서 아파트가 차지하는 비중이 1970년에는 1% 미만이었으나 2000년에는 50%에 육박하고 있다. 도시 지역에는 아파트의 비중이 훨씬 높다. 아파트는 이제 시골 논 한복판이나 야산을 가리지 않고 무차별로 건설되고 있다.

아파트는 한국인의 삶에 몇 가지 신화를 안겨주고 있다. 아파트의 가격 상승은 지난 30여 년 간 소비자 물가지수나 도시근로자 임금상승보다도 높았다. 아파트 소유는 곧 가장 확실한 이재의 수단으로 인식되어 분양아파트에 당첨되면 적게는 수천만 원에서 많게는 수억 원을 호가하는 프리미엄을 보장받기도 한다. 그리고 아파트는 거의 모든 사람들이 선호하는 주택형태이다. 저층아파트보다 고층아파트가 더 인기가 높다.

공공주택을 많이 공급했던 영국의 경우 런던 등 대도시의 고층공공임대아파트 거주 기피현상으로 멀쩡한 아파트 단지가 폐허화된 경험을 가지고 있다. 그리고 일부 서구국가들은 고층아파트에 7세 이하 어린이를 가진 가구의 입주를 제한하는 경우도 있었다. 즉 아파트가 지닌 부정적인 주거기능을 강조한 부분이라 생각된다.

그러나 우리나라에서는 고층아파트일수록 부의 상징이요 사회적 신분재화로 인식되고 있다. 즉 주택의 사용자가치보다 교환가치가 더 중요한 사회적 분위기임을 말해준다.

2005년 8.31 정부의 부동산대책도 자세히 들여다보면 문제의 핵심은 아파트이다. 서울 강남을 중심으로 한 아파트의 가격폭등과 투기적 거래에 대한 조치라 볼 수 있다. 아파트가 한국인의 보편적 주거형태로 변하고 아파트가 가장 확실하고 유망한 투자재화로 변모된 시점에서 제 3 전정증보판을 내게 되었다.

이 책의 일부를 수정 보완하였다. 특히 2005년 8.31대책 내용을 전면적으로 소개하고 이에 대한 파급효과를 다루었다. 제 3 전정증보판은 일반인에게는 주택정책 프로그램을 이해하는 지침서로, 그리고 주택정책을 연구하고 배우는 학자와 학생들에게는 핵심적 기본서로의 역할을 다할 수 있기를 기대하는 바이다.

2006 년 2 월 미국 워싱턴대학교 방문교수 기간중에

저 자 **하 성 규**

제 2 전정증보판 서문

2003년 정부는 양도세강화, 보유세인상 등 서울 강남권을 겨냥한 부동산안정대책을 수차례 내 놓았다. 이러한 다양하고 강도 높은 대책은 2002년부터 폭등하기 시작한 집값과 투기조짐에 연유한 것이다.

한 신문에 보도된 내용을 보면 잘 알 수 있다.

> **4일 오전 서울 강남구 대치동 은마아파트 상가에 있는 한 부동산중개업소. 신문을 읽고 있던 한 중개업자는 "한 달 만에 집값이 아무 이유 없이 1억 원이나 오르다니 영문을 모르겠다"며 허탈한 표정을 지었다. 부동산시세표를 뚫어지게 보고 있던 한 40대 주부는 "아이들 학교 때문에 강남으로 집을 옮겨 볼까 하고 와봤다"며, 이제 "강북 사람들은 강남에는 얼씬도 할 수 없게 됐다"며 발길을 돌렸다.**

최근 주택문제의 양상은 위의 기사에서 잘 나타나 있다. 이를 정리해 보면, 첫째, 주택가격이 급등하고 있음을 알 수 있다. 한 달 동안 1억 원의 가격상승은 일반 시장메커니즘으로 설명하기가 쉽지 않다. 갑자기 강남지역 주거환경이 개선된 것도 아니며 공급이 전면중단된 것도 아니다. 둘째, 이러한 주택가격급등에는 부동산 투기자금이 몰린 것으로 해석된다. 한국사회의 고질적 병폐로 지적된 부동산투기는 여전히 서울 강남을 중심으로 활성화되고 있다는 증거이다. 이는 대부분의 사람들이 "부동산을 통한 재산증식"이라는 인식이 팽배해 있음을 부인하기 힘든다. 셋째, 특히 2003년에 와서 투기자금이 부동산으로 몰리는 이유가 있다. 최근 은행금리는 초저금리수준이 지속되고 있다. 은행에 돈을 맡기는 것은 원금을 까먹는 경우도 발생한다. 즉 부동산 이외에는 별다른 투자처를 찾지 못하고 있다는 점이 부동산과열현상으로 연결되고 있다. 넷째, 서울시내 지역간 주택가격격차를 실감하고 있다. 즉 강북과 강남의 집값은 엄청난 차이를 보이고 있다. 서울시내 이러한 강남북간 집값 격차는 사회적 위화감과 상대적 박탈감을 가져온다. 다섯째, 강남과 강북의 지역격차, 그리고 집값의 차이는 강남의 상대적으로 우월한 교육환경에 기초하고 있다는 지적도 있다. 특히 강남지역의 학원·학교 등이 강북보다는 월등히 좋다는 점이다. 그래서 강북주민들은 강북의 교육·문화여건을 획기적으로 개선, 강남보다 살기 좋게 만들어야 한다고 주장한다.

한 여론조사에 따르면 정부가 발표한 대책이 집값 안정에 기여할 것이라 보는 주민은 20% 수준에도 미치지 못하고 있다. 국민들이 정부의 정책을 신뢰하지 못하고 있다는 증거다. 다양한 대책들이 지속적으로 나오고 있음에도 불구하고 체계적이지 못해 그 약효가 점점 떨어지고 있는 것이 문제다.

치솟는 집값 때문에 내 집이 없는 서민들의 소박한 꿈은 실현되기 힘들고, 투기로 돈을 번 사람들과의 상대적 빈곤감이 높아지고 있다. 급등한 아파트가격을 끌어 내리고 투기를 잡으려는 고강도단기처방이 오히려 부작용과 또 다른 시장왜곡을 불러 올지 모른다. 지금과 같은 초저금리상황에서는 부동자금을 흡수할 수 있는 물꼬를 먼저 터놓아야 한다.

저금리정책과 투기억제대책 간에 정부정책의 상호모순과 딜레마가 존재한다. 경기침체우려 때문에 투기억제를 위한 금리인상이나 유동성환수가 시도되지 않고 있다. 경기부양과 투기억제라는 두 마리 토끼를 동시에 잡으려는 정책에는 한계가 있다. 물론 투기를 근원적으로 차단할 수 있도록 부동산관련 제반규정도 개혁해야 한다. 지난날 수없이 써먹었던 단골메뉴 몇 가지로 지금의 문제를 해결하려는 것은 임시방편에 지나지 않는다.

주택문제는 여전히 풀리지 않는 사회·경제적 숙제로 남아 있다. 강도 높은 정부의 부동산대책이 연일 발표되고 주택부문에 변화의 조짐이 일고 있다. 이러한 빠른 속도로 변화하는 정책내용을 정리하고 주택정책이론을 재정리하는 작업이 바로 제 2 전정증보판의 의도이다. 각 장별로 최근의 자료와 제도변화를 소개하였다.

1991년 8월에 첫 출간된 이 책은 주택정책을 연구하는 연구자·학생, 그리고 정책담당자들의 꾸준한 사랑 덕분에 제 2 전정증보판까지 오게 된 것이다. 완벽한 책은 불가능할지 모른다. 그러나 횟수를 거듭 할수록 책의 내용과 수준이 한 단계 상승할 수 있도록 노력할 것을 다짐해 본다.

2004년 1월

저자 **하 성 규**

전정증보판 서문

1997년 말 이후 IMF체제는 역사상 보기 드문 충격과 변화를 몰고 왔다. IMF체제는 경제구조 전반에 영향을 미쳐 통화 및 재정의 긴축, 경제성장률 하향조정, 물가상승률억제, 금융기관의 구조조정, 산업구조의 재편 등 다양한 정책변화를 요구했다. 이러한 경제전반의 환경변화와 구조조정은 주택부문에도 이변과 위기를 몰고 왔으며, 통화 및 재정긴축으로 시작된 금리상승은 주택업체의 자금난으로 이어져 부도업체가 속출하였다. 한편 주택금융비용의 상승으로 주택자금대출을 어렵게 만들었고, 시중 실세금리는 최고 25～30%를 웃돌아 주택업계와 주택수요자의 금융비용이 급증하였다.

주택미분양이 누적되고, 주택공급량은 감소되었으며 주택수요자들은 대량실업과 실질소득의 감소로 주택소비가 위축되었다. 이러한 주택부문의 일대 변혁과 충격으로 전세금이 큰 폭으로 하락하여 전세금 반환이 제대로 이루어지지 않은 사태가 속출하게 되었다. 세입자가 전세금 반환청구소송에서 이겼는데도 집주인이 돈을 주지 않아 낭패를 당한 사람이 한두 명이 아니다.

우리 나라 전세제도는 세계 어떤 나라에도 찾아보기 힘든 개인간 거래로 자생(自生)한 제도이다. 주택가격은 비싸고 모게지(mortgage)와 같은 제도금융이 발달하지 못한 주택시장여건 속에서 발생한 제도이다. 문제는 전세금이 하락함으로써 세입자는 주거비용이 줄어들게 되지만 전세금이 빠지지 않아 집주인과 세입자간의 갈등은 증폭되고 있다. 한편 집값도 큰 폭으로 하락하여 내집 가진 중산층의 자산가치가 떨어지고 주택거래가 잘 이루어지지 않아 현금화하기가 어렵다. 이러한 주택시장의 변화는 역사상 거의 전무후무한 일이라 해도 과언은 아니다.

내집 마련은 보통사람들의 평생 소원이다. 이렇게 주택가격이 하락하는 시장여건은 내집 장만의 절호의 기회지만 저소득층에게는 여전히 이룩하기 힘든 꿈이다. 고금리시대 주택자금동원은 여간 힘든 일이 아니기 때문이다. 그 동안 정부가 주택시장에 개입하여 서민의 내집 마련을 용이하게 한다는 “신규 주택분양가 규제책”은 규제완화라는 신정부의 정책노선으로 해제되었다. 이미 지어 놓은 집도 잘 팔리지 않는 상황하에서 분양가 규제는 설득력을 지니지 못했다. 이제 주택가격은 시장기제에 따라 작동하는 시스템으로 변화된 것이다.

1995년 이 책을 전면적으로 개정하였다. 그 이후 주택정책은 엄청나게 변화하였다. 그래서 다시 보완하고 수정하는 작업을 시작한 것이다. 본증보판은 그동안 주택정책연구에서 소홀히 다루어 왔던 '민간임대주택' 부분을 독립된 장(제17장)으로 첨가하였다. 그리고 분양가 규제제도의 해제, IMF체제로 인한 주택분야의 변화, 최근 주택수요와 공급상의 이변 등을 보완하게 되었다. 아울러 전세금 반환과 전세금을 떼이지 않도록 하는 방안 등을 소개하였다.

이 책이 1991년 출판된 이후 주택정책을 강의하는 교수님과 이 분야를 연구하는 학생들로부터 좋은 반응을 얻게 되었다. 아직 주택정책분야에 관한 서적이 많지 않다는 현실적 상황을 고려해 볼 때 이 책은 매우 중요한 역할을 하게 될 것으로 믿는다. 주택연구는 정책학, 경제학, 지리학, 사회복지학, 도시계획학, 지역개발학 등 다양한 배경을 가진 연구자들의 관심영역이 될 수 있기를 희망하는 바이다. 주택연구는 다학문적(multi-disciplinary) 속성 때문에 접근방식 역시 다양화되어야 한다고 생각한다.

주택정책은 하루가 다르게 변화하고 있다. 제도가 변하면 이를 분석하고 평가하는 연구자들의 노력은 더욱 정교하고 과학적이어야 한다. 규제완화시대 정부의 주택정책은 생색내기나 '한건주의' 제도변화에 그치면 큰 문제다. 이번 증보판이 우리의 주택정책발전에 기여할 뿐만 아니라 한국의 주택연구 분야에 밑거름이 될 수 있기를 소망하는 바이다.

1999년 2월

저자 하 성 규

전정판을 내면서

집은 기쁨과 고통의 뿌리인가?

주택문제는 날이 갈수록 그 양상이 복잡하게 변화되고 있다. 지난 6공 시절 주택 200만호 계획을 통하여 주택공급이 확대되었음에도 불구하고 아직도 주택의 부족은 여전하고 서민주거안정문제는 풀리지 않는 숙제이다.

시장경제체제를 통한 주택공급은 생산력의 증대 및 질적 향상 등의 장점이 있으나, 소득이 이를 뒷받침하지 못하는 저소득 빈민들은 자력으로 주거문제를 해결하지 못하고 있다. 정부는 이를 위해 인간다운 삶을 영위할 수 있는 최소한의 공간이라도 마련해 줄 의무가 있다. 주택 200만호 계획하에 역사적으로 최초로 시도된 공공영구임대주택(사회주택)은 19만호를 공급하고 문민정부에 들어와서 종결되었다. 어떤 이유와 논리로도 설득력을 지니지 못하는 사회주택의 종식은 우리 나라 주택정책의 퇴행적 모습을 보는 듯하다.

우리 나라의 주택정책은 아직도 물량공급의 능률성 담보에만 급급하고 있다. 정부의 정책을 자세히 살펴보면 잘 팔리는 큰 집을 많이 지어 팔도록 권장하는 정책이다. '중·고소득층'을 수요층으로 하는 주택은 경제적 능력이 있는 사람들의 주거욕구충족을 위한 것이다. 시장에서 소비자의 역할을 하는 중·고소득층에게 정부가 왜 간섭하고 지원하고 투자하는가? 정부의 시장개입논리와 방식이 파행적이다. 부익부 빈익빈을 부추기는 듯한 주택시장개입정책이 "신규아파트 분양가 규제"와 같은 것들이다.

정부가 해야 할 정책은 시장실패의 보완이며 시장에서 낙오된 자들을 위한 주택프로그램의 개발이다. 아직도 원론적인 수준에서 논의되는 '주택정책의 대상'이 누구인지를 파악하지 못하고 있는 것은 아닌가? 국제적으로는 주거권을 보장하는 법적 장치의 마련 등 주거는 인간의 기본적 권리로까지 논의하고 있는데 우리의 주거문제에 대한 정부의 대응논리는 치적 위주의 근시안적 정책이 일관되고 있다.

처음 이 책이 세상에 나왔을 때 주택을 연구하는 학도들에게 주택정책의 기초적 지식과 정보를 제공하고 주택이론과 실제를 이해하는 데 얼마나 기여할 수 있을까 의문이 적지 않았다. 다행히 전국 30여개 대학의 지역개발학과, 도시계획학과 그리고 주택관련과목을 강의하는 학부 및 대학원에서 교재로 채택하였고 많은 연구자들의 긍정적 평가가 있었다. 더하여 대한국토·도시계획학회는 이 책을 1994년 2월 학술상(저술부)을 수여함으로써 저자는 기쁨과 함께 더욱 무거운 책무를 절감하게 되었다.

주택정책은 현실을 다루는 학문영역이다. 자료와 정보가 하루가 다르게 변화하고 이론은 지속적으로 발전한다. 그래서 개정판을 결심하고 일년여의 작업에 들어갔다. 개정작업은 현재 이 책을 교재로 택하고 있는 교수님들을 중심으로 설문조사를 실시하였고 이를 바탕으로 작업에 임했다. 그 동안 이 책의 개정을 위하여 설문지에 응답했을 뿐 아니라 많은 고견을 주신 분은 김원 교수님(서울시립대), 김정호 박사님(국토개발연구원), 강병주 교수님(한남대), 박환용 교수님(경원대), 박헌주 박사님(국토개발연구원), 김재익 교수님(계명대), 김윤상 교수님(경북대), 강병수 교수님(충남대) 등이며, 저자에게 최신 자료와 정보를 제공하고 책의 구성 등에 조언하신 분은 수없이 많아 일일이 거명할 수 없다. 개정작업 초기 자료수집에 도움을 준 중앙대 지역개발학과 대학원생인 이학재, 최원영, 이윤호 군, 그리고 교정작업에 참여하고 조언을 아끼지 않았던 한국도시연구소의 김수현, 서종균 연구원에게 감사의 뜻을 전하는 바이다. 이 책의 교정 및 제작과정에서 성심껏 도와주신 박영사 김사설 선생님께도 감사를 드린다.

학생들이 이해하기 힘든 부분은 설명을 보완했으며, 본문에 실린 몇몇 절은 부록으로 처리하였다. 아울러 최근 중요하게 논의되는 '주택보조방식', '금융실명제와 주택', '주거이동과 주거조절' 등은 별도의 새로운 장으로 처리하였다.

그러나 아직도 미흡한 점이 없지 않다. 앞으로 더욱 보완하고 내용을 충실히 만들 것을 약속해 본다. 이 개정판을 통하여 주택정책의 이론과 실제를 파악하는데 큰 도움이 되길 바라는 바이다.

1995년 6월

저자 **하 성 규**

머 리 말

집없는 사람들은 이삿짐 챙기는 생활에 이골이 나 있다. 전세금이 오를 때마다, 철거재개발이 시작될 때마다 가난한 무주택자는 철새처럼 떠돈다. 3백만원 단칸방 전세금이 하루 아침에 5백만원으로 뛰어올라 이를 감당하지 못해 세 아이와 부인을 두고 아버지는 스스로 목숨을 끊어야 했다. 이제 달동네·산동네도 재개발사업으로 철거되니 비닐하우스에 살고 있는 사람이 서울에만도 2만여 가구로 추산된다고 한다. 이것이 오늘날 한국의 주택문제의 한 단면이다.

주택문제를 완벽하게 해결한 국가는 없다. 주택소유를 제한하고 시장경제의 모순을 시정한다는 사회주의국가들도 주택문제는 심각하고, 오히려 주택의 사유화제도를 도입하는 경향이 뚜렷하다. 주택이 일반상품과 마찬가지로 취급되고 있는 자본주의국가들은 주택의 불공평한 배분으로 사회계층간 갈등을 유발하고, '가난한 자'의 주택문제해결은 국가의 도움없이는 어렵게 되어 있다. 주택보급률이 100%를 넘어선 지 수십 년이 지난 서구 선진국들도 계속적으로 주택문제는 주요한 사회문제의 하나로 남아 있다.

그러나 주택문제를 만족스럽게 해결해가고 있는 국가들도 없지 않다. 스웨덴은 국가가 집지을 땅을 미리 매입하여 주택가격안정과 집없는 서민들에게 공공주택을 공급해온 모범적 주택복지국가 중의 하나이다. 싱가포르는 정부가 저렴주택을 많이 공급하여 적절히 배분함으로써 서민들이 주거안정을 누리는 나라다. 이들 국가에서는 우리 사회에 만연된 주택을 통한 일확천금의 부동산 투기도, 전세금을 마련하지 못해 스스로 목숨을 끊는 비참함도 찾아보기 힘든다. 즉 주택의 교환가치보다 사용가치를 존중하는 주택정책의 일관성이 큰 효력을 본 경우이다.

우리 나라는 정부의 정책노력에도 불구하고 주택문제는 더욱 복잡한 양상을 띠고 있다. 가구수에 비하여 주택이 턱 없이 부족한 나머지 주택의 숫자를 늘려야 한다는 주택공급정책이 한국주택정책의 최우선과제이다. 우리 나라 주택시장은 철저히 공급자 위주의 시장이다. 공급자 우선의 시장조건하에서 소비자는 질 좋은 주택을 선택할 여지가 주어지지 않는다. 오히려 아파트 당첨 그 자체가 큰 행운이요 재산증식의 지름길이라 믿고 있는 사람들이 많다.

주택을 건설·공급하는 기업의 입장에서 보면 정부의 주택분양가통제, 분양가연동제, 택지개발의 제한 등 시장간섭 때문에 주택시장을 왜곡시키고 주택공급을 확대시키지 못한다고 불평하고 있다. 그래서 아파트분양가를 자율화, 현실화하여 주택시장 메커니즘에 의해 주택부족문제를 풀어나가는 것이 합당하다는 주장이 계속되고 있는가 하면, 한편에는 서민의 주거안정을 위해 정부의 시장개입은 계속 필요하다는 주장 또한 상당한 공감을 얻고 있다.

결국 우리 나라는 주택의 수요 · 공급 양면 모두 많은 문제점을 지니고 있다. 가난한 세입자를 보호하기 위한 「임대차보호법」도 큰 효력이 없고, 서울 주변 5개 신도시의 주택건설도 저소득층의 주거수준향상에 얼마나 도움이 될지 의문스럽다. 200만호의 주택건설도 따져보면 중·고소득층에게 더 많은 혜택이 주어지는 배분의 형평성 문제는 여전히 남는다. 과연 누구를 위한 주택정책인가? 한국의 주택문제를 어떻게 인식하고 이를 해결하기 위한 발전적 대안은 무엇인가?

주택정책의 학술적 논의는 경제학 · 정치학 · 사회학 · 도시계획학 등 다방면의 정보와 지식을 요구하며, 주택연구 자체는 종합과학적인 속성을 지니고 있다고 생각된다. 이 책은 주택의 사회 · 경제적 논의와 이론을 정립하고, 향후 주택정책의 발전방향을 제시하고자 쓰여졌다.

이 책은 6부로 나누어지고, 제 1 부는 주택의 개념, 주택문제의 인식 그리고 주택정책관련이론을 정리하였다. 제 2 부는 주택시장관련이론과 이에 연관된 주택정책을 소개하였다. 제 3 부는 주거입지와 주거단지개발의 이론과 경험을 논의하였고, 제 4 부는 저소득층을 위한 주택정책 프로그램들을 소개하였다. 주택정책은 각국이 처한 사회, 경제, 정치 그리고 문화적 배경이 상이하게 나타나기 때문에 그 접근방법도 다양하다. 그래서 주요국들의 주택정책의 전개과정과 그들의 경험을 제 5 부에서 다루고 있다. 마지막으로 제 6 부는 우리 나라 주택정책의 이념적 논의를 다루고 앞으로의 발전방향을 모색하였다.

이 책은 10여 년간의 강의경험을 바탕으로 빛을 보게 되었지만, 그 동안 여러분의 도움이 있었다. 먼저 서울대 환경대학원의 여러 은사님 그리고 영국 런던대학의 S. Merrett 교수는 본인의 논문 지도를 통해 주택체계를 이해하고 주택관련 사회사상을 정리하는 데 큰 도움을 주신 분이다. 그리고 이 책의 작업과정에 많은 조언을 주신 허재완 교수, 구본영 박사, 김재익 박사께 깊이 감사드리고 아울러 자료정리와 타이핑에 도움을 준 중소도시발전연구소의 진원형 연구원과 윤여정 연구원, 유영민 군, 정 준 군, 엄명희 양에게 고마운 뜻을 전한다. 또한 이 책이 여러 사람들에게 널리 읽힐 수 있도록 출판을 적극적으로 도와준 박영사 관계자들에게도 감사를 드리는 바이다.

1991년 3월
사당동 寓居에서
著 者 識

목 차

제1부 주택문제의 인식과 주택정책

제2부 주택시장과 주택정책

제 1 부

주택문제의 인식과 주택정책

제 1 장
주택의 개념과 주택연구내용

·

제 2 장
주택정책의 본질

·

제 3 장
주택공급과 정부의 역할

제 1 장 : 주택의 개념과 주택연구내용

제 1 절 주택이란 무엇인가

I. 주택의 개념

주택이란 무엇인가를 설명하기 위하여 흔히 은신처(shelter)라는 말을 사용한다. 원시시대의 동굴이나 현대선진국 도시교외의 호화전원주택에 이르기까지 자연적, 안위적 위협으로부터의 인간을 보호한다는 은신처의 개념은 동일하다. 그러나 현대사회에서 주택은 그것이 지닌 단순한 은신처의 개념을 넘어서서 경제적 재화, 사회적 신분의 상징, 사회적 갈등의 한 부분을 차지하며 때로는 정치적 이념과도 깊은 연관을 갖는다. 복지사회를 구현하려는 현대국가들은 주택을 하나의 복지수준을 나타내는 지표로서 사용하고 있다. 그래서 주택은 다차원적(multidimensional) 성격을 지니며 아래와 같이 그 특성을 열거할 수 있다.[1)]

첫째, 주택을 하나의 물리적 시설물(physical facility)로서의 단위 혹은 구조로 보는 것이다. 이러한 물리적 시설물로서의 주택은 그 곳에 사는 거주자에게 은신처의 역할뿐 아니라, 토지의 이용과 각 가구에게 필요한 사회적 서비스 그리고 상·하수도, 전기, 도로 등의 공급이 요구되는 물리적 단위인 것이다.

둘째, 주택은 경제적 재화 혹은 상품(economic goods or commodity)으로 취급된다. 주택은 시장에서 거래되는 내구소비재의 성격과 투자재의 성격을 지닌다. 한편 일반가구의 평균소득에 비하여 주택가격은 큰 비중을 차지하는 고가의 상품이다.

---

1) L.S. Bourne, *The Geography of Housing*, London: Edward Arnold, 1981, pp 13~15; W.F. Smith, *Housing: The Social and Economic Elements*, Berkeley: University of California Press, 1970, pp. 3~9.

셋째, 주택은 사회재 혹은 집합재(social or collective goods)이다. 주택은 사회조직의 한 기초단위로서 역할을 하는 가정을 보호하고 동시 보건위생, 교육, 식품 등과 같이 누구에게나 주어져야 할 사회재 혹은 집합재로서의 성격을 지닌다.

넷째, 다양한 서비스의 총체로서(package or bundle of services)의 주택이다. 주택의 점유는 주변공공시설의 이용과 함께 주택의 위치에 따라 직장 및 기타시설물의 접근도에 차이가 있으며, 주변의 환경에 영향을 받는 사회환경의 일부로 볼 수 있다.

다섯째, 주택은 한 국가경제의 일부분(a sector of the economy)을 차지한다. 주택은 고정자본, '스톡'(stock)의 한 부분이 되며 이는 부를 창출하는 정책수단의 한 부분을 점한다

한편 주택이 지닌 속성을 중심으로 살펴보면 주택의 개념을 보다 뚜렷하게 이해할 수 있다.

1) 주택은[2] 그 위치가 고정되어 있다. 위치를 변동시킬 수 있는 이동식 주택이 있긴 하나 전체주택재고에서 차지하는 비중이 너무나 미미하기 때문에, 주택의 속성을 설명할 수 있는 변수로서 제외시킬 수 있다. 일반적 재화는 한 국가내 지역간이나 국가간 이동이 가능하며 수출입이 자유로운 반면 주택은 이동이 불가능하다. 이러한 관점에서 주택을 단순한 재화로서 파악하기보다 주택이 자리잡고 있는 위치, 입지, 주변환경, 지역사회 등과 밀접한 관련을 지니고 있다.

2) 주택은 내구성이 강한 재화이다. 하나의 물리적 시설 및 투자로서 그 내구성면에서 다른 어떤 재화보다 수명이 길어 최소 20년에서 50~80년의 기간 동안 사용된다.

3) 주택은 주변환경으로부터 큰 영향을 받고 동시에 영향을 미친다. 주변환경의 수준에 따라 주택의 가격과 수요는 영향을 받는데 흔히 이러한 관계를 외부성(externalities)이라 표현하기도 한다.

4) 주택은 정부정책의 영향을 받는다. 정부는 주택부문에 개입하여 주택가격의 통제, 주택거래행위의 간섭, 공공주택의 공급, 주택금융 및 세제상의 지원과 조정 그리고 각종주택관련기관에 대한 행정규제 등을 실시하고, 주택은 그러

---

2) 주택(a housing unit 혹은 dwelling unit)은 인간의 주거목적으로 사용되는 독립된 주거공간으로서 단독주택, 아파트, 연립주택 등과 함께 주거에 하나의 방 혹은 몇 개의 방도 포함시킨다. 일반적으로 하나의 주택단위(a dwelling unit)라 할 때; (a) 남의 주거공간을 통과하지 않고 직접적으로 외부(도로 혹은 공동이용공간)에서 자기의 주거공간으로 접근가능해야 하며, (b) 거주자가 사용하는 독립적 부엌시설이 갖추어져야 한다. 또한 하나의 주택구조(a housing structure)란 물리적인 건물로서 하나 혹은 그 이상의 주택단위를 포함할 수 있다(L. S. Bourne, *op. cit.*, p. 37 참조).

한 영향을 받는다.

5) 주택은 비동질성을 특성으로 한다. 동일한 수준의 주택이라 해도 그 위치에 따라 가격과 유용성에 차이가 있으며, 동일한 지구내 주택이라 해도 디자인, 규모, 점유형태에 따라 수요자의 평가는 달리 나타난다. 엄격히 말해 주택은 이론적으로는 동일한 주택이 존재할 수 있지만 수요자의 다양한 선호와 서비스 수준에 따라 천차만별의 비동질적 주택이 존재할 수밖에 없다.

6) 주택은 외인성(exogeneous)의 영향을 받는다. 주택은 지역시장에서의 영향을 받는데, 예를 들면 해당 지역시장내의 주택공급의 증대와 감소, 인구의 이동, 소비자선호와 유형, 주택점유형태상의 추이 등의 영향을 들 수 있다. 그래서 주택정책 및 주택공급계획은 중앙정부주도하에서 이루어지기보다는 지역별로 상향적 조정이 이루어지는 것이 보편적 현상이다.

7) 주택은 그 생산과정이 장기적이다. 주택이 하나의 물리적 거처로서 서비스를 제공받기 위해서는 생산과정이 매우 길다. 주택이 완성되려면 택지의 마련, 필수적인 건축행위, 건축에 따른 행정절차의 요구, 노동집약적 과정을 거치지 않으면 안된다. 우리 나라의 경우 주택생산과정, 즉 시공에서 건축허가에 이르기까지 단독주택의 경우 평균 10개월, 아파트의 경우 평균 16개월이 소요된다고 한다.

8) 주택은 다른 재화에 비하여 거래과정이 복잡하고 거래비용이 많이 요구된다. 국가마다 차이가 있긴하나 주택을 거래하려면 각종절차를 거쳐야 하는데, 주택거래의 전문지식과 자격을 갖춘 부동산중개인의 개입이 필요하며, 해당 행정기관에서의 세금의 징수 그리고 권리이전에 따른 절차가 필수적이다. 한편 다른 재화에 비하여 거래비용(수수료 등)의 비중이 크며 이사비용까지 합치면 실제 소요되는 비용은 매우 크다고 하겠다.

Ⅱ. 주택 및 가구의 정의

주택의 구분은 통계자료의 이용목적에 따라 다양하게 나타나고 있다. 아래 〈표 1-1〉에서 나타난 바와 같이 도시연감 등 시별통계연보는 주택을 단독주택, 아파트, 연립주택, 다세대주택, 비거주용 건물내 주택의 5가지 형태로 분류하는 반면, 현행 건축물을 분류하는 건축물부표에는 달리 나타난다. 현행 지방자치단체에서 재산세를 전산입력하기 위한 건축물분류에서는 주택을 단독주택, 농가주택, 연립주택, 아파트로 구분하고 있다.

〈표 1-1〉 주택의 구분

구 분	통계자료[3)]의 분류	건축법 부표상의 분류	재산세입력자료상 분류
분 류 항 목	* 단독주택 * 아파트 * 연립주택 * 다세대주택 * 비주거용 건물내 주택	* 단독주택 * 다중주택 * 공관 * 다세대주택 * 연립주택 * 아파트	* 단독주택 * 농가주택 (전업농가의 주거용 건물) * 연립주택 * 아파트

자료: 1) 통계자료는 도시연감, 시별통계연보에 기초함.
2) 재산세입력자료는 부산시의 경우임, 기준연도는 1990. 1.

우리 나라의 경우 통계청의 인구 및 주택센서스보고에 근거하여 주택의 정의를 살펴보도록 한다.

'거처'(living quarters)란 사람이 주거하고 있는 모든 장소를 통칭하는 말로서 구조적으로 분리되고 독립된 하나의 건축단위를 말하며 다음과 같이 구분하고 있다.

- 거처
  - 주택
    - 단독주택
    - 아파트
    - 연립주택
    - 다세대주택
    - 비거주용 건물내의 주택
  - 주택 이외의 거처

이 중 '주택'(a housing unit)은 한 가구가 살 수 있도록 지어진 집으로서 다음의 요건을 갖춘 단독주택, 아파트, 연립주택 및 비거주용 건물내의 주택을 말한다.

① 영구건물

② 한 개 이상의 방과 부엌

③ 독립된 출입구

④ 관습상 소유 또는 매매상의 1단위[3)]

통계청이 정의한 주택의 의미는 통계처리상의 편의에 의해 만들어진 것으로 이해될 수 있으나, 이러한 개념정의는 다음과 같은 문제점을 내포하고 있다.

3) 경제기획원, 「인구 및 주택센서스보고」, 제 1 권 전수조사, 1980, 경제기획원 조사통계국, 1982, p.8; 통계청, 「인구주택총조사」, 2000 참조.

첫째, 영구건물이란 개념을 도입함으로써 발생하는 혼란과 오류를 생각해 볼 수 있다. 엄격히 말해 주택은 영구히 존재한다고 볼 수 없다. 그리고 영구건물이란 개념 속에는 도시영세민이 거주하고 있는 불량주택은 제외되기 마련이다. 결국 통계청의 조사대상에는 불량·무허가주택은 제외되나 주택정책상으로 보면 인간이 거주하는 모든 주택을 포함시켜야 하고, 주택의 질적인 면과 불법적인 면을 구분하여 통계처리됨이 마땅하다고 본다.

둘째, 주택이란 한 개 이상의 방[4]과 부엌이 있어야 한다고만 정의할 뿐 방의 크기에 대해서는 언급이 없다. 예로 2평짜리 방 3개와 6평짜리 방 하나는 그 면적으로 보면 동일하다. 그래서 통계의 정확도를 기하고 주택을 인간의 은신처로 이해한다면 방의 크기(면적)에 대한 규정이 반드시 있어야 하고, 최저주거기준(housing minimum standard)개념의 적용이 요청된다고 하겠다.

셋째, 주택은 독립된 출입구가 있어야 한다고 정의하고 있으나 독립된 출입구의 규정이 모호하여 주택통계처리상 혼란을 야기시키고 있다. 현실적으로 독립된 출입구를 가지지 않은 1가구가 거주하는 데 불편이 없는 주택이 얼마든지 존재한다.

넷째, 주택은 관습상 소유 또는 매매상의 1단위로 규정한다. 이 또한 도시주택들의 특징인 지하(혹은 반지하)공간을 이용한 1가구 혹은 다가구의 주택과 함께 최근 흔히 볼 수 있는 '다세대주택' 등에는 이러한 규정이 큰 혼란을 야기시키고 있다. 주택통계상 이러한 '소유 또는 매매상의 1단위'는 실제 이용되는 주택수(dwelling units)보다 적은 수의 주택으로 집계될 수밖에 없다. 예를 들어 임대목적으로 사용되는 큰 규모의 주택내의 1가구분의 거처가 1단위의 주택으로 집계되지 않는 문제점을 지니고 있다.[5]

따라서 앞으로 주택통계상의 정확도를 기하고 효율적 주택정책의 수립과 집행을 기하기 위해서는 주택이 지닌 물리적 기준과 함께 사회·경제적인 요인들까지 포함시키는 '주택의 정의'에 대한 연구가 요청되고 있다.

주택의 정의 못지 않게 중요하게 다루어져야 할 것이 가구(家口)에 대한 정

4) 센서스에는 방이란 침실, 서재, 식당방, 응접실, 한옥의 대청마루와 같이 사면이 벽으로 차단되어 있는 거주용 공간을 말한다. 반면 부엌, 통로로 사용되는 복도, 현관, 베란다, 로비, 목욕실, 변소, 다락방 그리고 점포, 사무실 등은 방으로 보지 않는다. 2000년 통계청 센서스에는 "사면이 벽 또는 문으로 막혀 있고, 높이는 1.8m, 넓이는 1평 이상인 것을 의미하며, 사용하고 있지 않은 침실도 포함하였다.

5) 이와 유사한 논의는, 유재현, "6천만원 전세아파트의 불쌍한 무주택자," 「국토와 건설」, 1988년 8월호; M.E.H. Smith, *Guide to Housing*, London: The Housing Centre Trust, 1983, pp. 292~293; 정희수, "적정주택규모," 「주택」, 제46호(1987), pp. 17~30; 국토개발연구원, 「주거기준설정에 관한 연구」, 1986 참조.

의이다. 가구(household)란 1인 혹은 그 이상의 사람이 한 단위의 주택을 점유하여 생계를 같이 하는 단위를 말한다. 흔히 '가구'와 '가족'을 혼돈하여 사용하고 있는데, 가족(family)은 혈연관계를 기준으로 형성된 것, 예를 들면 결혼, 혈통, 입양 등의 법적, 사회관습상의 가족제도적, 사회적 기초단위이다. 그러나 가구란 혈연 혹은 법적관계에 국한되지 않고 1인 또는 2인 이상이 모여 동일주택을 사용하며 함께 거주하는 사람들의 구성체를 말한다. 따라서 1인가구(예, 결혼하지 않은 성인)도 존재하며, 하숙생과 친척도 동일주택에 함께 거주하면 가구원수에 포함시킨다. 그러나 가구의 정의는 국가마다 다소 상이한 정의가 있을 수 있으며, 연구목적과 사회통계적 목적 등에 따라 달라질 수 있다.

우리 나라의 경우 가구의 사전적 의미는 ① 집안식구, ② 집안의 사람수효, ③ 한 집을 차린 독립적 생계, 세대 등으로 표현된다. 그리고 통계청의 인구 및 주택센서스보고서에서 정의한 것을 보면, 가구란 1인 또는 2인 이상이 모여서 취침, 취사 및 생계를 같이하는 단위를 말한다. 이는 일반가구와 집단가구로 구분된다.

1) 일반가구

① 통상 가족단위로 이루어져서 생활을 같이하고 있는 가구(혈연가구 또는 보통가구)

② 친구 또는 혈연관계가 없는 사람들끼리 모여 생활을 같이하고 있는 가구(비혈연 5인 이하 가구)

③ 혼자서 살림하는 가구(1인 가구)

2) 집단가구

① 혈연관계가 없는 두 사람 이상이 모여 기숙사, 고아원 등 시설내에서 생활을 같이하고 있는 가구(집단시설가구)

② 혈연관계가 없는 6인 이상의 사람들이 모여 동일한 거처내에서 생활을 같이하고 있는 가구(비혈연 6인 이상 가구)

3) 핵가족

한 가구 내의 가족 중 다음과 같은 결합을 말한다.

① 자녀가 없는 부부

② 양친과 미혼자녀

③ 편친과 미혼자녀

④ 세대별 가구

또한 일반가구에 대하여는 가구주와 그 가족의 친족관계에 따라서 다음과 같이 구분하였다.

① 1세대 가구: 가구주와 동일세대에 속하는 친족만이 같이 사는 가구
② 2세대 가구: 가구주와 그 직계 또는 방계의 친족들이 2세대에 걸쳐 같이 사는 가구
③ 3세대 가구: 가구주와 그 직계 또는 방계의 친족이 3세대에 걸쳐 같이 사는 가구
④ 4세대 이상 가구: 가구주와 직계 또는 방계의 친족이 4세대 이상에 걸쳐 사는 가구[6)]

Ⅲ. 주택서비스(services)의 개념

한 단위의 주택이 생산되기 위해서는 다양한 요소들의 투입이 요구된다. 이러한 투입의 결과는 주택을 소유하는 사람과 혹은 그 주택을 임차하여 이용하는 세입자에게 주택서비스를 제공하게 된다. 그러나 개별주택의 입지와 종류에 따라 각기 다른 주택서비스를 창출하게 된다.

〈그림 1-1〉은 이러한 주택서비스창출의 투입과 산출의 모형을 제시하고 있다. 해당지역의 주택서비스의 특성, 주택관련기관의 역할 그리고 주택배분 및 공급체계에 따른 주택의 투입요소와 산출된 서비스는 다양하다고 할 수 있다.

〈그림 1-1〉 주택서비스의 투입요소와 산출

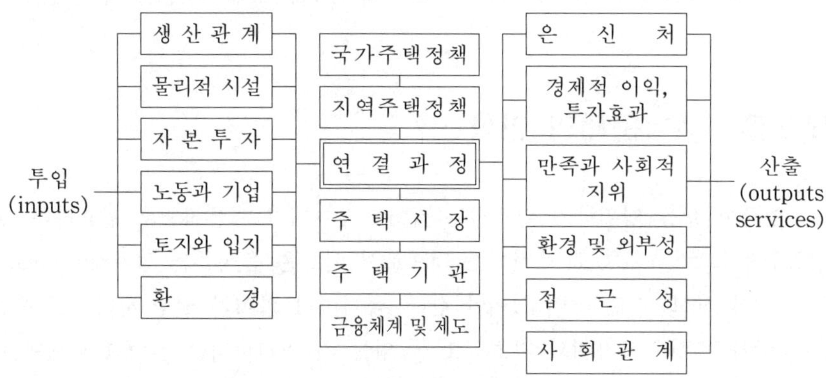

자료: L.S. Bourne, *The Geography of Housing*, London: Edward Arnold, 1981, p.15, Figure 2.1을 변형 재작성하였음.

6) 경제기획원, 「인구 및 주택센서스보고 1980」, 경제기획원 조사통계국, 1982, p.7 참조.

주택을 공급하기 위해서는 반드시 특정한 생산관계와 생산과정이 필요하다. 생산관계란 해당지역 및 국가의 주택정책과 직접적 관련을 지니며, 자본주의적 생산양식을 취하고 있는 국가에서는 주택시장 및 기업의 역할이 강조된다. 기본적으로 주택은 위치가 고정되어 있음으로 인하여 물리적 시설이 요구되며 자본투자가 필수적이다. 그리고 시장메커니즘을 통해 주택서비스가 창출된다. 〈그림 1-1〉의 오른쪽은 주택서비스의 주요한 산출(outputs)을 말해주고 있다.

주택서비스창출에 영향을 미치는 요소는 위에서 설명된 것 이외에도 몇 가지로 나누어 생각해 볼 수 있다. 첫째, 자연적·지리적 여건에 따라 투입요소가 달라질 수 있다. 둘째, 해당도시와 사회의 문화적·사회심리적 특성에 따라 주택서비스창출의 투입 및 산출의 양상이 상이하게 나타날 수 있다. 그리고 마지막으로 해당 국가의 경제발전의 수준, 금융 및 조세제도 등 각종의 정치적·경제적 여건에 따라 주택서비스를 위한 투입이 다소 차이가 있을 수 있다.

최근 주택서비스창출에 관련된 학자들의 논의는 주택시장에 있어서의 소비자들의 주택수요에 관한 것이다. 주택서비스는 그 서비스를 필요로 하는 소비자들의 소비형태, 소비자선호 등에 따라 달라질 수 있기 때문에 주택수요의 분석이 매우 중요하다. 한편 주택정책과 관련을 맺고 있는 사항으로서 공공부문주택과 민간부문주택의 역할분담에 따라 주택서비스의 투입요소들이 큰 차이를 보이고 있다. 예를 들면 공공부문주택을 강조하는 사회에서는 주택공급에 있어서의 기업의 역할은 제한되며 주택서비스창출의 생산관계가 기업중심의 시장메커니즘보다는 정부주도적인 형태를 띠게 되고 사회복지에 크게 중점을 두게 된다.

제 2 절 주택문제의 인식

인간이 삶을 영위하기 위해서는 적어도 3가지가 기본적으로 필요하다. 흔히 기초수요(basic needs)로 표현되는 것으로서 인간은 음식물을 섭취해야 하고, 옷을 입어야 하고, 잠잘 곳이 있어야 한다. 국가마다 차이가 있긴 하나 소득수준이 높은 국가의 경우 3가지의 기초수요 중 입는 것(衣)과 먹는 것(食)의 문제는 해결되고 있으나, 인간의 은신처인 주(住)의 문제는 더욱 복잡하여 주요한 사회문제로 등장한지 오래다. 주택이 단순히 가족의 안전을 위해 외부로부터 방어나 휴식공간으로서의 주택이란 의미를 초월하여 사회적 신분, 재산가치, 소득계층간의 구분의 지표로 인식됨으로써 주택문제는 더욱 복잡한 양상을 띠기 시작했다.

산업화가 빨리 진전된 영국의 주택문제를 상징적으로 표현하여 '도시화와 슬럼'(urbanization and slums)이라 말하고 있다.[7] 대부분의 국가들이 주택문제를 심각하게 인식하게 되는 시기는 도시성장과 관련을 가지고 있다. 영국은 산업혁명을 계기로 인구의 도시집중을 경험하였다. 산업혁명은 과학기술의 발달을 가져와 대규모공장기업이 출현하고 많은 노동력을 흡수하게 되었다.

기계화 농경에 의한 유휴노동력은 도시지역으로 몰려들었고, 교통통신의 발달은 지역간 인구이동을 용이하게 만들었다. 영국뿐 아니라 대부분의 선진국들이 산업혁명 이후 뚜렷이 나타난 도시화 현상으로 도시는 '변화의 중심지'로 인식되었고, 도시는 정치·경제·문화활동의 무대이고 교통의 요충으로 변화되기 시작하였다.

19세기 비교적 빨리 산업혁명을 경험했던 영국, 프랑스, 미국 등은 공업도시들이 빠른 속도로 성장하였으며, 이로 인한 여러 가지 도시문제가 발생하기 시작했다. 도시문제 중 가장 심각하게 대두된 것이 바로 주택문제였다. 특히 노동자 계층의 주거지역은 불충분한 주거공간, 밀집으로 인한 채광의 부적당 그리고 각종 질병의 만연으로 질병발생률과 사망률이 다른지역에 비하여 높았다. 이에따라 주택의 개량과 상하수도 등 공공서비스의 확충이 도시정책의 이슈로 논의되기 시작하였다. 산업화가 빨랐던 서구선진국들은 주택문제가 공공보건문제와 결부되어 있어 주거환경개선을 포함한 공중보건에 관한 법률이 제정되기 시작하였다.[8] 질병을 유발하게 하는 불량주거환경의 개선문제가 그들의 주택문제 인식의 첫단계라 해도 과언은 아니다. 당시의 주택문제는 단순히 불량주거지에 거주하는 저소득노동자계층이나 도시빈민들에게만 국한된 문제가 아니고 도시전체의 시민건강과 도시발전의 장애요소로 파악되었다.

도시화는 국가의 산업구조를 제1차산업에서 제2차 및 제3차산업으로 변화시키는 과정에서 그 특징을 찾을 수 있다. 즉 도시의 노동력은 주로 제2차 및 제3차산업에서 흡수되며, 도시는 전통적 농업중심사회에서 상업 및 공업중심사회로 전환시키는 장소의 역할을 한다. 그러나 많은 개도국들은 도시가 고용창출능력을 가지고 취업기회를 제공하지 못하는 상태에서 도시화가 진행되어 많은 이농인구가 도시로 몰려와 한계적 고용상태에 머물게 된다. 흔히 가도시화 현상(pseudo urbanization)으로 인하여 과잉노동력문제와 주거환경악화문제가

7) S. Merrett, *State Housing in Britain*, London: Routledge and Kegan Paul, 1979, p. 3.
8) 대표적인 것으로 영국의 공중보건법(the Public Health Act)이 1848년에 제정되었다. P. Hall, *Urban and Regional Planning*, Harmondsworth: Penguin, 1980, p. 28.

대두된다. 과잉노동력문제와 관련하여 생각해 보면 개도국도시경제는 공식부문의 종사자보다 비공식부문(informal sector)의 종사자가 증가하게 된다. 즉 가로경제부문(street economy)이라 불리는 행상, 지게꾼, 소규모가내수공업 등의 종사자가 이농인구와 도시저소득층의 대부분을 차지한다.

개도국의 비공식부문노동인구와 실업상태에 있는 한계인구는 정부가 제시한 건축법, 도시계획법 등의 규정에 맞는 일정수준의 주택을 유지, 구입할 경제적 능력이 없다. 그래서 대부분의 개도국대도시빈민들은 불량촌을 형성하게 되고, 불법무허가주택에 정착하게 된다. 개도국의 가도시화 현상과 불량촌형성은 직접적인 관련을 가지고 있다.

주택문제는 해당국가의 경제발전의 수준, 정치제도, 사회·문화적 특성에 따라 달리 나타나고 있다. 그러나 거의 모든 국가들이 공통적으로 경험하고 있는 주택문제는 무엇인가.

(1) 주택공급의 불균형적 배분

앞에서 언급된 것처럼 선진국의 경우 전체가구수에 비해 주택재고(housing stock)의 수가 많음에도 불구하고 주거수준은 지역간, 소득계층간 불균형을 보이고 있다. 후진국의 경우도 불균형문제와 함께 가구수에 비해 주택의 절대수가 부족하여 지역에 따라서 심각한 주택부족난이 발생하고 저소득층의 주거지역은 불량화, 노후화되어 있는 실정이다.

(2) 불량주택의 상존

정부의 주택보조금제도와 공공임대주택의 공급에도 불구하고 도시불량주택은 상존하고 있다. 도시불량주택은 국가마다 규모, 위치 및 물리적 수준이 다양하게 나타나고 있지만, 정부가 규정한 정상주택의 수준에도 못 미치는 수준미달의 불량무허가주택이 상존하는 것이 보통이다. 특히 개도국의 도시에는 불량무허가주택의 수가 전체주택수에서 차지하는 비중이 매우 높게 나타나고 있다. 선진자본주의국가의 도시에는 유지관리의 소홀로 인한 노후화된 주택 그리고 정부의 계속적인 주택보수투자가 미흡하여 발생하는 불량화된 공공임대주택들이 유럽선진국에서 많이 나타나고 있다.

(3) 주택가격의 상승과 주택구매능력(affordability)

많은 국가들이 경험하고 있는 것으로서 다른 물가에 비하여 상대적으로 빨리 상승하는 주택가격, 소득에 비해 높은 주택가격으로 인한 임차가구의 주택구입의 어려움을 들 수 있다. 주택가격의 상승과 함께 임대료의 상승도 임차가구에게는 큰 부담이 되고 있어 가구의 주택구입문제와 함께 임대료지불능력의 부족문제가 제기된다.

(4) 주거지분리와 차별

도시생태학자와 지리학자들에 의해 논의된 소득계층별 주거지분리와 분화현상이 주택공급과 수요면에서 나타나고 있다. 민간주택공급의 경우 이윤을 극대화할 수 있는 중·고소득계층을 주대상으로, 그리고 공공부문주택은 저소득층을 주대상으로 주택공급에 주력함으로써 발생하는 주거지의 소득계층별 분리현상은 도시계획 및 도시관리적 측면에서 문제로 대두되고 있다. 한편 주거지분리와 함께 특정계층(예: 유색인종)의 사회적 차별문제가 미국 등 서구국가들에서 나타나고 있다. 주택공급에 있어 제도적 요인의 영향이 아니더라도 도시공간상의 주거지분화와 차별현상은 새로운 주택정책적 과제가 되고 있다.

(5) 주택금융 및 주택보조금수혜대상

주택금융은 해당국가의 경제성장 및 금융, 재정정책에 따라 그 제도적 특징을 찾을 수 있다. 주택부문에 국가의 투자를 얼마나 많이 해야 하고 어느 정도가 적정투자규모인지 그리고 주택융자금, 금리, 저당대출(mortgage)의 범위는 어떻게 설정해야 할 것인지 등 주택금융과 관련된 부문은 매우 복잡한 양상을 띠고 있다. 제도금융으로부터 어떤 사회계층, 소득계층에게 우선적으로 혜택을 주어야 하느냐 하는 문제 그리고 주택금융이 주택정책목표달성에 얼마나 기여하고 있느냐 하는 문제 등을 들 수 있다. 최근 많은 국가들에서 과연 주택금융제도가 시급히 주거안정을 요하는 저소득계층에게 혜택을 주고 있느냐에 대한 논란이 많다. 특히 주택금융을 통한 수혜대상의 선정, 민간건설업의 육성, 저당대출(mortgage) 및 주택자금의 융자금리결정 등이 주요한 문제로 인식되고 있다.

(6) 지역주택시장과 불공정거래

주택시장은 수많은 지역시장으로 구성되어 있다. 주택은 그것이 지닌 본래의 특성인 위치의 고정성, 완제품으로서의 지역간, 국가간 수출입의 불가능으로 인해 필요한 지역, 위치에 입지하여야만 가치가 실현될 수 있다. 따라서 주택에서 지역시장은 매우 중요하게 인식되고 있다. 한편 수많은 지역시장의 존재로 인하여 지역간의 주택가격차, 주택거래불안정, 주택관련정보의 소수인의 독점과 불공정거래행위 등이 발생한다. 이러한 문제들과 관련된 주택의 투기와 독점현상으로 인해 지역별 주택정책집행상의 어려움을 경험하는 국가가 많다.

(7) 특수집단의 문제

노년층, 지체부자유, 부모를 잃은 가정 등 어려움이 많은 특수집단에 대한 주택문제가 대두되고 있다. 특히 선진국의 경우 65세 이상의 무주택노령가구와 신체적으로 어려움이 많은 지체부자유가정의 경우 주택의 디자인, 위치 그리고 정부보조 등의 배려가 강조되고 있다. 사회복지적 차원에서 이러한 문제를 지닌 가구에 대한 정책적 뒷받침이 단지계획, 주택금융 및 주택디자인의 계획단계에서부터 고려되어야 할 것이다.

(8) 도시빈민과 사회주택

빈민들의 주거안정문제는 선·후진국을 막론하고 매우 중요한 사회정책의 대상이 되고 있다. 선진국의 경우 도시빈민들을 위한 사회복지적인 공공부조나 생활보조금이 지급되고 있으나 보다 적극적인 지원책으로는 사회주택(공공영구임대주택)의 공급을 들 수 있다. 국가마다 차이는 있으나 유럽선진국은 많은 수의 공공임대주택을 공급해 왔다. 그러나 최근 사회주택의 수혜대상선정, 공공주택의 유지, 보수정비 등의 어려움 때문에 공공임대주택공급감소 및 불하에 대한 논의가 계속되고 있다.

(9) 불량촌재개발

도시빈민들의 집단거주지인 도시불량촌을 어떻게 재개발할 것인가는 불량촌에 살고 있는 주민의 주거안정문제와 아울러 도시환경정비 및 개선의 문제와 깊은 관련을 지니고 있다. 도시영세민의 주거안정을 위한 재개발정책을 통해 집단이주(relocation), 현지개량 및 지구수복(upgrading and rehabilitation), 공공임대주택의 공급 등 다양한 수법들이 동원되고 있다. 그러나 오늘날 개도국의 도시에서 흔히 볼 수 있는 불량촌의 철거재개발과 집단이주 등의 정책이 빈민들의 삶의 터전을 파괴하며 원주민에게 더욱더 주거불안을 안겨준다는 비판을 받고 있다. 유엔(UN)과 세계은행(IBRD) 등의 국제기구에서는 자조적 현지개량과 정부의 지원을 전제로 하는 부지와 서비스(site and services) 프로그램을 실시함으로써 도시영세민의 주거안정을 도모할 수 있다는 경험적 연구를 제시하고 있다.[9)]

9) World Bank, *Sites and Services and Upgrading, a Review of Bank-assisted Projects*, Washington D.C.: World Bank, Urban Projects Department, 1978; United Nations, *Report of Habitat: United Nations Conference on Human Settlements*, New York, U.N., 1976.

〈표 1-2〉 주택관련 주요 변수의 증가율 추이

(단위: %)

기 간	주택가격	토지가격	건설비용	소비자물가지수
1975~96	12.8	15.1	14.2	9.7
1975~80	31.0	28.5	24.3	18.7
1980~85	12.7	11.7	9.9	10.9
1985~90	8.8	17.9	11.2	5.0
1990~95	2.1	4.6	13.1	6.6

자료: 한국주택은행, 1989, 1993, 1996; K-Y, Kim, "Government Intervention and Performance of the Housing Sector in Korea," International Seminar on Housing Policy in Selected Countries, Seoul, 1997.

지난 20년간 주택가격은 소비자물가지수보다 빨리 상승하였으며, 특히 1970년대 후반과 80년대 초반에 가격이 폭등하였음을 보여주고 있다. 1990년 이후 주택가격이 떨어지거나 보합세를 보이고 있는 것이 주목할 만한 사실이다(〈표 1-2〉 참조).

우리 나라 주택문제는 위에서 언급한 대부분의 국가들이 경험하고 있는 일반적인 주택문제와 크게 다를 바 없다. 그러나 1980년대부터 서울을 비롯한 대도시의 주택문제양상은 외국에서 보기드문 한국 특유의 주택문제로 볼 수 있다.

첫째, 주택가격 및 임대료의 급등이다. 1980년부터 1990년까지 소비자물가는 1.9배 증가한 반면, 주택물가지수는 무려 2.3배나 올랐다. 1990년 초반 이후 주택매매가격은 보합세 내지 가격하락을 경험하고 있지만 전세가격은 상대적으로 상승하였다. 우리 나라 주택가격은 세계에서 가장 비싼 것으로서 서울의 경우, 소득대비주택가격(PIR)은 9.38배(1991년)로 세계 평균인 5.0배를 훨씬 상회하고 있다. 그리고 소득대비임대료(RIR) 역시 세계 평균인 18%보다 월등히 높은 35%를 기록하고 있다.[10]

특히 1980년대 주택가격과 임대료의 폭등은 1987년의 대통령선거 후의 인플레이션 심리와 주택투기붐[11] 등이 작용하였다고 볼 수 있다. 그리고 임대료가 급상승한 것에는 1989년말 개정된 「임대차보호법」의 영향도 있었다. 임대차보호법에서 계약기간 2년 연장조항은 법개정안이 발효되기도 전에 2년치 분을 일

10) J-H. Kim, "Changing Perspectives for the Korean Housing Industry," paper presented at the International Conference on Urban and Regional Development Strategies in an Era of Global Competition, 1994, KRIHS, Seoul: The World Bank, *The Housing Indicators Program: Extensive Survey/Preliminary Results*, Washington D.C., 1992.

11) 주택투기는 여러 가지 형태로 나타나고 있는 데 대표적인 것으로는 ① 명의신탁 ② 가등기 ③ 중간생략등기를 이용한 전매행위 ④ 권리이전이 금지된 아파트입주권전매행위 ⑤ 위장 무주택자신규주택청약 ⑥ 중개업자의 조장에 의한 가격담합행위 등을 들 수 있다.

시에 인상하는 결과를 빚었고, 우선 변제금액의 인상조정도 보증금의 하한선만 올리는 결과를 가져오게 되었다.

외환위기(IMF) 이후 은행의 초저금리 지속으로 유동자금이 부동산으로 몰리기 시작하였으며, 이로 인해 주택가격이 폭등하게 되었다. 특히 2003년과 2005년 전반기에는 서울 강남을 중심으로 주택가격이 급등하여 정부는 다양한 가격안정대책을 수립하게 되었다.

둘째, 부동산투기의 만연이다. 이미 널리 알려진 사실이지만 땅을 소유한 사람 중 상위 5%에 해당하는 54만명이 우리 나라 전체땅의 65.2%를 차지하고 있으며, 상위 5%의 토지소유자는 전체국민의 1.3%에 지나지 않는다. 그리고 땅을 많이 소유한 자는 재벌그룹과 일부 부동산투기꾼이었다는 사실은 재벌기업의 비업무용 땅에 대한 정부의 규제책을 보면 알 수 있다.

〈표 1-2〉에서 나타난 바와 같이 1980년 이후 상승률이 가장 높은 것은 땅값이다. 땅값의 상승은 필연적으로 주택가격과 임대료에 직접적으로 영향을 미친다. 주택은 위치의 고정성과 입지성 때문에 택지의 확보가 필수적이고, 주택가격 중 택지의 비중이 증대하고 있음은 우리 나라 토지가격의 급상승과 연관되고 있다.

셋째, 정부의 주택시장개입 강화에도 불구하고 주택자원의 균형적 배분과 주택수급이 원활하지 못한 실정이다. 사실 우리 나라는 신규분양주택시장에서 가장 강력하고도 지속적인 정부의 통제 및 조정정책을 펴고 1980년대초부터 정부는 주택분양가격을 규제해 왔다.

그러나 장기간동안 분양가규제로 인한 부작용이 나타나, 정부는 1989년 11월과 1990년 5월 주택분양가 현실화 조치인 원가연동제를 서울, 부산, 인천, 광주, 대전 등에서 실시하게 하였다. 이러한 원가연동제 역시 정부의 주택시장개입에 의한 규제된 분양가격이기 때문에 시가와 분양가격간에 차이가 발생한다. 그 차액인 “프리미엄”으로 인하여 투기 및 가수요가 유발되는 왜곡된 주택시장이 형성되고 있다.

한편 주택분양가의 통제·조정과 동시에 아파트당첨에 따른 전매이익의 소지를 없애고 주택가격을 안정시킨다는 목적의 채권입찰제가 1983년 5월부터 실시되었다. 즉 투기에 의한 “프리미엄”을 국고로 흡수하여 무주택서민의 주거안정에 필요한 국민주택기금으로 활용하자는 의도이다. 그리고 민간건설업체들이 택지확보 및 주택건설재원마련을 위하여 주택선분양에 의한 직접금융의 일환으로 주택상환사채제도를 1990년 2월부터 실시하였다. 이 제도는 신도시주택건설에 참여하는 건설업체의 자금난 해소, 미분양사태 사전예방효과, 통화억제 및 조정효과 등을 들고 있다. 이러한 여러 가지 제도는 선진 외국에서는 보기드문 매우 강력한 정부의 시장개입제도이다.

넷째, 주택점유형태(housing tenure)상 임차가구의 증대이다. 1975년 우리나라 주택점유형태를 보면 자가가 64%이고, 차가(임차가구)가 32%였다. 그러나 2000년도에는 자가 거주가구는 54%로 감소하고 차가는 43%로 증대하였다(〈표 1-4〉). 즉 남의 집에 세들어 사는 가구가 빠른 속도로 증가하고 있는 추세이다. 임차가구의 증가 그 자체가 주택문제의 심각성을 내포하고 있다고는 볼 수 없다. 선진국의 예를 보면 주택보급률 100%가 넘는 나라도 임차가구의 비율이 자가비율보다 훨씬 높은 경우가 많다. 문제는 자가소유를 원한다 해도 주택가격의 급격한 상승으로 인해 자가의 꿈을 실현하기 어렵다는 점이다.

오늘날 한국의 저소득층의 주택문제는 공공과 민간임대주택의 안정적 공급으로 상당한 효과를 기대할 수 있으나, 현행 공식적 민간임대주택의 실적은 미미한 실정이다. 민간임대주택산업의 미발달과 임대주택시장의 체계가 확립되지 못하여 임대료의 폭등에 대한 정부정책은 임시방편적인 처방일 뿐이다. 저소득층의 주거불안정은 임대주택의 양적 부족과 질적 수준의 불량화로 더욱 심화되고 있으며, 장기적 임대주택공급대책이 수립되어 있지 못한 상태에서 임차가구수의 증대는 중요한 우리 나라 주택문제의 하나이다.

다섯째, 주택자금의 배분적 형평성 결여이다. 저소득층 주택마련을 위해 지원하도록 되어 있는 국민주택기금은 상당부분 중산층에게 주어지고 있다. 국민주택기금은 임대주택보다 분양주택에 치중하고 있어 저소득층의 주거안정목적에 크게 기여하지 못하고 있는 실정이다. 이러한 주택기금의 배분적 형평성 결여는 국가주택정책의 목표대상집단의 우선순위가 분명하지 못한 데서 기인한다. 국민주택기금으로 공급되는 주택 중 분양주택의 비중이 높다면 주택을 구입할 만한 능력이 없는 저소득층은 상대적으로 주택기금의 혜택을 적게 받는 결과이다. 국민주택기금의 배분원리는 복지요소가 가장 중요한 기준이 되어야 한다.

〈표 1-3〉에 나타난 바와 같이 1990년 이후 주택보급률은 점차 증가하는 경향을 보이고 있으며 가구당 가구원수는 감소하고 가구당 평균사용방수는 증대되는 변화를 보이고 있다. 전반적으로 주거수준이 향상되고 있다는 증거이다. 주택당 건평 역시 해가 거듭할수록 증대되는 경향을 보이고 있다. 그러나 아직 우리나라는 선진국에 비해 주택보급률이 현저히 낮은 수준이며 주택의 질적인 면에서도 많은 문제점을 지니고 있다.

〈표 1-3〉 주택현황, 1970~2010

(단위: 천인, 천호, %, 인, 수, m²)

구분	가구수[1] (천인)	주택수[2] (천호)	주택보급률[3](%)	GDP대비 주택 투자율	가구당 가구원수	가구당 평균 사용방수	방당 인구수 (인)	주택당 평균규모 (m^2)
1970	5,576	4,360	78.2	4.2	5.4	2.3	2.4	46.7
1980	7,470	5,319	72.8	5.5	4.6	2.1	2.1	68.4
1990	10,168	7,357	72.4	8.8	3.7	2.5	1.5	80.8
2000	14,391	11,472	96.2	3.9	3.2	3.4	0.9	81.7
2010	17,339	14,677	101.9	3.3	2.7	3.7	0.7	83.4

주: 1) 보통가구수로서 총가구에서 외국인가구, 집단가구, 1인가구 및 비혈연가구를 제외하였음.
2) 1980년부터 공가는 제외됨.
3) 1980년부터 주택보급률은 공가를 포함시켜 산출한 것임.
자료: 대한주택공사, 「주택통계편람」, 2008; 통계청 http://kosis.kr/wnsearch/totalSearch.jsp 참조.

주택문제의 인식은 세부주택정책의 내용과 그 운영, 기술지향적 주택건축과 주택산업, 그리고 주택시장메커니즘의 작용 등에만 국한하여 생각할 수 없다. 주택문제는 그 나라의 정치·경제제도와 사회이념의 맥락에서 조명되어야 한다.[12] 따라서 주택문제의 성격에 따른 정책적 처방은 넓은 의미의 거시적 정치경제에 대한 이해에서 출발하여야 하고, 이를 바탕으로 해당 국가 및 지역의 세부주택정책이 상향적 방식에서 도출되는 주택정책의 인식전환이 요청되고 있다. 보다 거시적, 이념적 주택정책에 대해서는 제 2 장에서 논의하도록 한다.

〈표 1-4〉 점유형태의 변화, 1970~2010

(단위: %)

구분	1970	1980	1990	2000	2010
자가	71.7	58.6	49.9	54.2	54.2
전세	26.1	23.9	27.8	28.2	21.7
월세	—	15.5	19.1	14.8	21.4[1]
기타	2.2	2.0	3.2	2.8	2.7
계	100.0	100.0	100.0	100.0	100.0

주: 1) 사글세 1.3%를 포함한 것.
자료: 대한주택공사, 「주택통계편람」, 2008, p. 92;
통계청 http://kosis.kr/wnsearch/totalSearch.jsp 참조.

12) Seong-Kyu Ha(ed.), *Housing Policy and Practice in Asia*, London: Croom Helm, 1987, 제 1 장 및 D. Donnison and C. Ungerson, *Housing Policy*, Harmandsworth: Penguin, 1982 참조.

제3절 주택연구의 제 접근

Ⅰ. 주택연구와 관련분야

현대의 모든 학문이 다른 학문과 관련을 맺지 않는 것이 없지만 주택에 관한 연구는 특히 타 학문분야와 깊은 연관성을 가지고 있다. 그래서 주택학은 다른분야와 의존성(interdependent), 제휴성(interdisciplinary)을 그 특징으로 하고 있다.[13] 현재 주택연구는 전통적인 학문분야로서 전문가그룹을 형성하는 하나의 독립된 학문체계를 이루고 있다고 규정하기에는 이른감이 없지 않다.[14]

한편 '주택문제'에 대한 인식과 접근은 개별적인 독립된 연구 패러다임으로는 한계가 있다.[15] 이는 주택생산과 이용에 직접, 간접으로 영향을 미치는 그 사회의 여러 제도와 사회구조에 따라서 접근이 달리 나타나고 있기 때문이다. 지리학자는 주택의 입지와 주거지분화 등의 공간적 문제에, 경제학자는 주택의 공

〈그림 1-2〉 주택연구의 관련분야

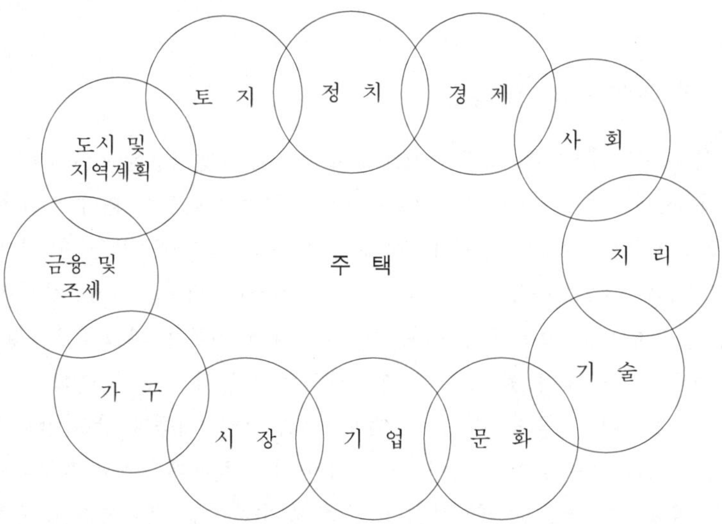

13) S. Lindamood and S. D. Hanna, *Housing, Society and Consumer*, St. Paul, West, 1979, p. 2.

14) L. S. Bourne, *op. cit.*, p. 9.

15) 예를 들어 주택문제는 경제적, 정치적, 사회적, 문화적, 지리적, 심리적 제요인들의 복잡한 연관성속에서 파악되어야 하기 때문이다.

급과 소비 그리고 주택시장메커니즘에, 정치학자는 주택공급과 분배에 따른 제도 및 정책결정 등을 중심적으로 연구하고 있다. 또한 주택건설에 필수적으로 따르는 물리적 시설과 주택디자인은 건축학자, 토목학자들의 관심이 되고 있다. 주택연구의 관련분야는 〈그림 1-2〉를 통해 알 수 있는 바와 같이 종합과학적인 접근을 필요로 한다.

위의 주택연구관련분야를 좀더 구체적으로 분류하여 생각해 보면 시간적 차원으로서 거시적이냐, 미시적이냐를 구분할 수 있으며 공간적 차원으로는 전국토를 대상으로 하느냐, 아니면 지역주택시장을 형성하는 좁은 단위의 지역대상이냐를 생각해 볼 수 있다. 전국토를 대상으로 한 주택자원의 분배, 지역간 불균형의 해소 등은 거시적 차원의 주택공급계획 및 정책의 문제와 관련되고, 지역주택시장을 대상으로 하는 지역적·미시적 접근은 해당지역의 인구, 주택소비, 입지요인, 주거이동 등이 관심의 대상이 된다.

더 나아가 주택을 수요적 측면과 공급적 측면으로 나누어 생각해 볼 수 있다. 수요적 측면의 연구란 주거입지모델, 지역적 주택수요패턴과 주택수요판단 등을 들 수 있으며, 공급적 측면이란 토지개발, 국가주택공급을 위한 투자, 공급에 따르는 제법률적 규정과 주택공급기관의 역할을 생각해 볼 수 있다.

Ⅱ. 주택연구의 제접근

주택연구는 크게 생태학적(ecological), 신고전적(neo-classical), 제도적(institutional) 그리고 맑스주의적(Marxist) 접근으로 나누어 볼 수 있다.[16] 첫째, 생태학적 접근은 1930년대 시카고학파의 연구에서 기원을 찾을 수 있다. 생태학적 접근은 다윈(C. Darwin.)의 진화이론과 스펜스(H. Spencer)의 '경쟁과 적자생존' 이론을 바탕으로 발전된 것이다. 시카고학파의 이론은 파크(R. E. Park, 1936)의 논문에 잘 요약되어 있다. 그는 인간사회는 생물적 수준과 문화적 수준으로 조직되어 있으며, 생물적 수준은 경쟁과 지배, 침입, 계승과 같은 생태학적 과정을 들어 설명하였다. 이러한 비인격적 요소들이 사회체계속에서 작동하여 주거지분화를 발생시킨 것으로 해석하였다. 문화적 수준이란 생물학적 수준의 상부구조이며, 공간을 둘러싼 경쟁과 그 결과로 발생하는 공간질서는 일차적으로 생태학적 질서의 산물이라 지적하였다.

16) K. Bassett and J. Short, *Housing and Residential Structure*, London: Routledge & Kegan Paul, 1980, pp. 1～3.

이러한 생태학적 개념이 도시에 적절히 융합시킨 것은 브제스(E. W. Burgess, 1925)의 동심원적 도시성장이론에 잘 나타나 있으며, 이후 위스(L. Wirth), 하울리(A. Hawley), 던컨(J. S. Duncan) 등에 의해서 보다 풍부한 경험적 관찰을 바탕으로 모형을 개발하였다. 생태학적 주택연구는 주로 주거지의 분화, 주거지와 주변환경과의 관계와 상호작용 등을 규명하는 데 초점이 맞추어져 있다.

둘째, 신고전적 접근은 신고전경제학의 세계관에 근거하고 있다. 신고전주의 4가지 가정을 토대로 한 주택에 관한 연구는 상쇄모형(trade-off model)이 대표적이라 할 수 있다. 즉 가계(가구)는 효용을 극대화하기 위하여 접근성과 공간(space)을 상쇄(교환)하는 것으로 보고 있다. 이러한 신고전경제학적 주택연구는 철저히 개인주의, 인간의 합리적 선택행위 그리고 효용의 극대화라는 점에 근거하고 있다.

셋째, 제도적 접근은 베버리안 전통에 근거를 둔 접근방식이다. 이 접근의 발전은 미국을 중심으로 한 북미와 영국을 중심으로 한 서유럽에서 태동하였다. 북미에서는 주로 사회과학자를 중심으로 토지 및 주택시장의 메커니즘을 권력과 갈등요인을 중심으로 분석하였다. 이들은 주로 정치학적 이론을 중심이론으로 하고 있다. 한편 영국을 중심으로 한 서유럽의 주택연구는 주로 도시사회학자, 도시지리학자 등이 중심이 되어 베버리안사회학적 배경으로 가구유형별 주택선택 및 주거이동에 관련한 장애요소(압박) 그리고 주택을 둘러싼 제도적 구조를 분석하고자 시도하였다. 대표적 학자로서 팔(R. E. Pahl)을 들 수 있다.

넷째, 주택의 맑스주의적 접근은 1970년대부터 본격화되었다. 이 접근은 사적유물론을 토대로 상품으로서의 주택의 역할과 위상 그리고 노동력 재생산에 있어 필수요소로서 주택의 역할을 분석하고자 한 것이다. 이러한 접근의 대표적 학자로는 하비(D. Harvey)와 카스텔(M. Castells)을 들 수 있다. 하비의 접근을 보면 자본주의사회에서의 노동자들의 자가소유화는 개인주의부르주아적 가치관을 갖게 하며 이는 정규직업참여를 통한 지배적 사회질서에 편입된다고 했다. 한편 주택소유의 확대는 인간의 보수주의적 성향을 유도하여 개혁적인 사회변화활동을 억제하는 기능을 갖게 한다. 맑스주의적 주택연구는 주택을 둘러싼 도시환경을 계급과 신분집단들의 갈등관계를 상정하고 이는 보다 넓은 정치·경제구조적인 관점에서 접근되어야 함을 강조하고 있다.

이러한 네 가지 접근 이외에 부분적으로 중복되기는 하지만 주택연구의 행태적 접근(behavioral approaches), 구조주의적 접근(structural approaches) 그리고 문화규범적 접근(cultural norm approaches) 등을 들 수 있다. 행태적 접근은 개인 혹은 가구의 주거이동에 관심을 가지고 주로 실증적(경험적)인 연구가 주류를 이루고 있으며 대표적 학자로는 커크(W. Kirk), 로엔달(D. Lowenthal), 브라운과 무어(L. Brown and E. Moore)를 꼽을 수 있다. 구조주의적 접근은 대표적으로 카스텔 등의 정치경제학적 논의와 개인주의와 상반되는 입장의 인간의 외적 구조를 주거현상의 주요 요인으로 보는 것 등이 주요한 개념을 형성하고 있다. 그리고 문화규범적 접근은 주거문제의 근원은 해당사회의 규범적 구조에 기인한다는 논리를 펴는 접근이다. 문화규범적 접근의 특징은 주택연구에 있어 가족이라는 사회단위를 매우 중요하게 인식하며 이는 가족규범(family norm)을 형성하고, 또 이 가족규범은 큰 범위의 사회규범의 틀 속에서 주거문제를 정의하고 풀어나가야 한다는 주장이다. 대표적 연구자로 모리스와 윈터(W. Morris and M. Winter)를 들 수 있다.

제 2 장 : 주택정책의 본질

제 1 절 주택정책의 목표와 국가개입

Ⅰ. 국가개입의 이유와 목표

주택정책의 목적이 무엇인가를 이해하려면 국가(정부)의 주택부문 개입이유를 밝히는 데서부터 출발한다. 즉 정부는 누구를 위하여 주택부문(구체적으로 주택시장)에 개입하며, 왜 개입해야 하느냐라는 근본적인 질문을 제기할 수 있다. 이러한 근원적 질문에 대한 논의는「국가개입」의 이유를 이론적으로 분석한 국가의 역할 및 정치이념과 관련되어 전개될 수 있다.

정치적 측면에서 국가개입의 일반적 특성을 몇 가지로 구분할 수 있다. Dunleavy와 O'Leary[1)]의 구분에 따르면 첫째, 국가는 그 사회의 발전과 유지를 위하여 법적인 틀(근거)을 제공함으로써 외부의 침입으로부터 국토방위와 전통적·도덕적 가치를 유지시키고자 하는 역할을 한다.

둘째, 국가는 경제체제(economic system)에 개입함으로써 생산의 조정, 사유재산권의 제한, 소득의 재배분을 통해 재화와 용역을 국민에게 적절히 제공할 수 있게 하는 역할을 한다.

북미와 서유럽국가의 경우, 신자유주의(the New Right)적 정치이념하에서는 첫번째 국가의 역할과 기능에 충실하려고 한다. 반면, 사회주의적 정치이념하에서의 국가들은 두 번째 역할에 더욱 큰 비중을 두고 있다. 〈그림 2-1〉에서는 주요이념과 국가개입형태를 나타내고 있다. 즉 강력한 국가개입형태와 비교적 국가개입이 적은 형태로 분류되는데 Y축은 법률, 질서, 국방 그리고 전통적 가치를 유지하려는 것이고, X축은 생산의 조직과 소득재분배 그리고 복지에 치중

1) P. Dunleavy and B. O'Leary, *Theories of the State*, London: Macmillan, 1987, p.7.

〈그림 2-1〉 국가개입의 이념적 시각

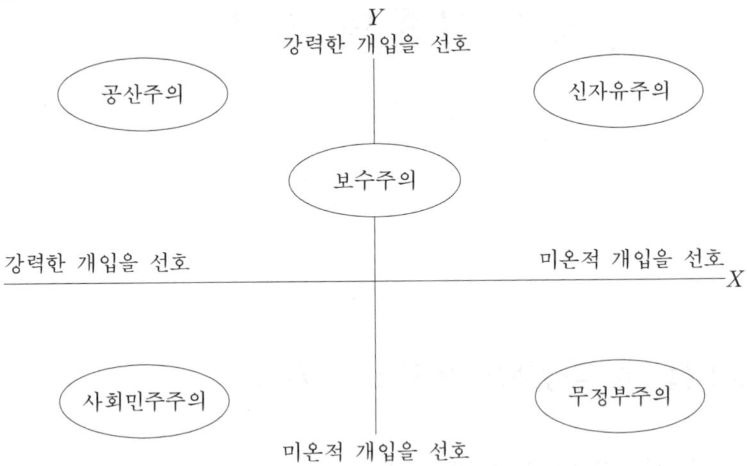

X=개입의 두 번째 영역: 생산의 조직화, 재분배 그리고 복지
Y=개입의 첫번째 영역: 법, 질서, 국방 그리고 전통적 가치의 유지

자료: P. Dunleavy and B. O'Leary, *Theories of State*, London: Macmillan, 1987, p. 8.

하는 것을 의미한다.

국가가 주택부문에 개입하여 어떠한 이념적 노선을 따르느냐에 따라 주택정책의 목표가 달리 나타난다. 예를 들어 공산주의이념 하에서의 주택은 근본적으로 사유화가 불가능하고 국가가 주택을 공급, 배분하며 또한 주택관리의 주체가 된다. 따라서 주택의 교환가치는 의미를 잃게 된다. 그러나 신자유주의(the New Right)적 이념하에서는 시장경제의 원리에 따라 주택의 사유화는 물론 주택의 교환가치(exchange value)와 사용가치(use value)를 동시에 존중한다. 한편 사회민주주의(social democratic)이념 아래서는 사회복지와 소득재분배적 측면에서 주택정책의 목적이 부여되고 있다.

이러한 이념적인 주택정책적 목표구분 이외에 Malpass와 Murie[2]는 두 가지 이론적 틀 위에서 주택정책을 설명하고 있다.

첫째, 기능주의적 접근(functionalist approaches)으로서 사회는 균형상태로 이행된다는 전제하에 사회체제의 건전한 발전을 기하기 위하여 주택정책은 산업사회가 지닌 역기능적 현상(예로, 과밀과 공중보건위생문제 등)을 제거하는 데 초점을 맞추고 있다. 즉 국가는 사회전체를 대표하여 인간정주환경 전반을 개선하

2) P. Malpass and A. Murie, *Housing Policy and Practice*, London: Macmillan, 1982, pp. 3~4.

기 위한 목적으로 주택부문에 개입하여 주택정책을 수행하게 된다.

둘째, 마르크스주의적(Marxist theory) 접근인데, 이는 계급간의 갈등에 기초하여 주택정책을 계급투쟁의 산물로 보고 있다. 즉 지배계급의 이익을 확보하는데 국가가 개입하는 것이지 모든 사람들의 복지적 주거환경개선을 추구하기 위하여 개입하는 것은 아니라는 관점이다. 예를 들어 서유럽선진국의 사회주택(공공임대주택)의 공급은 노동자계급의 주거환경개선을 위한 끊임없는 투쟁의 산물로 보고 있다.

기능주의적 접근과 마르크스주의적 접근 둘 다 국가가 주택부문에 개입하는 이유는 「시장메커니즘의 실패」에 기인한다는 것에는 의견을 같이하고 있다. 시장기능을 통한 주택의 생산과 배분과정에서 여러 가지 역기능적 사회문제를 유발시키고 있다는 지적은 위의 두 접근에서 동시에 나타나고 있다. 그래서 국가의 개입은 시장메커니즘에 의해 발생된 문제와 연관되고, 주택정책은 이러한 문제발생을 사전에 조정, 예방하기 위한 것으로 해석된다.

주택시장에서 발생하는 여러 가지 문제는 그 나라의 정치제도, 경제수준 그리고 사회심리적 다양성 때문에 일률적으로 규정하기는 어렵다. 그러나 자본주의 체제 하의 주택시장에 나타난 문제점과 이에 따른 국가개입의 이유는 크게 세 가지로 압축된다.[3)]

첫째, 배분상의 문제이다. 주택은 그 사회의 생산적 자원으로서 배분적 형평성을 유지해야 한다는 점이다. 시장기능에만 의존할 경우 주택이라는 희소자원이 불공평하게 배분될 수밖에 없고, 이는 지역간, 계층간, 산업부문간의 갈등을 유발하는 중요한 원인이 될 수도 있다.

둘째, 경제안정 및 성장에 관련된 문제다. 주택의 생산과 배분이 장·단기적으로 안정되어 있지 못한 경우 국민경제에 큰 영향을 미치게 된다. 한 국가경제를 안정시키고 성장을 유지시키기 위해서는 정부개입을 통한 주택시장 및 주택관련산업의 안정이 필수적이다.

셋째, 보다 나은 주거환경에서 인간다운 삶을 영위할 수 있도록 하려는 국가의 노력으로 이해된다. 주택은 인간의 기본적 권리요 삶의 조건이기 때문에 국가가 개입하여 최소한의 주거수준을 영위할 수 있도록 하고 이를 보장하는 정책수단을 강구하는 것이다.

주택문제는 국가의 개입으로 「해결」된다기보다 주택문제의 「성격이 변화」

3) 여기에 대한 논의는 L. S. Bourne, *The Geography of Housing*, London: Edward Arnold, 1981와 Malpass and Murie, *op. cit.*를 참조하기 바람.

된다는 지적이 있다.[4] 주택문제는 시대적·경제적·정치적 상황으로 그 성격이 달리 나타나고 있다. 예를 들어 선진국 중 영국은 긴 세월 동안 국가의 적극적 개입과 노력에도 불구하고 금세기 초의 주택문제나 지금의 주택문제는 그 성격상 큰 차이를 보이고 있을 뿐 문제는 계속적으로 발생하고 있다는 점이다. 세계 어떤 국가도 주택문제를 완벽하게 해결했다고 평가되는 나라는 찾아보기 힘든다.

Ⅱ. 국가개입정도

경제수준의 정도와 정치이념의 차이에 따라 전세계 모든 국가들을 3개의 부류로 대별하여 주택정책의 목표와 범위를 생각해 볼 수 있다.

첫째, 자본주의체제하의 선진국(특히, 북미, 서유럽국가들)의 경우를 보자. 물론 선진자본주의국가들이 정치이념과 사회체제가 모두 동일하다는 의미는 아니다. 그러나 대부분의 선진국들은 아래의 사항들이 주택정책에 있어 필수적인 고려사항이 되고 있다.

1) 주택정책의 위상이 다른 국가발전정책들, 즉 경제정책이나 타사회정책(교육, 보건위생 등)과 비교하여 결코 그 비중이 낮지 않다는 점이다. 사회복지를 강조하는 국가일수록 주택정책의 위상이 상대적으로 높다.

2) 직접적이든 간접적이든 구미선진국들은 주택의 보조금(장려금)제도를 취하고 있다는 점이다. 주택은 시장메커니즘만으로는 원활한 수요와 공급이 어렵다는 인식하에 정부가 민간에 대한 보조금 등의 지원책을 채택하고 있다.

3) 주택정책에서는 주택의 「적정입지문제」가 고려되고 있다. 특히 저소득 주택문제를 완화하기 위하여 주택의 적정입지문제는 중요한 부분을 차지한다. 왜냐하면 주택의 입지가 저소득계층의 직장과 근접되어야 정책적 효과를 발휘할 수 있다는 점에서 나온 것이다. 그래서 선진국주택정책은 주택의 공간적 배분과 입지적 효율성이 중시되고 있다.

4) 정부의 시장개입과 관련하여 국가에 따라 강력한 개입을 취하고 있는 나라가 있는가 하면, 최소한의 미온적 개입에 국한하는 나라도 있다. 정부개입의 정도가 결국 어떤 사회계층과 어느 지역을 정책의 중심으로 하느냐의 문제와 연관되어 있다. 대부분의 구미선진국들은 저소득층과 사회적으로 소외된 계층을

4) D. Donnison and C. Ungerson, *Housing Policy*, Harmondsworth: Penguin, 1982, pp. 13~14.

주된 대상으로 하고 있으며, 도시지역이 농촌지역보다 우선순위가 높은 게 일반적이다. 정부가 누구를 위하여 어떤방식으로 개입하여야 하느냐의 범위문제가 주택정책의 주요 논쟁이 되고 있다.

5) 모든 주민에게 최소한의 주거수준은 확보되어야 한다는 데 거의 모든 구미선진국들은 의견이 일치하고 있다. 인간의 기본적 삶의 조건인 의, 식, 주로서 생존권적 적정주거수준의 유지는 국가가 취해야 할 가장 기본적 의무로 본다. 그래서 그들은 인간의 최저주거기준(housing minimum standard)을 정하여 이 기준에 미달하는 주택 및 가구에 대하여 주택정책적 우선순위를 부여하고 있다.

6) 주택정책의 수립과 집행에 있어 지방자치단체(지방정부)의 역할이 지대하다. 국가마다 약간의 차이가 있긴 하나 대부분의 구미선진국들은 주택정책에서 지방정부의 역할을 존중하여 주택의 공급, 배분 그리고 시장개입이 지방정부를 중심으로 되어 있다. 이러한 지방정부중심적 주택정책은 지방자치제와 깊은 연관을 지니며, 주택체계상 상향적(bottom-up) 접근을 기초로 하고 있다는 점이다.

상기 언급된 구미 자본주의 선진국들의 경우, 주택정책은 다른 국가발전정책과 비교하여 그 중요성에 대한 인식이 증대되고 있으며, 정부의 시장개입은 기정사실화되어 있다. 문제는 정부가 어느 정도, 누구를 위하여, 어떤 방식으로 개입하느냐의 논쟁이 주택정책의 주요한 목표와 범위가 되고 있다.

둘째, 사회주의국가들의 주택정책이다. 기본적으로 사회주의국가주택정책은 중앙의 계획경제체제에 따라 주택을 포함한 거의 모든 것이 국가소유를 원칙으로 하고 있다. 1980년대 후반부터 사회주의국가들의 사적소유의 부분적 허용과 개방화정책으로 계획경제체제의 구조적 변화가 일기 시작하였다. 사회주의 국가들은 대부분의 소비제품이 민간기업이나 시장메커니즘을 통한 생산과 배분보다는 국가가 생산, 배분을 통제하는 것에 초점을 맞추어 왔다. 이러한 관점에서 주택정책의 접근이 자본주의사회체제와는 근본적으로 차이가 있다.

이론적으로 보면 사회주의적 생산양식과 배분은 자본주의사회에서 흔히 발견되는 시장메커니즘상의 배분의 불균형과 계층간의 갈등은 없을 것으로 보인다. 그러나 사회주의국가들 역시 주택자원의 배분상 갈등이 존재할 뿐 아니라 주거수준이 크게 향상되지 못하고 있다는 점은 사회주의계획경제가 지닌 한계점과 연관됨을 간과할 수 없다.[5)]

셋째, 제 3 세계(개도국 혹은 저개발국)의 주택정책으로서 구미선진국과는 주

5) D. Donnison and C. Ungerson, *op. cit.*, Ch. 6 참조.

택상황이 큰 차이를 보이고 있다. 개도국의 일반적 주택문제는 ① 주택재고의 절대적 부족, ② 인구의 도시집중과 불량촌의 형성, ③ 국가발전정책상 주택정책의 상대적 열위, ④ 소비자주택구매력의 미흡, ⑤ 공공주택공급을 위한 정부의 재정능력의 부족 등을 들 수 있다.

개도국은 Abrams[6]가 지적한대로 많은 주민들이 기본적으로 누려야 할 최소한의 주거수준을 유지하지 못하고 있는 상황이다. 한편 대부분의 개발도상국들은 정치적으로 안정을 유지하지 못하여 일관성 있는 주택정책을 펴지 못하고, 정치적 과시나 전시용의 주택정책이 많았다. 이러한 것들은 개도국의 권위주의 정부의 출현과 밀접한 관련을 지니고 있다.[7]

개도국도시들에서 흔히 볼 수 있는 "불량촌"(squatter settlements)의 형성은 개도국도시가 경험하는 가도시화(pseudo urbanization)와 관련을 지니고 있다. 농촌에서 밀려오는 저소득층인구를 수용할 만한 도시의 제반시설의 부족과 이들을 흡수할 수 있는 일자리가 제한되어 있으므로 해서 소위 한계적 인구가 증대하고 비공식부문이 도시경제에서 중요한 몫을 차지하게 된다.

개도국정부의 시장개입과 주택정책의 목표를 정리해 보면 아래와 같다.

1) 도시빈민, 저소득층의 주거안정을 도모하기 위하여 정부가 개입된다. 이 경우 서구선진국들처럼 대량의 공공주택을 공급하지 못하고 국가재정상 공공주택은 극히 제한적으로 공급된다. 이러한 제한적인 공공주택도 도시빈민에게 돌아가기보다는 권력과 재력을 가진 일부 특권층이 차지하는 배분상의 모순이 흔히 발견되기도 한다.[8]

2) 정부의 시장개입은 대부분 도시계획 등의 계획기준마련과 법적조치를 통하여 주택시장을 조정한다. 정부개입은 주로 토지개발, 조세, 주택건축재료의 수입제한, 주택금융 등으로 구성되고 있으나, 소비자들의 구매력 증대조치들은 큰 효과를 거두지 못하고 있다. 이유는 대부분 개도국의 금융제도의 미발달과 신용에 근거한 주택금융이 제대로 이루어지지 못하고 있음을 지적할 수 있다.

3) 정부의 직접적 공공주택공급이 제한적이고, 소비자의 주택구매력이 부족한 상황 하에서 주택문제해결방안은 주로 "부지와 서비스"(site and services)정책에 큰 비중을 두는 개도국이 많다.

---

6) C. Abrams, *Man's Struggle for Shelter in an Urbanizing World*, Cambridge: M.I.T. Press, 1964 참조.

7) Seong-Kyu Ha(ed.), *Housing Policy and Practice in Asia*, London: Croom Helm, 1987, p. 6.

8) A. Gilbert and J. Gugler, *Cities, Poverty and Development*, Oxford: Oxford University Press, 1982.

"부지와 서비스"라는 정책적 발상은 Turner 등이 주장한 개도국주민의 자조적 노력에 근거한 주택문제해결방식인 "자조주택론"(self-help housing)에 철학적 근거를 두고 있다. 이에 대한 논의는 제19장에서 보다 자세히 다루도록 한다.

상기 언급한 여러 국가들의 주택정책의 개략적인 설명과 아울러 정부의 개입방식과 정도를 예시한 〈표 2-1〉이 이해에 큰 도움을 주리라 생각된다. 특히 스웨덴의 경우는 정부조정하의 민간시장을 유지하고 강력한 정부개입과 동시 공공주택의 확대, 토지의 공유화를 강화해 온 나라이다. 그리고 사회주의국가 중 중국의 경우는 계획경제하에서도 민간부문주택을 허용확대해 나가는 제도로 전통적 사회주의접근방식에서 크게 변화하고 있음이 주목된다.

1990년 중반부터 정부의 역할을 시장의 실패를 교정·수정하는 것에 국한 최소화해야 한다는 신자유주의자들의 주장과, 복지국가의 양극단의 입장 중에서

〈표 2-1〉 주택체계 및 정부개입정도

형태(주택체계)	예(국가)	조정의 핵심	주택생산의 성격
자유방임주의, 신자유주의	미국, 캐나다, 호주	민간시장경제 하의 최소한의 공공주택부문	시장에 의한 주택공급 자가소유가 지배적, 특수한 경우에만 정부개입
사회복지와 신보수(자유)주의	영국	민간시장경제가 원칙, 그러나 공공주택의 중요성	시장에 의한 주택공급이나 공공부문주택이 많은 비중을 차지
사회민주주의	스웨덴	공공의 통제 하의 민간시장경제	주택의 소유와 주택금융이 정부의 조정 하에 있음
사회주의	중국	계획경제 하의 주택, 그러나 상당부문 개인소유를 허용	국가조정 하의 주택공급
사회주의 (순수국가조정)	북한	주택의 국가공급과 조정	주택은 국가가 공급, 배분함
권위주의	제3세계 자본주의 국가(개도국)	민간시장경제, 전시행정적 공공주택	시장에 의한 주택공급, 복지적 공공주택은 미미함. 대안적 주택공급으로 "부지 및 서비스" 프로그램 등

자료: L.S. Bourne, *The Geography of Housing*, London: Edward Arnold, 1981, p.236 〈표 11-1〉을 부분수정, 보완하였음.

정부의 적극적인 역할을 강조하는 제3의 길을 찾아야 한다는 영국의 사회학자 기든스(A. Giddins)의 견해가 이념적·사회경제적 반향을 불러일으키고 있다. 그의 새로운 이념적·철학적 패러다임(paradigm)은 유럽 사회민주당의 정책과 적절한 제도·규제·법률적인 틀을 마련하고 부응하면서도 일의 인센티브를 훼손하지 않는 것, 효율과 공평성간의 균형을 맞추는 공공행정의 도입 등의 내용을 포함하고 있다. 기든스의 제3의 길의 개념은 사회민주주의 쇄신(renewal), 즉 사회민주주의자들의 과거 100년이 넘는 기간 동안 수행해야 했던 '주기적인 사고전환(paradigm)'의 현대적 의미로 사용한다고 규정하고, 자본주의와 사회주의 결합이 아니라 신자유주의적 자본주의와 구식 사회민주주의를 모두 극복·도전의 대상으로 상정하고 중도좌파의 미래를 구현하자는 것이다.

제2절 주택정책과 사회사상[9)]

주택정책의 이론적 논의를 위해서는 주택정책에 영향을 미친 사회사상에 관한 이해가 요망된다. 주택정책과 주택의 연구는 사회분석(social analysis)의 가장 복잡한 부분 중의 하나이다. 주택정책에 관한 가장 중요한 논의는 ① 주택의 사회적 소요 ② 시장 및 조세에 의한 경제적 분석 그리고 ③ 정치적 이념과 체제에 관련된 이론적 분석이다. 주택은 하나의 물리적 구조물로서 뿐만 아니라 현대민주사회(modern democratic societies)의 발전과 함께 등장한 제사회이론 및 경제이론과의 관계속에서 이해하는 것이 필수적이다. 주택과 관련된 이념과 사상들을 개관해 보도록 한다.

9) 주택정책과 사회사상에 관한 논의는 다음의 문헌을 참고바람: ① C. Pugh, *Housing in Capitalist Societies*, London: Gower, 1980; ② D. Harvey, *Social Justice and the City*, London: Arnold, 1973; ③ H. Stretton, *Capitalism, Socialism and the Environment*, London: Cambridge University Press, 1976; ④ H. J. Gans, *People and Plans*, Harmondsworth: Penguin, 1972; ⑤ M. Bowley, *Housing and the State, 1919～1944*, London: George Allen and Unwin, 1945; ⑥ S. D. Chapman(ed.), *History of Working Class Housing*, Newton Abbot: David and Charles, 1971; ⑦ A. A. Nevitt, *Housing, Taxation and Subsidies*, London: Nelson, 1966; ⑧ P. Marris and M. Rein, *Dilemmas of Social Reform*, London: Routledge and Kegan Paul, 1972; ⑨ B. Headey, *Housing Policy in the Developed Economy*, London: Croom Helm, 1978; ⑩ P. Dunleavy and B. O'Leary, *Theories of the State*, London: Macmillan, 1987; ⑪ S. Merrett, *State Housing in Britain*, London: Routledge and Kegan Paul, 1979; ⑫ P. Saunders, *Social Theory and the Urban Question*, London: Hutchinson, 1986; ⑬ J. Kemeny, *Housing and Social Theory*, London, Routledge, 1992.

I. 공리주의와 「리카도」 경제이론

산업화가 빨랐던 영국에서의 초기 주택개혁의 배경은 공리주의적 정치이론(utilitarian political theory)과 「리카도」경제학(Ricardian Economics)과 깊은 연관을 지니고 있다. 주택정책에 지대한 영향을 끼친 이론적 사상은 공리주의(Utilitarianism)[10]에서 찾을 수 있다. 특히 Edwin Chadwick(1800~1890)은 공리주의 주창자인 Jeremy Bentham(1748~1821)의 사상에 영향을 받아 초기 영국의 주택개혁에 큰 역할을 하였다.

공리주의는 19세기 전반 영국을 지배한 사회사상이며, 공리주의자들은 자연권의 관념을 부정하고 실증법주의를 취하면서, 공리의 원리를 도덕의 원리만이 아니라 입법의 원리로 보았다. 공리주의의 주장은 "최대다수의 최대행복"이었다. 이러한 주장의 내용은 사회는 개개인의 집합이므로 사회적 행복이 극대화되기 위해서는 각 개인의 행복이 극대화되어야 한다는 철저한 개인주의적 측면을 엿볼 수 있다. 그리고 실정법만이 권리의 기원이므로 사회적인 쾌락의 존재에 결정적 역할을 하는 것은 법률이며 법은 사회쾌락의 총량을 증대시키고 고통의 총량을 감소시킨다는 주장이다. 그래서 국가의 기능은 사유재산의 안정을 수호하는데 한정해야 한다는 것이다.

. Chadwick은 이러한 공리주의이념을 적용하여 빈민의 공적구제를 다루는 구빈법(Poor Law)개혁 및 주택개혁을 시도하였다. 그는 공리주의에서 말하는 모든 인간은 쾌락을 구하고 고통을 피하려는 존재로 파악하고 있다는 점에 착안하여, 인간의 쾌락과 기초수요를 충족시키기 위한 것으로 국가의 기능과 제도적 장치를 강조하였다.

공리주의는 경제적 가치를 설명하기 위한 효용성(utility)이라는 경제학적 개념과 밀접한 연관을 지닌다. 즉 공리주의에서 설명되는 인간의 쾌락과 고통의 인식은 경제학에서 말하는 경제적 효용성 및 비용-편익분석과 연관지우고 있다. 그래서 Chadwick은 일반적인 비용-편익적 접근을 이미 1828~1854년에 주택 및 보건문제에 적용시켰다.

그는 "영국노동자 위생상태보고서"(Report on the Sanitary Condition of the Labouring Population of Great Britain, 1842)에서 노동자들의 불량주택에서 야

10) 공리주의는 19세기 전반 영국을 지배한 사회사상이며, 1810년대 의회 내외에 형성된 급진주의자로 불리어진 당파적 세력으로 분류된다. 공리주의의 이론과 실천적 대표자는 J. Bentham이며, J. S. Mill은 수정주의의 위치에 있었다.

기되는 질병과 조기사망을 감소시키는 것은 인도주의와 경제적 생산성 증대라는 측면에서 보면 사회에 편익을 가져온다고 했다.

경제학자 Ricardo[11]는 분배론은 단순히 생산물의 분배가 아니라 가치의 분배를 생산과정과 밀접히 결부된 분배라는 것을 강조하였다. 그래서 Ricardo의 경제이론으로 보면 국가가 가난한 사람들을 위해 직접적으로 사회주택(공공임대주택)을 공급하기보다 산업투자를 통해 주택문제를 해결하는 것이 사회적으로 유익하다는 것이다.

Chadwick은 공리주의사상과 리카도경제이론의 몇 가지 요소들을 종합하여 도시 및 주택정책에 적용하였다. 그러나 그는 이러한 위생적 개선의 결과로서 나온 사회적, 경제적 편익은 도시주택의 가치로서 자본화되기 때문에 위생적 개선(불량주택 등)의 비용은 재산세라는 형태를 통하여 충당되어야 한다는 논지를 폈었다. 따라서 노동자들의 주택문제해결을 위해 공공의 보조금(public subsidy)이나 유한이윤주택회사[12]를 통한 방안은 찬성하지 않았다. 그의 주택 및 도시정책에 대한 접근은 주로 질병과 비위생적 문제를 해결하는 데 집중되었지만, 이러한 접근은 주로 리카도경제원칙에 따라 해결되어야 한다는 주장이었고, 노동자의 주택문제가 박애주의적 노력으로는 불가능하다고 보았다.

현대민주사회에 지대한 영향을 끼친 공리주의는 개개인의 이익을 고려해서 생성된 이론으로서, 비용(cost)과 편익(안정, 행복, 경제적 생산)의 관계에서 가장 큰 이익을 얻어내고자 하는, 목적에 기초한 이론(a goal-based theory)이다. 창시자인 Bentham은 공리주의를 사회개혁을 위해 이용했으나 산업화 이전사회에서 지배되었던 자연법이론과 사회적 도덕성을 깊이 있게 통찰하지는 못했다. 한편 경제이론가들은 공리주의가 지닌 초도덕적(amoral) 특성들을 받아들이고 그것을 자연법이론(natural law theory)에 있어서 조화와 균형의 개념에 결합시켰던 것이다.

---

11) David Ricardo(1772~1823)는 영국 고전경제학파의 완성자로 불리며, 자본주의경제에서의 소득분배의 법칙을 설명한 것이 그의 가장 중요한 공적으로 평가된다. 리카도에 의하면 한 국가의 생산물이 자본가, 노동자, 지주 등 상이한 계급간에 어떻게 분배되는가를 밝히는 것이 경제학에서 가장 중요한 과업이다. 생산물 중 먼저 지대가 지주에게로 돌아가고 다음에 임금이 노동자에게 돌아가며 나머지는 이윤으로 자본가에게 돌아간다. 지대는 토지의 비옥도와 곡물에 대한 수요의 크기에 의해 결정된다. 임금은 장기에는 최저생계비수준에서 결정된다. 수확체감의 법칙이 작용하여 한 나라의 생산물이 증가하는 데에는 한계가 있다. 생산물이 한계급으로 흘러들어간다는 것은 다른 계급이 그만큼 적게 받는 것을 의미한다; 「신경제학사전」, 대학당, 1976 참조.

12) 유한이윤주택회사(a limited profit model dwelling companies)란 Ashley, Southward Smith 등이 주장한 박애주의적 주택운동으로서 노동자들을 위한 저렴한 임대주택건설에 필요한 자본투자를 요구한 단체이다.

이러한 관점에서 하나의 경제, 정치적 주의(doctrine)로서 공리주의는 윤리, 사회적 권리 그리고 이해갈등의 요소들을 간과하기 쉽다는 평을 받는다. 또한 공리주의사상은 복지국가를 지향하는 국가기능의 견지에서 보면 주택정책발전을 위한 기능이 매우 미흡하다는 것이다. 이후 Earl Shaftsbury와 T.H. Green 등의 보수적 이상주의(Conservative Idealism)자들은 공리주의가 간과한 사항들을 주택정책에 강조하게 되었다.

Ⅱ. 보수적 이상주의

초기산업사회에서 자유방임주의에 대한 이념적 대안을 제시한 것이 보수적 이상주의(Conservative Idealism)라 할 수 있다. 보수적 이상주의는 개혁자이며 의회주의자인 Shaftesbury(1801~1885)의 교육, 상업 그리고 주택에 관련된 활동에서 찾을 수 있다.

보수적 이상주의의 근원은 18세기 종교적인 복음주의(Evangelism)와 박애주의사상에서 연유된다. 1941년 Shaftesbury는 집없는 부랑아들을 위한 보호 및 교육을 제공하는 운동을 전개하였다. 이러한 운동이 당시 런던의 가장 열악한 「슬럼」지구인 Bethnal Green과 Whitechapel에서 실시되었고, 이후 주택 및 공중보건의 개혁에 큰 역할을 하였다.

그리고 Shaftesbury를 위시한 Chadwick, Southward Smith 등이 1848~1858년 동안 공공위생위원회의 위원으로 지명되어, 영국 최초의 주요 국가정책의 산물인 공중위생법(Public Health Act. 1848)을 제정하는 데 기여하였다.

Chadwick과는 달리 Shaftesbury는 박애주의적 모델주택회사(model dwelling companies)에 직접 참여하여 노동자들의 주택문제해결을 위한 운동, 즉 노동자동지협회(Labourer's Friend Society)의 지도자적 역할을 수행하였다. 이 협회는 일반주택건설이 아닌 박애주의적 노동자주택건설을 타진하고 이를 사회전반에 확대시키는 운동을 전개했다.

이러한 박애주의적 주택운동이 모든 보수주의자들에게 공통적인 인식은 아니었지만 자유방임적 사회사상에 대항하는 하나의 운동으로 확산되기 시작하였다. 예를 들어 당시 상당수의 보수당상원의원들은 런던「슬럼」지구에 주택을 자산으로 보유하고 있었으며, 이들에게 Shaftesbury는 개인적 영향력으로 개혁을 위한 설득을 시도하였다. 이러한 그의 노력은 대중적 지지를 얻게 되었고, 이 운동이 전개된 지 40여년이 흘러 보수주의자들에게 팽배한 자유방임사상을 변화시키는 데 결정적 역할을 하였다.

1850년대에 와서 의회에서 '주택'문제가 공공정책의 주요한 의제로 채택되었고, 이는 부적격 주택 및 노동자를 위한 주거환경개선에 있어 지방정부의 역할강조 및 행정력의 동원이 가능한 기틀을 마련하였다. 그러나 Shaftesbury의 노력에도 불구하고 그의 의회동지들은 자유방임적 태도에 급속한 변화를 가져오지 못했다.

그러나 1880년대는 보수주의지도자들의 대부분이 주택문제해결에 있어 정부의 역할을 강조하는 태도변화가 뚜렷하게 나타났다. 그 동안의 박애주의적 주택운동만으로는 미흡하고, 정부가 직접적으로 개입되어 주택건설을 위한 재정, 행정적 지원이 따라야 된다는 주장이 지배적이었다. 그래서 19세기말경에는 보수주의적 이상주의가 도시계획, 사회사업 등에서 널리 확산되기 시작했다.

19세기 후반에 접어들어 J. S. Mill(1806~1873)과 T. H. Green(1836~1882)에 의해 자유주의사상에 대한 변화가 일기 시작했다. 이는 사회민주주의이념의 영향이다. 당시 사회민주주의자들과 Mill은 프랑스의 사상가인 Auguste Comte(1795~1857)의 실증주의(Positivism)[13]의 영향을 받게 된다.

실증주의자들은 사회란 개인에 우선하며, 역사발전에 있어서 과학적 도덕적 힘이 중요하다고 보고, 집산주의(Collectivism)[14]는 피할 수 없이 받아들여져야 한다는 주장이 나오게 된다. 한편 1865년 이후 Mill은 인간의 자아발견 그리고 도덕적, 지적 개선뿐 아니라 자유의 중요성을 강조함과 동시 교육, 토지세제, 주택보조금제도 등에서 정부활동을 강조했다. 그는 사유재산제도를 근본적으로 부정한 것은 아니지만 재산상속의 제한, 노동과 자본과의 관계에 관하여 노동자의 보호를 생각하고 있었다. 이와 같이 자본주의사회의 사회적 조건에 일부변경을 가함으로써 분배관계를 수정하고자 하였던 것이다.[15] 이러한 사상들은 이후 자유주의전통이 사회주의로의 변혁을 가져오는 계기가 되었으며, 특히 주택 및 도시정책에 있어서 큰 변화를 주는 요인이 되었다.

13) 실증주의란 19세기 후반에서 20세기초에 걸쳐 서유럽에 번창한 철학운동. 경험되었던 사실의 배후에 사변이나 공상으로 초월적인 존재나 추상적인 실체를 상정하는 것에 반대하고 인식의 대상을 경험적 소치로서의 사실에 국한하면서 이것을 그 자체로 해명하려는 입장.

14) 집산(집합)주의란 사적 생산수단소유제도 하에서는 노동자가 자기의 노동을 자본가에게 착취당하는 상태가 발생할 수 있다. 이러한 상태를 배제하기 위하여 사회의 사적생산수단을 공동으로 소유하려는 움직임을 뜻한다.

15) Mill의 부의 분산을 이룩한 자본주의사회, 즉 오늘의 이른바 수정자본주의로 충분히 이상적인 사회를 만들 수 있다고 생각하였지만 자본주의적 생산을 그대로 유지하면서 분배의 불공평을 제거할 수 있다는 주장은 "마르크스학파"의 비판의 대상이 되었다.

Ⅲ. 사회주의사상과 마르크스주의

사회주의사상은 19세기 물질주의, 자본주의가 지닌 사회적 불의, 계급간 갈등에 반대하는 지식인들에 의해 탄생되었다. 사상적 배경은 R. Owen(1772~1837)[16]의 협동조합공동소유개념에서 찾을 수 있으며, 특히 스칸디나비아제국과 독일, 네덜란드 등에서 나타난 자발적 자조노력과 협동적 조직체의 구성으로부터 영향을 받았다. 특히 주택에서는 독일, 스웨덴의 비영리자발적 조직체들의 역할은 주택정책에서 매우 중요한 공헌을 해왔다.

K. Marx(1818~1883)는 Owen과 Fourier를 이상적 사회주의자라 지칭하면서 이들의 협동조합적 사회주의와는 달리 혁명을 통한 생산수단의 사회화를 강조하였다. 마르크스는 경제적 개인주의를 수정하기 위하여 국가권력의 사용을 믿었다.

한편 마르크스는 사회주의적 무정부주의자인 J. H. Proudon(1809~1865)의 견해와도 차이를 보이고 있는데, Proudon은 마르크스가 주장하는 국가의 집산주의(Collectivism)에 대하여는 관심이 없었고, 노동자들의 상호협동을 통해서만이 자본주의의 모순을 시정할 수 있다고 생각했다.

여기서 Owen과 Fourier의 사상이 주택에 어떤 영향을 주었는가를 살펴보도록 한다.

Owen의 사상은 협동조합적 사회주의로서, 그의 초기이념은 박애주의사상에 기초를 두고 있다. 1820년까지 Owen은 완벽한 조화를 이루는 새로운 사회(the new society)를 지향하면서 자본주의를 반대하였다. 리카도식 사회주의자들과 같이 노동은 모든 경제적 가치의 원천이며, 생산수단을 공동으로 소유함으로써 이상적 사회를 탄생시킬 수 있다고 보았다. 즉 Owen은 협동조합과 함께 개인소유가 아닌 공동소유를 통하여 자본주의적 생산양식을 제거할 수 있다고 믿었다.

이러한 운동이 독일, 스웨덴, 노르웨이 등에서 확산되었으며, 노동조합의 결성과 함께 사회주의적 자조노력의 성공적인 예를 찾을 수 있다. 이와 함께 주택에 있어서도 주택협동조합, 세입자조합 등이 구성되어 자조적·공동적 주택문제 해결에 임하게 되었다.

Owen과 Fourier의 사상이 주택에 끼친 영향은 두 가지로 요약된다. 하나는 자조적 자발주의(Self-help Voluntarism)이고 다른 하나는 환경결정주의(En-

16) R. Owen에 대해서는 제17장에서 자세히 다루고 있음.

vironmental Determinism)이다. 주택의 자조적 노력은 특히 주택금융부분에서 찾을 수 있다. 예를 들어 현재 영국의 주요한 주택금융기관인 건축조합(building societies)은 초기주택문제를 혼자서 해결하기 힘든 사람들이 상호협동적 노력으로 주택금융문제를 해결하고자 하는 조직체에서 연유한다.

독일에서 이런 유사한 이론을 제시한 사람들로서는 F. Von. Bodelschwingh(1831~1910)과 G. Kropp(1865~1943)을 들 수 있다. 이들은 노동자들이 주택의 공동소유를 성취하기 위하여 주택금융조직체(home saving society) 등을 실시해야 한다고 주장하였고 이를 실천에 옮기게 되었다.

그리고 Owen과 Fourier의 사상은 환경결정주의의 영향을 받게 되었다. 환경결정주의자들은 인간의 사회행태와 태도는 물리적 환경의 질과 쾌적성들의 영향을 크게 받는다고 생각하였다. Owen과 Fourier는 어떻게 사회·경제적 환경이 협동조직, 교육, 직업 등에 영향을 주고 있는가를 실제적으로 경험하게 되었다.

예를 들어 Owen은 가장 이상적인 지역사회(community)는 인구 1200명이 농업, 제조업 등에 종사하면서 살아가는 사회라 생각했다. 즉 소규모적 협동체로서의 조직사회가 개인주의적 사회보다 더욱 이상적 사회가 될 것으로 믿고 실행에 옮기려고 했으나 결국 실패의 경험을 얻게 된다. 이유는 Owen과 Fourier는 환경이 인간에게 주는 영향을 너무 지나치게 인식했으며, 협동체사회에서 발생하는 다양한 갈등을 너무 경시한 결과 때문인 것으로 평가된다.

마르크스주의적 주택문제접근은 F. Engels(1820~1895)의 연구(The Housing Question, 1872)에서 잘 나타나 있다. Engels는 19세기 주택에 관련된 문제들, 즉 세입자의 주거불안정, 임대료의 상승, 주택의 부족 그리고 집주인의 횡포 등을 맹렬히 비난하면서 이러한 문제의 해결책으로 사회주의적 접근이 요청된다고 주장하였다. 그는 기존의 토지, 주택의 소유권을 몰수하여 재분배하는 길을 택해야 할 것이라 제안했다.

Engels 역시 Proudon(1809~1865)이 주장하는 노동자의 자가소유를 위한 상호협력조직체구성에 대하여 부정적 태도를 취했다. 그리고 노동자주택문제해결을 위하여 자본주의적 박애주의접근은 노동자들의 주거문제를 근본적으로 해결하지 못하는 미봉책에 불과하다고 보았다. 주택금융문제해결을 위한 건축조합 등의 조직체도 자본주의적 신흥자본가계급을 창출할 뿐 노동자들의 주택문제를 해결하지는 못한다고 주장했다.

Engels에 의하면 주택문제의 해결은 결국 마르크스주의적 경제발전법칙에 따라서 사회전체의 변혁이 이루어져야 한다는 것이다. 이러한 마르크스주의적 주택문제접근은 현대사회에 와서 여러 가지 논쟁을 불러일으키고 있다. 그럼에도 불구하고, 사회주의국가들의 주택정책은 마르크스주의적 이론에 기초하고 있다.

그러나 최근 이들 국가의 주택점유형태(housing tenure)와 국가의 주택부문 역할에서 큰 변화가 나타나고 있다. 예를 들어 구소련의 주택개인소유가 1985년 40.1%나 차지하고 있으며, 1955년에는 전혀 없었던 협동주택(co-operative housing)이 10%를 넘고 있다.[17] 물론 자본주의사회에서의 주택의 사적 소유와 구소련 및 동구국가들의 주택의 개인소유는 차이가 있겠으나, 이들 국가들의 실용주의적 개인주택부문(personal housing sector)의 인정과 증대는 전통적 마르크스주의적 주택접근에 비추어 큰 변화를 가져오고 있다고 생각된다.

Ⅳ. 사회민주적 이상주의(Social Democratic ldealism)

19세기 중반 영국은 세계에서 가장 산업화된 국가였으며, 당시 사회를 지배했던 사상은 자유방임주의였다. 그러나 점차 자유방임주의에 대한 비판과 함께 사회주의사상이 싹트기 시작했고, 동시에 새로운 이상주의물결이 일기 시작하였다. 이러한 새로운 사상이 사회민주적 이상주의라 할 수 있다.

특히 J.S. Mill과 T.H. Green의 영향을 받아 복지국가를 지향하는 이념들이 확산되기 시작했으며, 주택은 이러한 이념들의 영향을 받아 사회적, 정치적 제 활동에 주요한 관심사가 되었다. 주택문제에 관심을 표명하고 직접적인 개입의 시도는 페이비언협회(Fabian Society, 1884)[18]와 사회민주연합(the Social Democratic Federation) 등의 단체였다.

사실 영국의 사회민주주의사상은 페이비언협회에 의하여 발전되었다. 페이비언이념에 기초한 사회민주적 이상주의는 마르크스주의와 견해차이를 보이고 있다. 당시 페이비언의 지배적 사상은 입법(법률)을 통한 경제적 불평등의 시정

---

17) 구소련은 1986년 전체주택재고의 59.9%가 국가소유 및 협동조합주택이며, 40.1%가 개인소유이다. 그러나 농촌지역의 경우는 70.2%의 주택이 개인소유이며, 29.8%만이 국가 혹은 협동조합주택으로 분류된다.
USSR, Facts and Figures Annual 참고.

18) Fabian Society란 혁명에 의하지 않고 침투(permeation)에 의해 실현하려는 영국파사회주의단체이다. 1884년 생겨난 이 단체는 주로 중간계급의 사람들이 사회주의에 관해 학문적인 토론을 행하는 장소, 또는 조사선전기관으로 되어있다. 페이비언주의의 기본성격은 영국의 공리주의전통을 이어 받아 지대를 불로소득이라고 보는 J.S. Mill의 견해를 토지 이외의 자본에까지 확대해서 토지와 자본의 공유를 주장하며, 또한 이것은 계급투쟁에서가 아니라 의회의 입법에 의하여 점진적으로 실현하는 것이 가능하리라 보았다. 그래서 그 기점을 지방자치단체에서 찾거나 또는 산업부문에의 민주화를 촉진하도록 한 점에 있다.

과 평화적, 점진적 개혁조치를 통해 사회개혁이 가능하다고 보았다. 이러한 생각들은 J.S. Mill, T.H. Green 그리고 A. Comte의 영향을 많이 받았다. 또한 페이비언사상은 집산주의적 방식을 통하여 평등을 지향하는 사회개혁을 생각했다.

집산주의적 정치단체들이 영국뿐 아니라 독일, 노르웨이, 스웨덴 그리고 오스트리아 등에서 확대되기 시작하였고,[19] 이러한 유럽 여러 국가들의 집산주의 이념에 기초한 정당들이 주택문제에 관심을 가지고 여러 가지 주택문제해결방안을 논의하였다.

영국은 주택의 사회적 목적을 정부가 직접 주택을 공급하는 사회주택(공공임대주택)에 큰 비중을 두고 있는 반면, 기타 유럽국가들은 주택금융지원수단의 강구, 자발적 주택운동 그리고 민간부문주택 등에 다양한 관심을 가져왔다. 그래서 영국은 지금까지 정부가 직접사회주택의 공급을 확대해 온 나라이고,[20] 반면 서독, 노르웨이, 스웨덴 등은 자조적 협동조합주택과 노동조합을 통한 주택공급에 오랜 전통을 지니고 있다.

사회민주주의이념에 따른 유럽국가들의 주택문제접근을 정리해 보면 다음과 같은 몇 가지 특징을 발견할 수 있다.

첫째, 사회민주주의자들은 주택의 점유형태(housing tenure)에 대한 통일된 입장을 밝히지 못하고 있다. 어떤 사회민주주의자는 주택의 공적 소유를 주장하고 있는가 하면, 한편에는 주택의 자가소유를 인정, 확대되기를 원하는 주장을 펴기도 한다. 즉 집산주의적 관점에는 주택의 공동소유 혹은 국가소유가 기본적 이념이나 실제 주택정책적 실행단계에서는 유럽 여러 국가들이 각기 다양한 주택점유형태가 지속되었다.

둘째, 사회민주주의이론은 Owen류의 환경결정론의 영향을 받았다. 예를 들어 사회민주주의이념을 신봉하는 자들은 고밀도임대주택거주와 공동의 지역사회시설(유치원, 세탁소 등)을 공급함으로써 자가소유를 성취하지 못한 사람들의 사회주의적 의식과 지역공동체의식의 형성에 도움이 될 것으로 믿었다.

그러나 이러한 고밀도주거의 환경이 이후 많은 계획가들에 의해 비판의 대상이 되었고, 특히 1960년대에 와서 주택의 사적 소유를 원하는 사람들에 의해 호응을 얻지 못했다. 즉 사회민주적 고밀도임대주택(아파트)의 대량공급이 노동자들의 주택문제해결에 기여한 바도 있었지만, 소득의 향상으로 인한 노동자들

19) 사회민주당은 독일이 1875년, 노르웨이는 1887년, 스웨덴은 1889년 그리고 오스트리아는 1890년에 창당되었다.

20) 다른 유럽국가에 비하여 노동조합주택운동이 큰 영향을 미치지 못했지만 영국의 노동조합주택운동은 1880년 T.E. Powell의 활동을 대표적으로 들 수 있다.

의 다양한 선호와 욕구로 인해 달갑지 않은 주택으로 인식되기도 하였다.

이와 같이 영국을 위시한 유럽국가들의 주택정책은 그 당시의 사회사상과 깊은 연관을 갖고 있다. 그러나 미국의 경우는 영국의 영향을 받기는 했으나 주택정책에 있어 실용주의적 접근이 지배적이었으며, 이념적·사상적 사회이론에 기초한 주택정책발전을 찾아보기 어렵다.[21)]

V. 종 합

지금까지 논의한 주택에 관련된 다양한 사회, 경제이론과 사회사상은 현대 유럽선진국의 주택정책발전과정에 지대한 영향을 끼쳤다. 이러한 제 사상들이 지닌 주택정책적 시사점을 요약·정리해 보면 아래와 같다.

1) 공리주의사상은 주택을 통해 발생하는 분배상의 형평성 문제, 즉 넓은 의미의 사회전반에 발생되는 윤리적 문제를 간과했다는 사실이다. 이러한 결함으로 인하여 사회주의적 주택접근이 태동하기 시작하였다.

2) 공리주의사상을 이어받은 시장경제적 주택문제접근방식은 복지국가를 지향하는 국가의 역할에 대한 논의가 미흡했다. 한편 주택에 국한하여 생각해 보면 시장경제이론의 가격체제는 주택의 "사회비용과 편익"을 깊이있게 다루지 못했다는 평을 받고 있다. 이러한 점을 감안하여 공정분배에 관한 "후생경제학"이 Pigou 등에 의해 논의되었다.[22)]

3) 현대사회는 계속적으로 주택의 불평등문제가 해결되지 못한 상태이다. 이러한 불평등의 문제를 협동조합적 사회주의, 마르크스주의 그리고 사회민주적 이상주의에서 계속적으로 논의되어 왔다.

4) 주택을 통한 평등주의사상은 인간의 자유와 선택이라는 문제와 관련하여 갈등을 유발하고 있다. 소위 도덕적 자유주의사상과 사회민주적 평등주의가 지난 100여년간 주택개혁운동에 영향을 끼쳤으나 오늘날까지 주택문제는 여전히 불평등의 문제가 해결되지 않고 있는 실정이다.

5) 특히 마르크스주의는 계급기초적 분석으로 인간의 평등을 논의하였으나 제도론자들은 이를 부정하고 있다. 즉 마르크스주의는 사회의 경제법칙(The economic laws of society)에 기초하여 자본주의적 생산양식을 비판하고 혁명을

---

21) Pugh, *op. cit.*, p.40.

22) A.C. Pigou, *Wealth and Welfare*, London: Macmillan, 1912 그리고 *The Economics of Welfare*, Fourth Edition, London: Macmillan, 1952를 참고.

통해 사회개혁을 주장하였다. 그러나 주택문제를 가장 평등하고 만족할 만한 배분을 통해 해결한 사회주의국가는 찾아보기 힘든다.

6) 제도주의접근(institutionist approach)은 균형과 합리적 해결방안으로 주택문제를 논의하고 있다. 인간의 평등, 자유 그리고 권력은 때로 상호갈등관계도 발생되지만, 이들 세 가지가 스스로 상쇄작용을 통하여 균형을 유지하며 질서가 형성된다고 보는 것이 제도주의자의 철학이다.

7) 아직까지 주택문제에 있어 해결되지 않은 부분은 불공평문제이다. 국가에 따라 주택의 불공평문제를 어느 정도 해소한 나라도 없지 않으나 정치적 제도 및 사상의 다양성과 인간선택의 자유 등의 이유로 주택배분의 공평성 추구라는 이상은 실현되지 않고 있다. 이 시대의 모든 국가들이 직면한 주택정책적 과제가 바로 주택의 불공평의 해소라 할 수 있다.

제3절 주택정책과 사회정책

Ⅰ. 주택의 사회정책적 논의

국가의 주택서비스의 제공이 사회정책의 한 영역으로 파악될 때 먼저 고려되어야 할 것은 사회정책의 이론적 논의이다.

사회정책 자체를 이론적으로 논의한다는 것은 매우 광범위한 영역이며, 여기에서 다루고자 하는「주택의 사회정책적 논의」의 수준을 넘어서는 것이라 판단된다. 그래서 본절에서는 자본주의국가들 중 자유민주주의정치체제를 유지하는 선진국들의 사회정책적 이론을 주택부문에 국한하여 설명하고자 한다.

주택의 사회정책적 이론논의는 D. Clapham, P. Kemp 그리고 S. J. Smith가 정리한 것을 소개하도록 한다.[23] 이러한 주택의 사회정책적 이론분석의 틀은 Dunleavy와 O'Leary가 제시한 국가이론(Theories of the State)에 근거하고 있다.[24]

사실 사회정책으로서 주택에 관한 이론적 틀은 명확하게 설정되어 있지 못한 상태이다. D. Clapham 등은 사회정책에 유용한 세 가지 시각을 제시하고 있

23) D. Clapham, P. Kemp and S. J. Smith, *Housing and Social Policy*, London: Macmillan, 1990, Ch. 1을 참고바람.
24) P. Dunleavy and B. O'Leary, *op. cit.* 참조.

다. 이 세 가지 관점은 다원주의, 신마르크스주의 그리고 조합주의이다.

(1) 다원주의(Pluralism)

다원주의는 근대적 자유민주주의가 일반국민의 욕망을 충족시키는 데 가장 적절한 것이 못된다 하더라도 이 체제가 기본적으로 존속할 수밖에 없다는 전제에 근거하고 있다. 국가가 일반국민의 욕구충족이라는 명시적 목적을 추구함에 있어서 다양한 이익집단으로 권력이 분산되어 있다는 점을 인식해야 하고, 특정 정치·경제엘리트집단에게 권력이 집중되는 것을 배제한다. 즉 사회는 자신의 이익을 추구하는 개인의 합으로 인식된다.

다원주의자들은 정책이 형성되는 데 있어서 국가의 역할에 대해 완전히 합의한 것은 아니다. 논자에 따라 국가를 중립적 중재자, 상충되는 욕구의 균형을 유지하는 것 등으로 간주하기도 한다. 그러나 공통적인 것은 이들이 정책변화를 수요지향적 발전(demand-led development)으로 인식한다는 것이다. 그래서 제반정책들은 공식집단의 교섭절차를 통한 공개적 토론의 결과물로 인식된다.

이러한 다원주의모델을 주택정책에 적용하면, 주택정책의 발전은 다수의 대중에게 보다 좋은 주택서비스를 제공하는 것을 목적으로 하는 발전적 입법의 흐름으로 인식된다. 이러한 접근법은 다음과 같은 가정이 내포되어 있다.

1) 첫번째, 다두정치체제(polyarchy)로서 권력과 권위가 이익집단들에게 분산되어 있는 정부를 의미한다. 이 체제는 근대민주주의국가에서 널리 채택되고 있는 동시에 이 체제가 가장 바람직한 정부형태라고 다원주의자들은 믿고 있다. 따라서 변화를 위한 처방 혹은 개혁이 현존하는 정치·경제제도의 틀속에서 이루어지는 형태를 취해야 한다는 것은 당연한 것이다. 따라서 기존사회의 권력구조내에서 실현가능하고 현실성을 띤 사회문제에 대한 해결책이나 점진적 사회변화가 강조되게 된다. 결국 사회문제에 대한 급진적 혹은 더욱 혁신적인 해결책을 모색하는데 한계가 있을 수밖에 없다.

2) 두 번째 가정은 사회개혁의 목표와 목적에 대해 국가내부에 광범위한 합의가 형성되어 있다는 가정이다. 경험적 '사실'(fact)의 호소가 정책결정의 흐름의 기초로 인식된다.

3) 세 번째로 다원주의는 행위, 가치, 욕구 등을 집단적 특성보다는 개인적 특성으로 이해하려 한다. 이런 시각은 중대한 분석상의 결점을 드러내기도 한다. 특히 집단적 경험 혹은 '집합행동'의 가능성을 과소평가하여 계급분석, 사회문제에 대한 구조적 분석을 가로막을 뿐 아니라 사회정책의 집행과 조직에서 나타나

는 가부장제, 인종차별에 대해 깊이 있게 다루지 못한다.

Dunleavy와 O'Leary(1987)는 기업의 이해관계가 정치적 중요성을 갖는다는 것을 수용한 신다원주의(neo-pluralism)를 전통적 다원주의와 구별하였다. 신다원주의는 정부가 대기업의 경제적 이익과 그리고 선거구민과 대중매체의 다양한 요구로 분리되는 일그러진 다두정치(polyarchy)체제의 하나로 여겨지게 되었다.

신다원주의는 정책결정에 있어 기업의 중요성이 증대되고 있음을 인식하고 있다. 즉 신다원주의는 그 접근방법에 있어 상대적으로 폭넓게 권력을 분산시키는 다양한 이익집단간의 민주적 타협절차로서 주택정책을 이해하고 있다. 따라서 신다원주의시각에서는 정치권력의 분산이 직업집단(예, 주택관리자)의 전문화를 통해 가능해진다고 본다. 이러한 관점은 현대국가에 있어서 대중은 정치가보다 훈련받은 전문가집단을 더욱 신뢰한다는 사실과 맥을 같이한다.

요약하면 다원주의적 접근방법은 주택정책을 상대적으로 분산된 권력을 갖고 있는 상이한 이익집단 사이에서 벌어지는 민주적 타협절차의 산물로 인식한다. 따라서 주택정책의 변화는(예, 자가소유의 증가) 정치적 통로를 통해 표출된 소비자의 요구의 결과로 인식된다. 이와 같이 신다원주의는 전문가, 기업 그리고 국가관료의 영향력을 강조하고 있다.

(2) 신마르크스주의(Neo-marxism)

1970년대 중반부터 주목을 받았던 새로운 패러다임은 신마르크스주의적 접근이다.

마르크스주의는 계급불평등을 재생산하는데 사회정책이 어떠한 역할을 하는가에 초점이 맞추어져 있다. 기본적으로 마르크스주의자들은 사회정책이 이타주의의 산물이 아니며, 자본주의의 생존을 위한 전제조건으로 인식한다. 사회정책은 노동력의 재생산과 국가의 정당성을 확보하기 위해 필요한 것이다. 따라서 사회정책을 다원주의에서처럼 대의정치를 통한 수요지향적 과정으로 해석하지 않는다. 정책의 방향은 자본축적과정에서 나온 수익에 영향을 받는 것이지 선거를 통한 투표권에는 영향을 받지 않는 것으로 파악된다.

Miliband는 자본주의사회에서 장기적 관점으로 보아 노동보다는 자본에 왜 관심을 보이고 있는가를 몇 가지 이유를 들어 설명한다. 첫째, 자본주의 국가는 자본축적의 필요성에 구조적으로 얽매여 있다. 자본축적과정이 국가비용의 염출, 즉 세금으로부터 근거하고 있기 때문에 주택의 경우 이익창출이 가능한 주택시장메커니즘을 통하는 것이 정부가 주택서비스를 직접적으로 제공하는 것보다 우선권을 지니게 된다. 둘째, 이 세금근거지를 재생산할 수 있는 조건들을 확보하기 위하여 자본이익을 유지시키는 방법으로 국가주요기관을 운영함과 동시 가장 빈곤한 자들보다는 보다 잘 사는 사람들의 이익을 위해 정부는 일을 한다.[25)]

마르크스주의자들의 논리에 따르면 자본주의하에서 사회정책이 존재하는 이유는 무엇인가? 이에 대한 한 가지 설명은 정치인들이 집권하기 위해서는 자본축적과정을 계속 유지해야 하며, 축적과정에서 나오는 착취적 성격을 은폐하기 위해 경제정책과 억압적 사회통제에 대한 대중적 정당성을 확보해야 한다. 즉 사회정책은 정당화된 메커니즘 중의 하나이다.

이러한 논리로 사회주택(social housing)의 성장과 기원을 추론할 수 있다. 즉 사회주택을 공급함으로써 국가는 노동자의 노동력을 재생산하고 노동계급의 근본적 사회변화에 대한 요구를 완화시키기 위해 상징적인 의미로 자본가계급이 양보한 것으로 해석할 수 있다.

한편 신마르크스주의의 관점에서는 사회정책은 노동계급의 투쟁에 의해 쟁취한 산물로 해석될 수 있다. 이러한 관점에서 자본주의하의 사회정책은 자본가계급의 생존을 위해 필요한 것 또한 계급투쟁의 성공의 지표로서 인식될 수 있다. 어떻든 사회주택의 발달은 노동자계급의 투쟁의 산물임을 부정할 수 없다고 신마르크스주의자들은 보고 있다.

(3) 조합주의(Corporatism)

조합주의는 산업계의 대표와 노조지도자가 정부와 직접 교섭을 하여 얻은 정치권력을 설명하기 위한 시도로서 1970년대 중반에 출현한 사고체계이다.

조합주의는 강력한 사회적 이익집단의 엘리트들이 공식적 민주적 절차를 회피하고, 비공식적이며 공개적으로 접근하기 힘든 타협에 의존하고 있는 것이 특징이다. 조합주의가 성공한 이유는 국가가 유권자들의 요구에 민감하기 때문이 아니라, 자본축적과 국가정당화과정에 매우 중요한 잘 조직된 이익집단의 대표와 타협을 할 수 있기 때문이다.

조합주의는 여러 가지 종류의 권력공유형태를 지칭하는데 사용되지만 여기서는 크게 두 가지 형태 즉 자유주의적 조합주의와 마르크스주의적 조합주의에 초점을 맞추어 생각해 보도록 한다.

---

25) R. Miliband, *Marxism and Politics*, Oxford: Oxford University Press, 1977; D. Clapham and K. Kintrea, "Rationing Choice and Constraint: the Allocation of Public Housing in Glasgow," *Journal of Social Policy*, Vol. 15, No. 1, 1986, pp. 51~67 참조.

자유주의적 조합주의는 신다원주의적 입장의 확대로 볼 수 있다. 이 접근법의 옹호자들에 의하면 전통적인 대의정부와 더불어 국가가 특정한 사회적 이익을 대표하는데 실제적 독점권을 특정 조합집단에게 부여하는 협상체계가 발달했다고 주장한다.

대표권의 독점은 특정조직이 조직성원들에 대한 통제를 유지한다는 조건으로 주어지는 대가이다. 이런 의미에서 국가는 주요엘리트집단(산업, 노동, 농업)이 내리는 결정의 조정자이며 중재자이다. 여기에서는 누구도 독점권을 갖고 있지 않고 국가가 특정집단에서 독점권을 부여하지도 않는다는 다원주의와 차이점이 나타난다. 즉 조합주의에서는 권력을 확보하는 조합집단의 성공이 국가의 중재역할에 좌우되는 반면 신다원주의에서는 재원조달, 지도력 그리고 성원의식 등에 의해 성공이 좌우된다.

조합주의적 협상상태는 산업정책, 노동정책 등에서 구체화되지만 사회정책의 영역에서도 나타난다. 따라서 주택정책의 경우 주택산업에서의 관리자와 주택생산에 종사하는 노동자의 조합적 영향력과 주택전문가(예, 주택관련기관)가 행사하는 영향력을 고려해 볼 수 있다.

한편 신마르크스주의에서는 조합주의적 교섭력의 중요성을 인식하게 된다. 이해집단간 단체협상의 과정에서 국가는 자본주의경제를 유지하는데 도움이 되는 몇몇 협동조합집단들을 선호하며 이 집단들에게 개입하게 된다. 이것이 사회통제와 경제체제관리의 전략으로서 국가가 조합들의 협상을 이용한다는 점이다.

특히 사회정책에 관련된 현대 영국정치·경제를 이해하는 데 있어 이원정치적(dual politics) 해석을 제시하고 있다.[26] 이 이원정치체제는 가끔 조합주의의 마르크스주의적 해석으로 묘사되기도 한다. 이원정치적 접근의 대표자로 Cawson[27]과 Saunders[28]를 들 수 있고, Clapham과 그의 동료들은 주택정책과 사회정책간의 관계를 분석하는 이론적 틀로서 이 이원정치적 접근을 이용하고 있다. 주택정책에 있어서 이원정치적 접근이란 조합주의와 다원주의 양시각을 견지하면서 양자 사이의 구분 혹은 어떤 조화가 이루어 질 수 있을 것으로 본다. 조합주의는 중앙집권화의 속성으로, 그리고 다원주의는 지방분권화의 속성으로 설명하고, 조합주의는 자본축적촉진과 이윤율의 증대(생산과정), 그리고 다원주

26) D. Clapham et. al., *op. cit.*, pp. 14~19.
27) A. Cawson, *Corporatism and Political Theory*, Oxford: Blackwell, 1986.
28) P. Saunders, "Reflections on the Dual Politics Thesis: the Argument, Its origins and Its Critics," in M. Goldsmith and S. Villadson(eds.), *Urban Political Theory and Management of Fiscal Stress*, Aldershot: Gower, 1986 참조.

의는 복지서비스의 증대(소비증대)에 초점을 맞추고, 이 양자 사이에 정부의 역할을 설명하려는 시각이 이원정치적 접근이라 할 수 있다.

Ⅱ. 사회정책으로서 주택정책

현대사회의 주택은 보건, 교육 서비스 등과 같은 사회복지서비스의 하나로 인식되고 있다.[29] 주택이 현대국가의 주요한 사회정책의 대상이 되고 있음은 다음의 논의를 통하여 알 수 있다.

첫째, 시장경제 하에서는 주택은 상품이다. 즉 시장경제체제 하에서는 국가가 최소한의 주택시장개입으로 사회발전을 도모하고자 한다. 국가가 최소한으로 개입함으로써 시장경제메커니즘은 인간의 기초수요인 주택서비스를 모든 사람들에게 충분하고 공평하게 제공못하고 있다는 문제점을 지적할 수 있다. 예를 들어 저소득층과 도시빈민들은 주택시장에서 구매력을 충분히 갖추고 있지 못하기 때문에 그들의 경제능력으로는 인간다운 삶을 영위할 수 있는 주거서비스를 획득하지 못한다. 이러한 주민의 저소득과 주택자원의 불평등한 분배구조 하에서는 국가가 시장에 적극적으로 개입하여 가난한 사람에게 주택서비스를 제공하게 되는데 이러한 국가개입이 주택복지를 지향하는 현대선진제국의 일반적 동향이라 할 수 있다.

둘째, 시장경제체제에 비하여 좀더 적극적 주택복지를 지향하는 체제는 사회민주적(social democratic) 체제이다. 이 체제 하에서는 주택은 사회재 혹은 집합재(collective goods)로서 성격을 강조하고, 국가가 주택서비스의 제공에 대한 책임이 주어진다. 시장경제가 경제적 효율성에 기초하고 있다면 사회민주적 체제는 주택관련 시민의 권리옹호 및 국가의 적극적 주택시장개입을 정당화시키고 있다.

셋째, 현대도시사회의 공중보건문제로서 주택이 큰 비중을 차지하고 있다는 사실이다. 거의 대부분의 국가들은 주택의 건축에 있어서 일정한 기준을 마련하여 주거생활의 안전과 공중위생문제를 예방하려는 정책을 펴고 있다. 이러한 국가의 노력은 불량주택에서 야기되는 질병의 만연과 화재라는 위협으로부터 생명을 보호하기 위한 것이다.

---

29) D. Clapham, P. Kemp and S. J. Smith, *op. cit.*, p.ix; C. Pugh. *op. cit.*, p.61; P. Kemp, "The Reform of Housing Benefit," *Social Policy and Administration*, Vol.21, 1987, pp. 171~86 참조; M. Harloe, *The People's Home*? Oxford: Blackwell, 1995, pp.522~534.

이미 대부분의 선진국들은 주택최저기준을 설정하여 이 기준 이하의 열악한 주택은 철거 내지 재개발의 대상이 되며, 또한 이러한 주택에 거주하는 사람은 국가로부터 보호를 받을 수 있는 대상이 되고 있다.

불량하고 위험한 주택을 지칭하여 주택정책의 지표로 이용되는 주택기준(housing standard)이란 심미적 요소, 건축적 요소, 경제적 요소 그리고 사회문화적 요소까지 포함하는 매우 포괄적인 개념이다. 주택기준설정의 초기의 관심[30]은 공중위생이라는 면과 건축구조적인 면에 치중했으나, 점차 사회·경제적 속성까지를 포함하는 경향을 보이고 있다. 예를 들어 영국에서 정부가 인식하고 제도화시킨 최초의 주택기준의 틀은 공중보건법(the Public Health Act. 1875)이었다. 이 법이 다루는 주요내용은 공중위생, 주택과밀 등이었지만 점차 노동자들의 주택문제로서 높은 임대료와 주거환경의 악화와 같은 사회·경제적 그리고 도시사회 전체의 환경까지 정책대상으로 포함하게 되었다.

인간은 일정수준 이상의 주택에 살아야 한다는 사회도덕성(social morality)이 공중위생이라는 기본적 토대 위에서 확대되었다. 이러한 사회도덕성의 강조는 영국의 경우 한 가족은 최소한 3개의 방, 한 개의 거실 그리고 성(性)이 다른 형제가 각각 독립적인 방에서 거주할 수 있게 하는 주택기준의 상향적 요구가 대두되기 시작하였다.[31] 물론 이러한 방 3개의 주택기준이 1960년대부터 가구원 수가 2~3명에 지나지 않는 핵가족이 증대하면서 그 적실성이 희박해지긴 하였지만, 종래의 공중위생적 관점에서 벗어나 사회도덕성을 강조하는 주택기준의 대두는 현대복지사회에서 시사하는 바가 크다 하겠다.

영국의 주택기준설정에 대한 영향은 금세기에 와서 스웨덴에서 강하게 나타나기 시작하였다.[32] 특히 1930년대 스웨덴은 여성단체가 적극적으로 참여하여 주택이 갖추어야할 최소한의 기준 즉 요리, 세탁, 놀이공간 등 실제 주거생활에 필요한 사항들을 요구하였다. 이후 스웨덴은 기능주의자(functionalist)들이 주도가 되어 노령가구, 지체부자유가구 등의 특수한 여건 하에 있는 가족을 위한 주택의 설계와 주거기준을 마련하였고, 이러한 주택기준의 설정노력이 다른 서구

30) 최초의 주택기준설정은 1888년 영국의 London County Council(LCC)에서 논의되기 시작하였다. LCC가 주택기준을 마련하기 위하여 건축가, 도시계획가, 지방정부주택행정공무원, 건축기술자, 공중보건위생전문가들로 구성된 위원회가 주도적으로 수행하였다.

31) A.S. Wohl, "The Bitter Cry of Outcast London," *International Review of Social History*, 1968, pp.189~245.

32) L. Holm, "Consumer Research," in Ministry of Housing and Physical Planning, *Swedish Experience of Self-building, Co-operation, Consumer Research, Participation*, Stockholm, 1976.

선진국에 큰 영향을 미치게 되었다. 결국 현대사회의 주택기준에 대한 논의는 공중위생, 사회도덕성 그리고 기능주의(functionalism)와 연관을 지니고 있지만 시간이 지남에 따라 인간의 생활의 양식과 깊은 관계를 가지게 되었다. 주택과 현대생활양식간의 관계란 주택 자체의 디자인과 내부시설 등에 국한되는 것이 아니라 주택과 상점, 학교, 보건 및 사회서비스, 교통, 위락 그리고 고용 등의 관련성속에서 파악되어야 한다는 것이다.[33)]

넷째, 주택에 대한 사회정책적 논의는 사회사업 및 사회발전에 연관된 사회사상의 발전과정과 맥을 같이하고 있다. 초기 주택에 대한 사회사업적 노력은 19세기 중반 영국의 자발적 사회사업활동과 깊은 관계를 지니고 있다. 당시 자발적 사회사업 중 대표적인 것으로는 도시노동자계층의 열악한 주거환경개선사업을 들 수 있는데, 특히 중산층과 노동자계층의 격차를 줄이기 위한 소위 빅토리아보수적 이상주의(Victorian Conservative Idealism)의 태동과 그 활동을 주목할 필요가 있다.

이러한 자발적 사회사업활동은 Octavia Hill(1883~1912)의 활동을 대표적으로 들 수 있다. 그녀는 불량한 노동자들의 주택을 개선하기 위하여 그녀의 운동에 동조하는 여성들로 하여금 노동자들 스스로가 주택을 청결하게 유지하고 개선하기 위한 활동을 전개하였던 것이다. 특히 집주인-세입자의 관계개선을 도모하기 위하여 사회교육적 프로그램을 실시하였다. 이러한 노력이 영국 및 서구 여러 나라에 영향을 끼쳐 20세기 사회주택의 공급확대에 기여하기도 하였다.

Octavia Hill의 주택개선노력은 주택문제해결에 있어서 여성의 역할에 중점을 두고 있다. 특히 자발적인 여성사회사업가들이 「슬럼」지구를 방문하여 주택유지, 개선방안, 집주인-세입자의 관계개선 그리고 세입자의 권리옹호를 위한 활동이 이루어진 이후 이는 다양한 사회사업단체들의 구성에 영향을 끼치게 되었다. 예를 들어 1870년대 조직된 자선조직협회(Charity Organisation Society: COS) 등이 사회사업의 원칙과 전문적 카운셀링을 창출하게 되었다.

이러한 사회사업의 일환으로서 주거환경개선을 위한 노력이 현대사회의 사회정책으로 발전하게 되었고, 주택정책 특히 가난한 사람들을 위한 사회주택의 공급은 사회정책의 목표와 깊은 연관성을 발견할 수 있다.

다섯째, 시민의 권리와 사회서비스로서의 주택이다.[34)] 세계 제1차대전을

33) Ministry of Housing and Local Government, *Homes for Today and Tomorrow*, (Parker Morris), London: HMSO, 1961 참조.
34) D. Clapham, P. Kemp and S. Smith, *op. cit.*, Ch. 2 참조.

기점으로 종래의 환경관리도구로서 인식된 주택의 개념이 변화되기 시작하였다. 즉 주택은 국민으로서 반드시 갖추어야할 기초수요(basic needs)일 뿐만 아니라 정부가 가난한 자에게 주택서비스를 제공해야 한다는 국가의 주거복지역할이 대두되었다. 1914년 이후 영국은 국가가 민간임대주택시장에 개입하여 임대료를 통제 혹은 규제하는 법률을 제정하였고, 각 지방정부는 사회주택의 공급을 확대하는 주택개혁이 일기 시작하였다.[35]

주택이 사회서비스로 인식되기에는 주택소요(housing needs)개념의 도입에서부터 출발한다. 주택소요는 일정주거수준 하에 거주하는 가구(家口)의 주택에 대한 양적·질적 요구로서 이를 해결하기 위해서는 국가가 개입해야 한다는 주택복지적 발상이다. 높은 임대료 때문에 민간임대주택에서 쫓겨나야 할 세입자는 단순히 집주인-세입자의 사적 권리관계로만 방치될 수 없고, 국가가 적정 임대료수준을 정하여 세입자를 보호해야 된다는 시장메커니즘개입이 시작된 것이 제1차 세계대전 전후의 일이다. 이러한 정부개입의 논리는 경제력이 없어 쫓겨나야 할 세입자의 「시민권리」로서 사회주택의 요구로 연결된다. 물론 주택을 임대하여 일정수입을 요구하는 집주인의 권리도 국가가 보장해야 하나 시급히 주거안정을 요구하는 세입자의 권리가 우선이 된다는 「가지지 못한 자」의 입장을 옹호하는 국가의 역할이 증대되기 시작하였다.

이러한 「가난한 자」의 주거안정에 대한 여러 정당간의 견해는 다양하게 나타났다. 예를 들어 영국의 보수당은 기본적으로 주택시장원리에 의해 주택문제 해결을 도모하자는 주장이었고, 노동당은 시장메커니즘의 실패로 가난한 자의 주택문제는 국가개입에 의해 해결되어야 한다는 접근의 차이를 보여왔다. 그러나 현대선진자본주의국가들의 대부분이 주택은 하나의 사회적 서비스로서 국가가 직접적이든 간접적이든 시장에 개입하여 최저주택수준의 서비스가 확보될 수 있도록 제도화하고 있다.

문제는 국가가 얼마만큼의 주거서비스(사회주택의 양)를 제공해야 하느냐와 누구에게 우선적으로 배분되어져야 하느냐(수혜대상선정) 그리고 주택서비스의 제공에 있어 국가가 직접적이냐 혹은 간접적(주택서비스공급방식)이냐의 논란은 계속되고 있다. 따라서 현대선진자본주의국가들의 사회서비스로서의 주택은 그 공급정도와 과정에 있어 국가간 차이를 보이고 있다.[36]

---

35) 이에 대한 논의는 본서의 제4부를 참고바람.
36) 유럽과 미국의 사회주택에 관한 비교연구는 Harloe의 책을 참고바람; M. Harloe, *The People's Home? Social Rented Housing in Europe & America*, Oxford: Blackwell, 1995.

제 3 장 : 주택공급과 정부의 역할

제 1 절 주택의 공급과 배분

이 지구상에는 다양한 정치·경제체제를 가진 국가들이 존재하며 해당 국가 나름대로 독특한 주택공급형태를 지니고 있다. 그러나 기본적으로 크게 두 가지의 주택공급 및 배분형태를 발견할 수 있다. 하나는 시장경제지향적 공급과 배분(private market allocation)이고, 다른 하나로는 공공부문지향적 공급과 배분(public sector allocation)을 들 수 있다. 시장에 근거한 주택배분이란 전통적 배분방식으로서 주택을 구입할 수 있는 경제적 능력(affordability)과 경쟁의 원리에 기초한 것이며, 공공부문에 의한 배분이란 정부·공공주택기관 등이 개별가구의 주택소요(housing needs)와 사회적 필요에 의해 공급·배분됨을 뜻한다.

공공부문 위주의 공급은 중앙정부주도적 계획경제체제에서 흔히 발견되는 제도이다. 즉 시장메커니즘의 원리를 채택하지 않은 정부주도적 공급·배분체계라 할 수 있다. 그러나 엄격한 의미에서 순수한 공공부문지향적 주택배분보다는 준시장(quasi-market)적 성격과 준공공적(quasi-public) 체계를 동시에 지닌 국가들이 많음을 지적할 수 있다. 이는 기본적으로 시장경제원리에 기초하지만 부분적으로 공공의 개입과 역할을 강조하는 주택체계로서 서유럽국가 등 많은 나라에서 채택하고 있다.

개도국의 경우 주택공급과 배분의 형태는 크게 3가지 유형인 공공부문·민간부문·서민부문(popular sector)으로 구분되고 있음을 알 수 있다.[1] 상당히 많은 선진국들도 유사한 경험을 가지고 있지만 개도국의 경우 민간부문의 공급대

1) J.F.C. Turner, *Housing by People: Towards Autonomy in Building Environments*, London: Marion Boyars, 1976.

상은 주로 중상위소득계층이고, 소위 서민부문은 주로 저소득계층에게 공급대상이 된다. 한편 공공부문은 극빈자 혹은 저소득층을 위해 공급된다.

이렇게 3개부문의 주택공급 및 배분의 개략적 형태의 구분은 가능하나 때로 독립적으로 운영되지 않고 상호보완적일 수 있다. 국가마다 그 공급대상이 다양하게 나타나는 것은 정치·경제적 상황이 다르기 때문이다.

개발도상국 혹은 제 3 세계에 국한하여 주택공급의 형태를 살펴보면 다양한 공급원이 발견된다. 실제로 공식적이든 비공식적이든 건설주체가 주민 자신이든, 외부의 건설회사 혹은 정부이든 주택재고(housing stock)면에서 4종류의 주택공급유형이 존재한다.[2)]

1) 흔히 스쿼터(squatters)라 불리는 불량무허가주택이다. 이러한 형태의 주택은 도시빈민이 가장 쉽게 주거문제를 해결할 수 있는 형태로서 제도적으로 인정받지 못하고, 건축허가·계획기준을 지키지 못하는 임시적 거처로 취급되고 있다. 그러나 개도국의 도시영세민들에게 주거서비스를 제공하는 가장 저렴하고 신속한 수단 중의 하나가 된다.

2) 슬럼(slums)으로 표현되는 주택으로서 주거수준은 열악하지만 법적요건(예로 토지소유 등)을 갖추고 있는 항구적인 거처이다. 단지 이러한 주택은 일반적인 주거서비스수준에 미달하는 저소득층의 주택이다. 이러한 주택은 도시저소득층에게 그들의 소득에 적합한 주거서비스를 공급하는 수단으로 이해되지만, 외형적으로 물리적 시설이 불량하고 동시에 도시미관을 해치는 불량주거지화가 문제로 지적되고 있다. Portes의 말을 빌리면 슬럼(slums)지역의 주택은 빈곤, 실업, 비숙련노동자, 문맹자, 알콜중독자들로 구성되어 빈곤의 실체를 파악할 수 있는 장소라 했다.[3)]

3) 공공부문주택(public housing)으로서 선진국의 경우 저소득층에게 주로 공급되는 주택이다. 그러나 개도국의 경우 몇몇 국가를 제외하면 공공주택(공공임대주택)의 공급은 매우 제한적인 것으로 알려져 있다.[4)] 공공부문의 주택공급과 관련하여 3가지 형태의 개도국정부의 반응을 생각해 볼 수 있다. 하나는 반동적 반응(reactionary responses)이다. 이는 도시미관을 해치고 지역발전을 저해

2) D. Drakakis-Smith, "Low-Cost Housing Provision in the Third World: Some Theoretical and Practical Alternatives," in H.S. Murison and J.P. Lea(ed.), *Housing in Third World Countries*, London: Macmillan, 1979, pp.24~28.

3) A. Portes, "The Urban Slum in Chile: Types and Correlates," *Land Economics*, Vol. 47, 1971, pp.235~248.

4) 싱가포르와 홍콩이 선진국을 제외한 국가들 중에 가장 많은 공공임대주택을 공급한 나라로 들고 있다.

하는 존재로 파악하여 빈민들의 불법적 주거형태를 말살하고, 도시 밖으로 쫓아 버리거나 도시유입을 막는 정책들과 함께 시행되기도 한다. 두 번째의 정책은 선진국지향적 주택정책이다. 이는 선진국의 기준을 적용함으로써 현대식 고층아파트의 건설 등으로 건축기술이나 서비스가 선진국의 기준과 다를 바 없다. 정부가 주장하는 서구지향적 현대식 주택들이 때로 정치적 과시나 선전용으로 도시빈민들의 현실적인 주택소요(housing needs)에 부합되지 않는다는 비판을 받기도 한다. 마지막으로 개도국의 주택정책의 하나는 자조적(self-help) 개념에 입각한 것으로 주민의 노동력으로 스스로 집을 짓게 하고, 때로 정부가 개입하여 시행하는 부지(敷地)와 서비스(site and services)프로젝트를 들 수 있다. 이러한 정책은 개도국정부의 한정된 재원으로서는 수많은 도시빈민들의 주거문제를 해결해 줄 수 없기 때문에, 주민의 자조적 노력에 의존해야 된다는 방안이다.

4) 민간부문주택(private housing)으로서 제도적인 기준안에서 건설, 공급되며 자유경쟁시장(open market)에서 분양, 임대가 가능한 주택을 말한다. 이러한 민간부문의 주택이 개도국에서 상당수 건설되고 있으나, 도시빈민의 주거문제를 해결하기에는 여러 가지 문제를 내포하고 있다. 민간부문의 주택은 개인 또는 기업의 이윤추구가 가장 중요한 목표이다. 기업이 도시빈민들의 소득수준에 알맞는 저렴한 정상주택을 공급하기란 어려운 문제다. 기업의 이윤을 극대화하려면 도시빈민들이 요구하는 가격의 주택을 공급하기란 힘들고, 저소득층이 구매할 수 있는 저렴한 주택을 공급하게 되면 주택관련제법규가 요구하는 일정수준 이상의 정상주택이 될 수 없는 경우가 허다하다. 그래서 민간부문, 즉 기업을 통한 주택공급이 도시영세민들의 주거안정을 도모하기에는 한계가 있다. 주택을 공급하는 기업에게 정부가 금융·세제 등의 지원을 함으로써 주택가격을 저렴하게 하든지 아니면 주택수요자들의 구매능력을 향상시키거나 직접적 주택보조금을 지원하거나 하는 방안들이 많은 자본주의국가에서 시도되고 있다.

이러한 주택공급의 유형을 감안할 때 개도국의 주택문제를 어떠한 방향으로 해결할 것인가는 매우 중요한 정책과제가 된다. 일반적으로 개도국의 주택공급에서 고려해야 할 사항은 도시빈민을 위한 주택건설은 수요와 공급이라는 시장원리에 의존해서는 문제해결에 어려움이 있으며, 주민의 경제능력을 고려하는 주택공급체계가 수립되어야 한다는 주장들이 오래전부터 제기되고 있다.

R. Burgess는 주택생산에 있어서 3가지의 생산양식(mode of production)을 확인 제시하였다(〈그림 3-1〉 참조).[5]

5) R. Burgess, "Self-Help Housing: A New Imperialist Strategy? A Critique of the

〈그림 3-1〉 소비/생산에 기초한 주택공급모형

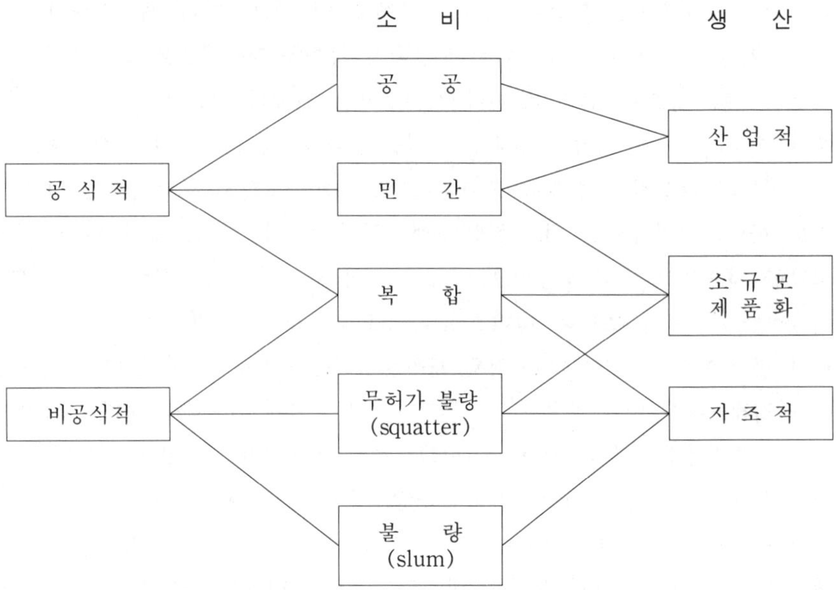

자료: R. Burgess, "Self-Help Housing: A New Imperialist Strategy? A Critique of the Turner School," *Antipode*, Vol. 9, 1977, pp. 50~59.

첫째, 주택의 산업적 생산(industrial production)으로서 시장가치와 교환가치에 의해 지배되고, 소비와 생산간의 관련성으로서의 주택이다.

둘째, 소규모로 고용된 노동자들이 건축가나 건축업자의 요구에 따라 건축되는 주택인데 이를 제품화된(manufactured) 주택이라 칭한다. 이러한 주택생산은 자본투자와 노동집약적인 요소들이 복합되어 있음을 알 수 있다.

셋째, 주택생산자가 곧 주택소비자로서 자신의 주택을 스스로의 노력으로 건축해 가는 "자조주택"(自助住宅)을 들 수 있다.

이러한 Burgess의 모델은 신마르크스주의(Neo-Marxist)자의 이론과 유사하다. 특히 빈민들의 자조적 노력에 의해 건축된 "자조주택"에 대한 이용가치(use value)와 교환가치(exchange value)에 대한 논쟁 그리고 빈민들에 대한 국가의 책임한계, 노동력의 재생산 등과 관련시켜 자본주의적 생산양식속에서의 주택공급양상을 지적한 점이다. 개도국의 주택문제에 있어서 Burgess모델이 높이 평가받고 있다.

Turner School," *Antipode*, Vol. 9, 1977, pp. 50~59.

선진국과 달리 개도국의 주택공급과 배분의 양상은 공식적인 경로보다는 비공식적 공급원인 무허가불량주택(squatter settlements)의 저소득주택에 대한 논의가 주택정책적인 관심이 되고 있다. 즉 구매능력이 없는 도시영세민에 대한 후진국정부의 주택공급능력은 한계가 있으며, 이러한 상황 하에서 저소득층의 주거안정과 주택공급의 확대방안이 무엇인가가 연구의 대상이 되고 있다.

제 2 절 정부개입의 이유와 형태

1. 정부개입의 이유

주택도 다른 상품과 같이 시장원리에 의해 수요와 공급 그리고 소비가 발생된다. 많은 국가들이 시장메커니즘을 수용하고 이에 기초한 생산양식을 존중하지만 왜 국가, 정부, 공공기관이 주택부문에 개입하는가?

첫째, 주택부족문제를 해결하기 위해서 개입한다. 대부분의 국가들이 나름대로의 주택문제를 안고 있다. 그 중 가장 일반적인 주택문제는 전체가구수(家口數)에 비하여 인간이 거주할 수 있는 일정수준 이상의 주택수가 부족하는 것이다. 지난 50여년간의 급속한 도시화와 산업화의 추세를 보면 도시지역의 경우 만족할 만한 주택공급이 이루어지지 못하고 있다. 짧은 기간내 주택부족의 문제를 야기시키는 것은 전쟁이나 천재지변으로 인한 경우라 할 수 있다.

예로 제 2 차 세계대전 직후 유럽국가들은 심각한 주택부족난을 경험하였고, 우리 나라의 경우도 6.25동란으로 인해 유사한 경험을 가졌다. 제 2 차 세계대전으로 인하여 가장 큰 주택피해를 입은 국가 중의 하나는 그리스(Greece)로서 전체주택재고의 약 절반가량이 파괴되고, 인간이 살 수 없는 주택으로 변했다. 소련, 독일, 프랑스 그리고 일본 등도 전쟁으로 이한 주택피해는 막대한 것으로 집계되었다.[6)]

전쟁으로 인한 인간주거환경의 파괴에도 불구하고 전후, 특히 1950년 이후 대부분의 유럽국가들은 그들의 산업시설복구에 치중하였고, 주택부족을 해결하고자 하는 노력은 우선순위에 속하지 못했다. 전후 유럽국가들의 주택문제의 심각성은 비단 제 2 차 세계대전의 영향만이 아니었고 급속한 도시화의 영향도 큰 것으로 지적된다. 전후 전쟁에 참가한 수많은 군인과 그들의 가족 그리고 낙후

6) 전쟁으로 인한 주택피해의 논의는 UN의 보고서, Human Settlements in Europe: Postwar Trends and Policies(ECE/HBP/18)에 잘 나타나 있다.

된 농촌지역저소득층주민들은 대부분 도시지역에 모여들기 시작하였다. 그래서 유럽의 전쟁국가들은 심각한 도시주택부족난을 경험하게 되었다.

점차 도시주택부족문제의 심각성이 사회문제화되면서 정부의 개입과 주택공급확대의 노력이 증대되기 시작하였다. 1950년대 중반부터 시작된 주택공급 확대정책은 1970년대에 와서 그 결실을 맺게 되는데, 독일, 프랑스, 영국, 일본 등이 전체가구수에 비하여 주택재고가 높은 수준에 도달하게 되었다. 즉 주택보급률이 100%를 넘게 되었다. 일본의 경우 1968년 전체가구수보다 주택재고의 수가 능가하는 국가가 되었다. 전쟁으로 인한 주택파괴가 무려 4백만호가 넘은 일본이 주택문제를 해결하기 위한 정부의 노력은 20여년의 세월이 소요된 셈이다.

대부분의 유럽선진국들이 1970년대에 와서 주택의 절대적 부족문제를 해결함과 동시에 또 다른 주택문제가 발생하기 시작하였다. 소위 공가(空家)의 발생문제이다. 공가발생이 뚜렷한 국가들을 보면 스웨덴, 덴마크, 네덜란드, 영국 그리고 독일 등으로서 도시지역의 상당수 아파트가 빈집으로 변하기 시작하였다. 이들 국가의 도시민들은 보다 쾌적하고 주거환경이 좋은 지역으로의 이동, 주택에 대한 선호의 변화, 소득수준의 향상 등으로 도시지역고층아파트지구는 공가발생이 가장 심한 곳으로 나타났다. 미국의 경우도 주택부족의 문제는 유럽 국가들과 유사한 상황이었으며, 세계 제2차대전 이후 주택부족은 매우 심각한 도시문제 중의 하나였다. 1920년대부터 시작된 주택부족문제는 1950년대 후반까지 계속되었으며, 1960년대에 와서는 주택의 절대적 부족이 완화되어 주택의 양적문제는 해결을 보게 되었다.

오늘날 서유럽, 일본, 북미국가들은 양적인 주택부족문제는 일단 해결을 보았으나 또 다른 주택문제가 발생하고 있다. 그러나 이러한 몇몇 선진국들을 제외한 개도국은 제2차 세계대전 이후의 유럽국가들처럼 심각한 주택부족문제를 지니고 있다.

주택부문의 정부개입 두 번째 이유로서 주택은 타상품과 다른 이질성을 지니고 있으면서 동시에 주택시장이 순조롭게 작동하지 않고 있다는 점이다.

주택이 상품으로서 특성은 다음과 같다.

1) 주택은 건축연도, 규모, 질, 입지, 점유형태 그리고 주택을 둘러싼 환경이 매우 다양하게 나타난다. 또한 주택은 단일시장이 존재하지 않고 주택의 위치, 질, 점유형태에 따라 수많은 지역에 하위시장이 존재한다.

2) 주택의 내구성측면에서 타상품과 다른 특성을 지닌다. 주택은 일반적으로 40년에서 100년간 상품으로서의 가치를 지니게 된다. 선진국의 경우 주택의

평균 내구연수가 50~70년으로 알려져 있다.

3) 주택의 가격은 타상품에 비하여 매우 고가(高價)이다. 일반가구가 일생동안 가장 많은 자금을 투자해야만 주택마련이 가능하다. 단기간의 저축과 평균임금수준으로는 정상주택의 마련이 쉽지 않다. 그래서 주택시장은 주택금융시장(housing finance market)과 깊은 관계를 지니며 주택건설경기와도 밀접한 관계를 지닌다. 특히 주택저당대출제도(housing mortgage system)여하에 따라 주택구입의 가능성이 파악되기도 한다.

4) 주택거래비용이 다른상품에 비하여 상대적으로 높게 나타난다. 대부분의 자본주의사회에서는 주택을 매매할 경우 광고비용, 중개업자수수료, 세금 등 거래에 따른 비용이 큰 비중을 차지하고 있다.

이러한 주택이 지닌 이질성 때문에 타상품과 같은 시장메커니즘에 의존한 주택공급은 어려움이 많다. 주택시장에의 정부개입을 정당화시키는 이유 중의 하나로 이러한 주택상품의 특성을 들 수 있다.

주택부문의 정부개입 세번째 이유는, 주택공급의 비탄력성을 들 수 있다. 주택은 타상품과 달리 장기간의 생산기간을 필요로 하고 다양한 관련산업의 연계 등으로 매우 복잡한 생산과정을 띠고 있다. 특히 주택건설을 위해서는 택지의 마련과 이에 따른 공공서비스가 충족되어야 한다. 주택공급은 이러한 이유 등으로 생산의 장기성에 근거한 비탄력적 특성을 지적할 수 있다.

한편 주택은 지역간, 국가간 수출입이 불가능한 비이동성을 그 특징으로 하고 있다. 대도시의 경우 가령 주택수요가 증대하더라도 타지역의 주택을 수입할 수 없으며, 주택을 대체할 만한 상품이 존재하지 않는다. 그리고 주택수요에 대응하는 주택건설을 위한 택지의 마련이 매우 제한적인 경우가 많은데 도시지역은 이것이 일반적 경향으로 나타난다. 이러한 제요인들을 생각해 보면 주택은 비탄력적으로 공급될 수밖에 없는 상품이다. 영국의 경우 주택재고를 10%증가시키는데 최소한 10년이 소요된다는 통계가 이를 증명하고 있다.[7)]

주택공급이 이처럼 비탄력적임에도 불구하고 주택수요는 변화가 매우 심하다. 물론 장기적으로 주택수요는 가구소득의 변화, 인구구조의 변화, 주택점유형태의 경향, 주택가격(임대료)의 변화 등에 따라 움직이지만 단기간내에 주택수요가 증가하거나 감소하는 경우를 관찰할 수 있다. 주택수요의 증가에 따른 영향은 〈그림 3-2〉에 잘 나타나 있다. 주택수요가 D^0에서 D^1으로 증가하면 주어진 S^S의 비탄력적 공급하에서(N_0수준의 정태적·단기적 주택공급하에서) 주택가

7) Department of the Environment, *Housing and Construction Statistics*, 1980.

〈그림 3-2〉 주택수요증대의 영향

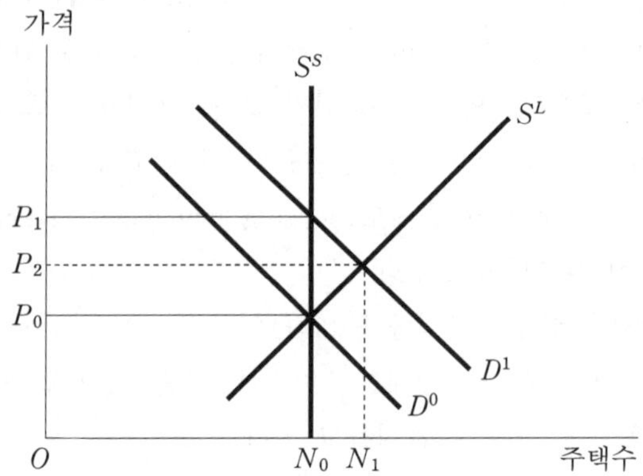

격은 P_0에서 P_1로 상승하게 된다.

그러나 장기적인 관점에서 공급곡선은 S^L로 균형점은 N_1의 주택공급수준으로서 가격은 P_1에서 P_2로 하락하게 될 것이다. 결국 주택수요증대의 영향은 N_1의 주택공급수준에서 P_2의 주택가격의 상승을 가져오게 된다.

네번째 정부의 주택시장개입은 불량주택을 개선하기 위해서다. 주택은 인간의 건강, 교육, 고용기회에 이르기까지 광범위하게 직접·간접적인 영향을 미친다. 그리고 주택의 질적인 불균형은 교육적, 문화적 그리고 경제적 기회와 관련이 되고 주택의 질적 불량은 비단 개별가구의 문제가 아니라 그 지역사회 나아가 사회전체의 발전과도 연관을 지닌다.

특히 주택의 외부효과(externalities)는 다양하게 발생되고 있다. 먼저 개별주택의 불량화는 해당지역사회의 사회비용의 증대를 가져오게 한다. 어떤 한 개의 주택이 불량화됨으로 해서 그 주변의 많은 주택을 불량화시키게 되고 이는 그 지역사회전체의 불량화에 영향을 미친다는 선진국의 경험을 예로 들 수 있다. 특히 미국의 경우 대도시 어떤 지역의 개별주택이 불량화되면 주변의 유복한 가정은 그 지역을 떠나게 되고 대신 빈민들이나 저소득층의 가구가 이 지역에 이주해 오는 이른바 주택불량화의 누적적 연쇄효과를 들 수 있다.

이러한 주택불량화에 따른 사회비용의 증대를 방지하기 위해서는 시장경제기능만으로는 해결하기 어렵고 정부의 개입을 통한 제도적인 조치들이 취해질 수밖에 없다. 불량화가 가속되는 지역의 공공의 개입형태는 주로 재개발 방식을 취하게 된다. 이는 불량지역의 토지 및 주택소유자에게 재산적 가치를 증대시킬 수 있게 하고, 이 지역의 활성화가 가능하도록 하는 주택개량재개발(housing improvement program)과 공공서비스의 질적수준향상책이 그 지역의 주거환경을 개선시키는 효과를 갖게 된다. 한편 사회비용을 최소화시키면서 근린주거환경이 개선될 수 있도록 하는 유인책 혹은 정부의 직접적 금융지원정책이 가장 적극적 개입방법이라 할 수 있다. 영국과 미국의 경우 흔히 불량화된 저소득층 주거지역의 활성화를 도시회춘화(gentrification)과정으로 설명하기도 한다.[8)]

마지막으로 주택부문의 정부개입은 빈민계층을 위한 복지정책적 목적과 관련이 깊다. 주택시장기능 하에서는 저소득가구나 빈민층의 주택구매력부족으로 정상주택에 거주할 수 없다. 주택가격이 높고 소득의 불균형적 배분이라는 상황하에서는 빈민가구의 주택문제해결은 국가의 도움없이는 불가능하다. 따라서 인간다운 삶을 보장하는 공공주택정책으로 공공임대주택공급이 가장 복지적 효과를 증대하는 길이 되는 것이다.

정부의 주택시장개입을 Stafford는 5가지로 구분하고 있는데, ① 정부의 공공주택공급확대, ② 외부효과(externalities)에 근거, ③ 소비자의 합리성문제, ④ 주택시장 및 주택건설의 불확실성, 그리고 ⑤ 소득재분배 및 자본시장의 불완전성을 들고 있다.[9)]

2. 정부개입의 형태

대부분 자본주의사회의 주택문제는 적정수준의 주택공급이 이루어지지 못할 뿐 아니라 공급된 주택도 계층간, 지역간 형평성있게 분배되지 못하고 있다는데 기인한다. 그러면 정부가 어떤 방식으로 주택시장에 개입해야 가장 합리적인가?

정부의 시장개입은 일반적으로 크게 두 가지 목적을 달성하기 위한 것으로 해석된다. 하나는 저소득층이 구입가능하고 인간이 기본적으로 필요로 하는 주거서비스를 갖춘 주택을 공급확대하는 것이며, 다른 하나는 공급되는 주택이 형평성과 사회정의의 차원에서 공평한 분배를 실현하도록 하는데 있다. 이러한 목적의 정부개입은 두 가지 측면, 즉 주택수요적 측면과 주택공급적 측면으로 구분하여 설명된다.

첫째, 주택수요측면의 정부지원과 보조방안으로서 주택을 필요로 하는 가구의 주택수요를 충족시키는 것이다. 수요측면의 지원방식은 가구의 주택구매력을

8) gentrification이란 도시내부의 전통적인 저소득층주거지역에 중·고소득계층이 점차 유입되어, 그 지역의 주거환경이 개선되어 결국 저소득층주거지역이 중·고소득층의 주거지역으로 변화되는 현상을 의미하고 있다. 학자에 따라서는 도심재활성화, 도시활성화 등으로 번역하기도 한다.

9) D.C. Stafford, *The Economics of Housing Policy*, London: Croom Helm, 1978, pp.38~73.

증대시키는 것이 목적이 된다.

그러나 주택수요측면의 공공지원책은 몇 가지 문제점을 내포하고 있다. 먼저 주택공급이 비탄력적인 상황하에서는 주택가격 및 임대료의 상승을 초래할 수 있다. 주택공급이 증대되지 않은 상황 하에서의 주택수요의 지원은 기존주택소유자, 토지소유자, 주택건설업자에게만 경제적 혜택을 줄 수 있다는 지적이 나오고 있다.

둘째, 공급측면의 정부의 지원과 보조방안을 들 수 있는데, 이는 신규주택을 건설 공급하는 주택업자 및 주택산업체를 지원하는 방식이다. 공공의 지원으로 인해 주택공급가격을 저렴하게 하고, 주택건설에 따른 제도적인 지원으로 인해 주택공급물량을 증대시키고자 하는 방안이다. 이러한 주택공급의 확대로 인하여 수요자에게는 선택의 폭을 넓히고 주택가격의 안정, 가수요 및 투기의 예방에 효과를 거둘 수 있다. 이는 수요측면의 공공지원이 지니는 문제점을 해결할 수 있다는 장점이 있지만 이 또한 문제점을 내포하고 있다.

왜냐하면 주택공급이 정부의 지원과 보조를 받는다해도 주택공급이 지닌 비탄력성이라는 특성 때문에 단기적으로는 주택수요를 충족시키지 못하는 경우가 발생할 수 있다. 장기적으로 보면 공급측면의 정부지원과 보조가 주택가격을 안정시키는 효과를 거둘 수 있지만, 주택공급이 크게 증대되지 않을 경우 기존주택소유자나 주택건설업자에게만 이윤이 돌아가게 될 것이다.

신규주택공급상의 정부지원이 저소득층의 주거안정과 주거서비스향상에 직접적으로 기여하지 못한다는 사실은 주택순환과정(filtering process)이 지니는 한계점이라 할 수 있다. 주택순환과정이란 주택시장에 있어서 신규주택의 공급이 확대된다면 중·고소득층이 신규주택으로 이동하게 되고, 이들이 거주했던 중고주택은 저소득계층이 구입하게 되므로 결국 저소득층에게도 신규주택공급의 직·간접적 영향을 받게 된다는 점이다. 장기적 관점에서는 주택순환과정의 논리가 적용될 수 있지만 단기적으로는 저소득층의 주거안정에 직접적으로 기여하지 못하고 있다는 실증적 연구결과가 나오고 있다.[10)]

수요 및 공급측면의 정부지원과 개입의 보다 구체화된 정책들은 크게 4가지로 구분하여 설명할 수 있다.

1) 소유점유(owner-occupation)의 확대방안
2) 주택소요(housing needs)계층을 위한 사회주택(social housing)의 공급방안

10) 하성규, "주택순환과정(Filtering Process)의 실상," 「주택」, 제47호, 1978, pp.33~40.

3) 임대료통제정책, 임대료 보조 등 임차인보호방안
4) 기존주택의 보전, 재개발, 주택개량 등을 통한 방안 등을 들 수 있다.

제 3 절 공공과 민간의 역할구분

자유주의경제 하에서 원칙적으로 모든 경제주체가 자유롭게 생산활동을 하며, 자유의지에 입각하여 시장에서 사고 싶은 것을 사서 소비한다. 이러한 경제는 전체적으로 계획에 의해 작동되는 것이 아니기 때문에 무질서와 불안의 요소가 보이나 결과적으로는 가격의 자유로운 움직임에 의하여 장기적으로 자원의 합리적 배분이 이루어진다는 데 그 특징이 있다.

주택도 시장경제하에서는 경제주체가 자유롭게 생산활동을 할 수 있도록 보장되어야 하며, 주택가격의 자유로운 움직임도 당연한 결과이다. 그러나 시장경제하에서의 거의 모든 국가들은 주택시장에 개입하고 있으며 때로는 강력한 제재와 조정이 따르기도 한다. 이는 시장의 결함으로 지적되는 지나친 독점력의 형성으로 효과적인 경쟁을 방해하고 부와 소득의 분배가 불공평하며, 공공재의 공급은 민간기업에게 기대할 수 없다는 데 기인한다. 공공과 민간의 역할분담을 아래의 몇 가지 개념적 틀속에서 찾아볼 수 있다(〈표 3-1〉 참조).

첫째, 주택공급목적에 대한 공공과 민간의 역할구분이다. 공공부문의 주택은 사회적 형평성과 사회복지에 초점을 두고 있다. 이는 대부분의 자본주의국

〈표 3-1〉 주택공급에 있어 공공부문과 민간부문역할대비

구 분	공 공 부 문	민 간 부 문
공급의 목표	소득재분배·사회복지·주택자원의 배분적 형평성	경제적 효율성·이윤추구·소비자 선호
공급과정	주택소요(housing needs)에 우선	주택수요(housing demand)·경쟁원리 존중
주요공급대상	저소득층·무주택자·도시영세민	모든 소득계층 (중·고소득층에 치중)
주택점유형태	임대우선·부분적 분양	분양과 임대
공급자와 소비자(수혜자)관계	협동관계(공급자와 수혜자) 경쟁관계(기관간·수혜대상자간)	경쟁관계 (기업간·공급자와 소비자간)
국가로부터의 지원	직접적 지원과 보조 (금융·조세 등)	직·간접적 지원 (금융·조세 등)

가들이 부와 소득이 공평하게 분배되지 않아 발생하는 계층간, 지역간, 부문간의 갈등과 마찰을 최소화시키기 위한 목적이다. 즉 가난한 자의 주거안정이라는 사회복지적 의미가 크게 강조된다. 한편 민간부문의 주택공급은 시장경제의 효율성을 극대화하고, 기업의 이윤추구와 아울러 소비자의 선호와 구매력에 응답하는데 목적이 있다. W. Sombart가 지적한 대로 자본주의정신이란 "가능한 많은 이윤을 획득하고자 하는 지향"으로서 그 본질을 인간의 감성적 욕구인 영리욕에 있다고 하겠다. 민간부문의 주택공급은 그 주된 목적이 영리추구임을 부정하기 어렵다.

둘째, 주택공급과정에서 공공부문은 주택수요, 특히 유효수요(effective demand)에 따르는 것보다 주택소요(housing needs)에 정책적 우선순위가 주어진다.[11] 현실적으로 시급히 주거안정을 요하는 가구와 계층을 파악하여 정부는 공공주택을 공급하게 된다.

그러나 민간부문은 주택수요가 주택공급과정에서 가장 중요한 요소이다. 민간주택시장은 조화나 협력보다 경쟁이나 이해의 상충이 다반사다. 이러한 개개의 경쟁관계[12]가 마침내 모든 거래당사자에게 이익을 줄 수 있다는 것이 시장경제 하의 민간주택공급의 특징으로 지적될 수 있다.

셋째, 공공과 민간의 공급대상은 다르다. 공공부문의 주요대상은 앞에서 지적한대로 시급히 주거안정을 요하는 도시영세민, 저소득층 그리고 무주택자들이다. 그러나 민간의 공급대상이란 구매력을 갖춘 모든 계층이 될 것이다. 이윤추구면에서 보면 민간기업의 주요대상은 중·고소득층이 될 것이다.

넷째, 주택의 점유형태상으로 본 공공과 민간의 주택공급역할로 공공은 전통적으로 임대주택이 주요한 형태다. 이는 시장에서의 구매력이 없는 계층이 주대상이고, 분양을 목적으로 한 주택공급은 임대주택보다는 복지효과가 크지 못하기 때문이다. 민간부문은 분양과 임대주택 공히 그 대상이 되고 있으나, 기업경영적 측면에서 분양주택을 선호하고 있는 실정이다. 그러나 공공은 임대, 민간은 분양주택이라는 이분법적 논리는 때로 정책적 정당성이 크지 못할 경우도 있다. 예로 싱가포르나 홍콩의 경우 공공부문에서 분양주택을 공급하여 저·중소득계층의 주택수요를 충족시키고 그들의 주거안정을 도모하는데 큰 기여를 하고 있다.

11) 주택소요는 주택입주자의 지불능력이나 지불의향과는 관계없이 열악한 주택에 거주하는 주민을 위하여 설명되는 주택정책지표이다. 즉 주택의 사회적, 복지적, 정책적 개념이다. 한편 주택수요는 시장메커니즘에서 설명되는 주택입주자의 지불능력, 소득, 주택가격 등 각종 요인의 복합적 상관관계에서 성립되는 경제학적 개념이다.

12) 주택을 팔려고 하는 사람들 간의 경쟁관계뿐 아니라 주택을 사는 사람들 또한 서로가 경쟁관계에 있음을 발견할 수 있다.

다섯째, 공급자와 수혜자의 관계를 보면 공공은 협동관계가 특징이며 민간은 경쟁관계를 발견할 수 있다. 공공부문은 주택공급자인 정부와 수혜자인 저소득층주민이 협동관계를 취하는 것이 보통이다. 물론 공공주택기관간 그리고 수혜자간 경쟁관계가 전혀 없는 것은 아니지만, 공공기관이 이윤추구보다는 사회복지적 목표가 크기 때문에 협동관계의 특징이 지배적이다. 그러나 민간부문에서는 기업간, 소비자간, 공급자와 소비자간에 협동관계보다는 경쟁관계의 특성을 많이 내포하고 있다.

끝으로 국가로부터의 지원방식도 공공부문은 직접적인 투자 및 주택금융과 세제 등의 지원이 이루어지고 민간부문은 간접적인 방식을 취하는 것이 보통이다.

자본주의 국가들 중에 주택정책적인 면에서 두 가지 형태의 접근, 즉 "공공부문지향적 접근"과 "민간부문지향적 접근"으로 나눌 수 있다(〈표 3-2〉 참조).

공공부문지향적 접근으로 분류될 수 있는 나라로서는 영국, 스웨덴, 서독, 스위스 등을 들 수 있다. 공공부문지향적 접근의 장점으로서는 공공기관이 주택소요계층에게 직접적으로 임대주택을 공급함으로써 사회복지, 서민주거안정을 도모하여, 사회계층간의 갈등을 최소화할 수 있다는 점이다.

이러한 접근은 대도시의 불량주거지의 발생을 예방할 수 있으며, 사회계층간

〈표 3-2〉 공공부문지향적 접근과 민간부문지향적 접근의 대비

구 분	공공부문지향적 접근	민간부문지향적 접근
장 점	· 주택소요계층에게 직접적 주택제공 · 불량주거지 형성의 예방 · 사회계층간 혼합 · 공공서비스 제공에 있어 경제성 확보	· 민간주택산업의 육성 · 주택관련 행정비대화 관료화 예방 · 민간임대주택산업의 육성 · 경쟁원리의 존중
단 점	· 민간주택산업의 위축 · 주택관련 행정의 비대화, 관료주의화 · 공공주택 수혜대상의 선정의 공평성, 기준설정의 어려움 · 노동시장의 영향 · 민간임대주택의 위축	· 주택소요계층에 대한 공공의 역할 미흡 · 불량주거지 형성의 우려 · 사회계층간 주거지 분리 심화 · 소득계층간 주거수준 격차심화
대표적인 국가	· 스웨덴 등의 유럽국가	· 미국, 캐나다 등
사상·제도적 배경	· 사회복지 · 사회민주주의	· 자유방임주의, 신자유주의 · 시장경제원리

의 혼합을 시도할 수 있다. 반면 공공부문지향적 접근은 민간주택산업을 위축시키거나 주택관련행정의 비대화, 공공주택수혜대상자 선정의 어려움 등 문제점을 가지게 된다.

한편 민간부문지향적 접근을 펴고 있는 나라로는 미국을 대표적 국가로 들 수 있으며, 이러한 접근은 자본주의시장원리를 존중하며 민간주택산업을 육성하게 된다. 경쟁의 원리를 통하여 값싸고 질좋은 주택을 생산하는 업체는 소비자로부터 신용을 얻게 되며 부실업체는 자연도태된다. 그러나 이러한 접근은 소득의 불균형적 배분으로 인한 계층간 갈등을 심화시킬 우려가 있으며, 대도시의 경우 불량주거지의 형성 등 주택을 통한 사회적 형평성을 유지하는데 한계가 있기 마련이다.

제 4 절 우리 나라 공공과 민간의 역할분담

우리 나라 주택부문에 있어서 역할분담을 논의할 때 먼저 공식부문과 민간부문의 정의를 어떻게 내리느냐 하는 것이 문제이다.

주택공급체계상 공공부문이란 중앙정부, 지방자치단체, 주택공사, 주택금융기관, 특수목적의 기관[13]을 들 수 있고, 민간부문은 주택사업자, 건축업자, 주택자금공급자를 말한다.[14] 그리고 개별가구의 주택건설도 포함될 수 있을 것이다.

〈그림 3-3〉 우리 나라 공공과 민간부문의 구분

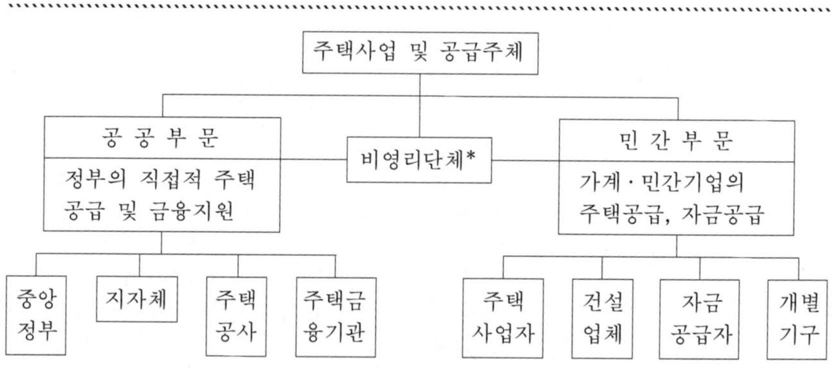

주: * 비영리단체는 종교단체·국제적 기구 등.

13) 특수목적의 주택공급기관으로 공무원연금관리공단, 국가보훈처, 국방부, 보건사회부, 동력자원부를 들 수 있다.
14) 대한주택공사, 「한국주택정책의 발전방향에 관한 연구」, 제 4 편, 1983, p.8 참조.

공공과 민간의 역할분담을 주택공급적 측면과 기능적 측면에서 살펴보도록 한다.

Ⅰ. 주택공급적 측면

통계자료의 한계 등으로 공공과 민간의 주택공급실적을 경제개발 5개년계획기간을 중심으로 살펴보면 〈표 3-3〉과 같다. 제 1 차 경제개발계획중에는 공공은 건설호수면에서 12.2%, 자금면에서 8.8%를 차지하여 동 기간의 주택건설실적은 민간이 대부분을 차지하였다.

제 2 차 경제개발계획기간(1967∼1971)도 민간의 역할이 계속적으로 절대다수(총 건설호수의 87%)를 점하고 있다. 제 3 차 계획기간(1972∼1976)에는 점진적으로 공공의 역할이 증대되었고, 제 4 차 계획기간(1977∼1981)중, 특히 1980년에는 처음으로 공공기관의 주택공급이 총 건설호수의 50%를 차지하였다. 제 5 차 계획기간 중 공공의 공급실적이 47.6%까지 증대하였으나, 제 6 차 기간부터 상대적으로 점차 감소하는 추세를 보이고 있다(〈표 3-3〉 참조).

공공과 민간의 주택공급상의 역할은 시대적으로 몇 가지 특징을 지니고 있다. 1950년대 공공부문주택건설이 주로 주택영단에 의해 공급되었고, 공공의 주택건설호수도 전체주택건설의 절반(1954년의 경우 49%)을 담당하여 민간과 비슷한 수준을 유지하였다. 그러나 1960년대에 와서 공공의 직접적 투자는 감소하고 가능한 민간의 주택건설을 촉진하는 간접적 방법을 시도하였다.

1960년대의 주택에 대한 공공투자의 감소는 정부의 투자가 경제성장을 가속화시킬 수 있는 산업 및 산업시설에 중점을 두었기 때문이다. 그리고 당시 주택의 사회복지적 인식이 거의 없어 서민주거안정은 국가정책의 우선순위에 속하지 못했다. 한편 1960년대 민간건설업체도 주택건설이 조직적, 대규모적이지 못하고 영세건설업자들에 의하여 주택이 공급되었던 것이다.

제 2 차 경제개발계획기간 역시 공공이 주택을 직접공급하는 적극성을 보이지 못했고 간접적인 민간지원방식을 취한다. 간접적 지원이란 주로 주택은행[15]을 통한 자금대출형식이었다. 동 기간의 주택공사의 건설실적은 전체주택건설의 0.6%, 지방자치단체는 3.2%에 지나지 않는다.

1970년대 초반 정부는 주택건설장기계획을 수립하였고, 1972년 주택건설촉

15) 1967년 정부는 주택금고를 설립했고, 1969년 이를 주택은행으로 개칭 주택금융업무를 확대하였다.

〈표 3-3〉 연도별, 사업별 주택건설실적 및 주공기여도(1962~2007)

(단위: 호, %)

구 분		계	공 공			민 간	주 공 기여도
			소 계	주 공	기 타		
계		14,268,101	4,769,525	1,815,720	2,953,805	9,498,186	10.9
1차 경제계획	1962~1966	325,935	39,915	5,159	34,756	286,020	1.6
2차	1967~1971	540,338	69,613	7,739	61,874	470,725	1.4
3차	1972~1976	760,591	228,766	54,420	174,346	531,825	7.2
4차	1977~1981	1,116,074	495,378	154,031	341,347	620,696	13.8
5차	1982~1986	1,155,071	549,344	186,678	362,666	605,727	16.2
6차	1987~1991	2,386,491	877,101	274,961	602,140	1,509,390	11.5
7차	1992~1996	3,104,854	1,148,940	346,126	802,814	1,955,914	11.1
8차	1997~2001	2,270,523	769,589	238,094	531,495	1,500,934	10.5
	2002~2006	2,648,867	652,915	466,875	186,040	1,995,952	17.6
	2007	555,792	156,989	141,817	15,172	398,803	25.5

자료: 대한주택공사, 「주택통계편람」, 2008, pp. 350~351.

진법을 제정하여 경제개발계획과는 별도로 주택부문투자를 확대해가는 방안을 강구하였다. 정부는 민간주택건설업이 영세하고 조직적이지 못함을 시정하기 위하여 1977년 주택건설촉진법을 개정하여 주택사업자등록제 규정을 두게 되었다. 처음으로 민간주택업자의 조직화 및 대기업의 참여를 유도하는 정책을 시도하였다.

1970년대 후반에 와서는 주택건설을 활성화하기 위한 조치로 1가구 2주택을 허용하고, 부분적으로 아파트에 대한 면세, 양도소득세의 완화 등을 시도했으나 주택투기가 과열되어 1978년에는 투기억제종합대책을 마련함으로써 정부의 주택시장개입이 강화되었다.

제 5 차 경제개발계획기간 중에는 공공의 역할증대, 자가소유기회의 확대, 임차가구보호 및 임대제도개선 그리고 저렴한 서민주택대량건설을 통한 서민주거안정을 정책목표로 정했다. 제 6 공화국에 와서 정부는 1988~1992년 사이 200만호 주택건설을 목표로 하고, 이 목표를 조기달성하는 성과를 올렸다. 200만호 중 19만호는 영구임대주택을 공급하여 주택정책 역사상 최초의 사회주택을 공급하는 계기를 만들었다. 그러나 200만호 주택건설로 인하여 다양한 부작용이 발생하기도 했다. 첫째, 단기간에 많은 물량의 주택을 공급하다 보니 건축자재의 부족으로 심각한 "자재난"을 경험했고 시멘트, 철근 등 일부 건축자재 및 재료의 가격폭등을 가져오기도 했다. 둘째, 주택물량의 확대에만 급급하다 보니 주택의 질적인 면과 안전을 소홀히 하여 부실공사 및 불량건축재료 및 자재의 사용으로 많은 문제점을 야기시켰다. 셋째, 200만호 계획기간 중 주택건설현장에는 노동력이 부족하게 되었고, 노동력을 동원하기 위해서는 노임을 상승시키게 되었다. 이로 인하여 제조업체 등 타부분의 인력이 건설현장으로 빠져나가 노동력의 수급상 어려움을 겪게 되었고, 단순노동자의 임금상승이 큰폭으로 증가하게 되었다.

지금까지 주택정책상 공공과 민간의 역할분담에 관한 몇 가지 문제점을 지적하면 다음과 같다.

첫째, 민간주택건설을 촉진하기 위한 제도적 장치들이 오히려 민간주택건설을 위축시키는 경우가 많았다. 예를 들어 투기억제책은 민간주택건설에 큰 타격을 가하여 "건설촉진과 투기억제"라는 상반된 국가정책 상의 모순을 시정하지 못했다. 아울러 민간주택공급확대와 관련하여 각종 조세, 금융정책의 일관성이 결여되어 행정편의 위주로 운영되어 왔음을 부인하기 힘들다. 한편 민간주택건축관련 인허가업무가 여러 행정관서에 분산되어 번잡한 행정절차를 요구하고 있다.

둘째, 주택공급이 획일적이고 총량적인 데에 문제가 있다. 특히 공공부문은 총량지표만 강조하다 보니 소득계층별, 지역별 가구특성이나 주택수요를 고려하지 않은 채 주택공급을 일관해 왔다. 민간부문은 소수의 대기업 위주의 주택공급에 치중하여 영세주택건설업자는 상대적으로 불리한 위치에 서게 됐다. 주택공급의 효율성이라는 면에서 대기업 위주의 지원책이 정당화될 지 몰라도 중소주택업체의 육성과 지원은 장기적 안목으로서는 매우 중요한 사항이다. 민간기업의 규모별, 지역별, 실적별 균형발전을 도모할 수 있는 정책이 요구되고 있다.

셋째, 민간주택건설을 촉진하기 위해서는 기존의 주택생산체계상의 지나친 하도급이나 하청구조를 개선하는 데 정부의 역할이 미흡하다. 민간부문의 육성은 시장경제원리에 따라 기업간 경쟁원리를 존중하되 대기업의 지나친 독점력형성은 효과적인 경쟁을 방해하는 결과를 가져온다. 주택관련법제가 임대주택보다는 분양주택이 유리하고, 중소기업보다는 대기업이 유리한 부분들을 조정해야 할 것이다.

마지막으로 중고주택시장에서의 민간부문의 역할을 증대시켜야 할 것이다.

신규주택공급이 차지하는 정책적 효과를 과소평가하는 것은 아니지만, 기존중고 주택이 전체주택재고(stock)에서 차지하는 비중이 높기 때문에 기존주택의 개수, 증축 등 주택의 질적개선을 도모할 수 있는 민간주택건설업자의 역할도 정책적으로 배려해야 할 것이다. 이를 위한 주택금융제도의 개선이 우선적으로 이루어져야 할 것이다.

Ⅱ. 기능적 측면

공공과 민간의 역할구분에 있어서 기능적 측면이란 ① 주택공급의 목표, ② 공급대상가구와 소득계층, 그리고 ③ 주택점유형태에 관련한 사항이 될 것이다.

앞에서 논의된 것처럼 공공부문의 주택공급목표는 사회적 형평성과 사회복지에 두며, 공급대상도 도시영세민과 저소득층 그리고 점유형태상 임대주택이 우선적일 것이다. 한편 민간부문은 주택공급목표가 경제적 효율성과 기업의 이윤추구 그리고 공급대상은 모든 소득계층이며 주로 분양 위주의 주택공급이 대부분을 차지하고 있다.

주택공급에 있어 공공과 민간의 기능적 측면을 지난 30여년간 공급실적을 중심으로 살펴보기로 한다.

첫째, 〈표 3-4〉에 나타난 것처럼 우리 나라 공공부문, 특히 주택공사의 경우 지난 40여년 동안 임대주택보다는 분양주택에 치중하여 왔음을 알 수 있다(전체 공급주택의 약 60%가 분양주택임). 공공부문의 주택공급적 기능이 저소득계층, 무주택자, 도시영세민들의 주거안정에 있다면 임대주택이 분양주택보다는 우선순위가 주어져야 할 것이다. 공공부문이 구매력이 있고 자가소유를 원하는 저소득계층을 위해서 만족스러운 주택공급을 펴지 못했다는 점도 간과할 수 없는 사실이다. 공공부문의 주택이 국민주택규모 이하의 소형주택이라 해도 분양받을 수 있는 소득계층이란 지극히 한정되어 있어 저소득층을 위한 공공부문분양주택은 재평가되어야 할 것이다.

둘째, 공공부문이 분양주택에 큰 비중을 두고 있다는 사실이 정책적으로 정당화될 수 있음은 주택가격의 저렴화에 있을 것이다. 민간부문의 주택에 비하여 가격이 저렴함으로써 저소득계층의 자가소유의 욕구를 충족시키며, 이로 인한 서민주거안정에 큰 기여를 기대할 수 있기 때문이다. 그런데 공공부문주택의 분양가격이 과연 얼마나 저렴한가에 대하여 의문이 제기된다.

1960년대 이후 주택공사와 서울시는 공공분양주택을 공급하여 왔으나 분양

〈표 3-4〉 대한주택공사의 연도별, 주택유형별 건설실적(1962～2007)

(단위: 호)

구 분	합계	계			장단기임대[1]			공공임대	영구임대	국민임대
		아파트	단 독	연 립	아파트	단 독	연 립	아파트	아파트	아파트
계	1,912,200	1,895,827	5,641	10,732	176,355	105	534	157,435	140,078	505,666
1962～1966	5,159	1,793	3,272	94	–	–	–	–	–	–
1967～1971	7,739	6,399	1,340	–	300	–	–	–	–	–
1972～1976	54,420	53,637	364	419	17,910	105	–	–	–	–
1977～1981	154,031	150,330	665	3,036	46,632	–	–	–	–	–
1982～1986	186,678	179,495	–	7,183	33,938	–	534	–	–	–
1987～1991	274,961	274,961	–	–	75,677	–	–	–	104,955	–
1992～1996	345,515	345,515	–	–	1,898	–	–	52,797	35,123	–
1997～2007	883,697	883,697	–	–	–	–	–	104,638	–	505,666

구 분	분 양			공공분양	사원임대	근로복지	차 관	
	아파트	단 독	연 립	아파트	아파트	아파트	아파트	연 립
계	290,240	4,453	3,081	400,690	15,565	113,089	49,046	4,496
1962～1966	1,208	3,270	67	–	–	–	–	–
1967～1971	3,756	1,183	–	–	–	–	–	–
1972～1976	11,556	–	217	–	–	–	19,100	–
1977～1981	72,806	–	614	–	–	–	18,290	952
1982～1986	123,190	–	2,183	–	–	–	15,200	3,544
1987～1991	57,605	–	–	–	7,806	25,776	–	–
1992～1996	18,046	–	–	143,488	7,759	73,195	–	–
1997～2007	2,073	–	–	257,202	–	14,118	–	–

구 분	외 인			사 채	수 탁			재개발
	아파트	단 독	연 립	아파트	아파트	단 독	연 립	아파트
계	2,435	4	873	8,456	18,263	1,079	1,748	14,013
1962～1966	33	2	27	–	552	–	–	–
1967～1971	706	2	–	–	1,637	155	–	–
1972～1976	611	–	24	–	4,460	259	178	–
1977～1981	1,085	–	–	9,408	2,109	665	1,470	–
1982～1986	–	–	822	–	7,015	–	100	152
1987～1991	–	–	–	–	1,650	–	–	1,492
1992～1996	–	–	–	–	840	–	–	12,369
1997～2007	–	–	–	–	–	–	–	–

주: 1) 1981년 이전 임대주택은 1년(64,947호), 1982년 이후 임대주택은 5년.
2) 주택건설수치는 사업승인 기준임.

자료: 대한주택공사, 「주택핸드북」, 2008, pp.241～242.

가격이 민간건설주체의 그것과 거의 비슷한 수준이다.[16] 이는 대부분의 국가들이 공공건설주체가 저소득층을 위한 임대주택에 전문화되어 있다는 사실과 극히 대조적이며, 공공건설주체는 민간과 다름없이 영리성의 기준에 입각하여 운영되어 왔음을 부인할 수 없다.

셋째, 앞에서 논의된 문제와 관련이 있는데 아직까지 공공부문이 주택공급의 대상으로 삼는 소득계층이 실정법상 매우 불분명하다는 점이다. 사실 그 동안 공공이 주택공급대상으로 삼아온 계층은 저소득계층이었다기보다는 오히려 무주택가구였다. 즉 무주택가구란 실질소득이 얼마인가에 관계없이 현재 자가소유가구가 아닌 모든 임차가구를 포함한다.[17]

다행히 1986년 주택공급에 관한 규칙을 개정하여 국민주택공급대상에 대해서는 다소 제한을 가하게 되었다. 주택공급에 관한 규칙의 제4조 주택공급대상은 "무주택세대주인 자로 하되, 국민주택 중 40m^2 이하의 분양주택 및 50m^2 이하의 임대주택의 공급대상은 세대주의 월평균소득이 재정경제원장관이 발표하는 당해 주택건설지역에서의 전년도 도시근로자가구당 월평균소득 이하인 자로 한다"고 규정하고 있다. 그러나 앞서 살펴본 바와 같이 공공부문에서 공급되는 40m^2 이하의 분양주택과 50m^2 이하의 임대주택은 총공급량의 극히 일부분에 지나지 않기 때문에, 공공부문의 공급대상이 저소득층이라고 하더라도 그 수혜대상은 극히 일부분에 지나지 않는다.

앞으로의 공공부문의 역할정립은 다음의 몇 가지 사항을 필히 고려해야 할 것이다.

첫째, 공공의 주택시장개입과 정부의 주택관련제도는 시장기능으로 해결할 수 없는 저소득층의 주거안정과 계층간, 지역간 주택공급 및 배분의 형평성을 유지하기 위한 것이다. 그러나 지난 40여년간의 공공주택정책의 결과는 계층간 주택공급의 형평성을 유지했다고 평가할 수 없다. 오히려 공공부문으로부터 직접적 혜택을 받은 계층은 저소득층이라기보다 구매력을 갖춘 중소득층이라 할 수 있다.

주택시장에서 주택수요를 유발하는 소비자는 중·고소득층이다. 도시영세민과 저소득층의 주거안정은 주택수요적 접근이 아닌 공공임대주택의 공급확대를

16) 서울시 목동아파트의 경우 1986년 한국경제신문에 분양공고된 35평형 이상의 평당분양가격이 134만원에 이르러 동형 민간아파트와 별다른 가격차별이 없다. 그리고 주공 상계동 25평 미만 아파트의 분양평균가격이 1,050,000원이며, 우성건설 가락동아파트 24.29평이 평당 1,050,259원이었다.

17) 임차가구라 해서 모두 저소득층 가구가 아니며, 도시 내의 지역별 특성에 따라 고소득임차가구도 존재할 수 있다.

통한 주택소요적 접근으로 전환되어야 할 것이다. 공공부문의 분양주택공급은 공공성, 사회적 형평성, 복지지향성이라는 정당성이 부여되어야 하고 공급대상, 공급량, 지역별 적실성 등이 신중히 재검토되어야 한다.

둘째, 지역간, 계층간, 주택공급의 균형적 공급을 위해서는 지역격차와 계층간의 소득격차를 반영하여 싱가포르와 같이 빈곤층의 주택금융제도와 주택분양제도가 개선되어야 한다. 공공부문의 주택공급대상은 단순히 무주택자로 규정하기보다는 가구소득구분, 가구원수, 현재의 주거형태 등을 고려하여 명확한 수혜대상범위를 규정해야 한다. 이는 주택공급에 있어 공공과 민간이 분양 위주의 동일한 역할을 고수하고 있다는 비난을 면할 수 있으며, 근본적으로 공공과 민간의 역할을 재정립할 수 있는 길이다.

셋째, 자유시장경제체제 하에서는 민간 위주의 주택공급이어야 바람직하다. 민간부문이 활성화되기 위해서는, ① 중·소 민간주택산업육성, ② 중고주택시장의 육성책의 마련, ③ 민간주택산업 및 공급체계의 정비 등이 요청되고 있다.

제 2 부

주택시장과 주택정책

제 4 장 : 주택과 국민경제

제1절 서　　론

주택자본이 국민경제에 미치는 영향과 주택자본에 대한 정부의 인식이 국가마다 달리 나타나고 있다. 대부분의 개발도상국에서는 주택자본을 국민의 직접적 소득창출효과와 외화획득효과라는 면에서 보면 타부문에 비해 낮게 평가하고 있다. 그래서 주택부문은 공업부문에 비하여 투자우선순위가 낮은게 보통이다.

주택공급적 측면에서 보면 정부, 공사 그리고 지방자치단체가 주최가 된 공공부문과 민간건설업체와 개별가구가 건축하는 주택을 포함하는 민간부문으로 대별할 수 있다.

우리 나라는 도시지역의 심각한 주택난을 해소하기 위하여 공공부문, 특히 대한주택공사가 주택공급에 주요한 역할을 담당해 왔다. 1980년대 중반 이후 민주화의 분위기와 1990년대초 지방자치제가 실시됨에 따라 종래의 중앙정부중심의 주택공급체제에 대한 변화의 조짐이 일고 있다. 향후 지방자치단체의 주택공급역할이 기대되고 있다.

주택투자는 국가전체로 보면 국민경제에 지대한 영향을 미치며, 지역적으로 보면 해당지역의 개발과 지역경제의 파급효과를 가져오게 된다. 그래서 본장에서는 주택투자가 국민경제에 어떤 영향을 미치고 있는가를 논의하도록 한다. 주택투자가 국민경제에 미치는 효과분석은 이미 선진국에서 널리 연구된 바 있으나 우리 나라의 경우는 제한적·부분적으로 논의되어 왔다.

주택투자가 국민경제에 미치는 효과로서 생산촉진, 고용유발 그리고 경기부양 등 다양한 효과를 지니고 있으나, 국가의 경제발전수준에 따라 조금씩 달리 나타나고 있다. 여기서는 우리 나라 주택투자의 국민경제효과를 살펴보고 주택투자의 지역적 파급효과는 부산시 사례를 중심으로 한 투입산출모형(Input-Output Model)에 의하여 분석하도록 한다.

제 2 절 주택투자의 국민경제효과

Ⅰ. 국가경제에 있어서 주택

주택이 국가경제에 있어서 중요한 역할을 수행하고 있음은 주택을 통한 투자, 고용, 소비가 발생되고 있다는 점이다. 대부분의 선진국은 주택부문이 총고정자본투자의 4~8%, 국내총생산액의 3~6%를 차지한다.[1] 더 중요한 것은 이 단순한 수치보다 주택으로부터 유발되는 서비스가 소비자들의 소비 중 15~20%에 이르고 있음을 지적하여 주택부문의 중요성이 과소평가될 수 없다는 주장이 있다.[2]

주택투자와 관련하여 Donnison은 정부투자 및 정책적 우선순위에 대하여 3단계설을 주장하였다.

첫단계, 즉 산업화와 도시화의 초기단계에서는 국방, 교육, 산업시설 등의 투자에 우선순위를 두고 주택 및 도시계획부문에는 최소한의 투자만이 있을 뿐이다.

제 2 단계에는 인구성장이 둔화되고 경제성장이 가속화되는 단계이다. 이 단계에는 주택부문의 중요성이 강조되고, 타산업의 발달로 주택의 대량공급이 가능해지는 단계로 파악된다. 정부는 저소득계층의 주거문제에 관심을 가지게 되며 정부의 주택보조금 등 제도적인 조치들이 취해진다.

제 3 단계는 사회복지적 차원에서 노후화된 주택의 개량, 재개발이 활발히 진행되며 특수그룹으로 분류되는 노령가구, 도시빈민, 장애자들에 이르기까지 다양한 주택정책프로그램이 수행된다.[3]

Donnison의 연구와 유사한 관찰은 Strassmann의 논문에서도 찾을 수 있다. 그에 의하면 경제수준이 낮은 국가는 인구성장과 도시지역의 인구유입이 크며, 주택수요의 높은 소득탄력성을 가져온다고 한다. 그리고 소득수준별로 사례대상국가 27개국을 3그룹으로 분류하고, 주택투자의 G.D.P에 대한 비율이 저개

---

1) GDP기준 주택투자율을 보면 일본 5.8%(1996), 미국 4.0%(1996), 프랑스 4.8%(1994), 캐나다 5.3%(1996), 이탈리아 5.0%(1994) 등이다.
2) L.S. Bourne, *The Geography of Housing*, London: Edward Arnold, 1981, p.96.
3) D.V. Donnison, *The Government of Housing*, Baltimore: Penguin, 1967, pp.75~78.

발국가는 2.5%, 중간수준의 국가는 4.6% 그리고 선진국은 4.4%로 나타난다고 한다.[4] 즉 어느 정도 경제성장이 달성된 중위수준의 국가발전단계부터 주택투자는 증대되고 있음을 보여주고 있다. Kuznets 역시 국민소득수준과 주택투자(총건설투자)의 상관성이 매우 높다는 점을 지적하고 있다.[5]

주택공급이 국가경제에 있어서 매우 중요한 역할을 담당하고 있음은 아래의 사실에서 발견된다.

첫째, 주택을 통하여 정부는 경제운용 및 경기조절의 수단으로 이용한다는 점이다. 특히 미국의 경우는 주택부문이 국내의 경기활성화와 경제순환을 조절하는 수단이 되고 있다.

둘째, 주택의 승수효과를 들 수 있다. 주택이 건설·공급됨으로 해서 필수적으로 따르는 도로, 학교, 상·하수도, 용수 등의 공공시설물의 설치와 도시서비스가 공급된다. 한편 거주자는 주택의 내부설비를 위한 소비가 확대되어 주택관련 산업의 활성화가 이루어진다. 소위 2차적 관련효과(secondary impacts)가 주는 국가경제성장의 역할은 매우 큰 것으로 지적되고 있다. 보다 더 구체적인 주택투자효과를 보자.

Ⅱ. 주택투자의 효과

주택투자가 지닌 주요성을 국민경제, 사회복지 그리고 지역개발적 측면에서 생각해 보도록 한다(〈그림 4-1〉 참조).

첫째, 주택투자는 국민경제에 있어서 크게 3가지의 경제적 효과를 가져온다. 주택투자를 통하여 생산촉진, 경기부양 그리고 고용유발을 가져올 수 있다.

주택투자를 통한 생산촉진효과로는 주택건설이 필연적으로 사회간접자본의 확충을 동반하게 된다는 것이다. 주택이 제기능을 발휘하기 위해서 인간의 생활편익시설인 전기, 상·하수도, 도로, 공원 등의 사회간접자본의 투자가 없이는 불가능하다. 이러한 사회간접자본의 확충으로 인하여 주택뿐만 아니라 타산업의 생산촉진을 유발시키게 된다.

한편 주택투자는 국민경제를 구성하는 제생산부문의 생산을 유발시킴으로써

4) W. P. Strassmann, "The Construction Sector in Economic Development," *Scottish Journal of political Economy*, Vol. 17, 1970, pp. 393～402.

5) S. Kuznets, "Quantitative Aspects of the Economic Growth of Nations, Part V, Long-term Trends in Capital Formation Proportions," *Economic Development and Cultural Change*, Part Ⅱ (July, 1961).

〈그림 4-1〉 주택투자의 제효과

- 주택투자
  - 국민경제효과
    - 생산촉진
    - 고용유발
    - 경기부양
  - 사회복지효과
    - 주생활의 안정
    - 주택의 질·양적인 향상
    - 빈민들의 최저주거수준 확보
  - 지역개발효과
    - 지역고용기회 창출
    - 지역하부구조 건설
    - 지역경제활성화 촉진
    - 지역노동생산성 향상

전체산업의 생산활동을 촉진한다. 우리 나라의 경우 주택은행의 연구에 따르면, 1983년도 주택건설의 총체적인 활동인 연간주택투자액 3,532,115백만원에 대한 생산유발액은 직접유발액 3,532,115백만원과 간접유발액 4,817,669백만원이다. 이 주택투자액은 주택부문의 고정자본을 형성할 뿐만 아니라, 타산업의 생산을 4,817,669백만원 정도 유발하며 이는 주택투자액의 1.36배의 생산유발을 의미한다(〈표 4-1〉 참조).

주택투자의 부가가치(소득)유발효과를 보면, 1983년의 경우 총주택투자액(3,532,115백만원)에 대한 총소득유발액은 3,059,161백만원으로 자기부문의 소득 1,392,547백만원과 타산업부문 1,666,614백만원으로 구성된다.

그리고 취업 및 고용효과면에서 보면, 〈표 4-1〉에 나타난 것과 같이 1983년의 고용유발계수는 0.109를 나타내고 있다. 이는 주택투자 100만원당 필요한 연간 인원수를 의미하고, 유발계수는 1975년도 0.473이 1980년 0.140 그리고 1983년 0.109로 감소하는 추세를 보이고 있다. 이러한 현상은 산업구조의 고도화와 기술수준의 향상에 기인하겠으나 물가상승 및 임금상승 등에도 영향을 받게 된 것으로 풀이된다.

주택건설이 흡수하는 노동력은 단순노동자로부터 상당한 기술을 지닌 노동자에 이르기까지 다양한 노동력을 필요로 한다. 개도국은 말할 것도 없이 많은 선진국들까지 주택건설에 필요로 하는 노동력은 특별한 직업훈련없이 비공식적 혹은 노동현장의 경험으로 습득한 기술을 통해 참여하게 된다.

한편 주택건설산업은 노동자의 이동이 매우 심한 것으로 나타나고 있다. 노동자들은 주택건설프로젝트별 고용계약에 의존하기 때문에 장기고용계약을 맺고

〈표 4-1〉 주택투자의 제관련효과

(단위: 백만원, 인)

주택투자(A)	(1975) 494,787 (1978) 1,315,645 (1980) 2,276,757 (1983) 3,532,115	생산유발효과				부가가치유발효과				수입유발효과				고용유발효과				취업유발효과			
		1975	1978	1980	1983	1975	1978	1980	1983	1975	1978	1980	1983	1975	1978	1980	1983	1975	1978	1980	1983
총유발액, 人員(B)		1,022,416	2,595,574	4,814,558	8,349,784	378,256	1,034,784	1,704,028	3,059,161	116,529	316,855	572,718	936,075	234,433	339,376	319,053	386,288	311,120	409,967	385,629	483,226
총유발계수(B/A)		2.06637583	1.92030764	2,11465611	2.36396165	0.76448168	0.76557368	0.74844516	0.86609900	0.23551364	0.23551364	0.23442182	0.25154990	0.26501840	0.47380603	0.25108368	0.14013485	0.1936450	0.62879493	0.30330967	0.16937644
자기부문	유발액, 인원(C)	494,787	1,351,645	2,276,757	3,532,115	170,936	527,539	974,488	1,392,547	17,598	76,289	42,864	51,237	129,900	201,900	178,810	187,050	134,700	202,200	179,190	187,760
	유발계수	1.00000000	1.00000000	1.00000000	1.00000000	0.34547489	0.39029408	0.38409369	0.39425302	0.03556736	0.05644136	0.01882678	0.01450604	0.26253674	0.14937354	0.07853715	0.05295694	0.27223786	0.14959549	0.7870405	0.05315795
타부문	유발액, 인원(D)	527,629	1,243,929	2,537,801	4,817,669	207,319	507,245	829,540	1,666,614	98,931	240,566	529,854	884,838	104,533	137,476	140,243	199,238	176,420	207,767	206,439	295,466
	유발계수	1.06637583	0.92030764	1,11465611	1,36396165	0.41900679	0.37527960	0.36435147	0.47184598	0.19994628	0.17798046	0.23272312	0.25051236	0.21126929	0.10171014	0.06149770	0.05640756	0.3565707	0.15371418	0.09067239	0.08365130
C / B (%)		48.4	52.1	47.3	42.3	45.2	51.0	51.3	45.5	15.1	24.1	7.5	5.5	55.4	59.5	56.0	48.4	43.3	49.3	46.5	38.9
D / B (%)		51.6	47.9	52.7	57.7	54.8	49.0	48.7	54.5	84.9	75.9	92.5	94.5	44.6	40.5	44.0	51.6	56.7	50.7	5.5	61.1
D / C (%)		106.6	92.0	111.5	136.4	121.3	96.2	94.9	119.7	562.2	315.3	1,236.1	1,727.0	80.5	68.1	78.4	106.5	131.0	102.8	115.2	157.4

주: 1) 각연도별 경상가격임.
2) 소수점 5자리 이하는 반올림관계로 (부록)의 최종결과표와 일치하지 않을 수 있음.

자료: 한국주택은행, 「주택투자의 파급효과분석」, 1987, p.35.

일하는 노동자는 전체노동자중 극소수임은 선·후진국 공통적인 현상이다. 이러한 현상은 주택건설의 경기순환적 특성과 안정적이지 못한 자본시장의 영향이라 볼 수 있다.[6)]

주택형태별 고용창출효과를 보면 저렴한 공동주택건설이 다른 어떤 형태의 주택보다 고용창출효과가 큰 것으로 멕시코의 사례연구에서 밝혀지고 있다.[7)] 저소득층을 위한 주택건설이 고용창출효과가 크다는 논의는 "동일한 주택보조금으로 고소득층의 주택건설보다 저소득층주택건설에 고용효과가 크다"는 Strassmann의 연구와 같은 의미를 지니고 있다.[8)]

제 3 절 주택투자의 지역경제파급효과[9)]

우리 나라의 경우 〈표 4-2〉에서 나타난 것처럼 주택투자의 대 G.N.P비율이 1974년 이후 평균 5.87%를 차지하고 있고, 더욱이 주택부문의 총고정자본투자에서의 비중은 19~38%에 달하고 있어 주택투자의 국민경제적 비중이 증대하고 있다고 할 수 있다.

주택은 여타 상품과는 달리 위치의 고정성이라는 특색을 지니고 있어 주택투자는 지역경제와 매우 밀접한 연관을 지니게 된다. 따라서 주택투자의 경제적 효과를 체계적으로 분석하기 위해서는 주택투자의 국민경제적 파급효과를 종합적으로 살펴보는 것이 무엇보다 중요하다. 그러나 기존의 연구는 주로 주택투자의 국민경제적 파급효과를 분석하는데 한정되고 있어[10)] 지역경제적 파급효과에 대한 분석이 시급히 요청되고 있다.

이같은 필요성을 감안하여 여기서는 부산지역을 사례지역으로 선정하여[11)] 주택부문이 지역경제에서 어떠한 위치를 점하고 있으며, 또 주택투자가 해당지역경제에 어떠한 파급효과를 갖는지 실증적으로 분석해 보고자 한다.

---

6) L. S. Burns and Leo Grebler, *The Housing of Nations*, London: Macmillan Press, 1977, p. 194.

7) *Ibid.*, p. 195.

8) W. P. Strassmann, "Measuring the Employment Effects of Housing Policies in Developing Countries," unpublished paper(n.d.).

9) 하성규·허재완, "주택투자의 지역경제파급효과분석," 「국토계획」, 제25권 1호, 1990, pp. 45~65 참조.

10) 주택건설의 국민경제적 파급효과분석에 관한 대표적인 연구로는 한국주택은행이 1987년에 발간한 「주택투자의 파급효과분석; 산업연관분석을 중심으로」를 들 수 있다.

11) 연구에서 부산지역이 선정된 것은 필요한 지역자료접근이 상대적으로 용이하였기 때문이다.

〈표 4-2〉 연도별 G.N.P 대 주택투자(1974~2002)

(단위: 억원, %)

구 분	GNP(A) (불변)	총고정자본형성		주택투자		B/A	C/A
		불변(B)	경 상	불변(C)	경 상		
1974	500,427	97,751	20,686	27,361	5,025	19.53	5.47
1975	531,094	105,234	27,448	27,236	6,207	19.81	5.13
1976	594,166	127,318	35,937	27,738	6,935	21.43	4.67
1977	654,424	163,810	51,070	34,724	9,522	25.03	5.31
1978	715,896	220,094	79,235	47,245	15,458	30.74	6.60
1979	764,745	241,411	105,734	42,629	17,787	31.57	5.57
1980	734,811	215,616	122,299	39,512	21,897	29.34	5.38
1981	775,517	207,576	133,688	32,172	19,981	26.77	4.15
1982	883,556	230,500	155,863	40,504	26,352	27.65	4.86
1983	934,930	270,293	189,444	53,164	36,284	28.91	5.69
1984	1,014,751	297,258	213,812	48,247	34,010	29.29	4.75
1985	1,081,303	310,182	234,349	48,649	35,205	28.68	4.50
1986	1,210,365	343,158	269,692	56,513	41,009	28.35	4.67
1987	1,359,128	401,416	325,872	61,606	46,228	29.53	4.53
1988	1,522,293	456,463	394,246	75,586	61,727	29.98	4.97
1989	1,626,837	528,850	476,253	90,503	79,534	32.51	5.56
1990	1,782,621	665,687	665,887	145,777	145,777	37.34	8.18
1991	1,944,588	749,732	829,465	164,703	190,803	38.55	8.47
1992	2,042,310	743,759	879,070	153,734	192,799	36.42	7.53
1993	2,161,624	782,791	982,185	170,013	226,948	36.21	7.87
1994	2,343,333	874,849	1,093,793	169,340	233,930	37.33	7.23
1995	2,547,049	983,741	1,286,633	183,701	276,186	38.62	7.21
1996	2,722,003	1,046,413	1,436,887	184,636	293,853	38.44	6.78
1997	4,230,067	1,452,946	1,591,104	266,678	298,515	34.35	6.30
1998	3,947,104	1,145,635	1,323,075	245,482	283,851	29.02	6.21
1999	4,377,094	1,187,729	1,341,518	205,063	234,778	27.14	4.68
2000	4,785,329	—	—	185,542	214,436	—	3.9
2001	4,933,803	—	—	205,742	247,542	—	4.2
2002	5,246,894	—	—	235,552	301,140	—	4.5

주: 1997년부터는 GDP 기준임.
자료: 한국은행, 「국민계정」, 각년도; 대한주택공사, 「주택통계편람」, 2003, p.236 참조.

Ⅰ. 이론적 모형

국민경제에 있어서 주택투자는 일반적으로 2가지 관점에서 그 중요성이 인정되고 있는데, 하나는 정부의 경제운용 및 경기조절의 주요한 수단이 된다는 점

〈그림 4-2〉 주택관련산업

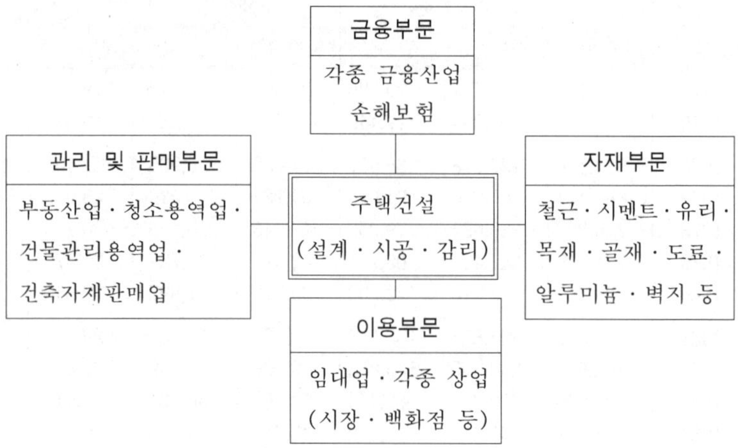

이고 다른 하나는 주택건설을 통하여 주택관련산업 및 공공부문의 활성화를 유발한다는 사실이다.[12] 그러나 지역경제적 관점에서 보았을때 경기조절수단으로서의 주택투자는 상대적으로 중요성이 덜하기 때문에 후자가 주요 관심사라 할 수 있다.

이같은 관점에서 특정지역의 주택투자가 해당 지역에 미치는 경제적 파급효과는 크게 4가지로 구분해 볼 수 있다.

첫째, 주택관련산업의 생산유발효과이다. 주택투자는 직접적으로 주택건설을 증대시킬 뿐 아니라 주택과 관련된 지역내의 타산업 즉 철근, 시멘트, 목재, 도료 등과 같이 주택건설에 관련된 자재부문, 주택매매와 보수관리에 관련된 판매 및 관리부문, 융자, 손해보험 등과 같은 주택금융산업부문 그리고 상가, 백화점 등 거주자들의 일상소비활동과 임대에 관련된 이용부문(〈그림 4-2〉 참조) 등의 제반생산활동을 촉진시키는 파급효과를 갖는다.

둘째, 지역내 사회간접자본의 건설을 증대시키는 효과이다. 주택은 다양한 지역하부구조의 시설과 공공서비스를 요구하기 때문에 주택건설은 전기, 가스, 도로, 공원, 통신 등과 같은 각종의 지역편익시설에 대한 투자를 동시에 확충하게 한다. 더욱이 장기적으로 이러한 지역사회간접자본의 증대는 타산업의 생산촉진을 유발하게 된다.

셋째, 지역고용기회의 창출이다. 주택건설부문은 제조업보다도 노동집약적

---

12) L. S. Burns and L. Grebler, *op. cit.*, Ch. 8, 9 참조.

인 산업일 뿐만 아니라 또 타부문과 달리 다양한 노동력을 필요로 한다. 즉 주택건설의 노동력은 단순한 노동자로부터 상당한 기술을 지닌 노동자에 이르기까지 매우 다양하게 요구되며, 특별한 직업 없이 비공식적 혹은 노동현장의 경험으로 습득한 기술을 통해 참여하게 된다. 따라서 단순노동자의 실업률이 높은 지역의 고용기회창출효과가 특히 높다고 할 수 있다. 더욱이 주택건설이 직접 유발하는 이러한 고용창출효과뿐만 아니라 주택건설로 인해 주택관련산업 및 사회간접자본부문이 촉진되므로써 일어나는 해당부문에서의 고용증대효과까지를 고려하면 주택투자의 고용창출효과는 더욱 커진다.

넷째, 주택투자는 해당지역의 주거수준을 증대시킨다. 즉 신규주택의 경우는 해당지역주택시장에서의 주택공급증대라는 결과를 가져올 뿐만 아니라, 새로운 기법과 개선된 자재의 이용으로 인해 주택의 질적수준을 전반적으로 향상시키게 되고, 또 기존의 주택개량이나 노후화된 주거밀집지역과 불량촌의 재개발도 주거수준을 개선시키게 된다. 이러한 주거수준의 향상은 주택투자에 의한 생활편익시설의 향상과 더불어 해당지역주민의 삶의 질을 전반적으로 높이게 되고 그 결과 해당지역의 노동생산성은 더욱 향상하게 된다.

이상에서 주택투자의 지역경제적 파급효과를 4가지 측면에서 간략하게 살펴보았다. 그런데 이들 효과들은 실제에 있어서는 각기 독립된 효과가 아니라 상호 밀접하게 관련되어 있는데, 이러한 관계를 고려하여 주택투자의 지역경제적 파급효과에 관한 개념적 틀을 구성하여 보면 다음 〈그림 4-3〉과 같이 나타난다.

〈그림 4-3〉 주택투자와 지역경제

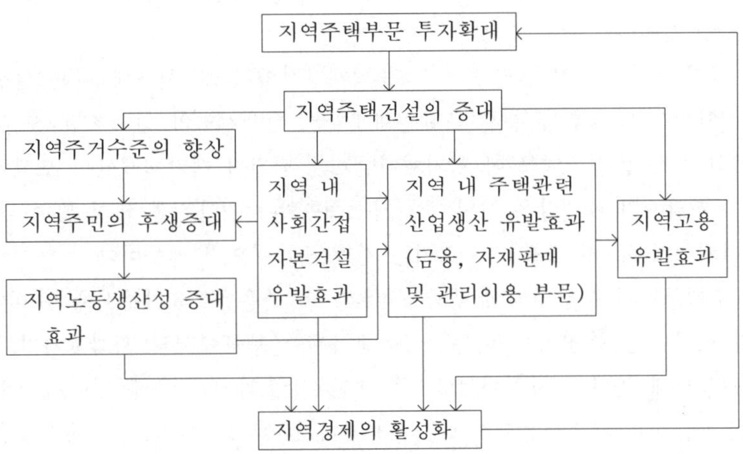

Ⅱ. 실증분석결과; 부산시의 경우

주택투자가 지역경제에 미치는 파급효과를 주거수준의 향상, 관련산업생산유발, 고용창출 그리고 사회간접자본유발적 측면에서 측정하여 보았다(부록 I 참조). 그러면 이러한 계량적 분석의 결과가 지역경제 및 지역주택정책에 주는 시사점은 무엇인가?

주거수준효과분석에서 지금까지의 부산시 주택투자는 공급의 절대적 부족과 불량주택개선의 미흡으로 인해 지역주민의 주거수준을 향상시키기에는 미흡했음을 알 수 있다. 따라서 앞으로는 주택난 해소를 위한 양적 증대와 저소득층의 주거수준향상에 주택정책의 초점을 맞추어야 한다.

주택난 해소를 위해서는 주택공급을 대폭적으로 확대하여야 하는데 이러한 주택공급의 확대는 필연적으로 택지의 확보와 저렴한 공급에 달려있다 해도 과언이 아니다. 부산시는 주택조성방식으로서 일단의 주택지조성사업에 의한 택지개발은 거의 없을 것으로 알려지고 있다.[13)]

그리고 주택개발촉진법에 의한 택지개발도 현재까지 토개공, 주공에서 주로 실시되어 왔고, 부산시 자체에서 개발한 실적은 미미하다. 따라서 앞으로의 주택개발은 부산시 자체가 적극적으로 저렴한 택지를 개발하지 않으면 주택건설의 확대는 매우 어려운 상황에 처하게 될 것이다.

더욱이 앞서 언급되었듯이 지금까지 부산지역은 공공부문에서의 공급실적이 매우 저조하였고, 주로 민간부문의 일반주택공급에 의존하여 왔는바 앞으로는 공공부문에 의한 소형임대주택의 공급확대를 목표로 정책방향의 전환이 모색되어야 할 것이다.

한편 지금까지의 불량주거지역주택개량사업이 그 횟수에 비해 실질적 성과가 미약했음에 비추어 향후 불량촌재개발은 해당지역의 입지조건, 노후화 정도, 주민의 소득 등을 고려하여 철거재개발보다 점진적 개량재개발의 모색이 요청된다. 철거위주의 재개발은 상당기간 저소득층의 주거안정을 해칠 뿐 아니라, 부산시 전체주택재고의 수를 감소시키는 결과를 가져오기 때문이다.

주택투자의 부산지역내 생산유발효과 및 고용유발효과분석에 있어서 두드러지게 나타나는 특징의 하나는 「금속 1 차제품」부문에서의 파급효과가 타부문보다 월등하게 높다는 사실이었다. 즉 생산유발효과의 경우에 있어서 2번째로 높은 효과를 나타낸 「석유화학제품」부문보다 1.7배 가량 높고, 고용유발효과의 경

13) 부산시, 도시계획국, 1989.

우는 2위인 「도·소매업」부문에 비해 무려 5.6배나 높게 나타나고 있다.

이것은 「금속1차제품」이 주택부문의 중요한 중간재일 뿐만 아니라, 특히 부산지역이 〈부록 1 참조〉의 입지상 계수에서도 나타난 것처럼 이 산업에 매우 특화되었기 때문이 아닌가 생각되어진다. 이같은 점은 주택건설의 중요한 중간재이면서 동시에 부산지역에서의 상대적 특화의 정도가 높은 산업들, 예를 들어 「제재 및 목제품」, 「석유화학제품」, 「도·소매업」, 「금융, 보험 및 부동산」 등이 비교적 높은 생산 및 고용유발효과를 나타내고 있는 반면에, 주택건설의 주요 중간재도 아니면서 또 특화의 정도가 낮은 산업들, 「농림수산품」, 「광산품」, 「종이인쇄 및 출판」, 「전력가스 및 수도」 등은 상대적으로 아주 낮은 생산 및 고용창출효과를 보이고 있다는 사실에서도 잘 나타난다.

이같은 사실은 지역정책에서 주요한 시사점을 내포하고 있다. 만일 특정지역의 산업구조가 주택건설의 중요한 중간재로 이용되고 있는 산업 위주로 특화되고 있는 경우, 이 지역에 대한 주택투자는 주거환경의 개선이라는 복지적 차원에서 뿐만 아니라 지역경제활성화라는 차원에서도 극히 바람직하다고 해석할 수 있다. 반면, 해당지역이 주택건설의 중간재로는 별로 이용되지 않은 산업들에 주로 특화되어 있다면, 그 지역에 있어서 주택투자는 복지증진이라는 측면에서는 의미가 깊으나, 지역경제적 관점에서는 그리 효과적인 정책수단이 아님을 암시한다고 할 수 있다.

한편 1988~1992년 기간동안 15만호 주택건설이라는 부산시의 주택공급계획은 이후 부산지역경제에 8조 5천여억원의 생산증대효과와 46만 5천여명의 고용증대효과를 가져올 것으로 예측되고 있다. 비록 주택산업이 부산지역 내에서 상대적 비중이 낮다 하더라도, 향후 주택건설이 가져올 이러한 타산업에의 파급효과가 차질없이 현실경제에서 나타나기 위해서는 주택관련산업 특히 자재부문 및 판매금융부문의 지역 내 공급능력이 충분하여야 한다. 만약 이러한 공급능력이 부족할 때, 부산지역주택투자에서 발생되는 생산 및 고용효과는 해당지역 내에서 흡수되지 못하고 타지역경제권으로 누출되어 버리게 되는 것이다. 따라서 주택건설의 경제적 파급효과가 부산지역 내 연관산업의 활성화에 충분히 반영될 수 있도록 관련산업의 공급기반을 확보할 수 있는 지역산업정책이 필요하다 하겠다.

Ⅲ. 정책적 시사점

우리 나라의 주택투자와 관련된 현재여건은 Donnison이 지적한 제 2 단계에서 3단계로 옮겨 가는 단계에 해당된다고 할 수 있기 때문에, 향후 주택의 대량공급이 사회복지적 차원에서 전개되리라 예상된다. 따라서 이러한 주택부문의 확대가 일국의 경제, 특히 지역경제에 어떠한 파급효과를 미칠 것인가를 정확하게 파악하는 것은 주택투자의 국가적 또는 지역적 효율성을 확보하기 위해서는 필수적이다. 이같은 필요성에 부응하기 위한 시도로서, 이 장에서는 부산시를 사례지역으로 선정하여 주택투자의 지역경제적 파급효과를 주거수준향상, 연관산업의 생산유발, 고용유발 및 사회간접자본유발의 4가지 관점에서 계량적으로 분석하고, 이에 의거하여 주택 및 경제정책적 시사점을 살펴보았다.

그러나 본연구는 아직 몇 가지 점에서 많은 문제점을 갖고 있는데 그것은 크게 ① 자료에서 오는 한계점, ② 비조사법이 갖는 한계점, ③ 투입산출모형이 갖는 한계점으로 나누어 볼 수 있다. 앞에서도 언급되었듯이 아직 우리 나라에서는 지역자료가 체계적으로 정비되어 있지 못하다. 이런 이유로 실제조사에 의한 자료가 아닌 2차자료를 중심으로 지역자료를 추계하여 이용하였기 때문에 수치나 자료의 변화는 상당히 조심스럽게 해석되어야 한다.

그리고 지역투입산출표는 조정된 입지상법을 이용하여 도출하였는데, 비록 이 방법이 여타방법에 비해 정확도가 높다하더라도 여전히 직접조사법에 비해서는 그 정확도가 많이 떨어진다. 따라서 이러한 문제점을 해결하기 위해서는 무엇보다도 실제 수집된 자료를 이용하여 작성된 지역산업연관표를 이용하는 것이 더욱 바람직하다.

한편 주택투자의 지역경제적 효과를 본연구에서는 단일지역투입산출모형(혹은 지역내 투입산출모형)에 의하여 구하였는데, 이 경우 지역간 「피드백(feedback)」효과가 반영되지 않기 때문에 유발계수가 과소계산된다는 문제점을 갖고 있다. 따라서 앞으로는 다지역(혹은 지역간)투입산출모형에 의한 이러한 「피드백」효과까지를 포착하는 것이 바람직하다 하겠다. 그리고 또 본연구에서는 고려하지 않았지만 장기적인 관점에서 보면 한 지역의 주택투자는 그 지역의 토지이용패턴, 인구이동패턴, 교통패턴에 영향을 미치고 이것들이 지역적으로 연쇄적 파급효과를 가진다.

따라서 비록 현재에는 어렵지만 앞으로는 모형에다 지역교통모형, 지역토지이용모형, 지역인구모형 등을 모두 결합하여 주택투자가 이들 변수들에게 어떻게 영향을 주고 있는가를 종합적으로 파악하는 것이 바람직하다 하겠다.

제 4 절 주택생산

주택정책의 목표는 궁극적으로 공급을 확대하고, 주택가격을 안정시키며, 주택의 질을 향상시키는 것이다. 주택의 공급확대와 주택의 질 향상을 위해서는 주택생산에 관련된 사항들을 면밀히 검토해야 하며, 원활한 주택생산은 주택문제해결의 지름길이기도 하다. 여기서는 우리 나라 주택생산의 구조와 생산과정을 살펴보도록 한다.

주택의 기본적 생산요소는 크게 자본, 토지, 자재, 노동 4가지로 생각할 수 있다. 그러나 구체적인 주택생산요소는 이 4가지 이외에 기술, 장비, 경영 등이 적절히 배합하여 주택서비스를 창출하게 되며 주택이라는 상품을 생산하게 된다.

한국의 주택생산과정을 이해하기 위해서는 민간주택업자들이 어떻게 구성되어 있느냐를 살피는 것에서 출발해야 한다. 우리 나라 민간주택업자는 외국의 경우와 달리 법적으로(주택법) 등록사업자로 등록되어야 한다(주택법 제 9 조, 제 11조, 제12조 참조).

주택생산과정을 보면 크게 4단계로 구분된다. 이는 계획단계, 준비단계, 시공단계 그리고 준공과 처분단계이다. 계획단계는 주로 입지의 선정이며, 준비단계는 건축설계 및 인허가절차를 밟는 단계이다. 설계와 인허가단계에서 중요하게 다루어야 할 일은 토지이용규제, 세제, 건축법 및 도시계획법 등의 저촉여부를 점검하게 되며 각종심의절차를 밟게 된다. 그리고 사업승인을 얻은 이후 공사계약과 함께 시공단계를 가지게 된다. 착공 이후 자재의 납품과 금융지원 등이 순조롭게 이루어져야 한다. 주택업체는 착공 후 10～20%의 공정수준에서 분양이 가능하게 된다. 주택생산체계는 〈그림 4-4〉와 같다.

우리 나라 주택생산체계에 있어 빼놓을 수 없는 사항은 복잡한 하청체계이다. 1980년대 실태조사에 나타난 각 업체들의 공사추진방법을 보면 지정업체의 42.3%, 등록업체의 24.7%가 완전직영형태를 보이고 있으며, 그외 지정업체의 경우 일부직영, 일부하도급이 50.0%, 등록업체는 일부직영, 일부하도급이 46.6%, 공종(工種)구분하도급이 19.2% 등이다.[14] 지정업체는 전기, 온방시설 등 설비공사가 총하도급공사의 45%를 차지하고 있으며, 등록업체는 철근, 콘크리트, 미

14) 대한주택공사, 「한국주택정책의 발전방향에 관한 연구 (제 4 편)」, 1983, p.96.

〈그림 4-4〉 주택생산체계

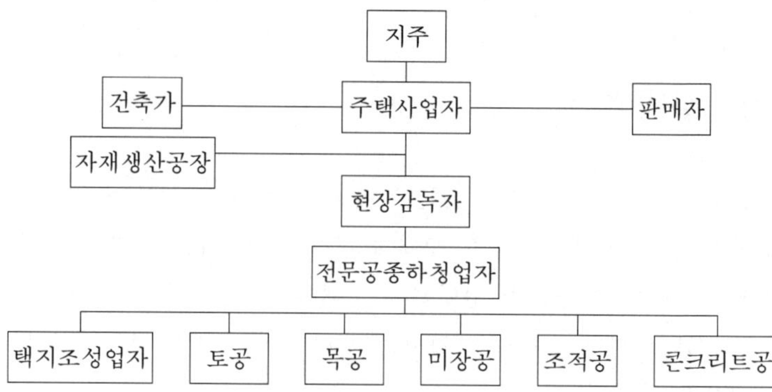

자료: 대한주택공사, 「한국주택정책의 발전방향에 관한 연구(제 4 편)」, 1983, p. 90.

장, 목공 등의 분야에서 하도급비율이 높다. 2000년대 초반 현재 일부 업체를 제외하면 대부분의 주택업자는 소규모청부업자에게 주택건설을 의뢰하고 있다.

"우리 나라의 주택생산구조는 여러 가지 측면에서 효율적이지 못하다. 생산성이 낮고 기술개발에 대한 '인센티브'가 전혀 없다. 기업간 가격 및 품질의 양면에서 경쟁이 약하고 또한 경쟁을 촉진할 수 있는 동기부여가 되어 있지 않다. 기업은 재무구조에 있어 허술하고 불안정하며 단기수익에 민감한 체제를 가지고 있다."[15]

이러한 관점에서 우리 나라 주택업자들의 생산구조적 측면에서 효율성의 증대와 기업간 합리적 경쟁체제의 구축 그리고 보다 건실한 재무구조를 가질 수 있도록 하는 것이 중요한 과제로 남아 있다.

15) 국토개발연구원, 「주택생산에 관한 연구」, 1989, p. 148.

제 5 장 주택시장

제 1 절 주택시장의 특성

Ⅰ. 주택시장과 완전경쟁시장

주택은 일반상품과 다른 독특한 성격을 가지고 있기 때문에, 주택거래가 이루어지는 주택시장은 일반재화시장의 전형적인 이른바 완전경쟁시장과 큰 차이를 나타낸다. 주택은 정해진 위치의 토지를 바탕으로 생산되기 때문에, 토지를 공간적으로 이동시킬 수 없듯이 주택도 공간이동을 시킬 수 없다(mobile home 제외). 따라서 주택의 거래는 자동차, 냉장고, 식료품 등 일반상품의 거래와 달리, 상품(주택)을 공간적으로 이동시키는 것이 아니라 사람을 이동시키게 된다.

이러한 입지의 고정성때문에 주택시장은 공간적 제한을 가지며, '서울시' 혹은 '성남시'와 같은 지역시장의 의미를 지니게 된다. 또 완전경쟁시장은 수많은 판매자와 구매자가 존재하여 시장가격을 형성하는 것이 일반적이지만 주택시장은 특정지역에 국한된 시장이기 때문에 판매자와 구매자의 수가 매우 제한적인 특징을 찾을 수 있다.

완전경쟁시장하에서 거래되는 재화와 용역은 동종, 동질의 상품이 대부분이다. 예를 들어 '채소'시장의 경우 수없이 많은 생산자가 동질의 상품을 생산할 수 있다. 이러한 동일시장에서는 가격통제가 거의 없고 일물일가의 법칙이 적용된다는 가정을 할 수 있다. 그러나 주택시장은 동일한 업자가 동일한 재료로 건축했다 하더라도 위치, 방향, 접근성, 주변의 환경 등이 서로 다를 수밖에 없어 동일한 상품(homogeneous goods)으로 그 가치를 평가할 수 없다.

한편 주택시장에서의 거래란 부동산소유권에 대한 '권리의 교환'을 의미한다. 이는 주택이라는 재산이 우리가 일상 소비하는 치약이나 비누 같은 소비제품

〈표 5-1〉 주택시장과 완전경쟁시장과의 대비

	주택시장	완전경쟁시장
가 격	• 가구소득에 비하여 고가 • 동일시장, 비동일 가격	• 동일시장, 동일가격 형성
대체상품	• 완전대체 불가능	• 대체 가능
거 래 자	• 지역에 한정되므로 특정의 판매자와 구매자가 존재	• 다수의 판매자, 구매자
상품의 질	• 이질적 상품	• 동종·동질의 상품
상품의 이동	• 이동이 불가능, 사람이 이동해야 함	• 이동이 가능, 자유로움(생산요소의 완전한 이동)
교환과정	• 각종 법률 및 규정의 영향을 많이 받음 • 중개인의 역할이 필요함	• 대체로 법률, 규정 등의 영향이 많지 않음
정보의 구득	• 제한적이며 비용과 시간이 많이 소요	• 완전정보입수 가능
시장의 범위	• 지역시장, 특정공간상에 존재	• 전국시장, 지역시장, 국제시장이 존재
시장의 종류	• 크게 구분하여 자가주택시장과 임대주택시장 • 신규주택시장과 중고주택시장 등	• 상품의 종류, 품질 등에 따라 매우 다양하게 존재 • 중고제품시장은 제한적임

주: 현실적으로 완전경쟁시장에 가깝다고 할 수 있는 농산물시장도 완전한 정보의 조건을 충족시키지는 못하고 있다. 그러나 완전경쟁시장이 수요자, 공급자, 생산요소의 시장조건에 관하여 완전한 정보와 지식을 갖고 있다고 가정함으로써 현실과 미래를 설명하고 예측하는데 유용하게 사용할 수 있다.

과는 달리 소유권과 사용권이 분리가능하고 또 이를 법적구속력을 갖도록 등록하여야 한다. 한편 주택은 국토의 효율적 이용이라는 차원에서 재산권의 행사가 일반 소비재와는 달리 자유스럽지 못하다. 즉 주택, 토지 등의 부동산은 도시계획, 토지이용규제, 재개발사업으로 인하여 권리행사가 제한되는 경우가 허다하다. 이와 같이 주택시장은 복잡한 특성을 가지고 있어, 완전한 정보를 얻기 어렵고 완전한 정보의 획득이 가능하다 하더라도 비용과 시간이 많이 소요된다.

이러한 점들을 감안하여 주택시장이 갖는 특성을 완전경쟁시장과 대비해 보면 〈표 5-1〉과 같다.

Ⅱ. 주택시장의 구성요소

주택시장의 구성요소는 〈그림 5-1〉에서 나타난 바와 같이 기존주택이 거래되는 중고주택시장과 신규주택이 거래되는 신규주택시장으로 구분할 수 있다. 중고주택시장은 가구 및 인구이동에 의한 공가발생으로 형성된다. 중고주택은 노후도와 불량도에 따라 평가가치가 달라지므로 보수와 유지수준에 따라 가격이 크게 달라질 수 있다.

신규주택시장은 분양을 목적으로 한 주택이 새로 건설됨으로써 형성된다. 신규주택의 가격과 시장규모는 이자율, 소득수준, 주택생산능력과 기술 등에 의하여 결정되며, 또 중앙정부와 지방정부의 주택정책 등 외부적 요인에도 큰 영향을 받게 된다. 따라서 신규 및 중고주택시장으로 구성되는 주택시장은 지역간 인구이동 및 지역내 인구이동의 수준에 따라 주택거래가 활발해지거나 위축되는 것을 발견할 수 있다. 이와 같은 주택시장의 구성요소들을 정리해 보면 다음과 같다.

1) 신규주택건설은 주택건설 및 공급에 영향을 미치는 경제적 요인, 정책적 요인, 생산기술적 요인 그리고 주택수요요인(인구이동 등)에 의한 복합적인 작용

〈그림 5-1〉 주택시장의 작동 및 구성요소

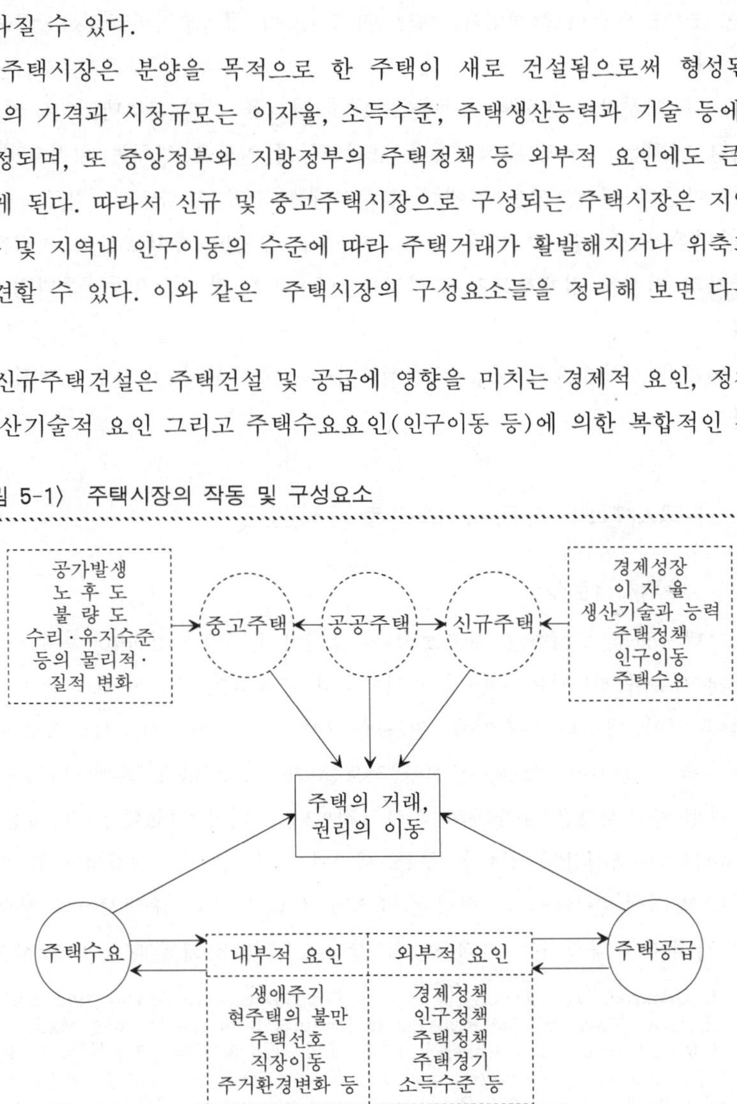

에 의해 결정된다. 신규주택시장은 중고주택시장에 비해 정책적 영향을 많이 받는다.

2) 중고주택은 공가의 발생빈도에 따라 거래수준을 알 수 있고, 주택의 물리적 상태(노후도, 불량도, 수리, 보수, 유지정도)에 따라 가격을 파악할 수 있다.

3) 주택수요의 변화에 따라 주택시장동향을 파악할 수 있다. 주택수요는 매우 다양한 요인들이 작용하지만 일반적으로 인구의 성장 및 이동정도, 가구소득수준, 주택수요관련 정책변화, 해당 지역가구의 생애주기적 특성 등으로 설명될 수 있다.

4) 주택시장의 변화와 작동은 동태적 과정을 겪게 되는데, 크게 주택수요에 영향을 끼치는 가구의 내적요인과 주택공급에 영향을 끼치는 외적요인을 들 수 있다. 가구의 내적요인은 위에서 언급한 생애주기, 소득수준, 직장이동, 현주택의 불만족과 새로운 주택 및 주거지의 욕구 등이며, 주택공급의 외적요인은 해당국가의 거시적 경제정책과 주택정책, 인구구조 및 인구이동, 주택경기변동 등이다.

이러한 주택수요와 공급의 내적·외적 상호작용에 의하여 주택시장이 형성된다.

Ⅲ. 주택시장의 작동과 하위주택시장

1. 주택시장분석

주택시장을 구성하는 제요소들은 앞절에서 설명되었지만 실제 주택시장이 어떻게 작용하고[1] 있는가에 대해서는 보다 구체적인 분석이 요구된다. 주택시장분석에 있어 개념의 단순화를 위하여 주택시장을 완전경쟁시장으로 간주하고, 모든 가구가 동일한 선호와 완전한 정보를 가지고 있다고 전제하기도 한다.

한편 주택시장은 수요자의 의사결정이나 소비자 선호에 따라 작동한다기보다 오히려 주택시장에 영향을 주는 제기관(정부, 은행, 부동산업자 등)의 역할에 초점을 맞추어 분석하여야 한다는 주장도 있다.[2] 또한 주택시장의 분석은 자본주의 사회에서 발생되는 제계급간의 갈등요소 즉 사회적 갈등의 과정으로 파악

1) L. S. Bourne, *The Geography of Housing*, London: Edward Arnold, 1981, pp. 75~82.

2) R. Palm, "Financial and Real Estate Institutions in the Housing Market: A Study of Recent House Price Changes in the San Francisco Bay Area," in D. Herbert and R. Johnston(eds.), *Geography and the Urban Environment*, Vol. Ⅱ, 1979, New York: John Wiley, pp. 83~124; R. Pahl, *Whose City?* 2nd ed., Harmondsworth: Penguin, 1975 참조.

하기도 한다.[3)]

먼저 주택시장분석의 이해를 돕기 위하여 완전경쟁시장을 가정한 미시경제적 분석방법을 살펴보도록 한다. 이론적으로 보면 주택거래는 주택가격과 개별주택수요자의 지불의사 및 지불능력에 근거하고 있다. 즉 주택공급자(주택소유자, 건축업자 등)는 가능한 한 높은 주택가격을 요구하며, 주택수요자는 보다 싼 가격으로 주택구입을 희망한다. 이러한 주택공급자의 요구가격(asking price)과 수요자가 원하는 입찰가격(bid price)이 교차하는 지점에서 판매가격(sale price)이 결정된다.

공급자는 한 단위의 주택생산에 소요된 비용(혹은 수리비 등)에 일정액의 프리미엄을 더한 요구가격(asking price)을 제시할 것이며, 이 요구가격의 수준은 해당주택을 원하는 수요자의 많고, 적음에 따라 상승하거나 하락할 수 있다. 반면에 수요자는 되도록이면 낮은 가격으로 주택을 구입하고자 하므로 공급자가 원하는 수준의 가격보다 낮은 가격을 제시한다. 이러한 공급자의 요구가격과 수요자입찰가격간의 격차는 시간이 경과함에 따라 좁혀져 결국 최종판매가격이

〈그림 5-2〉 효용극대화와 주택과 타상품의 배합

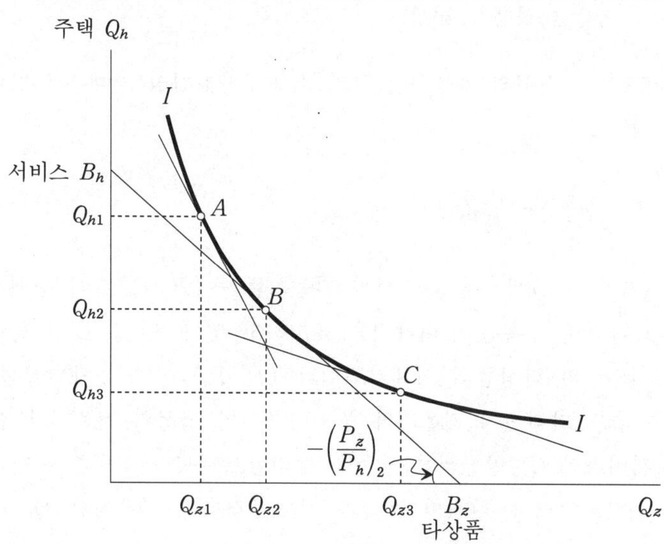

3) J. Rex and R. Moore, *Race, Community and Conflict*, London, Oxford University Press, 1967; M. Castells, "Advanced Capitalism, Collective Consumption and Urban Contradictions," in L. N. Lindberg et al.(eds.), *Stress and Contradiction in Modern Capitalism, Public Policy and the Theory of the State*, Heath, Lexington, 1975, pp. 175~198.

결정되어 주택거래가 실현된다.

그리고 어떤 가구가 가용한 소득으로 주택서비스에 얼마의 비용을 지출하고 또, 주택 이외의 다른 모든 상품(타상품)에 얼마의 비용을 지불할 것인가의 결정은 〈그림 5-2〉에 나타난 바와 같이 무차별곡선을 이용하여 설명할 수 있다.

각 가구는 효용극대화의 주체로서 소득 한도 내에서 최고수준의 만족을 얻을 수 있도록 주택서비스 소비량과 타상품 소비량을 결정한다. 〈그림 5-2〉에서 B_h 지점은 소득 전부를 주택서비스에 지출하였을 때 획득가능한 주택서비스 소비량이고, 반대로 B_z는 주택에는 전혀 지출하지 않고 타상품소비에만 지출하였을 때 획득가능한 타상품소비량을 나타낸다. 따라서 가구의 소득제한조건을 반영한 예산선(가격선)은 다음과 같이 표현될 수 있다.

$$Y = P_h Q_h + P_z Q_z$$

단, Y=소득

P_h=주택서비스 한 단위가격

P_z=타상품 한 단위가격

Q_h=주택서비스 소비량

Q_z=타상품 소비량

그러므로 가격선의 기울기는 상기 소득제한조건식을 다음과 같이 바꾸어 도출할 수 있다.

$$Q_h = \frac{1}{P_h} Y - \frac{P_z}{P_h} Q_z$$

즉 〈그림 5-2〉에서의 가격선의 기울기는 $-(P_z/P_h)$로서 주택서비스가격과 타상품의 가격비율 혹은 상대가격을 표시하고 있다. 만일 소득수준이 Y라고 할 때 주택서비스와 타상품의 상대가격이 $-(P_z/P_h)_2$이고 무차별곡선이 I와 같다면, 이 가구는 가격선의 기울기와 무차별곡선의 접점의 기울기가 같은 Q_{h2}만큼의 주택서비스와 Q_{z2}만큼의 타상품을 소비함으로써 최고수준의 만족을 얻을 수 있을 것이다. 그러나 현재의 소득과 상대가격조건 하에서는 Q_{h1}과 Q_{z1}, 혹은 Q_{h3}과 Q_{z3}의 조합은 소비불가능하다. 그러므로 모든 소비자(가구)는 오직 B점의 조합에서만 효용극대화를 실현할 수 있게 된다. 그런데 앞에서 설명한 바와 같이 타상품은 완전경쟁시장에서 거래되고 이동가능하기 때문에 어느 지점에서나 그 가격이 P_z로서 동일하지만, 주택서비스가격은 이동성이 없기 때문에 위치에 따라 그 가격이 달라진다. 따라서 모든 가구들이 같은 가격으로 같은 수준의 주택서비스를 소비한다는 것은 모든 가구가 같은 지점에 집중되어야 한다는 모순을 발생시킨다. 일반적으로 시장에 대한 접근성으로 인하여 도심지역에 가까울수록 주택서비스가격이 높고, 교외지역으로 나갈수록 그 가격이 낮아진다. 그러므로 각 가구는 어느 지점에 입지하느냐에 따라 상이한 주택서비스가격을 지불하게 되며, 또 이러한 주택서비스가격의 변화는 타상품과의 상대가격비율을 변화시키게 되므로, 가격선의 기울기도 함께 변화시키게 된다.

일정한 소득으로 A의 경우보다 도심 가까이에 주거지를 정하고자 하는 가구는 비교적 높은 주택서비스가격(예를 들어 P_{h1}이라면)을 지불해야 되기 때문에 타상품의 소비량을 줄일 수밖에 없다. A점의 소비량 조합 Q_{z1}, Q_{h1}은 이러한 경우를 나타낸다. 반면에, B의 경우보다 낮은 주택서비스가격을 치루면서 더 많은 타상품을 소비하고자 하는 가구의 최적 배합은 C점에서 반영될 수 있듯이 Q_{z3}, Q_{h3}의 조합이라고 할 수 있다. 결국 A와 같은 경우는 도심지 가까이 입지하고, C와 같은 경우에는 교외지역에 가까운 지점에 입지한다. 그러나 한 가지 잊지 말아야 할 사실은 소득이 일정한 한, 주거지의 위치, 혹은 주택서비스와 타상품에 대한 예산배분에 관계없이 효용수준은 동일하다는 것이다. 이는 A, B, C 세 가지의 경우, 제각기 다른 주택서비스가격을 지불하면서 서로 다른 소비행태를 가지지만, 동일한 무차별곡선 상에서 효용이 극대화하고 있음을 보면 더욱 명확해진다. 물론 무차별곡선(I)의 접점의 기울기가 될 수 있는 상대가격의 조합도 무수히 많다.

그러나 도시지역 내의 모든 가구가 같은 소득을 가지고 있다는 가정은 현실적이지 못하다. 실제로 도시지역 내에서는 서로 상이한 소득을 가진 가구들이 공존하고 있으며, 소득별 분포상황을 보면 저소득층은 도심지 부근에, 고소득층은 교외지역에 각각 입지하는 경향이 있다. 이러한 소득별 가구분포상황은 나라마다 차이가 있을 수 있으나, 대체로 선진국일수록 이같은 현상은 뚜렷이 나타난다.

현실적으로는 접근성과 주택의 선택과정은 그렇게 단순하지 않다. 한 가구가 주택을 구입(혹은 임차)하는데 여러 가지 요인들이 작용한다. 예를 들어 주택의 가격(임대료), 저당대출(mortgage)의 가능성 여부, 임대주택의 경우는 임대보증금, 이자율, 이사비용과 거래비용 등이 필수적으로 고려된다. 한편 접근성 측면에서 대부분의 미시경제적 도시분석이 단핵도시를 가정하지만, 부도심을 가진 다핵도시 등에서는 *C.B.D*를 중심으로 접근성을 논의하면 그릇된 결과를 낳게 되고, 또 다핵도시를 분석할 수 있는 이론적 모형은 정립되어 있지 못한 실정이다.

〈그림 5-3〉 시장지대함수

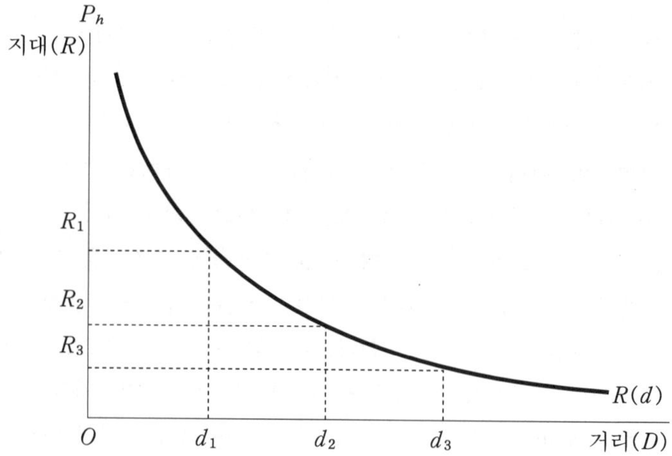

그렇지만 지금까지 논의한 사실을 바탕으로 일반적인 도시 내의 주거형태와 밀도의 상호연관성은 충분히 도출될 수 있다. 〈그림 5-3〉은 단일중심도시(monocentricity)를 가정한 일반적인 시장지대함수를 나타낸다. 그림의 종축은 단위당 토지서비스가격(P_h), 혹은 지대(R)를 나타내고 횡축은 도심지(CBD)로부터의 거리(d)를 나타내고 있다.

〈그림 5-3〉에서 나타난 바와 같이 도심지에 가까울수록 지대가 높고 교외지역으로 나갈수록 지대가 낮은 상태에서, 저소득자가 지대가 비싼 도심지 부근에 입지하고 반면, 고소득자는 지대가 싼 교외지역에 분포한다는 사실은 여러 가지 의미를 내포하고 있다.

(1) 도시의 규모에 따른 외부경제

도시지역이란 토지의 이용밀도가 높은 제한된 공간을 의미하며, 도시지역 중에서도 도심지는 최고의 밀도를 나타내게 된다. 경제활동이 도시지역으로 집중하는 이유는 경제활동이 공간적으로 분산되어 수행되는 것보다 집중하여 수행될 때, 훨씬 유리하기 때문이다. 경제활동의 공간적 집중이 가져다주는 각종 이익은 기업의 기술수준과는 관계없이 발생하는 외부경제(external economies)이다. 그러나 도시가 어느 정도 성장하면, 공해, 고지가, 고임금 등 집중에 따른 각종 불이익도 발생하게 되는데 이를 외부불경제(external diseconomies)라고 한다. 이같은 외부성은 도시 내부에 골고루 분포되는 것이 아니라 장소에 따라 차이가 나게 되고, 또 이 외부성의 평가는 소비자의 소득과 취향에 따라 달라, 도시지역 내 최적입지를 다양하게 만드는 요인이 된다. 이 요인은 다시 도시지역 내의 주거밀도와 주거서비스의 질적수준을 결정하게 된다.

(2) 주거밀도와 주거서비스의 질적 수준

주거밀도와 주택형태와의 관련성은 경험적 관찰에서 알 수 있다. 특히 서구 선진국의 대도시지역에서 토지가격이 대체로 싼 교외지역에는 단독주택, 전원주택이 주로 건설되고, 도심에서는 비싼 토지가격으로 인하여 고밀도 공동주택이 많이 공급되고 있다는 사실을 발견할 수 있다.

도시지역 내에서 도심지란 직장과 시장이 집결된 곳이므로 토지가격이 비싼 반면, 접근성이 높다고 할 수 있다. 반면에 교외지역은 도심지에 비해 지대가 낮고 접근성도 낮다고 할 수 있다. 따라서 시장(노동시장, 생산물시장 등)에 대한 접근성을 원하느냐, 아니면 더 넓은 주거공간(쾌적성)을 원하느냐에 따라 주거지 입지선택이 달라지게 된다. 생활의 여유가 있는 고소득층이 접근성이 높은 도심지를 포기하고 교외지역에 입지하는 이유는 도심지가 고소득층에게 매력적인 주거지가 될 수 없기 때문이다. 도시의 규모가 커지고 도심지의 지대는 급상승하면서 혼잡, 정체에 따른 소음, 대기오염이 심해지며 고소득층은 경제력을 바탕으로 쾌적한 교외지역으로 이동하게 된다는 것을 의미한다. 즉 도심지역은 교외지역보다 단위 토지당 가격(R)이 높기 때문에, 저소득자들은 교외지역에서만큼 토지를 소비하지 못하여 토지이용밀도가 높을 수밖에 없는 것이다. 그러므로 도심지역의 주거지는 고층아파트, 공동주택 등이 많고 토지이용밀도가 높게 나타난다. 따라서 저소득층은 접근성이 쾌적성보다 더 중요하기 때문에 도심지 근처에 입지한다기 보다는 소득이 낮아 선택의 여지가 없는 경우가 많다. 더구나 도심지 주변의 빈민층들은 주거환경의 개선능력이 없고 또 개선된 주거지에 대한 지불능력이 없기 때문에, 낡은 건물에다 보수, 유지가 소홀히 되어 슬럼화되는 경향을 볼 수 있다. 결국 저소득자는 단위당 높은 지대를 내면서 좁은 공간이나 낮은 수준의 주택서비스를 받고 있다고 할 수 있다.

한편 개발도상국에서 흔히 볼 수 있는 현상의 하나인 저소득층의 교외지역 분포현상은 지금까지 논의한 것과는 다른 이유를 가지고 있다. 개발도상국의 도시에서는 선진국들과 같이 교통망이 발달되어 있지 못하기 때문에, 교외지역은 접근성이 낮고 불편하여 주거지로는 부적합한 것을 알 수 있다. 교외지역이나 산동네의 무허가, 불량주택은 결국 선택의 여지가 없는 소득계층이 도시 내에 존재하는 한 어떠한 형태로든 도시 내 혹은 근교에 남아 있게 된다.

2. 주택하위시장

주택시장은 앞에서도 간략히 언급된 것처럼 지역시장이 의미를 지닌다. 주택은 이동이 불가능한 상품이며, 주거지와 생산활동을 연결시키기 위한 인적·물적자원의 공간적 이동은 비용을 수반하기 때문에, 주택시장은 제한된 시장영역을 가진다. 따라서 주택시장은 지역시장에 국한하여 분석되어야 한다. 이러한 이유로 대부분의 주택시장 분석은 주택의 공간적 하위시장(spatial sub-market)을 중심으로 이루어진다. 주택의 하위시장이 형성되는 이유는 ① 지역별 주택재고량과 재고주택의 규모의 이질성, ② 소비자들의 특정지역 재고주택에 대한 수요의 다양성, ③ 주택시장 자체가 갖는 불균형이나 장애요인에 기인된다.[4] 따라서 대도시권을 단일주택시장으로 가정하고 분석의 대상으로 하기보다는 지역별 특성에 따라 다양한 하위시장으로 구분할 필요가 있다. 예를 들면 서울의 경우는 강북지역과 강남지역으로, 또 같은 강남지역도 8학군 지역과 여타 학군지역 등으로 주택시장을 구분하는 것이 바람직하다고 할 수 있다.

한편 이러한 지역적 하위시장과는 별도로 주택의 형태에 따라 하위시장이 형성되기도 한다. 주택형태별 하위시장은 아파트주택시장, 단독주택시장, 연립주택시장 등을 의미한다. 그리고 하위주택시장은 다시 주택점유형태에 따라 자가주택시장과 임대주택시장으로 구분이 가능하다(〈그림 5-4〉 참조).

이같은 주택하위시장은 독립적으로 구분된다기보다는 여러 가지 하위시장

〈그림 5-4〉 주택하위시장의 구분

주택시장	지역별 하위시장	→	행정단위별, 지역(공간)특성별, 도시지역, 교외지역별
	주택형태별 하위시장	→	공동주택(아파트, 연립)시장, 단독주택시장 등
	점유형태별 하위시장	→	자가주택시장, 임대주택시장(민간과 공공)
	주택건축시기별 하위시장	→	신규주택시장, 중고주택시장
	인종별 하위주택시장	→	백인, 흑인 등 인종별 주택시장

4) L. S. Bourne, *op. cit.*, pp. 86∼87; housing sub-markets은 우리말로 주택하위시장 혹은 주택부분시장으로 번역된다. 주택하위시장은 일정지역 주택시장 내의 준독립적으로 재분(再分)된 주택시장을 의미한다. 여러 개의 하위시장의 연결과 구성에 의하여 하나의 지역시장이 형성된다.

이 중복되는 경우가 많다. 이해를 돕기 위하여 서울시의 경우 주택하위시장은 매우 다양하게 분류할 수 있다. 예를 들어 ① 서울 강남의 자가중고아파트시장, ② 서울 교외지역(신도시 등) 신규아파트시장, ③ 서울 강북 자가단독주택시장 등과 같이 분류할 수 있다.

제 2 절 주택수요

Ⅰ. 주택수요와 주택소요

주택수요의 개념을 파악하기 위하여 유사개념들의 이해가 필요하다. 주택수요와 유사개념으로는 주택소요(housing needs), 주택선호(housing preferences, aspirations or wants) 등이 있다.

(1) 주택소요

주택소요란 사회적, 정책적 개념으로 파악되고 있다. 주택은 하나의 상품으로 취급되기도 하지만 인간이 삶을 영위하는 데 꼭 필요한 기본요소인 입는 것(의), 먹는 것(식)과 함께 삶의 터전(주)으로서, 사회적 필수품이라는 데는 이론의 여지가 없다.

인간은 어떠한 형태이든 거처를 갖게 되는데, 문제는 어느 정도의 조건을 갖추어야 주택으로서의 기능을 수행할 수 있느냐 즉 주택 및 주거지의 사회적 기준에 관한 것이다. 한 사회가 인간의 삶의 터전으로서 수용할 수 있는 일정기준이나 규범에 따라 주택을 규정했을 때, 그 수준 이하의 주거환경에 있는 모든 주택은 사회적 기준에 맞도록 개선될 필요가 있는데 이를 주택소요라고 한다. 일반적으로 주택소요는 주택시장원리로 설명하기보다는 사회적, 정책적 개념으로 설명되고 있다. 왜냐하면 이러한 주거환경에 있는 계층은 경제적으로 주택시장에서의 구매능력, 지불능력(affordability)이 거의 없는 계층을 의미하기 때문에, 이에 거주하고 있는 가구에 대해서는 국가가 사회정책적 차원에서 보호를 하거나 주택정책의 수혜대상으로 하기 때문이다. 주택소요를 간단히 정의하면 "일정수준 이하의 주거수준에서 거주하는 사람들에게 요구되는 주택의 양과 질"을 의미한다.[5] 주택소요를 보다 분명히 파악하기 위해서는 최저주거기준(hous-

5) A. Murie, P. Niner and C. Watson, *Housing Policy and the Housing System*, London: George Allen & Unwin, 1976, pp.253~254.

ing minimum standard)이 제시되어야 할 것이다. 그러나 이 기준은 나라마다 경제적 수준과 사회·문화적 주거속성이 다르기 때문에 상이하게 나타날 수밖에 없다. 따라서 모든 나라에 적용가능한 주택최저기준은 없지만 나라마다 국가의 최저주거수준이 제시되고, 이 수준에 못 미치는 열악한 주거환경에 거주하고 있는 가구가 필요로 하는 주택의 양과 질을 주택소요로 파악하고 있다.

주택소요는 ① 가구소득에 기초한 지불능력면, ② 현재 거주하고 있는 주택의 규모, 디자인, 노후도, 불량도 정도에 따른 주거적합성면, 그리고 ③ 국민주거안정을 위한 사회정책 내지 주택정책적인 측면에서의 주택최저기준설정에 따라 설명된다.

(2) 주택선호

주택선호는 주택을 위한 지불능력이나 지불의사와 관계없이 인간의 주택에 대한 욕망, 기대 그리고 원하는 바를 표현한 것이다. 주택수요가 지불의사와 지불능력에 기초하고 있다면 주택선호는 이러한 능력과 의사와는 별개로 표현된 주택욕구이다. 예를 들어 주택관련설문조사에서 "앞으로 원하는 주택의 유형, 규모, 입지" 등에 대한 질문은 두 가지의 해석이 가능하다. 하나는 위에서 언급한 주택수요를 파악할 수 있는 질문이고, 다른 하나는 지불능력이나 지불의사와 관계없는 주택선호 내지 주택욕구도 포함될 수 있다. 주택설문조사에서 주택수요와 주택선호를 구분할 수 있는 설문지를 작성해야 되는 이유도 여기에 있다.

(3) 주택수요

주택에 대한 수요(demand for housing)는 대체로 주택부문에 대한 모든 가구지출, 정부지출 및 제도적 투자를 총칭하여 나타낸다. 여타 내구재처럼, 주택수요의 수준은 몇몇 상이한 요소의 변화에 대한 상대적 균형에 의존하는바 ① 인구성장, ② 인구구조(연령, 가구규모 등), ③ 가처분소득(disposable income),[6] ④ 주택선호 및 기호 ⑤ 조세 및 투자 등을 들 수 있다.

이 중 어떤 요소의 변화가 주택수요의 수준과 방향에 영향을 줄 것인가의 관찰은 매우 중요하다. 주택은 고가품, 내구재, 이질적이라는 일반적 특성을 가질 뿐 아니라 특정의 부동산시장 내에서의 입지적 특성을 갖기도 한다. 이는 어떤지역 내에서의 주택수요가 토지, 입지 그리고 그 근린지역 내의 서비스(치안,

6) 가처분소득이란 경제주체가 일정한 기간에 임의로 처분할 수 있는 소득을 말하며, 개인소득에서 직접세를 공제한 것이다. 즉 개인이 소비 및 저축계획을 세울 때 염두에 두는 것은 가처분소득이다.

교통, 의료, 소방 등)에 대한 수요와 쉽게 분리될 수 없음을 의미한다.

주택수요가 소비 또는 점유목적의 사용가치(use value)와 투자대상으로서의 교환가치(exchange value) 양자를 모두 반영한다는 것은 분명하다. 또한 주거입지패턴이나 사람들의 지불의사로 표현되는 것과 같은 명백한 수요(overt demand)와 주택시장에서 직접적으로 표현되지 않는 잠재수요간의 차이점도 고려해야 한다.

주택수요를 설명하기 이전 먼저 "수요"(demand)의 속성을 이해할 필요가 있다. 수요란 재화 또는 용역을 구입하려고 하는 개인의 소망, 능력 및 욕구를 말한다. 소망 그 자체는 수요로 볼 수 없다. 그 소망을 수요로 바꾸기 위해서는 소비자의 자금 내지 자금획득능력을 가져야 한다. 주택수요(housing demand)는 주택을 원하는 가구 혹은 개인의 소망, 능력, 욕구의 집합적 표현이다. 위에서 언급한 것처럼 주택에 대한 소망 그 자체는 주택수요라기보다는 주택선호로 보아야 할 것이다.

주택수요(H)는 일반적으로 가구수(HH)와 한 시점의 공가(V)의 비중을 합친 것으로 보며 이를 고려한 기본함수는 식 (1)과 같다.

$$H = HH + V \quad \cdots\cdots (1)$$

주택수요를 변화시키는 또 다른 요인으로서는 주택의 철거, 용도전환, 화재, 천재지변 등으로 감실된 주택을 보충하기 위한 대체수요(R)가 있다. 편의상 대체수요는 기존 주택의 유지, 보수를 위한 개선수요(improvement demand)를 포함한 개념인데, 이를 감안한 주택수요는 식 (2)와 같이 표현된다.

$$H = HH + V + R \quad \cdots\cdots (2)$$

주택수요의 증가분을 알기 위해서는 식 (2)를 일정기간 동안의 변화분으로 나타내면 되므로, 식 (3)과 같이 표현된다.

$$\Delta H = \Delta HH + \Delta V + R \quad \cdots\cdots (3)$$

단 여기에서 대체수요(R)는 매기간마다 새롭게 발생되는 것이므로 변화분으로 표시되지 않고 해당기간에 발생된 대체수요를 그대로 사용한다. 그리고 한 지역의 주택수요는 지역 내의 인구유입 및 유출 그리고 인구구조의 변화(M)에 따라 변화되는데, 이것도 대체수요와 같이 매기간마다 발생하기 때문에 변화분으로 표시되지 않는다. 따라서 이를 고려한 주택수요증가분은 식 (4)로 표현된다.

$$\Delta H = \Delta HH + \Delta V + R + M \cdots\cdots (4)$$

여기에서 어떤 특정지역 혹은 특정도시(i)라는 지역주택시장의 개념으로 주택수요를 표현하며 식 (5)와 같이 된다.

$$\Delta H_i = \Delta HH_i + \Delta V_i + R_i + M_i \cdots\cdots (5)$$

즉 i지역의 주택수요는 i지역의 가구수(HH_i), i지역공가(V_i), i지역 주택대체 및 개선(R_i) 그리고 i지역의 인구이동 및 인구구조의 변화(M_i)의 함수식으로 나타난다.

그러나 한 지역의 주택수요는 식 (5)에서 고려된 네 가지요인 이외에도 소득수준, 주택건설비, 대출이자율 등과 같은 거시적 경제변수에도 상당한 영향을 받는다. 이러한 경제적 요인까지 고려한 주택수요의 추정식은 식 (6)처럼 표현할 수 있다.

$$\Delta H = f(\Delta HH, \Delta V, Y, p, r, \cdots) \cdots\cdots (6)$$

Y: 가구소득 p: 주택건설비 r: 대출이자율

식 (6)은 식 (1)～(5)처럼 합산가능한 식으로 표시된 것이 아니라 기능적인 관계를 나타내기 때문에 변수간의 상관관계를 면밀히 검토한 후 주택수요를 추정해야 할 것이다.

Ⅱ. 주택수요의 측정

효과적인 주택정책을 수립, 시행하기 위해서는 주택수요를 파악하여야 한다. 그러나 주택수요는 지역별, 소득계층별로 크게 차이가 나기 때문에 측정이 용이하지 않다. 주택수요를 측정하기 위한 가장 일반적인 방법은 경제학에서 사용되는 수요의 탄력성 개념을 활용하는 것이다. 수요의 탄력성은 크게 소득탄력성과 가격탄력성으로 구분될 수 있다. 주택수요의 소득탄력성이란 한 단위의 소득이 증가(감소)했을 때, 주택수요의 변화 정도를 나타내 주는 척도이다. 예를 들면 한 가구의 실질소득이 증가하면 더 큰 주택을 원하거나 기존주택의 수준을 높이기 위한 보수, 개선을 위한 지출을 늘리게 되는데, 소득탄력성은 이 때의 주택에 대한 지출증가율이 소득증가율보다 더 큰가 혹은 작은가의 그 변화 정도를 나타내 준다고 할 수 있다. 한편 수요의 가격탄력성(the price elasticity of demand)은 주택가격이 변화할 때 주택수요량이 얼마나 변화하는가를 나타내 주는

척도이다. 만약 주택의 상대적 가격(소비자물가지수 등)이 1%증가하여 이 1%의 가격상승에 따른 3/4만큼의 주택에 대한 수요감소를 가져온다면 이때의 수요의 가격탄력성은 0.75라 할 수 있다.[7] 주택수요의 가격탄력성은 주택시장 내부에서 주택가격이 변화할 때, 주택수요자가 얼마나 민감한 반응을 나타내는가를 반영하기 때문에 주택정책에 주요참고사항이 된다. 그리고 주택의 소득탄력성은 경제발전의 정도 혹은 국민소득수준의 변화에 따른 주택수요의 변화추이를 나타내 주기 때문에 거시적 주택정책적 측면에서 매우 중요한 정보가 된다.

그런데 가구소득의 변화에 따라 주택수요가 어떻게 변화하는가는 인종, 가구주의 연령 그리고 주택점유형태 등에 따라 다르게 나타난다. 엥겔의 법칙(Engel's Law)에 따르면 소득이 증가하더라도 주택에 대한 소비비율은 일정하다고 보고 있다. 이 때 수요의 소득탄력성은 1.0으로 단위탄력적이라고 할 수 있다. 그러나 슈바베의 법칙(Schwabe's Law)에 따르면 소득이 증가함에 따라 소득 중 주택소비의 비중은 감소하는 것으로 나타난다. 이 경우의 소득탄력성은 1.0이하가 되며 비탄력적이라고 할 수 있을 것이다. 이처럼 주택수요의 소득탄

〈표 5-2〉 주택수요의 가격 및 소득탄력성연구의 비교

저 자	자료(연도)	수요탄력성				비 고
		차 가		자 가		
		소득	가격	소득	가격	
1. Carliner	1971	0.52	n.s	**0.63**	−0.80	Log-Linear
2. Kain/Quigley	1967	0.08		0.21		〃
3. Lee/Kong	1971	0.70	−0.56	0.87	−0.57	〃
4. Mayo	1976	0.37	−0.17			〃
5. Straszheim	1965	0.42	−0.53	0.42	−0.53	〃
6. de Leeuw	1960	0.81	−0.71	1.34		〃
7. Muth	1966			0.71	−0.76	〃
8. Nelson	1970	0.44	−0.68	1.32	−0.29	〃
9. Polinsky/Elwood	1969			0.52	−0.70	〃
10. Vaughn	1970	0.32	−0.48	1.88	−0.33	〃
11. Murray	1968	0.42	n.r.			Demand/Utility Functions

자료: S.K. Mayo, "Theory and Estimation in the Economics of Housing Demand," *Journal of Urban Economics*, Vol.10, 1981, pp.97~98 〈Table 1〉 재작성.

7) 수요의 가격탄력성은 수요의 법칙에 따라 −부호를 갖는다. 그러나 수요의 가격탄력성은 가격변화에 따른 수요량의 변화 정도를 측정대상으로 하기 때문에 절대값으로 표현된다.

력성은 연구의 대상과 방법에 따라 달리 나타나는 경향이 있기 때문에 모든 경우에 적용가능한 일반적인 법칙은 없다고 할 수 있다. 따라서 특정 국가나 계층에 대한 주택의 소득탄력성에 관한 연구는 그 연구의 목적과 대상에 적절한 연구결과를 참고하게 되는데, 〈표 5-2〉는 1960년대 이후부터 계속된 주택수요의 소득탄력성에 대한 주요 연구결과를 요약한 것이다.

개도국의 경우 주택수요에 대한 연구결과를 종합해 보면, ① 주택수요의 소득탄력성이 0.5와 1.0사이로서 비탄력적이며 ② 임차자의 탄력성 중위치는 0.45이며, 자가소유자는 0.65로서 자가소유자보다 임차자의 소득탄력성이 낮게 나타났다. 그리고 ③ 가격탄력성은 자가소유자와 임차자가 각각 −0.2와 −0.3으로 소득탄력성보다 낮다는 사실이 밝혀졌다.[8)]

우리 나라 주택시장에 관한 연구결과는[9)] 〈표 5-3〉과 같이 정리된다. 표에서 나타난 바와 같이 각 사례연구는 각각 다른 자료와 독립변수를 사용하여 분석하였다. Follain과 그의 동료들의 연구에는 소득탄력치가 0.57 그리고 가격탄력치는 −0.20에서 −0.30으로 매우 비탄력적으로 나타났고, 김정호의 연구에서는 Follain 등의 연구보다 더욱 비탄력적인 결과치를 나타내고 있다. 그리고 김중수의 연구는 기존의 주택시장분석에서 주로 논의된 소득수준의 주택수요에 대한 효과 이외에 소득분포가 주택수요에 미치는 영향에 관한 가설을 실증분석하였다. 여러 실증분석의 결과를 종합해 보면 우리 나라에서는 소득이 주택수요에 탄력적이지 못하다는 사실을 알 수 있다.

그러나 주택수요에 대한 기존연구을 보면 가격탄력성의 경우 −0.06에서부터 −2.42의 큰 격차를 보이고 있어 어떤 자료를 이용했느냐에 따라 그 결과는 상이하게 해석된다. 추정된 계수의 통계적 유의성과 정책적 자료로서의 신뢰성을 지니기 위해서는 정확한 자료의 수집이 필수적이라 생각된다.

전술한 바와 같이 주택수요의 소득탄력성은 한 국가의 경제발전정도에 따라 그 나라 국민들이 어느 정도의 주택을 원하게 될 것인가를 나타내주기 때문에 거시적 주택정책수립과 집행에 매우 유용한 정보가 된다. 한편 한 국가의 경제

---

8) S.K. Mayo and S. Malpezzi, *A Comparative Analysis of Housing Demand in Developing Countries*, Washington D.C.: The World Bank, 1983, p.10.

9) 우리 나라 주택 수요에 관련된 연구는; ① B.N. Song and R.J. Struyk, *Korea Housing: Economic Appraisal and Policy Alternatives*, Korea Development Institute, 1976; ② J. Follain, G.C. Lim and B. Renaud, "The Demand for Housing in Developing Countries: The Case of Korea," *Journal of Urban Economics*, Vol.7, No.3, 1980, pp.315~336 ③ 김정호, "주택수요와 임대주택에 관한 연구,"「한국주택정책의 발전방향에 관한 연구」, 대한주택공사, 1983; ④ 김중수, "우리 나라 주택수급결정요인의 시계열분석,"「한국개발연구」, 제 5 권 제 4 호, 1983.

〈표 5-3〉 우리 나라 주택시장의 연구사례

사례연구	소득탄력성	가격탄력성	자 료	비 고 (여타독립변수)
Song-Struyk (1977)	0.91	−2.42	시계열 및 크로스섹셔널 자료종합: 1960～1970	가구수증가율
Mills-Song[1] (1979)	0.027[2]	−0.134[2]	시계열자료: 1962～1975	총가구수
Follain et al. (1980)	0.57	−0.20 ～ −0.30	1976년 EPB특별 가계조사	주택부족률, 가구인원수, 도심지까지의 교통시간
김정호 (1983)	0.09 ～ 0.24	−0.06 ～ −0.16	주택시장 및 수요조사: 1982	가구규모
김중수 (1984)	1.14 ～ 1.18	소득분포분산탄력성: −0.94～−1.05 실업률탄력성: −1.64～−1.57		
김관영 (1988)	1.726	공급에 대한 소득탄력성: 1.536		

주: 1) Mills-Song(1979)은 공급함수도 동시에 추정하여 0.283의 가격탄력치 및 −0.377의 요소비용탄력치를 제시하였으나, 추정된 계수의 통계적 유의성이 낮음.
2) 추정된 계수의 통계적 유의성이 낮음.

자료: 김중수, "우리 나라 주택수급결정요인의 시계열적 분석," 「한국개발연구」 제 5 권 4호, 한국개발연구원, 1983, p.116; 김관영, "주택금융과 주택공급결정요인의 시계열분석," 「한국개발연구」(1988년 봄호), 한국개발연구원, pp.87～106.

〈그림 5-5〉 경제발전과 주택수요와의 관계

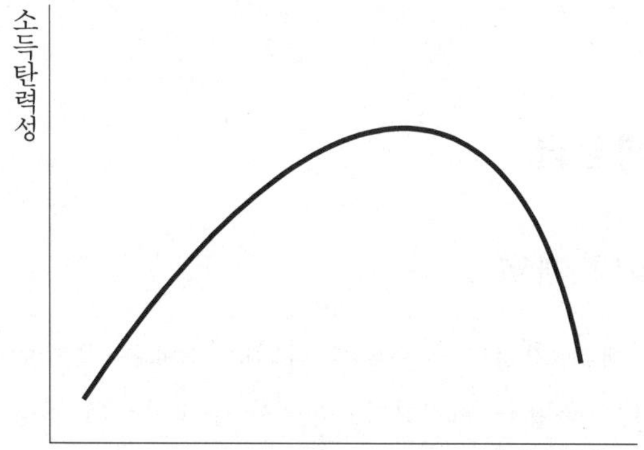

발전과정은 인구의 도시집중도 혹은 도시화의 정도에 따라 밀접한 관계를 가지

〈그림 5-6〉 주택소비와 도시화 비율과의 관계

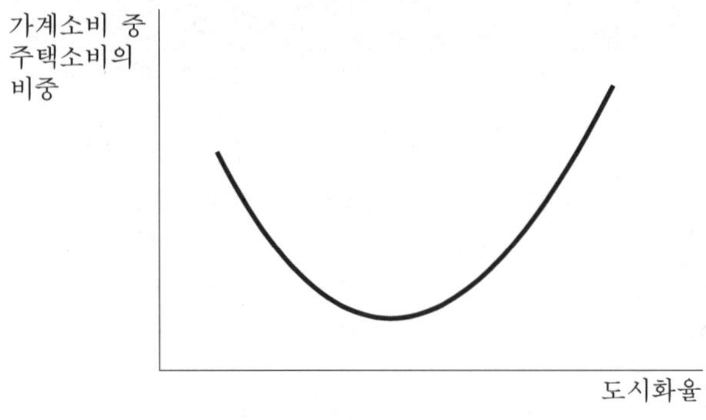

고 있다고 할 수 있다.[10] 따라서 한 국가의 경제발전수준에 따라 그리고 도시화의 수준에 따라 주택수요가 어떻게 변화하고 있는가를 관찰할 필요가 있는데 이는 Bourne[11]이 잘 정리하여 설명하고 있다. 일반적 가설은 〈그림 5-5〉에서 나타난 바와 같이 경제발전 초기단계에는 주택에 대한 소득탄력성이 낮으나 경제가 성장함에 따라 점차 증가하다가 어느 정도의 경제발전이 이루어지면 자원이 다른 부분으로 이전되므로 수요는 감소하는 형태, 즉 역U자형 관계가 나타난다는 것이다.

한편 Bourne은 주택소비와 도시화율과의 관계는 〈그림 5-6〉에서 나타난 바와 같이 U자 형태를 취한다고 하였다.

제 3 절 주택공급

Ⅰ. 주택공급의 개념

주택공급은 새로 건설되는 주택뿐 아니라 매매를 목적으로 시장에 나온 중고주택을 포함하는 총량을 지칭한다. 따라서 주택시장의 공급자는 신규주택공급자와 기존주택공급자로 구분될 수 있으며, 이 두 주체는 주택공급을 결정할 때 생산기술과 요소가격 측면에서 각각 다른 조건을 지니고 있다. 이 같은 주택시

10) William Alonso, "Five Bell Shapes in Development," *Papers of the Regional Science Association*, Vol.45, 1980, pp.5~16.
11) L.S. Bourne, *op. cit.*, pp.128~129.

장의 이원적 특성은 각 공급주체별 분석을 요구하는 한편 두 주체는 대체관계에 있는 등 밀접한 관련성이 있기 때문에 주택시장의 분석은 복잡성을 띠게 된다. 또 신규주택은 민간기업뿐 아니라 정부나 공공단체에 의해서도 많은 물량이 공급될 수 있기 때문에, 정부의 시장개입 정도가 비교적 높은 부문이 되어 주택시장은 또 다른 이원성을 내포하고 있다. 더구나 주택수요의 변화에 따른 신규주택의 공급은 비탄력적이기 때문에 시차개념을 도입한 동태적 분석이 요구되기도 한다. 이처럼 복잡한 주택공급에 관한 분석은 완전경쟁을 가정한 단순한 미시경제적 접근방법으로는 만족할 만한 분석을 할 수 없다. 한편 주택공급에 영향을 미치는 요인을 보면 매우 다양하게 나타난다.

주택공급에 영향을 미치는 요인으로는 크게 시장요인과 제도적 요인으로 구분할 수 있다. 시장요인은 생산요소인 자재, 노동, 택지 등과 주택가격 및 주택과 경쟁관계에 있는 비주거용 건물의 가격이다

제도적 요인으로는 정부가 주택시장에 어느 정도 개입하느냐를 판단할 수 있는 ① 주택금융제도, ② 주택관련세제, ③ 주택건설에 따른 면허·인가 등의 행정적인 절차, ④ 주택거래에 따른 규제와 통제(한국의 경우 분양가연동제) 등이다. 그리고 기타 주택과 관련된 정책으로서 토지이용계획과 전반적 경제·사회적인 정책변수이다.

Ⅱ. 주택공급의 특성과 공급모형

주택공급을 분석함에 있어 공급곡선의 형태를 살펴보는 것은 매우 중요하다. 일반적으로 주택공급곡선은 〈그림 5-7〉에서 나타난 바와 같이 단기에는 수직, 장기에는 우상향 형태로 표시된다.

위와 같은 기간별 주택공급곡선을 가정하는 이유는 신규주택을 늘리는 데는 많은 비용과 상당한 시간이 걸리기 때문에 단기에는 주택공급량이 일정하다고 보며, 또 장기에는 이러한 시간적 제한을 받지 않고 가용토지를 포함한 생산요소(인력, 자재) 등의 여건이 변할 수 있어, 주택공급은 주택가격에 의해서 결정된다고 보기 때문이다.

그러나 위와 같은 공급곡선들은 지역과 주택의 종류에 따라 달라질 수 있다. 전술한 바와 같이 주택시장의 작동은 지역시장(regional sub-market)에 따라 다르고, 신규주택시장과 중고주택시장에 따라 다르기 때문이다.

주택의 단기공급곡선이 수직으로 표시되는 이유는 신규주택을 늘리는 데는

〈그림 5-7〉 기간별 주택공급곡선의 형태

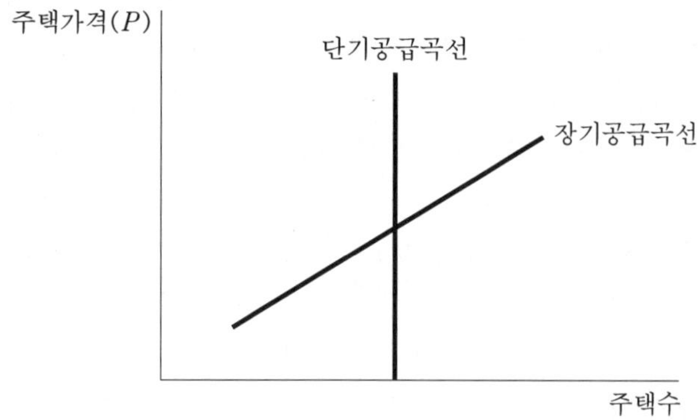

상당한 시간이 걸리기 때문에 단기간 내 공급량이 크게 변하지 않는다는 가정 때문이다. 그러나 신규주택이 아닌 중고주택의 경우 공급의 증감은 시간의 문제라기보다는 주택시장의 구조와 주택가격에 의해 결정된다고 할 수 있다. 물론 중고주택도 시간이 경과함에 따라 노후, 철거, 용도전환 등으로 재고변동이 일어나기 때문에 기간의 장단에 영향을 받기는 하지만, 공급분석에서는 매매를 위해 주택시장에 나오는 물량만을 대상으로 하기 때문에 가격요인이 공급수준결정에 더 큰 영향을 미친다고 할 수 있다. 즉 주택가격이 오르면 팔고자 하는 중고주택이 많아지고, 주택가격이 내리면 그 물량이 적어진다는 가정하에서, 주택공급함수는 기울기를 가진 우상향의 형태를 갖게 된다. 한편 투자 및 투기목적의 주택보유가 많은 경우에는 주택시장은 더욱 불안정해질 것이다. 실수요자들만이 주택을 점유하고 있는 경우의 공급변화는 주거지이동에 따라 공가가 발생할 때 가능하다. 그러나 주거목적이 아닌 주택투기가 많은 경우에는 주택처분의 기민성이 있기 때문에 공급량은 단기에도 가격변화에 민감한 반응을 보일 수 있다. 특히 주택소유자의 기대수익을 크게 변화시키는 법적·제도적 장치(투기억제정책, 주택보유세상승 등)가 마련되거나 폐지될 때 주택공급량의 변화는 더욱 커지게 된다.

주택공급에 관한 통계적 모형은 여러 학자들에 의해 개발되어 왔지만 대부분 전국을 대상으로 하기보다 특정지역을 대상으로 하고 있다. 여기서는 미국에서 적용된 한 모형을 소개하도록 한다.[12]

12) L. S. Bourne, *op. cit.*, p. 100.

$$\Delta H_{t1} = a_1 + a_2\Delta HH + a_3D - a_4V + a_5P - a_6I + a_7\Delta H_{to} - a_8\Delta H_{ti}$$

여기서 $\Delta H_{t1} = t_1$ 기간의 신규주택의 수(공급량)

$\Delta HH = t_1$ 기간의 순가구형성

$D=$ 기존주택재고에서의 철거(감실)되는 주택

$V=$ 공가의 수

$P=$ 평균주택가격(임대료)의 지수

$I=$ 저당대출(mortgage)평균이자율

$\Delta H_{t0} = t_0$ 시점 바로 직전에 건축된 주택수

$\Delta H_{ti} = t_i$ 시점 상당기간 이전에 건축된 주택수

$a_i(i=1 \cdots 8)=$ 계수(coefficients)

$t_i(i=0, 1)=$ 월, 분기별 시차

이 모델에 의하면 신규주택공급의 증가는 순가구형성(net household formation)의 비율, 기존주택(재고)에서 감실되는 주택률, 평균주택가격상승 그리고 기준시점 바로 직전의 주택착공률 등의 변수와 직접적인 연관을 지니고 있다. 한편 주택공급의 감소는 공가율의 증대, 높은 이자율, 기존시점에서부터 상당기간 이전에 예외적으로 높은 건설실적과 연관된다.

이러한 전국을 대상으로한 모델을 개별지역이나 특정도시에 적용하기 위해서는 ① 순인구이동, ② 소득·임금수준, ③ 해당지역의 토지가격과 택지개발현황 등의 자료가 확보되어야 할 것이다. 특히 특정도시에 이러한 공급모형의 적용은 보다 더 정교한 주택관련자료 및 해당지역의 경제기반과 정책변화를 고려해야 한다.

이 이외에 미시경제적 신고전모형(neoclassical models)의 전형은 접근-공간모형(access-space models)으로서 미국의 신고전경제학자들에 의해 발전된 것들이다. 대표적으로 Muth[13]에 의해 제시된 접근-공간모형은 장·단기주택공급가격탄력성을 구하는데 있다. Muth의 모형은 기업이 이윤을 극대화한다는 단순한 가정에서 아래와 같이 설명된다.[14]

$$\pi = PQ(L, N) - rN - nN$$

여기서 $\pi=$ 기업의 이윤

---

13) R, Muth, "The Derived Demand for a Production Factor and the Industry Supply Curve," Oxford Economic Paper, Vol.16, 1964, pp.221~234; R. Muth, *Cities and Housing*, Chicago: University of Chicago Press, 1969 참조.

14) 구체적인 설명은 D. Maclennan, *op. cit.*, pp.96~100을 참조.

P=완제품인 주택의 단위당 가격
Q=주택산출의 수준(주택생산량)
L=토지투입량
N=비토지투입량
r=토지의 단위당 가격
n=비토지가격

이 때 이윤극대화 조건은 아래와 같다.

$$\frac{d\pi}{dL}=P\left(\frac{dQ}{dL}\right)-r=0$$

$$\frac{d\pi}{dN}=P\left(\frac{dQ}{dN}\right)-n=0$$

보다 더 정교한 신고전적 접근은 동태적 프로그램모형으로 알려지고 있다. 대표적인 모형은 Dildine과 Massey가 개발한 것으로서 기업은 미래예측이 가능하고 현재와 미래의 기술과 투입요소 및 주택가격을 알고 있다고 전제하였다.[15]

Ⅲ. 주택공급정책 및 주택시장균형

한 경제에 있어서 주택공급정책은 경제전반에 커다란 영향을 주는 매우 중요한 요인이다. 주택공급의 중요성은 경기조절을 위한 정책수단이 된다는 측면과 승수효과라는 두 가지 측면에서 살펴볼 수 있다.

먼저 주택공급은 경기조절의 수단으로 사용된다. 경제전반의 경기가 침체된 경우 경기부양을 위해 주택투자를 늘리게 되며, 반면에 경기가 과열된 경우 경기를 진정시키기 위해 주택투자를 억제하게 된다. 이같은 성격때문에 주택경기는 일반경기순환과는 정반대의 방향으로 움직일 수 있으며, 주택경기 자체의 주기도 큰 폭으로 나타난다.

경제에 있어서의 주택공급의 중요성은 주택건설에 필요한 여러 가지 외부적 생산요소와 경제전반에 미치는 승수효과를 통해서 보다 잘 나타난다. 한 지역에 주택을 공급하기 위해서는 도로, 교통수단(전철 등), 교육시설, 상하수도 시설

15) L. Dildine and F. Massey, "Dynamic Model of Private Incentives of House Prices," *Southern Economic Journal*, Vol. 40, 1974, pp. 631~639; D. Maclennan, *op. cit.*, pp. 104~106 참조.

등, 각종 자본재와 사회서비스 공급이 수반되어야 한다. 이들은 대부분 중앙정부나 지방정부에 의하여 직접 공급되거나 개발업자나 건축업자를 통해 공급되기 때문에 이 부문의 경제활동에 큰 영향을 미치게 된다. 또 일단 주택이 건설되면, 이 주택을 점유하게 되는 가구들이 생활에 필요한 내구소비제(가구, 냉장고, 부엌장비 등) 수요를 발생시키게 된다. 그 이후에도 가구들은 주택을 유지 보수, 개선하고자 하는 노력을 계속하기 때문에 공공 및 민간서비스도 계속 필요하게 되므로 장기적 파급효과를 지니게 된다.

이같은 주택공급의 경제적 파급효과 때문에 선진국에서는 주택공급정책을 경기조절수단으로 사용하는 경향이 강하다. 우리 나라의 경우 주택공급정책은 주택이 절대적으로 부족한 상황 하에서 신도시건설, 주거단지조성 등 공급기반을 조성하는데 초점을 두고 있는 경향이 있다. 한편 우리 나라는 주택수요초과현상이 상당히 오랜 기간 지속되고 있어 과열된 수요와 투기수요를 조정하기 위한 정부의 주택시장개입제도가 강화되어 왔다. 이러한 대표적인 예가 아파트분양가 연동제(이전에는 분양가 통제)이며 이에 대한 주택시장파급효과에 관해서는 다음 절에서 다루도록 한다.

주택시장은 여러 가지 사회·경제적 요인이 복합적으로 작용하는 복잡한 곳이지만 수요와 공급을 일치시켜 시장가격을 형성하는 것은 다른 시장과 마찬가지이다. 가격변화에 따른 수요의 변화와 공급의 변화를 알 수 있으면, 다음 그림에서 나타난 바와 같이 시장가격 혹은 균형가격이 형성될 것이다.

〈그림 5-8〉 주택시장의 균형

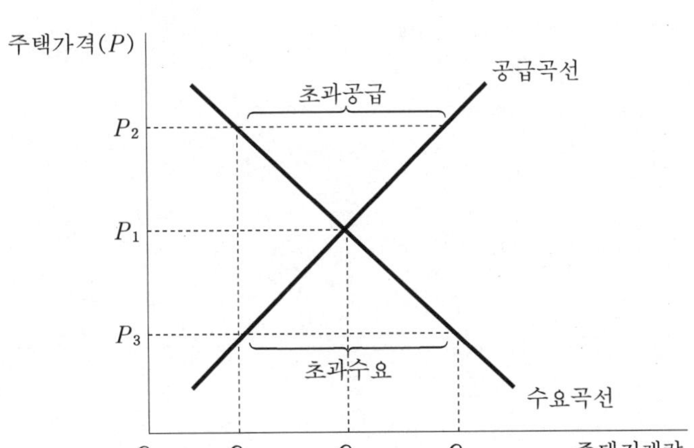

주택가격이 P_2와 같이 균형가격보다 높은 경우에는 주택을 구입하고자 하는 사람(수요자)보다 팔고자 하는 사람(공급자)이 많은 초과공급현상이 일어나 가격이 하락하게 되고, 반대로 P_3와 같이 균형가격보다 낮은 경우에는 초과수요현상으로 가격은 상승하게 된다. 결국 균형가격(P_1)일 경우에만 주택가격이 안정되게 된다. 그림에서는 기울기를 가진 주택공급곡선으로 표시되어 있으나, 수직의 공급곡선인 경우에도 그 원리는 같다. 그러나 이 같은 일반화된 주택시장의 행태는 현실과는 많은 차이가 난다. 이 모형은 설명의 편의를 위해 모든 주택은 동질이라는 비현실적인 가정을 바탕으로 하고 있다. 그리고 주택시장에서 주택가격이 오랫동안 상승세를 유지되어 왔고, 또 앞으로도 이러한 추세가 계속될 것으로 예상되는 경우와 주거목적이 아닌 투자나 투기의 목적으로 보유한 주택이 많은 경우에는 시장균형은 쉽게 예측할 수 없게 된다. 왜냐하면 주택가격이 오르면 앞으로 더 오를 것을 예상하여 공급이 줄고, 가격이 내리는 경우에는 앞으로 가격이 더 내릴 것으로 예상하여 수요가 줄어 주택시장의 매물은 극히 제한적이 되고 거래 자체가 이루어지지 않는 경향이 있기 때문이다. 이러한 경우에는 주택거래량은 가격변화에 민감하지 않게 될 것이다.

제 6 장 : 정부의 주택시장개입

제 1 절　시장의 실패와 정부개입

정부가 주택시장에 개입하여 규제책을 펴는 이유를 오직 시장실패 혹은 시장결함에서만 비롯된다고는 볼 수 없다. 그러나 정부규제의 대부분이 일차적으로 시장실패를 들고 있다. 즉 시장실패는 정부개입을 정당화하는 근거가 된다. 아울러 시장기능에 의해 주택문제가 해결될 것이라는 고전적 가정이 현실적으로 문제점을 지니고 있음을 시사한다.

그러면 시장실패는 무엇을 의미하고 시장실패의 요인은 무엇인가?

첫째, 불완전경쟁을 들 수 있다. 현실적으로 시장에는 독점기업 혹은 과점기업이 존재한다. 이러한 독과점은 부의 편중을 심화시키며 역진적인 소득분배를 발생하게 한다. 아울러 독점기업은 독점적 지위를 유지하기 위하여 막대한 자금(진입장벽의 구축)을 사용하게 되며, 경영효율 및 기술혁신을 위한 노력이 부족하여 방만한 경영 및 비효율성을 지니게 된다.

둘째, 정보의 불완전성이다. 완전경쟁시장 가정하에서는 시장정보가 충분하고 완전하다는 것에서 출발한다. 그러나 실제시장정보는 충분하지도 완전하지도 못한 상태로 생산자(공급자)와 소비자 양측에서 발견되고 있다.

셋째, 공공재의 존재이다. 공공재는 비배타성, 비경합성 그리고 생산과 소비가 동시적으로 이루어진다는 점이 특징이다. 공공재는 어떤 사람도 그것의 소비로부터 배재될 수 없다는 것이다. 한편 다른 사람의 소비로 인해 나의 소비가 지장을 받거나 소비에서 얻는 효용이 감소되지 않는다는 것을 의미한다. 그래서 시장기능과 사적교환관계속에서는 적절한 공급과 분배를 기대할 수 없을 것이다. 순수공공재로는 국방, 치안, 방송 등이며, 지역공공재로는 도로, 교량, 공원, 소방 등을 들 수 있다.

넷째, 외부효과를 들 수 있다. 재화와 서비스 중 소비자에게 주는 효용(만족) 이외에 그 소비에 참여하지 않는 타인에게 사회적 혜택, 해악을 미치는 것을 말한다. 외부효과는 크게 두 가지로서 하나는 개인적인 비용이 사회적인 비용보다 작은 경우로서 흔히 외부불경제(external diseconomy)라고 불리기도 한다. 다른 하나는 개인적인 편익이 사회적 편익보다 작은 경우로서 첫번째의 것과는 정반대의 경우이다. 이를 외부경제(external economies)라 부른다. 외부불경제로는 사회적 해악을 유발하는 공해(소음, 대기, 수질), 전염병 등을 들 수 있으며, 외부경제로는 사회적 혜택을 제공하는 것으로서 아름다운 정원, 방역 등을 들 수 있다.

시장은 자원배분의 메커니즘으로서 매우 중요한 역할과 상대적인 우월성을 지니고 있는 반면 현실적으로는 결함과 실패를 가져오고 있다. 이러한 시장의 결함은 정부의 시장개입을 초래하고 있는바 이는 소득분배의 불평등, 경제의 안정과 성장, 경제정의의 실현 등의 다양한 목적으로 설명되고 있다. 시장경제하에서는 주택도 거래의 대상이요 생산자(공급자)와 소비자가 존재하고 있으며 위에서 언급된 시장실패의 양상이 나타나고 있다. 이러한 관점에서 대부분의 정부는 주택시장에 직·간접으로 개입하고 있으며, 이는 사회복지가 강조되는 사회에서는 더욱 강력하게 정부개입이 이루어지고 있다.

주택시장에서의 정부개입은 주택시장이 지닌 독특한 불완전성에 기인한다. 주택시장의 불완전성은 위에서 언급된 일반적인 시장결함과 유사성을 지니면서 주택이 지닌 상품적 특성에서 연유된 것들이 존재한다. 주택시장의 불완전은; ① 주택정보의 비대칭성, ② 외부효과, ③ 고가의 상품, ④ 긴 생산기간, ⑤ 높은 거래비용과 상품의 이동이 아닌 사람의 이동 등의 특징이 있다.

비대칭정보란 정보가 완전하든 불완전하든 경제주체간에 불균등하게 분포되는 상황을 의미한다. 주택은 속성상 소비자들이 직접 관찰하거나 실험해보기 힘들기 때문에 정보의 비대칭성이 존재하게 된다. 이러한 정보의 비대칭성이란 공급자와 수요자 사이뿐 아니라 건설사업주체와 하청업체간에도 존재할 수 있다. 그래서 비대칭정보는 일반적으로 논의되는 불완전정보와 다르다. 불완전정보란 완전하지 않은 정보를 의미한다.

외부효과란 일반적인 시장결함에서 언급된 것과 동일한 의미지만 주택부문에 한정하여 설명해 보면, 정상주택 인근에 불량주택의 확산으로 인해 재산적 가치가 하락하는 경우나 높은 건물 때문에 주변 주택의 일조권 침해, 사생활 침해 등을 들 수 있다.

그리고 주택은 다른 상품에 비해 그리고 연소득에 비해 가격이 매우 비싼 점, 다른 소비재품에 비해 생산기간이 길다는 점, 거래비용(중개료 등)이 크며 타상품은 이동이 용이하지만 주택은 위치가 고정되어 있다는 점을 들 수 있다. 주택이라는 상품이 이동하는 것이 아니라 사람이 이동해야 하는 독특한 성질을 지니고 있다. 그래서 주택은 토지이용, 토지정책과 밀접한 관련을 지니게 된다.

제 2 절 정부의 신규주택분양가규제

Ⅰ. 분양가규제의 배경과 내용

우리 정부의 주택시장개입은 다양하다. 그 중 가장 직접적이고 시장에 영향을 크게 미치는 개입형태는 "신규주택(아파트)분양가규제"이다. 신규주택분양가규제는 1977년부터 시작되었다. 그러나 평당분양가는 1982년 7월부터 국민주택규모 이하의 경우는 105만원, 그리고 국민주택규모 초과의 경우는 134만원으로 이원화되었다(〈표 6-1〉 참조).

1989년 10월에는 민간주택공급의 활성화를 위해 적정이윤을 보장하는 "원가연동제"를 실시하게 되었다. 원가연동제는 20호 이상의 주택건설사업계획 승인을 받아 일반분양되는 주택에 적용되며 시행자가 공공기관인 국민주택이나 분양가격이 종전의 행정지도가격 이하인 경우에는 적용되지 않는다. 원가가격의 산정방법은; 분양가격＝택지비＋건축비＋부대비＋적정이윤이며, 택지비는 국가, 지방자치단체, 주택공사 등이 공급하는 공공개발택지는 공급가격으로 기타택지는 감정평가가격이 적용된다. 그리고 건축비는 매년 건설교통부고시로 상한고시된다. 1993년 2월 주택분양가 원가연동제시행지침의 개정에 따라 분양가상한액은 아래 〈표 6-2〉와 같이 변화되었다.

적용지역은 대구광역시를 제외한 서울시 및 4개광역시, 5개신도시 그리고

〈표 6-1〉 분양상한변경내역(분양면적 기준)

연 도	국민주택규모 이하	국민주택규모 이상
1982. 7	105만원	134만원
1985. 9	115만원	134만원
1988. 1	126만 8천원	134만원

〈표 6-2〉 원가연동제하의 분양가상한변경

(단위: 만원)

구 분	층 별	건축비상한가격(만원)									
		'89.11	'90.5	'91.4	'92.1	'93.2	'94.6	'95.3	'96.2	'97.3	'98.1
전용 18평 이하	15층 이하	98	113	123	131	138	146	153	168	175.5	183
	16층 이상	110	127	138	147	155	164	172	187	195	204
18평 초과 25.7평 이하	15층 이하	98	113	127	135	142	150	158	168	175.5	183
	16층 이상	110	127	143	152	160	169	177	187	195	204
25.7평 초과	15층 이하	101	116	131	139	146	154	162	175	183	191
	16층 이상	113	130	147	157	165	174	183	196	204	214
평균인상률(%)			15.3	12.4	6.3	5.2	5.6	5.0	7.5	4.5	4.5

자료: 건교부, 주택업무편람, 1998. 3, p.46.

기타지역은 지방자치단체장이 분양가연동제 또는 분양가자율화 중 택일하여 시행하게 하였다. 채권입찰상한액의 적용은 투기과열지구로 지정되어 채권입찰제가 시행 중인 지역이며, 채권입찰상한액은 분양가격과 인근 기존주택가격과의 차액의 70%범위내에서 주택의 규모에 따라 차등적으로 결정하게 한다.

정부는 왜 신규주택분양가를 규제하는 정책을 펴왔는가? 정부의 주택시장개입의 일반적인 배경이나 형태와 달리 세계 어떤 국가에도 좀처럼 시행하지 않는 민간이 공급하는 신규주택의 분양가규제는 우리 나라만의 독특한 제도이다.[1] 정부의 신규주택분양가규제의 목적을 정리하면 다음과 같다.

첫째, 주택가격을 안정시킨다는 목적을 지닌다. 1970년대 중반 이후 급격한 도시화와 함께 대도시를 중심으로 한 주택난의 심화, 그리고 주택가격의 급등으로 무주택서민들의 주거불안정이 심화되었다. 정부는 이러한 주택난과 주택가격의 급등을 막기 위해 신규로 공급되는 민간부문주택에 대하여 일종의 최고가격제에 해당하는 시장규제책을 펴게 된 것이다.

둘째, 내집을 가지지 못한 임차가구들의 내집마련기회를 제공하겠다는 의도이다. 실질소득과 소비자물가보다 빠른 속도로 증가하는 주택가격 하에 있는 서민의 내집마련의 어려움을 돕기 위한 것이다. 정부가 시장에 개입하여 주택가격을 정책적으로 규제함으로써 서민들의 자가소유를 확대할 수 있다는 목적을 지니고 있다.

셋째, 위의 두 가지 목적과 연계된 것으로서 부동산투기의 예방과 근절, 거래질서의 확립, 일부기업의 독과점예방 등의 합목적성을 지니고 있다.

1) 일부국가에서 공공부문이 직접공급하는 주택에 한하여 분양가격규제를 실시하기도 한다.

〈표 6-3〉 국민주택기금운용 및 관리규정에 의한 건축비상한가격 현황

시행일	구 분		건축비상한가격 (주택공급면적에 적용)
1999. 1. 1	18평 이하	15층 이하	555천 원/m²
		16층 이상	617천 원/m²
2000. 8. 1	5층 이하	40m² 이하	714.6천 원/m²
		40 초과~50m² 이하	676.3천 원/m²
		50 초과~60m² 이하	663.5천 원/m²
		60m² 초과	638.0천 원/m²
	6~10층 이하	40m² 이하	683.2천 원/m²
		40 초과~50m² 이하	646.6천 원/m²
		50 초과~60m² 이하	634.4천 원/m²
		60m² 초과	610.0천 원/m²
	11~15층 이하	40m² 이하	621.6천 원/m²
		40 초과~50m² 이하	588.3천 원/m²
		50 초과~60m² 이하	577.2천 원/m²
		60m² 초과	555.0천 원/m²
	16층 이상	40m² 이하	691.0천 원/m²
		40 초과~50m² 이하	654.0천 원/m²
		50 초과~60m² 이하	641.7천 원/m²
		60m² 초과	617.0천 원/m²
2002. 12. 2	5층 이하	40m² 이하	780.3천 원/m²
		40 초과~50m² 이하	738.5천 원/m²
		50 초과~60m² 이하	724.5천 원/m²
		60m² 초과	696.6천 원/m²
	6~10층 이하	40m² 이하	746.0천 원/m²
		40 초과~50m² 이하	706.0천 원/m²
		50 초과~60m² 이하	692.7천 원/m²
		60m² 초과	666.1천 원/m²
	11~15층 이하	40m² 이하	678.7천 원/m²
		40 초과~50m² 이하	642.4천 원/m²
		50 초과~60m² 이하	630.3천 원/m²
		60m² 초과	606.0천 원/m²
	16층 이상	40m² 이하	754.5천 원/m²
		40 초과~50m² 이하	714.1천 원/m²
		50 초과~60m² 이하	700.7천 원/m²
		60m² 초과	673.7천 원/m²
2004. 9. 20	5층 이하	40m² 이하	856.6천 원/m²
		40 초과~50m² 이하	870.7천 원/m²
		50 초과~60m² 이하	843.6천 원/m²
		60m² 초과	852.1천 원/m²

※ 시행일 이후 입주자모집 공고의 승인을 신청하는 분부터 적용	6～10층 이하	40m² 이하 40 초과～50m² 이하 50 초과～60m² 이하 60m² 초과	919.7천 원/m² 932.2천 원/m² 903.5천 원/m² 906.4천 원/m²
	11～15층 이하	40m² 이하 40 초과～50m² 이하 50 초과～60m² 이하 60m² 초과	850.8천 원/m² 860.4천 원/m² 837.2천 원/m² 835.3천 원/m²
	16층 이상	40m² 이하 40 초과～50m² 이하 50 초과～60m² 이하 60m² 초과	868.9천 원/m² 877.4천 원/m² 851.0천 원/m² 850.5천 원/m²

주: 1998년 12월 30일 주택분양가원가연동제 시행지침이 폐지되면서 국민주택기금을 지원받아 건설하는 전용면적 60m² 이하 분양주택에 대하여만 국민주택기금운용및관리규정에 분양가격산정방식을 정하고 있으며, 2002년 12월 2일 고시된 표준건축비는 고시일 이후 입주자모집공고 승인신청서가 접수되는 사업부터 적용.
자료: 2008 주택도시핸드북, 대한주택공사, 2008.

Ⅱ. 분양가규제의 문제점과 논쟁[2)]

정부가 주택시장에 개입하여 시장결함을 보완하고 서민들의 주거안정을 도모한다는 "분양가규제책"은 부작용이 많은 것으로 지적되고 있다. 시장메커니즘의 중요성을 주장하고 정부규제를 완화해야 한다는 논리를 가진 연구자들을 중심으로 분양가규제책의 부작용을 논의하고 있다. 분양가규제의 부작용과 문제점은 경제적 비효율성에 초점이 모아지고 있으며 이를 요약정리하면 아래와 같다.

1) 분양가규제는 민간주택공급을 위축시키거나 공급의 유인책이 없기 때문에 주택공급이 감소하는 문제점을 지닌다는 것이다. 시장경제하의 가장 중요한 기업의 이윤확대가 제한적이거나 봉쇄당하는 결과를 가져와 기업은 주택공급에 투자하기보다 이윤이 큰 부문에 투자하게 되어 결국 주택의 공급이 감소하게 된다. 정부의 의도와는 달리 분양가규제는 주택공급을 위축시키며, 이는 주택가격(중고주택)을 상승하게 한다.

2) 정부의 분양가규제가 지속됨으로 해서 시장가격과 분양가격간의 차이가

2) 분양가규제의 문제점을 지적한 글은 많다. 그 중 대표적인 몇 가지만 소개하면: 임덕호, "분양가규제의 경제적 비효율성에 관한 연구,"「주택연구」, 제 1 권 1호, 1993; 김정호,「우리 나라 주택시장의 구조와 정부개입의 한계」, 한국경제연구원, 1989; 허재완 · 하성규, "분양주택시장과 중고주택시장의 상호연관성에 관한 소고,"「주택금융」, 제125호, 1992; 김정호, "주택의 상품적 특성과 정부규제,"「주택연구」, 제 2 권 1호, 1994; 한국주택은행,「분양가격규제의 경제적 효과」, 1992.

생겨 아파트투기를 유인하는 결과를 가져온다. 규제가격은 대부분의 지역에서 시장가격의 70% 수준에 머물러 분양을 받기만 하면 일정액의 프리미엄과 차액을 기대할 수 있게 된다. 이를 노린 위장 무주택자, 전매차익을 노린 투기꾼 등 다양한 투기현상이 나타나고 있음을 우려한다. 이는 실수요자들의 신규주택분양 기회가 줄어들며, 가진 자에게 더욱 많은 불로소득을 안겨주는 결과이다.

3) 분양가규제책은 주택의 과소비와 저소득층 주택난 심화를 초래하고 있다. 예를 들어 중고주택 25평형을 구입할 수 있는 가구의 경우 분양가규제 하에서는 더 큰 평수의 신규아파트를 구입할 수 있기 때문에 큰 평수의 주택을 찾게 된다. 아울러 큰 평수의 아파트일수록 소위 프리미엄이 상대적으로 높아 가능하면 큰 평수의 아파트를 분양받기를 원한다.[3] 이러한 현상은 필요이상의 주택소비를 부추기게 되며, 국가적으로는 자원의 낭비를 초래한다고 볼 수 있다. 한편 분양가규제 하에서 기업은 큰 평수의 아파트를 짓는 것이 이윤의 증대에 도움이 되기 때문에 가능한 중대형아파트건설에 관심을 가진다. 이는 저소득층이 주로 선호하는 소형주택의 공급이 위축되어 저소득층의 주택난을 더욱 가중시키는 결과를 가져온다.

4) 분양가규제는 주택생산업체간의 경쟁력을 약화시키며 이에 따라 주택산업의 생산성이 떨어진다. 이러한 기업간의 경쟁체제의 붕괴는 필연적으로 자재생산의 기술저하, 주택의 품질이 떨어져 부실시공과 아파트하자로 인한 분쟁을 가져온다.

분양가규제의 부작용을 강조하는 연구자들은 근본적으로 주택은 시장기능에 맡겨져야 하기 때문에 정부의 규제는 철회되고 분양가격은 자율화되어야 한다는 논지를 펴고 있다. 한편 분양가규제책은 부작용과 문제점을 지니고 있지만 현실적으로 자율화의 여건이 조성되지 않았다는 점을 들어 분양가규제정책의 불가피성(不可避性)을 인정하는 주장도 있다. 이 주장의 근거는 분양가자율화 역시 상당한 부작용을 예상할 수 있는바 이는 첫째, 택지공급의 제약으로 인한 주택공급의 비탄력성으로 주택가격이 단기적으로는 상승한다. 둘째, 분양가격을 폐지할 경우 채권입찰제도도 폐지해야 하는데 이 경우 국민주택기금의 재원이 감소하여 서민주택공급에 차질이 발생한다. 셋째, 주택청약저축자들의 반발이 예상된다. 이들은 저렴한 가격으로 주택을 분양받을 수 있는 기회를 박탈당하기 때문에 정부정책에 대한 강력한 반발을 하게 될 것이다. 넷째, 수익성이 높은 대형, 호화주택 위주로 주택공급이 이루어짐으로써 서민의 부담을 가중시키고 주

3) 임덕호, 전게논문, p.35.

택업체들이 가격담합을 통한 폭리를 취하게 될 것이라는 점이다.[4)]

한편 시민단체인 '경제정의실천시민연합'은 조건부자율화론을 폈다. 경실련은 시장경제 하의 신규아파트분양가는 자율화되어야 마땅하지만 오랜 기간동안 규제책을 지속하여 왔기 때문에 자율화를 시급히 시행할 것이 아니라 자율화의 부작용을 최소화 할 수 있는 선행조치들을 반드시 마련한 후에 해야 한다는 주장이다. 예를 들어 택지개발, 주택금융, 주택관련조세, 주택공급규칙 등 제도적 보완조치와 함께 주택수요가 감소하는 지역을 우선적으로 시행하는 선별적, 점진적인 자율화 방안을 제시한 바 있다.[5)]

Ⅲ. 분양가 자율화와 향후 대책[6)]

1990년대 중반 OECD가입과 더불어 신경제를 선언한 김영삼정부의 세계화 전략 등으로 시장개방을 권고 혹은 압박받은 거시적 여건에 놓이게 되었다. 그리고 1997년 말부터 IMF 금융지원을 받는 체제로 변모하고, 이에 대응한 조처로 취해진 구조조정의 과정에서 물가상승, 소비위축, 생산감소, 그리고 성장하락 등의 사회·경제적 일대 변혁을 가져왔다. 이러한 경제구조조정은 주택부문 전반에 걸쳐 심각한 영향을 미치게 되었다. 주택경기가 최악의 상태에 접어들게 되어 수요의 위축, 미분양 주택의 증대, 이로 인한 주택산업의 재무구조를 악화시키는 부정적인 순환구조를 형성하였다.

따라서 정부의 시장 간섭의 수단인 주택가격규제체제는 그 정당성이 퇴색하게 되었다. 분양가 자율화를 도입해야 하는 설득력은 4가지 측면에서, 즉 시장상황, 주택산업여건, 도시관리적 차원, 대외적인 거시경제흐름 등에서 찾아볼 수 있다. 첫째로는 시장상황으로, 유효수요에 입각하여, 실수요자중심으로의 시장구조와 질서의 재편이다. 둘째로는 주택산업여건으로, 시장자율화여건조성을 위해

---

4) 유재현, "주택가격안정에 관한 고찰," 주택가격안정에 관한 토론회, 한국주택사업자협회, 1991.

5) 경실련정책위원회, 「우리 사회 이렇게 바꾸자」, 비봉, 1992.

6) 분양가 자율화에 관한 최근의 논의는 부작용과 역효과를 최소화하는 보완대책이 병행되어야 함을 인식하고 이에 대한 가상실험(통계분석)을 통한 실증분석을 시도하였다. 다음의 논문은 이런 내용을 잘 나타내고 있다.

김정호, "수도권 분양가 자율화의 필요성과 보완대책," 수도권 주택분양가 자율화에 관한 공청회, 한국소비자보호원·국토개발연구원, 1998. 1. 20; 김종구, "분양가 자율화와 소비자보호," 수도권 주택분양가 자율화에 관한 공청회, 한국소비자보호원·국토개발연구원, 1998. 1. 20; 서승환·이규황·윤재호, 「주택시장의 분양가격 자율화정책」, 삼성경제연구소, 1996. 11; 장세훈, 「아파트 분양가자율화정책의 현황과 과제」, 현안분석 제123호, 입법자료분석실, 1996. 7.

서는 무엇보다도 공정경쟁을 유도하여, 다품종 소량생산체제를 구축한다. 그리고, 품질 및 위험관리, 개발금융 등에 선진화를 기한다. 셋째로는 도시관리적 차원으로, 토지이용의 효율화와 도시공간구조의 정상화를 모색할 수 있다. 마지막으로, 대외적인 여건으로는 세계화, IMF구조조정 등을 감안 민간개발업자 육성과 자재 설계산업을 획기적으로 개선하여 부동산 임대·분양업 개방에 대처해야 하는 등 분양가 자율화는 불가피하다는 것이다.

1998년 이후 신규주택분양가규제는 거의 자율화되었다. 1998년 12월에는 수도권내 공공개발택지의 민영아파트 가운데 전용면적 25.7평 이하 국민주택규모에 대한 규제도 철폐하였다. 전용면적 18.1평 이하 국민주택기금의 지원을 받는 주택을 제외하고는 모든 아파트의 분양가가 자율화되었다(〈표 6-3〉, 〈표 6-4〉 참조).

규제완화 실시여부를 두고 여러 가지 견해가 있었지만 공통된 논의는 일시에 모두 동시다발적으로 하지 않고 선별적으로 반응추이를 지켜보면서 한다는 것이다. 주택공급률이 어느 수준에 이르고, 주택가격이 최근 몇 년 사이에 하락 안정세를 유지하고 있다는 관찰결과[7]를 비롯하며, IMF사태로 금융시장 경색으로 자금난이 심화되어 주택건설경기가 매우 열악한 상황에 있으므로, 조기에 자율화 방향을 모색함이 바람직하다는 판단이 지배적이었다.

자율화와 동시 보완조치를 병행해야 한다는 주장이 많았다.[8] 이들의 연구내용을 분석해 보면, 크게 2가지 거시적 분석과 미시적 파급효과분석으로 구별할 수 있고, 각각에 대해서 보완정책이라는 변수를 집어넣어 그 차이를 도출해 냈다. 전자의 경우 적절한 보완정책을 실시하는 경우 자율화라는 충격을 단기적으로는 잘 흡수하여 물가, 임금, 부동산가격 등 부정적인 영향 없이 경제성장을 달성할 수 있다고 보았다. 후자의 경우는 주택시장 내부에서 서울인근 대단위 택지개발을 포함한 택지공급과 통화공급을 함께 실시하므로 가격충격 완화효과가 큰 것으로 추인되었다.

경기순환변동주기는 주택 및 부동산 경기변동을 예고·선행하는 신호의 기능을 한다는 견해가 일반적이므로, 지금은 경기악화로 침체국면에 있지만 다시 경기가 활성화되는 시기를 상정하여 주택건설업자간 '호혜의 원칙'에 입각하여

---

7) 인구 및 주택센세스 자료에 의하면, 주택보급률이 1995년 현재 86%이고, 건설교통부 자료에 의하면 1997년 현재 92%로 2002년에는 100%를 정책목표로 하고 있어, 그 동안의 분양가규제와 청약예금제를 골간으로 하는 양적 확대정책이 그 부작용과 폐해에도 불구하고, 상당한 수준의 성과를 올려 놓았다고 분석할 수 있다. 시장의 안정성의 척도인 주택가격도 1991년 이후 괄목할 만한 진정국면에 들어섰다는 관측이 목격되었다.

8) 서승환·이규황·윤재호, 「주택시장의 분양가격 자율화 정책」, 삼성경제연구소, 1996. 11, pp. 41~45; pp. 67~74.

〈표 6-4〉 주택분양가격 자율화의 점진적 완화개요

제도변천과정	시 기	주요규제완화 내용개요
일부 지역 중대형 분양가규제 폐지	1995. 11	– 강원, 충북, 전북, 제주 등 4개 도시의 전용면적 25,7평 이상 주택분양가규제 폐지 – 수도권 이외 지역의 공공택지 및 공공주택자금 지원 없이 89% 이상 공정이 진행된 후 분양하는 경우 규제 폐지 – 원가연동제 적용대상지역은 서울, 부산, 인천, 광주, 대전지역으로 함 – 도시계획구역을 상업지역 안에 도시재개발법에 의한 도심지재개발사업으로 주택 이외의 시설과 주택을 동일건축물에 건축하는 경우로서 해당 건축물의 연면적에 대한 주택면적의 합계비율이 70% 미만의 경우 원가연동제 적용하지 않음
단독, 연립 등 분양가규제 폐지	1996. 6	– 단독, 연립주택 및 25.7평을 초과하는 철골아파트 분양가규제 폐지('96. 7. 1부터 시행)
수도권 및 대도시 지역 제외한 분양가격 자율화	1996. 12	– 다세대주택 분양가규제 폐지 – 원가연동제 적용대상지역은 서울, 인천, 경기, 부산, 대구, 광주지역으로 함 – 강원, 충북, 전북, 제주지역에서 건설·공급하는 주택(국민주택기금 지원을 받아 건설·공급되는 주택은 제외)과 대전, 충남, 전남, 경북, 경남, 지역에서 건설·공급하는 전용면적 25.7평 이상 주택인 경우도 주택사업자가 자율적으로 분양가격 결정('97. 1. 1부터 시행)
수도권지역을 제외한 분양가 자율화	1997. 5	– 대전, 충남, 전남, 경북, 경남의 25.7평 이하와 부산, 대구, 광주의 전체평형 분양가 자율화 – 수도권 지역에서 공공택지 및 자금지원 없이 공정이 80% 달한 이후 분양하는 주택의 분양가 자율화 – 25.7평 이하 철골조아파트 분양가 자율화 – 원가연동제 적용대상은 국민주택 이외의 아파트로서 서울, 인천, 경기도에서 분양하는 아파트로 함('97. 6. 1 입주자 모집공고승인신청분부터 적용)
수도권 민간택지에 대한 분양가 자율화	1998. 1	– 수도권지역에서 민간사업자가 스스로 확보한 땅에 자기자금으로 건설하는 아파트에 대하여 분양가 자율화('98. 2. 1부터 적용) – 국민주택기금의 지원을 받아 건설하는 국민주택(수도권 이외 지역에서도 국민주택은 가격규제)과 공공택지에 건설하는 주택은 분양가규제

수도권 공영개발 택지에 관한 분양가 자율화	1998. 12	– 국민주택(전용면적 18.1평 이하로 국민주택기금 지원을 받는 주택)을 제외한 모든 민영아파트 분양가 완전자율화할 전망(1999년부터 적용) – 전용 25.7평 이하 아파트의 분양가 자율화를 도입하는 대신 주택공사, 토지공사, 지방자치단체의 공영개발택지 공급가격을 조성원가에서 시가(감정가)수준으로 올려 건설업체들의 불로소득을 차단함 – 그러나 전용면적 18.1평 이하 국민주택(국민주택기금지원을 받는 주택)은 분양가규제를 계속 적용할 방침임(국민주택 분양가는 m^2당 55만 5천원(건축비)에 택지취득원가를 가산한 금액이다)
수도권내 공공개발택지의 민영아파트에 관한 분양가 자율화	1998. 12	– 수도권내 공공개발택지의 민영아파트 가운데 전용면적 25.7평 이하 국민주택규모에 대해 아파트 분양가규제를 철폐함 – 국민주택(전용 18.1평 이하로 국민주택기금 지원을 받는 주택)을 제외하고는 모든 아파트의 분양가가 자율화하는 결과임
분양가 규제완화	1999. 1	– 국민주택기금을 지원받아 민간건설업체가 건설하는 전용면적 18평 이하 주택에 대해서만 주택은행에서 분양가격을 심사

주: 건설교통부, 보도자료.

원활한 경쟁관계가 성립될 수 있도록 제도적 장치가 필요하다.[9] 한편, 분양가 자율화의 목적은 시장기제를 정상화시키는 데 있지만, 상기의 연구결과에서도 언급했듯이 시장에 미치는 영향을 극소화하기 위하여 몇 가지 조정과정을 밟도록 하는 것이 필요하다.[10] 첫째, 청약예금가입자에 대한 기득권을 보장하는 과제가 있다. 제도권 은행보다 낮은 금리를 대가로 사후에 시세차익과 분양우선순위가 보장되는 메커니즘을 다소 수정하여 분양우선순위만 보장하는 방법을 먼저 고려해 볼 수 있다. 시장이 정상화되면 공급률이 90% 이상을 차지하는 현실에서는 시세차이는 줄어들 것이며, 따라서 앞으로 경기상승국면을 내다보고 양질의 주택을 적정가격으로 우선 구입할 수 있는 기회를 부여하는 것이 차선책이 될 수 있다. 특히, 청약자들의 기득권을 최대한 보전하는 방법으로 분양가 자율화 대상주택에 대해서도 구입의 우선권을 보장하는 것이다.[11]

9) 조선일보, 1998년, 12월 7일, 27면 참조.
10) 김정호, "수도권 분양가 자율화의 필요성과 보완대책," 수도권 주택분양가 자율화에 관한 공청회, 한국소비자보호원·국토개발연구원, 1998. 1. 20, pp. 15~16.
11) 김종구, "분양가 자율화와 소비자대책," 수도권 주택분양가 자율화에 관한 공청회, 한국소비자보호원·국토개발연구원, 1998. 1. 20, p. 24.

둘째, 주택자금조성의 어려움에 대한 문제가 제기된다. 금융위기로 금융경색이 지속되어 주택산업체의 재무구조 악화의 환경여건 속에서 분양가 자율화는 청약자의 예금해약사태가 벌어지고 이에 따라 선분양 주택건설구조 속에서 주택업체의 자금조달원이 없어진 결과로 연결되었다.12) 따라서 자금조성을 위한 기존제도에 대한 일부 수정을 불가피하게 만들었다. 먼저, 국민주택기금은 청약제도를 개선하여 국민저축자금 동원방안을 강구하고, 제한적으로 공영주택입주에 대한 분양권을 부여하는 대안을 강구할 수 있다. 또한 경매 등의 방법으로 공영택지를 매각하여, 국민주택기금에 추가로 투입조성하는 방안을 검토할 수 있으며, 1종채권 매각대상 및 적용비율을 조정하는 수단도 모색할 수 있다. 다음으로, 민영주택자금조성원을 증대하여 활성화시키는 방안을 다음과 같이 생각해 볼 수 있다.13) ① 주택자금대출의 조건부 저축상품 도입을 확대한다(미국의 저축·대부조합). ② 금융기관이 청약가입자 등에게 가입순위에 따라 주택을 공급하는 방안을 검토해 볼 수 있다(영국의 건축조합 초기단계/Building Society). ③ 저당부채권이나 증권을 발행하여 국내외 자본시장에서 추가자금을 동원하면, 집값의 30%만을 지불하고도 주거안정을 기할 수 있는 장점이 있고, 중장기적으로는 유동화 중개기구 설치를 통한 유동화제도로 발전시켜 자금수요에 준비할 수 있다.

셋째, 선분양제도는 정부가 분양가격을 규제하는 대신에, 주택가격을 순차적으로 사전납부하는 제도로 다음과 같은 부작용을 안고 있다.14) ① 사업자의 손실부담에 대한 정부의 책임을 주택소비자에게 위임하는 결과로 입주금 납부와 관련한 주택가격의 선납강요는 국민의 재산권행사를 침해하는 강제규정으로, 사업주체의 금융비용을 합법적으로 보장하는 효과를 가진다. 따라서 이는 평등의 원리에 어긋난 조치라고 평가할 수 있다. 요컨대, 선분양제도가 도입된 배경인 주택분양가에 대한 규제가 폐지되는 경우에는 마땅히 선분양제도도 철폐되어야 옳은 것이다. ② 공공자금관리기금 혹은 국채관리기금에서 일시 2~3년 자금조달하는 방안으로, 후분양 후 전환과정에서 잠정적으로 소요되는 자금부담의 완화가 목표이다. ③ 주택사업자의 자구적인 강구책으로 자기자본비율을 국제적 수준으로 끌어올리는 재무구조 개선을 통한 경영합리화와 신용축적에 의한 자금문제이다. ④ 국제시장 개방에 동참하는 의미로서 외국개발업자의 국내시장 진

12) 김정호, 전게서, pp. 13~15.
13) 김정호, 상게서, p. 15.
14) 김종구, 전게서, pp. 25~27.

출에 대응하고, 특히 해외주택시장 개척을 위해 대형주택개발업자를 육성하는 방안이 도모되어야 하겠다.

넷째, 품질의 공식적 인증제도로서 주택성능보증제도의 신설을 들 수 있는데, 이는 사전 분양제도와 연루된 문제로 발생하는 부실공사 때문에 야기되는 주택의 조기노후화의 문제이다. 아파트 분양가 자율화는 사업자간의 공정한 경쟁을 저해하고, 특히 주택규모에 대한 의무비율의 폐지와 더불어 상호 특화된 상품개발에 대한 노력이 경주될 시점인 것이다. 우리 나라의 경우 성능 및 품질에 대한 보증이 고객만족을 위한 단지 서비스차원이라는 점을 착안하여 선진자본주의국가에서 시행하고 있는 제도로 입주후 일정기간(대략 2~3년)이 경과한 이후에도 품질보증하는 주택성능 보증보험제도를 적극 검토, 우리 현실에 적합한 시스템을 구축하는 것도 하나의 방법일 것이다.

우리는 한국주택시장의 특성을 파행적 주택시장이라고 규정하고 이를 정부개입의 한 유형을 이루었던 분양가규제를 자율화함으로써, 정상적 시장으로 회귀하는 과정으로 평가할 수 있다. 주택규모제한의 해제와 더불어 '공정한 경쟁'에 한계를 안고 있었던 주택산업체에 새로운 기운을 불어 넣으므로, 부실공사로 인한 입주자와의 분쟁에 종지부를 찍을 수 있는 계기가 되도록 해야 한다. 수요자에게 불평등구조를 만들어 왔던 선분양제도를 폐지하려면, 선행조치로 저당대출제도(mortgage)를 먼저 정착시키는 방안이 중요하다. 그 동안 실행했던 공급률향상정책은 주택가격안정과 아울러 미분양주택이 남게 될 정도로 우리의 주택시장이 공급자위주의 시장에서 수요자중심의 시장으로 그 구조와 질서가 재편되어감을 인지하여, 주택시장에 대한 인식의 폭을 넓혀 미래지향적인 정책방향을 모색할 단계에 도달했다고 생각한다. 분양가 자율화에 따른 선결과제는 〈표 6-5〉와 같이 정리할 수 있다.

Donnison의 주택투자와 정책적 우선순위를 분석한 3단계학설 중에 한국주택시장은 2단계에서 3단계로 넘어오는 과정이 진행중이라고 평가할 수 있다. 인구구조상 노령인구가 급증하는 추세로 앞으로는 수요자의 특성을 지역별·점유형태별로 사회경제적 변수를 따져가며, 다양한 형태의 주택개발과 관리에 정책우선순위를 두어야 하는 국면에 돌입하였다. 요컨대, 향후의 정부역할은 '경제적 수요'보다는 '사회적 소요'에 중점을 두어 교환가치보다는 사용가치으로의 주택규범(housing norm)을 정립하고, 사회취약계층을 위한 '주거권'을 수용하는 자원배분기제를 정립하는 것이 필요하다.

〈표 6-5〉 분양가격자율화의 주요선결과제

구 분	기본적 선결과제	세부적 선결과제
주택수요 측 면	– 소비자의 권익보호	– 주택의 조기분양제도 폐지 – 주택감리 및 준공검사의 강화 – 불공정거래행위의 방지 – 주택성능보증제도
	– 저소득층의 주거안정	– 공영개발택지의 조기분양제도 폐지 – 민간주택의 중·소형화 유도
주택공급 측 면	– 택지·인력·자재의 공급확대	– 공영개발택지의 조기분양제도 폐지 – 토지이용의 규제완화 및 효율화 – 인력절감공법의 개발 및 인력수급대책 – 주택자재산업의 육성
	– 주택가격의 과다인상방지	– 가격 카르텔의 결성 및 담합인상방지
주택금융 측 면	– 주택재원의 확대	– 정부재정의 공공주택자금 지원확대 – 채권입찰제 폐지에 따른 대체재원확보 – 청약예금의 감소에 따른 대체재원확보
	– 주택대출의 확대	– 주택구입자금의 공급확대 – 주택건설자금의 공급확대
주택조세 측 면	– 주택생산자의 과세강화	– 주택생산기업의 과다이윤환수
	– 주택소비자의 과세강화	– 대형·호화주택 보유자에 대한 중과세 – 다주택보유자에 대한 중과세
주택배분 측 면	– 주택분양제도의 개편	– 분양대기자의 기득권처리 – 신규대상자의 배분제도 마련

자료: 한국주택은행, 「분양가격규제의 경제적 효과」, 1992, p.100.

제 3 절 분양주택시장과 중고주택시장의 상호연관성[15)]

I. 문제의 제기

정부의 주택시장개입의 논리는 자원의 배분적 형평성 유지와 시장의 실패에

15) 허재완·하성규, "분양주택시장과 중고주택시장의 상호연관성에 관한 소고," 「주택금융」,

서 출발한다. 그 동안 우리 나라 정부의 주택시장개입은 어느 자본주의국가보다 적극적으로 시도되어 왔다고 판단된다.

정부가 아파트분양가격을 통제하기 시작한 이후로 분양주택[16]시장과 기존주택시장은 각기 상이한 메커니즘에 의해 가격 및 수급량이 조절되고 있다. 즉 기존주택시장은 이른바 수요·공급의 원리에 의거하여 시장가격 및 수급량이 결정되어지는 반면, 분양주택시장은 정부에 의하여 분양가격이 통제된 가운데 수급량만이 선착순(청약예금에 의한 순위제)이나 추첨(lottery) 같은 비시장적 메커니즘에 의해 조절되고 있다.

분양주택시장에 대한 정부의 이 같은 개입은, 시장가격보다 월등히 낮은 가격으로 신규주택을 구입할 수 있는 기회를 무주택자들에게 제공하여 주었다는 긍정적인 측면도 적지 않으나, 다른 한편으로는 주택에 대한 투기 및 과소비를 조장하고 또 민간부문의 주택투자를 위축시켰다는 부정적 측면도 강하게 노정되고 있다. 분양가규제에 따른 이러한 부작용을 완화하기 위하여 정부는 채권입찰제, 청약자격요건의 심사강화, 원가연동제 등과 같은 정책들을 취하여 왔다. 그런데 분양시장을 대상으로 한 이러한 정책들이 분양시장뿐만 아니라 결과적으로 중고주택시장에도 커다란 영향을 미치고 있어 새로운 분양정책의 시행을 어렵게 만들고 있다.

따라서 분양정책의 부작용을 최소화함으로써 그 정책적 효율성을 극대화하기 위해서는 무엇보다도 분양주택시장과 중고주택시장간의 상호 연관성에 관한 이해가 선행되어야 한다. 예를 들어 왜 그리고 어떠한 메커니즘에 의해 분양가 인상이 기존주택가격의 상승으로 이어지는가를 명확히 이해하여야 분양가인상에 따른 부작용을 방지할 수 있는 정책을 동시에 취할 수 있게 되는 것이다.

분양시장과 중고주택시장간의 상호연관성에 관한 이론적 연구는 전무하다고 할 수 있다. 유일한 예로써 송병락·김사헌의 연구를[17] 들 수 있으나 이것은 분양주택시장이 정부규제하에 있지 않고 시장기능에 의하여 작동된다는 전제하에 설정된 모형이기 때문에 현실성을 결하고 있다.

따라서 여기서는 분양가규제하에서 분양주택시장과 중고주택시장간의 연관관계를 보여 줄 수 있는 하나의 모형을 설정하고자 한다. 또한 이를 근거로 가

1990. 11, pp. 1～12.

16) 여기에서 상정하고 있는 주택유형은 아파트이다. 따라서 이하에서 주택시장, 주택가격이란 용어는 아파트시장, 아파트가격을 의미한다.

17) 송병락·김사헌, "우리 나라 주택수급모형 및 그 추계," 「한국개발연구」, 제 2 권 1호, 한국개발연구원, 1980.

격규제 하의 신규주택시장이 중고주택시장에 어떤 영향을 미치는가를 분석해 보고자 한다.

Ⅱ. 기본모형의 설정: 정부개입 전 주택시장모형

여기에서는 정부가 분양주택시장에 대하여 아무런 규제조치를 취하지 않을 경우, 즉 분양 및 중고주택시장이 모두 시장기능에 의하여 움직일 경우, 개별시장의 균형이 어떻게 성립되며 또 양 시장간에는 어떠한 관련이 있는가를 볼 수 있는 하나의 간단한 모형을 설정하고자 한다.

먼저, 분양주택의 경우 그 수요는 크게 분양주택의 가격(P_N), 가계의 소득(I), 총가구수(H), 소비자들의 취향(T), 융자제도(L) 등에 의하여 영향을 받는다고 할 수 있다.[18] 따라서 분양주택의 수요함수는 다음 식 (1)과 같이 정의될 수 있다:

$$Q^D = f(P_N, I, H, T, L) \quad \cdots\cdots (1)$$

그리고 수요의 법칙 및 주택의 정상재적 특징에 의해 $\dfrac{\partial Q_N^D}{\partial P_N} < 0$, $\dfrac{\partial Q_N^D}{\partial I} > 0$가 성립한다고 가정한다.

한편 분양주택의 공급은 이윤극대화를 추구하는 민간주택건설업자에 의해서 전적으로 이루어진다고 가정하기로 한다.[19] 그리고 그 공급량은 분양가격(P_N), 택지, 건축자재, 건설인력 등과 같은 생산요소가격(f^p) 및 택지공급량(N) 등에 의하여 결정된다고 할 수 있고, 따라서 분양주택의 공급함수는 다음과 같이 정의할 수 있다:

$$Q_N^S = g(P_N, f^p, N) \quad \cdots\cdots (2)$$

한편 공급의 법칙에 의해 $\dfrac{\partial Q_N^S}{\partial P_N} > 0$, 그리고 생산요소의 성격상 $\dfrac{\partial Q_N^S}{\partial f^p} < 0$가 성립한다고 가정하기로 한다.

이상과 같이 정의된 분양주택의 수요 및 공급함수는 Ceteris Paribus의 전제 하에 가격만의 함수로 나타낼 수 있고, 이 경우 〈그림 6-1〉과 같은 수요·공

---

18) 주택시장은 국지적 성격이 강하기 때문에 현실적으로 주택수요는 입지, 인구이동 또는 통근거리 등과 같은 공간변수에 의하여 크게 영향을 받는다. 그러나 여기에서는 이러한 공간변수들의 효과가 일정하다고 전제하기로 한다.

19) 1989년 총주택공급물량 중 민간부분에 의해 공급된 비율이 65%를 넘기 때문에 이같은 가정이 비현실적인 것은 아니다.

〈그림 6-1〉 분양주택시장: 분양가규제 전

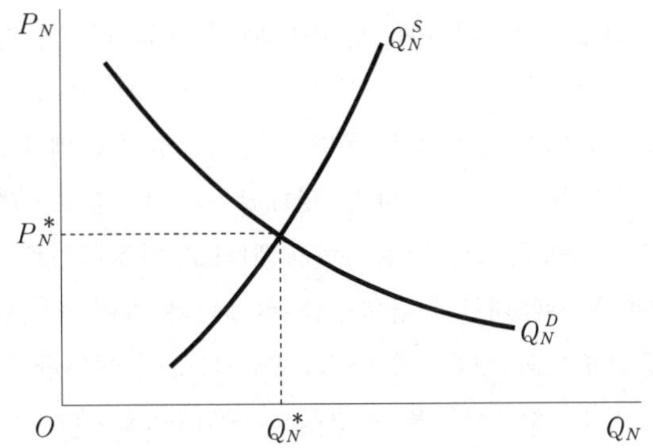

급곡선으로 표시될 수 있다.[20] 따라서 분양주택의 시장가격 및 수급량은 이 수요곡선과 공급곡선이 서로 교차하는 P_N^*, Q_N^*가 된다.

한편 중고주택에 대한 수요는 분양주택의 경우와 마찬가지로 가격(P_0), 소득(I), 가구수(H), 소비자들의 취향(T), 융자제도(L) 등에 의하여 영향을 받는다고 할 수 있기 때문에 중고주택수요함수를 식 (3)과 같이 정의할 수 있다:

$$Q^D = h(P_0,\ I,\ H,\ T,\ L) \quad \cdots\cdots (3)$$

$$\text{단, } \frac{\partial Q_0^D}{\partial P_0} < 0,\ \frac{\partial Q_0^D}{\partial I} > 0$$

그러나 중고주택의 공급물량은 기업에 의하여 생산공급되는 것이 아니라 기존주택보유자들이 부동산시장에 내어 놓은 매물의 양(즉, 공가)에 의하여 결정된다고 할 수 있다. 그리고 이 매물의 양은 중고주택의 시장가격(P_0), 중고주택의 총 「스톡」($\overline{S}$), 그리고 향후의 주택경기에 관한 전망(P_0^e) 등에 의하여 영향을 받는다고 추정하기로 한다. 이 경우 중고주택공급함수는 식 (4)와 같이 정의될 수 있다:

$$Q_0 = k(P_0,\ P_0^e,\ \overline{S}) \quad \cdots\cdots (4)$$

한편, 중고주택매물보유자들은 매매가격의 차익을 극대화하기를 원하기 때

20) 분양주택공급곡선의 정확한 형태에 관해서는 논란의 여지가 있다. 단기적으로 보면 토지공급의 비탄력성, 주택건설에 따른 시차 등의 요인으로 수직선에 가까운 비탄력적인 공급곡선형태를 띠지만, 장기에 있어서는 가격변화에 따른 공급물량의 조정이 가능하므로 탄력적인 곡선형태가 더욱 적합하다고 할 수 있다.

문에 다른 조건이 일정할 경우 가격이 높을수록 부동산시장으로 출하되는 매물이 많아지고, 반면에 가격이 낮을수록 매물이 적어진다고 가정하기로 한다$\left(\text{즉, } \frac{\partial Q_0^s}{\partial P_0}>0\right)$. 한걸음 더 나아가, 중고주택매물보유자들은, 다른 여건이 동일한 한, 향후 주택경기가 좋아서 중고주택가격이 계속 상승할 것으로 전망할 경우 매물을 부동산시장에 내어 놓지 않을 뿐만 아니라 기출하된 매물도 회수하기 때문에 중고주택의 공급량은 감소하게 되고, 반대로 향후의 중고주택가격이 하락할 것으로 예측할 경우 주택공급량은 증가하게 된다고 가정하기로 한다$\left(\text{즉, } \frac{\partial Q_0^s}{\partial P_0^e}<0\right)$.

그런데 기존주택에 대한 공급함수를 식 (4)와 같이 정의할 경우에 수반되는 큰 어려움은 중고주택의 매물보유자(즉, 공급자)들이 어떠한 근거에 의거하여 향후의 주택경기 또는 주택가격을 전망하느냐 하는 점이다. 사실 장래 주택가격(P)의 예측에는 수많은 요인[21]들이 복합적으로 작용하게 마련이지만 여기에서는 분석의 편리를 위해 다른 여건이 동일한 경우, 분양가격의 움직임이 가장 중요한 요인이라고 상정하기로 한다.

구체적으로 중고주택의 공급자들은 분양주택의 시장가격이 상승하는 것을 관찰할 경우, 신규주택의 공급물량이 충분치 못해서 앞으로 중고주택가격이 계속 상승세를 유지할 것으로 전망하는 반면, 분양주택가격이 하락할 경우에는 이것이 향후 주택경기의 하강국면을 알려주는 신호로 해석하여 장래 중고주택가격이 하락할 것으로 예측하게 된다. 이같은 맥락 하에서 미래의 기대주택가격 P는 다음과 같은 함수형태로 표시될 수 있다.

$$P_O^e = l(P_N;\ B) \quad \cdots\cdots (5)$$

$$\text{단, } \frac{\partial P^e}{\partial P_N}>0$$

여기서 B는 향후 주택경기의 전망에 영향을 미치는 모든 기타 요인들을 나타낸다. 식 (3), (4)와 같이 정의된 중고주택의 수요 및 공급함수도 역시 Ceteris Paribus의 전제 하에 가격만의 함수로 나타낼 수 있고, 따라서 수요·공급곡선을 도출할 수가 있다. 그런데 일반적으로 부동산가격은 하방경직성의 속성이 있기 때문에 이것을 반영하기 위하여 〈그림 6-2〉에서 나타난 것처럼 수평선을 포함하는 형태의 공급곡선을 상정하기로 한다. 따라서 중고주택의 시장가격 및 수급량은 이 공급곡선과 수요곡선이 교차하는 P_O^*, Q_O^*가 된다.

이렇게 분양시장 및 중고주택시장에서 각각 균형이 성립될 경우, 전체 주택

21) 예를 들어 물가, 국제수지, 통화량, 도시화의 정도, 선거, 정부정책 등이 있다.

〈그림 6-2〉 중고주택시장

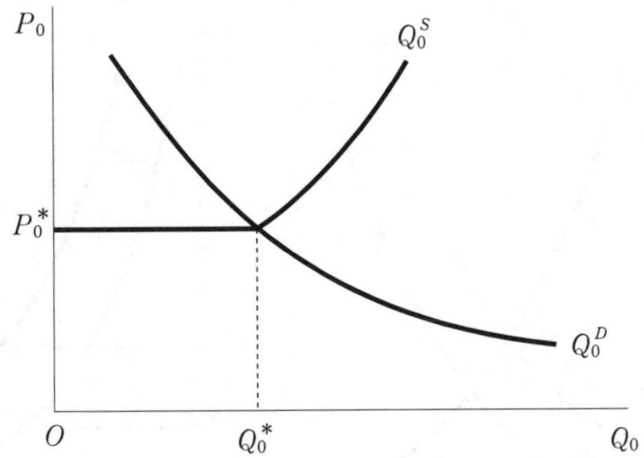

시장의 균형은 어떻게 이루어지는가? 그것은 당연히 분양시장가격(P_N^*)과 중고주택시장가격(P_O^*)이 서로 일치할 때이다(즉, $P_N^*=P_O^*$). 왜냐하면 이 시장가격상황에서는 양시장의 수요자 및 공급자 모두 그들의 행위를 변화시켜야 할 요인이 없기 때문이다. 그러면, 만약 외부적인 요인에 의하여 어느 한시장의 균형이 깨어질 경우, 개별시장 및 전체 주택시장의 균형은 어떻게 회복될 것인가? 〈그림 6-3〉에 의거하여 이 경우를 분석하기로 한다.

〈그림 6-3〉에 의하면 애초의 시장균형은 분양주택의 경우(P_N^*, Q_N^*) 그리고 중고주택의 경우(P_0^*, Q_0^*)에서 형성되었다. 그런데 이제 어떤 외부적인 요인에 의하여 분양주택의 공급곡선이 Q_N^s에서 $Q_N^{s\prime}$으로 좌상향 이동하였다고 가정하기로 하자[22](〈그림 6-3a〉). 그러면 분양주택의 시장가격은 $P_N^{*\prime}$로 상승하게 되고 이에 따라 시장수급량도 $Q_N^{*\prime}$으로 감소하게 된다. 그 결과 높아진 분양가격으로 인해 분양주택을 구입할 수가 없게 된 수요자들(즉, $Q_N^{*\prime}-Q_O^{*\prime}$)은 중고주택시장으로 이동하게 되고, 이러한 수요의 변동은 바로 중고주택수요곡선을 우상향 이동시키게 된다.

한편 P_N^*에서 $P_N^{*\prime}$로의 분양주택시장가격의 상승은 식 (5)에 의하여 중고주택의 매물보유자로 하여금 향후의 주택가격이 더욱 상승할 것이란 전망을 하게 만들고, 그 결과로 식 (4)에 근거하여 중고주택의 공급곡선이 좌상향으로 이동하게 된다.

중고주택 수요·공급곡선의 이러한 이동은 새로운 중고주택의 시장가격이

22) 택지나 건설원부자재의 부족시 이러한 공급곡선의 이동이 가능하다.

〈그림 6-3〉 분양시장과 중고주택시장간의 관계: 분양가규제 전

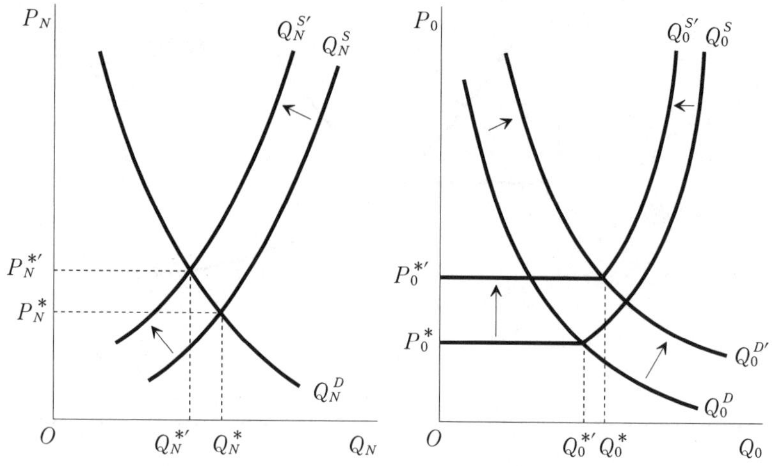

(a) 분양주택시장 (b) 중고주택시장

분양주택의 새로운 시장가격과 같아질 때까지($P_N^*=P_N^{*'}$) 계속되고, 그 결과로 새로운 중고주택의 수요곡선은 $Q_0^{D'}$, 공급곡선은 $Q_0^{S'}$이 되어 전체주택시장의 균형이 다시 회복된다.

Ⅲ. 기본모형의 확대: 정부개입 후 주택시장모형

주택은 필수품인 동시에 고가의 상품이기 때문에 주택구입에는 많은 자금이 소요된다. 그러나 주택수요금융이 제대로 발달되어 있지 못한 우리 나라와 같은 경우 개인이 그러한 자금을 마련하기란 용이한 일이 아니다. 따라서 분양주택의 시장가격이 대부분 무주택자에게는 매우 부담스러운 수준이 되기 쉽다. 이같은 상황을 고려한 정부가 무주택서민의 신규주택구입기회를 확대하기 위하여, 분양주택가격을 균형시장가격보다 훨씬 낮은 임의의 P수준에서 통제하는 이른바 분양가상한제를 실시하기로 하였다고 상정하자(〈그림 6-4〉 참조).

이 경우 분양주택의 공급량은 OQ_1으로 규제 전의 공급물량 OQ_N^*보다 감소하게 되나, 수요량은 규제 전보다 오히려 증가하여 OQ_2 수준이 되기 때문에 항상 $Q_1 \cdot Q_2$만큼의 만성적인 초과수요가 존재하게 된다. 따라서 분양가상한제 하에서는 부족한 물량을 어떠한 방법으로 수요자들에게 분배할 것인가가 문제가

〈그림 6-4〉 분양주택시장: 분양가규제 후

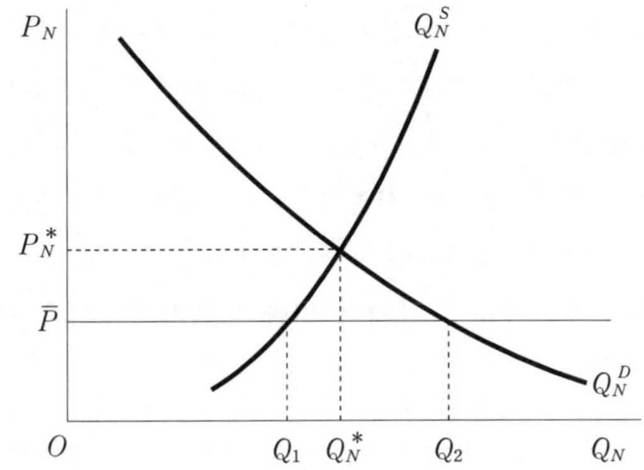

되는데, 여기에서는 추첨(예를 들어 청약가입자중에서 추첨)에 의해 조정한다고 가정하기로 한다. 이 경우 이른바 분양경쟁률은 $\frac{OQ_2}{OQ_1}$:1이 될 것이다.

한편 분양가통제가 시행될 경우 중고주택의 가격이 분양가보다 항상 높기 때문에 이 가격차익을 노린 가수요가 출현하게 마련이다. 분양주택에 대한 이러한 가수요는 분양가와 시가의 차이가 클수록 증가하기 마련이고, 그 결과 분양주택에 대한 전체수요는 더욱 확대되게 된다. 이러한 현상을 반영하기 위해서 식 (1)과 같이 정의된 분양주택의 수요함수를 다음의 식 (6)처럼 재정의하기로 한다.

$$Q_N^D = f(P_n,\ I,\ H,\ T,\ L,\ P_0 - P) \cdots\cdots (6)$$

단, $\frac{\partial Q_N^D}{\partial (P_0 - P)} > 0$

따라서 〈그림 6-4〉에 나타난 분양주택수요곡선은 이제 I, H, T, L의 변화뿐만 아니라 $(P_0 - \overline{P})$의 변화에 의해서도 곡선 자체가 이동하게 된다.

분양가규제하에서도 식 (2)의 분양주택공급함수, 식 (3)의 중고주택수요함수, 그리고 식 (4)의 중고주택공급함수의 형태는 변화가 없다. 그러나 분양주택시장과 중고주택시장의 매개변수역할을 하는 식 (5)의 기대주택가격함수는 그 형태가 달라져야 한다. 왜냐하면 분양가상한제 하에서는 분양가가 시장상황에 상관없이 항상 고정되어 있기 때문이다. 그러면 중고주택의 매물보유자들은 무엇에 근거하여 향후의 주택경기를 전망하여야 하는가? 그것은 초과수요의 크기이다. 즉, 가격이 수급상황에 따라서 신축적으로 변화할 수 없을 경우 분양시장 내 수급상태의 변화는 초과수요의 규모에 의하여 나타난다. 따라서 초과수요의 상대적 크기를 나타내는 지표인 분양경쟁률이 중고주택시장의 매물보유자들에게는 향후의 주택가격변화를 예측케하는 주요한 판단기준이 되는 것이다.

구체적으로 중고주택매물은 분양시장에서 분양경쟁률이 높아질 경우 향후의 주택가격이 더욱 상승할 것으로 전망하게 되고 반면 경쟁률이 낮아질 경우 주택부족이 완화되는 신호로 해석하여 향후 주택가격이 하락할 것으로 예측하게 되는 것이다. 따라서 분양가규제 하에서 기타 주택가격(P_0^e)은 분양경쟁률(e)의 함수로 표시될 수 있다.

$$P_0^e = l(e;\ \bar{P},\ B) \quad \cdots\cdots \quad (7)$$

단, $\dfrac{\partial Pe}{\partial e} > 0$

그러면 분양가가 이렇게 규제된 상황에서 분양주택시장과 중고주택시장은 상호 어떠한 관계를 맺고 있으며, 전체주택시장의 균형은 어떻게 이루어지는가? 〈그림 6-5〉를 이용하여 이를 살펴보기로 하자. 최초에 분양주택시장은 〈그림 6-5 (a)〉에 나타난 것처럼 분양가가 $\bar{P}$로 통제되고 있고, 그 결과로 Q_1Q_2만큼의 초과수요가 존재하여 분양경쟁률은 $\dfrac{OQ_2}{OQ_1}$:1을 나타내고 있다.

〈그림 6-5〉 분양시장과 중고주택시장간의 관계: 분양가규제 후

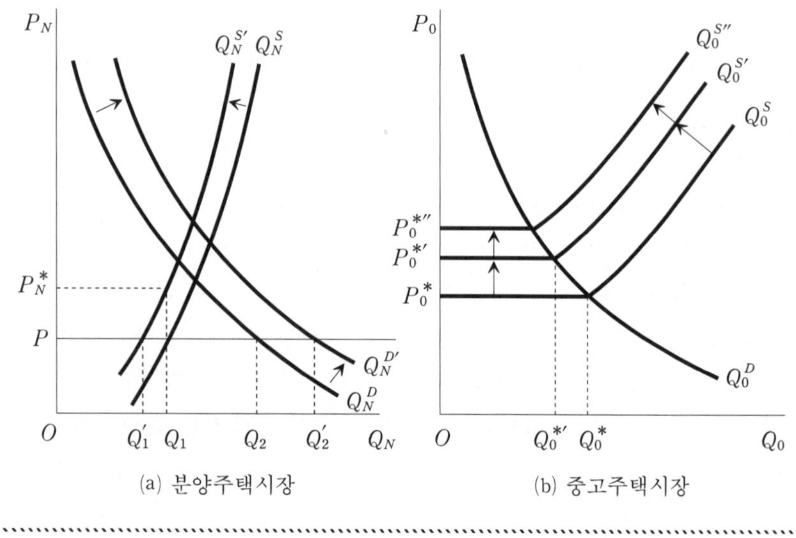

반면 중고주택은 시장메커니즘에 의해 P_0^*의 시장가격에서 Q_0^*의 수급이 이루어지고 있어,[23] 결국 주택시장은 이중가격구조를 띤 채 개별시장별로 상이한 형태의 균형이 성립되고 있다.

이제 앞서와 마찬가지로 어떤 외부적인 요인으로 말미암아 분양주택의 공급곡선이 Q_N^S에서 $Q_N^{S'}$으로 좌상향 이동하였다고 상정하자〈그림 6-5 (a)〉. 분양가에 대한 규제가 없을 경우 이러한 공급곡선의 이동은 당연히 가격의 상승을 유발시키게 되지만, 분양가가 $\overline{P}$로 통제된 상황 하에서는 가격변동이 있을 수 없기 때문에 다만 분양주택공급물량만이 OQ_1에서 OQ_1'으로 감소하게 된다. 그 결과 초과수요는 Q_1Q_2에서 $Q_1'Q_2$수준으로 확대되고, 따라서 분양주택에 대한 경쟁률은 $\frac{OQ_2}{OQ_1}:1$에서 $\frac{OQ_2}{OQ_1'}:1$로 높아지게 된다.

이러한 분양시장의 과열은 중고주택의 매물보유자들로 하여금 식 (7)에 의거하여 향후의 주택가격이 더욱 상승할 것이란 전망을 하게 만들고, 이에 따라 시장매물을 축소하게 되며 그 결과로 식 (4)에 근거하여 중고주택의 공급곡선이 〈그림 6-5 (b)〉에 나타난 것처럼 좌상향으로 이동하게 되며, 따라서 중고주택의 시장가격도 P_0^*에서 $P_0^{*'}$으로 상승하게 된다.

중고주택가격의 이러한 상승은 기타 자산의 평균수익률수준(즉 $P^*-\overline{P}$)을 상회하는 가격차익 즉 $(P_0^*-\overline{P})$을 야기시키게 되므로 분양주택에 대한 투기적 수요가 형성된다. 뿐만 아니라 높아진 가격때문에 중고주택을 구입할 수 없게 된 수요자(즉 $Q_0^{*'}\cdot Q_0^*$)들은 분양주택시장으로 이동하게 된다. 이러한 이유로 분양주택에 대한 수요곡선은 〈그림 5-13 (a)〉에서처럼 우상향 이동하게 되며($Q_N^D \rightarrow Q_N^{D'}$), 그 결과로 분양주택에 대한 초과수요의 폭은 Q_1Q_2'으로 더욱 확대되고, 분양경쟁률 역시 $\left(\frac{OQ_2'}{OQ_1'}:1\right)$ 더욱 높아지게 된다. 높아진 분양경쟁률은 앞서 설명한 메커니즘에 의해 중고주택의 공급곡선을 더욱 좌상향 이동시키게 되고(즉 $Q_0^{S'} \rightarrow Q_0^{S''}$) 이로 인해 높아진 중고주택가격은 분양가와의 가격차이를 더욱 확대시켜 분양주택에 대한 수요곡선을 또다시 좌상향 이동시키는 결과를 낳게 된다. 따라서 "분양경쟁률의 상승 → 중고주택공급곡선의 좌상향 이동 → 중고주택가격상승 → 분양주택수요곡선의 우상향 이동 → 분양경쟁률의 상승"이라는 악순환의 반복현상이 계속되게 된다.[24] 분양가가 규제된 상황 하에서는 주택시장의 내부적 메커니즘

23) 여기에서 (P^*-P)만큼의 가격차익이 존재함에도 분양주택에 대한 가수요가 발생하지 않는 이유는, 주택의 기타 자산의 시장평균수익률이 이 가격차익보다 더 높기 때문이다. 따라서 분양가와 시가의 차익이 최소한 (P_o-P)보다는 커야 분양주택에 대한 투기적 수요가 형성되는 것이다.

24) 1980년말과 1990년초 수도권지역의 아파트시장에서 나타난 청약과열 및 주택가격의 폭등

에 의해 이러한 악순환이 중단될 수 있는 기능이 없기 때문에, 결국 어떤 외부적인 강력한 충격[25]에 의해 이러한 연쇄고리의 일부가 차단될 때 비로소 이같은 반복현상이 멈추어질 수 있게 되는 것이다.

Ⅳ. 분양가인상의 파급효과

분양가 통제가 지속될 경우 주택건설업자들의 채산성이 악화되고, 이에 따라 분양주택공급물량이 감소할 수도 있다. 이같은 부작용을 막기 위하여 이제 정부가 $\bar{P}$로 고정된 분양가상한선을 $\bar{P}'$로 상향조정하였다고 가정하자〈그림 6-6〉. 그러면 이러한 분양가인상이 중고주택시장 및 분양시장에 어떠한 영향을 미칠 것인가? 식 (7)에 의하면 기대주택가격은 분양가가 고정된 경우 분양경쟁률(e)의 함수로 되어 있다. 그러나 이제 분양가가 인상되었기 때문에 마치 식 (5)에 나타난 것처럼 기대주택가격은 분양가의 상승에 따라 높아지게 된다. 환언하면 중고주택매물보유자들은 분양가 인상을 마치 분양가규제가 없는 상황에서의 시장가격의 상승과 동일한 신호로 간주하여 향후의 주택가격이 더욱 상승할 것

〈그림 6-6〉 분양가인상과 효과

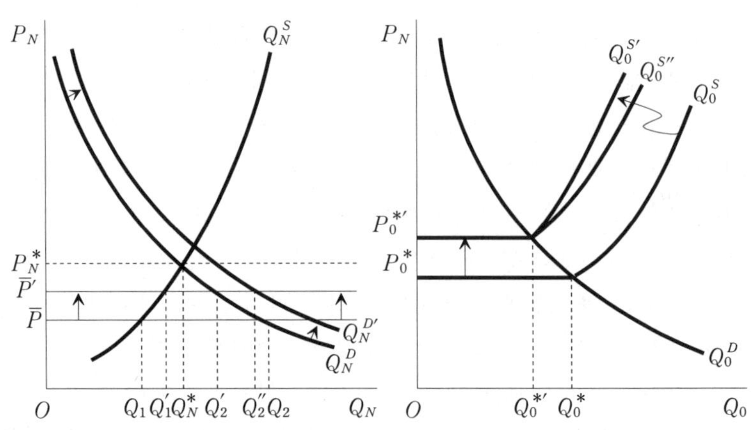

(a) 분양주택시장 (b) 중고주택시장

현상은 이러한 악순환의 좋은 실례이다.

25) 유주택자의 청약제한이나 일정규모 이상의 주택을 소유한 자의 청약순위조정 등과 같은 것이 그 예가 될 수 있다.

으로 전망하게 되는 것이다. 이에 따라 중고주택의 공급곡선이 〈그림 6-6 (b)〉에서처럼 Q_0^s에서 $Q_0^{s\prime}$로 좌상향 이동하게 되고 가격도 $P_0^{*\prime}$로 상승하게 된다.

그러나 이 때 분양가와 중고주택시가와의 가격차익(즉 $P^{0\prime}-\overline{P}'$)이 분양가인상 전의 차익($P_0^{*\prime}-\overline{P}'$)보다 크지 않기 때문에 투기적 수요는 형성되지 않는다. 다만 중고주택가격의 상승으로 구매력을 잃은 수요자들(즉 $Q_0^{*\prime}\cdot Q_0^*$)이 분양시장으로 이동하기 때문에 분양주택의 수요곡선이 Q_N^D에서 $Q_N^{D\prime}$로 다소 우상향 이동하게 된다〈그림 6-6 (a)〉. 그 결과로 새로운 분양가 하에서 초과수요규모는 $Q_1'\cdot Q_2''$가 되고, 분양경쟁률은 $\left(\dfrac{OQ_2''}{OQ_1'}:1\right)$을 나타나게 된다. 그러나 인상된 분양가 하의 이 분양경쟁률은 인상 전의 분양경쟁률$\left(\dfrac{OQ_2}{OQ_1}:1\right)$에 비하면 상대적으로 낮다. 분양경쟁률의 이러한 하락은 식 (7)에 의하여 기대주택가격을 떨어뜨리고, 따라서 중고주택의 공급곡선을 이동시키는 요인이 된다. 환언하면 낮은 분양경쟁률을 관찰한 중고주택공급자들은 향후의 주택가격이 하락할 것으로 예측하게 되고 이에 따라 매물을 증가시키게 되며 따라서 중고주택의 공급곡선이 우상향 이동하게 된다. 그러나 우하향 이동시에는 좌상향 이동시처럼 평행이동이 아니고, 주택가격의 하방경직성으로 말미암아 〈그림 6-6 (b)〉에서 보는 것처럼 공급곡선이 $Q_0^{S\prime}$에서 $Q_0^{S\prime\prime}$로 더욱 탄력적인 형태로 바뀌어지게 되는 것이다. 따라서 공급곡선의 변화로 인한 중고주택시장에서의 추가적 변화는 없고, 이 상태에서 중고주택시장 및 분양주택시장이 각각 새로운 균형을 이루게 되는 것이다.

제 7 장 : 주택순환과정

제1절 서 론

인간사회조직의 가장 기본적인 요소가 가정이며, 가정의 근거지가 주택이다. 주택은 은신처로서의 기능뿐 아니라 생산활동에 필요한 노동력의 재생산 및 삶의 보금자리이다. 현재 우리 나라의 주택문제의 심각성은 절대적인 주택부족에 있다고 생각된다. 주민의 주택서비스의 구득능력이 크게 향상되지 않은 상태에서 주택규모는 불균형적으로 분포되어가고 있는 실정이다.

이러한 심각한 주택부족상황하에서 주택이 대량으로 단기간에 공급되기를 원하고 있지만, 주택이 지닌 독특한 재화로서의 특성 때문에 공급이 잘 이루어지지 않는다. 또한 신규주택이 공급된다 하더라도 주택을 구입하거나 유지할 만한 가구(家口)의 경제적 능력이 문제가 된다. 이러한 문제 때문에 많은 국가들이 정부가 주택시장에 개입하여 주택의 수요와 공급에 관한 여러 가지 제도적인 규제 및 조정을 보편화하고 있다.

여기서는 주택시장에 있어서 새로운 주택이 공급됨에 따라 발생하는 주택순환과정(filtering process)[1]의 원리를 이해하고, 이러한 현상이 주택정책에 어떤 시사점을 줄 수 있는가를 논의하고자 한다.[2]

미국 등 몇몇 서구국가에서는 오래 전부터 주택순환과정이론이 논의되어 왔으며, 이 이론에 근거하여 주택정책을 수립한 경우가 많았다. 전통적으로 "필터링"(filtering)이란 자본주의사회에서 주택분야의 누적효과(trickle down effect)를 겨냥한 접근방식이라 알려져 있다. 한편 사회주의국가와 개발도상국에까지

---

1) Filtering Process를 주택여과과정이라 표현할 수도 있으나 Filtering이 지닌 주택의 순환적 의미를 강조하는 뜻에서 여기서는 주택순환과정이라 함.

2) 하성규, "주택순환과정의 실상," 「주택」, 제47호, 대한주택공사, 1986, pp.33～40.

필터링은 주택정책적으로 매우 중요하게 인식되고 있다.[3)]

제 2 절 주택순환과정의 개념

주택순환과정(filtering process)이란 주택의 질적 변화와 가구의 이동과의 관계를 설명해 주는 중요한 주택시장경제이론이다. 먼저 지적되어야 할 사항은 주택순환과정에 대한 개념정의가 정확히 내려져 있지 못하다는 점이다. 왜냐하면 주택이란 시간이 흐름에 따라 그 질이 변하게 되며, 또한 주택에 거주하는 사람들(家口)의 소득이 변화함에 따라 각기 매우 복잡한 과정을 거쳐 주거지를 이동하기 때문이다. 그러나 여러 학자들의 의견을 종합하여 개념정의를 내린다면, 주택순환과정이란 소득이 높은 계층의 가구가 신규주택으로 이동함으로써 생긴 공가(空家, vacancies)를 소득이 낮은 계층의 가구가 저렴한 비용으로 구매할 수 있을 때 발생한다고 볼 수 있다.

이같은 순환과정은 시간이 지남에 따라 주택의 가격이 상승하거나(질이 좋아지는 경우도 포함) 가구의 소득이 증대되는 경우에는 상향적 순환과정(filter-up process)을 기대할 수 있고, 반대로 주택의 질이 나빠져 가격이 하락되는 경우와 가구의 소득이 떨어져 그 위치가 낮아지는 경우 하향적 순환과정(filter-down process)을 볼 수 있다.

주택순환현상의 핵심부분은 공가의 형성과 그 공가를 차지하는 가구의 이동에 관한 것이다. 예를 들어 한 도시에 신규주택이 건설·공급되었을 경우 이 주택을 차지하는 가구는 아래 세 가지 경우 중 하나일 것이다.

첫째, 그 도시에 살면서 지금까지 거주해 오던 주택을 공가로 둔 채 신규주택으로 이사온 경우.

둘째, 새롭게 탄생한 가구(결혼으로 인한 새 가구 형성)이거나 아니면 다른 지방에서 해당 도시로 이사온 가구의 경우.

셋째, 신규주택에 이사오기 전 살았던 집이 파괴(철거)된 경우.

위의 세 가지 경우 중 첫번째의 경우가 그 도시에서 공가를 발생시키며 이러한 경우에 주택순환현상의 설명이 가능해진다.

W. Grigsby에 의하면, 순환과정(filtering process)이란 주택시장에 있어서의

3) William C. Baer, "Filtering and Third World Housing Policy," *Third World Planning Review*, Vol. 13, No. 1, 1991, p. 69.

동태적 현상으로 전제하면서, 주택의 가치가 주택의 질보다 더욱 빨리 떨어질 때 나타난다고 정의한다.[4] 이것은 어떤 가구가 동일한 가격으로 더 질이 좋은 집을 얻을 수 있거나 낮은 가격으로 같은 질의 주택을 구할 수 있다는 사실을 의미한다.

C. L. Leven 의 경우는 주택 그 자체보다 가구에 더 초점을 맞추어 설명하고 있는데, 주택순환현상은 가구의 소득이나 기호에 변화 없이 근린주구의 변화(neighbourhood change)에 따라 상향적 순환(filtering-up)을 경험하는 수가 있는데,[5] 이러한 순환과정은 수동적 순환(passive filtering)이라 불리워진다. 반대로 가구의 이동에 의해 일어나는 순환현상을 능동적 순환(active filtering)이라 한다.

수동적 순환과 능동적 순환현상을 단순한 가설적 예를 들어 설명하고자 한다.

〈그림 7-1〉에서 보는 바와 같이 수동적 순환으로서, 어떤 일정시간에 세 개

〈그림 7-1〉 주택순환과정의 예

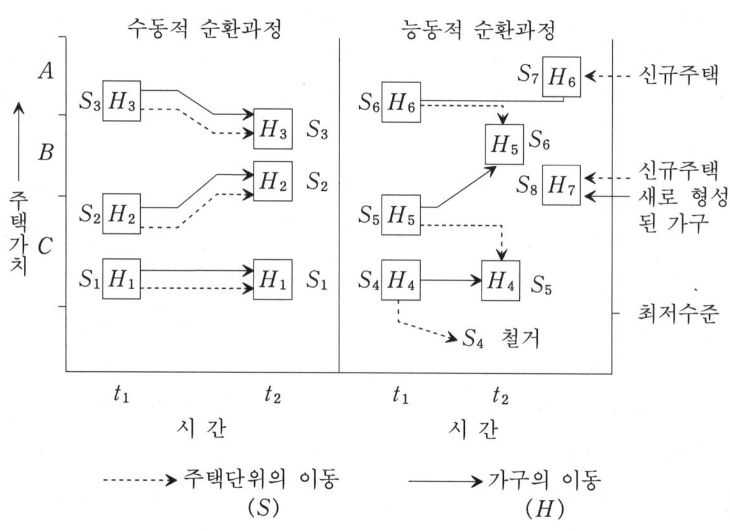

자료 : L. S. Bourne, *The Geography of Housing*, London : Edward Arnold, 1981, p. 151.

4) W. Grigsby, *Urban Housing Markets*, Philadelphia : University of Pennsylvania Press, 1963 참고.

5) C. L. Leven et al., *Neighbourhood Change: Lessons in the Dynamics of Urban Decay*, New York : Praeger, 1976, p. 46.

의 주택(S_1, S_2, S_3)이 존재한다고 가정하고, 주택의 가치(가격)가 각기 다르며 그 가격에 맞는 소득을 가진 가구들(H_1, H_2, H_3)이 거주한다고 하자. 시간이 지남에 따라($t_1 \rightarrow t_2$) 가구들의 이동이 없음에도 불구하고 세 가구는 각기 다른 결과를 가져왔다. 즉 가구 H_1은 동일한 가격의 주택에 거주하고, 가구 H_2는 보다 가격이 비싼 주택에 거주하는 결과를 가져왔으며, 가구 H_3는 가격이 하락한(가치가 떨어진) 주택에 거주하게 되었다. 이 경우 가구 H_1과 주택 S_1은 주택순환에 아무런 변화가 없는 경우며, H_2가구와 S_2주택은 상향적 순환(upward filtering)을 가져왔으며, 가구 H_3과 주택 S_3은 하향적 순환(downward filtering)을 경험한 예이다.

그러나 능동적 순환현상은 더욱 복잡하다. 이 능동적 순환이 전통적으로 불리워지는 주택순환과정의 대표적인 경우다. 수동적 순환현상과 마찬가지로 가치가 각기 다른 세 개의 주택(S_4, S_5, S_6)에 소득이 각기 다른 세 가구(H_4, H_5, H_6)가 주거하고 있다고 가정하자(〈그림 7-1〉의 오른쪽). 일정시간이 경과된 후($t_1 \rightarrow t_2$), 가격이 제일 비싼 새로운 주택 S_7이 공급되었다고 가정하자. 그러면 기존의 주택재고에 새로운 주택 하나가 더 생겨나게 되어 가장 소득이 높은 가구인 H_6가 전주택 S_6에서 신주택 S_7으로 이동하였다. 가구 H_6은 전에 거주했던 주택 S_6보다 더 가격이 비싸고 시설이 좋은 주택 S_7으로 이동하였기에 상향적 순환이 일어난 경우다. 한편 주택 S_6은 가격이 하락하고 동시 H_6보다 소득이 낮은 가구 H_5가 이동하여 거주하게 됨으로해서 하향적 순환을 가져왔다. 그리고 가구 H_5는 상향적 순환을 가지게 된 것이다. 이유는 가구 H_5는 전에 살았던 주택 S_5보다 더 가격이 비싼(질이 더 좋은) S_6로 이동하였기 때문이다. 또한 주택의 가치가 중간수준인 신주택 S_8이 공급되어 새롭게 탄생한 가구(예를 들어 결혼하여 생긴가구) H_7이 입주하게 되면, 어떠한 형태의 주택순환현상도 일어나지 않은 경우가 된다.

또 다른 순환현상은 〈그림 7-1〉에서 보는 바와 같이 주택 S_5가 하향적 순환으로 가격이 떨어짐으로 해서 가구 H_4가 입주하게 되었는데, 이 경우 가구 H_4는 거의 동일한 가격의 주택에 이동했으므로 수평적인 이동에 불과하다. 그리고 가구 H_4가 거주했던 주택 S_4는 아무도 살지 않는 공가로 남게 되어, 주택재고에 잉여주택으로 간주되거나 아니면 주택이 심하게 노후화된 경우는 철거될 것이다.

주택순환과정의 개념파악에 있어 유사 혹은 대비되는 개념의 파악이 요구된다. 주택순환과정과 대비되는 개념으로는 도시회춘화(gentrification)현상을 들 수 있다. 도시회춘화(혹은 도심회귀) 현상이란[6] 도심지의 저소득층 주거지역에 도시교외지역에서 거주하던 중·고소득층이 유입·정착하는 경우를 말한다. 이러한 현상은 주로 서구의 대도시에서 흔히 발견되는 것으로 통근비용과 교통체증 등의 이유로 교외거주 고소득자가 도심의 주거지로 이동하는 현상, 그리고 도심지 저소득층지역에 재개발사업을 통한 주거환경개선의 결과로 나타나기도 한다. 주택순환과정이 도시공간구조변화 과정속에서 고소득층 도시교외지역 이주를 유도한다는 Hoyt의 선형이론에 근거해 보면, 도시회춘화 현상은 주택순환과정과 대비되는 개념이라 할 수 있다.

그리고 Harvey 등이 주장하는 도시외곽축출(blow-out)현상은 중산층 가구가 저소득층이 주로 거주하는 도심지 주거지역을 피해 도시외곽지로 이동하는 현상이다. 즉 도심지 저소득층의 주거지가 지닌 부정적 외부효과 등을 피해 중·고소득층이 도시교외지역을 선호하는 경향을 도시외곽축출현상이라 한다.[7] 이러한 도시외곽축출현상은 도시교외지역의 민간개발업자의 쾌적한 주거단지개발과 깊은 연관을 지니고 있다.

제 3 절 이론적 배경

주택순환과정에 대한 학문적 관심은 도시지리연구와 주택시장연구 두 분야에서 두드러지게 나타나고 있다. Short는 주택순환과정을 주거이동의 일반적 이론(general theories of residential mobility)의 한 부분으로 보고 있다.[8] 그리고 Maclennan은 주택순환과정이란 주택시장(housing market)의 동태적 과정을 나타내는 현상이라 지적한다.[9]

주택순환과정을 주거이동현상으로 파악하고 있는 것은 주로 도시지리학자들의 견해로서, 주거이동은 이주자의 이주행태에 대한 미시적 설명과 아울러 도시의 공간적 구조 속에서의 역동적 이동과정을 설명하고 있다. 주거이동현상을 설

6) ① S. Merrett, "Gentrification," in Edwards et al., *Housing and Class in Britain*, London: Political Economic Housing Workshop, 1976, ② M.H. Lang, *Gentrification and Urban Decline: Strategies for American Older Cities*, Cambridge: Ballinger, 1982, pp. 1~28.

7) ① D. Harvey, *Social Justice and the City*, London: Edward Arnold, 1973, pp. 173~176; ② 김선기, "도시내 주거이동과 주거구조: 상호관계 및 정책적 시사," 「지방행정연구」, 제 3 권 제 4 호, 1988, p. 98.

8) J.R. Short, "Residential Mobility," *Progress in Human Geography*, Vol. 2, No. 3, 1978, pp. 421~428.

9) D. Maclennan, *Housing Economics*, London: Longman, 1982, p. 24.

명하는 일반이론은 ① 침입(invasion)과 천이(succession) ② 주택순환과정(filtering) ③ 생애주기모형(the life-cycle model) 그리고 ④ 상쇄모형(the trade-off model)을 들 수 있다.[10]

1. Hoyt의 모델

주택부문에 있어서 순환과정의 개념인식은 19세기부터 였다. 그러나 이 분야에 대한 학자들의 깊은 연구는 1920년대 고전적 생태학연구, 즉 시카고 생태학파에 의해 본격적으로 논의되기 시작했다. 고전생태학 연구에 있어서 주거지의 변화와 가구의 이동에 대한 연구는 도시의 성장을 도심부로부터 외곽지로 펴지는 몇 개의 동심원(Concentric Zone or Ring)으로 구분하여 설명한 W.E. Burgess의 동심원구조설이 대표적이다.[11] Burgess 모델은 폭이 일정하지 않은 5개의 동심원지대로 구성되어 있으며, 그것은 중심에서 바깥으로 다음과 같은 순서, 즉 제 1 지대: 중심업무지대, 제 2 지대: 점이지대, 제 3 지대: 저소득주택지대, 제 4 지대: 중류층주택지대 그리고 제 5 지대: 통근자지대로 확대된다. 도시성장은 도심부에 이입되어 계속 외곽지역으로 이동해 가는 이입자의 이주과정에 의해 결정된다고 보고 이입자의 이주과정을 침입(invasion)과 천이(succession)의 연속작용으로 설명하고 있다.

Burgess의 동심원모델에서 주택순환현상의 의미는 도시인구의 성장과 시민소득의 증대로 도심지 주변의 노후화된 주택은 저소득계층이 차지하고, 고소득층은 주거환경이 쾌적한 도시외부의 동심원(Outer Ring)으로 이주하게 된다는 점이다. 즉 주택수요는 가구의 소득과 밀접한 관련이 있기 때문에 교외의 신규고급주택은 도심과의 접근성(accessibility)보다는 교외의 넓은 공간을 가진 쾌적한 주택을 선호하는 소득이 높은 가구가 차지하게 된다는 것이다. 또한 인간은 보다 넓은 토지와 접근성을 얻기 위해 경쟁이 불가피하며 이러한 경쟁의 결과는 지가에 반영된다. 지가에 대한 지불능력의 차이에 따라 소득수준별 주거지가 분화된다는 이론이다.

1939년 H. Hoyt는 고소득층 주거지역의 성장에 관한 연구에서 주택순환(filtering)에 관한 개념을 더욱 세밀히 소개하는 데 Hoyt모델에서 나타난 주택순환요소는 다음과 같다.

---

10) J.R. Short, *op. cit.*, pp.421~428; 주거이동에 관한 보다 자세한 설명은 이책의 제12장을 참고바람.

11) E.W. Burgess, "Growth of the City," in R.E. Park, E.W. Burgess and R.D. McKenzie (eds.), *The City*, Chicago: Chicago Univ. Press, 1925.

① 신규주택건설은 도시교외지역에서 활발하게 일어나고 이곳에는 주로 고소득층의 주민이 거주하게 된다.

② 소득의 증대에 따라 가구(家口)들은 새로운 주택, 사회적 지위에 맞는 주택 그리고 공간이 좀 더 넓은 주택을 선호하게 된다.

③ 전반적인 소득재분배문제와 인구구조의 변화에 관해서는 상세히 설명을 하지 못하지만 소득의 증대는 주로 고소득계층에서 발생하는 것으로 간주한다.

④ 저소득층은 그들과 유사한 사회·경제적인 수준의 사람들과 함께 어울려 거주(동일한 커뮤니티의 유지)하기를 원한다.

⑤ 주택단위당 가격의 하락은 가구의 상향적 이동을 유도하며, 이러한 이동에 장애가 될 수 있는 요소인 과다한 이전비용은 없다고 전제한다.

⑥ 주택시장에 영향을 미치는 주택관련기관들(예, 주택조합, 부동산기관, 주택금융기관 등)의 역할은 최소화된 상태며 이러한 기관들이 주민의 주거지 선택에 큰 영향력을 행사하지 못한다고 본다.[12)]

Hoyt 모델은 주택시장연구에 있어서, 특히 주택순환현상을 설명하는 이론으로서 설득력있는 가정을 제시하였고, 또 상당한 기간동안 지배적인 이론으로 평가되었다. 실제 자본주의체제하의 서구선진국들은 주택순환현상을 응용하는 주택정책들을 오랜 기간동안 펴왔었다. 이러한 정책의 근거는 현실적으로 새로운 주택을 도시교외지역에 공급하면 고소득층이 도심에서 교외로 이동하게 되고, 고소득층이 살았던 중고주택은 그들보다 소득이 낮은 계층의 사람이 싼값으로 차지하는 주택순환을 염두에 둔 것이다.

그러나 호이트의 모델은 1960년대에 와서 많은 학자들로부터 비판과 도전을 받게 되었는데, 그 비판의 근거는 다음과 같이 정리할 수 있다.

첫째, 주택순환과정모델을 주택정책의 기본으로 삼을 때 저소득계층가구에 대한 보조금혜택의 문제가 발생한다. 주택순환현상에 따라 정부가 주택정책을 시도할 경우 정부의 주택보조금이나 금융혜택은 신규고급주택건설, 즉 고소득층을 위한 주택건설에 주어져야 하기 때문이다.

둘째, 첫번째의 논의와 관련하여 사회적 형평성의 문제가 발생한다. 즉 국가의 주택보조금이나 여러 가지 혜택은 주택문제의 해결을 시급하게 요구하는 저소득계층에게 먼저 주어져야 사회전체의 형평을 유지할 수 있다는 것이다. 소득이 골고루 분배되지 못한 현실적 상황 하에 고소득계층이 먼저 정부지원을 받는

12) D. Maclennan, *Housing Economics*, London: Longman, 1982, p. 24.

것은 불공평의 원인이 된다.

셋째, 주택순환의 메커니즘이 실제 작용한다고 해도 그 속도가 매우 느리게 나타나고 있다. 시급하게 주택문제를 해결해야 할 경우 주택순환논리를 적용한다는 것은 현실적이지 못하다.

넷째, 주택순환과정을 염두에 둔 주택정책은 자칫 주거지역의 도시교외화 확산을 촉진하는 결과를 초래할지도 모른다.

위에서 언급한 비판을 윤리적 비판(ethical criticism)이라 칭하는 학자도 있다.[13] 어떻든 주택순환현상에 대한 학문적 논의와 정책적 활용가치에 대해 지난 50여년간 계속되어 오고 있다. 일부 학자들의 비판에도 불구하고 전후 미국의 주택정책의 이론적 근거는 주택순환의 원리를 이용한 것은 틀림없는 사실이다. 그러나 유럽선진국들 특히 영국의 경우는 공공부문의 역할을 강조하는 주택정책을 펴왔기 때문에 주택순환현상에 대한 정책적 의미와 비중을 크게 두지 않고 있는 실정이다.

2. 주택순환과정에 관한 논의

1960년대에 와서 Hoyt가 제시한 주택순환에 대한 가설과 접근방법에 대한 비판이 일기 시작했다. 아울러 주택시장연구와 주택순환현상에 대한 다양한 연구가 활발하게 진행되었다.

W.F.Smith와 같은 학자는 주택순환모델을 윤리적 관점에서 비판해 왔으며, W.Grigsby는 주택시장의 원리가 Hoyt가 생각한 것처럼 그렇게 단순하지 않음을 지적했었다. 주택순환현상의 개념정의에 있어 주택이 지닌 동태적인 측면, 즉 주택의 질의 변화, 신주택과 중고주택 각각의 시장의 특성과 관련성, 주택가격의 변화특성과 그 원인, 그리고 가구의 이동 등 매우 다양한 면을 고찰해야 함을 강조했다.[14]

주택순환현상연구에 있어 최근에 새롭게 고려되는 요소들을 요약해서 설명하면 아래와 같다.

다양한 과정으로의 주택순환

W.Grigsby는 가구의 이동이란 단순한 이유에서 발생하는 것이 아니고 적어도 주택금융과 주택수요 및 공급의 요인에 의해 야기된다고 한다. 이러한 관점에서 주택순환현상을 파악한 것은 Hoyt의 모델과 큰 차이가 있다고 생각된

13) *Ibid.*, p.25.
14) W.Grigsby, *op. cit.* 참고.

다. 또한 Grigsby는 주택순환연구에 있어 주택의 하위시장(submarket)의 중요성을 강조한다. 즉 주택단위당 가격형성이란 주택이 입지한 위치적 성격 그리고 주택 하나하나가 지닌 질 등의 이유 때문에 단일의 주택시장보다 수많은 하위주택시장이 형성된다고 보는 관점이다. 주택의 하위시장의 존재에 관한 찬반논의가 있지만 하위시장이 존재한다고 가정함은 주택시장연구에 큰 도움을 주고 있다.

주택시장연구에 있어 주택의 동태적인 면의 연구가 주택순환현상을 이해하는 데 크게 도움이 된다고 생각한다. 동태적인 면을 몇 가지로 나누어 설명하기로 한다.

1) 소득의 증대

Hoyt는 어떤 특정그룹(특히 고소득계층)의 소득이 증대되거나 아니면 주택의 가격이 하락함으로 해서 주택순환과정(filtering process)이 발생한다고 했다. 가구소득에 관한 한 Hoyt는 어떤 특정그룹, 즉 고소득계층만을 고려했을 뿐 저소득계층의 소득증대에는 설명이 충분하지 못했다. 가구이동에 관하여 실제소득이 증대하여 이동하는 고소득층의 경우 그 숫자는 이론적으로 기대하는 것보다 훨씬 적을 수도 있다. 또한 상당수의 고소득계층의 가구가 신규주택으로 이동을 하지 않을 경우도 허다하다. 그래서 실제 소득증대로 인한 신규주택으로의 이동가구의 수가 적을 경우는 이로 인해 생기는 공가에 대한 수요는 많아져 공가가격이 상승하여 주택순환으로 인한 저소득층의 주거서비스 향상은 어려운 경우가 발생한다. 시간이 지남에 따라 소득재분배가 이루어지고 저소득계층의 소득증대가 실현될 수 있기 때문에 단순히 중고주택가격의 하락이 주택순환과정의 주요인이 될 수 없는 것이다.

2) 인구의 변화

인구의 증가는 주택수요의 구조를 변화시킬 수 있다. 급속한 인구증가로 인하여 주택의 공급측면에 차질이 생긴다든지 아니면 상당수의 공가가 새롭게 탄생한 가구에 의해 점유되어 버린다면 Hoyt가 말하는 주택순환은 발생하기 어렵다. 급속한 인구의 증가는 주택가격의 변화, 즉 신규 및 중고주택의 가격을 상승하게 하여 저소득계층의 가구가 질이 좋은 중고주택(공가)의 선택은 현실적으로 어려움이 많아진다.

한 예로 영국의 경우 도시에 있어서 새롭게 형성된 가구(결혼, 재혼 등으로 인한 가구탄생)의 첫번째 주택구입은 일반적으로 가격이 싼 연립주택이나 아파트를 택하는 것으로 나타난다. 만일 빠른속도로 새롭게 형성된 가구의 수가 증가한다면 종래 저렴한 가격의 주택(연립주택, 아파트 등)은 수요가 증대되어 그 가격이 상승하기 마련이다. 여러 학자들의 시장조사에 의하면 값이 싼 중고주택의 가격상승 폭이 값이 비싼 중고주택의 가격상승 폭보다 훨씬 높게 나타나고 있다고 한다. 그래서 어떤 특정지역이나 도시의 급속한 인구 및 가구의 증가는 주택가격에 영향을 미치게 되며 또한 전통적으로 인식되어온 주택순환현상이 순조롭게 일어나지 않을 것이다.

3) 인간의 주택선호

인간의 주택선호에 관하여는 Hoyt의 모델에서는 잘 설명되어 있지 않았다. 선호에 관한 주요한 요인들을 살펴보면, 첫째 새로운 주택 그리고 새것에 대한 선호는 소득탄력적이라 할 수 없으며, 또한 이러한 새로운 주택에 대한 선호 및 선택의 기회는 고소득층에게 국한되어 있다고 할 수 있다. 둘째, 좀더 넓은 공간을 지닌 주택수요는 모든 소득계층에 있어 소득탄력적이라 할 수 있으며, 셋째, 선호는 각 계층에 따라 달리 나타나며, 동일소득계층에 속하는 가구라도 주택선호는 다양하게 나타난다.

Hoyt의 모델에서 주장하는 고소득층가구의 도시교외 주거지 선호 가정은 근래에 와서 그 설득력이 충분치 못하다. 1970년대 후반부터 유럽 및 미국 대도시에서 일어나고 있는 도시회춘화(gentrification) 현상이 그 예가 될 수 있다.[15] 이는 오랜 기간동안 저소득계층의 도심지주거지역에 부유한 교외거주 가구들이 이주해 오고 있으며, 그 수도 점점 많아지고 있는 실정이다. 그래서 전통적으로 시카고생태학자들이 가정해 온 고소득층의 교외지역(outer ring) 주거지 선호가 주택순환현상의 중요한 요인이 된다는 것에 비판이 일고 있다.

4) 주택공급요인

주택순환모델(filtering model)의 가정은 신주택의 공급이 고소득계층가구의 이동을 유발하고 그리하여 공가가 발생하며 결국 그 공가는 그들보다 소득이 낮은 계층이 차지한다는 것이다. 문제는 신규로 공급된 주택이 모두 고소득계층의 가구에게 주어지느냐 하는 것이다.

유럽선진국의 경우 신규로 공급되는 많은 주택들이 정부의 보조 및 저당대출(mortgage) 등으로 매우 저렴한 가격으로 저소득층에게 분양되거나 임대된다. 특히 영국의 경우 신주택을 구입하는 저소득계층이 날로 증가하고 있는 실정이다. 그래서 전통적으로 주택순환모델에서 가정한 신주택은 고소득계층에게 주어진다는 것이 현실적으로 적용불가능한 경우가 허다하다.

15) S. Merrett, *op. cit.* 참조.

3. 공가연쇄(Vacancy Chains)와 주택순환

(1) 공가연쇄의 개념

주거지이동의 가장 중요한 구성요소 중의 하나가 공가의 출현에 있다. 쉽게 풀이한다면, 빈집이 생겨야 가구의 이동이 일어날 수 있다. 그래서 공가연쇄의 개념은 새로운 주택이 건설·공급되거나 아니면 가족의 사망에 의해 가구가 없어질 때 생기는 공가를 의미하며, 이로 인해 일련의 가구이동이 발생함을 의미한다.

공가연쇄작용의 이해는 공가의 발생원인과 공가의 연쇄가 소멸되는 이유를 밝히는 데서부터 출발한다. 공가가 발생하는 요인으로는 신규주택의 양적인 증가와 기존가구의 소멸, 가구수의 감소를 들 수 있다. 〈그림 7-2〉에서 나타난 바와 같이 신규주택의 증가는 새로운 주택의 건설, 기존주택의 개·보수를 통한 주거공간의 확장, 즉 1가구분의 주택이 2～3가구분의 주택으로 주거공간이 확장되는 경우 그리고 비주거용 건물이 주거용 건물로 용도전환되는 것들이 그 예라 할 수 있다. 한편 가구의 소멸, 감소로 인한 공가발생은 가구원의 사망으로 인한 가구의 해체 그리고 해당지역(도시)에서 타지역으로의 이주를 통한 가구수의 감소를 통한 공가발생을 들 수 있다.

그리고 공가의 소멸, 즉 공가연쇄가 끝나는 경우는 기존주택의 철거, 기존주택의 비주거용으로의 용도변경 및 장기간 공가상태가 지속되는 경우이다. 한편 결혼으로 인하여 신가구의 형성, 타지역에서 해당지역으로의 가구유입(이주) 그리고 한 가구가 두개의 주택을 보유함으로써, 공가연쇄가 지속되지 못하는 경우도 있을 수 있다.

최근의 학자들의 관심은 하나의 새로운 공가가 생김으로 해서 얼마나 많은 이동(the number of moves or chain links)이 발생되느냐를 연구하는 것이다.

(2) 실증적 분석의 결과

공가연쇄에 관한 연구는 단순히 공가(空家)로 인해 가구의 이동을 관찰하는데 그치지 않고 기타 여러 가지 주택현상을 알아보려는 의도에서 출발했다.

첫째, 공가연쇄에 관한 연구는 새로운 한 단위의 주택건설과 공급이 지니는 승수효과를 알아보는 것, 즉 얼마나 많은 가구가 이동하며 그 이동연쇄는 얼마나 계속되는가를 연구하는 것이다.

둘째, 새로운 한 단위 주택공급을 통해서 발생하는 주거이동의 결과가 얼마나 많은 가구의 주거수준향상에 도움을 주고 있는가를 측정하는 것은 주택순환과정의 중요한 부문이 된다.

셋째, 주택하위시장(submarkets)들 사이에 일어나는 상호연쇄관계를 평가해 보는 것이다. 공가연쇄에 관한 연구는 대부분 첫번째와 두번째 경우의 실증분석이 많다. 미국의 J.B. Lansing과 그의 동료들은 주택순환과 주거이동에 관한 사례연구를 발표했다. 그의 조사분석에 따르면 10단위의 신주택을 공급하면 35가구가 이동(household move)을 하게 되는데, 10가구는 새로 공급된 신주택으로 그리고 25가구는 주거이동으로 생긴 공가로 이동하게 됨을 알게 되었다.[16] 주택 1단위 공급이 3.5가구의 이동을 가져오고 이러한 주거이동은 주거서비스의 향상을 가져오는 결과가 된다고 밝히고 있다.

공가연쇄에 관한 연구 중 영국의 경우 환경성 조사연구에 의하면 1단위 주택건설·공급이 1.5가구의 이동을 가져오며, C.J. Watson의 연구결과는 1.7가구로 나타났다. 미국의 여러 도시들을 보면 콜럼버스(Columbus, Ohio)가 2.3, 뉴욕(Inner City, Rochester)이 2.2 그리고 캐나다의 경우 토론토(Toronto)는 1.5, 몬트리올(Montreal)이 1.3, 윈저(Windsor, Ontario)가 2.1로 나타났다. 이러한 조사연구의 결과를 종합해 보면 공가연쇄의 길이(chain length), 즉 가구이동이 짧은 것이 1.3에서 긴 것은 3.5 등으로 매우 다양하게 나타나고 있다.

공가연쇄에 관한 연구 중 대표적인 것으로 꼽히는 C.J. Lansing과 그의 동료들의 공동연구에서 신규주택의 공급으로 공가연쇄와 주거이동이 발생함과 동시에 소득이 낮은 저소득계층의 가구에까지 공가연쇄로 인한 주거수준향상이 일어난다고 주장했다. 이와 반대로 C.J. Watson의 연구에서는 공가연쇄에 의한 저소득계층의 주거수준향상은 간접적인 효과로 설명이 가능하지만, 그 영향은 지극히 미약하며 또 이러한 현상을 주택정책으로 적용하는 데는 문제가 있다고 한다.[17] 이러한 주장의 근거는 공가연쇄를 통한 저소득층 주거수준향상이란 결국 중·고소득층을 위한 신규주택건설에 국가의 주택보조금이나 금융지원이 우선적으로 주어져야 한다는 논리가 된다. 그래서 공공정책적인 면에서 주택순환현상에서 발생하는 공가연쇄모델을 주택정책에 이용한다는 것은 앞으로 계속적인 연구가 따라야 한다는 것이 학자들의 지배적인 의견이다.

---

16) J.B. Lansing, C.W. Clifton and J.N. Morgan, *New Homes and Poor People: A Study of Chains of Moves*, Michigan: University of Michigan, 1969, pp.13~16 and pp.66.

17) C.J. Watson, *Household Movement on West Central Scotland*, Occasional Paper No.26, Centre for Urban and Regional Studies, The University of Birmingham, 1973.

〈그림 7-2〉 주택(공가)연쇄의 단순모형

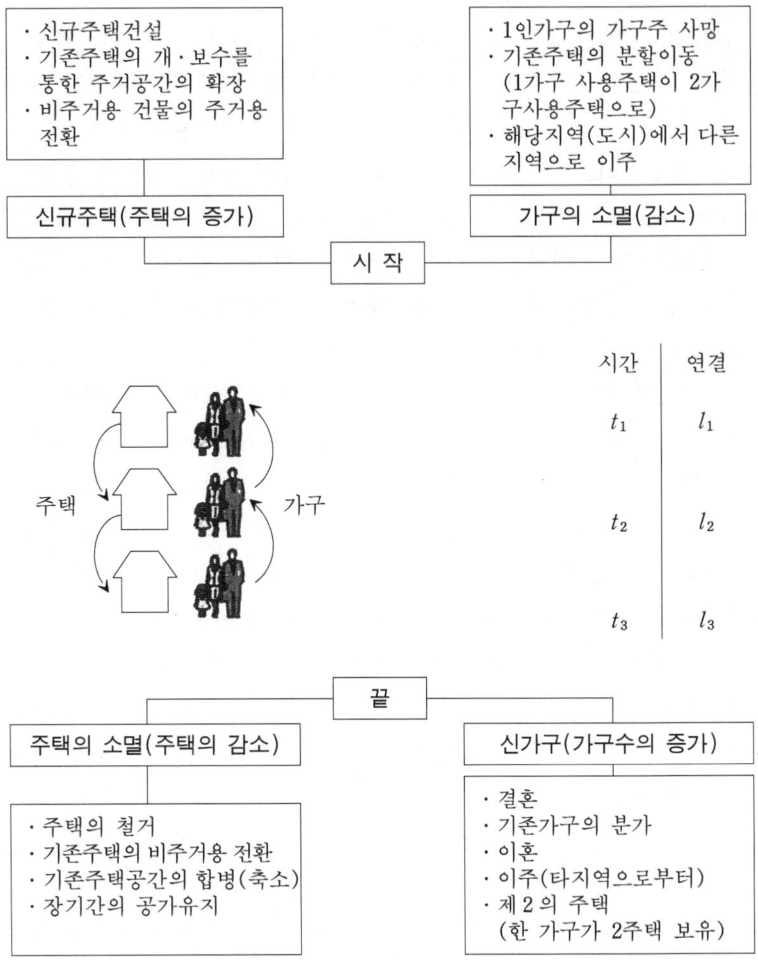

자료: J.R. Short, "Residential Mobility," *Progress in Human Geography*, Vol.2, No.3, 1978, p. 425.

(3) 한국의 경우

국토개발연구원이 주택순환과정을 분석한 자료에 의하면[18] 우리 나라는 저소득층 자가주택에서 필터링(filtering)이 발생하는 것으로 나타났다.

이 연구는 사례조사된 주택을 대상으로 전·현거주가구의 주거소비량을 추산한 후, 주거소비량이 증가하는 경우, 전거주자보다 낮은 소득계층이 거주하고

18) 국토개발연구원, 「주택시장 수급체계 분석연구—'필터링'을 중심으로」, 1988, 12.

〈표 7-1〉 이동에 따른 실제소비량의 변화

	고→고	저→저	고→저	저→고
자 가	21 (4.8)	261 (59.7)	40 (9.2)	115 (26.3)
차 가	19 (4.7)	226 (56.2)	124 (30.8)	33 (8.2)

자료: 국토개발연구원, 「주택시장 수급체계 분석연구－'필터링'을 중심으로」, 1988. p.65.

있는 지를 통계적 방법으로 검증하였다. 즉 주거수준이 상합승계된 주택그룹에서 소득계층으로 볼 때 통계적으로 유의한 차이가 존재한다면, 그 그룹 내에서는 "필터링"이 일어나고 있는 것으로 간주하였다.

특성함수(hedonic regression)를 이용하여 자가, 차가를 별도로 구한 실제소비량을 평균하여 (그 평균치를 100으로 볼때) 평균이상으로 주택소비를 하는 가구와 그 이하로 소비하는 가구의 분포를 관찰하였다. 그 결과 〈표 7-1〉에 나타난 바와 같이 상향이동은 차가는 8.2%, 자가는 26.3%이고 하향이동은 차가가 31%, 자가는 9.2%로써 상향이동은 자가집단에서 하향이동은 차가집단에서 그 비중이 크게 나타났다. 이 연구의 문제점으로는 해당도시에 신규주택이 공급됨으로 해서 기존주택의 상대적인 가치하락이 있느냐를 분석하기보다 기존주택의 승계과정만을 관찰했다는 점이다.

제 4 절 결 론

Grigsby는 주택순환현상은 여러 가지 요인에 의존한다고 주장한다. 그것은 인구구조와 인구규모, 주택의 노후화 정도, 가구소득의 변화, 공공주택기관의 개입 등을 들 수 있다. 주택순환현상은 단순한 주택시장이 갖는 독특한 현상만으로 설명될 수 없는 매우 복잡한 사회현상까지 관련해서 설명해야 할 것이다.

주택순환과정이 가지는 문제점을 아래와 같이 지적하면서 지금까지의 이론적인 논의를 정리하고자 한다.

1) 주택순환은 중·고소득계층이 필요로 하는 신규주택의 공급에 좌우될 수밖에 없다면 신규주택이 과연 적절한 시기에 충분히 공급되느냐 하는 의문이 발생한다. 주택시장에 있어서의 민간건설업자는 이윤추구에 민감하게 반응하기 때문에 기대되는 이윤이 적고, 재정적 위험이 따르면 신규주택건설은 줄어들게 되

어 순조로운 주택순환의 작동이 어렵게 될 것이다.

2) 주택보조금의 공평한 배분문제가 따른다. 앞에서도 지적된 바와 같이 주택순환현상을 염두에 두고 주택정책을 펼 경우, 정부 및 공공기관의 금융지원과 혜택은 고소득계층이 먼저 받게 된다. 이는 한정된 주택자원의 공평배분의 원칙과 불량주거지역의 저소득층에 우선적으로 지원해야 한다는 주장과는 거리가 멀다. 결국 서민주택문제의 해결은 간접적인 방안을 통하기 때문에 오랜 기간이 걸리게 되고, 정부지원의 효율성과 누가 먼저 혜택을 받아야 하느냐의 문제, 즉 사회정의와 형평성의 문제가 대두될 것이다.

3) 주택순환현상은 공공부문에는 적용상 한계가 있다. 영국의 경우 전가구의 1/4이 정부가 제공한 영구임대주택에 거주하고 있다. 공공임대주택은 주택시장에서 볼 수 있는 시장가치로 설명될 수 없고, 또한 고소득계층에게는 주어지지도 않는다. 신규임대주택이든 중고임대주택이든 영국의 공공임대주택은 중소득계층 이하의 가구에게 직접적으로 주어지기 때문이다. 미국의 예에서 제시된 시장경제 하의 주택순환과정은 공공부문의 주택재고량이 많은 사회에서는 기대하기 힘든 메커니즘이다.

4) 개발도상국이 주택순환현상을 서민주택정책의 중요한 수단으로 이용할 때 야기되는 문제로서 저소득층의 주거서비스 향상은 기대하기 어렵다는 점이다. 개발도상국인 튜니시아(Tunisia)의 주택공급과 주택순환현상을 연구한 R. Ferchiou의 주장에 따르면, 고급주택공급으로 인한 주택순환전략(filtering strategy)이 소득이 매우 낮은 계층의 가구에게는 주거수준의 향상에 도움도 되지 않을 뿐 아니라, 특정 그룹의 가구에게만 주거수준을 향상시키는 위험한 주택전략이라고 지적한 바 있다.[19] 또한 많은 연구의 결과 주택순환에 기초한 주택정책은 주택으로 인한 사회적 불공평을 인정하는 바람직하지 못한 주택정책이라 혹평하고 있다.[20] 이러한 관점에서 우리 나라의 경우 주택공사 등 공공기관에서 분양을 위한 중간소득계층 이상의 가구를 대상으로 하는 신규주택공급은 이론상 주택순환과정을 기초한 주택공급정책이라 평할 수 있으며, 이러한 정책수단은 앞으로 다각적인 연구와 평가를 계속해야 할 과제라 생각된다.

---

19) R. Ferchiou, *New Construction, Subsidies and Filtering of Dwellings in Tunis*, Unpublished Ph.D. Thesis, Michigan State University, 1975, p.85.

20) M. Boddy and F. Gray, "Filtering Theory, Housing Policy and the Legitimation of Inequality," *Policy and Politics*, Vol.7, 1979, pp.39~54.

제 8 장 : 주택금융

제 1 절 주택금융의 기능과 형태

Ⅰ. 주택금융의 의의와 기능

주택은 모든 사람들에게 필수 소비항목이며 가장 비싼 소비품 중의 하나이다. 그래서 자기소득만으로 주택을 구입하기 위해서는 오랜 세월동안 저축을 해야하고, 가구소득의 증가율보다 주택가격상승률이 클 경우는 주택구입이 더욱 어렵게 된다.

주택금융은 크게 두 부분으로 나누어지는데, 하나는 주택개발금융(development finance)이고 다른 하나는 주택소비금융(consumption finance)이다.[1] 주택개발금융이란 주택의 생산, 공급을 용이하게 할 수 있도록 토지개발과 취득, 건축자재구입 그리고 노임 등에 소요되는 자금이 금융기관을 통해 이용되는 금융이다. 그리고 소비자들이 주택구입을 위해 금융기관으로부터 제공받는 융자, 저당대출(mortgage) 그리고 정부의 주택보조금 등이 주택소비금융이다.

주택금융은 주택의 구입, 개보수, 건설 등 주택관련사업에 대한 자금대여와 관리 등을 포괄하는 특수금융이다. 유엔(UN)은 주택금융의 의의를 '주택을 구입하거나 건축하기 위하여 입주자나 주택공급자 자신 이외의 어떤 다른 원천으로부터 제공되는 자금'으로 정의하고 있으며, 다양한 종류의 금융기관에 의해 개별가구(家口)에게 대부한 저당대출 및 건설업자에게 대부한 건축자금을 포함한다.[2]

사회적으로 일정수준 이하의 주거수준에서 거주하고 있는 가구의 주거안정

---

1) P. Malpass, *Reshaping Housing Policy*, London: Routledge, 1990, p. 60.
2) Chester C. McGuire, *International Housing Policies*, Toronto: Lexington Books, 1981, p. 27.

요구를 주택소요로 보고, 집이 필요한 가구 가운데 자기집을 구입할 수 있는 가구를 주택수요라고 한다면, 주택금융은 주택소요를 주택의 유효수요로 전환시켜 주는 역할을 한다. 이러한 주택금융의 기능을 구체적으로 살펴보면,

1) 주택거래활성화

주택을 담보로 주택을 구입하거나 개량하고자 하는 수요자에게 주택자금을 융자해 줌으로써 주택거래의 활성화를 도모한다.

2) 자가주택공급확대

주택금융은 임차가구의 자가주택소유를 확대하는 데 기여한다. 주택금융은 자가주택의 생산에 필요한 자금의 지원뿐 아니라 수요자의 자가주택마련을 위한 융자를 제공한다.

3) 저축유도와 주택자금조성

주택금융은 수요자의 주택마련저축을 유도하고 동시에 필요한 주택자금을 조성하게 한다.

4) 경기조절

주택금융을 통하여 주택경기부양을 유도하며, 주택경기부양은 전반적인 경기조절의 기능을 수행하게 한다.

5) 주거안정

주택금융은 주택시장기구를 조절하는 데 기여함으로써 주택시장의 작동을 원할하게 하고 동시에 주택자금융자를 통해 국민의 주거불안정을 해소하는 기능을 지니고 있다.

주택문제의 해결은 주택금융개선으로부터 찾아야 한다는 주장을 흔히 접하게 된다. 이러한 주장의 근거는 가구소득은 장기에 걸쳐 발생하지만 주택구입을 위한 지출은 일시에 많은 액수의 자금이 필요하다는 데 있다. 특히 주택금융제도 및 신용제도가 발달하지 못한 개발도상국의 경우는 주택구입을 위해 일시 혹은 몇 회의 단기간에 많은 돈을 지불해야 한다. 그래서 주택금융정책을 통하여 주택소비와 주택지출 사이의 시간적 괴리를 좁히는 역할이 중요한 것으로 인식되고 있다.[3] 예를 들어 신용제도가 발달한 선진국들은 주택구입시 현금지불(down payment)의 비율을 10~20%선으로 낮추고, 나머지 80~90%에 해당하는 자금은 주택금융기관을 통해 융자금으로 충당하도록 한다. 그리고 융자금의 상환기간도 30~50년으로 장기화하는 정책을 펴고 있다. 흔히 직장인들

3) 김병주, "한국주택금융의 현황분석과 개선방향," 황명찬(편), 「주택정책론」, 경영문화원 1985, pp.502~503.

의 주택마련을 위한 방안으로 일생주기주택금융제도(life-cycle housing scheme)를 채택하기도 한다. 이러한 금융제도는 봉급생활자가 직장에 근무하는 기간 동안 주택구입자금의 일정금액을 매월 금융기관에 지불하게 하여, 일시에 많은 현금 지불의 부담을 덜어주는 방안이다. 따라서 소액의 현금으로 주택마련이 용이한 주택저당대출금융(mortgage financing)제도는 주택금융의 핵심이라 할 수 있다.

Ⅱ. 주택금융형태

현대자본주의국가들은 다양한 주택금융체계를 지니고 있다. 주택금융의 효율적 이용은 다수의 여유 있는 사람들이 금융기관에 저축 혹은 예치한 돈을 주택자금이 필요한 자에게 장기간 대부해 주는 데 있다. 세계 여러 나라의 주택금융형태를 크게 4가지 종류로 구분해 보면 다음과 같다.[4)]

첫째, 직접적 경로(direct route)를 통한 것으로서 장래 주택자금의 마련을 친척, 친구 혹은 주변의 사람들로부터 빌려서 조달하는 형태이다.

둘째, 계약적 경로(contractual route)를 이용한 것으로서 장래 주택구입자금을 융자받기 위한 저축성예금을 이용하는 방안이다.

셋째, 장기예금금융경로(deposit financing route)로서 금융기관에 이미 저축된 각종 예금을 주택금융전담기관을 통해 장기간 융자받는 형태이다.

넷째, 저당대출(mortgage)은행을 통한 주택자금의 이용인데 주택저당대출금융기관이 부동산을 담보로 주택자금을 대부해 주고 동시에 부동산저당권을 다시 유통시켜 신용창조의 수단으로 활용하는 방법이다.

이러한 네 가지 주택금융형태를 〈그림 8-1〉에서 설명하고 있다. 앞에서 언급한 직접적 주택자금조달형태란 주택금융체계가 발달되지 못한 사회에서 흔히 볼 수 있는 현상이다. 대부분의 개발도상국의 경우 주택자금이 제도금융기관을 통해서 조달되기보다 부모, 친척 아니면 친구들로부터 일정의 자금을 빌려 충당하고 있다.

선진국의 경우도 부모가 자식의 주택구입시 자금의 일부를 빌려주는 것은 흔히 볼 수 있다. 구미 선진국에서 이러한 형태의 주택자금조달이 정확히 어느 정도의 비중을 차지하고 있는지는 충분한 자료가 없다. 그러나 개발도상국의 경우 직접적 경로의 주택자금조성이 상당한 비중을 차지하고 있음은 널리 알려진 사실이다. 우리 나라도 1994년 융자주택실태조사[5)]에 의하면 주택구입자금 중

4) Mark Boleat, *International Housing Finance System*, London: Croom Helm, 1985, pp. 7~11.
5) 이성호 · 권순동, "94년도 주택금융수요실태조사 분석결과," 「주택금융」, 1995. 1, pp. 57.

자기자금이 66.7%를 차지하고, 주택은행의 융자금은 26.8%, 타은행대출금 3.4%, 그리고 기타 타인자금이 3.1%이다. 자기자금과 기타타인자금은 직접적 경로의 주택자금이라 할 수 있고, 제도금융으로부터의 자금조달은 상대적으로 매우 낮은 비중을 점하고 있다. 그리고 외환위기 이후 주택담보대출비중이 증가하고 있는 추세다. 2000년 말 은행의 총대출채권 중 주택담보대출은 11.7%였으나 2003년 6월에는 21.2%로 증가하였다.

그리고 계약적인 경로를 통한 주택자금조성은 일정기간 동안 시장수준보다 상대적으로 낮은 금리 하에서 주택자금을 대출받는 경우이다. 계약주택금융제도는 이미 다수 국가에서 도입실시되고 있는 제도인데, 대표적으로 서독의 건축저축금고(Bausparkassen)와 프랑스의 주택예금대출제도를 들 수 있다. 서독은 건축저축금고와의 거래실적이나 예금실적 없이는 융자받을 수 없고, 융자금은 저축액과 저축기간을 감안하여 실행된다.

〈그림 8-1〉 주택금융의 형태

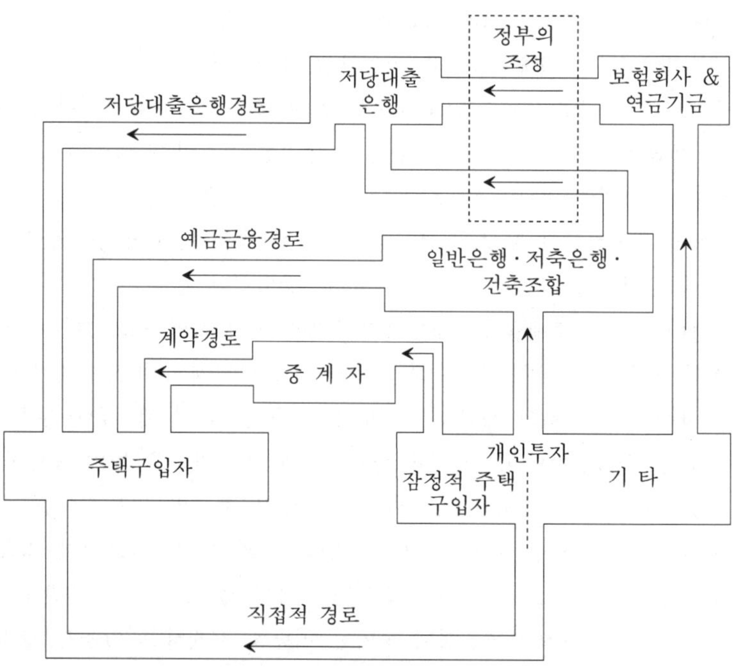

자료: Mark Boleat, *International Housing Finance System*, London: Croom Helm, 1985, p.8, 〈그림 2〉.

제 2 절 저당대출(Mortgage)제도

Ⅰ. 저당대출(mortgage)의 의미

오늘날 저당대출이란 용어는 특수한 법률적인 의미를 벗어나 저당금융을 통칭하는 광범위한 용어로 쓰여진다. 즉 저당대출이란 부동산을 담보로 제공하고 신용을 공여받는 금융의 형태를 지칭하고 있다. mortgage는 저당대출, 저당증서, 저당금융제도 등을 포괄하기도 하는데 이 용어가 반드시 주택금융과 일치하는 것은 아니다. 그러나 실제에 있어서는 mortgage대출 중 대부분이 주택자금으로 대출되고 있어 이를 주요한 주택금융제도로 인식하기도 한다.

따라서 mortgage제도란 금전대차관계에 있어서 차주의 채무변제를 담보하기 위하여 차주 또는 제 3 자 소유의 부동산 상에 설정하는 저당권 내지 일체의 우선 변제특권을 지칭하며, 채권자는 담보물상의 이권을 채무불이행시에 행사함으로써 자기채권을 충족시킬 수 있는 제도이다.[6]

Ⅱ. Mortgage의 유동화제도

저당권 자체를 하나의 상품으로 유통되게 하는 것을 저당권의 유동화라 한다. 즉 부동산저당권을 다시 유통시켜 신용창조의 수단으로 활용하는 것을 말한다.[7] 저당권의 유동화에는 크게 두 가지가 있다. 첫째는 저당권 자체를 피담보채권과 분리한 후 그 저당권을 증권화하여 유통시키는 방법과, 둘째는 저당권과 함께 그 피담보채권을 담보로 하여 즉 저당권부채권(抵當權附債權)을 담보로 하여 새로운 증권을 발행하여 유통시키는 방법이 있다. 일반적으로 전자의 방법보다도 후자의 방법이 더 널리 이용되고 있다. 이와 같이 저당권부채권을 담보로 새로운 증권을 발행하는 방법을 합하여 저당권의 유동화라 한다.

저당권유동화제도는 채무자(자금수요자)에게 자금을 대출한 후 금융기관이 보유하게 되는 mortgage에 유동성을 부여하는 제도로서 대출재원을 확대시켜 자금수요자에게 더 많은 자금공급혜택을 부여하고, 투자자에게는 다양한 종류의

6) 송용섭 외, "미국 Mortgage와 유동화," 「주택금융」, 한국주택은행, 1984. 11.
7) 김상용, "저당권의 유동화를 위한 권원보험제도의 필요성," 「주택금융」, 한국주택은행, 1986. 12, p. 6.

금융상품을 제공해 주며, 대출기관에게는 자금의 단기조달·장기운용에 따르는 유동성문제를 해결해 줄 수 있는 발전된 금융제도이다.

선진국금융시장에서 mortgage의 유동화는 금융증권화의 대표적인 조류가 되고 있는데, 최근 미국금융시장에서는 주택 mortgage유동화, 증권화가 일반화되어 다양한 금융상품이 개발되었으며, 상업용 mortgage도 증권화가 진전되고 있으며, mortgage 외의 다른 채권(Lease 채권, 자동차 Loan 등)에까지 증권화현상이 확대되는 추세에 있다.[8]

Ⅲ. 기대효과

주택저당채권유동화제도를 통하여 기대할 수 있는 효과는, 첫째 주택금융이 확대공급됨으로써 주택건설이 촉진된다. 주택건설의 촉진은 결국 국민의 주거안정에 기여하게 될 것이며, 자본시장과 주택금융시장의 연계를 통하여 비주택부문의 여유자금을 주택부문으로 유입하여 활용할 수 있다.

둘째, 주택자금조성확대와 주택금융공급규모를 증대시킬 수 있다. 유동화제도는 주택금융기관이 조성한 자금을 안정적으로 장기주택자금으로 사용할 수 있으며, 새로운 재원조달수단을 갖게 한다. 특히 주택금융전담기관인 주택은행도 주택자금조성 및 주택금융공급을 확대할 수 있게 된다. 우리 나라의 경우 주택금융시장에 참여를 기피하던 일반금융기관들이 적극 참여하게 될 것이다.

셋째, 주택금융기관의 자금대출 고정화현상을 완화하여 금리변동 및 유동성위험을 피할 수 있게 한다. 금융기관의 예금 및 대출금의 만기구조가 단기성 예금, 장기성대출 위주로 구성되어 있을 경우 금리상승시 단기 위주의 자금조달비용은 즉시 상승하는 반면 자금운용의 수익률은 고정되어 금리리스크에 직면하게 된다. 그러나 장기대출채권을 유동화할 경우 자금조달 및 운용상의 기간 불일치가 해소되어 금리리스크 및 유동성리스크를 완화시킬 수 있다.

넷째, 유동화제도의 도입을 통하여 수요자는 주택자금을 손쉽게 대출받을 수 있게 되고 여러 가지 혜택을 누릴 수 있다. 선진 각국에서 유동화제도를 도입하게 된 배경도 금융긴축기나 금리상승기에 주택자금수요자의 부담을 덜어 주자는 것이 1차적인 목적인 경우가 대부분이었다. 유동화제도가 존재함으로써 주택자금 차주는 적정한 가격으로 보다 장기의 주택자금을 이용할 수 있게 된다.

다섯째, 정부는 유동화제도를 유용한 정책수단으로 사용할 수 있다. 유동화

8) 양진영, "저당채권의 유동화,"「외환은행월보」, 한국외환은행, 1989. 5, p. 3.

제도에 대한 정부의 개입형태는 국가나 시대에 따라 달라질 수 있는데, 관계 법규의 정비나 유동화 중개기관의 설립 또는 유동화 관련 증권에 대한 상환보증 제도의 확립 등을 통하여 간접적으로 관여할 수도 있고, 유동화 중개기관의 운영에 직접 개입하여 손실 등이 발생할 경우 이를 정부재정에서 보전할 수도 있다.

마지막으로, 유동화제도는 투자가에게도 유용한 수단이 될 수 있다. 보다 다양한 금융상품이 제공됨으로써 투자수익증대 및 효율적인 자금운용이 가능해진다. 실세금리를 바탕으로 한 장기유동화 관련 금융상품이 등장할 경우 성격상 장기투자금융자산이 필요한데도 불구하고, 그 동안 적정투자대상이 없어 곤란을 겪던 투자신탁, 연금기금 및 생명보험회사 등의 자금운용이 용이해질 것이며 아울러 단기채권에 편중되어 있는 채권시장의 불균형도 해소될 수 있을 것이다.[9)]

Ⅳ. 미국의 저당대출(Mortgage)제도

미국의 주택금융제도는 주택투자자금의 약 10~20%를 자기자금에 의존하고 나머지는 외부금융 즉, 민간주택금융에 의해 조달되고 있다. 주택금융을 취급하는 민간금융기관에는 저축대부조합, 상호저축은행, 신용조합, 생명보험회사가 있고 이 밖에 저당대출은행도 큰 역할을 하고 있다.

1. 저당대출(mortgage)의 종류

저당대출의 종류는 대출기관(lender)과 차주(borrower)의 관계, 자금조달능력 등에 따라 여러 가지 형태로 구분할 수 있으나, 상환방법, 보증방법, 이자율 변동 등에 따른 저당대출의 종류를 개략적으로 살펴보면 다음과 같다.[10)]

(1) 원리금상환방법에 의한 구분

원금만기상환저당대출은 임대기간 동안 이자만 지불하다가 만기에 원금을 일시에 상환하는 저당대출이며 대출기간은 5년 미만이다. 1930년대 대공황 이전에는 대부분 이러한 방식을 취하였으나, 대공황으로 인한 채무불이행과 예금인출사태로 인하여 대출자금부족현상이 발생하자 점차 할부상환방식으로 전환되

---

9) ① 신기섭, "주택저당채권유동화제도의 도입필요성과 도입방안," 「주택금융」, 한국주택은행, 1990. 1, pp. 23~26 ② 김정호, "우리 나라 주택금융에 있어 Mortgage제도도입에 관하여," 황명찬(편), 전게서, pp. 609~613.

10) 한국주택은행 조사부, 전게서, 1988. 12.

었다.

할부상환저당대출은 임대기간 동안 원금과 이자를 불입함으로써 만기에 원금상환이 완료되도록 하는 저당대출이다. 그리고 부분할부상환 저당대출은 임대기간 동안 대출금의 일부에 대해서만 할부상환을 하고, 만기에 남은 원금을 일시상환하는 저당대출이다.

(2) 대출금상환보증여부에 의한 구분

연방주택국(Federal Housing Administration, FHA)보험부, 재향군인국(Veterans Administration, VA)보증부 저당대출(FHA/VA 보증부저당대출)은 대출금상환에 대하여 FHA가 보증하거나 VA가 보증하는 저당대출을 의미하며, FHA보험제도는 주택자금대출보험제도로서 차주의 채무불이행으로 인한 대출기관의 손해를 FHA에서 보전해 주며, FHA는 차주로부터 주택 및 도시개발성(Department of Housing and Urban Development, HUD)에서 결정한 보험료를 징수한다. VA보증제도란 주택자금대출보증제도를 말하며 퇴역군인이 주택구입시 원리금상환을 VA에서 보증해준다.

일반저당대출이란 FHA/VA 보증부저당대출 이외의 모든 저당대출을 의미하며 민간보증회사 보증과 무보증저당대출을 통칭한다.

(3) 이자율결정방식에 의한 구분

고정금리식 저당대출은 전체 대출기간에 대하여 고정된 이자율을 적용하는 저당대출이다. 금리조정식저당대출은 일정기간마다 대출이자율과 원리금을 지표가 되는 일정이자율의 변동에 따라 조정할 수 있다.

(4) 원리금변동여부에 의한 구분

원리금균등식 저당대출은 전체대출기간에 걸쳐 월부금이 동일한 저당대출로, 대출 초기에는 월부금 중 이자의 비중이 높고 원금상환은 적으며 점차 원금이 상환됨에 따라 이자비중은 줄고 원금비중은 증가하게 된다. 대부분의 저당대출이 원리금균등식을 택하고 있다.

원리금체증식 저당대출은 대출 후 일정기간 동안 원리금이 점차 증가하는 저당대출로, 대출 초기에는 원리금균등식보다 원리금이 적으며 일정기간 경과 후 원리금균등식으로 전환된다.

2. 저당대출시장[11)]

(1) 제 1 차 시장

제 1 차 저당대출시장은 대출자가 자금을 차입자에게 직접공급하는 시장으로 mortgage가 최초로 성립되는 단계이다. 여기에서 자금을 공급하는 금융기관을 제 1 차 시장기구라 하는데, 제 1 차 시장기구는 저축대부조합(Savings and Loan Association), 상호저축은행(Mutual Savings Bank), 상업은행(Commercial Bank), 저당회사(Mortgage Banker) 등 주로 예금수취기관들이며 생명보험회사도 상당 부분 mortgage 대출시장에 참여하고 있다.

(2) 제 2 차 시장

제 2 차 저당대출시장은 일선 대출기관과 이들로부터 mortgage를 매입하는 투자자로 구성되는 mortgage의 유통시장을 의미한다. 제 1 차 mortgage 취급기관이 차주에게 부동산자금을 대출하고 그 채권인 mortgage를 보유하는데 이 mortgage는 동기관의 자산으로 남게 된다. 그런데 보통 부동산자금대출은 대출기간이 장기이므로, 대출취급기관으로서는 자금의 회임기간이 길어져 유동성에 압박을 받게 되는 반면 신규대출수요는 계속 증가하고 수신을 통한 자금조달에는 한계가 있으므로, 대출기관은 보유 mortgage를 매각하여 자금화할 필요가 있다.

즉 자산형태의 mortgage를 매각하여 신규대출재원으로 활용하는 과정을 제 2 차 시장이라 한다. 그런데 mortgage증권의 유통이 원활하게 이루어지기 위해서는 mortgage증권의 매각자인 대출기관과 매입자인 투자가를 연결시켜주는 고도의 공신력을 지닌 매개기관의 존재가 필요하다. 이 매개기관을 mortgage 제 2 차 시장기구라 하고 저당대출매각기관(대출기관), 유통중개기관 그리고 투자가로 구성된다.

(3) mortgage의 유동화의 발전과정

mortgage의 유동화는 초기의 mortgage매각방식에서 이를 담보로 새로운 증권을 발행하는 방식으로 발전해 왔으며 그 발전과정은 〈그림 8-2〉와 같다.

(4) mortgage 유동화의 확대

mortgage 유동화·증권화로 대표되는 미국의 대출채권증권화현상은 1980년대 중반에 그 이용폭과 적용대상이 다음 세 방향으로 확대 내지 발전되어 왔다. 첫째, 주택 mortgage증권이 더욱 개선되고 다양화된 형태로 발전한 것으로

11) ① 양진영, 전게서, pp.7~29 ② 주택은행 조사부, 전게서, pp.44~116 참조.

〈그림 8-2〉 저당대출유동화 발전과정

저당매출자체의 매각	: 초기유동화방식. 최근에는 증권발행의 담보로 사용키 위해 매입하는 경우가 대부분임.
Pass-through 증서	: 만기금리 등 성격이 동일한 저당대출을 일정규모로 집합을 만들어 이 담보집합의 일정지분을 표시하는 새로운 증권으로 매월 원리금이 지급되는 방식임.
Mortgage-backed Bond (채무의 부담)	: 저당대출 또는 Pass-through 증서의 일정규모 집합을 담보로 발행되는 채권임. 이자는 반년마다 원금은 만기에 일시지급됨.
Pay-through Bond (Pass-though 증서와 MBB와 혼합)	: 저당대출 또는 Pass-through 증서의 일정규모 집합을 담보로 발행되며 이자는 매월지급되는 방식이며 저당대출이 중도상환되면 같이 중도상환됨.
CMO: Collateralized Mortgage Obligation	: Pass-through 증서의 발전된 형태로 CMO는 여러 종류의 만기를 가짐으로써 투자가의 기간선택에 따라 만기선택이 가능함.

CMO(Collateralized Mortgage Obligation), REMIC(Real Estate Mortgage Investment Conduct), Stripped Security의 등장이 그 예이며, 둘째, 상업용 mortgage(Commercial Mortgage)도 증권화의 대상이 되고 상업용 mortgage담보부 증권의 이용폭이 확대되었으며, 셋째, mortgage증권화가 활발해짐에 따라 자동차 Loan채권, Lease채권 등이 mortgage외에 증권화가 가능한 채권으로 증권화의 폭이 확대되었다.

제 3 절 한국의 주택금융제도

I. 국민주택기금

국민주택기금은 「주택건설촉진법」에 의거해 1981년 7월에 설립된 것으로 공공주택금융의 핵심이다. 국민주택기금의 자금조성수단으로는 공공적 성격이 강한 정부로부터의 출연금과 국민주택채권 및 주택복권의 발행으로 조성된 자금이 있고, 일반금융시장으로부터 자금을 조달하는 예탁금 및 국민주택기금채권이

〈표 8-1〉 국민주택기금 자금조성 및 운용현황(2003~2005)

(단위: 억원)

구 분			2003	2004	2005
조성	국민주택채권		70,902	59,864	84,736
	청약저축		9,020	11,531	16,248
	재특/농특/공자		560	540	540
	융자금회수		57,720	48,008	54,699
	복권기금전입금		—	3,851	4,846
	주택복권자금		5,304	1,079	—
	주택저당증권		3,089	—	—
	이자수입 등		22,628	21,115	22,012
	전기이월자금		38,584	57,481	43,928
	계		207,807	203,469	227,009
운용	융자사업	임대주택건설	30,659	29,275	29,175
		분양주택건설	8,802	14,480	16,185
		수요자지원	35,784	26,839	52,316
		주택개량 등	3,652	1,274	2,482
		소계	78,897	71,868	100,158
	차입금상환 등		71,429	87,673	82,092
	지급준비자금		57,481	43,928	44,759
	계		207,807	203,469	227,009

자료: 국토해양부, 2006.

있으며, 주택의 분양에 우선권이 주어지는 계약저축형태의 청약저축 등이 있다. 국민주택기금의 조성을 보면 국민주택채권의 비중이 높게 나타나며(〈표 8-1〉 참조) 정부지원이 매우 미약한 실정이다.

국민주택기금의 자금은 지방자치단체, 주택공사 또는 주택건설사업자에게 대출되며, 자금공급의 조건에 있어서도 정부가 역점적으로 추진하는 사업에 대해 우대조치를 취하고, 융자대상에 있어서도 정부가 중점적으로 추진하고 있는 소형주택의 건설과 저소득층에 대한 지원으로 한정하고 있다.

국민주택기금은 임대주택 및 분양주택 등 주택건설자금, 주택구입－전세자금 등 수요자자금, 노후불량주택개선 등 주택개량자금, 주택건설에 소요되는 택지를 원활히 공급하기 위한 대지조성자금 등 다양한 용도의 사업자금을 지원하고 있다.

사업별로는 주택건설자금의 경우 1997년 외환위기 직후 주택경기침체로 3

조원대로 감소하다가 2000년부터 증가세로 현재 5조원대로 운용되고 있다. 수요자자금 등 기타사업자금이 1997년 이후 대폭 확대되었다. 그러나 국민주택기금 운용상 문제점으로 먼저 기금지원의 수혜대상을 명확히 할 필요가 있다. 기금의 지원대상 주택규모가 중형주택으로 확대됨으로써 지금지원수혜계층이 중산층으로 확대되어 저소득주거안정지원이라는 기금의 본연의 목적에 부합하지 못하고 있다.

Ⅱ. 한국주택금융의 당면과제와 개선방향

1. 주택금융의 특징

우리 나라 주택금융은 일반금융에 비해 낙후되어 있다. 금리규제로 인하여 상업성이 보장되어 있지 않다. 한국주택은행은 1998년 민영화될 때까지 주택금융의 독점적인 공급자의 역할을 수행해 왔다. 그러나 1997년 외환위기 이후 일부 우량금융기관과 외국계은행을 중심으로 상대적으로 안정적인 주택자금대출시장에 대한 진입이 크게 확대되었다. 아울러 주택금융의 큰 변화는 1999년 주택저당채권유동화회사법이 제정되어 주택금융은 경쟁적 구조로 변화되는 계기를 마련하게 되었다.

최근 주택금융의 특징으로는 첫째, 주택관련대출의 대부분이 장기대출보다는 단기대출로 운용되고 있으며, 주택자금대출보다는 주택을 담보로 일반가계대출이 급증하고 있다. 이는 주택가격상승 등 부동산투기를 조장할 수 있다는 평가도 나오고 있다.

둘째, 우리 나라는 주택자금대출에서 차지하는 비중이 민간보다 공공부문의 역할이 크다. 〈표 8-2〉에서 나타난 바와 같이 스웨덴, 덴마크 등은 저당은행이 주택자금대출의 85%를 차지하고 있다. 그리고 뉴질랜드, 호주, 핀란드 등의 국가는 상업은행이 자금대출의 대부분을 점유하고 있다. 영국, 프랑스 등의 국가는 대출조합이 큰 비중을 점하고 있다. 그러나 우리 나라는 공공기금이 주택자금대출에서 차지하는 비중이 상대적으로 높은(52%) 국가로 분류된다.

셋째, 점차 주택자금이용가능성이 높아지고 있다. 주택가격대비융자비율(LTV: Loan To Value)은 1990년 12.1%였으나, 2001년에는 40.7%로 크게 상승하였다. 이와 관련해서 일반가구의 주택구입능력을 나타내는 지표로서 연소득대비 주택가격비(PIR)는 1990년대 초에는 9배였다. 이는 2001년도에는 4.5배로 감소하였다.

〈표 8-2〉 OECD 국가의 주택자금대출 취급기관별 구성비

(단위: %)

	저당은행	상업은행	대출조합	공공기금
스웨덴	85	10	5	0
덴마크	84	11	5	0
미국	54	27	18	1
뉴질랜드	0	90	10	0
호주	0	88	12	0
핀란드	2	80	6	12
아일랜드	0	67	32	1
노르웨이	4	60	13	23
네덜란드	22	48	30	0
독일	12	37	30	21
프랑스	18	10	72	0
영국	0	37	63	0
스페인	3	40	58	0
한국	0	41	7	52
오스트리아	0	32	27	42

주: 한국은 주택은행 민영화 이전(1997년) 기준임.
자료: 지규현, "주택금융 수요구조의 변화와 전망," 주택도시 제74호(가을호), 2002, p. 86.

넷째, 선진국에 비해 우리 나라는 공식적인 주택자금대출은 주택구입자금 중 자기자금비중이 매우 높게 나타난다. 국민은행 주택금융수요실태조사에 따르면 2000년과 2001년도 주택구입자금 중 자기자금이 자가거주가구의 경우 각각 70.3%와 67.0%로 높은 편이다. 금융기관의 대출금이 차지하는 비율이 자가거주가구는 31.6%에 불과하다(〈표 8-3〉). 이는 대부분의 사람들이 자기자금으로 주택을 마련하고 있음을 확인할 수 있다.

2. 주택금융의 개선방향

(1) 주택대출유동시장의 활성화

주택대출유동화시장(MBS시장)은 2000년 형성되었으며, 2000년 8월 말까지 증권발행금액 기준으로 약 2조 7,500억 원의 주택대출이 유동화되었다. 이 규모는 최근 급팽창한 ABS시장에 비해 크지 않지만 매우 빠른 성장세를 보이고 있다. 그러나 MBS시장이 당초 기대에 미치지 못하고 있어 향후 활성화방안의 모색이 필요하다.

〈표 8-3〉 주택자금조달 특성변화

	융자가구 중 자가거주가구					융자가구 중 전세거주가구				
	1997	1998	1999	2000	2001	1997	1998	1999	2000	2001
자기자금	65.4	70.5	69.9	70.3	67.0	69.2	70.3	75.7	67.9	67.1
• 전거주대금	40.5	37.6	42.3	37.3	44.1	48.0	35.4	45.9	48.6	54.0
• 저축금	24.4	25.9	21.7	25.0	16.8	15.0	29.3	15.4	17.0	15.3
• 부모도움, 상속 등	4.9	4.4	6.3	4.8	6.1	6.2	6.9	9.0	4.9	6.1
타인자금	34.3	29.5	30.1	29.6	33.0	30.8	29.7	24.3	32.1	32.9
• 주택은행대출	24.4	25.9	22.7	26.5	25.8	27.4	28.3	23.9	25.3	18.8
• 타금융대출	3.2	2.9	3.8	4.1	5.8	2.4	1.8	2.7	1.9	2.5
• 사채, 회사지원금 등	2.5	3.4	3.1	2.4	1.4	1.0	4.4	2.3	2.2	3.1

자료: 국민은행, 「주택금융수요실태조사」 각년도.

(2) 주택자금대출시장의 구조개선

우리 나라의 주택금융은 자금조달의 부족으로 수요자의 요구에 부응하지 못하는 상황에 있다. 또한 주택금융재원의 확충과 조달된 자금의 효율적 이용을 위한 주택자금대출방식의 개선도 필요하다. 따라서 우리 나라의 주택금융대출방식에서는 융자율 또는 상환기간에 비례한 대출금리의 차등화도입이 절실히 요청되고 있다.

최근 단기·일시상환대출이 급증하고 있다. 이러한 단기·일시상환대출의 증가는 지불능력을 상회하는 주택소비와 시세차익을 겨냥한 주택투기가 발생할 소지가 있다. 아울러 만기에 이르러 신용경색 혹은 상환부담이 증가하거나 불능으로 집을 잃을 수 있다. 향후 우리 나라도 20~30년에 걸쳐 고정금리이자와 원금을 나누어 갚는 장기·고정금리·분할상환대출(long-term fixed-rate amortizing mortgage)이 활성화되어야 한다.

(3) 소득계층별 지원체계확립

공공부문에서 주로 담당해야 할 서민을 위한 주택정책은 서민의 주거비부담능력과 주택에 대한 선호를 감안한 정책이 되어야 할 것이다. 따라서 주택금융 중 저소득지향적 성격이 강하고 재원조달비용이 낮은 국민주택기금은 무주택서민을 대상으로 임대주택을 전담하고, 민영주택자금은 중형규모의 주택을 자율금융체제에 의해 전담케하는 등 국민주택기금과 민영주택자금의 지원대상범위를 조정해야 할 것이다.

(4) 저금리시대의 주택금융

주택금융은 단순히 주택구입을 위한 본래의 역할을 넘어 경제전반의 흐름을 결정할 정도로 그 중요성이 크다. 주택금융관련 위험요인은 주택가격뿐 아니라 전반적인 대출시장의 위험요인과 연관된다. 저금리기조가 유지되면서 가계부문에 대한 은행대출이 크게 신장한 가운데 주택금융의 비중이 크게 높아졌다. 문제는 향후 부채상환능력의 급격한 저하는 가계부문대출의 부실화가능성, 신용불량건수나 연체율의 상승추세 등 부동산시장의 불안요인으로 작용할 수 있다.

3. REIT$_s$와 주택금융

최근 REIT$_s$가 주택금융제도로 각광받고 있다. 부동산투자신탁(REIT$_s$: Real Estate Investment Trusts)이란 주식이나 채권을 발행하여 투자자로부터 자금을 조달하여 이를 부동산이나 부동산관련 유가증권[12]에 투자하여 그 부동산으로부터 발생하는 수익을 투자자들에게 배당하는 회사(corporation) 또는 투자신탁(business trust)이라고 정의할 수 있다.[13]

우선 부동산회사의 유형에 있어서 미국에서는 회사형, 신탁형, 조합형 모두를 허용하나 우리 나라에서는 회사형만 인정된다. 신탁형의 경우 신탁업법에 의해서 설립-운영될 수 있고, 신탁증서의 성격상 부동산 유동화를 목적으로 리츠제도의 도입취지달성에 한계가 있어서 채택되지 않았으며, 조합형 리츠제도 역시 부동산유동화란 명제와 거리가 있고, 조합에 의한 거액의 자금조달이 어려워 실효성이 없는 것으로 판단되었다고 한다.[14] 따라서 우리 나라의 부동산투자회사는 부동산증권화를 통한 유동성제고에 상당한 비중을 두고 마련된 것으로 볼 수 있다.

우리 나라의 리츠, 즉 부동산투자회사제도는 기본적으로 미국의 제도에 바탕하고 있어서 설립 및 운영에 관한 각종 사항이 미국과 유사하나, 국내금융시장 및 부동산시장의 여건을 감안함에 따라 세부사항에 있어서는 상당한 차이점을 보인다. 리츠제도도입 후 기대되는 효과로는 첫째, 투자자의 부동산에 대한 투자방법을 변화시킬 것이다. 리츠의 도입으로 부동산간접투자상품 금융시장이 새롭

12) 부동산관련 유가증권이란 부동산투자회사가 발행하는 주식 및 채권, 신탁업법에 의한 수익증권, 자산유동화에 관한 법률에 의하여 발행된 유동화증권, 주택저당채권유동화회사법에 의한 주택저당채권담보부채권 및 주택저당증권을 말한다.

13) 엄수원, "미국 REIT$_s$의 운용실태와 K-REIT$_s$의 발전방향," 지역사회개발연구 제26집 제2호, 2001. 12, pp. 339～352. 리츠는 1880년대 미국 매사추세스(Massachusetts)주에서 그 유래를 찾을 수 있다. 1930년대에는 이중과세면제규정이 없어짐에 따라 리츠산업이 쇠퇴하다가 제2차 세계대전 이후 주택수요가 급증하자 1960년 부동산투자신탁회사에 대한 세금을 면제해 주는 내용의 리츠법안이 탄생하였다. 한편 이 시기에 부동산담보대출을 하는 모기지형 리츠도 함께 등장하게 된다.

14) 김용태, "리츠제도의 운영현황과 개선방향,"「주택도시」제74호(가을호), 2002, pp. 33～46.

게 형성될 수 있을 것이다. 둘째, 부동산관련 유가증권시장의 활성화를 가져올 것이다. 현재 주택저당대출채권이나 자산유동화채권시장이 초기단계에 있는데, 리츠의 도입으로 부동산을 기초로 발행되는 주택저당대출채권이나 자산유동화채권에 대한 수요가 증가할 것이다. 그러나 일부에서는 리츠제도의 도입으로 인해 부동산투자자금이 몰려 부동산투기를 발생시킬 수 있다는 부정적인 시각이 있다. 리츠가 다른 금융상품과 비교하여 경쟁력 있는 투자수단이 되기 위해서는 유동성, 안정성, 수익성을 확보해야 한다. 그리고 리츠산업이 활성화되기 위해서 부동산금융시장의 기본인프라가 구축되어야 한다. 무엇보다 중요한 것은 부동산거래의 활성화를 위해서는 부동산정보에 대한 꾸준한 데이터베이스구축이 필요하다. 리츠의 구조적 관계는 〈그림 8-3〉과 같다.

〈그림 8-3〉 리츠(REIT$_s$)의 일반구조

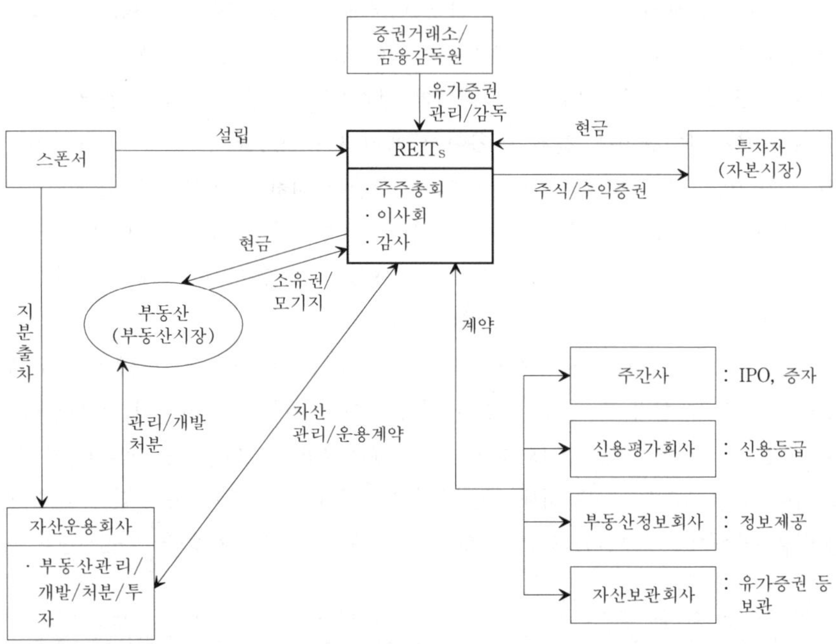

자료: 박원석·박용구, "REIT$_s$ 도입의 영향과 정책과제," 삼성경제연구소, 2000. 4.

제 4 절 결 론

우리 나라의 주택금융의 문제점은 주택금융자금의 조달부족, 주택자금의 비효율적 운영, mortgage 제도의 미정착, 융자제도의 불합리 등으로 요약해 볼 수 있다. 공공의 주택시장개입과 정부의 주택관련제도는 시장기능으로 해결될 수 없는 저소득계층의 주거안정과 계층간, 지역별 주택공급 및 배분의 형평을 유지하기 위한 것이다. 그러나 지난 30 여년간 주택정책의 결과는 주택금융의 형평성을 유지했다고 평가할 수 없다.

이러한 문제를 해결하기 위한 주택금융적 대책은 연금기금의 국민주택기금에 대한 예탁금비율을 증가시키는 방안이 있을 수 있으며, 민간 부문에서는 장기저축에 대한 우대금리의 적용과 조세감면혜택 등을 통하여 장기성자금을 확보해야 할 것이다. 현행 주택금융정책상 복지성격이 강한 국민주택기금은 계속 확대되어야 하며, 저소득 계층을 보호하기 위해서는 융자대상 주택규모에 따라 차등 금리체계를 도입해야 할 것이다. 이러한 금리·조세 상의 개선과 더불어 융자제도가 합리적으로 개선되어야 한다. 현재의 융자제도는 융자대상자의 부담능력을 고려하지 않고 있는데, 융자대상자의 소득수준에 따라 신축적으로 운영해야 한다. 그리고 체증식 할부상환제도 하에서는 체증률을 높여 융자 초기의 부담을 줄여 주어야 할 것이다.

주택난을 해소하고 주택금융을 활성화시키기 위해서는 주택금융기관의 자금고정화를 완화시킬 수 있는 주택저당채권유동화제도가 정착되어야 하며, 이의 실시를 위한 제도적 장치가 강화되어야 한다. 많은 소유자에게 융자기회가 주어지고 임차가구의 유효수요화를 촉진시키며 주택공급 및 주택가격의 안정을 위해서는 이 제도의 도입은 시급하다고 할 수 있다. 유동화제도가 원활하게 도입·운영되기 위해서는 제 2 차 저당대출채권 유통시장의 참여자들이 자발적으로 참여할 수 있도록 금리체계가 정비되어야 한다. 대출기관은 대출채권을 만기까지 보유하기보다는 중도에 매각 또는 담보증권화함으로써 얻는 수익이 더 커야 적극적으로 참여할 것이며, 투자가는 유동화관련증권에 투자함으로써 다른 경쟁적인 금융상품보다 더 높은 수익이 기대되어야 할 것이다.

그러나 일반적으로 한 국가의 금리체계 및 금리수준의 결정은 그 나라의 정치·경제·사회환경에 따라 영향을 받게 되며 특히 주택금융은 복지금융적 성격이 강하여 시장금리수준과는 달리 낮게 책정되는 경우가 많다. 이런 경우 유동화제도를 활성화하기 위해서는 시장금리수준보다 주택자금대출금리가 낮음에 따라 발생하는 역마진의 보전(補塡)방안이 강구되어야 할 것이다.

저소득층의 주택금융지원방안으로는 주택개량자금과 전세자금에 대한 지원이 따라야 하고, 주택저축과 융자금상환에 대한 세제상의 우대조치가 요망된다. 이를 위하여 현행 주택금융은 보다 더 분명한 공공주택금융과 민간주택금융의 구분이 요구되고, 민간금융은 보다 더 자율적으로 운영될 수 있게 해야 한다. 민간주택금융의 자율화조치는 우선 대출금리의 신축적인 운영과 함께 자율성을 부여하는 방향으로 주택금융정책의 전환이 요구되고 있다.

중앙정부의 주택부문지원과 역할을 강화해야 한다. 정부의 총예산에서 주택부문예산의 비중은 매년 1~2%에 불과한 실정이다. 주택금융이 민간부문이든 공공부문이든 장기저리방식의 공공금융성격을 견지하고 있는 데 비하여 자금조달은 주로 민간부문에 의존하고 있어 향후의 공공부문의 역할이 증대되어야 할 것이다.

주택금융부분에 있어 IMF 사태 이후 또 하나의 충격적 사태가 바로 서브프라임 모기지론(Sub-prime mortgage loan) 사태이다. 이는 비우량 주택담보대출, 즉 신용도가 일정 기준 이하인 저소득층을 상대로 한 미국의 주택담보대출을 말한다. 미국의 주택담보대출(모기지대출)은 개인 신용등급에 따라 660점 이상은 프라임(Prime), 660점 미만 620점 이상은 알트-에이(Alt-A), 620점 미만은 서브프라임(Sub-prime) 이렇게 3가지로 나누어진다. 서브프라임 모기지론(Sub-prime mortgage loan)은 신용조건이 가장 낮은 저소득층을 대상으로 한 주택담보대출을 말한다. 이 가운데 서브프라임 등급은 부실 위험이 있기 때문에 프라임 등급보다 대출 금리가 2~4% 정도 높은 것이 일반적이다.

2000년대 들어 유동성 과잉과 저금리로 부동산 가격이 급등하자, 이에 편승한 모기지론(mortgage loan) 업체들 간의 과당 경쟁으로 미국 주택담보대출 시장에서 서브프라임 등급이 차지하는 비중이 2002년 말 3.4%에서 2006년 말에는 13.7%로 급상승했다. 그러나 급상승하던 집값이 하락세로 돌아서고 2004년 이후 FRB(미국 연방준비제도이사회)가 정책목표 금리를 17차례에 걸쳐 1.0%에서 5.25%로 대폭 올리자 이자 부담이 커진 저소득층이 원리금을 제때 갚지 못하게 되었다. 이로 인해 서브프라임의 연체율이 20%로 급상승, 2007년 4월 미국 제 2 의 서브프라임 모기지론 회사인 뉴 센트리 파이낸셜(New Century Financial)이 파산 신청을 내는 것을 시작으로 이른바 '서브프라임 모기지론 사태'가 일어났다. 미국의 서브프라임 모기지론 사태는 우리나라를 비롯하여 전 세계에 금융위기를 몰고 오기도 했다.

제 9 장 : 금융실명제의 주택시장파급효과

제 1 절 서 론

이른바 「8·12조치」라고 불리는 금융실명제의 전격적 실시(1993년 8월)는 우리사회의 경제행위에 관한 근본적인 관행의 변화를 요구하고 있다. 특히 금융실명제의 대상은 금융자산임에도 불구하고 그 후속조치로 발표된 전국토의 토지거래허가제실시, 부동산구입자금 출처조사 등은 부동산시장이 금융실명제와 얼마나 깊은 관계가 있는지를 단적으로 보여주고 있다.

토지 및 주택 등의 부동산은 금융자산과 달리 공간적 이동이 불가능하고 또 반드시 위치, 규모, 소유자 등을 공공기관에 등록해야만 법적 재산권을 보호받을 수 있는 특징이 있다. 이러한 부동산 특유의 성격으로 토지 및 주택전산화가 별다른 충격조치없이 구축될 수 있었고, 현재 국세청, 건설부 등으로 다원화된 전산망을 통합하는 작업이 진행 중이다. 그러므로 일부 편법소유의 경우를 제외하고는 토지 및 주택에 관한 모든 정보가 전산화됨으로써 부동산실명제의 실시가 가시화되고 있다.

본 연구[1)]는 금융실명제가 주택시장에 미치는 영향을 장단기로 구분·분석함으로써 예상되는 부작용을 도출, 이에 대한 정책대안을 제시하는데 있다. 이를 위해 금융실명제와 주택시장과의 관계를 먼저 규명하고 이 관계를 기초로 주택시장을 점유형태별, 규모별, 신규·중고주택별로 나눠 파급효과를 분석하고 여기서 도출되는 부작용을 파악, 그 정책대안을 제시하고자 한다.

1) 하성규·김재익, "금융실명제의 주택시장파급효과분석과 정책대응방안," 「주택금융」, 1993. 9, pp.1~15 참조.

제 2 절 금융실명제와 주택시장과의 관계

금융실명제의 표적은 현금을 비롯한 예·적금, 증권, 채권 등의 금융자산이다. 금융실명제는 모든 경제주체의 금융자산의 유통과정과 보유상태를 명확하게 밝힘으로써 다른 소득과 함께 종합과세된다. 이때 출처를 꺼리는 자금소유자들을 포함하는 제반 경제주체의 자산운용은 크게 실물자산과 금융자산으로 구분할 수 있으며, 부동산, 귀금속, 골동품, 예술품 등이 실물자산에 속하고, 현금, 예금, 주식, 채권 등은 금융자산[2]에 속한다. 주택도 거래의 대상인 하나의 상품이고 또 그 가격이 매우 높아 거액의 자금이 교환되는 것이므로 금융실명제의 영향을 받지 않을 수 없다.

그러나 주택시장에 대한 금융실명제의 영향은 후속조치의 강약, 시기, 대상범위에 따라, 주택시장과 간접적으로 관련된 경제전반의 상황변화에 따라 달라질 수 있다. 또 주택시장 자체도 복잡하여 보완대책이 계속 나오고 있는 지금으로서는 그 파급효과를 명확히 단정짓기 어려운 실정이다. 그러나 금융실명제 본래의 취지대로 지하경제의 제도권 유입, 모든 소득의 종합(누진)과세가 되는 방향으로 이행되고, 또 강력한 부동산투기방지정책이 지속된다고 가정하면 어느 정도 예측가능할 것이다.

금융실명제가 주택시장에 미치는 영향은 자금 자체의 향방과 관련된 직접적인 영향과 금리의 향방에 따른 간접적인 영향으로 나누어 생각할 수 있다. 자금에 의한 직접적인 영향은 부동자금의 환물심리로 인한 주택시장유입효과와 자금출처조사기피로 인한 유출효과를 동시에 생각할 수 있다. 그러나 유입효과는 토지거래허가제와 자금출처조사라는 두 조치가 계속되는 기간 동안에는 부동산시장에 유입되기 어렵기 때문에, 당분간은 일방적 유출로 특징지워질 것으로 보인다. 그리고 주택시장에 도피성자금이 유입된다 하더라도 그 자금은 궁극적으로 금융기관에 의해 결재되는 것이므로, 제도권 금융에 흡수되어 그 효과는 오래 갈 수 없다. 이런 이유에서 실명제실시와 동시에 자금의 부동산시장유입을 막기 위해 취한 한시적 후속조치는 어느 정도의 타당성을 갖는다고 평가된다.

그러나 금리의 변동을 통한 간접적인 영향은 그 파급효과가 매우 크고 또

2) 금융자산이라 함은 금융기관이 취급하는 예금·적금·부금·계금·예탁금·출자금·신탁재산·보험료·공제료·주식·채권·수익증권·출자지분·어음·수표·채무증서 등의 금전 및 유가증권 기타 이와 유사한 것으로서, 재무부령이 정하는 것을 말한다(금융실명거래 및 비밀보장에 관한 긴급재정경제명령, 대통령긴급재정경제명령 제16호, 1993. 8. 13 참조).

오래 갈 것으로 예상된다. 왜냐하면 주택은 고가품으로서 공급자에게나 수요자에게 막대한 자금이 요구되는 특징이 있는데다, 그 동안 주택시장과 직접 관련이 있는 건설업체, 구매자, 주택임대자들의 자금조달경로 및 자금가격(이자율 혹은 할인율)은 사채시장 의존도가 매우 높았기 때문이다. 즉 사채금리와 제도권금리라는 이중구조를 가지면서 수십 년 간 지속되어온 모든 거래관행이 금융실명제로 말미암아 일시에 대변혁을 겪게 된 것이므로, 그 여파는 폭넓게 작용할 것으로 예상된다. 이같은 금융실명제와 주택시장과의 관계를 먼저 주택시장의 특성을 간략하게 살펴보고 이 특성에 따라 파급효과를 분석하기로 한다.

제 3 절 주택시장파급효과분석

Ⅰ. 주택시장

주택시장은 주거서비스에 대한 수요와 공급을 통해 가격이 형성되고 거래가 이뤄지는 현장이다. 주택시장의 구성은 〈그림 9-1〉에서 표시된 바와 같이 크게 매매시장과 임대시장으로 구분할 수 있다. 매매시장은 다시 중고주택매매시장과 신규주택시장으로 나눌 수 있으며, 민간임대주택시장 전세, 보증부월세, 사글세, 월세시장으로 구분할 수 있다. 우리 나라는 특수한 경우를 제외하고는 주택을 임대용, 소유용으로 용도를 미리 지정하고 허가해 주는 것이 아니기 때문에 점유형태는 임의로 변경가능하다. 이런 이유로 임대주택과 소유주택은 완전대체관계를 갖는다고 할 수 있다.

이에 따라 주택시장에서 공급자나 수요자는 주택을 소유형태로 할 것인가

〈그림 9-1〉 주택시장의 구성

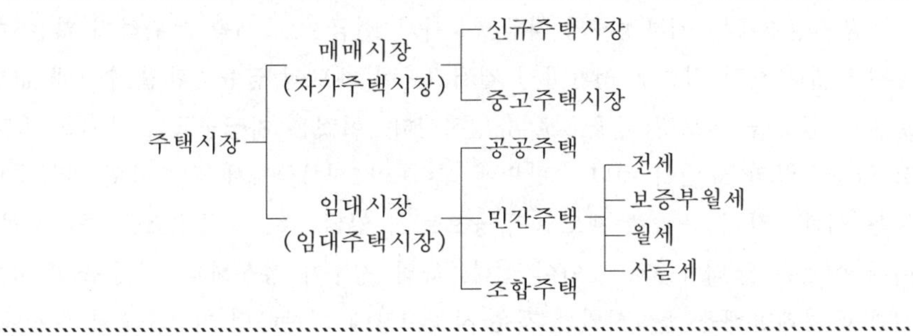

아니면 임대형태로 할 것인가를 선택할 수 있고, 수요자의 입장에서는 중고주택 구입, 신규주택분양, 전세, 월세 등 어느 것도 선택가능하다. 공급자의 입장에서도 분양가규제를 받는 신규분양주택을 제외하고는 보유형태를 소유와 임대 중 자유롭게 선택할 수 있다. 중고주택시장은 가구 및 인구이동에 의한 공가발생으로 형성되며, 신규주택시장은 분양을 목적으로 한 주택이 새로 건설됨으로써 형성된다. 신규주택의 가격과 시장규모는 이자율, 소득수준, 주택생산능력, 기술 등에 의해 결정되며, 정부의 주택정책 등 외부적 요인에도 큰 영향을 받게 된다.

주택은 이동이 불가능한 상품이며 주거지와 생산활동을 연결시키기 위한 인적-물적 자원의 공간적 이동은 비용을 수반하기 때문에 주택시장은 제한된 시장영역을 갖는다. 이러한 이유로 대부분의 주택시장분석은 주택의 공간적 하위시장(spatial sub-market)을 중심으로 이루어진다. 이러한 지역적(공간적) 하위시장과는 별도로 주택의 형태에 따라 하위시장이 형성되기도 한다. 주택형태별 하위시장은 아파트시장, 단독주택시장, 연립주택시장 등을 의미한다. 그리고 하위주택시장은 다시 주택점유형태에 따라 자가주택시장(매매시장)과 임대주택시장으로 구분될 수 있다. 이때 임대주택이 소유주택으로 전환되면 임대물량은 감소하는 반면 매매주택공급은 증가하고, 전세를 놓던 주택을 월세형태로 전환하면 전세공급은 줄고 월세공급은 증가한다.

그러므로 금융실명제의 여파는 지역주택시장의 사정에 따라, 주택의 성격(주택점유 형태 등)에 따라 그 영향력이 달라진다. 그러나 금융실명제는 전국적으로 모든 국민을 대상으로 실시되었으므로, 지역별 주택시장분석은 유보하고 주택의 점유형태를 중심으로 분석하기로 한다. 이를 위해 먼저 금리의 변동방향부터 살펴보기로 한다.

Ⅱ. 금리의 향방

금융실명제는 지하경제의 자금보유자가 현금으로 계속 보관하지 않는 이상 증권에 투자하건 실물로 전환하건 결재기관이 제도권 금융기관일 수밖에 없으므로 지하금융을 제도권 금융으로 유입시킨다. 이것은 자금공급의 증가를 유발하고 금리하락의 요인이 된다. 반면에 그 동안 지하금융에 의존하던 자금수요자들은 사채시장의 붕괴로 제도권 금융으로 유입되므로, 자금수요를 증가시킬 것이며 이것은 금리상승의 요인이 된다. 특히 정부가 총통화억제수준을 무시하면서까지 화폐발행을 증가시키는 것은 사채시장에 의존하던 자금수요가 일시에 제도권 금융으로 몰리기 때문에 금리인상압박을 완화하기 위한 대책으로 풀이된다.

그러나 이 일시적인 자금의 수급불균형이 안정되면 금리수준은 사채금리보다는 낮고 실명제 이전의 제도권 금리보다는 높은 수준이 될 것으로 예상된다. 비록 지금은 총통화증가로 대처하면서 금리규제가 계속되고 있으나, 시장상황에 비해 규제가 지나치면 부작용이 클 것이므로 시기의 문제는 있지만 그 변동방향은 지금보다 높아질 것이다. 그렇지만 사채시장의 금리보다는 낮아질 것이다. 그러므로 사채시장의 의존도가 높은 주택시장의 유효금리는 인하되는 효과가 있다고 할 수 있다.

Ⅲ. 주택시장파급효과

1. 중단기파급효과

(1) 임대주택시장

주택시장분석에는 모든 주택이 분석대상에 포함되는 것이 아니라 매매 혹은 임대차거래를 목적으로 시장에 출현될 주택만을 분석대상으로 한다. 그러므로 금융실명제의 파급효과분석에 있어 자가소유자들의 주택은 금융실명제가 되었다고 거주주택을 시장에 내놓을 이유가 거의 없기 때문에 분석고려대상에서 제외시켜도 별 문제가 되지 않을 것이다. 그러나 자기가 실제 살고 있는 집 이외에도 한개 이상의 집을 소유한 다주택보유자와 자기집이 없어 남의 집에서 세들어 살아야만 하는 임차가구는 주택시장의 상황변화에 직접적인 영향을 받는다. 이들은 임대주택시장의 공급자(다주택보유자)와 수요자(임차가구)들이다. 금융실명제가 주택시장에 미치는 영향은 임대시장을 중심으로 분석해야 할 이유가 여기에 있다.

우리 나라의 주택시장은 전국의 주택보급률이 70%정도이고, 대도시지역은 50%를 겨우 넘고 있다. 이것은 주택수요가 몰려있는 도시지역에서 임대주택수요가 많다는 사실과 함께 임대주택시장이 주택시장에서 차지하는 비중도 높음을 나타낸다. 서울의 경우 전체가구의 60%정도가 전세 및 월세의 형태로 살아가고 있다. 따라서 금융실명제에도 불구하고 시장구조는 초과수요상태라는 사실 자체는 변하지 않는다. 그러므로 일시적 충격으로 시장이 마비되더라도 주택수요는 필연적으로 다시 살아날 것이다. 이런 측면에서 먼저 사채시장의 붕괴와 금리하락이 임대주택시장에 어떠한 영향을 미치는지 전세의 경우를 출발점으로 〈그림 9-2〉를 바탕으로 분석하여 보자.

〈그림 9-2〉 금융실명제의 주택시장파급효과

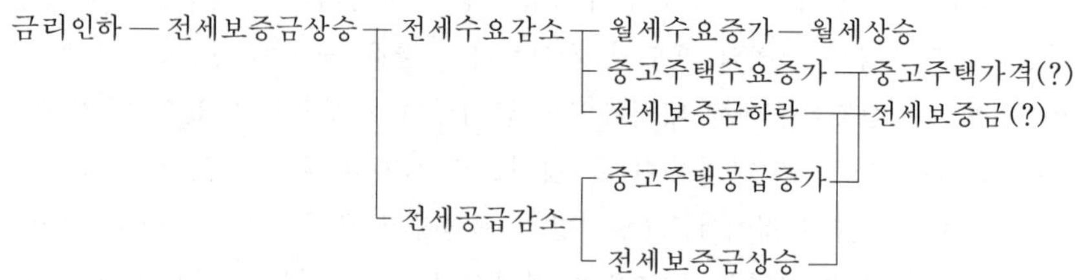

〈그림 9-2〉에서 금리인하의 의미는 전세시장에서는 사채금리가 크게 작용하기 때문에 인하로 출발하였다. 전세제도는 세입자로부터 임대료를 따로 받는 것이 아니라 임대기간 중 보증금의 이자소득(혹은 기회비용)을 대가로 하며 해약시 보증금은 전액반환하게 되어 있다. 금융실명제는 임대자의 입장에서는 실명제 이전의 사채금리와 실명제 이후의 제도권 금리를 비교할 때, 제도권 금리가 사채금리보다 낮은 수준으로 결정된다고 가정하기 때문에 유효금리는 인하된 것이다. 이 가정이 유효하다면 금융실명제는 다음과 같은 네 가지 이유로 전세보증금을 상승시키고 전세물량의 감소를 유발할 것으로 예상된다.

첫째, 금리인하효과이다. 그 동안의 관행상 전세시장에서는 사채시장금리를 기준으로 전세보증금이 결정되어 왔다. 금융실명제로 사채시장이 거의 붕괴되고 오직 제도권 금융만 남게 될 경우 여기서 결정되는 금리는 종전의 사채금리보다 낮다. 이것은 바로 임대자가 그 동안 누려오던 고리의 사채금리 대신 제도권 금리만큼의 대가밖에 얻을 수 없게 된다는 의미이다. 따라서 임대자가 이전과 같은 수준의 임대소득을 유지하기 위해서는 금리인하로 인한 손실을 보전할 수 있는 만큼 보증금을 올려 받아야 한다. 따라서 유효금리의 인하는 전세보증금을 상승시키는 요인이 된다.

둘째, 금융자산기피효과이다. 임대자로서는 이제 사채금리에 해당하는 금융소득을 기대할 수 없고, 또 낮은 금리나마 제도권 금융에 유입시키는 것도 금융자산이 드러나기 때문에 기피할 수 있다. 그리고 현금보유도 아무런 이익이 되지 못하고 오히려 보관에 따른 위험부담이 있다. 따라서 금융자산보유의 매력이 상실되면서 기존세입자들에게는 계약갱신을 기피하고 전세보증금을 세입자에게 반환하고 전세시장을 이탈할 가능성이 있다. 이것은 임대물량의 감소, 전세보증금의 상승요인이 된다. 그러나 이 효과는 한시적 조치에 따르는 것이므로 일시적일 것으로 예상된다.

〈그림 9-3〉 조세의 전가

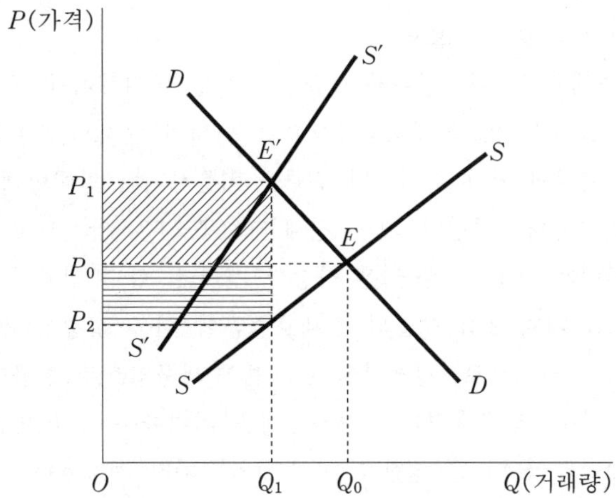

셋째, 조세의 전가효과이다. 금융실명제로 개인의 모든 소득이 밝혀지게 되고 임대소득도 예외없이 과세대상이 된다. 그런데 이 세금은 임대자에게 부과되지만 실제로는 임차자에게 떠넘겨지는 효과가 있다. 왜냐하면 임대주택시장은 공급의 비탄력성을 갖는데다 가격탄력성이 매우 낮기 때문이다. 이 같은 임대시장의 특성을 고려할 때 조세의 전가는 〈그림 9-3〉을 통해 간단히 설명된다.

즉 〈그림 9-3〉에서 과세가 되지 않을 때에는 수요곡선(DD)과 공급곡선(SS)이 일치하는 E점에서 균형이 되며, 이때 가격은 P_0, 임대주택거래량은 Q_0이다. 그러나 누진과세가 된다면 공급곡선은 $S'S'$로 위축되고 새로운 균형은 E'가 되며, 이때 가격은 P_1으로 상승하는 반면 임대물량은 Q_1으로 감소한다. 〈그림 9-3〉에서 두 공급곡선의 수직거리로 표시되는 조세(P_1P_2) 중 P_0P_1만큼은 임차자가, P_0P_2만큼은 임대자가 각각 부담한다. 이때 누가 더 많은 세금부담을 하느냐는 수요의 가격탄력도가 낮을수록 수요자의 부담이 커지게 된다. 임대주택은 생활필수품에 가까운 성격이 짙어 수요가 가격변동에 민감하지 못하므로, 조세는 임차자에게 전가되는 비율이 높다는 것이다. 1991년 5월을 기점으로 주택매매가격은 계속 하락하여 왔으나, 전월세는 계속 상승하여 온 배경에는 주택시장의 수급불균형에도 이유가 있지만 임대주택은 생활필수품으로서 가격탄력성이 매우 낮은 사실도 크게 작용한 것으로 판단된다. 이러한 점을 감안하면 이 세금은 대부분 임차자에게 전가될 가능성이 높고, 세금전가의 수단은 전세보증금을 올려 받는 것이다. 따라서 전세보증금이 상승하게 된다. 조세전가효과는 특히 금융소득을 포함한 종합(누진)과세가 실시되는 1996년 이후에 이러한 파급효과가 본격적으로 나타날 것으로 보인다.

넷째, 대체효과이다. 임대자(공급자)로서는 금리차이와 종합과세로 인한 손실을 보상받을 정도의 전세보증금상승이 여의치 않으면, 전세형식으로 주택을 임대하기를 꺼리게 되고 임대하던 주택을 처분하거나 임대형태를 월세로 전환할 가능성이 높아진다. 이렇게 되면 전세물량(공급)은 감소하고 전세수요가 크게 줄지 않는 한 가격(전세보증금)은 상승할 것이다. 한편 임차자(수요자)로서는 매매가격의 1/3 내지 2/3 수준의 전세보증금이 더욱 상승한다면 매매가격과 큰 차이가 없어질 것이므로, 경제력이 된다면 주택구입으로 전환할 것이다. 이것은 전세수요의 감소, 전세가격의 하락가능성을 의미한다. 공급감소효과와 수요감소효과 중 어느 것이 더 큰 영향을 미치느냐에 따라 전세보증금의 등락이 결정될 것이다. 그러나 주택재고량의 절대적인 부족상태에 있는 도시지역에서는 전세보증금을 상승시키는 방향으로 귀착될 가능성이 높다.

이상과 같은 금융실명제의 파급효과들은 동시에 나타나기 보다는 다른 상황변화와 맞물려 시차를 두고 나타날 것이다. 금융자산기피효과와 금리인하효과는 단기간내에 나타날 것이지만, 조세전가효과와 대체효과는 종합과세가 될 때 본격적으로 나타날 것으로 보인다. 그리고 주택이 일반상품과 달리 이질상품인 동시에 지역시장이 형성되기 때문에 지역주택시장 사정에 따라, 주택의 특성에 따라 그 영향력이 달라질 것이다. 예를 들면 지방의 주택경기는 그렇지 않아도 바닥세인데 금융실명제로 더욱 침체될 것이지만 수요가 몰려있는 서울 및 수도권은 별 영향 없을 것이라는 예상은 주택시장의 지역별 차이를 나타내는 것이다. 그러나 이러한 효과들은 지금으로서도 우리 나라의 주택재고가 가구수에 비해 절대적으로 부족하다는 점, 임대주택이 생활필수품이라는 점, 임대차보호법이 제기능을 발휘하지 못하는 점 등을 감안하면 적절한 대응책이 동반되지 않는 한 임차자에게 피해를 줄 것으로 예상된다. 한편 전세보증금의 상승은 전세수요자를 보증금이 싼 지역으로 이동시키기도 하겠지만 궁극적으로 주택구입능력이 있는 전세수요자는 중고주택구입 혹은 신규분양주택으로 눈을 돌리게 되고, 그렇지 못한 계층은 월세로 전환토록 할 것이며, 이는 다시 월세상승요인으로 작용, 기존월세입자에도 부담이 될 수 있다.

(2) 중고주택매매시장

금융실명제는 중고주택매매시장을 마비시키는 효과를 유발하고 있다. 이 현상은 금융실명제가 주택가격에 어떤 영향을 미칠지 예상키 어려운데다 부동산시장을 얼어 붙게 만든 두 가지 후속조치로 인한 심리적 위축효과로 풀이된다. 즉 주택공급자는 처분하려고 내놓는 주택마저 회수하고 더 높은 가격을 기대하면서 주택시장동향을 관망하는 한편, 주택을 구입하려는 사람들은 주택가격이 하락할 것을 기대하며 대기상태로 돌아서기 때문인 것으로 풀이된다. 이같은 주택시장의 공동화는 불확실성에 따른 일시적 현상으로서 주택거래관련자 쌍방간 시장동향을 관찰하는 기간이라 할 수 있다. 그러나 주택시장참여자들이 금융실명제에 대한 인식을 정리하고 행동방향을 결정하면 중고주택매매시장도 정상화될 것으로 보인다.

중고주택매매시장은 앞서 전망한 전세시장의 변동과 맞물린 주택시장의 연쇄작용으로 영향을 받는다. 〈그림 9-2〉에서 보는 바와 같이 전세보증금의 상승은 두 가지 상반된 결과를 유발한다. 즉 전세수요가 중고주택구매수요로 전환되는 효과가 유발되는 한편 전세공급을 중고주택공급으로 전환시키는 효과도 유발한다. 전자는 중고주택가격 상승요인이며 후자는 하락요인이다. 이러한 두 가지 상반된 효과로 인한 주택가격의 변동방향은 주택의 규모에 따라 달라질 것으로 예상된다.

전세입자가 구매할 수 있는 중고주택은 규모상 중대형 이상일 가능성이 희박하다. 반면 전세에서 매매로 전환되는 주택은 전세수요가 비교적 적기 때문에 보증금인상이 여의치 않고, 또 보유에 부담이 되는 중대형주택일 가능성이 높다. 이것은 중대형주택의 공급을 증가시키고 가격을 하락시키는 요인이다. 더구나 중대형주택의 구입자금은 거액인데다 이전지출에 대한 자금출처조사가 엄격해짐에 따라 수요는 그다지 증가하지 않을 가능성이 높아 가격하락폭이 클 것으로 예상된다. 따라서 실수요자가 몰리는 중소형주택가격은 오를 가능성이 높고, 중대형주택은 하락할 가능성이 높다고 할 수 있다. 그렇지만 중대형주택은 소형주택과 대체관계에 있는데다 소득상승에 따라 수요가 증가하는 정상재라는 점을 감안하면 전반적 국민소득향상은 중대형주택의 수요를 꾸준히 증가시키는 효과도 있어 가격변동방향은 불투명한 상태이다. 중고주택시장의 대체시장인 신규분양주택시장에서는 실수요자가 몰리는 국민주택규모 내외의 중소형주택의 분양경쟁률을 더욱 치열해지도록 만들 것으로 예상된다. 이같은 금융실명제가 신규주택시장에 미치는 영향을 아파트분양시장을 중심으로 살펴보면 다음과 같다.

(3) 신규주택시장

금융실명제실시가 신규아파트분양시장에 미치는 영향을 단기와 장기, 긍정과 부정적 효과로 나누어 살펴보도록 한다. 우선 단기적 효과는 수요측면과 공급측면으로 나눠 살펴볼 수 있다.

먼저 수요측면에서 보면 분양시장에서의 가수요 및 투기수요의 감소가 예상된다. 왜냐하면 금융실명제로 인해 분양주택의 대소와 관계없이 자금추적이 용이해지고 또 가명 및 차명거래 등의 편법거래가 거의 불가능해지기 때문이다. 분양시장에서의 가수요와 투기수요감소는 곧바로 실수요자들의 당첨가능성을 높이는 것으로 직결된다. 주택투기를 예방해야 할 정부의 입장에서 그리고 실수요자의 입장에서 보면 매우 긍정적인 파급효과라 할 수 있다.

다음으로 공급측면에서 보면 주택업체들이 타격을 받을 것으로 예상된다. 민간주택은 가수요와 투기수요가 어느 정도 존재해야 분양이 활기를 띤다. 그러나 가수요와 투기수요가 줄어들면 주택업체가 바라는 주택청약열기와 높은 경쟁률을 기대하기 힘들고, 지역에 따라서는 미분양, 청약포기사태가 예상된다. 그리고 주택건설자금을 자체적으로 조달할 능력이 없어 자금조달을 주로 사채시장에 의존하던 많은 영세중소주택업체들로서는 금융실명제로 자금난을 겪게 되고 심한 경우 도산하기도 한다. 이는 주택산업 및 주택업체의 경영논리로 보면 부정적인 측면이라 생각되며 주택업체의 자구노력과 아울러 주택건설자금융자의 확대 등 보완대책이 따라주지 않으면 장기적 주택경기의 침체로 연결될 수 있다고 본다.

위와 같은 분석결과는 사채시장이 붕괴되고 임대자가 받은 전세보증금이 제도권 금융으로 유입되는 것을 전제로 한다. 만일 사채시장이 교묘한 수법으로 금융실명제를 피할 수 있거나, 전세보증금이 금융기관을 통하지 않고 자금난에 허덕이는 다른 부문(중소제조업체, 중소건설업체 등)으로 예전과 같거나 높은 금리로 흘러들어간다면 또 다른 양상을 나타낼 것이다. 만약 이러한 현상이 장기화된다면 금융실명제의 정책목표는 제대로 성취되었다고 볼 수 없을 것이다. 그러므로 금융실명제가 정착된다고 보고 또 지속적 주택공급확대와 함께 융자능력이 향상된다면 위와 같은 부작용이 어느 정도 완화 내지 해결될 것으로 예상된다.

2. 장기적 파급효과

아직 금융실명제의 구체적 실시효과가 경제전반에 나타나지 않고 있으며 실명제의 다양한 후속조치가 취해지고 있는 도중이기 때문에 장기적 파급효과분석은 어려움이 많다. 사실 금융실명제의 주택시장파급효과는 실명제가 본격적으로 실시된 몇 년 후에라야 정확한 자료가 수집될 것이고, 이를 바탕으로 해야 정확한 분석이 가능해진다. 그러나 현재의 상황으로 금융실명제가 몰고 올 주택시장 구도의 변화는 어느 정도 예측가능하며, 다음과 같이 요약될 수 있을 것이다.

첫째, 분양가자율화의 실시가능성이다. 현재 신규아파트는 분양에 있어 정부가 정하는 원가연동제에 의하여 공급주체인 주택업자가 마음대로 주택가격을 정할 수 없고, 그렇다고 시장의 수요-공급원리에 의해 가격이 형성되지도 않는 규제가격 하의 주택시장이다. 이러한 주택분양가규제정책은 저렴한 가격으로 내 집마련의 기회를 증대시킨다는 정책적 목적을 가지고 있으나, 현실적으로는 통제된 가격으로 인해 오히려 주택가수요를 촉발함으로써 주택배분의 사회적 형평성을 저하시키는 문제점을 낳고 있다. 정부가 천명한 정부규제의 완화를 통한 민간자율적 시장기능의 회복이라는 점에서는 신규아파트분양가규제는 이제 그 설득력을 잃게 된다. 한편 실명거래에 기초한 자금추적과 종합과세가 정착된다면 주택투기는 어렵게 될 것이며, 「주택투기예방과 분양가격규제정책」은 상호모순적 정책으로 된다. 예상컨대 멀지 않은 장래에 주택가격규제정책은 그 궤도수정이 불가피하다고 판단된다. 즉 파행적 주택시장[3]에서 수요공급에 따른 정상적 주택시장으로 탈바꿈해야 할 것이다.

둘째, 주택거래질서의 정상화 및 수요자중심의 주택시장의 형성이다. 주택거래는 주택입지의 지역성으로 인하여 일부의 사람이 주택정보를 독점하고 이를 바탕으로 부동산투기를 가능하게 했다. 이제 주택관련 거래동향을 파악하는 종합전산망이 구축되고 있어, 미등기 전매, 딱지거래, 주민등록의 이전을 통한 무주택자로의 변신 등 편법적 주택거래는 어렵게 된다. 한편 분양가자율화를 전제로 하면 주택청약제도 자체가 존속하기 힘들기 때문에 주택건설공정 10~20% 선에서 미리 주택가격의 상당부분을 선지불하는 주택공급자 위주의 주택시장은 사라진다. 이제 주택시장은 소비자들이 원하는 디자인, 가격, 위치의 주택을 골라 구입하는 소비자 중심의 주택시장으로의 일대 변화가 예상되고 있다. 금융실명제가 관행으로 정착된 외국의 경우를 보면 부동산이 개인자산에서 차지하는 비중은 20~30%에 불과하고 나머지는 금융자산인 이유도 건전한 부동산시장이 정착되었기 때문이라고 판단된다.

셋째, 부동산과세기준의 변화를 지적할 수 있다. 금융실명제는 투기 및 주택

---

3) 우리 나라 주택시장의 파행성은 분양가규제, 주택상환사채 등의 제도와 더불어 공공부문이 사실상 민간부문의 역할을 담당한 점(공공기관의 분양주택공급) 등을 들 수 있다.

의 거래에 동원되는 자금의 원천, 규모, 지불방법 등이 명확히 밝혀짐으로써 조세관행에도 큰 영향을 미칠 것이다. 즉 부동산에 대한 과표가 지금처럼 공시지가나 감정가를 기준으로 하지 않고 바로 시가(거래가)로 변할 가능성이 높다. 시가를 기준으로 해야만 거래당사자들이 금융거래대차를 맞출 수 있고, 거래차익도 정확히 계산가능하여 공정한 세금을 부과할 수 있기 때문이다. 부동산거래에 있어 그 동안 토지거래허가지역에서만 적용되던 검인계약서가 모든 부동산거래를 대상으로 실거래가격으로 표시되는 관인계약서제도를 도입하려는 움직임도 이와 맥을 같이한다고 볼 수 있다. 이것은 또 부동산이 더 이상 투기의 대상이 될 수 없음을 의미하고 오직 수요자가 시가의 변동, 조세, 거래비용 등을 감안하여 구입을 할 것인가 임대를 할 것인가를 결정케 하도록 만드는 요인이 될 것이다.

이러한 긍정적 변화는 금융실명제의 지속적 실시, 주택분양가규제의 철회, 각종변칙거래의 근절 등 주택을 둘러싼 환경의 변화를 전제조건으로 하고 있다.

제 4 절 주택시장정상화를 위한 보완대책

Ⅰ. 주거불안계층에 대한 대책

금융실명제는 장기적으로 부동산거래질서를 확립시키는 기반을 제공해 줄 것으로 기대되지만 현행 제도 중에는 주택시장의 정상화를 가로막는 장애요인들이 있다. 특히 분배정의를 실현시키기 위한 금융실명제가 적어도 단기적으로는 무주택자에게 피해를 줄 가능성이 높은 것은 여러 가지 주택정책적 시사점을 내포하고 있다. 주택정책의 대상은 주거불안계층이므로 금융실명제에 따른 제반 주택문제는 이들을 정책대상으로 하면서 대책을 수립해야 할 것이다. 이들은 금융실명제로 증여, 상속이 어려워진데다 주변의 이전지출을 기대할 수 없게 되었다. 지금과 같이 근로자의 연간가능저축액의 수십 배에 해당하는 집값수준이 계속 유지되고, 또 임대주택비용이 증가한다면 무주택자의 주거안정을 크게 위협할 것으로 판단된다. 그러므로 다음과 같은 보완대책이 요구된다.

첫째, 실수요가 몰리는 규모의 주택공급을 꾸준히 늘리되 분양주택뿐 아니라 임대주택의 공급확대에도 역점을 두어야 한다. 주택보급률이 100%가 넘는 선진국에서도 자가소유율이 60%가 넘지 않는다는 사실은 단순한 주택재고의 증가보다는 임대주택의 확대중요성을 대변해 준다. 이를 위해서는 공공부문의 임대주택공급확대노력도 중요하지만 민간부문에서의 임대주택확대를 위한 제도적 보완책이 요구된다. 특히 주택임대업을 육성하는 방안으로 1가구다주택보유자도 임대업으로 등록하면 정당한 소득 그리고 적정과세를 하는 제도를 정착시켜야 할 것이다.

둘째, 부동자금을 주택시장으로 흡수할 전향적인 대책이 요구된다. 이를 위해 주로 주택소요계층이 몰리는 국민주택규모 이하의 주택구입자금에 대해서는 생필품구입자금으로 인정, 소득세과표에서 공제시켜주는 방안을 적극적으로 검토해야 할 것이다.

셋째, 이와 아울러 주택구매능력의 향상을 위해 주택융자비율을 확대하는 방안도 검토되어야 할 것이다. 저당대출(mortgage) 제도의 확대도입으로 실명제하의 주택금융을 제도권에서 해결토록 하는 방안도 적극적으로 검토될 필요성이 있다고 본다.

Ⅱ. 부동산투기근절을 위한 제도적 보완사항

금융실명제가 정착되는 자체로 부동산투기가 근절되지 않는다. 부동산거래현장에 종사하는 부동산중개업자를 대상으로 금융실명제로 부동산투기가 근절될 것이냐는 질문에 대해 「큰 것은 안 되고, 작은 것은 되고」, 「토지와 주택은 안 되고, 상가와 오피스텔은 되고」라는 응답이 많이 나오고 있어, 아직까지 빠져나갈 여지가 많은 것으로 나타났다.[4] 부동산투기를 근원적으로 예방하기 위해서는 다음과 같은 제도적 보완책이 마련되어야 할 것이다.

첫째, 종합전산망의 구축이 시급하다. 현재 주택과 토지는 전산망이 구축되고 있으나, 공장용지, 상가, 상업용 빌딩, 오피스텔, 콘도 등은 전산화되지 못하고 있으며, 가옥대장과 등기가 일치하지 않는 문제점도 있다. 이것은 현 제도상의 허점으로서 시급히 보완되어야 할 사항 중의 하나이다.

둘째, 명의신탁제 등 편법 부동산 보유에 대한 조치가 필요하다. 명의신탁제도가 존재하는 한 제도권 금융기관에 돈을 맡기는 사람보다는 부동산에 투자하려는 심리가 팽배하기 마련이다. 아직 명의신탁제도에 관한 구체적인 발전방안이 법제화 안된 상태이기 때문에, 주택부문이나 다른 부문에서 이 부동자금을 건전한 방향으로 흡수할 장치가 마련되지 않으면 부동산 분야에 유입될 가능성

4) 한국주택신문, 1993년 9월 22일자 p. 1, 2, 4 참조.

은 매우 높다. 지난 20여 년 간 토지와 주택가격상승률이 소득 및 소비자물가상승률보다 훨씬 높았던 것을 상기하면 아직도 부동산투자는 희망이 있다고 믿는 사람이 많다. 최근 농지기본법 개정, 토지이용규제완화조치 등으로 땅을 소유한 사람들의 기대가 커지고 있다. 주택의 경우 한 사람이 많은 주택을 소유한다 해도 임대주택으로 등록하면 일정 수익률을 보장받게 되어 다주택보유 자체가 도덕적으로 비난받거나 투자상으로 불리할 것이 없다는 것은 임대주택법에서 잘 말해 주고 있다.

제5절 결　론

금융실명제는 장기적으로 주택시장을 정상화시킬 수 있는 기반을 제공해준다고 볼 수 있다. 즉 그 동안 주택시장의 특징이라고 할 수 있는 파행성을 종식하고 자율시장기능의 회복기회를 제공하여 주고 있다. 이러한 기회는 현재의 제도가 갖고 있는 허점을 보완할 때만이 가능할 것이므로 금융실명제에 걸맞는 제반 관행 및 제도의 개선을 요구하고 있다. 주택정책 중 공급의 측면에서는 많이 짓는 것도 중요하지만 주택정책의 대상을 명확히 구분, 이들에 적합한 주택을 공급하는 선별적 공급정책이 요구된다.

주택정책의 수요측면에서는 「소유」위주에서 「주거」위주의 주택수요로 유도하는 동시에 앞서 지적한 여러 가지 투기근절방안을 강구해야 할 것이다. 그리고 금융실명제 실시를 계기로 향후 주택문제의 핵심이 될 주택금융에 대한 개혁적 조치가 필요하다. 사채시장이 무너지고 제도권 금융이 정착되려면 주택부문에서는 저당대출(mortgage)제도의 정착이 급선무이다. 주택부문의 투명한 돈의 흐름을 파악하고 적정과세만 한다하여 주택문제의 해결이 가능한 것은 아니다. 「모게지」은행을 통한 공식적이며 지속적인 주택자금의 공급 또한 주택공급자, 수요자 모두에게 필요한 것이다.

제10장 : 주택관련세제

제 1 절 주택관련세제의 목적과 효과

주택관련조세는 주택건설, 공급, 거래 등에 직접적 영향을 미칠 뿐만 아니라 주택자원의 배분적 효율성과 소득배분의 형평성에 크게 기여할 수 있다. 우리 나라 주택관련조세의 목적은 크게 4가지로 구분하여 생각해 볼 수 잇다. 첫째, 조세수입의 확보이다. 점증하는 사회적 욕구충족과 주거수준향상을 위한 정책목표실현을 위해서 정부의 재원확보는 필수적이다. 특히 지방정부가 공공적 목적의 사업을 수행하기 위해 필요로 하는 재원의 조달은 해당지역주민으로부터 조세를 징수하는 방법과 국가가 조달한 재원을 할당, 보조받는 방법이 있다. 오늘날 우리 나라 지방정부의 재정자립도는 1990년 평균 46.2%(도평균)에 지나지 않고, 일부 대도시와 몇몇 중소도시를 제외하면 증대하는 재정수요를 충족하지 못하는 문제점을 발견할 수 있다. 우리 나라 지방세수입의 상당부분이 부동산에 의존하는 재산세적 수입이라는 특징을 지니고 있다. 그래서 지방세수입이 부동산경기 특히 주택경기에 따라 영향을 받지 않을 수 없다.

둘째, 주택건설 및 공급의 확대이다. 우리 나라는 전체 가구수에 비하여 주택재고가 턱없이 부족한 현실에서 주택공급을 확대하는 조세정책이 매우 중요하다. 외국의 경우도 이미 오래 전부터 주택건설을 촉진하고 주택가격의 저렴화를 유도하기 위하여 주택저축예금우대 및 신축주택 재산세감면 등의 다양한 조세정책을 펴고 있다. 주택공급의 확대측면에서 조세정책은 자가주택과 임대주택으로 나누어 생각해 볼 수 있다. 자가주택의 경우는 임차가구가 자가주택의 소유를 희망할 때 취해지는 각종 조세감면조치이고, 임대주택은 임대주택의 공급확대와 임차가구의 주거안정에 관련된 조세를 말한다. 자가소유촉진을 위한 조세는 주택소비와 관련되고 임대료안정을 위한 조세는 임대주택사업자의 부담을 경감시키는 조세이다.

셋째, 소득재분배효과이다. 조세는 국민의 재산과 소득의 분배를 조정하고 경기조절과 소비지출의 억제 등 사회정책적 기능을 수행한다. 주택관련조세의 소득재분배적 기능은 토지공개념의 도입, 불로소득과 재산소득에 대한 조세강화로 조세부담의 형평성을 높이고 동시에 복지재원의 원활한 조달을 기해야 한다. 그러나 지난날 우리 나라 세제운영은 세부담의 형평성 유지보다는 성장전략부문에 조세혜택이 주로 이루어졌고, 투자재원을 확보하기 위하여 재산소득에 대한 과세특례 등과 같이 개발자원에 치중하였다. 또한 우리 나라는 불로소득 및 재산소득에 대한 과세형평성이 유지되지 못하여, 소득분배구조의 악화와 함께 소유의 불평등을 시정하지 못하고 있다.

넷째, 주택 등의 부동산투기의 억제이다. 주택관련조세는 위에서 언급한 것처럼 사회정책적 목적이 수반되기 때문에 부동산투기 등의 비효율적 경제행위나 불로소득에 대한 세제가 필수적이다. 특히 주택관련 재산에 상속세, 양도소득세 등 기존의 법령과 과표현실화를 통한 세제를 보완하여 부동산투기를 막아야 하나 사유재산권 보장과 행정능력 등의 부족으로 부동산투기억제를 위한 조세제도가 정착되지 못하고 있는 실정이다.

제2절 주택관련세제내용

우리 나라 주택관련세제는 주택 그 자체의 건축에 해당하는 것과 주택의 분양, 보유, 양도 그리고 주택의 구입에 따른 세금을 부과하고 있다. 한편 주택관련조세는 그 과세대상, 과세목적, 시기, 방법 등에 따라 보유과세, 거래·이전과세, 자본이득과세로 유형화할 수 있다. 주택의 유통과정이라 할 수 있는 택지취득에서부터 양도에 이르기까지 단계별 조세 및 준조세의 종류는 〈표 10-1〉에서 잘 나타나 있다. 약 28종류의 조세와 12개 준조세가 주택관련조세에 해당된다.

Ⅰ. 보유과세

보유과세로는 종합토지세, 재산세, 도시계획세, 공동시설세, 택지초과소유부담금, 교육세, 사업소세 등이 있다. 이 중 대표적인 재산세와 종합토지세에 관하여 구체적으로 살펴보기로 한다.

〈표 10-1〉 단계별 조세 및 준조세

단 계	조 세	준조세(수수료, 부담금)
1. 택지취득	・취득세 ・등록세 ・교육세 ・인지세	・중개수수료
2. 택지보유	・종합토지세 ・교육세 ・공동시설세 ・토지계획세 ・토지초과이득세	・택지초과소유부담금
택지조성		・개발부담금
3. 주택건축 (사업승인)	・면허세	・제 1 종국민주택채권 ・도시철도채권 ・대체종지조성비 ・대체조림비 ・농지(임지)전용부담금
건축공사	・부가가치세 ・사업소세	・도시철도채권
준 공	・취득세 ・등록세 ・교육세	・개발부담금 ・제 1 종국민주택채권
4. 분양취득	i) 건축주의 경우 ・법인세 ・부가가치세 ・특별부가세(양도소득세) ii) 취득자의 경우 ・취득세 ・등록세 ・교육세 ・인지세	・제 1 종국민주택채권
5. 보 유	・종합토지세 ・재산세 ・교육세 ・인지세 ・도시계획세 ・공동시설세	
6. 양 도	・양도소득세(특별부가세)	

1. 재 산 세

대부분의 국가들은 재산세를 단일세율로 과세하는데 비하여 우리 나라는 건물과 토지를 구분하여 각각 누진과세해 왔으며, 토지분 재산세는 1990년 1월부터 종합토지세로 대체하였다. 재산세는 과세대장에 등록된 토지·건축물·선박 등을 소유한 자에게 부과되는 물세(物稅)이며, 소유한 재산에 예상되는 수익을 세원으로 하여 과세되는 수익세 성격의 조세이다. 재산세는 지방세법(제187조, 제188조)에 근거하여 용도에 따라 차등세율을 적용하고, 재산세 과표는 취득세의 경우와 같이 과세시가표준액이며 세율은 위의 〈표 10-2〉와 같다.

〈표 10-2〉 재산세 세율

과 세 표 준	세 율
1,200만 원 이하	1,000분의 3
1,200만 원 초과→1,600만 원 이하	3만6천 원+1,200만 원 초과금액의 5/1,000
1,600만 원 초과→2,200만 원 이하	5만6천 원+1,600만 원 초과금액의 10/1,000
2,200만 원 초과→3,000만 원 이하	11만6천 원+2,200만 원 초과금액의 30/1,000
3,000만 원 초과→4,000만 원 이하	35만6천 원+3,000만 원 초과금액의 50/1,000
4,000만 원 초과	85만6천 원+4,000만 원 초과금액의 70/1,000

주: 공동주택의 전용면적은 상기 초과누진세율을 적용하고, 공용면적부분은 일반세율(3/1,000)적용

또한 재산세는 임대주택에 거주하는 사람에 한하여 전용면적 25.7 이하인 경우 50% 조세감면혜택을 부여하고 있다.

2. 종합토지세

종합토지세는 전국에 있는 모든 토지를 소유자별로 합산한 후 합산한 토지가액에 누진세율을 적용하여, 토지소유정도에 따른 응능(應能)과세원칙을 확립하기 위한 것이다. 이를 통하여 과다한 토지소유를 억제하고, 지가안정과 토지소유의 저변확대를 도모하기 위해 도입된 제도이다.

종합토지세는 토지의 규모와 관계없이 단일세율로 과세하던 '토지재산세'(기본세율 0.3%)와 1988년 1월부터 유휴토지와 비업무용토지를 대상으로 소유자별로 합산하여 누진세율(0.5~5%)을 적용하던 '토지과다보유세'를 통폐합 강화한 것으로 초과누진세율을 적용하는 대인 종합합산과세제도이다. 과세표준은 종합합산과세표준, 별도합산과세표준 및 분리과세표준으로 구분하여 적용되고 있다(〈표 10-3〉 참조).

〈표 10-3〉 종합토지세 과세표준 및 세율(지방세법 제234조의 15, 16)

(1) 종합합산과세 대상토지

과 세 표 준	세 율
2천만 원 이하	과세표준액의 1,000분의 2
2천만 원 초과 5천만 원 이하	4만 원+2천만 원 초과금액의 1,000분의 3
5천만 원 초과 1억 원 이하	13만 원+5천만 원 초과금액의 1,000분의 5
1억 원 초과 3억 원 이하	38만 원+1억 원 초과금액의 1,000분의 7

3억 원 초과 5억 원 이하	178만 원+3억 원 초과금액의 1,000분의 10
5억 원 초과 10억 원 이하	378만 원+5억 원 초과금액의 1,000분의 15
10억 원 초과 30억 원 이하	1,128만 원+10억 원 초과금액의 1,000분의 20
30억 원 초과 50억 원 이하	5,128만 원+30억 원 초과금액의 1,000분의 30
50억 원 초과	1억1,128만 원+50억 원 초과금액의 1,000분의 50

(2) 별도합산과세 대상토지

과 세 표 준	세 율
1억 원 이하	과세표준액의 1,000분의 3
1억 원 초과 5억 원 이하	30만 원+1억 원 초과금액의 1,000분의 4
5억 원 초과 10억 원 이하	190만 원+5억 원 초과금액의 1,000분의 5
10억 원 초과 30억 원 이하	440만 원+10만 원 초과금액의 1,000분의 6
30억 원 초과 50억 원 이하	1,640만 원+30억 원 초과금액의 1,000분의 8
50억 원 초과 100억 원 이하	3,240만 원+50억 원 초과금액의 1,000분의 10
100억 원 초과 300억 원 이하	8,240만 원+100억 원 초과금액의 1,000분의 12
300억 원 초과 500억 원 이하	3억2,240만 원+300억 원 초과금액의 1,000분의 15
500억 원 초과	6억2,240만 원+500억 원 초과금액의 1,000분의 20

(3) 분리과세 대상토지

	세 율
① 전·답·과수원·목장용지·임야	과세표준액의 1,000분의 1
② 골프장·별장 기타 사치성재산으로 사용되는 토지	과세표준액의 1,000분의 50
③ 분리과세대상토지 중 ①, ② 이외의 토지	과세표준액의 1,000분의 3

특례조항으로서 대한주택공사 및 한국토지개발공사가 분양 또는 임대를 목적으로 취득한 토지 중 1세대당 건축면적(전용면적)이 60m^{2}이하의 소규모 주택

〈표 10-4〉 취득세 세율(지방세법 제112조)

과 세 물 건	과 율
· 일반재산	① 1,000분의 20
· 사치성 재산 및 법인의 비업무용 토지	①항의 100분의 500
· 대도시 내 공장의 신설·증설용 과세물건	①항의 100분의 300
· 동일물건에 2개 이상의 세율 해당 시	그 중 높은 세율 적용

용 토지와 주한미군에 임대하기 위하여 취득한 주택부속토지에 대해서는 종합토지세를 면제하도록 되어 있다. 다만 토지를 취득한 날로부터 4년기간 내에 주택건축을 착공하지 않거나, 소규모주택용 외의 용도로 사용하는 경우에는 면제된 종합토지세를 추징하도록 한다.

Ⅱ. 거래, 이전과세

거래, 이전과세는 취득세와 등록세가 가장 대표적이며, 세수면에서 가장 큰 비중을 차지하고 상속세, 제 1 종 국민주택채권 등도 이 범주에 넣을 수 있다.

1. 취 득 세

취득이라 함은 매매, 교환, 증여, 기부, 법인에 대한 현물출자, 건축, 공유수면의 매립, 간척에 의한 토지의 조성 등과 기타 이와 유사한 취득으로서 원시취득, 승계취득 또는 유상, 무상을 불문한 일체의 취득을 말한다. 세무납세자는 부동산을 사실상 취득한 자인데, 사실상 취득이란 당해 부동산의 배타적인 사용, 수익권을 취득하는 그것을 의미하며 공부상의 등기, 등록여부와는 관계없다.

세율은 〈표 10-4〉와 같으며, 취득 후 30일 이내에 신고 납부하지 않거나 납부세액이 미달한 경우에 산출세액 또는 미달체액에 100분의 20을 가산한 금액을 부과한다. 그리고 취득가액이 50만원 이하인 경우는 취득세를 부과하지 아니 한다.

2. 등 록 세

등록세는 수수료 성격의 지방세(道稅)로서 국민의 재산에 관한 권리를 보호해 주는 각종 권리의 등록에 관한 세금이다. 등록세의 세율은 〈표 10-5〉에서 알 수 있는 바와 같이 ① 상속으로 인한 소유권의 취득, ② 상속 이외의 무상으로

〈표 10-5〉 등록세 과세표준 및 세율

원인 또는 형태		대 상	과세표준	세 율
무상취득	상속취득	농 지	부동산가액	3/1,000
		기 타	〃	8/1,000
	기 타 무상취득	등록된 종교단체, "민법 제32조"의 비영리법인 등	부동산가액	8/1,000
		기 타	〃	15/1,000
유상취득		농 지	부동산가액	10/1,000
		기 타	부동산가액	30/1,000
소유권의 보존		일 반	부동산가액	8/1,000
경매신청·가압류·가처분·저당권		일 반	채권금액	2/1,000
지상권·가등기		일 반	부동산가액	2/1,000
지 역 권		요 역 지	요역지가액	2/1,000
전세권·임차권		일 반	전세·임차금액	2/1,000
공유·합유 및 총유물의 분할		일 반	분할로 인하여 받는 부동산가액	3/1,000
신탁재산을 수익자에게 이전		사찰·불당·교회, "민법 제32조"의 비영리법인 등	부동산가액	5/1,000
		기 타		10/1,000
기 타			—	건당 3천원

인한 소유권의 취득, ③ 소유권 이외의 물권과 임차권의 설정 등 9가지 경우로 나누어진다.

주택과 관련된 세율에 있어 보유등기는 1,000분의 8, 소유권 이외의 물권과 임차권의 설정 또는 이전등기는 1,000분의 2이다.

Ⅲ. 자본이득과세

자본이득과세는 양도소득세(개인), 특별부과세(법인)가 대표적이며, 미실현 자본이득을 대상으로 과세하는 토지초과이득세, 개발부담금, 자산재평가세 등은 본질적으로 보유과세에 해당되나 그 기능적 측면을 중시하여 자본이득과세에 포함시킬 수 있다.[1)]

1) 「주택금융」, 제167호, 한국주택은행, 1994. 5, p.3 참조.

양도소득세

양도소득세는 자산거래를 통해 실현되는 자본이득에 대한 세금으로서 모든 유형의 소득에 대해 공평하게 과세한다는 수평적 형평과 부의 보유수준에 따라 차등과세한다는 수직적 형평의 원칙에 부합되는 세금으로 인식되고 있다. 양도소득세의 과세표준은;

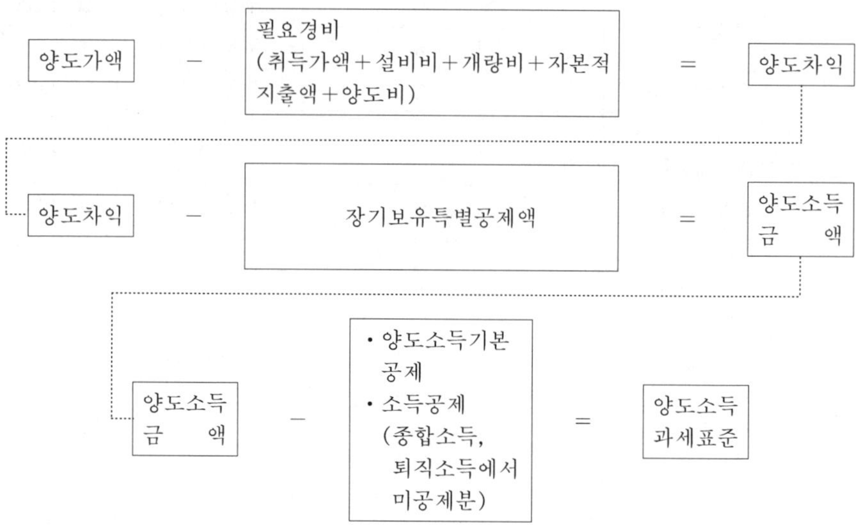

을 말한다. 그리고 양도소득세 세율은 〈표 10-6〉과 같다. 조세특례규정으로서 공공사업용 토지 등의 양도로 발생하는 소득에 대하여는 양도소득세 또는 특별부가세를 50% 감면하고 있다. 그리고 도시재개발사업시행자에게 토지를 양도하

〈표 10-6〉 양도소득세 세율

재산구분	세 율
2년 이상 보유[1]토지 · 건물 · 부동산에 관한 권리(지상권, 전세권, 임차권, 부동산을 취득할 수 있는 권리)	1200만원 이하: 6% 1200∼4600만원 이하: 15% 4600∼8800만원 이하: 24% 8800만원 초과: 33%
1년 이상∼2년 미만	40%
1년 미만	50%

주: 1) 보유기간: 취득일로부터 양도일까지의 기간(상속 또는 증여받은 자산은 피상속인 또는 증여자가 취득한 날로부터 기산).

〈표 10-7〉 양도소득세 면세혜택 비교

항 목	5년간 한시적 면제	비과세 요건완화
대 상	전용면적 50평 이하 고급주택을 제외한 모든 주택으로 미분양 또는 신규분양 물량	모든 주택
매입시기	1998. 5. 22～1999. 6. 30(매매계약체결)	1999. 1. 1～12. 31(잔금청산)
과세기준일	잔금청산일	잔금청산일
면제기준	잔금청산일로부터 5년 이내에 매각할 경우	잔금청산일로부터 1년 이상 보유한 후 매각할 경우
면세비율	5년 이내에 매각할 경우	1년 이상 보유할 경우 100%
수혜대상	주택소유 여부에 관계없이 모든 사람이 해당됨	무주택자와 1가구 1주택자 * 단 1가구 1주택자는 기존주택을 새집에 대한 잔금을 지불한 날로부터 2년 이내에 매각해야 함

는 경우와 개발사업시행자의 토지개발, 양도로 발생하는 소득에 대하여도 양도소득세 또는 특별부과세를 50% 감면해주고 있다. 그리고 과거에는 1가구 1주택의 경우 3년 이상 거주하거나 또는 5년 이상 보유한 경우 양도소득세를 면제해 주었다. 1999년 이후 취득한 주택에 대해 현재 3년 이상인 양도세 비과세 대상기간을 1년으로 단축하기로 하였다. 그러나, 1998년 12월 31일 이전에 취득한 주택이나 미등기 전매는 양도세 면제대상에 포함되지 않는다. 정부가 발표한 규제완화를 통한 면세혜택을 보면 〈표 10-7〉과 같다.

제 3 절 주택관련세제의 변천과 투기억제책

우리 나라는 주택건설, 공급, 소비 및 거래의 정책수단으로 조세감면과 조세중과정책을 병행하여 이용해 오고 있다. 이를 세분하여 논의해보면 주택관련조세는 주택소비와 거래를 촉진시키고자 하는 조세정책과 주택공급을 확대하기 위한 조세정책으로 두 가지 측면에서 설명이 가능하다. 주택소비의 촉진조세정책은 자가확대 주택정책과 관련을 지니고 있으며, 주택공급확대 측면의 조세정책은 임대주택의 건설과 임대료안정이라는 정책목표를 기대하는 것이라 볼 수 있다.

한편 주택가격의 급등과 주택투기에 대응하여 다양한 중과세정책을 펴기도 하였다. 주택관련조세제도의 시대적 변천[2]을 이러한 부동산투기억제책과 주택정책에 관련지어 살펴보는 것은 매우 중요한 일이다.

Ⅰ. 1960년대

1960년대 초반에는 주택관련조세정책이 구체화되지 못한 상태였고, 전반적인 주택·토지 등의 부동산관련법률도 정비되어 있지 못했다. 주택관련법률인 도시계획법, 건축법, 토지수용법, 대한주택공사법이 1962년에 제정되었다.

1962년부터 시작된 경제개발 5개년계획과 함께 주택공급확대를 위한 기초작업이 시작되었고, 각종 제도금융실시와 함께 주택가격안정을 위한 조치들이 취해지기 시작하였다. 1960년대 대표적인 주택관련조세정책을 보면, 토지양도차익 50%의 세율적용과 함께 공지를 2년 이상 방치하면 과세대상이 되었고, 건물이 정착된 토지면적이 건축물 면적의 10배를 넘는 경우도 과세하도록 하였다. 이러한 과세대상지역은 서울, 부산 기타 대통령령이 정하는 지역에 실시되는 「부동산투기억제에 대한 특별조치법(1967. 11. 29)」이 마련되었다. 이 법은 비생산적인 투자, 특히 토지에 대한 거래로 발생하는 차익에 대해 과세하는 것이 주목적이었으며, 1969년 11월 「물가안정을 위한 비상대책」과 1970년 1월 「경제안정대책」과 같은 경제시책의 일환으로 이어졌다.

Ⅱ. 1970년대

1960년대의 주택·토지 관련 조세정책의 기초는 투기를 억제, 예방하는 것이 주목적이었고 주택소비와 거래를 촉진시키고자 하는 정책과는 거리가 멀었다. 즉 투기를 억제하는 조세정책으로 인하여 주택건설과 거래는 침체국면으로 접어들었고 이로 인한 국민경제전반에 파급효과가 커지자, 1971년 1월에는 「부동산투기억제에 관한 특별조치법」을 개정하였다. 개정내용을 보면, 과세표준 및 면세기준을 변경 또는 신설하여 규제를 완화하고자 하였으나, 세율은 50%에서 80%로 강화되었다.

1970년 지방세법의 개정으로 가옥에 대한 세액공제제도가 도입되었으며, 1974년 12월에는 「부동산투기억제에 관한 특별조치법」을 폐지하고, 부동산매매

2) 국토개발연구원, 「1980년대 주택정책의 성과와 과제연구」, 1987. 12, pp. 84~87.

로 인한 양도차익에 관한 과세가 주택에까지 확대되었다. 또한 같은 해 양도소득세제도의 신설, 법인의 부동산양도에 따른 소득에 과세하게 되었으며, 양도소득에 대한 과세는 주택건설촉진을 확대할 수 있도록 1가구 1주택인 경우는 조세감면조치를 취했다.

1977년에는 국민주택규모인 소형주택에 대해서는 조세적 지원이 강화될 수 있게 하는 근거가 「조세감면규제법」개정을 통해 실시하였고, 양도소득에 대해서는 과세를 강화하는 조세정책을 폈다. 즉 1970년대 후반에 들어 주택가격의 안정책은 주로 조세제도를 통해 시도한 점이 특징이다. 그러나 1970년대의 조세정책은 정부가 의도한 주택가격안정 및 투기억제책과 동시에 주택건설촉진이라는 두개의 정책목표가 서로 상치되는 정책적 모순을 발견할 수 있다.

1978년의 「8.8 부동산투기억제조치」가 1970년대의 대표적인 투기억제를 위한 정책으로서 미등기전매의 경우 100%, 2년 이내 단기거래의 경우 40%의 가산세를 부과하는 양도소득세제도를 강화하였다. 한편 거래질서를 확립하기 위하여 부동산중개제도를 허가제로 검토하는 등 다양한 대책이 마련되었다. 또한 1978년 12월 국토이용관리법 개정으로 토지거래규제구역을 지정할 수 있도록 하고, 동시에 유휴지지정제도를 도입하여 적극적 개발을 유도하기도 하였다.

Ⅲ. 1980년대

1980년대는 주택경기활성화 조치와 부동산투기억제책이 반복되는 시기였다. 주택경기활성화 방안으로는 1981년 한 해에 세 차례나 각종 조치가 취해졌다. 1981년 1월 주택경기활성화 방안으로 주택건설용지에 대해 토지소유자에게는 양도소득세 100%면제(아파트지구 이외의 지역은 50%면제), 1가구 2주택 양도소득세 면제기간도 1년에서 1년 6월로 연장하였다.

1981년 5월 주택경기활성화 조치가 두 번째로 시도되었는데, 그 내용을 보면 ① 신축주택을 최초로 취득한 자가 양도하는 경우 양도세율은 50%로 인하하고, ② 25.7평 이하 주택신축의 경우 양도세 100% 면제 그리고 ③ 주택에 대한 취득세 및 등록세액의 30% 감면조치를 취했다. 세 번째 조치는 동년 6월 26일 발표된 것으로 양도소득세율 완화 및 국민주택규모의 50% 이상 건설의무의 폐지 등을 골자로 하는 내용이었다.

한편 1980년대 주택투기억제책은 1982년 12월, 1983년 2월, 1987년 2월 그리고 1988년 네차례나 시도되었다. 1982년 12월에 있었던 주택투기억제책의 내용은 ① 주택분양가격의 획일적 규제에서 차별차등가격적용, ② 청약예금 가입자 중 순위제 폐지, ③ 분양시기조정(착공시 분양을 지정업자 10%, 등록업자 20% 공정 후 분양), ④ 국민주택전매제한 기한연장(6개월에서 서울 및 특정지역 2년으로), 그리고 ⑤ 분양자격 및 입주관리강화, 소형 및 임대주택건설권장 등이다.

1983년 2월 16일에 있었던 부동산투기억제책은 ① 미등기 전매행위 억제(인감증명에 거래상대방 명기), ② 부동산중개업허가제 실시 검토, ③ 채권입찰제에 의한 아파트분양 및 분양가격 실세화 검토, ④ 특정지역고시제 활용(양도소득세 과세표준을 실거래가격적용), ⑤ 토지의 용도변경에 의한 지가상승과 투기억제를 위해 공공기관이 매수한 후 개발분양조치 등이다.

1983년에는 토지 및 주택개발종합대책이 제시되었는데, 주요내용은 양도소득세의 탄력세율적용 시한을 1984년 3월 31일에서 1983년 6월 30일로 단축하고 대도시택지공급확대방안으로 공영개발(예, 목동신시가지개발)을 적극 유도하도록 했다.

1980년대 세번째 부동산투기억제조치는 1987년 2월 25일에 시도된 바 있다. 이때 정부는 부동산투기예상지역의 거래를 감시하고 토지거래 신고제를 개선하는 내용으로 신고가격의 하한선 설정 및 선매제도개선이 주된 내용이었다. 토지거래신고제는 1984년 12월 중부고속도로 건설계획에 따른 충북, 충남 등 29개 지역에 걸쳐 5년간(1984. 12. 20∼1989. 12. 19) 실시된 바 있고, 이후 대상지역이 확대되었다.

그리고 1980년대 후반의 투기억제조치는 1988년 8월에 실시된 것으로 ① 양도소득세 면제기간의 단축(3년거주, 5년보유), ② 토지거래허가제 확대실시, ③ 특정지역 확대고시, ④ 관인계약서 사용(1988. 10. 1) 그리고 ⑤ 택지소유상한제, 개발이익환수제, 종합토지세 조기도입 등이다.

1989년에는 아파트 분양가연동제를 실시함으로써 분양가 상한선이 부분적으로 완화되었고, 동년 12월에는 토지공개념 관련 3개 법안이 국회소위를 통과하여 1990년 3월부터 실시하게 되었다. 그리고 양도소득세, 증여세의 과표를 공시지가로 적용하고, 미등기부동산 소유자에 벌금과 체형을 부과(취득 후 2개월 이내 등기의무화)하는 조치를 1990년 4월에 발표하였다. 그리고 동년 5월에는 49개 재벌의 비업무용 부동산을 공개하고, 재벌기업의 부동산 신규취득억제 그리고 기업부동산에 대한 세제혜택을 축소하는 등의 「5·8기업 부동산투기억제조치」가 취해졌다.

Ⅳ. 투기억제 최근 동향

1. 배 경

2003년 10.29 대책 발표 이후 주택가격은 어느 정도 안정세를 보이다 2005년 2월 급 상승세로 전환되었다. 정부의 연이은 대책에도 불구하고 서울 강남지역과 신도시 분당에서 시작된 아파트가격 급등세는 서울 전역으로 그리고 수도권으로 확산되기 시작했다.

아파트 가격 상승의 특징은 서울 강남이 강북에 비해 큰 폭으로 상승했고 규모별로는 대형아파트가 중·소형 아파트보다 크게 상승하였다. 2005년 1월부터 7월 사이 서울 강남은 12.4%, 강북은 1.6% 각각 상승했으며 수도권 지역은 6.6% 상승을 보였다.

토지가격도 급격한 상승을 보였다. 그 원인은 ① IMF위기 이후 급격히 하락한 지가가 경기회복에 따라 단기간에 빠른 속도로 반등(2002년 GDP 상승률: 7.0%), ② 1999년 이후 저금리 추세에 따른 풍부한 유동성 상황, ③ 개발제한구역 해제 등 토지규제완화 및 수도권지역의 대규모 신도시추진(화성, 동탄, 파주, 아산, 김포) 등에 따른 영향 등으로 정부는 분석했다. 2004~2005년 상반기중 서울·인천·경기·대전·충남 등의 지가가 상대적으로 크게 상승했으며, 특히 행정중심복합도시 등 개발예정지역을 중심으로 지가가 가파르게 상승하는 지역이 늘어나고 있었다.

아울러 고액 자산가들이 투자 목적·증여용으로 강남지역 등의 주택을 집중 매입하였고 저금리 기조가 지속됨에 따라 금융자산 등에 비해 부동산 투자에 대한 기대가 상대적으로 높아진 점이 주요한 원인으로 꼽을 수 있다. 더욱 중요한 원인은 그 동안 추진해온 정부의 부동산정책에 대한 국민의 신뢰가 형성되지 못하여 투기심리가 지속된 점이다. 정부의 잦은 정책변경과 혼선으로 인한 사회심리적 요인이 크게 작용한 것이다. 정부는 가격급등으로 거품이 형성되었다가 붕괴될 경우 금융기관 부실, 실물경제 침체 등 전반적인 경제위기로 확산될 것을 우려했고, 일부지역에서 촉발된 주택가격 급등현상이 다른 지역으로 확산·심화되는 것을 방지해 서민의 주거생활 안정을 도모하고자 8.31대책을 발표하게 되었다고 밝히고 있다.

2. 8.31대책의 주요 내용

정부는 서민주거안정과 부동산투기 억제를 위해 실거래 과세기반 구축, 종합부동산세 강화, 개발이익환수, 주택공영개발 확대 및 토지취득요건 강화 등을 주요 내용으로 하는 8.31 부동산시장 종합대책을 2005년 8월 발표한 바 있다.

주요 내용을 보면 첫째, 거래투명성 강화이다. 부동산 실거래가 신고의무화, 법원 등기부 기재 등 부동산 거래를 투명화하여 실거래가 과세기반을 구축하고 부동산 시장 선진화를 도모하고자 함이다.

둘째, 서민주거 안정으로 무주택 서민의 내집 마련 확대 등 서민주거 안정을 위해 생애 최초주택구입자금 대출 재개, 영세민·근로자 전세자금 금리인하, 저소득층 모기지론 금리 우대 및 청약우선권 부여 등의 지원 대책을 마련하였다.

셋째, 부동산세제의 강화이다. 종합부동산세는 적용대상 확대, 가구별 합산, 연간 상승한도 조정 등을 통해 과다·다주택 보유자의 조세부담을 강화하는 내용을 담고 있다.

넷째, 주택공급확대이다. 장기적인 수급 안정을 위해 서울 송파·거여 지구 신도시 개발, 공공택지 중대형 건설비중 확대, 재개발 활성화 등이다.

다섯째, 토지시장 안정을 위해 세제 강화, 토지거래허가요건 강화, 개발이익 환수 및 기반시설부담금제도 도입 등 투기적 토지수요를 억제하고, 토지의 사전 매입 및 비축기능을 강화하여 주거 및 산업용지의 원활한 공급을 추진하고자 한다(〈표 10-8〉 참조).

주택공급 확대내용을 구체적으로 살펴보면 장기적인 주택수급안정을 도모하기 위해 택지공급을 확대하고자 한다. 수도권에 5년간 1,500만평이 공급되는 신도시 건설, 서울 송파구 일대 국공유지 200만평 신도시 개발, 김포, 파주, 양주 옥전, 오산세교, 궐동 등 1천만평을 택지지구를 확대한다. 또한 재개발공급도 확대된다. 이를 위해 시행자지정요건은 종전의 주민 2/3 동의에서 1/2 동의로, 소형의무비율 80%에서 60%로, 용적률도 200～250%에서 250～350%로 상향조정, 역세권 용도변경 허용 등 기준이 완화되었다.

주택공급개선 측면에서는 주택공영개발지구를 지정하며, 공급물량에서 임대물량을 30% 건설한다. 분양가 규제는 강화되는 방향으로 선회하였는바, 종전에는 25.7평 이하에만 원가연동제가 적용되었으나 8.31대책에서는 모든 평형에 원가연동제를 적용한다. 그리고 25.7평 초과의 경우 종전에는 채권입찰제만 적용되었으나 이번에는 원가연동제와 주택채권입찰제(채권상한 시세의 90% 수준)를 동시에 적용하게 된다. 전매제한은 종전은 일률적으로 수도권 5년, 기타 3년이었으나 새로 마련된 안에서는 25.7평 이하는 수도권 10년, 기타 5년, 25.7평 이상은 수도권 5년, 기타 3년으로 강화되었다.

〈표 10-8〉 8.31부동산 종합대책 주요 내용 요약(2005년 8월 31일)

<table>
<tr><th colspan="3">구 분</th><th>개정내용</th><th>시행시기</th></tr>
<tr><td rowspan="6">무주택
서민
주거안정</td><td colspan="2">생애최초 주택 구입자금</td><td>• 전용면적 25.7평 이하 신규분양 주택 구입</td><td rowspan="3">10월</td></tr>
<tr><td colspan="2">전세자금 대출금리 인하</td><td>• 영세민 2.0%, 근로자 4.5%</td></tr>
<tr><td colspan="2">이주자용 전세자금지원</td><td>• 수도권 4천만원, 지방 3천만원
• 금리인하(2%)</td></tr>
<tr><td colspan="2">모기지론 확대</td><td>• 연 2천만원 이하 가구주 금리우대 (일반모기지론보다 0.5~1%P)</td><td>9월</td></tr>
<tr><td colspan="2">모기지 보험 도입</td><td>• 비투기지역 25.7평 이하 주택구입을 위해 보험 가입시 주택담보대출비율(LTV) 상향조정</td><td>2006년중</td></tr>
<tr><td colspan="2">청약우선순위</td><td>• 소득, 자산, 가구현황 등도 감안</td><td>연내</td></tr>
<tr><td rowspan="4">공공
임대주택
시장</td><td colspan="2">택지 확보</td><td>• 1천 9백만평 추가 확대</td><td rowspan="2">2006년중</td></tr>
<tr><td colspan="2">국민임대주택 특별법 적용면적</td><td>• 최대 50만평으로 확대</td></tr>
<tr><td colspan="2">다가구 매입 공급확대</td><td>• 2015년까지 5만호 계획(연간 4천 5백 가구)</td><td>시행중</td></tr>
<tr><td colspan="2">10년 장기임대 공급확대</td><td>• 투자 SPC에 대해 세제감면혜택
• 용적률 20%까지 인센티브 제공</td><td>연내</td></tr>
<tr><td rowspan="3">민간
임대주택
활성화</td><td rowspan="3">매입임대
주택등록
자격강화</td><td>등록요건강화</td><td>• 5가구 이상</td><td rowspan="3">9월중</td></tr>
<tr><td>임대기간강화</td><td>• 5년 이상으로 확대</td></tr>
<tr><td>취/등록세</td><td>• 취/등록세 감면 폐지</td></tr>
<tr><td colspan="3">취/등록세</td><td>• 개인간 주택 1.0%P 인하(2.5%)
• 실거래과세</td><td rowspan="4">2006년</td></tr>
<tr><td colspan="3" rowspan="3">종합부동산세</td><td>• 주택: 공시가격 6억원 초과
• 토지: 3억원 초과
• 가구별 합산</td></tr>
<tr><td>• 연간상승한도 200%로 상향조정</td></tr>
<tr><td>• 과표 인상, 2006년 70%(매년 10%P 인상하여 2009년 100%)</td></tr>
<tr><td colspan="2" rowspan="2">주택</td><td>재산세</td><td>• 과표 2008년부터 5%P씩 단계 인상(2017년 100%)</td><td></td></tr>
<tr><td>양도세</td><td>• 1가구2주택 2006년부터 실가과세 (나머지는 2007년부터 실가과세)
• 1가구2주택 50% 단일세율(2007년)</td><td>2007년
시행
(1년 유예)</td></tr>
</table>

		*대상: 수도권, 광역시 기준시가 1억원 초과, 기타 3억원 초과 주택 • 1가구1주택 장기보유 특별공제 15년 이상 보유시 45% 공제 추가	
토지	양도세	• 나대지부터 실가과세(2007년부터 모든 토지로 확대) • 개인소유 나대지 등 양도 세율 인상 60% 단일세율(2007년부터) *대상: 나대지, 잡종지 및 부재지구 소유농지, 임야, 목장용지 • 법인소유 토지 세금강화: 비업무용 농지, 임야, 목장용지 추가 매매차익에 대해 특별부가세 30% 적용	2007년
개발이익환수	기반시설 부담금제	• 기반시설부담금제 도입, 대상: 신규주택, 상가, 오피스, 재건축 및 재개발	2006년 하반기
	개발부담금제	• 개발부담금제 부활, 부과대상: 도시지역 200평, 비도시지역 500평 이상 • 토지개발이익의 25% 부과	2006년
	토지채권보상 확대	• 부재지주 채권지급(3년 만기 정기예금 금리수준) • 소유지주 희망시 대토, 주택 등 현물로 지급	2006년중
투기억제대책	임야취득요건강화	• 거주기간 1년 이상	연내
	토지이용 의무기간강화	• 2~5년	연내
	이용의무 위반시 과태료 강화	• 취득가액 10% 이내	연내
	이용의무위반 신고포상제 도입	• 포상금 50만원	연내

3. 파급효과 및 전망

8.31대책은 투자수요 위축에 따른 주택가격안정 효과를 기대할 수 있다. 보유세 및 양도세 강화, 부동산담보대출 억제 등은 단기적으로 수요를 위축시키고

매물을 증대시켜 부동산 가격 하락 안정에 기여할 것이다. 개인별 대출이나 과세가 세대별로 변경되어 부유층의 부동산 투자가 억제되어 주택은 투자상품으로서의 매력도가 하락할 것이다.

그러나 시중의 부동자금은 새로운 투자처를 찾아 상가 등으로 이동할 가능성이 높으며 일부자금은 채권시장으로 이동할 것으로 예상된다. 서울 송파 신도시, 강북 뉴타운 개발지역과 같이 개발호재가 많은 지역의 경우 투자수요가 몰려 국지적인 가격불안이 지속될 가능성이 많다. 그리고 투기규제가 강화된 서울 강남 재건축아파트 가격은 하락폭이 클 것으로 예상된다.

이번 8.31대책은 신규주택공급의 위축을 가져올지도 모른다. 정부의 주택공급확대방안이 제시되었음에도 불구하고 재건축규제는 지속되고, 전매제한 강화, 양도세 중과 등으로 투자유인이 줄어들면서 신규주택분양시 미분양사태가 발생될 것으로 전망된다. 우리나라 주택시장은 소위 가수요 혹은 투기수요가 크게 작용하여 주택가격이 폭등하고 분양열기가 높았음을 감안할 때 이번 대책은 신규공급의 위축 가능성이 높은 것으로 평가된다. 특히 공공택지 내 원가연동제 확대, 공영개발 확대, 기반시설 부담금제 도입 등은 민간부문의 주택건설을 제약하는 요인으로 작용할 것이다. 주택건설이 감소되면 건설투자가 위축되고 부동산가격 하락에 따른 '역 자산 효과'로 내수회복이 지연될 우려가 있다.

이러한 우려에도 불구하고 장기적으로는 우리나라 경제의 고질적인 고비용 구조가 개선될 수 있어 국가 경쟁력 제고에는 기여할 것으로 보인다. 부동산에 대한 투기과열을 차단하고 보다 생산적인 자원분배와 주거 및 투자 환경개선, 계층간 불균형 완화 등의 긍정적인 효과도 기대해 볼 만하다.

8.31대책에 대한 비판적 견해도 적지 않다. 이를 정리해 보면, 첫째, 천정부지로 오른 분양가에 대한 대책 없는 대출 늘리기는 가계에 부담만 안겨 준다는 지적이다. 1999년 아파트 분양가 자율화조치 이후 서울의 동시분양 아파트 평당 분양가는 1999년 604만원에 불과했지만, 2005년 현재 서울의 평당 분양가는 1,409만원으로 2.3배나 증가했다. 8.31대책은 분양가 규제를 위한 방안으로 공공택지의 경우 25.7평 이하에 원가연동제, 25.7평 초과에 대해 원가연동제와 주택채권을 병행하기로 했다. 민간 분양의 경우 분양가를 자율에 맡기기로 했다. 향후 공공택지를 통해 공급되는 아파트 분양가가 획기적으로 낮아지지 않는 한 내 집이 없는 서민의 집 장만하기는 쉽지 않을 것이다.

둘째, 정부는 서울 송파지구에 국공유지 200만평을 개발하여 주택 5만가구분을 공급하는 미니 신도시를 개발할 계획이다. 이 정책은 강남 수요에 대응한 전략이라 할 수 있다. 그러나 강남을 대체하는 수단으로 판교 신도시가 건설도 하기 전에 주변지역인 용인, 분당의 집값을 끌어올린 것을 감안하면 정부가 의도한 목적을 달성할 수 있을지 의문이다. 일부에서는 송파 미니 신도시는 위치나 접근성으로 보아 서울의 또 다른 '로또 복권'이 될 수 있을 것으로 전망하기도 한다.

셋째, 재개발 추진시 사업자 지정 요건을 대폭 완화했다. 주민동의 요건이 완화되었고 용적률이 50~100% 상향조정되었다. 이는 재개발을 용이하게 만든 것이며 재개발사업을 활성화하고 이를 통해 주택공급을 확대하며 동시에 주택가격을 안정시키는 효과를 기대한 것이다. 문제는 용적률과 층고제한이 완화됨으로 해서 발생하는 문제에 대한 대책이 전무하다. 용적률이 완화됨으로써 주택공급은 증대될 수 있지만 이에 따른 도시하부시설, 사회적 서비스 등이 적정하게 공급될 수 있는지 그리고 고밀개발을 통한 주거환경의 악화 즉 교통체증 등의 거시적 도시 관리 문제는 여전히 남게 된다. 서울의 주거지 고밀개발이 합리적인 대안인가에 관해서는 보다 심도 있는 논의와 연구가 필요하다.

넷째, 종합부동산세 과세대상 적용대상이 당초 4만명에서 16만 세대로 급증하여 매물 증가에 따른 가격하락세를 예상할 수 있다. 이는 고가 주택비중이 높은 서울 강남권과 분당지역의 경우 가격하락폭이 커질 것으로 판단된다. 전국의 과세대상 16만 세대 중 서울 강남권 4개구가 7만 7천 세대, 분당이 8천 세대로 전체의 절반 이상을 차지하고 있다. 그러나 이러한 가격하락 효과는 정부정책이 지속적으로 시행될 것이라는 '정책에 대한 신뢰'가 각인되고 실제 정책이 견고히 실행되어야 효과를 발휘할 수 있다. 종전의 예를 보면 정권이 교체되거나 경기의 변동에 따라 주택관련정책, 특히 조세정책은 자주 변화되어 왔었다. 예를 들어 2004년 말 건설경기연착륙 방안의 일환으로 투기규제가 일부 완화되고 종합부동산세, 재건축개발이익환수제 등이 개혁입법이 지연되면서 정책에 대한 신뢰성을 약화시켜 2005년 부동산 시장의 불안이 재연되었음을 알 수 있다.

다섯째, 다주택보유자들이 늘어난 세 부담을 임대료에 전가하면서 일부지역의 경우 전세가격의 상승이 우려된다. 특히 재건축, 재개발사업이 활성화되는 지역에는 이주수요가 증가함으로써 국지적 전세수급불균형이 발생되어 전세가격폭등이 예상된다. 아울러 조세강화로 장기 주택보유자, 노년층 가구 등 실수요자들의 선의의 피해가 없도록 보완장치가 마련되어야 한다.

마지막으로 공공택지 아파트에 대한 원가연동제 시행으로 채권입찰제가 적용되지 않는 전용 25.7평 이하 주택의 경우 청약과열이 우려되며, 시세차익 환수를 위한 대책도 강구되어야 할 것이다.

제 3 부

주거입지와 주거단지개발

제11장
주택과 주거입지

·

제12장
주거이동과 주거조절

·

제13장
주거단지 및 신도시개발

제11장 : 주택과 주거입지

제 1 절 주거입지의 개념

산업화와 도시화의 가속으로 인하여 환경오염, 교통혼잡, 주택부족 등 도시환경에 본질적인 변화가 오고 있다. 한편 도시의 평면적 확산과 함께 주거지역 교외화 현상을 가져오고 있으며, 주거지역별 공공서비스 및 도심과의 접근성 차이 등 도시공간구조상 변화에 있어 주거지역이 차지하는 비중이 커지고 있다. 일반적으로 도시의 시가지(built-up area)의 40~70%를 차지하는 것이 주거지역이고, 서울시의 경우도 전체 면적에 대한 일반대지의 비중이 78%로 주거용지의 비중이 매우 크다.[1)]

도시는 일반적으로 단일의 기능만 가지는 것이 아니라 다원적 기능을 가지게 되며, 유사한 기능간에는 집중과 집적의 현상을 발견할 수 있고 기능이 다른 것들 사이에는 생태적 변화과정속에서 기능간 이반(離反)현상들이 발생한다. 즉 기능집단 사이에서 지역분화의 성격을 지니며 주거지역도 변화와 분리의 현상이 나타난다.

도시내부구조는 크게 상업지역, 주거지역, 공업지역, 중간지역, 교육문화지역 등으로 구분될 수 있으며,[2)] 주거지역에 대한 도시지리학적 관심은 주거지역의 성격규명과 주거지분화현상 등에 모아지고 있다. 도시공간구조 속에서 주거지역이 지니는 의미는 무엇인가? 첫째, 도시내의 사회계층간, 소득수준별 주거지역의 특성이 달리 나타나고 있다는 점, 둘째, 주민들의 주거지선택의 동기가 개별가구의 특성, 해당지역 주택의 형태, 입지(위치)에 따른 도심부 근접성 등 매우 다양한 이유들에 의해 작용되고 있다는 점, 셋째, 주거지역별 각기 다른 주

---

1) 서울특별시, 「서울특별시 도시환경 정밀조사-종합보고」, 1980 참조.
2) 홍경희, 「도시지리학」, 법문사, 1981, pp.173~181 참조.

택시장(sub-housing market)이 발생되며, 넷째, 신규주택의 공급과 재개발 등을 통하여 도시의 하부구조시설, 도시재정, 주택관련자원의 분배문제가 발생되고 있다는 점이다.[3)]

주거지역별 도시공공서비스의 적정배분과 균형의 유지는 오늘날 도시관리정책을 맡고 있는 도시정부의 중요한 정책과제가 되고 있다. 예로 고소득층의 주거지역과 불량주거지, 교외 주거지역과 도심부 주거지역 등 주거 지역간 격차가 심화되어 있을 경우 자원의 효율적 배분과 사회적, 공간적 형평성의 유지라는 사회·경제적 문제가 대두된다. 그래서 주거지역에 대한 관심은 지리학자 뿐 아니라 도시정책 입안자, 도시계획가 그리고 도시사회학자에 이르기까지 많은 사람들의 관심의 대상이 되고 있다.

주거입지(residential location)의 개념정의는 매우 복잡하고 고려해야 할 사항들이 많아 정확하게 설명하기는 어렵지만, 주요한 개념들이 Wolpert[4)]의 글과 Brown과 Moore[5)]의 글에서 잘 나타나 있다. 요약 정리하면, 개별가구는 내부적 고려사항인 가구가 필요로 하는 사항과 기대감 그리고 외부적 고려사항인 입지적 특성에 기초하여 주거입지를 결정한다.

이러한 두 가지 고려사항인 내·외부적 고려사항은 "장소의 유용성"(place utility)을 찾게 되는데 이는 주어진 입지(location)의 만족과 불만족의 수준으로 측정된다. 만일 주어진 주거지의 장소적 유용성이 현실적으로 가구의 욕구(needs)에 미치지 못하면 새로운 주거지 선택을 고려하게 될 것이다(〈그림 11-1〉 참조).

도시주거입지 및 주거이동에 관해 학문적 관심은 사회학, 지리학 그리고 경제학 등의 사회과학분야에서 뚜렷이 나타나며 분야별 연구축적이 오랫동안 이루어져 왔다. 흔히 주거이동에 관해 사회학적 접근, 지리학적 접근 그리고 경제학적 접근으로[6)] 연구내용의 성격을 구분하기도 하고, 분석규모와 범위를 기준으로 미시적 접근과 거시적 접근으로 나누기도 한다.[7)]

---

3) J. Wolpert, "Behavioural Aspects of the Decision to Migrate," *Paper and Proceedings of the Regional Science Association*, Vol. 15, 1965, pp. 159~169.

4) *Ibid.*, p. 159.

5) L. A. Brown and E. G. Moore, "The Intra-Urban Migration Process: A Perspective," *Geografiska Annaler*, (Series B) 52B, pp. 200~209; H. Carter, *The Study of Urban Geography*, London: Edward Arnold, 1981, pp. 281~282.

6) J. H. Kim, *Residential Mobility and Housing Consumption Adjustment: Case in Seoul*, Unpublished Ph. D. Dissertation, The University of Michigan, 1987, pp. 7~11.

7) 김선기, "도시 내 주거이동과 주거구조: 상호관계 및 정책적 시사,"「지방행정연구」, 제 3 권 제 4 호, 1988, p. 91; 김선기,「주거이동과 주거구조의 공간적 특성 및 상호관계에 관한 연구」, 서울대 박사학위논문, 1991, 제 2 장 참조.

〈그림 11-1〉 주거입지모형

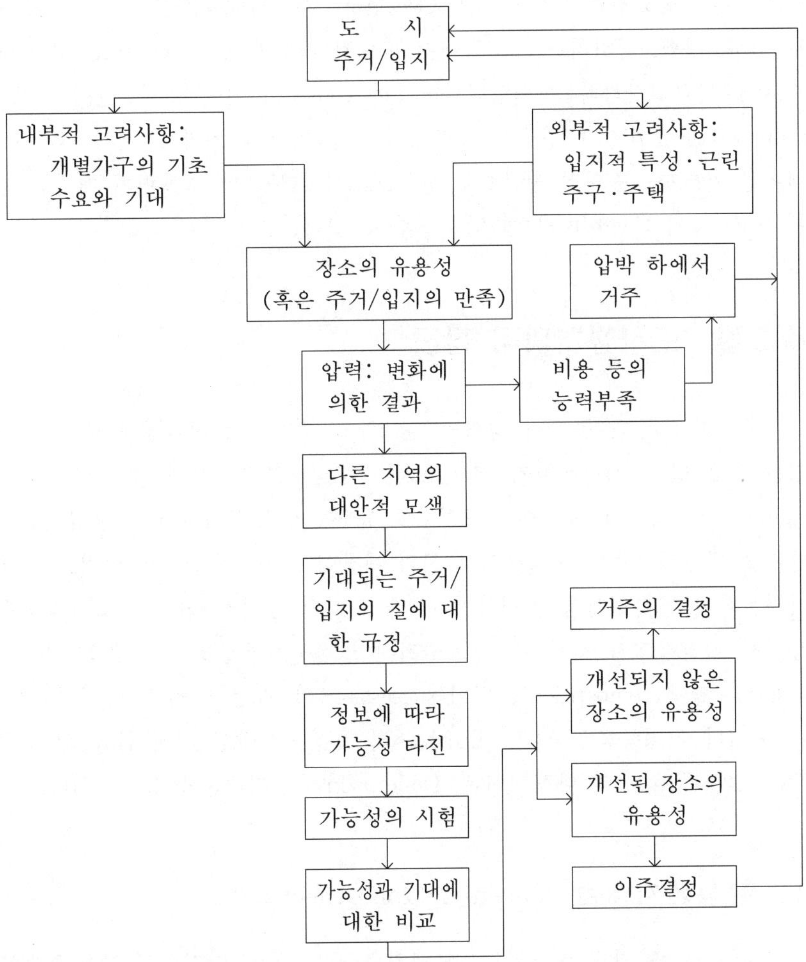

주: D.J. Hebert(1972), 모형의 개선. 장소의 유용성(place utility)은 매우 복잡한 의미를 지니고 있으며 다양한 상쇄(trade-offs)관계에 의해 결정됨. 이는 바람직스럽지 못한 입지의 만족스러운 주택과 바람직스러운 지역의 적합하지 못한 주택을 생각해 볼 수 있다.
자료: H. Carter, *The Study of Urban Geography*, London: Edward Arnold, 1981, p. 281.

도시주택과 주거입지에 관한 연구로는 Bassett와 Short[8]에 의해 크게 4가지로 분류된다고 할 수 있으며 이들이 체계적으로 정리·요약하였다. 첫째는 생태학적 접근으로서 Burgess[9]를 중심으로 한 시카고학파의 주거지의 공간적 패

8) K. Bassett and J. Short, *Housing and Residential Structure*, London, Routledge and Kegan Paul, 1980, p. 2.
9) E. W. Burgess, "The Growth of the City," in R. E. Park, E. W. Burgess and R. D.

턴에 관한 연구이다. 둘째, 신고전적 접근으로 효용의 극대화, 소비자선택을 중심으로 한 신고전경제학을 기초로한 연구로서 Alonso[10]를 대표적 학자로 들 수 있다. 셋째, 베버리안 사회학에서 시도된 제도적 접근(institutional approach)으로서 권력집단화와 주택압박(housing constraints)에 관한 관심을 중심으로 Pahl[11]과 Form[12]의 연구가 대표적이다. 그리고 마지막으로 역사적 유물론에 기초한 마르크스주의적 접근으로 상품으로서의 주택과 노동력의 재생산 등을 다룬 Harvey와 Castells의 연구를 꼽을 수 있다.

제2절 도시생태학적 접근

주거지에 대한 공간적 성격을 파악하고 주거지 분리현상에 대한 이론적 설명은 1920년 도시사회학자 Burgess를 중심으로 한 시카고학파의 인간생태학(human ecology)적 접근을 대표적으로 들 수 있다. Burgess는 동심원설에서 시카고를 대상지역으로 선정하여 도시의 팽창이 도시내부구조에 미치는 영향과 주거지분화의 공간현상을 설명하였다. 즉 도시의 공간적 현상을 도시생태학적 입장에서 설명하고자 하는 것으로 주거지 공간분화과정을 자연생태계의 침입(invasion), 경쟁(competition), 천이(succession)의 과정에 비추어 설명하였다. 한편 도시의 지역분화현상은[13] Burgess의 동심원지대설 외에 Hoyt의 선형이론, Harris와 Ullman의 다핵심이론, Dickenson의 3지대론을 들 수 있다.

Ⅰ. **동심원지대설**(concentric zone theory)[14]

Burgess에 의해 연구된 이 모델의 도시는 폭이 일정하지 않은 5개의 기능

McKenzie(eds.), *The City*, Chicago: University of Chicago Press, 1925; Reprinted in M. Stewart(1972).

10) W. Alonso, *Location and Land Use*, Cambridge, Harvard University Press, 1964.

11) R. E. Pahl, *Whose City*? 2nd edition, Harmondsworth, Penguin, 1975.

12) W. H. Form, "The Place of Social Structure in the Determination of Land Use," *Social Forces*, Vol. 32, 1954, pp. 317~323.

13) 도시의 지역분화란, 지리적, 역사적, 경제적, 기능적 요인 등에 의하여 발생되는데 그 분화작용으로서 의집(concentration), 분산(dispersion), 집중(centralization), 이심(decentralization), 전문화(specialization), 분리(segregation), 침입(invasion), 천이(succession), 흡수(absorption), 병합(annexation) 등을 말한다.

14) E. W. Burgess, "The Growth of the City," in Steward, M.(ed.), *The City: Problems of Planning*, Penguin, Harmondsworth, 1972; 홍경희, 「都市地理學」, 법문사, 1981; 강대현, 「도시지리학」, 교학연구사, 1987; H. Carter, *The Study of Urban Geography*, London:

지역인 동심원지대로 구성되어 있다고 한다(〈그림 11-2〉 참조).

1) 제 1 지대: 중심업무지구(central business district)는 도시의 정치, 경제, 금융, 시민생활과 교통의 중심지역이다. 이 지구는 중심기능의 집중으로 지가가 타 지역에 비하여 높아 건물의 고층화가 이루어지고, 비주거기능이 두드러진 지구이다.

2) 제 2 지대: 점이지대(zone of transition) 혹은 황혼지대(zone of twilight)라고 불리워지기도 하는 곳으로 제 1 지대의 팽창으로 경공업, 작업장겸 주택이 혼재하는 지대이다. 즉 경공업체가 주거지에 잠식됨으로써 환경이 불량한 빈민촌(slum)이나 미국의 경우 이민으로 유입된 유색인종이 많이 거주하는 곳이기도 하다.

3) 제 3 지대: 저소득층, 노동자들의 주거지역으로서 도시중심업무지대에 직장을 가진 작업장의 접근이 용이한 사람들이 많고, 시카고의 경우 이 지대에는 임대주택이 많으며 저소득층의 전형적인 주거지역이다.

4) 제 4 지대: 중산층 주거지역으로서 중심업무지구(CBD)에서 일하는 셀러리맨, 전문직종사자 등 중산층의 대표적 주택이 많다. 중산층을 위한 단독주택과 고급아파트가 혼재하며, 교통의 요지인 경우에는 상업기능이 부도심으로 발달하기도 한다.

5) 제 5 지대: 통근자지대(commuter's zone)로서 도시의 교외지역에 해당하며 도시주변의 위성도시도 이 지대에 포함된다. 교외의 전원적 경관속에서 중·고소득층의 거주지역으로서의 특징을 지니며, 고속도로를 따라 고급주택이 산재해 있다.

Burgess의 동심원구조는 미국도시의 주거지분화현상을 설명함으로써, 도시공간구조의 일반학설을 제공했다는 점에서 높이 평가할 수 있으나 몇 가지 점에서 비판을 받고 있다.

Davie는 Burgess의 이론에 대하여 이의를 제기하고 있다. 예를 들어 미국도시들의 중심업무지구(CBD)가 과연 원형을 이루고 있느냐 반문하면서 오히려 불규칙적이거나 다른 형태가 더 많이 나타난다고 지적한다. 그리고 저소득층의 주거지역은 공업지역이나 교통이 편리한 지역에 가까이 위치하는 경향이 있으며, 중·고소득층의 주택은 Burgess가 주장하는 제 4 지대 혹은 제 5 지대에만 국한되는 것이 아니라 도시의 여러 곳에 산재해 있음을 보여주었다.[15] 그리고

Edward Arnold, 1981 참조.

15) M.R. Davie, "The Pattern of Urban Growth," Reprinted in G.A. Theodorson, *Studies in Human Ecology*, 77, New York, 1961.

〈그림 11-2〉 주거지분화의 공간현상

동심원이론(CONCENTRIC ZONE THEORY)

1. 중심업무지구
2. 점이지대
3. 저소득층 주거지대
4. 중산층 주거지대
5. 통근자지대

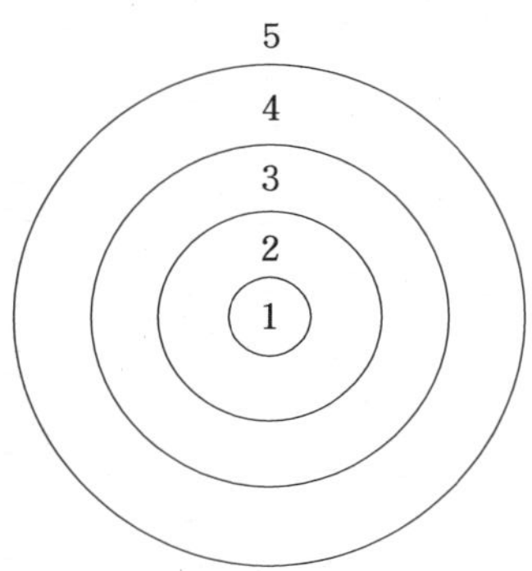

선형이론(SECTOR THEORY)

1. 중심업무지구
2. 도소매 경공업지구
3. 저소득층 주거지구
4. 중산층 주거지구
5. 고소득층 주거지구

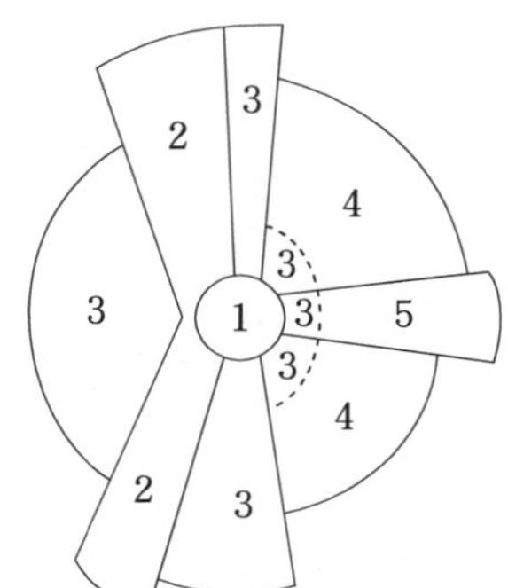

다핵이론(MULTIPLE-NEUCLEI THEORY)

1-5 좌동
6. 중공업지구
7. 부도심
8. 교외주거지구
9. 교외공업지구

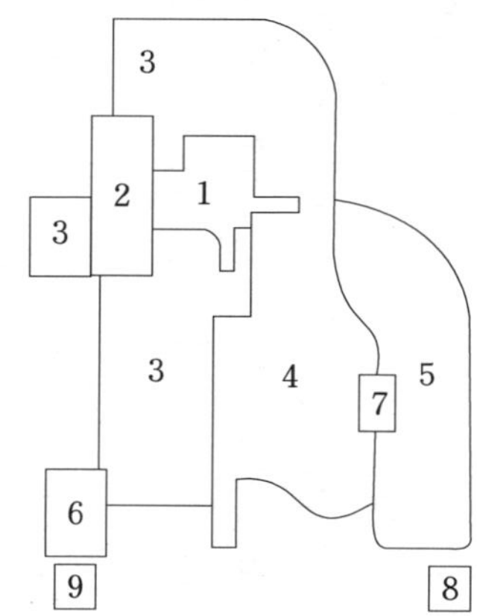

Burgess의 모델이 「시카고」라는 한정된 도시지역의 연구이기 때문에, 다른 도시들도 동일한 공간패턴을 지니고 있다고 보기에는 어려움이 많아 도시구조의 일반화에는 한계가 있다는 지적도 있다.

위에서도 언급된 것처럼 Burgess모델은 미국의 오래된 대도시에만 국한된 것이기에 규모면에서 중·소도시나 급격히 성장하는 신도시에는 적용이 불가능한 점이 많다. 아울러 이 모델은 대규모인구이동을 경험하고 있는 도시에 적용되며 주택시장은 주로 민간부문(private sector)이 지배적인 도시에 설명력이 있다. 그래서 인구이동이 낮거나 공공부문주택(public sector housing)이 중요한 역할을 하는 도시에는 적합하지 않은 모델로 평가되고 있다.[16]

Ⅱ. 선형설(sector theory)

Hoyt는 버제스모델을 인정하면서 몇 가지 다른 측면에서 도시의 지역구조를 설명하였다.[17] 이 모형은 도시경공업지구, 저소득주거지구, 상류층 주거지구(고급주택지구) 등으로 각 지대가 중심업무지구(CBD)를 중심으로 교통노선을 따라 밖으로 방사선 혹은 선상으로 확대하여 배치된다고 보았다(〈그림 11-2〉 참조).

Hoyt는 미국 내 142개 도시를 대상으로 각 도시의 주거지에 관련된 8개의 주거요인(housing variables)을 분석하여 도시공간구조와 지역분화를 설명하는데 특히, 주택가격(집값과 임대료)을 기초한 주거지의 형성과 분화현상을 제시하였다. 도시의 주거지패턴의 결정요인은 택지와 집값(임대료)을 지불할 수 있느냐 없느냐에 따라 입지선택이 달라지고 소위 고급주거지역은 도심과의 교통연결이 잘 되고 교통이 편리한 교통축을 따라 선형으로 입지한다고 설명한다.

Hoyt의 선형설에는 주택시장경제이론의 하나인 주택순환과정(filtering process)개념이 포함되어 있다. 즉 고소득가구가 새로운 고급주택에 입주하게 되면 중·고소득계층이 살았던 중고주택은 소득이 낮은 계층(저소득층)이 차지하게 되는 주택의 하향적 순환과정을 의미한다.

Hoyt 모델 또한 몇 가지 의문과 반론이 제기되었다.

첫째, 선형설은 도시의 토지이용형태에 있어서 간선도로와 고속도로의 중요성을 강조하고 있지만, 이러한 교통로의 영향이 Hoyt가 설명하고 있는 모양으

16) J.R. Short, *Urban Geography*, London: Routledge and Kegan Paul, 1984.
17) H. Hoyt, *The Structure and Growth of Residential Neighborhoods in American Cities*, Washington D.C.: Federal Housing Administration, 1939.

로 모든 도시의 토지이용구조를 형성하고 있는가에 의문이 제기된다.

둘째, Hoyt는 토지이용에 영향을 미치는 문화, 사회제도의 역할에 대해서 설명이 부족하다.

셋째, 선형이론은 각 지구별 주거의 질, 주택순환원리(filtering) 등을 설명하고 있는데, 앞으로 자동차교통의 발달 등으로 인해 주거의 질을 선형모델로 설명하기에는 한계가 있다.

Ⅲ. 다핵심설(multiple neuclei theory)

Harris와 Ullman은 Burgess나 Hoyt가 제안한 단일핵심의 도시구조설에 대하여 다핵모델을 연구함으로써 새로운 도시구조모델을 제시하였다[18](〈그림 11-2〉 참조). 도시지역 성장과정에서 토지이용패턴이 하나의 중심점으로부터가 아니라 다수의 분리된 핵의 통합으로 이루어져 도시의 구조가 형성된다는 것을 가정하였다.

그들은 다핵입지의 발생요인을 크게 4가지로 분류하여 설명하고 있는데 첫째, 특정한 산업에 대한 특정입지와 전문화된 편익이 요구된다. 예로 도매업은 시내 가까운 곳에 그리고 공업지구는 수륙교통이 편리한 곳에 집결하게 된다. 둘째, 유사업종이 서로 동일장소에 입지하려는 집중지향성을 들고 있다. 셋째, 이질적 활동이 서로 손해를 가져온다는 업종간의 입지적 비양립성이다. 예로 고급주택지는 공업지역으로부터 멀리 떨어져 있다. 넷째, 원하는 위치에 입지하려 해도 업종별 경제지대(economic rent)의 지불능력 차이성 때문에 입지가 용이하지 않다.

이상에서 소개된 3가지 모델의 특징들을 정리해 보면, 동심원구조설은 자동차가 보급되기 이전 시대에 적합하다고 할 수 있다. 반면에 선형설은 CBD(중심업무지구)에서 방사되는 간선도로를 가진 현대도시 토지이용형태에 적용되는데 적합하다. 다핵심설은 특정지구에 산발적 혹은 행정적으로 설정된 토지를 이용하는데 있어서 분리된 현대도시에 설명력을 지닌다고 할 수 있다.

주거지역의 특성별 구분은 3개 모델 모두 경험적 연구와는 차이를 보이고 있다. 예로 미국의 도시를 4개 그룹으로 나눈 Schnore의 연구가 주목할 만하다.[19] 그는 소득그룹별 주거지분화현상을 첫째, Milwaukee형이라 하여 Bur-

---

18) C. D. Harris and E. L. Ullman, "The Nature of Cities," *The Annual of American Academy of Political and Social Science*, Vol. 242, 1945, pp. 7～17.

19) L. F. Schnore, *The Urban Scene*, New York: Free Press, 1965.

gess가 말하는 고소득층은 도시의 교외지역에 주거하고 저소득층은 도심부 가까운 곳에 입지하는 형을 말한다. 둘째, New Orleans형으로서 고소득층과 저소득층이 도시중심부에 거주하고 오히려 중산층이 교외지역에 거주하는 주거지 형태를 말한다. 셋째, Fort Smith형으로서 고소득층은 도시중심부에 거주하고 저소득층은 교외지역에 거주하는 형태인데, 이는 라틴아메리카 도시들에서 흔히 발견되고 있다. 넷째, Des Moines형으로 아무런 특징이 없고 소득계층별 주거지분화를 발견하지 못하는 형태이다.

제 3 절 신고전경제학적 접근

신고전미시경제학적 접근은 도시공간현상을 설명하는 Burgess의 생태학적 모델에 기초하고 있다. 도시 내의 토지이용패턴을 설명하기 위하여 한 지점의 지가(地價)는 그 장소가 점하는 위치(location)와 접근도(accessibility)에 의하여 결정될 수 있다. 그래서 이 모델은 농업용 토지이용을 설명한 Von Thünen의 이론을 원용한 것이라 생각된다. 이러한 학문적 발전은 토지경제학의 발달에 공헌한 Hurd,[20] Haig[21] 그리고 Ratcliff[22]의 연구에서 찾을 수 있으며, 이후의 발전된 연구는 Alonso,[23] Wingo,[24] Mills,[25] Kain,[26] Muth[27] 그리고 Evans[28]의 글에서 잘 나타나 있다. 이 모델분석의 기본적 틀은 가격메커니즘을 통한 토지소비(land consumption)의 패턴을 규명하는 데 있으며, 이를 설명하기 위하여 입지(location), 지대(ground rent) 그리고 교통비용(transport cost) 사이의 관련성이 제시되고 있다.

---

20) R.M. Hurd, *Principles of City Land Values*, New York: Record and Guide, 1903.
21) R.M. Haig, "Toward an Understanding of the Metropolis," *Quarterly Journal of Economics*, Vol.40, 1926, pp.179~208 and pp.351~356.
22) R.U. Ratcliff, *Urban Land Economics*, New York: McGraw-Hill, 1949.
23) W. Alonso, "A Theory of the Urban Land Market," *Paper and Proceedings of the Regional Science Association*, Vol.6, 1960, pp.149~158.
24) L. Wingo, *Transportation and Urban Land*, Baltimore: Johns Hopkins University Press, 1961.
25) E.S. Mills, "An Aggregate Model of Resource Allocation in a Metropolitan Area," *American Economic Review*, Vol.57, 1967, pp.197~211.
26) J.F. Kain, "Journey to work as a determinant of residential location," *Paper and Proceedings of the Regional Science Association*, Vol.9, 1962, pp.137~160.
27) R.F. Muth, *Cities and Housing*, Chicago: University of Chicago Press, 1969.
28) A.W. Evans, *The Economics of Residential Location*, London: Macmillan, 1973.

Ⅰ. 신고전경제학적 접근의 가설

이 모델에 있어서 가정은 첫째, 도시지역은 다소의 기복도 없는 동질적인 지역으로 본다. 둘째, CBD는 도시의 중심부에 위치하여 도시 내에서 가장 접근성이 좋은 지점이며, 도시 내의 직장을 가장 많이 가진 주요한 지점으로 본다. 셋째, 도시교통은 도처에 접근이 가능하고 교통비용은 도시 내 지역과 지역 사이의 거리에 따라 다르다. 즉 거리가 멀면 멀수록 더 많은 교통비용을 지불해야 할 것이다. 넷째, 도시에 거주하는 주민들은 경제적으로 합리성을 지닌 사람들로서 이윤, 편리성, 만족도를 극대화하는 것으로 본다. 다섯째, 회사(firms)와 가구(households) 사이의 경쟁은 완전경쟁으로 보며, 토지와 건물 등에 의한 아무런 장애요소가 없고 구매자와 판매자는 충분히 존재한다고 가정한다.

Ⅱ. 상쇄모형(trade-off model)

이러한 가정 아래에서 도시의 중심부(CBD)는 해당도시의 다른 어떤 지역보다 이점을 많이 가지고 있다. 도시중심부는 접근성이 높기 때문에 가장 큰 규모의 시장이 존재할 수 있고 상인이나 소비자 모두에게 유리하다고 본다. 또한 제조업자에게도 매력적인 곳이 될 수 있다. 생산물을 소비자에게 공급하기에 편리하고 원료를 구득하기에도 좋다. 한편 개별가구(소비자)도 CBD에 있는 직장 가까이에 거주함으로써 통근비용을 최소화할 수 있다.

도시중심부는 도시 내의 다른 지역에 비해 그 면적이 좁기 때문에 토지이용상 경쟁이 심하고, 토지가격은 주변지역에 비하여 상대적으로 높게 나타난다. 그래서 지대는 접근성과 유용성(utility)에 따라 달라질 수밖에 없다. 1960년 Alonso는 각기 다른 토지이용형태에 따라 경쟁지대곡선을 제시하였다(〈그림 11-

〈그림 11-3〉 각기 다른 4가지 토지이용의 경쟁지대곡선

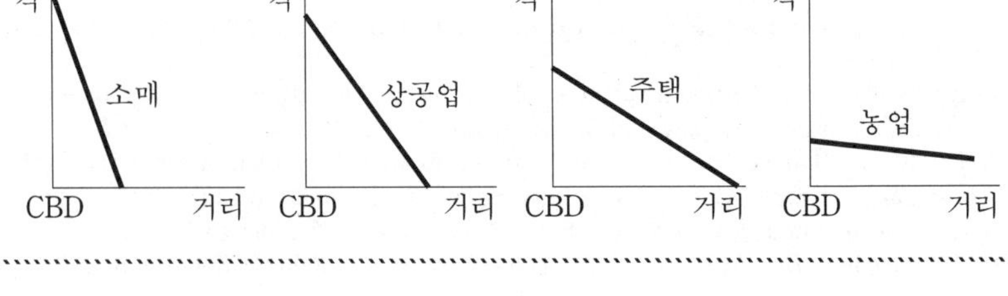

3〉 참조). 즉 지대는 CBD와의 거리에 따라 달리 나타나고 있음을 지적했다. 이러한 경쟁지대곡선은 신고전경제학에서 말하는 가격선과 매우 흡사하며, 도시지대(urban rent)는 총체적으로 접근도가 가장 높은 도심에서 가장 크고 도심과의 거리가 멀어짐으로써 감소하는 경향이 있다.

일반적으로 은행, 호텔, 백화점, 전문상점 등의 상업업무 및 소매업무는 접근이 용이하고 지가가 가장 높은 도심부에 입지하는 경향이 있으며, 그 주변지역에는 경공업과 관련된 가내공업 및 창고업 등의 공업지구가 발달한다. 그리고 도시외곽으로 갈수록 주거지역이 형성되며 주거지역을 벗어나면 농업지대로 구성된다고 한다(〈그림 11-4〉 참조). 토지의 가격은 증가하는 교통비용을 상쇄하기 위하여 CBD에서 멀어질수록 저밀도의 토지이용이 이루어진다.

Alonso는 효용극대화 함수와 소득제한변수를 기초로 하여 각 가구의 경쟁지대곡선(bid rent curve)을 도출해냈다. Alonso의 완전경쟁시장모형은 가구의 주거입지와 도시토지이용간의 관계를 일반화시켜 다음과 같은 결론을 얻었다. 즉 주거입지를 신고전경제학에서 말하는 상쇄모형(trade-off)으로 응용하였다. 도시가구의 주거입지는 주택(토지가격 및 환경)과 교통비용간의 상쇄관계로 설명한다. 예를 들어 고소득가구들은 보다 넓고 쾌적한 주거환경을 선호하는 대신에 높은 교통비용을 지불하는 도시교외지역에 주거하고, 한편 저소득가구는 밀도가 높고 토지가격이 비싼 도심의 주거지역을 선택하여 교통비용을 최소화한다고 생각한다.

〈그림 11-4〉 상쇄모형에 기초한 도시토지이용

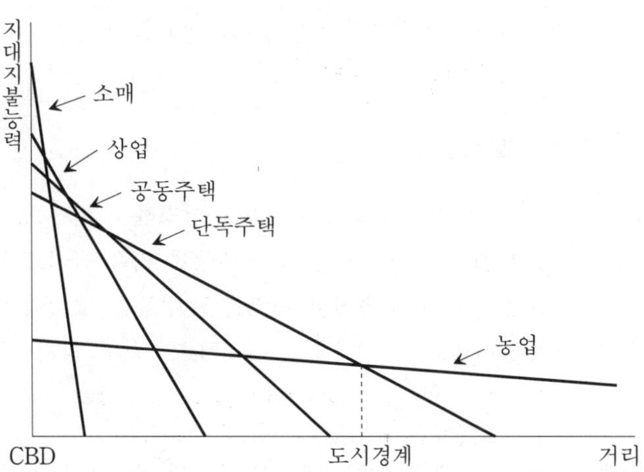

〈그림 11-5〉 도심접근성과 주택간의 선택

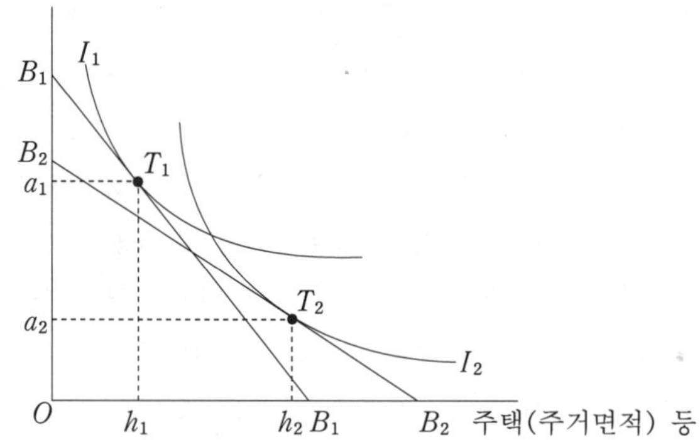

일반적으로 가구의 주거입지결정에서 고려해야 할 사항은 도심과의 접근성(교통비)과 주거비용(주택가격, 면적, 주거서비스, 환경 등 포함) 간의 조화로운 선택이다. 〈그림 11-5〉에서 유사한 소득수준의 두 가구(households)를 상정하고 주택과 접근성 간의 각각 다른 선택이 주어졌음을 보여주고 있다. 그들의 소득(income constraints)은 각각 B_1, B_2이며 무차별 곡선과의 접점은 T_1과 T_2이다. 첫번째 가구의 a_1의 접근성과 h_1의 주택을 택하여 도심에 가까운 지역에 주거입지를 정함으로서 접근성에 초점을 둔 경우이고, 반대로 두 번째 가구는 a_2의 접근성과 h_2의 주택을 선택함으로써 주택에 더 큰 비중을 둔 선택이다. 후자의 경우는 도심에서 멀리 떨어진 교외지역에 주택을 선택함으로써 교통비용은 증가하지만 대신 쾌적하고 넓은 공간의 주택을 소유하고자 한다. 즉 〈그림 11-5〉는 가구의 주거입지에 있어 도심접근성과 주택간의 상쇄관계를 설명하고자 한 것이다.

Ⅲ. 상쇄모형의 발전

상쇄모형이 도시의 주거입지나 토지이용을 설명하는 이론으로서 공헌한 바는 크지만, 이 모형이 지닌 비현실적인 가정 때문에 많은 학자로부터 비판을 받아왔다. 보다 더 현실적인 가정 속에서 새로운 변수들을 고려해 발전된 연구가 De Leeuw,[29] Papageorgiou[30] 그리고 Romanos[31] 등에 의해 시도되었다. 이

29) F. De Leeuw, *The Distribution of Housing Services*, Washington: Urban Institute, 1972.
30) G. J. Papaeorgiou, "On Spatial Consumer Equilibrium," pp. 145~176, in Papageorgiou, G. J.(ed.), *Essays in Mathematical Land Use Theory*, Lexington: Lexington Books, 1976.
31) M. C. Romanos, *Residential Spatial Structure*, Lexington: Lexington Books, 1976.

모형은 종전의 상쇄모형에서 가정한 단 하나의 도시중심지(예, 단일의 CBD)가 아닌 다수의 도시중심지(multicentric urban areas)를 고려했다는 점이다.

또한 다른 학자들은 초기의 상쇄모형이 고려하지 못했던 사항들, 특히 Doling[32)]은 주거입지결정에 있어서 주택점유형태(housing tenure)에 중점을 두었고, Kain과 Quigley[33)]는 환경의 질에 따른 효과 그리고 Lave[34)]는 다양한 교통형태를 고려하였다. 반면에 주거입지와 토지이용은 지방별 주택관련조세와 주택보조금의 차이에서 달라질 수 있다는 주장을 Beckmann[35)]이 제시했으며, Kain과 Quigley[36)]는 미국의 도시들에서 볼 수 있는 인종차별과 주거입지패턴의 관계를 연구하였다. 상쇄모형의 가장 종합적이고 발전된 연구는 Evans[37)]의 모델이라 할 수 있다. Evans는 기본적으로 개별가구들은 사회·경제적으로 유사한 그룹끼리 동일한 위치(장소) 및 동일 지역사회에서 어울려 살기를 좋아한다는 가설에서 출발한다.

그의 모델에서 밝혀진 것들을 보면 첫째, 도시회춘화(gentrification) 현상을 지적하였다. 이 현상은 종전의 상쇄모델에서 설명되던 고소득층은 교외지역에 저소득층은 도심부 가까이에 거주한다는 것과는 달리 사회·경제적으로 높은 수준의 사람들이 도심부 주변의 저소득층 주거지역에 점차 침투하여 거주하고 있다는 것이다. 저소득층의 불량한 주거지역이 개량 혹은 재개발을 통하여 고소득층 주거지역으로 변모하고 있음을 뜻한다. 둘째, 가족들의 경제적 능력과 관련하여 부인이 직장을 가지지 않고 취학자녀를 가진 가구는 자녀가 없고 부인이 직장을 가진 가구보다 CBD에서보다 멀리 떨어져 거주하고 있다. 셋째, 교통시설과 교통수단개선의 영향으로 (a) 주로 고소득층이 도시교외지역을 선호하고, (b) 도심부 주변의 고밀도의 오래된 주택철거에는 큰 이유이 없다는 점을 들고 있다. 그리고 마지막으로 도시는 하나의 도심부만 존재한다는 가정에서 벗어나 도시는 부도심이 존재하여 단일의 CBD가 여러 개의 부도심에 그 역할을 분담시킨다는 것을 지적했다. 이와 같이 Evans는 전통적 상쇄모델을 확대발전시킴

32) J.F. Doling, "A Two-Stage Model of Tenure Choice in the Housing Market," *Urban Studies*, Vol.10, 1973, pp.199～211.

33) J.F. Kain and J.M. Quigley, "Measuring the Quality of the Residential Environment," *Environment and Planning*, Vol.25, 1970, pp.23～32.

34) L.B. Lave, "Congestion and Urban Location," *Papers and Proceedings, Regional Science Association*, Vol.25, 1970, pp.133～150.

35) M.J. Beckmann, "Equilibrium Models of Residential Location," *Regional and Urban Economics*, Vol.3, 1973, pp.361～368.

36) J.F. Kain and J.M. Quigley, "Housing Market Discrimination, Homeownership and Savings Behavior," *American Economic Review*, Vol.62, 1972, pp.263～277.

37) A.W. Evans, *The Economics of Residential Location*, London: Macmillan, 1973.

으로써 도시주거입지선택의 이론적 설명력을 지니는 하나의 규범적 모델을 제시했고 그것은 도시공간정책의 평가를 위한 기준으로서 이용되고 있다.

Ⅳ. 상쇄모형의 비판

1960년대부터 일기 시작한 소위 접근성모형 또는 상쇄모형(trade-off model)이 주거입지를 설명하는 대표적인 것이다. 이는 각 가구의 주거입지결정은 주거비용과 교통비용(접근성)으로 두 비용간의 상쇄작용(trade-off)에 따라 입지가 결정된다고 주장한다. 이러한 모형들은 소비자행위에 초점을 맞추어 고전경제학으로부터 발전되었으나 많은 비판을 받았다.

Richardson[38]은 상쇄모형의 비현실적인 가정을 지적하면서 격렬히 비판하였다. 즉, 인간의 행위는 상쇄모형의 가정에서 말하는 것처럼 항상 경비를 최소화하기 위하여 행동을 취하거나 입지에 관련된 모든 지식을 가지고 주거입지를 자유롭게 선택할 수 있는게 아니라고 반박한다. 그보다도 차라리 전통이나 경험에 따라 관습적인 특성을 지니고 있어 인간은 비합리적인 행동을 하기도 한다는 점을 강조하기도 했다. 인간의 주거입지선택과 결정은 시간과 돈, 불완전한 정보 등에 영향을 받게 되며, 오히려 대규모주택건설회사나 도시정부 및 관료들의 영향을 받게 된다. 왜냐하면 인간의 주거입지에 영향을 줄 수 있는 해당도시의 도시정책 그리고 도시 내의 여러 개의 불완전한 하위주택시장(submarkets)이 존재하기 때문이다.[39]

보다 구체적인 비판을 보면 상쇄모형에서 인간은 쾌적하고 넓은 공간을 추구한다고 지나치게 강조하고 있다는 것이다. 즉 인간의 부가 증대될수록 교외의 넓은 대지와 큰 규모의 집을 원한다는 주거속성에 대하여 과학적이거나 체계적인 증명이 이루어지지 않고 있다. 부에 따른 주택 및 주거입지는 단순히 교통비용과 주택가격 및 주거환경과의 상쇄뿐 아니라 휴가, 의류를 위한 소비 등 매우 다양한 상쇄관계를 설명할 수 있다. Short는 그의 경험적 연구를 통하여 인간의 주거입지 결정에 있어 집과 직장까지의 거리는 중요한 요인에 속하지 않는다고 주장했다.[40] 한편 Michelson은 주거입지에 있어 환경의 질과 외부성(externali-

38) H.W. Richardson, *Urban Economics*, Harmondsworth: Penguin, 1971.

39) L.S. Bourne, "Housing Supply and Housing Market Behaviour in Residential Development," pp.111~158 in D.T. Hervert and R.J. Johnston(eds.), *Social Areas in Cities*, Vol.1, Spatial Process and Form, Chichester: Wiley, 1976.

40) J.R. Short, "Residential Mobility," *Progress in Human Geography*, Vol.2, 1978, pp.418~447.

ties)을 매우 중요한 결정인자로 보는데 그들의 관계는 상쇄모형으로 설명하기에는 어려운 점이 많다고 지적하였다.[41] 지금까지의 논의된 상쇄모형의 비판들을 정리해 보면 다음과 같다.

첫째, 주거입지결정이 각 가구의 가구소득이라는 경제적인 영향뿐 아니라 가정생활주기(household life cycle), 즉 가족구성원의 특징, 가구의 크기(가구원수)에 따라 영향을 받게 된다.[42]

둘째, 주거입지에 있어서 가구들의 형태는 주변지역의 외부효과, 주택금융 장려책(낮은 금리 등), 그리고 다양한 도시정책으로 영향을 받게 된다.[43]

셋째, 상쇄모형에서 제시된 가정들 중 비현실적인 것들이 지적된다. 예를 들어 주거입지에 관련된 주택시장의 정보를 사람들은 충분히 얻지 못하고 있다는 점이다. 또한 상쇄모형은 주택공급의 공간적인 차이점을 무시하고 소비자측면에서 완전경쟁시장을 가정함으로써 현실파악에 한계를 지니고 있다.

넷째, 공공비용의 지출, 주거지역의 환경의 질, 각종 세제의 영향 등이 적절히 고려되지 못했다는 점이다.

결국 주거입지에 관련된 미시경제모형들이 지극히 경제적인 변수들을 강조함에 따라 사회적인 변수들을 고려하지 못했다는 비난을 받고 있다. 이후 이러한 모형에서 발전된 연구로서 다양한 인간의 선호와 효용기능보다 넓은 주택서비스, 인종차별과 주거지선택과의 관계, 주택재고의 이질성,[44] 환경적 쾌적성,[45] 그리고 이사비용[46] 등 매우 다양한 접근으로 주거지선택을 설명하고 있다.

이러한 비판에도 불구하고 상쇄모형은 도시공간이용 패턴을 설명하는 중요한 서술모형으로서 평가받고 있다. 그래서 이후 통계적 기법을 이용하여 상쇄모형을 보다 정교한 모형으로 발전시키고 있으며, 이러한 발전적 연구가 앞에서 언급한 것처럼 「신도시경제학」에서 주거입지와 관련되어 보다 광범위하게 소개되고 있다.

---

41) W. Michelson, *Environmental Choice, Human Behaviour and Regional Satisfaction*, New York: Oxford University Press, 1977.
42) K. McCarthy, "The Household Life Cycle and Housing Choices," *Regional Science Association Paper*, Vol.127, 1965, pp.55~80.
43) W.C.L. Wheaton, "Income and Urban Residence: An Analysis of Consumer Demand for Location," *American Economic Review*, Vol.67, No.4, 1977, pp.630~641.
44) M.H. Straszheim, *An Economic Analysis of the Urban Housing Market*, New York: National Bureau of Economic Research, 1975.
45) B.J.C. Berry and R. Bednarz, "A Hedonic Model of Prices and Assessments for Single-Family Home," *Land Economics*, Vol.51, No.1, 1975, pp.21~40.
46) R.F. Muth, "Moving Costs and Household Expenditure," *Journal of Urban Economics*, Vol.1, No.1, 1974, pp.108~125.

V. 신도시경제학

1970년 이후 Richardson 등 신도시경제학에서는 주거입지에 있어서 효율성의 극대화에 기초한 보다 발전된 상쇄모형을 제시하였는데 그들의 상쇄모형이란 크게 두 가지 방향으로 설명된다.

첫째, 〈그림 11-6〉에서 알 수 있는 바와 같이 〈11-6a〉의 경우 가난한 자는 CBD에 가까운 곳에 입지하고 부자는 CBD로부터 멀리 떨어져 입지한다. 이 경우 저소득층은 그들의 직장이 CBD에 입지해 있으므로 교통비용을 최소화할 수 있고, 고소득층은 교외의 주거지역에 거주함으로써 주거공간의 수요탄력성이 높게 나타난다. 〈11-6b〉의 경우는 고소득층은 도심부 주거지역에 입지함으로써 저소득층보다 높은 시간적 유용성을 강조하게 되고, 저소득층은 CBD로부터 멀리 떨어져 입지한다. 이러한 예는 라틴아메리카 도시들에서 흔히 발견되곤 한다. 그리고 〈11-6c〉의 경우는 고소득층은 요철경쟁지대함수(a concave bid-rent function)를 가지게 되는데, 저소득층은 CBD로부터 먼 곳에 그리고 고소득층은 CBD에 가까운 곳에 입지한다. 이러한 상황에서 도심지역에 입지한 고소득층의 시간적 유용성에 더 큰 비중을 두는 반면, 도시주변부에 자리잡은 고소득층은 공간에 더 큰 비중을 두는 것으로 가정할 수 있다. 이러한 차이는 고소득가구의 각기 다른 생애주기(life-cycle)를 생각해 볼 수 있다. 생애주기상 초기단계의 가구는 시간적 유용성에 중점을 두고, 중간단계 이상의 가구는 공간에 더 큰 비중을 두고 있다.

둘째, 고전적 상쇄모형은 근접성과 공간과의 상쇄관계를 설명하고 있지만, Yamada[47]는 가구의 주거입지결정은 오직 근접성과 공간간의 상쇄뿐만 아니라

〈그림 11-6〉 고소득층과 저소득층의 경쟁지대곡선

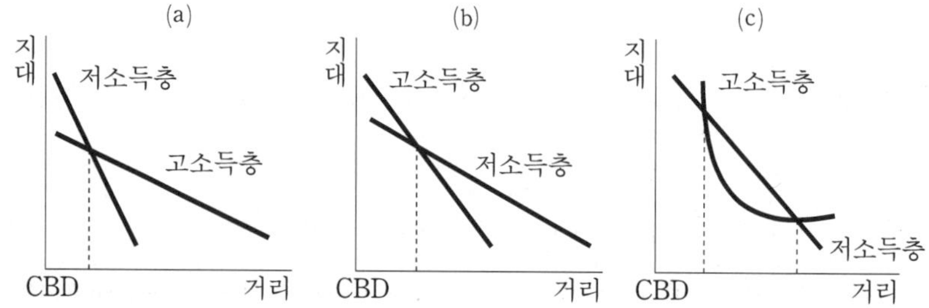

47) M. Yamada, "On the Theory of Residential Location: Accessibility, Space, Leisure and Environmental Quality," *Papers of Regional Science Association*, Vol.29, 1972, pp. 125~135.

〈그림 11-7〉 역전형입지

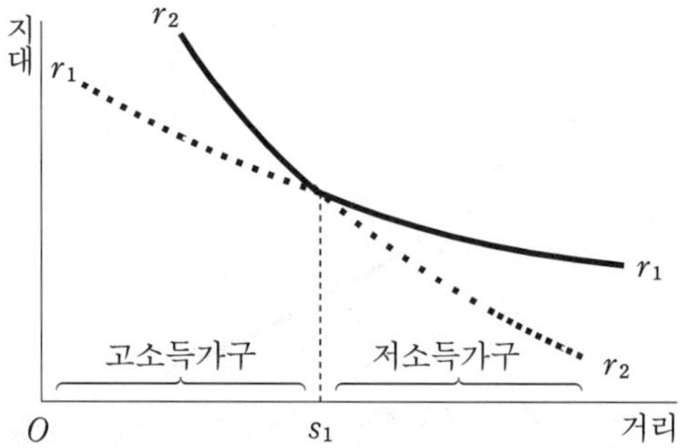

공간과 여가(leisure) 그리고 근접성과 환경의 질간에도 상쇄관계가 존재한다고 한다. 즉 CBD로부터 멀리 떨어진 주거입지는 여가의 이용이 뒤지나 환경적 질면에서 CBD 가까운 입지보다 매우 유리하다는 것이다. 그리고 Papageorgiou는 주거입지결정에 있어 개별적인 주택지의 선정이 근린지구의 특성보다 덜 중요하다고 했다.[48] 그래서 입지하고자 하는 주거지역의 사회적 환경, 즉 그 곳에 어떤 계층의 사람이 살고 있는가 등 사회·경제적 동질성을 지닌 주거지역을 선호한다는 점에 더욱 강조하였다.

주거입지에 관한 연구는 대부분 단순한 입지패턴과 현실적인 다양한 사항들을 고려하지 못하고 있음을 알 수 있다. 예를 들어 일본과 한국의 도시들은 여전히 상당수의 고소득가구가 도시중심부 가까운 곳에 거주하고 있음을 부인할 수 없다.

현대도시는 교통체증으로 인한 통근시간의 비효용문제가 심각하게 대두되고 있다. 통근에 소요되는 비용 그 자체가 큰 문제가 아니라 통근시간이 길어지면 그 만큼 노동시간과 여가시간을 잠식당하는 결과이다.

보다 복잡한 입지패턴을 고려한 역전형입지와 징검다리입지의 경우를 〈그림 11-7〉과 〈그림 11-8〉에서 설명하고 있다.[49] 즉 원점으로부터 s_1까지의 중심부에는 고소득가구집단의 경쟁지대(bid rent) r_2가 저소득가구집단의 경쟁지대 r_1보다 높게 나타나고 있다. 그리고 〈그림 11-8〉에서는 원점으로부터 s_1까지와 s_2로부터 우측에서는 고소득가구가 입지하게 되는데, 중심부에는 장시간통근을 싫어하는 가구가 비교적 좁은 면적의 주택에 거주하게 되고, 교외에는 넓은 주

48) G. J. Papageorgiou, *op. cit.*, pp. 145~176.
49) 宮尾尊弘, 「現代都市經濟學」, 日本評論社, 1985, 권원용 외(공역), 「도시경제학」, 대명출판사, 1989, pp. 96~99.

〈그림 11-8〉 징검다리형 입지

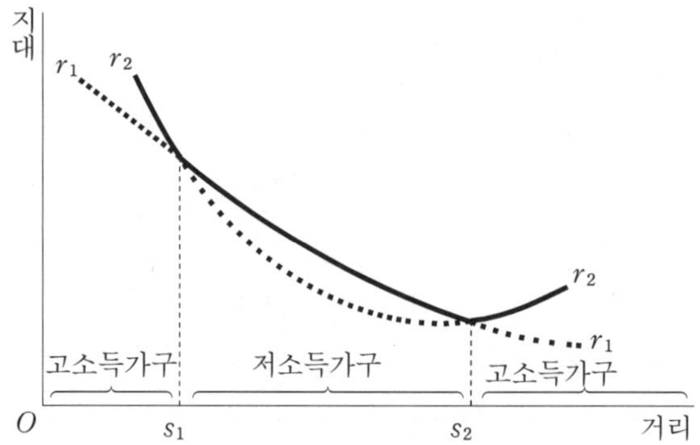

택을 소유하기 위하여 긴 통근시간에 개의치 않는 가구가 입지하게 된다. 결국 s_1에서 s_2까지의 중간지역에는 저소득가구가 주로 거주하고 있다는 의미이다.

제 4 절 관리론적 접근

Ⅰ. 이론적 배경

1970년대 사회학 분야에서 주거이동의 행태적 분석이 활성화되기 시작하였다. 이는 주거이동을 가구의 사회경제적 특성과 연관하여 파악하고자 하는 접근방법이라 할 수 있다.

그리고 주거입지를 수요에 근거한 접근으로 신고전경제학적 접근과 생태학적 접근을 들 수 있다. 도시의 공간적 패턴과 관련하여 주거입지와 이동을 파악하는 생태학적 연구, 가구의 주거지선택과정을 효용의 극대화라는 전제하에 분석을 시도한 신고전경제학적 접근 그리고 이동의 결정요인에 초점을 둔 행태적 접근 등이 주거이동을 명확히 설명하는데 한계가 있음을 파악하게 되었다.[50] 이러한 접근들은 기본적으로 가구의 주거이동에 관한 의사결정에 주안점을 두고 있는 미시적, 수요적 접근이라 할 수 있다.[51] 미시적, 수요적 접근에서 가구의

50) L. S. Bourne(ed), *Internal Structure of the City*, Oxford: Oxford University Press, 1971, p. 200.

51) D. A. Kirby, *The Politics of Location*, London Methuen, 1982 및 D. A. Kirby, "Housing," in M. Pacion(ed.), *Progress in Geography*, London: Croom Helm, 1983, pp. 11～36 참조.

입지선택과 주거이동의 의사결정은 「선택의 자유」라는 것을 전제하고 있다. 그러나 엄격히 말하면 현실적으로 인간은 원하는 장소의 선택과 이동의 자유가 보장되어 있지 못하며, 상당히 많은 외부요인들에 의해 선택과 이동의 제약을 받고 있다는 설명이 더욱 설득력을 지닌다.

즉 주거이동과 주거선택의 자유를 제한하는 외부적 요소들에 관한 연구가 더욱 필요할지도 모른다는 전제 하에서 보면 관리론적 접근은 큰 의미를 지니고 있다. 예를 들어, 주택시장메커니즘에서 주택의 공급에 영향을 주고 있는 기구와 사람들(부동산중개업자, 토지개발회사, 건축회사 등)의 영향력이 주거지선택과 주거이동에 결정적 역활을 수행하고 있다는 설명이 가능하다. 비단 개인과 개별가구에게 주거이동상 선택의 자유가 주어졌다 해도 선택의 폭과 기회는 주거지개발과 주택공급에 영향을 주는 기구와 사람들에 의해 결정되는 경우가 허다하다. 그래서 주거이동과 주거지 선택은 개인이나 가구의 「선택의 자유」나 「수요」의 결과라기보다 주택공급 및 배분의 정책결정에 좌우된다는 점이 관리론적 접근의 시각이다.

관리론적 접근의 이론적 토대를 마련한 학자는 Pahl[52]이다. 그는 도시 내

〈그림 11-9〉 민간주택시장에 있어서 기구(agents)간의 상호작용

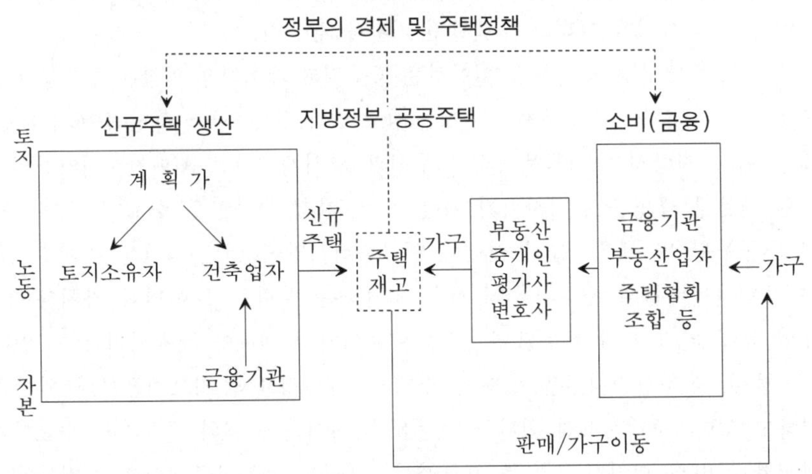

자료: K. Bassett and J.R. Short, *Housing and Residential Structure*, London: Routledge & Kegan Paul, 1980, p.58.

52) R.E. Pahl, *Whose City?* 2nd ed., Harmondsworth: Penguin, 1976 참조.
관리론적 접근의 이론토대는 베버사회학(Weberian Sociology)에 두고 있으며, 사회적 계층의 구성에 있어 권력의 불균등한 분포가 큰 영향을 주며, 경제적 측면에서의 계층을 계급(Class)이라 부르고 있다.

의 주택관련자원의 배분에 관련하여 누가 희소한 자원을 배분하며, 어떤 과정을 겪어 자원배분이 이루어지고 있는가? 라는 질문에서부터 출발하고 있다. 즉 이러한 희소자원의 배분결정에 영향을 주는 사람과 기구들인 "도시관리자"(urban managers) 역할과 기능에 대하여 연구의 초점을 두고 있다.

Bassett와 Short는 주택시장에 있어 주택자원배분과정의 개입기구와 역할 수행자들의 관계를 〈그림 11-9〉에서 설명하고 있다.

〈그림 11-9〉에서 제시된 다양한 기구와 사람들은 실제 개인이나 개별가구의 주거이동을 제약하거나 영향을 미치고 있다. 이러한 기구들과 사람들은 흔히 "문지기"(gate keeper)로 명명되기도 하는데, 흔히 주택의 공급, 배분, 교환 및 소비과정에서 가구의 이동을 제약하거나 때로 촉진하는 역활을 하기도 한다.

Ⅱ. 도시관리자의 역할

주택의 생산, 교환 및 소비과정에서 도시관리자 특히 주택관련 관리자(housing manager)는 누구인가? 또한 그들의 역할은 무엇인가? 주택관련 관리자로 분류되는 사람들은 공무원, 계획가, 부동산 중개인, 주택금융인, 개발업자 및 건축업자, 부동산업자 그리고 주택관련 기관을 꼽는다.

첫째, 주택행정 및 정책을 입안하는 공무원과 계획가의 역할은 주택공급 및 배분에 있어 관리자로서의 통제와 조정을 맡고 있다. Paris에 의하면 주택의 배분정책에 있어서 지방정부 계획부서의 공무원과 도시계획가는 집단간, 지역간의 주택자원 배분상 균형을 유지시키기 위한 직접·간접의 영향을 주고 있다.[53] 주택정책상 공무원 및 계획가들의 역할이 민간주택시장에 어떤 영향을 미치고 있는가는 주택자원배분의 원칙과 제규정을 입안하는 사람들의 이념적 가치와 행위의 규범 등에 의해 크게 좌우될 수 있다는 논의가 오랫동안 계속되어 오고 있다.[54]

둘째, 부동산중개인은 주택의 소비·교환과정에서 정보제공자의 역할을 수행하고 있다. 주택시장의 원활한 작동을 위해서는 주택의 공급자와 수요자가 주택교환에 따른 다양한 정보를 요구한다. 그래서 부동산중개인은 소비자가 원하는 장소의 여러 형태의 주택에 관련된 정보를 제공할 뿐만 아니라 구매자의 의사결정에 도움을 주게 된다. 한편 주택공급자에게도 해당 주택시장 내에 구매자

53) C. Paris, "Urban Renewal in Birmingham, England: an Institutional Approach," *Antipode*, Vol.6, 1974, pp.7~15.

54) F. Gray, "Selection and Allocation in Council Housing," *Transactions of the Institute of British Geographers*, New Series, Vol.1, 1976, pp.34~46.

의 선호 등 정보를 제공한다.[55]

부동산중개인은 주택관련 정보를 다양하게 확보하고 있기 때문에 때로 주택정보의 독점화와 이를 이용한 투기적 행위도 발생되고 있다. 단순한 주택정보 제공자의 위치를 넘어 주택구매자의 의사결정에 영향을 줌으로써 해당 주택시장의 수요·공급기능조절에 큰 역할을 담당하고 있다.

셋째, 개발업자와 건축업자는 어느 지역에 어떤 형태의 주택을 공급하고 어떠한 특성의 주거지를 개발하느냐의 결정적 역할을 담당하고 있다. 물론 개발업자나 건축업자의 주택공급관련 의사결정이 독점적으로 이루어지기보다는 토지소유자, 금융기관 그리고 주택개발에 관련된 제도와 정책의 영향을 받는다. 그러나 그들에게 일정수준 이상의 이윤창출이 가능하다면 다양한 로비활동과 구매자의 수요를 충동하여 주택공급에 임하게 된다.

개발업자나 건축업자가 수요자의 선호에 의해 주거지개발과 주택공급이 이루어지지만, 때로 가구의 주택 또는 주거지선택에 유도적인 영향을 미친다. 특히 도시의 신규주택의 형태, 입지, 규모 등에 수요자의 선호보다는 개발업자나 건축업자의 이윤동기가 더 크게 반영될 수도 있다.[56]

마지막으로 주택관련기관, 즉 주택금융기관 및 공공기관의 역할은 주택공급 및 배분과정에서 지대한 영향을 미치게 된다. Harvey와 Chatterjee는 주택시장의 작동에 있어 저당대출(mortgage)기관이 결정적 역할을 수행하고 있음을 강조하였다.[57]

저당대출금융기관은 대출자의 신용과 담보물건에 따라 대출이 이루어지지만, 융자조건 등에 따라 민간주택시장의 주택수요와 공급에 상당한 영향을 미치고 있다. 즉 사회·경제적으로 어떤 계층에게 얼마만큼의 주택금융적 혜택이 주어지느냐의 배분적 형평성 여부에 따라 민간주택의 교외화, 도심의 재개발 등의 정도와 수준을 파악할 수도 있다. 또한 정부의 다양한 토지이용 및 도시계획관련 정책의 변화에 따라 도시의 주거입지와 주거이동 그리고 주택수요패턴을 가져오게 한다.

---

55) R. Palm, "Real Estate Agents and Geographical Information," *Geographical Review*, Vol. 66, 1976, pp. 266～280.

56) T. J. Baerwald, "The Site Selection Process of Suburban Residential Builders," *Urban Geography*, Vol. 2, 1981, pp. 339～357.

57) D. Harvey and L. Chatterjee, "Absolute Rent and the Structuring of Space by Governmental and Financial Institutions," *Antipode*, Vol. 6, 1974, pp. 22～36.

Ⅲ. 관리론적 접근의 평가

관리론적 접근의 평가는 앞에서 언급한 도시관리자 내지 주택관리자들의 "자율성 내지 독립성"이 어느 정도인가에 모아진다. 그들은 희소한 주택관련 자원을 그들 자신의 자율적 의사결정에 의하여 배분하고 있는가? 엄격히 말하면 그들은 자신의 의사결정에 의하여 모든 행동을 결정하는 독립적, 자율적 기능을 지니지 못하고 있다. 주택공급과 배분에 개입하는 각 기구와 도시관리자들의 의사결정은 정치·경제적 영향력에서 벗어날 수 없다는 점이 현실이다. 그래서 관리론적 접근은 주택의 배분상 어떻게, 왜 그리고 누구에게 배분되어지는지의 역할규명의 연구로서 가치가 인정되지만 도시관리자의 정치·경제적 영향력에 대한 정확한 분석이 미흡하다는 지적이 나오고 있다.

즉, 도시관리론적 주택연구는 주택배분을 설명하는 가장 적절한 접근이라기보다 다음과 같은 주택배분상 몇 가지 개념적 틀을 제시했다는 점에서 긍정적 평가가 내려진다.

1) 다양한 도시관리자(부동산중개인, 계획가, 주택금융기관 등)가 주택의 배분에 있어 큰 영향을 미치고 있다는 점을 확인할 수 있다.

2) 이러한 다양한 관리자들의 역할규명을 통하여 주택시장의 메커니즘을 이해하는 데 큰 도움을 줄 뿐만 아니라, 어떤 형태의 가구가 어떤 형태의 주택에 입주하게 되느냐의 과정을 파악할 수 있다.[58]

주택자원배분은 자유경쟁시장 혹은 관리론적 행태분석의 기초 위에 설명될 수 있지만, 주택배분은 사실상 계급간의 갈등(class conflict)의 과정으로 설명되어야 한다는 주장이 있다.[59] 일부 베버리언 사회학자들과 마르크스주의자들의 분석의 기초가 바로 계급간의 갈등이론이라 생각된다. 다음 절에서는 주로 마르크스주의자들의 주택에 관한 논의를 전개하도록 한다.

---

58) K. Bassett and J. Short, *op. cit.*, p. 52.

59) J. Rex and R. Moore, *Race, Community and Conflict*, London: Oxford University Press, 1967 참조.

제 5 절 「마르크스」주의적 접근

Ⅰ. 「마르크스」주의자들의 주택개념

주택에 대한 일반적 정의는 제 1 장에서 다루었다. 여기서는 마르크스주의자(Marxists)[60]들이 생각하고 있는 주택의 개념을 설명하고자 한다. 마르크스주의자들은 4가지 관점에서 주택을 정의하고 있다.

첫째, 주택은 인간의 필수적인 상품으로 본다. 주택은 인간이 삶을 영위하기 위해서 필수적으로 요구되는 상품이며, 노동력의 재생산이라는 관점에서 매우 중요하게 다루고 있다.

둘째, 주택은 고정된 상품이다. 주택의 가치를 발휘하기 위해서는 특정의 장소에 입지하고 인간이 점유해야 한다. 주택의 이러한 고정적인 입지특성은 토지 문제가 관련될 수밖에 없다.

토지는 확대재생산이 불가능하기 때문에 토지의 소유권과 토지이용상의 문제가 주택문제와 깊은 관련을 갖는다. 토지라는 재생산이 불가능한 자원의 사적소유는 자본투자가 요구되며, 토지를 가지지 못한 자는 토지를 소유한 자에 대하여 토지이용에 대한 지대(rent)를 지불해야 한다. 그래서 주택의 본질을 이해하려면 주택에 관련된 지대(rent), 토지소유자(landowners), 토지시장(land markets) 그리고 부동산자본(property capital)에 대한 이해와 논의가 필수적이다.

셋째, 자본주의적 사회체제하에서는 주택은 사용가치(use value)와 교환가치(exchange value)를 동시에 지닌다. 하나의 상품으로서 주택은 개인이나 가족에게 소비재로서의 역할뿐 아니라 생산, 교환, 소비의 기본적인 사회과정(social process)을 거치며 계급기초적 이해관계를 발견할 수 있다. 주택이라는 상품을 통하여 각기 다른 사회계급간의 이해가 표출될 수 있다.

넷째, 자본주의 생산양식 하에서 주택체계(housing system)는 제세력간의 계급갈등 및 국가개입의 장이 되고 있다. 특히 주택의 공간적 측면에서, 공간상

60) 마르크스주의(Marxism)란 K. Marx와 F. Engels가 협동으로 수립한 사상체계를 말하는데, 이전의 공상적 사회주의와 대비하여 과학적 사회주의라 일컬어지기도 한다. 마르크스주의는 그 내용이 철학과 경제학설 및 사회사상의 3부분으로 구성되어 있다. 철학은 독일 고전철학의 계승·발전이고, 경제학설은 영국의 고전경제학파에서 취한 것으로 그 핵심은 잉여가치설에 있으며, 이로부터 자본주의 사회의 자기붕괴를 일으키는 제법칙을 유도하였다. 그리고 사회사상은 계급국가론과 프롤레타리아 혁명론을 중심으로 전개되었다.

의 주거지 분화는 계급분화와 다양한 소비양식에 밀접하게 연관되어있다.[61]

Ⅱ. 주택과 「마르크스」주의

주택과 주거입지에 관한 마르크스주의적 접근을 살펴보기 위해서는 마르크스주의 이론과 방법론에 관한 논의가 선행되어야 한다. 이는 마르크스주의자들의 접근방법이 전체사회의 역동관계속에서 주택이나 주거입지에 관해 설명하고 있기 때문이다. 여기서는 주택에 관한 접근을 이해하기 위하여 마르크스가 주장한 기초이론을 개관하도록 한다.

1. 전통적 「마르크스」주의의 구성[62]

(1) 「마르크스」주의 방법론

만년에 Marx의 주관심은 생산양식의 구조와 자본주의적 생산양식의 발생에 관한 인과적 메커니즘을 설명하려는 것이었다. 자본주의적 생산양식에서의 생산관계는 몇 가지 특징들을 지니고 있다. 첫째, 생산수단을 독점한 자본가계급과 생산수단을 소유하지 못한 노동자계급사이에 계급대립이 자본주의적 생산양식의 모순을 지니게 된다. 둘째, 자본주의적 생산양식 하에서는 생산의 목적이 이윤의 획득이며, 이를 위하여 노동자들의 싼 임금과 많은 노동을 강요하게 된다. 셋째, 자본주의생산양식에서 생산요소의 사회적 부문별 배분과 경제전체의 재생산은 상품가격의 변화를 통해서만 수행된다.

마르크스의 정치경제에 관한 접근은 사회학적이며 역사적인 접근으로, 사회관계나 시간에 따른 변동에 초점을 두고 있는데, 마르크스적 방법론에서 강조되는 3가지 양상은 다음과 같다.

첫째, 마르크스는 사회현상과 사회실체간의 구분을 강조하고 있다. 그는 전통적 경제학자들은 오직 '현상(appearances)'분석에만 치중하고, 특히 자본주의사회의 경험적 현상만 다루고 있다고 논박하고 있다. 그러나 나타난 실체는 사람을 현혹시킬 수도 있어 진정한 과학적 접근을 통해 깊이 숨어있는 실체로서의 현상을 통찰해야만 한다는 것이다. 이러한 통찰은 어떤 이론적 개념(예를 들어

61) Rod Burgess, "The Limits of State Self-Help Housing Programmes," *Development and Change*, Vol.16, 1985, pp.271~272; F. Engels, *The Housing Question*, The Union of Soviet Socialist Republics, 1970 참조.

62) 김수행, 「정치경제학원론」, 한길사, 1988; 見田石介, 김정로(역), 「마르크스의 방법론연구」, 지양사, 1986; K. Bassett and J. Short, *Housing and Residential Structure*, London: Routledge and Kegan Paul, 1980, pp.159~232 참조.

노동이나 가치)의 수용을 통해서만 달성될 수 있다는 것이다. 이러한 개념들은 현상형태의 인과관계를 설명하는데 사용될 수 있다. 마르크스는 시장의 법칙에 의해 지배받는 사회에서 현상과 실체사이의 문제를 하나의 물신숭배적 현상으로 보고 있다.

둘째, 마르크스는 그의 역작 「자본론」에서 분석과 설명에 있어서 논리-역사적 방법(a logical-historical method)을 채택하고 있다. 일련의 간단한 가정에서 시작해서 연속적 단계를 경과하면서 논리적, 역사적으로 자본주의 생산양식의 전개과정이 점진적으로 더욱 복잡한 형태를 구성한다는 것을 보여주고 있다. 이러한 양상은 역사적 법칙과 논리적 연속성간의 단순히 1:1의 대응을 의미하지는 않는다. 자본주의생산양식의 특성은 최초의 농업생산이나 지대에서 나타나며, 이에 대한 논리-역사적 설명은 상당한 세월이 지난 후에 나오게 되었다. 자본론에서 지대라는 것은 자본주의생산양식의 진화가 설명되어진 후에라야 분석될 수 있다는 것이다.

셋째, 마르크스의 방법론은 변증법적이다. 마르크스는 사회구조가 변화하며 이러한 양적 변화를 통해 미래변동을 위한 질적 조건을 창조한다는 것이다. 사회체계는 내부적 변동을 위한 상황을 조성하는 상호모순된 경향을 갖고 있다고 보았다.

(2) 역사적 유물론의 기본구성

마르크스의 유물론은 1859년 「정치경제학 비판」의 서문에서 그 요체를 설명하고 있다. 마르크스는 사회의 경제구조가 「진정한 근본」이며 여기에서 상부구조인 법률, 정치, 이데올로기라는 형태가 발생된다고 보았다. 경제적 구조라는 것은 생산양식으로 규정되는데, 생산양식이란 곧 노동관계, 재생산관계를 포괄하는 총체적 생산의 상호관계로 구성된다. 한 사회형태가 다른 사회형태로 변동하는 기초(principle source)는 생산력과 생산관계 사이의 모순에서 기인된다. 혁신과 경쟁을 통해 생산력은 생산관계보다 더욱 빠르게 발전한다. 결국 생산관계(실제재산관계)는 점차 생산력(productive forces)의 충분한 발전을 방해하는 족쇄가 되는 것이다. 혁명적 변동을 포함한 이러한 족쇄의 파괴로 사회근본구조인 경제구조가 재편성되고 궁극적으로 사회의 상부구조의 변화를 가져온다는 것이다. 이러한 변동형태는 역사적 주기성을 가지며, 생산양식의 변화도 이에 따른다는 것이다(이러한 양상은 모든 국가에 있어 동일하거나 항상 같은 단계로 이루어지는 것은 아니다).

이러한 동태적 사회변화는 계급갈등 및 계급이론과 분리하여 생각할 수 없다. 계급구조는 근본적으로 그 사회의 경제구조에 바탕을 두고 있다. 따라서 생산관계라는 것은 결국 계급관계이다. 마르크스는 생산수단(the means of production) 소유자와 비소유자 그리고 착취형태에 중점을 둔 2분법적 계급형태로 설명하고 있다. 각 생산양식은 생산수단 소유자나 그러한 소유를 강화하는 부와 권력을 통한 지배계급에 의해 결정지워진다고 보았다. 결국 생산력과 생산관계의 모순은 계급적 모순으로 표현된다. 현재의 생산관계는 지배계급의 지위유지를 위한 버팀목으로 작용하나 새로운 생산력의 충분한 착취를 원하는 성장계급에 끊임없이 도전을 받고 있다. 생산력과 생산관계의 모순은 계급간 상부구조인 정치적 이데올로기적 갈등으로 표출되며 결국 성장계급(rising class)의 승리로 새로운 생산관계, 정치형태, 신지배이데올로기가 형성되는 것이다.

마르크스는 봉건사회에서 자본주의사회로의 전환을 이러한 관점에서 보았던 것이다. 봉건영주에 대한 부르주아의 승리와 자본주의생산관계의 형성은 동시에 새로운 피지배계급인 산업프롤레타리아를 탄생시켰으며 새로운 갈등을 야기시켰다. 이러한 상황에서 생산력의 충분한 발전은 부르주아생산관계의 버팀목에 의해 한정될 것이다. 결국 자본주의모순은 오직 사회주의생산양식으로 혁명적 전환을 통해 해결할 수 있는 것으로 보았다.

국가의 역할이라는 것은 지배계급의 힘에 좌우되고 있으며, 국가는 이해가 다른 집단을 조정하는 중립적 조직으로 존재하는 것이 아니라 계급의 법칙에 따라 지배계급을 강화하거나 종속관계를 유지하는 데 도움을 주는 도구라는 것이다. 자본주의생산양식하에서 국가권력은 결국 자본가계급의 이익을 옹호·확대하는 동시에 사유재산의 보호를 위한 각종의 법률을 국가가 제정하게 된다.

(3) 자본주의경제이론

「자본론」에서 자본주의생산양식의 분석은 노동가치설(the labour theory of value)에 근거하고 있다. 이 이론으로 착취의 본질과 이윤의 본원지, 자본축적의 과정을 설명하고 있다. 마르크스는 생산수단을 소유하고 있는 자본주의계급과 오직 노동력만 소유하고 있는 프롤레타리아계급이라는 이분법적 계급구조를 가정하고, 노동력이라는 것은 생산(혹은 재생산)에 소요되는 사회적으로 필요한 노동시간의 양에 동등한 가치를 가지는 다른 상품과 같은 상품이라는 것이다. 노동의 경우 그 가치는 역사적으로 노동자와 그의 가족의 생존을 보장하는 데 필요한 상품과 서비스의 양에 결정된다. 자본가는 임금으로 노동을 시장에서 직교환한다. 실제로 노동시간이라는 정해진 일정시간(기간) 동안 사용에 자유로운 상품과 같이 노동력을 구입한다. 그 기간동안 노동자의 노동은 그가 지불한 임금의 가치와 같은 가치를 창출한다. 이것은 노동자와 그 가족의 생존을 보장하기 위해 필요한 상품과 서비스를 위해 지불해야 되는 필요한 노동시간이다. 이 이상의 노동이 곧 잉여노동시간으로 자본가에 의해 잉여가치로 착복당하고 있는 것이다. 이러한 잉여가치가 이윤의 근원이며 자본축적인 것이다. 이 때 자본-노동의 관계는 표면적으로 교환관계처럼 보인다. 즉 노동은 그에 동등한 임금으로, 이윤은 물건을 생산하기 위해 요구된 자본의 대가처럼 보인다. 결국 노동가치론은 마르크스가 계급관계 그리고 밖으로 드러난 현상 내면 깊숙이 존재하는 계급착취를 밝히는데 유용한 수단이 되었다.

자본주의 생산양식의 모순은 이윤의 감소나 자본축적을 위협하는 위기로서 표현된다. 이러한 위기에 관한 이론은 두 가지 주제로 분류될 수 있다. 첫째, 이윤율의 감소로 야기되는 위기이다. 왜냐하면 이윤율은 잉여가치에 정비례하며 자본의 유기적 구성에 연관되어 있다. 따라서 이윤율감소는 잉여가치율의 감소뿐만 아니라 노동에 대한 자본의 증가를 의미한다. 자본으로 노동을 대체시키려는 경험은 결국 다른 자본가와 경합되며 체계의 안정을 해치게 되는 것이다. 둘째로, 현실화된 위기로서 이것은 생산된 상품의 판매의 애로를 반영하는 것이다. 이는 부문간의 불균형 발전과 저소비(자본가의 상품에 비해 노동자의 구매력증가가 따르지 못하는)의 위기인 것이다.

2. 주택에 관한 엥겔스(Engels)의 시각

마르크스(K. Marx)는 주택에 관해서 별로 언급하지 않았다. 그의 「자본론」에서 19세기 영국의 「슬럼」이나 도시발전 그리고 지대에 관해서만 약간 언급이 있을 뿐 도시주거입지구조와 주택문제는 그의 이론의 중요한 연구대상이 아니었다.

F. Engels는 여러 면에서 마르크스경제이론에 근거하여 주택문제에 관하여 언급하고 있다. 맨체스터(Manchester)에 관한 그의 연구에서 밝힌 동심원설은 이후의 Burgess동심원이론과 표면적으로 비슷해 보인다. 그러나 중요한 차이는 Engels의 동심원논의가 계급구조의 분석과 밀접한 연관을 지니고 있다는 점이다. 맨체스터산업발전은 사회적 계급분화를 가속화시켰으며 이는 과거 상업도시에서 새로운 형태의 주거분화라는 공간적 분화현상을 초래하였다고 보았다. 반

면 시카고에 있어서 Burgess의 동심원이론은 인종(민족) 및 사회적 지위에 따른 주거지천이(succession)에 관한 설명에 근거하고 있다.

Engels는 그의 저서 “The Housing Question”에서 주택문제에 관한 더욱 구체적 견해를 표명하며 상당부분 Proudhon의 견해를 논박하고 있다.[63] Proudhon은 노동자/자본가의 관계가 근본적으로 임차자/지주(집주인)관계와 동일하다는 전제를 설정하였다. 그러나 Engels는 이 관계를 부정한다.

즉 주택문제는 자본가에 의한 노동자착취의 직접적 결과가 아니라는 것이다. 임차자/집주인 관계는 시장원리에 따른 일반상품거래의 형태와 같은 것으로 임대료는 주택의 사용 및 유지비의 대가이고 토지가치와 수급관계의 반영인 것으로, 임대료지불은 이미 창출된 가치(임금)를 집주인에게 지불하는 형태이다. 이러한 거래관계는 노동자/자본가 관계와 같은 잉여가치의 착취를 내포하고 있는 것은 아니라고 지적한다.

“The Housing Question”에서 Engels는 노동자들의 주택소유를 지지하는 개량주의자들에 대해 논박하는데 그 대표적인 사람으로 Sax[64]의 주장을 비판하고 있다. Sax는 주택의 자가소유를 촉진하는 수단으로 건축조합운동(Building Society Movements)[65]을 지지한 사람으로 노동자의 경제적 독립성을 갖게 하며 궁극적으로 주택을 소유함으로써 사회안정을 이룬다는 점을 강조했다.

그러나 Engels는 자가소유는 노동자들을 공장에 더욱 굳게 얽매이게 할 뿐만 아니라 노동력의 시장교섭력을 약화시킨다고 비판하였다. 결국 주택의 자가소유촉진이나 건축조합운동으로 노동자계급의 주택문제를 근본적으로 해결할 수 없다는 것이다. Engels는 개량주의자들의 해결방법은 궁극적으로 실패한다고 보았다. 대도시주택문제는 자본주의산업화의 전체과정과 분리될 수 없다는 것이다. 자본주의산업화는 도시와 농촌을 분리시켰으며, 노동자를 생산지점의 주택에 대한 고려없이 집결시킴으로 낮은 임금과 산업예비군의 고갈과 충당이라는 주기적 교착상태를 초래하였다. 지배계급의 도구인 정부는 이러한 위기를 해결할 능력이 없고, 슬럼은 도로나 공공건물로 전환되어 재개발되었으며, 슬럼지역주민은 단지 다른 지역 슬럼지역이나 눈에 잘 띄지 않는 지역으로 분산될 뿐이었다.

간단히 말해 주택문제는 자본주의 생산양식과 분리하여 언급될 수 없다. 문

---

63) Engels, *op. cit.*, pp. 72~104.
64) E. Sax(1845~1927)는 Austria의 저명한 경제학자이다.
65) 건축조합운동(Building Society Movements)은 이 책의 제 2 장을 참고하기 바람.

제해결은 자본주의생산양식의 제거에 의하여 해결될 수 있다고 보았다.

Ⅲ. 주택에 관한 「마르크스」주의적 접근

마르크스주의자들의 주택에 관한 접근을 개관하기 전에 다른 접근들에 대한 마르크스주의자의 비판은 무엇인가를 살펴보는 것은 매우 중요하다. 왜냐하면 마르크스주의적 접근의 발전은 기존의 제접근에 대한 비판적 고찰 위에서 출발하기 때문이다.

1. 비(非) 마르크스주의적 접근(non-Marxist approaches)에 대한 비판[66]

(1) 시카고학파와 생태학적 전통

이미 마르크스주의자들에 의해 시카고학파의 생태학적 접근에 대한 비판이 제기되었다. 그 중에서도 특히 Castells은[67] 대표적 인물이라 할 수 있다. Castells의 생태학적 접근에 대한 비판은 넓은 의미의 도시사회학 전반의 비판에 근거를 두고 있다. 그는 과학적 지식이란 세부적인 이론적 목적(특수한 이론적 개념들) 혹은 세부적인 실제목적을 지녀야 한다는 것을 강조하고 있다.

Castells은 과학적 지식으로서 도시사회학에 관한 3가지 테마를 규정하고 있다. 첫째, Wirth[68]의 글에서 발견할 수 있는 "생활방식으로서 도시화, 도시성"(urbanism as a way of life) 둘째, Burgess로부터 시작된 사회구조와 공간조직간의 연관성의 탐구 그리고 셋째, 생태계로서 도시의 인식이다.

Castells은 이러한 테마를 이론적 명확성이 결여된다는 점에서 과학적 지식으로서 받아들이지 않는다. 즉 생태학적 논의는 세부적인 도시이론적 목적이 아니라 사회구조 전반에 적용되는 이론으로 보았다. 도시성(urbanism)의 개념은 대중사회의 문화적 가치의 표현이며, 도시의 생태적 형성의 특성을 나타낸 것이다. Burgess의 연구는 공간구조와 사회구조의 상호연관성을 탐구한 것이며, 특히 동심원구조모델(concertris zone model)은 미국의 자본주의 발전과정상 특수한 단계의 사회과정을 나타내는데 불과하고 일반적 현상을 설명하기에는 불충분하다고 생각한다.

한편 그는 도시사회학이 명확한 실제적 목적을 지니지 못한다고 지적한다.

---

66) K. Bassett and J. Short, *op. cit.*, Ch. 9, pp. 170~180.

67) M. Castells, *The Urban Question*, London: Edward Arnold, 1977 참조.

68) L. Wirth, "Urbanism as a Way of Life," *American Journal of Sociology*, Vol. 44, 1938, pp. 1~24.

그는 미래의 과학적 지식으로서 실제목적을 제공하기 위하여 두 가지 형태의 문제점을 지적했다. 하나는 공간의 사회조직적 인식하에 행위자들 사이의 투쟁이나 갈등의 부산물을 전통적 접근으로는 인식하지 못하고 있다는 점이다.

둘째, 집합적 소비(collective consumption)의 고려이다. 집합적 소비란 주택이나 공공시설 등과 같이 노동력을 재생산할 수 있는 소비영역을 의미하고 있다. 즉 생태학적 접근은 집합적 소비의 설명이 결여되어 있다.

(2) 신고전경제학과 도시지대이론(urban rent theory)

신고전공간균형모형과 도시지대이론에 대한 비판은 신고전경제학 전반의 비판과 연결되는데, 이는 3가지로 요약된다.[69]

첫째, 신고전경제학은 개인주의적이며 주관적(자기본위주의적)이다. 이는 개개인의 주어진 본성과 선호, 기호에 의하여 사회가 구성된다고 가정하고 있다. 마르크스주의자들의 견해로는 사회는 특수한 생산양식의 발전 속에서 특정의 역사적 단계로서 넓은 의미의 사회·경제적 과정으로 파악된다. 생산양식의 분석이 논리적으로 소비양식의 분석에 앞서야 한다고 지적하고 있다.

둘째, 신고전경제학은 좁게 보면 교환에 초점을 맞추고 있다. 사회관계의 유일한 형태로 강조되는 것은 시장에서의 상품교환에 관심을 두고 있다는 점이다.

셋째, 생산은 토지, 노동, 자본이 투입되어 이기적, 기술적(asocial, technical) 과정을 통해 산출물로 변형되는 것이다. 생산과정의 본질을 이루어 내면 깊숙이 내재해 있는 계급적 착취관계를 신고전경제학은 밝혀내지 못하고 있음을 마르크스주의자들은 지적한다.

이런 의미에서 넓은 범위의 도시문제들(과밀, 쇠퇴 등)도 균형상태의 일탈로 해석하며, 이는 신고전경제학의 균형모델에 기초하고 있다. 신고전경제학은 계급이나 생산관계가 분석대상이 되지 못했다고 비판하고 있다.

(3) 주택계급과 도시관리론

주택계급과 도시관리론의 개념은 베버사회학(Weberian Sociology)에 뿌리를 두고 있다. 베버리안적 관점에서는 주택계급이 어떤 시장상황 하에서도 발생된다고 보는 반면, 마르크스주의자들의 계급의 개념은 생산과정에서 잉여가치의 생성과 연결되어 있다고 본다.

Pahl이 주장한 주택계급개념이 문제가 있다는 것은 엥겔스의 분석에서도

69) R. E. Rowthorn, "Neo-classicism, Neo-Richardianism and Marxism," *New Left Review*, Vol. 86, 1974, pp. 63~87 참조.

찾을 수 있다.[70] 즉 Engels는 세입자(임차자)/집주인(임대자)의 관계를 노동자/자본가의 관계와 동일하지 않는 것으로 주장했다.

도시관리론에 대한 마르크스주의자의 비판은 베버리안 사회학에서 다루는 국가와 관료제도에 연관된다. Pahl의 초기연구에 의하면 도시관리자들은 희소자원의 배분에 관련한 도시체계의 독립변수로 보았다. 희소성은 자연적 현상으로 간주되며 도시문제관리의 비효율성 혹은 관료조직의 무감각이라는 관점에서 해석되어질 수 있다. 이러한 관리론적 입장은 마르크스주의자와 非마르크스주의자들로부터 비판을 받아왔다.

Pahl은 도시관리자들을 정부와 민간부분 사이의 조정이란 관점에서 보았지만, 만일 도시관리자들이 정부의 한 구성원이라면 과연 어떻게 그 조정기능을 수행할 수 있는가라는 문제가 제기된다. 그래서 마르크스주의자들은 정부의 역할과 자본이득(자본가의 이익)간의 관계에서 중립적 관료주의와 법인체적 국가이론을 부정하고 있다.

2. 주택체계의 분석

마르크스주의자들은 주택체계는 다음의 4가지 점에서 넓은 사회체계와 상호연관되어 있다고 본다. 첫째, 주택은 하나의 상품이며, 자본형성을 위한 잉여가치의 원천이다. 둘째, 주택은 노동자가 필요로 하는 소비의 한 부분이며 이는 노동력 재생산의 한 측면이다. 셋째, 주택은 자본주의 사회관계의 재생산과 연결되어 있다. 넷째, 주택체계는 사회계급갈등의 한 영역이며 다양한 정부개입의 대상이 된다.

(1) 상품으로서의 주택

상품으로서 주택은 잉여가치생산의 매개물이며 특정부분 산업자본(건축산업자본)의 자본축적을 위한 한 수단이다. 그렇지만 주택은 특수한 형태의 상품이며, 이윤이 현실화되기 위해서는 다른 형태의 자본이 중간에 매개되어야 하는 상품이다. 주택의 생산, 이윤의 현실화, 주택소비는 다른 형태의 특수한 자본의 회전과 상호연관의 관점에서 살펴볼 수 있다. 마르크스는 산업자본과 상업자본, 금융자본을 상품의 생산, 이윤의 현실화, 소비의 전반적 과정으로 구분하였다.

상품으로서의 주택생산과정은 다음과 같이 생산의 순환이라는 관점에서 살펴볼 수 있다.

자본투자 M으로 상품 C(노동력 LP와 생산수단 MP)구입, LP와 MP는 최종

---

70) R. E. Pahl, *op. cit.* 참조.

$$M \text{ ——— } C \begin{cases} MP \\ \\ LP \end{cases} \text{-----------} P \text{-----------} C' \text{ ——— } M'$$

상품 C'를 생산하기 위해 생산과정에서 결합한다. 최종상품 C'는 팔려져 자본 M'가 된다. 이는 이윤으로 잉여가치의 현실화이며 건축가와 개발업자에 의해 소비되거나 새로운 상품생산의 순환을 위해 재투자된다. 이것은 상품생산순환과정의 일반적 형태이다.[71] 그러나 주택은 전체순환과정에 있어 몇 가지 문제점을 지니고 있다.

첫째, 상품 C로부터 최종상품 C'에 이르는 기간이 타상품에 비해 길다. 수개월 이상이 소요되며 상품생산과정에는 특수한 기술과 노동형태가 건축재료의 투입과 상호연관되어져야 한다. 또한 다른 상품은 생산을 위해 이미 설비가 갖추어져 있거나 효과적 생산을 위해 준비된 생산공장과는 달리 주택은 「부지와 적정입지」라는 특수성이 있다. 따라서 생산과정에 있어 노동문제나 재료의 원활한 공급이 막힘에 따라 중단되기도 하며 심지어 나쁜 기후 때문에 중단되기도 한다. 이러한 이유로 건축업자에 의해 투자된 자본의 회전과 이윤창출은 장기간이 소요된다.

둘째, 최종상품 C'의 가격은 소비자에 판매되는 과정을 통해 실제로 잉여가치가 현실화되는데 여기에서 중요한 문제가 발생된다. 주택은 대다수 가구의 소득과 비교할 때 대단히 높은 가격이다. 이윤의 현실화과정이 장기간 소요된다는 것은 C'-M'-M-C순환이 다른 상품에 비해 특별히 길다는 점이다. 그리고 자본(회전자본)의 개입이 필요한데, 유통자본은 가구(家口)들로 하여금 주택구입가를 몇 해에 걸쳐 분할지불할 수 있게 하는 반면 건축업자나 개발업자는 투자를 회수하고 즉시 그들의 이윤을 현실화시키며 새로운 생산순환을 도모하게 한다.

회전자본은 주택점유의 여러 형태에서 나타나는 바와 같이 다양한 방법으로 대출될 수 있다. 예를 들면 집주인(임대인)은 은행으로부터 돈을 빌려 상업자본을 만들어 주택을 구입하고 난 후, 매월 임대료를 통한 이윤증가로 그의 투자를 보상한다.

이러한 상황은 아래 그림을 통해 설명되는데, 화살표는 화폐 혹은 주택의 교환관계를 표시하고 있다.

71) 산업자본의 순환에 관한 설명은 김수행, 「정치경제학원론」, 한길사, 1990. 제 4 장에 잘 정리되어 있다.

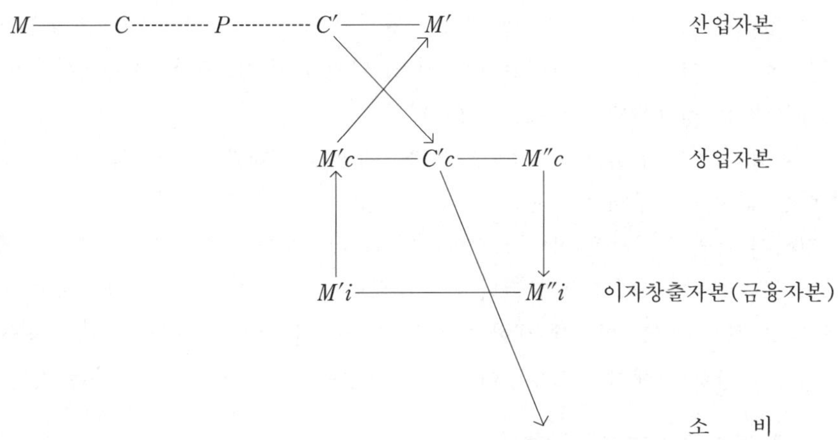

한편 저당권이 설정되거나 대출에 의한 주택(loan-financed house)의 구입은 다음과 같이 나타낼 수 있다.

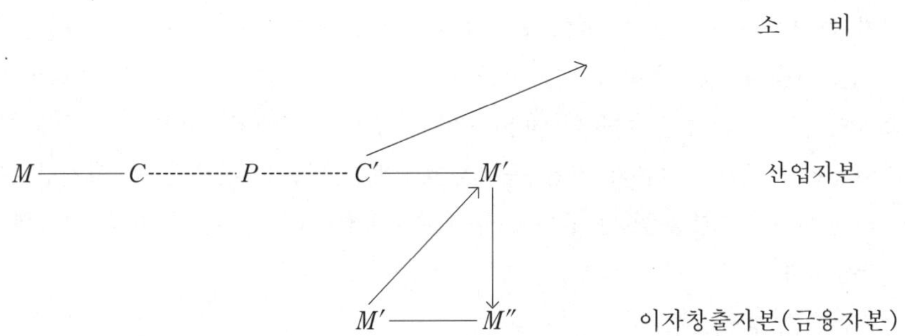

이러한 경우 자금(화폐)은 이자를 대가로 금융기관에 의해 소비자에게 직접 대출되고 임대인(집주인)의 중개를 거치지 않기 때문에 상업자본의 순환은 존재하지 않는다.

주택분야에 있어 이들의 순환에 대한 마르크스주의적 논의의 확장은 몇 가지 흥미있는 의문점을 야기시키며 더욱 깊은 분석을 요하고 있다. 예를 들면 마르크스주의 이론에 따르면 잉여가치의 일부는 상업자본이나 금융자본의 부차적 순환속에서도 창출될 수 있는 것이다. 이러한 관점에서 건축산업자본에 의해서 창출된 잉여가치의 일부분은 지주나 금융기관에 흘러드는 것이다. 그리고 주택의 매매는 중고시장에 의해서 지배당하고 있으며, 주택시장에 수요초과라는 요인 때문에 문제는 복잡해지는 것이다. 그 결과 대규모금융자본은 현재의 대체비용과 시장상황이 반영된 이미 완성된 주택의 재매매에 제공되며, 주택의 생산당시의 원래가격으로부터 더욱 더 편차가 발생된다. 이러한 비싼 가격이 노동자에게 부담되는 한 임금인상요구로 이어지며, 잉여가치는 건축산업자본에서만이 아니라 타자본 전반에도 나타나는 것이다.

위의 논의는 산업자본과 유통자본의 2차순환에 대한 설명만 집중되어 있다. 주택은 토지가 요구되므로 문제는 더욱 복잡한 양상을 띄는 것이다. 마르크스적 관점에서 토지는 상품은 아니나 판매가격과 지대와 같은 상품생산의 영역내에서 창출되는 잉여가치의 요구가 나타나는 것으로 보고 있다. 지주는 개인적 재산권을 갖고 있으며 토지양도에 대한 가격을 요구할 수 있다. 그리고 수요가 공급을 초과하는 상황 하에서는 집주인이 투기적 이윤을 모두 차지하게 된다는 것이다.

(2) 주택과 노동력의 재생산

주택은 노동자들의 필수적인 소비품의 일부이다. 이러한 견지에서 주택은 노동력 재생산과정과 관련이 깊으며, 비싼 주택가격은 노동력의 가치를 높이는 한 전체자본에 대해 중요한 의미를 갖는다. 만일 다른 조건이 변하지 않고 주택가치가 하락한다면 자본에 대한 노동력의 가치도 일반적으로 하락하며 이윤증가나 높은 비율의 자본축적기회가 제공될 것이다. 소득에 비해 높은 주택비용은 건축산업자본이나 높은 이율의 자본축적의 기회가 제공될 것이다. 그러나 높은 주택비용은 건축산업자본과 같은 특정자본에게는 이윤을 창출할 수 있지만 산업자본의 이윤과는 갈등을 가져온다. 주택체계내의 갈등은 결국 전체 체계에 파급·확산된다.

(3) 주택과 계급갈등

주택체계는 상호모순성을 가지고 있는 사회체계의 일부분이며 이러한 모순성에서 기인된 계급갈등의 한 장이다. 갈등의 형태는 궁극적으로 자본과 노동간의 갈등이다. 주택에 관련된 자본주의계급 내의 갈등은 앞에서 언급한 여러 형태의 자본과 연관을 갖는다. 법률은 세분화된 자본의 순환을 통제할 뿐만 아니라 전체 순환과정에서 어떤 영역에는 제도적 역할자(건축업자, 금융알선업자, 중개업자 등)가 기능을 수행할 수 있도록 규정하고 있다. 이러한 의미에서 이들 제도적 역할수행자(agents)는 자본축적의 과정에 의해 그들 자신의 이해를 추구한다. 이러한 이해관계는 자본축적의 근본과정과 마찬가지로 상호모순적 구조를 이루고 있다. 예를 들면 건축산업자본은 낮은 토지가와 높은 주택가격 그리고 낮은 이율의 융자로 이윤을 얻는 반면, 지주는 높은 토지가와 높은 이자율, 상환기간 등을 통하여 이윤을 얻는다. 높은 주택가격이나 임대료는 일부 주택업자의 이윤획득에 기여하나 전반적으로 보면 산업자본의 장기적 이윤과는 마찰을 일으킨다. 이는 도시주택시장의 상황을 살펴보면 쉽게 알 수 있는데, 증가하는 토지비용은 건축업자의 이윤을 잠식하며 건축업자는 주택가격을 상승시킨다. 따라서 산업자본은 증가하는 주택비용을 보충하려는 노동자의 임금인상요구의 압력을 받게되는 것이다. 체제의 상호모순의 속성은 이윤을 추구하는 개별자본가들이 전체적으로 자본의 재생산을 위협하는 상황을 조성하기도 한다.

한 체제내 주택의 중요성 때문에 상호모순된 힘의 관계를 규제, 억압하려고 정부는 개입된다. 국가는 경제전반에 있어 생산과정, 주택가격의 저렴화를 위하여 혹은 소비 등에 개입하게 된다.

Engels를 중심으로 한 마르크스주의자들의 주장은 개량주의적 접근으로는 주택을 둘러싼 제갈등과 불평등을 해결할 수 없다고 보고 있다. 기존의 자본주의 국가들의 주택정책적 제접근은 자본가계급의 이윤을 확보, 유지시키기 위한 것으로서 '자본축적의 과정'으로 설명하고 있다. 마르크스주의적 접근은 계급과 주택의 생산 및 소비양식을 설명함으로써 상당한 설득력을 지니고 있다. 그러나 마르크스주의적 접근은 구체화된 주택정책의 프로그램이나 행동의 지침을 제공하지 못하는 한계를 지니고 있다고 판단된다.

제12장 : 주거이동과 주거조절

제 1 절 주거이동의 개념과 유형

주거이동은 소득수준, 가구원수와 가족구성, 주택형태 및 위치에 대한 선호 등과 같은 가구내부적 요인과 주택정책 및 주택시장여건 등과 같은 외부적 요인의 변화에 적응하기 위해 보다 합리적으로 주택소비를 조절해 나가는 과정을 말한다.

개별가구의 주택수요는 주거이동을 동반한다. 일반적으로 인구이동이 고용, 소득 등 경제적인 요인에 의해 유발되는 것과는 달리 주거이동(residential mobility)은 주택관련 요인들과 밀접한 관련을 지니고 있다. 주거지를 옮긴다는 것은 주거서비스가 변화되는 것을 의미하는데 주택의 위치, 근린주구환경, 쾌적성, 근접성, 투자가치 등 다양한 주택관련 요인이 작용한다.

주거이동은 이동거리, 이동동기 등에 의해 분류된다. 이동거리에 따라 지역간 이동과 지역내 이동으로 분류할 수 있다. 지역내 이동은 해당 주택시장영역내의 비교적 단거리이동을 의미하며, 지역간 이동은 장거리 이동을 뜻한다. 이동동기는 자발적 이동과 비자발적 이동으로 나뉘어질 수 있는데, 자발적 이동은 다시 주거조절이동과 유도이동으로 분류되는바, 주거조절이동이란 주거소비의 양과 종류를 조절하기 위한 것으로 나타난다. 예를 들어 주거근린환경, 접근성, 주택가격, 주택의 디자인, 주택의 점유형태 등을 조절하기 위한 이동인 것이다. 반면 유도이동은 가족생활주기의 변화, 생활양식의 변화, 가구의 경제적 특성의 변화 등에 의한 이동을 말한다.

비자발적 이동이란 취업 혹은 직장의 이동, 가구의 분가 혹은 합가, 주택의 강제철거, 재해 등을 통한 이동을 의미한다. 이러한 이동의 유형은 학자에 따라 달리 분류할 수 있으나, 일반적으로 분류되는 주거이동은 〈그림 12-1〉과 같다.

〈그림 12-1〉 주거이동의 일반적 유형

- 주거이동
  - 이동거리(지역)
    - 지역내 이동
    - 지역간 이동
  - 이동동기(이유)
    - 자발적 이동……생애주기관련 등
    - 비자발적 이동……주택철거 등

도시 내 주거이동에 관한 연구는 1955년 Rossi[1]의 연구 이래 수많은 사례연구로 발전해 오고 있다. 역사적으로 보면 도시공간적 패턴과 주거이동과의 관계를 파악한 Burgess와 Park 등의 시카고학파에 의한 생태학적 연구 그리고 주거이동을 도시 내의 이주지 탐색과정, 이동방향, 이동거리 등에 관심을 둔 지리학분야의 연구가 큰 비중을 차지한다. 경제학적 접근방법으로는 1960년대 신고전학파를 중심으로 가구의 주거지이동과 선택은 효용의 극대화라는 가정 속에서 발전되어 왔다.[2] 신고전학파 경제이론에 바탕을 둔 상쇄모형(혹은 교환모형)의 가설은 가계에 대한 제약조건하에서 효용을 극대화하기 위한 것으로 각 가구는 통근비용과 주택비용의 상쇄관계(trade-off) 속에서 주거입지를 결정한다는 점이다. 이러한 상쇄모형은 주거이동연구에 상당한 기여를 하였지만 단핵구조도시, 완전경쟁, 선택의 자유와 선호 등의 문제와 관련하여 주거이동을 설명하는데는 한계를 지니고 있다는 지적이 많다.[3] 1970년대 후반에 와서 신고전학파 이론의 비판과 함께 주택시장의 불균형조건들이 주거이동을 유발시킨다는 가설을 전제한 불균형모형(disequilibrium model)이 개발되고 있다.[4]

한편 주거이동을 설명하는 또 하나의 접근으로서 생애주기모형(life-cycle model)을 들 수 있는 데, 이 모형은 생애주기의 변화가 주거이동 및 이동의 방향을 포괄적으로 설명한다는 점에서 설득력을 지니고 있다.[5] 그러나 생애주기의 구분, 생애주기상의 이동특성 등은 그 사회의 문화, 경제 그리고 사회심리적 속성에 따라 상이하게 나타나고 있다.

---

1) P. H. Rossi, *Why Families Moves: A Study in the Social Psychology of Urban Residential Mobility*, New York: Free Press, 1955.
2) J. H. Kim, *Residential Mobility and Housing Adjustment: Case in Seoul*, Unpublished Ph. D Dissertation, The University of Michigan, 1987, pp. 2~6 참조.
3) W. Alonso, *Location and Land Use*, Cambridge, Harvard University, Press, 1964; K. Bassett and J. Short, *Housing and Residential Structure*, London: Routledge Kegan and Paul, 1980 참조.
4) E. Hanushek and J. Qugley, "An Explicit Model of Intra-metropolitan Mobility," *Land Economics*, Vol. 54, 1978, pp. 411~429.
5) E. G. Moore, *Residential Mobility in the City*, A.A.G. Resource Paper 13, Association of American Geographers, Washington D.C., 1972 참조.

제 2 절 주거이동과 생애주기

주거이동과 생애주기간의 관련성은 이미 많은 학자들에 의해 밝혀지고 있다.[6] 생애주기는 한 인간이 미혼에서부터 결혼하여 가구를 형성하고 그리고 가구가 해체되는 단계적 과정을 의미하며, 주거이동상 생애주기는 특수한 가구구성을 제외한 일반적인 생애단계를 중심으로 설명하고 있다.

〈표 12-1〉은 주로 구미제국의 일반적인 생애주기별 주택수요 및 주거이동 패턴을 설명한 것으로서, 자녀가 없는 단계는 도심의 편리한 아파트나 임대주택에 거주하다 자녀양육단계에서부터 도시 교외의 단독주택을 선택하고 있다는 현상을 설명하고 있다. 우리 나라 도시가구의 생애주기는 자녀와의 관계성 속에서 파악되는 것이 중요하다. 자녀의 양육, 자녀의 교육 그리고 자녀의 타지역유학 혹은 군입대 그리고 자녀의 출가의 시기에 따라 주택의 수요와 주거이동 및 주거조절이 일어나기 때문이다(〈표 12-2〉 참조).

〈표 12-1〉 생애주기단계와 주택수요

생애주기	주택수요/욕구
1. 출산 전단계	상대적 저렴한 도심의 아파트
2. 임신단계	아파트지구에 가까운 단독임대주택
3. 자녀양육단계	도시근교지역의 신주택소유
4. 자녀독립단계	자녀양육단계와 같은 지역 혹은 보다 더 고급 주거지역
5. 자녀출가단계	이동이 없음(안정단계)
6. 노후생활단계	양로원, 아파트 혹은 자녀와 동거

자료: J.R. Short, "Residential Mobility," *Progress in Human Geography*, Vol.2, No.3, 1978, p.419.

〈표 12-2〉 한국도시가구 생애주기와 주택수요(주거조절)

생애단계	가구원의 구성 및 가구특성	주택수요
1. 결혼 전 독신단계	부모와 함께 거주하거나, 결혼 전 독신거주	부모의 집
2. 결혼 후 초기단계	자녀를 갖지 않았거나 자녀가 국민학교 미취학	단칸방, 소형 아파트
3. 자녀양육단계	자녀의 교육을 중시하는 단계	중·소형 아파트
4. 자녀독립, 출가단계	자녀가 군입대, 타지역으로 유학, 첫자녀 결혼	중·대형 아파트, 단독주택
5. 가족축소단계	자녀가 모두 출가하거나, 부부 중 한명이 사망	소득수준에 따른 주거조절

6) ① P.H. Rossi. *op. cit.*
② J.W., Simmons, "Changing Residence in the City: A Review of Intra-Urban Mobility," *Geographical Review*, Vol.58, 1968, pp.622～651.
③ E.G Moore, *op. cit.*

〈표 12-3〉 연령별 입주(점유)형태 (단위: %)

구 분	자 가	임 차
전 체	62.7	37.3
연령별		
30세 미만	28.8	71.2
30~40세	53.0	47.0
40~50세	65.5	34.5
50~60세	79.5	20.5
60세 이상	84.2	15.8

자료: 김찬호·김일영, "1992년도 주택금융수요실태결과 분석," 「주택금융」, 1993. 8, pp. 36~37.

우리 나라 생애주기별 주택수요 및 주택점유형태의 특징을 보면 가구주 연령이 낮을수록 남의 집에 세들어 사는(임차가구) 비율이 높고 연령이 높을수록 자가소유율이 높게 나타난다. 이는 1992년도 한국주택은행이 실시한 주택금융수요실태조사에서(〈표 12-3〉) 잘 말해 주고 있다.

이러한 생애주기별 주택점유형태와 주택수요의 변화는 가구소득 및 가구원수의 변화와 관련을 맺고 있다. 결혼 전 독신 혹은 결혼 후 초기단계에는 임차형태에서 출발하여 점차 자가로 확대 발전해 나가는 전형으로서, ① 단칸방전세(혹은 보증부 월세) → ② 소형아파트 혹은 단독주택전세(단독주택의 일부/전체) → ③ 소형아파트 자가 →④ 중대형아파트 혹은 단독주택 자가를 발견할 수 있다. 물론 도시지역의 주거입지별 임대료 및 주택가격의 차이에 따라 동일한 평형의 아파트라 해도 도심부 가까운 전세와 도시 외곽지의 전세는 큰 차이가 있다. 현재 서울에 직장을 두고 거주하는 한 가구(53세 家長)의 주거이동경로의 예를 보면, ① 위성도시인 안양시 단독주택 방 두칸(약 15평)전세 → ② 서울 강북지역 소형아파트(22평) 전세 → ③ 신도시 과천 22평 자가 → ④ 서울 강남지역 32평 자가 → ⑤서울 강남지역 43평 자가로 현재에 이르고 있다.

주거이동에 관한 전통적 접근이 갖는 한계성을 극복하기 위하여 주거이동에 있어 개인의 의사결정에 초점을 두는 접근방법의 하나가 행태적 접근이다. 가구이동의 결정은 주거 스트레스(residential stress)의 정도에 따라 결정되고,[7] 주거이동이 결정되면 주택의 위치, 규모, 형태 및 근린환경 등에 대한 고려가 따른다. 이는 새로운 주택의 탐색과정으로서 이주동기와 관련을 지니게 된다. 탐색과정 이후 가구는 최종선택을 하게 되는데, 이때 일반적으로 고려되는 사항

7) J. Wolpert, "Behavioral Aspects of the Decision to Migrate," *Papers of the Regional Science Association*, Vol. 15, 1965, pp. 159~169.

〈표 12-4〉 주거이동과 가구특성

가구특성	관찰의 결과
점유형태	임차자가 자가소유자보다 이동빈도가 높다.
결혼여부	결혼하지 않은 자가 결혼한 사람보다 이동이 적고, 결혼으로 인해 이동이 증가됨.
가구주 연령	연령이 증가할수록 이동성이 떨어짐.
가구주 성별	특징이 불분명.
가구구성원	경험적 관찰에 의하면 다양하게 나타나나, 가구원수와 이동성 사이에는 높은 상관관계가 있음.
생애주기	취학아동이 생김으로써 이동성이 감소.
인 종	다양한 특성으로 인해 불분명.
소 득	소득변화는 높은 이동성을 수반함, 높은 이동성은 중소득층에서 발견됨.
교 육	높은 교육수준은 높은 이동성을 수반함, 교육수준별 이동성의 구분은 불분명.
직 업	불분명.
직장위치	직장의 접근성 변화에 대한 일반적 이동성 구분은 명확하지 않음.

자료: F.W. Porell, *Models of Intraurban Residential Relocation*, Boston: Kluwer, Nijhoff, 1982, p.18.

이 주택의 물리적 특성, 주거환경, 근접성과 주택의 입지 등이다.[8] 가구특성별 주거이동을 설명한 Porell의 연구에 의하면,[9] 주거이동관련 가구특성의 구분은 〈표 12-4〉와 같다.

〈표 12-4〉에 나타난 바와 같이 주거이동이 상대적으로 높은 사람들은 점유형태상 자가소유자보다 임차자가, 연령이 높은층보다 낮은층이, 이동의 경험이 있는 자가 이동의 경험이 없는 자보다, 학력이 낮은 자보다 높은 자라는 일반적 특성을 보이고 있다.

우리 나라의 사례연구를 보면 임차가구가 자가가구에 비하여 주거이동의 빈도가 높으며, 가장 이주빈도가 낮은 집단은 저소득층 자가가구로 나타났다. 그리고 중소득층의 경우는 임차가구이든 자가이든 이사빈도가 대부분 높게 나타나고 있다.[10] 한편 서울시민의 주거입지행태분석의 결과 자가소유가구는 비교적 이동

---

8) R.J. Johnston, "Spatial Patterns in Suburban Evaluations," *Environment and Planning A*, Vol.15, 1973, pp.159~169.

9) F.W. Porell, *Models of Intraurban Residential Relocation*, Boston: Kluwer, Nijhoff, 1982.

10) 김정호, "도시가구의 주거이동과 정책적 시사,"「주택」, 주택공사, 1987, p.15.

주기가 길고 안정상태인 반면, 아파트소유가구 및 임차가구는 2년 이내에 이주하는 비율이 40% 이상으로 서울시에서 가장 활발히 이동하는 집단으로 밝혀졌다.[11]

우리 나라 6대 도시가구의 주거선호도조사에 의하면,[12] 주거이동과 관련하여 주택유형에 대한 전체적인 수요변화패턴으로 아파트선호가 늘고 있다. 반면 연립주택과 다세대주택에 대한 수요가 격감하고 있는 것으로 나타났다. 한편 단독주택수요는 꾸준한 것으로 판단된다. 이사하고픈 주택유형으로 총 응답자의 35.4%가 '단독주택'이라 응답함으로써, 아파트에 대한 선호도가 높은 중에서도 단독주택에 대한 수요층이 적지 않음을 알 수 있다(원하는 주택유형으로 아파트 49.6%, 빌라 8.9%, 연립주택 3.0%, 다세대주택 0.9%, 기타 2.1%). 한편 우리 나라 도시사람들의 주거지선택과 주거이동에 있어 가장 중요하게 여기는 것으로 주거환경을 들고 있다. 주거환경으로 자녀교육, 이웃과의 관계 그리고 자연환경 등을 포함하고 있다. 그리고 집값, 교통의 편리성, 집의 크기 순으로 나타났다(〈표 12-5〉 참조).

이 설문에서는 항목으로 취급하지 않은 '주택의 투자가치'에 관한 것을 간과할 수 없다. 지난 20여년간의 우리 나라 도시가구의 주거이동에 있어 주택을 통한 재산증식 내지 투기목적의 주거이동은 우리 주변에서 흔히 목격하는 경험적 사례들이 많다. 이는 그 동안 소비자물가나 소득상승률에 비해 주택가격의 상승률이 월등히 높았기 때문에 더욱 개연성이 높다. 그러나 주택투기 혹은 재산가치상승을 기대하는 주거이동의 실태는 설문조사로는 정확히 파악할 수 없는 애로사항이 있다.

〈표 12-5〉 주거이동 및 주거지 선택시 고려사항 우선순위

순 위	고려사항
1	주택환경(교육, 이웃, 자연환경 등)
2	집의 가격(임차가구의 경우 임대료)
3	교통의 편리성
4	집의 크기
5	주택내부의 배치 및 부대시설
6	주차공간

자료: 한국주택신문사, 「21세기 주거선호도 조사연구보고서」, 1994.

11) 권원용, "도시모형개발을 위한 서울시민의 주거입지행태," 황명찬(편), 「주택정책론」, 경영문화원, 1985, pp. 204~205.

12) 한국주택신문사는 1994년 6대도시(서울, 부산, 대구, 광주, 대전, 전주)에 거주하는 20세 이상 60세 이하 성인 남녀를 대상으로 조사를 실시했다. 조사표본은 1천 5백이었지만 유효표본수는 1천 162로 최종집계되었으며, 표본추출은 3단층화 무작위추출방법이었다. 한국주택신문사, 「21세기 주거선호도 조사연구보고서」, 1994 참조.

제 3 절 이주성향: 신도시를 중심으로

1. 신도시 이주이유와 입지성향

본 연구[13)]는 크게 두 단계로 구성된다. 첫째 단계는 공동주택의 특성에 따른 소비자의 지불의사추정과 특성별 탄력성 추정단계이다. 둘째 단계는 첫째 단계에서 추정된 특성별 지불의사와 탄력성을 바탕으로 신도시(수도권 5개 신도시인 분당, 일산, 평촌, 산본, 중동을 의미함)의 이주성향을 분석한다.

신도시건설에 관한 연구를 목적으로 1989년에 서울시, 과천시, 성남시지역을 대상으로 실시한 설문조사를 바탕으로 하였다. 특히 자료의 신뢰성을 높이기 위하여 조사대상지역을 소득수준별. 주택형태별로 분류하였다. 고소득지역으로서는 강남구 압구정동과 서초구의 반포동을, 중간소득지역으로는 노원구 상계동, 강남구 대치동, 강동구 암사동 및 영등포구 대림동을, 저소득계층지역으로는 성북구 하월곡동과 서대문구 북아현동을 각각 선정하였고 그리고 과천시와 성남시를 포함하였다. 주택유형은 아홉개의 조사대상지역 중 대림동과 하월곡동을 제외하고는 대부분 아파트 및 연립주택으로 이루어져있다. 한편 성남시는 지역특성상 가격추정단계에서는 제외하였다. 특성가격분석에는 분석대상이 공동주택이므로 단독주택을 제외한 1367개의 공동주택자료를 사용하였다.

신도시는 좋은 주거지조건이 되는 쾌적성, 교육환경, 도시기반시설 등을 공급할 뿐만 아니라 시장가격보다 현저히 낮은 가격(분양가격)으로 대량의 주택을 공급하기로 되어 있다. 그럼에도 불구하고 모든 가구가 신도시로 이주하기를 원하는 것은 아니다. 신도시 이주희망가구비율은 지역마다 약간의 차이를 보이나 조사대상가구 중 약 50% 정도이다.

신도시로의 이주이유와 신도시 입지선택연구에서 나타난 특징을 요약정리하면 다음과 같다.

1) 이주의사는 서울지역보다 과천(71.3%), 성남(82.8%) 등 수도권지역에서 높다. 특히 이 지역들은 주거환경에 대한 만족도가 매우 높은 반면 교육환경에 대한 불만 또한 매우 높아 이동의 주된 요인이 교육환경개선을 목적으로 한 이동임을 알 수 있다.

---

13) 하성규·김재익, "공동주택수요의 특성과 신도시 이주성향에 관한 연구,"「지역연구」, 제 6권 제1호, 1990, pp.39~55 부분적으로 수정, 보완하였음; 토지개발공사,「신도시건설에 있어서 인구특성에 따른 주민중심 주거단지개발에 관한 연구」, 1990 참조.

2) 신도시입지선정에서 서울지역을 선호하는 가구는 통근, 통학 등 교통이 편리한 점이 주된 이유이고, 경기도를 선택한 가구는 쾌적성(47.5%), 내집을 갖기 쉬운 점(21.4%), 규모가 큰 주택(21.2%)이 주된 이유이다. 한편, 주택조건과 주거환경이 불만족스러울수록 서울지역보다 수도권입지확률이 높다. 이는 수도권의 신도시지역이 보다 낮은 가격으로 보다 높은 쾌적성을 제공할 것으로 기대하기 때문이다.

3) 자가용을 보유한 경우에는 서울보다 수도권입지확률이 높다. 이는 쾌적성과 접근성간의 선택에서 자동차를 보유한 가구는 이동성이 높아서 접근성문제를 어느 정도 해결할 수 있어 쾌적성을 선택한 것으로 보인다.

4) 원하는 주택규모를 〈부록-2〉를 참고하여 소득측면에서 살펴보면 다음과 같다. 모든 소득계층에서 공통적으로 현재의 주택규모보다 큰 주택을 원하지만, 현재의 주택이 작을수록(클수록) 희망주택규모의 증가율이 높다(낮다). 저소득층일수록 현 주택의 규모 및 시설에 대한 불만정도가 높고, 보다 넓은 주택을 원하고 있으며, 신도시로 이주하고자 하는 주된 이유는 저렴한 주택가격으로 이를 실현할 수 있으리라고 예상하기 때문이다. 그러므로 저소득층이라고 해서 반드시 규모가 작은 주택을 원하는 것은 아니다. 문제는 구매능력을 가진 유효수요이냐 하는 점이다. 한편 고소득층일수록 현재의 주택규모에 대한 만족도가 높으므로 신도시이주의 주된 목적이 주거환경의 쾌적성 추구임을 알 수 있다.

5) 모든 계층의 신도시이주이유는 현재 주거상태에 대한 각종 불만을 극복하기 위한 방안으로 이해되며, 신도시의 입지선정은 현 직장에 대한 접근성 혹은 근접성(proximity)이 주요결정요인이다. 이는 교통시설의 편이성이 불투명한 상황 하에서 내려진 결정인 점을 미루어 공간적 거리가 가까우면 접근성이 높으리라는 심리적 접근성으로 이해된다.

6) 상기 모든 성향을 종합하여 보면 다음과 같다. 고소득가구일수록 쾌적성, 교육환경 등을 포함하는 주거환경에 민감하고, 저소득층일수록 주택규모에 민감하며, 모든 계층은 신도시이주 여부를 불문하고 직장에 대한 접근성을 높이거나 유지하고자 한다.

2. 신도시 입주민의 주거이동

본 절에서는 현재 수도권 5개 신도시에 입주한 주민들의 주거이동 관련사항에 대하여 살펴보도록 한다. 1989년 4월 발표된 5개 신도시 계획은, 당시 급등하는 전월세값으로 자살하는 사람들이 속출하는 등 사회적 불안이 야기되는 시점에 전격적으로 이뤄졌다. 당시 정부는 부동산가격폭등의 원인이 서울과 수도권의 주택공급부족 때문이라는 인식에 근거하여 수도권 지역에 모두 30만호에 이르는 신도시를 5년 내에 건설하는 고단위처방을 내리게 된 것이다.

그러나 5개 신도시 계획은 주택공급의 파급효과보다도, 그 같은 공급계획이 가져올 사회심리적이고 정치적인 효과에 주목한 나머지 졸속으로 진행된 면이 많다. 한 예로 일본의 신도시들과 비교하면 우리 나라의 신도시 정책은 매우 조급하게 이뤄졌음이 분명하다. 더구나 그 같은 졸속적인 계획입안과 집행의 결과 신도시 생활환경악화와 자족성 결여를 초래하기도 했다. 또한 신도시에 건립된 신규주택의 규모가 서민주택으로 보기에는 너무 크고 거의 대부분이 분양용으로 건립되어, 서민주택문제해결보다는 주로 서울의 중산층 주택수요해결을 위해 신도시정책이 운용되었다는 지적이 많다.

5개 신도시 입주민의 교육수준과 월평균소득은 도시근로자평균보다 높으며, 대개 직장을 서울에 두고 있는 중산층 계층이라 할 수 있다. 실제 이들의 사회경제적 특성을 살펴보면, 평균소득은 162.8만원으로서 1992년 도시근로자가구 월평균소득 135.6만원보다 20%정도 높다. 또 교육수준도 비교적 높아서, 분당신도시의 경우 가구주의 학력이 전문대졸 이상인 경우는 60.6%에 이르며, 5개 신도시 평균은 51.8%이다(〈표 12-6〉 참조).

신도시 거주민 중 61.8%는 종전 거주지가 서울로, 대부분 서울에 생활근거를 두고 있다. 특히 분당신도시는 72.8%가 서울에서 이주한 가구로 5개 신도시 정책의 대상을 잘 보여주고 있다. 또 중동 신도시는 41.2%가 해당 도시(부천시)에서 이주한 가구지만, 생활근거지는 여전히 서울에 편중되어 있다(〈표 12-7〉 참조).

수도권 5개 신도시의 가구주 직장위치를 보면 서울이 65.8%로서 대다수가 서울에 출퇴근하고 있다. 특히 분당, 일산, 평촌의 경우 71%가 넘는 가구주가

〈표 12-6〉 신도시별 입주가구의 사회경제적 특성

(단위: 세, 인, 만원, %)

구 분	분 당	일 산	평 촌	산 본	중 동	전 체
연령(세)	43.0	43.8	42.2	40.7	41.4	42.5
가구원수(인)	3.9	3.8	3.8	3.9	4.1	3.9
소득(만원)	194.0	147.7	146.6	143.9	149.4	162.8
교육[1](%)	60.6	47.2	46.7	53.4	44.0	51.8

주: 1) 교육수준은 가구주의 전문대 졸 이상 비율을 나타낸다.
자료: 국토개발연구원, 「수도권 신도시건설에 따른 가구이동 및 주거상태의 변화에 관한 연구」, 1993.

〈표 12-7〉 신도시 입주민의 종전 거주지

(단위: 호, %)

종전 거주지	분 당	일 산	평 촌	산 본	중 동	전 체
서 울	332 (72.8)	200 (68.0)	166 (61.5)	101 (55.5)	54 (29.7)	853 (61.8)
인 천	3 (0.7)	6 (2.0)	1 (0.1)	7 (3.8)	30 (16.5)	47 (3.4)
해당 신도시	70 (15.5)	54 (18.4)	51 (18.9)	37 (20.3)	75 (41.2)	287 (20.8)
경 기	44 (9.7)	29 (9.9)	48 (17.8)	34 (18.7)	20 (11.0)	175 (12.7)
수도권 이외	4 (0.8)	5 (1.6)	4 (1.6)	3 (1.5)	3 (1.5)	19 (1.4)
전 체	453 (100.0)	294 (100.0)	270 (100.0)	182 (100.0)	182 (100.0)	1,381 (100.0)

자료: 국토개발연구원, 앞의 자료.

〈표 12-8〉 신도시별 가구주의 직장위치분포

(단위: 호, %)

종전 거주지	분 당	일 산	평 촌	산 본	중 동	전 체
서 울	295 (72.5)	200 (76.6)	164 (71.3)	90 (54.9)	78 (44.6)	827 (65.8)
인 천	2 (0.5)	7 (2.7)	1 (0.4)	3 (1.8)	24 (13.7)	37 (2.9)
해당 신도시	50 (12.1)	33 (12.6)	38 (16.5)	20 (12.2)	50 (28.6)	191 (15.3)
경 기	48 (11.8)	20 (7.7)	44 (19.1)	50 (30.5)	20 (11.4)	182 (14.5)
수도권 이외	12 (2.9)	1 (0.4)	2 (0.9)	1 (0.6)	3 (1.7)	19 (1.5)
전 체	407 (100.0)	261 (100.0)	230 (100.0)	164 (100.0)	175 (100.0)	1,256 (100.0)

자료: 국토개발연구원, 앞의 자료.

직장을 서울에 두고 있어 서울 의존적인 신도시임을 잘 보여 주고 있다(〈표 12-8〉 참조).

위 표에서 보듯이 5개 신도시정책은 서울에 거주하는 중상계층의 신규주택 수요를 충족시키는 방향에서 이뤄졌다. 그러나 이같은 정책이 서민주택문제 해결에 기여하기 위해서는 주택순환과정(filtering process)이 적절히 일어날 때 가능하다.

신도시에 입주한 가구들은 대체로 넓은 평수의 주택을 장만했다는 점에 대

〈표 12-9〉 신도시 입주가구의 이주계획 유무

(단위: %)

이주계획 유무	분 당	일 산	평 촌	중 동	산 본	전 체
있다(%)	44.1	57.4	26.6	49.2	46.6	43.2

자료: 한국주택신문, 「5개 수도권 신도시 업체별 주거만족도」, 1994.

〈표 12-10〉 신도시 지역별 주거이동사유

(단위: 호, %)

구 분	분 당	일 산	평 촌	산 본	중 동	전 체
주거여건	9	1	6	3	2	21
	(12.3)	(3.6)	(13.3)	(7.1)	(12.5)	(10.3)
자녀교육	11	14	8	9	4	46
	(15.1)	(50.0)	(17.8)	(21.4)	(25.0)	(22.6)
직장통근	23	7	7	9	5	51
	(31.5)	(25.0)	(15.6)	(21.4)	(31.3)	(25.0)
더 큰 집 마련	20	3	21	17	4	65
	(27.4)	(10.7)	(46.7)	(40.5)	(25.0)	(31.9)
기 타	10	3	3	4	1	21
	(13.7)	(10.7)	(6.7)	(9.6)	(6.3)	(10.3)
전 체	73	28	45	42	16	204
	(100.0)	(100.0)	(100.0)	(100.0)	(100.0)	(100.0)

자료: 국토개발연구원, 앞의 자료.

해서는 만족하지만, 단지환경, 자재, 시공 등에서는 상당한 불만을 보이고 있다. 특히 신도시 지역의 교통, 의료시설, 교육 등은 계속적인 민원사항이 되고 있다.

이처럼 직장과 주거지가 멀어지고, 생활편익시설이 제대로 갖춰지지 않아 불편을 겪게 되자, 신도시 입주민 중의 상당수는 다시 서울로 돌아올 계획을 세우고 있다. 실제 신도시 거주민의 43.2%는 입주한 지 1년밖에 안 된 1994년 현재 이주계획을 세우고 있다(〈표 12-9〉 참조).

그리고 신도시를 떠나겠다는 이유는 더 큰 집 마련과 직장통근의 어려움(교통문제), 자녀교육 순이며 원하는 이주지는 서울이 대부분을 차지해서, 결국 생활근거지로의 U턴 현상이 가시화된다고 하겠다(〈표 12-11〉 참조).

1989년부터 시작된 수도권 5개 신도시정책은 당시의 급격한 토지·주택가격상승에 대해 물량공급위주의 정책을 펼침으로써, 결과적으로 토지·주택가격을 안정시키는 데 상당한 기여를 한 것은 사실이다. 그러나 이러한 주택공급효과에도 불구하고, 5개 신도시정책은 신도시의 원론적인 취지라 할 수 있는 '자족성' 측면은 실패함으로써 상당한 문제를 야기했다. 이들을 간단히 정리해 보면 다음과 같다.

〈표 12-11〉 신도시 지역별 3년 이내 희망이주지

(단위: 호, %)

구 분	분 당	일 산	평 촌	산 본	중 동	전 체
현신도시	32 (24.8)	9 (15.8)	14 (17.5)	16 (25.8)	9 (16.7)	80 (20.9)
인접도시	10 (7.8)	5 (8.8)	21 (26.3)	11 (17.7)	10 (18.5)	57 (14.9)
서 울	67 (51.9)	35 (61.4)	33 (41.3)	28 (45.2)	26 (48.2)	189 (49.5)
기타 수도권	10 (7.8)	3 (5.3)	8 (10.0)	4 (6.5)	2 (3.7)	27 (7.1)
기 타	10 (8.8)	5 (8.8)	4 (5.0)	3 (4.8)	7 (13.0)	29 (7.6)
전 체	129 (100.0)	57 (100.0)	80 (100.0)	62 (100.0)	54 (100.0)	382 (100.0)

자료: 국토개발연구원, 앞의 자료.

첫째, 불과 3~4년 사이에 30만호 이상의 도시를 건설함으로써 도시기반시설이 구비되지 않아 주민의 불편이 계속되고 있으며, 더구나 대다수 주민들이 생활근거지를 서울에 두는 '종속적' 도시가 됨에 따라 교통문제, 교육문제가 심각하게 대두되고 있다.

둘째, 주택의 양적공급 만으로는 주택문제의 근본적인 해결이 불가능하다는 점이다. 특히 신도시건립아파트가 중대형에 편중됨에 따라 영세저소득임차가구에까지 신규주택건립효과가 미치기 어렵다는 지적인 것이다.

셋째, 신도시건설이 수도권 인구분산보다는 결과적으로 수도권인구의 과밀과 집중을 초래했다는 지적이 가능하다. 즉, 신도시 입주자의 상당수가 서울지역 거주민이어서 서울의 분산에는 기여했을지 모르나 수도권 전체를 본다면 오히려 과밀을 가속화시켰다는 것이다. 아울러 당시 수도권 정비기본계획의 취지에서도, 군포, 성남, 부천 등 신도시가 위치한 도시들이 제한정비권역으로서 인구분산을 도모했어야 함에도 오히려 인구유발 대단위도시시설을 개발했다는 점에서 상위계획과의 모순도 드러냈다.

넷째, 건설경기과열에 따른 폐해다. 비단 신도시건설만이 아니라, 소위 200만호 주택건설정책은 심각한 인력난과 자재난을 가져왔고, 이는 곧 부실시공으로 이어지는 직접적인 원인을 제공했다. 또한 건설경기과열은 물가상승을 부추겨 몇 년 동안 유례 없이 높은 물가상승률을 기록하기도 했다.

다섯째, 특히 부실시공문제는 1993년부터 신도시 입주가 시작되면서 입주자들에게 생활상의 불편뿐 아니라, 안전문제에 대한 두려움까지 가져다 주고 있다. 1988년 이후에 건축된 신도시아파트는 자재·인력난이 심각한 상황에서 불량자재여부를 따질 겨를도 없이 공기(工期)를 맞추기에만 바빴다. 바닷모래, 중국산 시멘트, 불량레미콘 등 건축자재를 구하기만 하면 모든게 통과였다. 삼풍백화점 붕괴사건 이후 수도권 5개 신도시뿐 아니라 200만호 주택건설기간에 지어진 아파트안전진단이 필요하다는 여론이 점증하고 있다.

여섯째, 신도시에 이주한 주민들의 대다수가 다시 종전 거주지인 서울로 되돌아가기를 원하고 있다는 것은 신도시가 입주민의 주거만족을 충족시키지 못하고 있음을 뜻한다. 신도시는 해당 주민의 직장, 자녀교육 등 자족성과 사회적 서비스를 제대로 공급할 때만이 입주민의 장기정착을 도모할 수 있다는 해석이 가능해진다.

제 4 절 결론 및 제안

주택은 다른 재화와 달리 일정한 토지위에 고착되어 있다는 점에서 지역적 특성을 지니게 된다. 이러한 이유로 주택은 전국적 규모의 단일시장으로보다는 지역시장 혹은 주택하위시장(housing sub-market)으로서 큰 의미를 지닌다. 수도권의 증대하는 주택난 해소를 위하여 정부는 5개의 신도시를 건설하였다. 역사이래 가장 많은 물량의 주택이 단기간에 공급된 기록을 세웠다.

주택공급은 주택부족을 해결하는 첩경이지만 공급물량, 주택형태나 규모, 입지 등을 주택수요의 분석 위에 결정하는 것이 합리적인 방안이 될 것이다. 그럼에도 불구하고 지금까지 우리 나라 주거단지 및 신도시개발은 구체적 수요자의 의견조사나 해당주택시장의 수요분석이 없이 정책 당국의 자의적 결정에 의해 시행되어 왔다.

앞의 분석을 통하여 얻어진 주거이동 및 이주성향분석의 결과는 현재 거주하고 있는 주택의 물리적 특성, 교육 및 주거환경, 접근성 및 투자수익률 등의 변수들이 상호 깊은 연관성을 지니며 주거이동을 유발시키고 있다는 점이다. 특히 주택규모변화에 대한 평당가격의 변화의 중요성과 그 탄력성, 과거 주택가격 상승률의 역할과 그 탄력성, 소득계층별 특성별 수요의 차이 등을 감안한 신도시계획의 추진이 절실하다고 할 수 있다.

이를 위하여 향후 신도시 및 대단위주거단지개발을 위해 주택수요의 유형화를 시도해 보면 ① 사회·경제적인 면(투자수익률), ② 사회·심리적인 면(교육환경, 학군, 정책신뢰도), ③ 물리적 시설측면(주택의 규모와 시설), ④ 환경의 쾌적성측면, ⑤ 접근성측면(편리하고 신속한 교통조건) 그리고 ⑥ 생애주기측면 등이다. 이는 결국 주택소비행태에 기초한 주민 중심의 신도시개발이 되어야 한다는 의미이다. 주민 중심의 신도시개발을 위해서는 수요자의 지불의사 및 지불능력에 따른 주택형태의 다양성, 주택점유형태상의 균형, 사회계층간의 혼합 그리고 정책당국자의 의지 등이 적절히 반영된 지역사회를 창출할 수 있도록 계획되어야 할 것이다.

제13장 : 주거단지 및 신도시개발

제 1 절 의의와 개념

Ⅰ. 의 의

주거환경개선 및 주택공급확대라는 다목적 개발의 한 형태로서 주거단지개발을 들 수 있다. 주거단지는 그 규모, 입지, 인구구성, 기능 등에 따라 매우 다양하다.

주거단지의 개념파악은 영국의 Howard와 미국의 Perry의 연구가 대표적이라 할 수 있다. Howard는 1908년 발표한 저서 「내일의 전원도시」에서 대도시의 주거환경악화, 도시주변의 무질서한 팽창이라는 상황에 대처할 수 있는 새로운 계획개념을 제시하였다. Howard가 주장한 전원도시란[1] 도시의 기능과 농촌전원의 기능, 양면을 동시에 수용하는 이상적 도시를 지향하는 것으로서, 토지에 대한 지역사회 공동소유, 경제적 자립도시 등을 강조하였다. 즉 농촌의 전원 속에서 도시적 기능을 거점적으로 창조하고자 하는 이상주의적 도시론이다. Howard의 전원도시론은 도시속의 커뮤니티(community)를 재건하자는 의도로서 직장과 주택이 근접하고 인구규모에 있어서는 3~5만명이 되는 도시를 제안하였다.

한편 Howard의 영향을 받은 Perry는 1927년 발간된 「뉴욕 및 그 주변의 지역계획」[2]에서, 근린주구단위(neighborhood unit)의 개념을 제시하였는데 그 특징은 아래와 같다.

---

1) E. Howard, *Garden Cities of Tomorrow*, London: Faber and Faber, 1965 참조.
2) Committee on "Regional Plan of New York and its Environs," *Regional Survey of New York and its Environs*, Vol. 7, New York, 1929.

1) 근린주구는 일반적으로 국민학교 하나를 필요조건으로 하는 인구규모가 적당하고 그 면적은 인구밀도에 따라 변화한다.

2) 주구는 주위를 간선도로로 구획하여야 하고, 통과교통은 주구내를 통과하지 못하도록 한다.

3) 적합한 소공원 및 휴식공간(용지) 등이 갖추어져야 한다.

4) 공공시설의 용지는 주구의 중심 또는 공공지의 주위에 적절히 배치되어야 한다.

5) 인구에 적합한 한개 이상의 상업지구가 주구의 주변, 특히 교통의 결절지점이나 근린지구 내에 인접하여 배치되어야 한다.

6) 가로는 대체로 주구 내 교통량에 비례한 것이어야 하며, 주구 내의 순환을 용이하게 하고, 통과교통에 이용되지 않도록 해야 한다.

이러한 Perry의 근린주구개념은 이후 신도시계획에 많이 적용되었으며, 이어서 C. Stein 등에 의해 연구되었으나, 그 기본구상은 Perry의 이론과 대부분 유사하였다. 근린주구개념의 현대적 해석은 소득계층과 주택유형을 혼합시켜 다양성의 추구 그리고 소단위 민주주의의식의 실현이라는 중요한 의미를 내포하고 있다.

최근 일부국가에서는 주택공급의 확대와 택지의 확보를 위하여 토지공개념의 적용으로 주거단지개발을 도모하고 있다. 토지공개념은 각국의 경제, 사회, 문화적 여건에 따라 상이한 점을 지니고 있으나, 본래 토지공개념이 지닌 의미는 ① 토지독점적 소유를 제한하여 공평한 분배를 도모하고, ② 토지거래를 규제하여 실수요자에게 토지를 소유, 이용하게 하고, ③ 개발이익을 사회에 환원한다는 뜻이다.

앞에서 언급한 Howard도 이상적 전원도시구성의 중요한 요인 중의 하나로 토지의 지역사회공동소유화를 지적하였다. 계획적 주거단지개발에 있어 토지의 공개념도입 내지 토지공유화는 여러 가지 긍적적 의미를 지니고 있다.

위에서 언급한 주거단지개발 관련이론 및 논의를 종합해 보면 주거단지개발의 의의는 ① 주택난 해소 및 대도시의 과밀을 완화하는 방안, ② 다양한 사회계층의 혼합, ③ 토지이용의 효율화를 기하기 위한 계획적 주거지역의 개발, ④ 다양한 주택수요의 충족, ⑤ 공공시설과 사회적 서비스가 충분히 제공되는 정주환경 및 건전한 지역사회창출이라는 의미를 내포하고 있다.

Ⅱ. 주거단지 및 신도시의 개념

인간정주의 가장 기초적인 지역사회단위를 근린생활권이라 한다면, 이는 주거단지계획에 있어서 기본적인 계획단위가 된다. 도시에 있어서 주거단지의 적정규모는 공공시설의 배치 및 근린시설의 접근성, 주민들이 공동체의식을 향유할 수 있는 규모가 고려되어야 한다. C. Alexander에 의하면, 주거단지로 형성되는 지역사회의 지리적 범위를 인구 5,000～10,000명을 수용하는 규모로 한정하고, 이보다 규모가 큰 지역사회는 주민의 의견을 효과적으로 반영하지 못하고 관리측면에서도 비효율적이라고 주장하였다.[3)]

지난 반세기 동안 세계 각국의 산업화 및 도시화 현상은 인구의 대도시집중을 초래하였으며, 이로 인한 주택난, 환경오염 등 도시불경제가 발생함으로써 새로운 주거단지 및 신도시개발이 불가피하였다.

주거단지는 인간의 주생활에 필요한 각종의 생활관련시설――공원·도로·학교·커뮤니티시설 등――을 포함한 종합적 계획이 전제되어야 한다. 이러한 요소들은 주택이 지닌 조건과 주택의 배치에 따라 거주인들의 생활에 직접적인 영향을 미치며, 거주인들의 상호관계를 유지시켜 주는 공간으로 형성되기 때문이다. Kevin Lynch는 주거단지에 있어서 집합주택은 공유공간이 많아 공동체적인 생활양식을 내포하고 있는 점에 특색이 있다고 강조한다.[4)]

그러나 주택의 대량생산차원에서 진행된 주거단지계획은 규격화된 공간, 조밀화와 대규모공동주택 등 지역적 특성이 없는 공간으로 비인간적인 주거환경을 초래하기도 하였다. 주거단지에는 인간이 필요로 하는 다양한 유형의 공간이 포함되고, 공간을 구성하는 행위는 인간의 오랜 경험과 역사적·문화적 배경 그리고 사회·경제적 요인들에 의해 영향을 받고 있다는 사실을 인식해야 한다. 인간의 정주환경의 틀을 형성하는 주거단지계획은 공간상에 나타나는 인간행위의 다양성, 주생활에 영향을 주는 자연환경과 사회·경제적 환경을 충분히 고려해야 할 것이다.

대도시의 주택난과 과밀을 해소하기 위한 대도시 내의 주택공급은 한계가 있다. 그렇기 때문에 대도시 주변이나 신개발지에 신도시를 건설하게 된다. 신도시는 공간적으로 기존도시와 분리되고 하나의 도시적 성격으로 보면 주거단지와

3) 한국토지개발공사 기술연구소, 「공동체의식형성을 위한 주거단지계획기법에 관한 연구」, 1988. 12, p. 54.

4) K. Lynch, *Site Planning*, The M.I.T. Press, 1971, pp. 3～4; 박전자, 「주거단지계획의 관리 및 방법론」, 세진사, 1990, pp. 43～44에서 재인용.

도 구분된다. 근대적 의미에서의 신도시는 영국의 Howard의 전원도시이론에서 출발하여 대도시의 과밀화와 주택난의 완화, 기타 다양한 목적으로 건설된 도시를 의미한다.

세계 여러 국가들의 신도시인구규모는 수천 명에서 수십만 명에 이르는 매우 다양한 수준을 발견할 수 있으나, 이상적인 신도시개발은 ① 신도시 자체가 자급자족을 이룰 수 있고, 경제·사회적으로 균형을 도모할 수 있도록 하며 ② 도시의 크기·인구규모 등이 도시불경제를 유발시키지 않게 계획되며 ③ 대도시의 과밀을 해소하고 도시로 유입되는 인구, 산업활동을 흡수하도록 하며, ④ 사회계층·인종·직업 등이 혼합·조합된 커뮤니티를 형성하도록 하는 것이다.

Heraud의 말을 빌리면, 신도시의 사회적 균형의 성취는 첫째, 충분한 일자리의 창출과 취업기회를 다양화해야 하며, 둘째, 중·고소득층을 포함한 모든 계층의 사람들이 거주할 수 있는 여러 종류의 주택을 공급하는 것이어야 한다.[5] 다시 말해서 단순히 신도시 내에 여러 사회계층이 살고 있다는 것 만이 아니고, 실제로 다양한 계층의 사람들이 커뮤니티시설물인 교회·상점·학교·공원 등을 공동으로 이용하며, 실제적으로 인간적인 교류의 기회가 부여되는 것을 의미한다. 신도시건설로 인해 사회적 혼합을 이루려면 "근린주구개념"의 도입이 요청된다. 예를 들어 지역사회 하위단위를 구성하게 하는 100~300가구의 유사한 소득·직업·사회적 지위의 사람들이 살 수 있는 주택을 공급하고, 이러한 다양한 지역사회 하위단위가 공간적으로 혼합하여 거주함으로 해서 신도시의 사회적 혼합의 달성이 가능해 질 수 있다.[6]

신도시 및 주거단지의 개념정의는 다양한 사항들을 고려할 필요가 있다.[7] 왜냐하면 국가마다 신도시와 대단위주거단지를 엄격하게 구별하기도 하고 또 혼용하여 사용하기 때문이다. 즉 신도시의 개념속에는 대도시 주변의 위성도시(satellite town)를 포함하는가 하면 주거목적의 침상도시(bed town) 그리고 주택단지(new community or residential estate)까지도 신도시의 범주 속에 포함시키기 때문이다.

본 장에서는 신도시의 개념을 광의와 협의로 구분하여 설명하고자 한다. 광의의 신도시는 ① 자급자족적 경제적 기반을 지닌 계획된 도시 ② 기존의 모도

---

5) B. J. Heraud, "Social Class and the New Towns," *Urban Studies*, Vol. 1, 1967, p. 2.
6) *Ibid.*, p. 37.
7) 이정식, "외국의 신도시건설정책,"「토지개발」, 1988. 4, pp. 3~10; G. Manners(ed.), *Regional Development in Britain*, London: John Wiley, 1980, pp. 84~88; 노용희,「신도시개발론」, 박영사, 1979 참조.

시에 의존하는 위성도시적 신도시 그리고 ③ 주거목적의 침상도시(bed town)를 포함한다. 반면 협의의 신도시는 ① 기존 대도시 내의 재개발 혹은 신개발을 통하여 건설된 도시속의 신도시(new town in town)와 ② 도시주변의 신개발지에 건설된 대단위주거단지를 말한다.

Ⅲ. 주거단지개발의 필요성

1960년대부터 대도시지역의 심각한 주택부족문제는 택지부족난으로 이어졌고, 이를 해결하기 위하여는 토지이용의 고도화를 이룰 수 있는 '공동주택(아파트)'의 건설이 불가피하게 되었다. 따라서 1970년대 이후 서울을 위시한 대도시 및 인접교외지역에 '신시가지' '부도심' 등의 대단위주택단지가 한국사회의 보편적 주거형태로 정착하게 되어, 1993년에는 전국의 주택유형별 구분에 있어 신규주택공급 중 아파트가 78%를 차지하고 있다.

주거단지개발은 1960년대 이후 본격화되었다고 할 수 있다. 물론 일제시대에도 1,000호 규모의 주거단지개발이 있었으나, 도시지역의 주택문제를 해결하기 위하여 대량건설, 대량공급을 목적으로 대단위단지개발이 시작된 것은 대한주택공사가 1960년대 중반에 개발한 화곡동단지가 첫 대단위단지개발사업이었다고 할 수 있다. 이후 1970년대의 반포지구·잠실지구·둔촌지구, 1980년대의 과천·고덕·목동·상계 등 많은 단지개발이 이루어졌다.

토지는 고정성과 비가역성의 특성이 있으므로 일단 개발 후에는 변경이 어렵고 막대한 낭비가 초래되기 때문에 대단위주거단지개발시에는 계획단계 초기부터 종합적이고 합리적인 정주체계의 수립이 필요하다. 또한 주택은 주민의 사회적 계층·가족생애주기·연령구조·소득수준 등 주민의 사회·경제적 특성을 담고 있는 그릇이다. 주거단지는 주택의 종류에 따라 단지수준과 사회·경제적 환경이 결정되므로 주거단지개발에 있어서 주민의 다양한 욕구충족과 개발의 효율성제고를 위한 주택규모의 다양성, 점유형태 및 지역특성을 감안한 개발전략의 도입이 필요한 것이다.

제 2 절 한국의 공동주택단지현황과 특징

Ⅰ. 주택단지개발의 변천

1. 1960년대 — 주택단지개발의 제 1 단계

우리 나라의 주택단지는 1941년에 조선주택영단이 경성부 영등포구 상도, 도림, 대방에 건설한 것을 그 시초로 볼 수 있으며, 그 후 1950년대 말에서 1960년대 초까지는 서울의 변두리지역인 청량리, 우이동, 갈현동 등지에 7.5평형~18평 규모의 소형단독주택단지가 간헐적으로 조성되다가 1962년도에 마포아파트단지개발을 효시로 종래의 단독주택단지개발의 틀을 벗어나 처음으로 아파트 중심의 공동주택단지가 개발되었다.

1960년대 전반기에는 소규모아파트단지가 건설되고, 불량주택개량사업이 추진되었다. 이 시기에는 주택수요측면에서는 실효성이 미흡하였으나 주택공급제도면에서는 건축법(1962), 공영주택법(1963) 등이 제정되고, 대한주택공사가 설립되는 등 비교적 활발히 전개되었다. 1960년대 후반에는 구획정리사업에 의한 대단위 주택단지가 개발되고 대규모 불량주거지 재개발이 시행되었으며, 단지계획에 있어 근린주구개념이 도입되었다. 이 시기에 주로 적용된 개발기법은 도시계획법상의 「일단의 주택지조성사업」이나 「구획정리사업」 등이었다. 주요사업으로 마포아파트(1962), 한강 공무원아파트(1966), 시민아파트(1967~1970) 등이 건설되었다.

2. 1970년 — 대단위주거단지개발의 제 2 단계

서울 강북의 인구를 강남으로 분산시켜 과밀인구의 재배치를 시도한 방안으로 주택건설 10개년계획(1972~1981)이 수립되어 250만호의 주택건설을 추진하고, 1973년도부터 국민주택건설촉진법을 제정하여 무주택서민에 대한 주택공급을 적극적으로 추진하기 시작했다.

1977년도에 「주택건설촉진법」이 개정된 후에도 주택건설용지확보에 있어서 「토지수용법」을 원용하게 되었다. 과거의 토지구획정리사업에서는 토지소유자의 소유권을 인정하면서 「환지수법」에 의하므로 단독주택지의 개발에는 별 문제가 없었으나, 공동주택을 집단으로 건설하고자 하는 경우 많은 난점이 있어 매립지의 활용이나 아파트 지구의 지정방법 등으로 단지개발의 촉진을 유도하였다.

이 시기에 민간공동주택개발과 신시가지 및 부도심개발이 추진되고, 주상복합용도의 주거단지개발, 중정형 건물배치 등이 시도되었고, 반포 1 단지, 잠실단지, 압구정 현대아파트단지건설 및 화곡 구릉지개발 등이 이루어졌다. 이와 같이 1970 년대에 들어 대도시 내의 신도시(new town in town)가 본격적으로 건설되는 시기를 맞게 되었다.

3. 1980 년대 — 대단위주거단지개발의 제 3 단계

1960～1970 년대의 고도의 경제성장에 따른 인구의 과도한 서울집중의 여파로 인한 주택의 절대적 부족을 해결하고, 서울 도심권의 인구분산을 위해 고덕단지·과천·목동·상계 신시가지 등이 건설되었다. 특히 이 시기에는「택지개발촉진법」의 제정으로 대규모단지를 택지개발예정지구로 지정하여, 대규모의 택지를 주거단지로서 전면매수(수용)하는「공영개발」방식이 도입되고, 부총리가 위원장인「주택정책심의위원회」에서 주택건설종합계획과 택지개발지구를 지정, 정부차원의 주거단지개발정책으로 전환되었다. 1980 년도의 500 만호 주택건설계획하에 이를 뒷받침하기 위한 대량의 저렴택지확보책으로「택지개발촉진법」을 제정, 공포하고 전국에서 약 800 만평을 택지개발예정지구로 지정하였다.

1984 년 12 월에「임대주택건설촉진법」을 제정하여 임대주택건설의 발전기틀을 마련하였고, 대단위주거단지개발에 있어서는 직·주근접형 신시가지개발을 시도하며, 주요사업으로 과천 신시가지건설을 위시하여 목동·상계 신시가지, 86 아시아 선수촌, 88 올림픽 선수촌과 부산의 망미 아파트단지, 광명제철 사택단지 등이 조성되었으나, 수도권 지역의 주택난은 더욱 가속화되고 있었다. 또한 택지의 절대적 부족으로 특히 강남의 중대형아파트의 투기현상이 사회문제화됨에 따라 서울시 인접지역에 대량의 저렴택지를 확보하고 나아가 쾌적한 주거환경을 갖는 대규모주거단지 또는 신도시를 건설할 필요성이 제기되었다. 서울의 과밀인구분산과 주택가격안정을 위하여 '200 만호 주택건설계획'을 수립하여 경기도 분당·일산·평촌·산본·중동 등 신도시개발을 착수하게 되었다.

Ⅱ. 주택단지 및 신도시의 특성

1. 입 지

대도시 특히 서울의 과밀로 인한 주택문제해결을 위한 단지개발 및 신도시건설은 서울시 경계 내에서 시도되어 온 경우와 서울시 경계 밖, 수도권에서 개발된 것으로 분류할 수 있다. 1970년대부터 시작된 반포·잠실·고덕·개포·목동·상계지구의 개발은 서울시 경계 내에서 이루어진 것이며, 과천·성남[8]·안산의 경우는 서울시 경계밖 수도권에서 개발된 신도시라 할 수 있다. 최근(1980년대 말 이후)에 개발된 분당·일산·평촌·산본·중동은 서울시 경계밖 수도권에 입지하고 있다.

또한 상계 신시가지와, 1989년에 계획된 일산 신도시를 제외하면, 주거단지가 서울시 경계 내이거나, 경계 밖이거나 모두 한강 이남에 위치하고 있음을 볼 수 있다. 그 이유는 첫째, 국토분단으로 인하여 휴전선에 가까운 서울 북부지역은 개발에서 외면당했으며,[9] 둘째, 1970년대부터 서울의 강남지역을 중심으로 개발이 이루어졌기 때문으로 볼 수 있다. 실제 반포·잠실단지는 강남개발의 일환으로 추진되었으며, 고덕·개포·목동지구 역시 인접지역의 개발로 농경지 및 녹지지역이 그 본래의 기능을 상실하게 되고 가중되는 개발압력에 의하여 조성된 것이다.

서울을 비롯한 수도권에 위치한 대부분의 대규모주택단지는 주로 도심으로부터 10~20km 내에 위치하며, 도심으로의 교통시간 역시 약 30~40분 거리라고 볼 수 있다. 다만 안산시만이 비교적 서울 도심으로부터 원거리(35km)에 위치함으로써 서울시의 기능분산과 인구분산을 유도한 경우라고 볼 수 있다. 이와 같이 기존의 대규모 주택단지는 서울시의 외연적 팽창의 한 현상으로 파악되기도 한다.

1990년부터 개발이 시작된 분당·일산·산본·평촌·중동 등의 신도시는 모두 과거의 주택단지들보다는 서울시 도심으로부터 비교적 원거리에 위치하고 있지만 통근권 내의 신도시이다.

2. 규 모

외국의 초기 신도시의 인구규모는 Howard가 전원도시의 인구를 3~5만명으로 제안한 것과 같이 5만명 이하의 규모가 대부분이었다. 그러나 인구 5만명 전후의 인구는 신도시 자체의 경제적 자생력을 갖기가 상당히 어렵다는 교훈을 보여주었다. 따라서 영국의 Milton Keynes시의 경우는 25만명의 인구규모를 계획하고 있으며, 각국의 최근 신도시의 인구규모도 점차 확대되는 경향이 있다.

8) 성남의 경우는 계획적인 도시건설이었다기 보다는 서울 도심의 재개발로 인한 철거민의 이주정착지를 나중에 시로 승격시킨 것이다.

9) 상계지역은 개발 이전에 군사보호지역으로 개발이 미루어졌던 곳이며, 일산지역은 현재 그 주위의 대부분이 군사지역이다.

〈표 13-1〉 주택단지별 주택건설규모

주택단지	잠 실	과 천	목 동	상 계	분 당	일 산
개발기간	1975~1978	1980~1984	1983~1988	1986~1989	1989~1994	1989~1994
주택건설(호)	19,180	13,522	26,629	36,909	97,000	69,000

신도시가 독립성을 가지고 사회·경제적 균형을 유지하기 위해서는 인구규모가 일정수준 이상의 크기를 가져야 한다는 것이다.

우리 나라의 주택단지규모는 주로 주택건설호수로써 분석되어지는데, 〈표 13-1〉에서 보는 바와 같이 1970년대 중반에 건설된 잠실단지는 19,180호의 주택을 건설·공급하였으며 1가구당 4인을 기준으로 할 때, 인구규모는 약 76,720명 정도의 규모였었다. 이러한 규모는 1980년대에 들어오면서 과천단지 15,132호, 목동신시가지 26,692호, 상계신시가지 36,909호로 계속 확대되다가 1989년도에 개발이 시작된 분당신도시의 경우는 97,000호의 주택을 계획함으로써 인구규모가 390,000명의 대규모주택단지로 건설되었다.

3. 사회·경제적 특성

수도권 지역에 위치한 공동주택단지를 실증분석한 연구[10]에 의하면 대단위 주택단지에 거주하는 가구의 세대주 연령을 보면 주로 30~40대의 젊은층이 많이 거주하고 있다는 특성을 보이고 있다. 〈표 13-2〉에서 보는 바와 같이 상계 18단지의 경우는 30대가 70% 이상을 차지하고 있는 경우도 있다.

또한 목동 2, 14단지, 잠실 5단지, 과천 2단지 등 비교적 주택의 규모가 큰 지역은 월 평균 가구소득이 높은 것으로 분석되고 있으며, 상계 18단지 등 상대적으로 소규모의 주택으로 구성된 단지의 월 평균 가구소득은 비교적 낮은 것으로 나타나고 있다. 한편 공동주택단지의 세대주 학력을 보면 대체로 고학력자의 비율이 높고, 직업분포에 있어서도 전문직, 행정관리직, 사무직 등의 비율이 높은 것으로 나타나고 있다.

도시의 다양성과 가구특성의 이질성을 주택이라는 물리적 시설로서 수용하려면 다양한 형태의 주택, 다양한 규모의 주택 그리고 자가와 차가 등의 점유형태의 다양성까지도 염두에 두어야 한다. 그러나 1980년대에 개발된 상계, 목동 그리고 과천의 경우를 보면 과천은 주택점유형태상 임대주택의 공급을 고려하지 않았다는 것은 '도시성'과 '도시의 사회적 혼합(social mixing)'을 무시한 계획이

10) 한국토지개발공사, 「신도시개발에 있어서 인구특성에 따른 주민중심 주거단지개발에 관한 연구」, 1990, p.376.

〈표 13-2〉 주택단지의 사회·경제적 특성(1989)

구분		목동 2	목동14	잠실 1	잠실 5	과천 2	과천11	상계18	상계19
세대주 연령	29세 이하	3.3		8.3		8.5	5.1	9.0	2.2
	30~39세	31.0	27.6	44.3	19.5	57.0	47.0	70.0	48.4
	40~49세	35.1	37.3	32.3	59.5	19.2	25.8	12.0	30.1
	50~59세	28.1	31.0	9.9	16.1	5.1	9.3	8.0	17.2
	60세 이상	2.5	4.1	5.2	4.9	10.2	12.4	1.0	2.2
	계	100.0	100.0	100.0	100.0	100.0	100.0	100.0	100.0
월평균 가구소득	20만원 이하	0.4		2.7	0.5	4.1		1.0	0.5
	20~40만원	1.2		20.2	1.0	11.0	32.3	11.1	2.7
	40~60만원	2.1	2.1	42.5	4.5	22.0	44.8	35.4	15.9
	60~80만원	19.5	13.4	16.5	9.5	30.3	12.5	24.3	25.7
	80~100만원	35.3	26.8	11.7	34.3	22.0	10.4	20.2	29.5
	100~150만원	30.7	37.3	3.7	35.8	10.1		4.0	20.8
	150만원 이상	10.8	20.4	2.7	14.4	0.5		4.0	4.9
	계	100.0	100.0	100.0	100.0	100.0	100.0	100.0	100.0
세대주 학력	무학	0.4	0.7	1.0	0.5	0.9	10.3		
	국졸	0.4	1.4	5.1	0.5	1.7	9.3	1.0	1.1
	중졸	2.4	1.4	8.7	0.5	4.2	15.5	3.1	2.2
	고졸	11.0	14.6	34.4	10.8	16.5	28.8	36.7	21.6
	전문대졸	12.2	4.8	14.4	4.4	6.8	19.6	13.3	7.0
	대졸	57.3	64.6	32.3	67.1	58.5	15.5	41.8	56.7
	대학원졸	16.3	12.5	4.1	16.2	11.4	1.0	4.1	11.4
	계	100.0	100.0	100.0	100.0	100.0	100.0	100.0	100.0
세대주 직업	전문직	23.2	30.3	28.2	31.7	29.7	24.7	23.5	25.3
	행정관리직	30.1	29.7	9.0	27.1	18.1	13.4	11.2	19.2
	사무직	19.9	17.9	15.4	16.6	17.7	12.4	34.7	19.8
	판매업	16.7	17.2	20.8	14.6	20.8	17.5	8.2	19.8
	서비스업	4.5	1.4	11.2	4.5	3.6	15.5	3.0	23.1
	농림수산업	1.2	0.7	0.5	0.5			1.0	5.5
	생산직	1.6	0.7	6.9	6.9	2.7	4.1	14.3	
	무직및기타	2.8	2.1	8.0	8.0	7.7	12.4	4.1	5.5
	계	100.0	100.0	100.0	100.0	100.0	100.0	100.0	100.0

자료: 대한주택공사, 「공공주택단지의 타당성평가 및 개발방향에 관한 연구」, 1989, pp.65~72.

었음을 극명하게 보여주고 있다. 특히 과천의 아파트가 대부분 공공부문 즉 주택공사가 개발주체가 되어 건설되었음에도 불구하고, 임차가구와 저소득층을 위한 임대주택의 공급을 제외시킨 것은 '단지의 획일화'를 유도한 불균형적 개발방식이라 생각한다. 〈표 13-3〉에 나타난 바와 같이 상계단지 역시 임대주택은 15%에 지나지 않으며, 목동은 30%의 임대주택을 공급한 것으로 나타났다.

〈표 13-3〉 주택단지의 점유형태별 유형

구 분	잠 실	과 천	목 동	상 계	비 고
분양주택	15,160(80%)	13,522	18,512(70%)	31,159(85%)	
임대주택	4,020(20%)	—	8,117(30%)	5,750(15%)	잠실단지는 분양전환됨
계	19,180	13,522	26,629	36,909	

4. 물리적 특성

우리 나라의 대부분의 주택단지는 고밀도의 '아파트'형 주택으로 구성되어 있으며, 특히 1972년도의 반포아파트건설(6층 이하)을 시작으로 신개발된 주택단지는 점차 고층화되어 목동신시가지에 20층, 올림픽선수촌에 24층, 상계단지에 25층을 건설하였는데, 최근의 분당신도시에는 30층의 아파트를 공급하였다. 이러한 추세는 가용택지자원의 한정으로 앞으로도 계속되어질 전망이다.

과천·목동·상계 단지의 물리적 환경 및 이용에 관하여 1989년도에 실시된 관찰조사를 토대로 한 분석결과를 보면 〈표 13-4〉와 같다.

Ⅲ. 공공주택단지개발의 문제점

우리 나라 대단위주거단지개발의 문제점을 정리하여 보면 다음과 같다.[11)]

1. 단지계획과정상의 문제

우리 나라의 단지개발은 크게 도시계획의 통제를 받고, 작게는 건축법 등의 규제를 받고 있으나, 당해 단지개발지구의 여건형성과 건축군과의 조화 등 토지이용효율증진을 도모할 수 있는 전반적인 지역계획이라는 중간적 개발통제가 결여되어 있어, 합리적인 개발을 도모할 수 없는 실정이다. 특히 기존의 도시계획과 새로운 개발계획이 서로 연계되지 않음으로써, 도시전체구조와 단지의 부분이 서로 괴리되는 현상을 야기시키곤 하였다. 더구나 전체지역과 조화를 이루지 못하는 단지계획은 인접지역개발과의 연계성도 미흡하게 되므로, 그 개발효과를 감소시키는 측면이 있다.

현재 정부의 주택건설정책은 양적 부족의 해소를 위해 신축주택수의 극대화에 집착, 주택건설촉진법 등 주택건설 및 택지개발사업의 편의성을 최대한 보장

11) 상게서, pp. 84~88.

〈표 13-4〉 과천·목동·상계단지의 특성비교

	주변환경	구매시설	문화시설	체육·위락·휴식시설	교 육	출퇴근교통	단지순환도로	도시성장과정
과 천	· 자연녹지 속에 위치 · 산책·등산·약수물받기 등 자연환경 즐김	· 백화점·슈퍼 완비 · 재래시장 없어 대용 자연발생적 「굴다리 시장」 활용됨	· 거의 없음 (시민문화회관 건립예정)	· 별다른 시설 없음 · 테니스장 잘 활용됨 · 서울대공원	· 고교학군문제 심각, 주민불만 이사요인	· 주로 자가용 출퇴근 서울진입로(남태령) 정체되나 과천만의 문제는 아님	· 3개단지 중 가장 작으므로 순환필요성 덜함 · 안양·사당의 기존노선 많음	· 주변 그린벨트 지역이라 성장 불가능
목 동	· 단지외부의 정리되지 않은 구시가지와 단지 내 환경 대비인식 · 계층간 차이도 대비인식	· 각 단지의 소형 슈퍼 외 대형 슈퍼·백화점 없음 · 단지 밖 경계부위 상가발달 · 시장보기 위해 부심·도심으로 빈번히 나가게 됨	· 거의 없음 · 중심축지역 빈터로 남아 있으며 · 「청소년 회관」이 활발히 역할담당	· 대운동장·체육관이 있으나 주민시설이라 보기 힘든 전도시시설임 · 테니스코트 면수의 부족 · 공원 일부 미비	· 서울시 학군이라 별 문제 없음 · 원주민계층과 혼합문제 있음	· 여러 방면의 출퇴근로 확보, 그러나 출퇴근시 심한 교통체증	· 전체 단지가 남북으로 단절되어 연결곤란 · 내부순환교통 있으나 분단운행 · 인근 전철역까지 교통불편·순환 버스 요망 · 일방통행 순환방식도로의 문제점	· 주거완결되었으나 중심축 미개발로 각종 편익시설 부재
상 계	· 주변산들로 쌓여 있어 등산·모임의 장소로 이용 · 서민단지이므로 주변저소득층과 차이 덜 느낌	· 백화점 등 중심상업시설 부족 · 특히 서민단지이므로 재래시장 절실히 요망됨 · 기존 구시가지 시장이용하나 교통불편	· 거의 없음	· 공원의 단지별 편재 · 별다른 체육시설 없음 · 동 앞 농구장 활용 잘됨 · 테니스코트 면수 부족	· 서울시 학군이라 별문제 없음 · 입주초기 대규모 이주에 따른 학교개설 못 따라감	· 전철에 주로 의존, 종점 전의 부심지역 혼잡 심각 · 타계획도로 개통 안 되고 있음	· 전철역과 연결하는 단지순환 버스 요망됨	· 주거완결되었으나 중심상업 지구 미개발로 편익시설 부족

자료: 한국토지개발공사, 「신도시건설에 있어서 인구특성에 따른 주민중심 주거단지개발에 관한 연구」, 1990, p.221.

하는 강력한 특별법을 제정하고, 주택공사, 토지개발공사 등 공공사업기관을 설립, 이들로 하여금 전국을 대상으로 정부의 총량적 주택건설계획을 실행토록 하고 있다. 그러나 이런 식의 계획에서는 주택의 규모나 주택형에 있어서 장기적 계획이 수립되어 있지 않아서, 그때 그때의 정부방침에 따라 수시로 변경되고 있다. 예컨대 한때는 7～12평 정도의 소규모주택의 건설이 강력히 강조되는가 하면, 어느 시기에 와서는 대형아파트의 건설물량이 급속히 늘어나기도 한다.

2. 시행 및 절차상의 문제

대단위단지개발사업은 택지개발촉진법에 의한 택지개발사업과 주택건설촉진법에 의한 주택건설사업이 중첩된 사업이다. 이 두 사업은 현실적으로 현장에서는 하나로 진행되면서도 각기 준거법이 다르고 기준과 절차가 다르다. 이러한 사업의 중첩으로 사업추진상의 불편도 문제점으로 지적된다.

상계지구기본계획시에는 건축계획, 배치계획 및 전체시가지의 토지이용, 교통계획 등이 조기에 확정되지 못해 택지개발사업 담당실무진들이 어려움을 겪기도 했으며, 또 사업계획이 승인난 후에도 계획을 변경할 경우는 주택건설사업계획과 택지개발사업계획을 각기 다른 행정절차에 따라 이중으로 변경하게 되므로, 시간과 노력의 낭비가 많고 사업추진이 지연되는 등 문제점이 야기되었다.

3. 단지개발사업상의 문제

대단위단지개발은 일단의 도시구역에 주택건설뿐만 아니라 도로·상하수도·학교 등 공공시설의 설치와 상업·공업 등 서비스 내지 생산활동을 수용할 수 있는 공간의 설치까지도 고려하게 됨으로 기존의 도시구조나 조직 또는 상위계획에 미치는 영향이 소규모와는 다르다.

우리 나라의 경우 단지개발이 규모가 확대되면 사업별로 그 특성을 감안한 종합적 사업계획을 하는 데에는 구조적 한계가 있다. 예를 들어 대한주택공사는 기본적으로 주택건설이 임무이기 때문에 일본의 주택정비공단, 영국의 신도시개발공사 등과는 달리 대단위단지개발에서 큰 비중을 차지하는 제반도시시설의 설치·유지·관리기능을 수행하기에는 문제가 따른다.

또한 한국토지개발공사는 토지의 수급조절 및 토지개발을 주임무로 하기 때문에 종합적인 주택단지 및 도시건설에는 무리가 따르게 되는 것이다. 최근 대단위주거단지개발수법은 공영개발방식을 취하고 있는데, 이 방식은 토지수용과 같은 공권력의 행사로 이루어지므로 그 매수과정에서 주민들의 저항을 많이 받게 된다. 따라서 단지개발을 위해 농토 등 생활근거지를 잃게 되는 원주민들에 대해 주거뿐만 아니라 생활대책까지도 강구해야 하는 문제가 생긴다.[12)]

대단위공동주택단지의 개발은 광대한 지역을 단기간 내에 대규모공동주택군으로 개발하는 것이 보통이며, 일단 개발이 완료된 후에는 주택을 비롯한 각종 도시계획시설을 변경하는 것이 거의 불가능하다. 공동주택단지개발의 특성을 고려해 볼 때 계획단계에서부터 개발되는 단지의 성격을 규정짓고, 이 곳에서 정주생활을 하게 될 주민들이 보다 편리하고 쾌적·안락한 단지생활을 할 수 있도록 종합적이고도 과학적인 도시설계의 장기적인 구상이 필요하다.

공공주택단지개발에 있어서 주택제품의 혼합은 단지의 수준을 결정짓고 단지의 사회·경제적인 환경조성에 결정적인 영향을 미친다. 호당주택규모의 크기와 주택유형의 혼합정도에 따라 개발되는 단지의 성격이 사실상 결정되게 되는데, 이는 주택규모에 따라 입주하는 주민의 사회적인 계층, 생애주기, 연령구조, 소득수준 등 인구통계적인 특성이 결정되기 때문이다. 그러므로 공동주택단지개발에 있어서의 합리적인 주택제품믹스는 안정·균형된 주거환경조성을 위하여 새로운 관심의 대상으로 부각되고 있다.

Ⅳ. 정책적 시사점

외국의 신도시(new town)개발 사례를 보면 신도시개발의 일정한 형식이나 틀이 없고 각국의 특수한 사정과 목적에 따라 그때 그때 조금씩 다르게 나타난다. 이러한 외국의 신도시개발 경험에서 우리 나라의 신도시개발에 참고할 수 있는 사항을 정리하여 보면 다음과 같다.

1. 신도시 인구규모

외국의 초기 신도시의 인구규모는 Howard가 전원도시의 인구를 3~5만명으로 제안한 것과 같이 5만명 이하의 인구규모를 가졌었다. 그러나 인구 5만명 전후의 소규모인구는 신도시 자체의 경제적 자생력을 갖기가 힘든다는 사실이 최근 여러 나라의 신도시 경험에서 나타나고 있다. 우리 나라의 경우도 신도시의 인구규모가 점차 확대되는 경향을 보이고 있으나 향후 신도시건설에는 우리 나라의 실정에 알맞는 적정인구규모의 연구가 선행되어야 할 것이다.

---

12) 상게서, pp.1~3.

2. 모도시로부터 원거리에 입지

대도시 과밀문제로부터 출발한 신도시는 모도시로부터 인구의 유입 및 산업의 유치를 시도하였다. 따라서 초기에는 모도시로부터 너무 원거리에 위치하면 인구 및 산업의 분산이 어렵다는 우려와 개발주체의 경영상의 고려 때문에 모도시의 변두리지역이나 모도시부터 근거리인 교통이 편리한 지역에 신도시를 입지시키는 경향을 보였다.

그러나 근거리에 위치한 신도시는 자연히 모도시에 종속적일 수밖에 없으며 상당한 정도의 자급자족성을 갖추어야 하는 신도시가 그 기능을 다하지 못하게 되는 경우가 허다하다. 이러한 점에 대한 반성과 함께 교통, 통신의 발달로 새로 계획되는 신도시는 모도시로부터 원거리에 위치하게 하는 정책상의 변화를 가져오고 있다.

우리 나라의 경우 수도 서울의 과밀문제와 신도시의 지가앙등, 주택에 대한 투기문제 등을 고려하여 볼 때, 신도시건설의 위치는 모도시로부터 상당한 거리에 두어 자족적인 경제, 사회적 기능을 갖춘 도시를 계획적으로 개발하여야 할 것이다. 또한 모도시로부터 원거리에 위치한 신도시는 모도시의 과밀해소는 물론 신도시 주변의 배후지역과의 상호의존성으로 그 지역의 종합적 발전을 기할 수 있게 된다. 국토의 균형발전의 차원에서 모도시와 거리조정문제는 매우 중요하게 인식되어야 할 것이다.

3. 기존커뮤니티(Community)의 활용

최근에 신도시의 개발규모가 커짐으로써 등장하는 문제는 인구의 유입을 위한 대량의 주택건설과 이에 수반되는 각종 편의시설의 제공이다. 안락하고 쾌적한 삶의 공간창조를 위하여 개발초기부터 편의시설을 충분히 제공하기 위해서는 막대한 재원이 투자되어야 한다.

이러한 문제를 극복하기 위하여 영국 등 외국에서는 신도시개발은 기존소규모커뮤니티(community)를 이용하여 개발하고 있다. 이는 기존커뮤니티의 편의시설을 개발 초기에 활용하고, 그 커뮤니티의 전통적 특성을 살려가면서 개발을 추진하게 되는 것이다. 우리 나라도 최근 신도시개발에 따르는 많은 논의에서 각종 편의시설이 충분히 제공되겠느냐에 대한 문제가 제기되고 있다. 주택의 공급부족으로 신도시에 건설되는 주택은 그 신청자가 쇄도하였지만, 초기 입주자들은 공공시설부족으로 일상생활에 큰 불편을 겪어야 했다. 따라서 우리 나라에서도 앞으로 신도시건설시에는 기존 소도읍의 편의시설을 잘 고려해서 적은 재원으로 큰 효과를 얻을 수 있도록 개발방향의 전환이 필요하다 하겠다.

4. 신도시의 자족성확보

대도시 주변에 위치하면서 기존 모도시의 인구와 산업의 분산입주를 목적으로 하는 신도시는 도시 자체의 자족성확보가 매우 중요하다. 모도시로부터 쉽게 이주할 수 있는 계층은 아직 미개발지에서 모도시로 통근이 가능한 중산층 이상의 인구가 대부분이며, 이들은 신도시에서 직장을 구할 필요성을 크게 느끼지도 않는 계층이다. 더구나 교육수준이 낮고 기술이 부족한 노동자는 신도시에서 직장을 구하기도 어렵고, 모도시로의 통근도 교통비용의 문제로 이주하기 어렵게 된다. 따라서 신도시에 입지할 산업은 거의 한정적이고 많은 사람들이 모도시로 통근하게 된다. 자족성을 갖춘 신도시의 개발은 용이하지 않지만 개발지역의 특수성과 개발목적에 따라서 자족성문제를 해결하여야 할 것이다. 앞서 언급한 기존 소도읍의 활용을 통한 주변지역의 지역개발을 도모하며, 신도시 경제의 활성화에 기여할 수 있는 산업의 입지유도를 통하여 장기적인 자족성을 이룩해야 할 것이다.

5. 사회적 균형의 실현

신도시의 개발은 기존대도시의 과밀로 인한 각종 도시문제를 해결하려는 것이 중요한 목표 중의 하나이다. 우리 나라는 물론 대부분의 외국에서도 신도시의 입주주민대상은 모도시의 중산층이 주류를 이루고 있다. 중산층 이상의 주민이 신도시로 이주하려는 목적은 보다 쾌적한 주거환경을 원하기 때문이다. 미국의 신도시개발은 주로 이들 중산층을 끌어들이기 위한 사업이며, 일본, 영국 등은 공공당국의 저소득층을 위한 유인노력에도 불구하고, 결과적으로는 중산층 이상의 계층이 이주하는 경향을 보였다.

따라서 신도시의 개발이 중산층 이상의 주민에게 쾌적한 주거환경을 제공하게 된 것은 외국의 경험에서 보는 바와 같이 성공적인 편이다. 그러나 이들 신도시에서 저소득층에 대한 배려가 미흡함으로써 신도시의 인구구성은 특정계층에 집중하게 되고, 더욱이 모도시는 전체 인구 중에서 중산층 이상의 주민만 신도시로 이주하게 되어, 저소득층의 주거·고용 등의 문제는 여전히 남게 된다. 대도시의 과밀로 인한 문제를 해소하기 위한 정책이 결과적으로는 중산층 이상에게만 혜택이 돌아가고, 모도시당국이나 저소득층은 더욱 심각한 도시문제에 봉착하게 되는 것이다.

제 3 절 주택문제와 신도시개발[13)]

I. 신도시개발

신도시개발과 주택문제와의 관계를 규명하기 위해서는 몇 가지 근본적인 질문에서부터 출발해야 한다. 왜 신도시를 건설해야 하는가? 신도시의 주택들은 누구를 위한 것인가? 신도시는 어디에 건설하는가? 그리고 신도시의 주택공급량은 어떤 기준에 의해 설정되고 있는가?

1. 신도시개발의 목표

영국의 Thomas More는 그의 저서 유토피아(Utopia)에서 이상주의적 도시건설을 주장하였다. 그의 주장은 오랜 세월동안 후학들에게 지대한 영향을 끼치게 되었는데, 신도시건설의 보다 구체적 발상이 E. Howard의 전원도시운동으로 확대되기 시작했다. Howard의 전원도시론은 근대도시계획의 중요한 몫을 차지하였으며, 이러한 운동이 영국과 유럽 및 북미 여러 국가들의 신도시개발을 태동케 하는 원동력이라 말할 수 있다.

근대의 신도시개발의 이상은 그 규모면에서 결코 크지 않고, 도시관리가 용이하며, 이질적 인종·계급·문화적 배경을 지닌 다양한 사람들이 모여 살게 함으로써 대도시가 지닌 사회문제를 해결할 수 있도록 하는 데 있다.[14)] 그러나 이러한 이상적 신도시에는 선진국들의 경험으로 보면 오히려 동질적 인종, 유사계급, 비슷한 문화적 배경을 지닌 사람들이 모여 살게 됨을 발견할 수 있다. 신도시 주민의 동질성의 특징은 자본주의사회가 지닌 신도시건설의 상업성, 즉 신규주택가격 그리고 신규주택을 원하는 사람들의 유사한 선호 등으로 동질적 중산층의 가구가 집중되는 현상을 지적할 수 있다.

세계적으로 신도시건설의 배경은 다음의 몇 가지로 공통적인 목표를 종합해 볼 수 있다.

---

13) 하성규, "주택문제와 신도시개발,"「주택금융」, 제22권 3호, 1989. 6, pp. 14~27.

14) I. L. Allen, *New Towns and the Suburban Dream*, Port Washington: Kennikat Press, 1977, p. 14.

첫째, 각국의 수도가 당면한 과밀, 주택문제, 토지 및 교통문제 등이 주요한 사회적 문제로 제기됨에 따라 수도의 보조 내지 보완적 역할을 수행할 수 있는 신도시건설을 계획한 것이다.

둘째, 군사적·전략적 목적으로 신도시를 건설하는 경우이다.

셋째, 자연자원과 토지의 잠재성을 개발하고, 토지이용을 극대화하려는 목적이다.

넷째, 기존대도시의 혼잡을 완화하고, 미래의 대도시성장을 조정하려는 의도이다.

다섯째, 인구성장 및 인구이동 등의 인구문제를 해결하기 위한 방안으로 활용된다.

여섯째, 지역개발 및 국가발전계획의 일환으로서 신도시개발을 들 수 있다.[15]

신도시건설의 목적이 국가마다 부분적으로 상이하지만 하나의 공통적 특징은 주택문제의 해결에 있다. 왜 많은 국가들이 주택문제의 해결을 위해 신도시개발이라는 방법을 강구하게 되는가? 이에 대한 대답은 주택이 지닌 그 특성들 때문인 것으로 이해된다.

한편 기존대도시의 주택난과 과밀을 해소하기 위한 대도시지역 내의 주택공급은 한계가 있다. 주로 도시재개발의 수단을 통해 주택의 질적 향상과 주택공급을 확대할 수 있으나, 그 규모와 수용능력면에서는 매우 제한적일 수밖에 없다. 주택문제의 해결에 주안점이 주어졌을 때 신도시는 단순한 주택단지의 성격을 넘어서게 된다. 다양한 가구와 많은 수의 인구를 수용해야 하기 때문에, 고용기회의 창출과 함께 소위 자족적인 힘이 주어질 수 있도록 개발되어야 한다는 것이 일반적인 경향이다. 사회적·산업적으로 균형을 유지해야 하는 신도시는 하나의 도시의 형태로서 출발하기 때문에, 특정의 사회계층이나 인구만을 수용하기보다 다양한 계층의 사람들이 커뮤니티를 형성할 수 있게 개발되어야만 주택난의 해결과 대도시의 과밀을 해소하는 데 도움이 된다고 한다.[16] 즉 주택문제의 해결은 사회적 균형(social balance)의 성취라는 문제와 직접적인 연관을 지니고 있다. 어떤 특정사회계층이 신도시인구의 대부분을 차지하게 될 때 야기되는 신도시의 고용구조상의 문제가 자족적 신도시건설이라는 신도시건설의 목표와 상치되는 어려움을 겪게 된다.

---

15) H. S. Perloff and N. C. Sandberg(ed.), *New Towns: Why and for Whom?* New York: Praeger Publishers, 1973, p. 4.

16) B. J. Heraud, "The New Towns and London's Housing Problem," *Urban Studies*, Vol. 3, No. 1, 1966, pp. 8~9.

신도시개발이 대도시의 과밀해소와 주택문제해결이 제일 중요한 목표로 주어졌을 때 어떠한 위치에, 얼마나 많은 수의 인구를 수용할 수 있으며, 또 얼마나 많은 수의 주택과 어떤 형태의 주택이 공급됨으로 해서 목표달성이 가능한 것인가를 면밀히 검토해야 한다.

2. 신도시의 인구와 고용

신도시의 인구규모에 따라 주택의 건설량을 추정할 수 있으며, 수용되는 인구구성과 사회계층의 특성에 따라 주택의 형태, 크기 그리고 주택점유상의 배분을 고려하게 된다.

영국과 프랑스의 신도시들은 대도시의 과밀을 해소하고, 지역개발을 도모하려는 목적이 뚜렷이 나타나고 있다. 신도시의 인구규모면에서 프랑스와 영국은 비슷한 수준을 유지하고 있으나, 두 국가간의 신도시개발의 차이를 보면 프랑스 신도시는 신도시 주변의 위성도시의 역할보다 신도시 자체의 물리적 확산이 증대되고 있는 추세이다. 일본의 신도시들은 주요도시의 인구분산책으로의 역할이 크며, 정부 및 대학에 고용인구를 분산시키는 데 역점을 두고 있다. 미국의 신도시개발은 민간기업의 역할을 증대시키고, 백인 중·고소득층 주택시장의 확산을 그 특징으로 지적할 수 있다. 그래서 미국의 신도시들은 그 규모·역할·건설목표 등이 유럽의 신도시와는 상이한 면을 찾을 수 있다.

신도시들은 고용창출면에서 보면 그 범위가 인구 100인당 일자리가 0에서 1,588로 매우 다양한 수준을 나타내고 있다(〈표 13-5〉 참조). 특히 미국의 신도시들은 상업 및 산업적 고용을 주거지역개발과 연계시킴으로 고용기회를 확대하고 있다. 미국 Irvine 신도시의 경우 인구 100인당 100,000이 넘는 일자리가 창출되어 이곳에 직업을 가진 노동인구를 수용할 만한 주택재고가 모자라는 형편에 있다. 그래서 많은 수의 고용인구가 40마일 가량 떨어진 로스앤젤레스로부터 통근하고 있는 실정이다.

〈표 13-5〉와 〈표 13-6〉에 나타난 세계 여러 국가들의 신도시인구규모는 800명에서 23만명에 이르는 매우 다양한 수준임을 발견할 수 있다. 제시된 자료에서 보듯이 일반적인 신도시인구규모는 대체로 30만명을 넘지 않음을 알 수 있다.

신도시의 개발목표가 대도시의 과밀과 주택문제해결이라는 것에 주안점을 둘 경우, 신도시 자체의 고용창출이 매우 중요한 개발전략으로 등장한다. 만일 신도시 자체의 고용기회가 주어지지 않을 경우 주변 대도시 및 인근지역으로의

〈표 13-5〉 국가별 신도시의 특성비교(1987)

	신도시 건설 결정연도	건설 착수 연도	면적 (hec-tares)	인구			신도시내의 고용	인구 100인당 일자리	기타
				최초인구	최근인구	계획인구			
1. 프랑스									
Cergy Pontoise	1965	1968	4,300	48,000	140,000	200/220,000	65,000	46	파리에서 북쪽
Evey	1965	1967	3,100	8,000	60,000	90,000	35,000	59	파리에서 남쪽
L'Etang de Berre	1968	1973	23,178	28,270	64,767(1986)	110,000	28,000	43	Marselle에서 북쪽
Isle d'Abeau	1970	1973	–	4,000	25,000	55,000	6,500	26	Lyon에서 남서쪽
2. 네덜란드									
Almere	–	1976	11,000	0	57,000	250,000	10,000	18	암스텔담에서 동쪽
Lelystad	–	1976	–	0	60,000	100,000	–	–	암스텔담에서 동쪽
3. 서독									
Hochdahl	1960	1967	1,100	51,000	25,000	30/32,000	2,200	9	듀셀돌프에서 서쪽
4. 덴마크									
Koge Bay Area	1961	1968	30,000	30,000	145,000	150,000	서비스부문만	–	–
5. 미국									
Aliso Viejo(CA)	1976	1982	2,835	–	1,254(1984)	–	0	0	LA에서 남쪽 50마일
Clear Lake city(TX)	1938	1962	8,642	–	37,000(1984)	–	22,025(1984)	60	Houston에서 25마일
Fairlane(MN)	–	1971	956	–	800(1983)	–	12,700(1983)	1,588	주로 지역쇼핑, 호텔 그리고 사무실위주
Irvine(CA)	1964	1964-5	33,600	–	112,000(1983)	–	146,900	131	LA에서 남쪽 40마일
Radisson(NY)	1972	1970	1,081	–	4,000(1984)	–	1,500(1984)	38	Syracuse에서 서북 12마일
Woodlands(TX)		–	7,715	–	18,129(1984)	–	6,000	33	Houston중심에서 25마일
6. 일본									
Kohoku	–	1966	2,530	–	230,000	–	–	–	Yokohama에서 북쪽 10km
Kansai	1978	–	1,700	–	120,000	–	–	–	–
Tama	1964	1966	3,016	–	122,092(1986)	309,000	서비스부문만	10	동경에서 남서쪽 외곽지

자료: *Town and Country Planning*, Vol.56, No.11, 1987, pp.288~289.

〈표 13-6〉 영국 신도시의 인구, 주택 및 고용(1987)

	신도시 지정 및 해체	인구			최근 고용인구	주택재고							
		면적 (hectares)	지정당시	'87.3월 현재		DC임대 주택	지방정부 임대주택	주택협회 주택	분할소유 주택	민간 임대주택	민간 자가주택	기타	합계
잉글랜드													
Aycliffe	1947~(1988)[b]	1,254	60	25,000	10,307	0	4,550	110	0	90	4,344	0	9,094
Milton Keynes	1967~(1992)[b]	8,900	40,000	133,000	61,770	13,092	5,694	792	3,351	800	26,791	0	50,520
Washington	1964~(1988)[b]	2,270	20,000	61,000	22,667	0	0	149	137	—	(7,912)[a]	0	20,917
Harlow	1947~(1980)[b]	2,588	4,500	78,000	32,500[c]	—	—	—	—	—	—	—	
웨일즈													
Cwmbra	1949~1987	1,420	12,000	49,120	18,674	0	8,484	218	233	8,715	150	35	17,835
Newtown	1967~	606	5,000	10,000	NA	NA	NA	NA	NA	NA	NA	NA	NA
스코틀란드													
Cumbernauld	1955~	3,152	3,000	48,000	14,244	8,229	687	0	0	—	(8,203)[a]	—	17,119
Irvine	1966~	5,022	34,000	58,537	19,054	4,652	8,245	1,890	0	—	(6,051)[a]	0	20,838
Livingston	1962~	2,780	2,100	40,500	15,719	9,881	203	132	0	—	(4,213)[a]	8	14,437

주: 1) ( )[a]는 민간임대주택과 민간자가주택의 합계임.
2) ( )[b]는 신도시 해체연도를 의미함.
3) [c]는 1985년도 통계임.
4) DC: Development Corporation.

자료: *Town and Country Planning*, Vol.56, No.11, 1987, pp.292~293.

통근으로 인한 교통혼잡과 사회비용이 증대될 것은 자명한 사실이다. 〈표 13-5〉에서 나타난 결과로는 미국의 신도시들은 고용창출의 역할이 큰 것으로 나타났으며 일본과 독일은 상대적으로 낮은 수준에 있다. 영국의 경우, 신도시의 실업률이 점진적으로 감소하는 추세다. 이는 신도시가 다른 일반도시에 비하여 고용창출의 역할이 높고 신도시의 정부 및 민간의 투자가 계속되고 있음을 의미하는 것이다.

3. 사회계층간 혼합

신도시의 주택들은 어떤 사회계층을 대상으로 하고 있는가? 특정사회계층을 염두에 두지 않았을 경우에 결과적으로 어떤 계층이 신도시의 다수계층인가?

먼저 도시계획분야에서 지금까지 논의되어 온 사회적 혼합(social mix)의 목적이 무엇인가를 생각해 보도록 한다. Sarkissian은 여러 학자들이 제시한 사회적 혼합에 대한 목적을 다음과 같이 종합하였다.[17)]

첫째, 사회계층간의 혼합은 선의의 경쟁의식의 고취로 저소득 및 노동자 계층의 생활수준향상에 도움이 된다.

둘째, 주거지역의 미적 다양성을 추구하게 되고 심미적 기준을 향상시키게 된다.

셋째, 주거지역의 사회적 혼합은 지적, 문화적인 발전을 가져오고 각 사회계층이 지닌 독특한 문화 상호간의 교류와 이해를 증진시키게 된다.

넷째, 사회적 혼합은 기회균등을 증진시키게 된다. 즉 인간의 사회적 상향이동 및 선택의 자유를 갖게 하는 역할을 한다.

다섯째, 사회적 혼합으로 인하여 사회적, 인종적인 갈등을 감소시키게 되며 계층간의 사회적 조화를 기대할 수 있다.[18)]

여섯째, 인간의 도시거주에 따른 물리적 기능과 생활에 필요로 하는 주거지역 서비스수준을 향상시키게 된다.

신도시건설을 통하여 사회적 혼합은 어떻게 이룩될 수 있겠는가? E. Howard의 전원도시운동도 그 계획단계에 있어 분명한 사회적 목적이 담겨져 있다. 즉, 대도시의 인구를 분산시키고 동시에 소규모, 저밀도의 쾌적한 정주지를 개발

17) Wendy Sarkissian, "The Idea of Social Mix in Town Planning: An Historical Review," *Urban Studies*, Vol. 13, No. 3(1976), pp. 231~246.

18) 사회적 혼합은 계층간의 조화를 이룰 수도 있지만 한편으로는 이로 인한 부조화와 갈등도 생각해 볼 수 있다. 이에 대한 논의는; L. Mumford, *The Culture of Cities*, London: Secker and Warburg, 1938 및 R. Sennett, *The Use of Disorder: Personal Identity and City Life*, Harmondsworth: Penguin, 1973을 참조바람.

하여 그 곳에 "사회적으로 균형된" 커뮤니티를 건설하자는 것이다.

계획가들이 균형된 커뮤니티개념을 광범위하게 논의하기 시작한 것은 1930년대와 1940년대이다. 이 개념은 인구의 이질성, 즉 연령·직업·계층(social class) 등이 포함되며, 개별가구의 주택형태상 다양성까지도 고려하게 되었다. 도시계획분야에서 구체적으로 "사회적 균형"의 개념도입이 강조된 것은, 1945년 영국의 Reith 신도시개발위원회의 보고에서이다. Reith 위원회가 지적한 사항은 신도시가 다양한 계층의 사람들을 수용하지 못하면, 그 신도시커뮤니티는 매우 빈약하고 불균형적 도시가 될 것이라 지적했다.[19)]

어느 특정계층의 인구가 신도시에 집중하면 왜 그 신도시는 바람직스럽지 못한 것인가? 이 질문에 대한 대답은 영국의 제 1 차 세계대전 이후의 주택정책 평가에서 잘 나타나고 있다. 제 1 차 세계대전 이후 영국은 노동자들의 주택문제 해결을 위하여 대도시 주변에 이들을 위한 공동주택단지를 많이 건설하여 노동자 계층만이 거주하는 주택을 대량 공급하였는데, 이러한 대단위노동자계층 주거단지는 정부가 스스로 계층간 사회적 분리를 조장하는 결과를 초래하게 되었다. 노동자들만을 집단으로 수용함으로 해서 오는 여러 가지 사회문제를[20)] 감안하여 1945년 이후 노동당정부는 공공주택공급으로 인한 사회계층간 분리를 초래하는 주택정책을 비판하고, 사회적 혼합을 달성할 수 있는 주택정책으로 전환하게 된다. 어떤 특정계층, 예를 들어 노동자 집단만을 수용하는 주거단지는 계층이 혼합됨으로써 오는 사회환경의 편익을 얻을 수 없다는 논리가 큰 설득력을 지니게 되었다. 이와 같이 1940년대 영국의 신도시정책에 있어 노동자계층만을 위한 신도시주택공급은 바람직하지 못하다는데 정부와 학자들의 견해가 일치하고 있었다.

신도시가 사회적으로 균형을 이룬다는 의미는 단순히 신도시 내에 여러 사회계층이 살고 있다는 것만이 아니고, 여러 다양한 계층의 사람들이 커뮤니티 시설물인 교회·상점·학교·공단 등을 공동으로 이용하고, 실제적으로 인간적 교류의 기회를 부여받는다는 것을 의미한다. 신도시건설로 사회적 혼합을 이루려면 "근린주구개념"의 도입이 요청된다. 예를 들어 지역사회 하위단위를 구성하게 하는 100~300가구의 유사한 소득·직업·사회적 지위의 사람들이 살 수 있는 주택을 공급하고, 이러한 다양한 지역사회 하위단위가 공간적으로 혼합하

19) Committee in the New Towns(England), *Final Report*, Cmd 6876, p. 10.
20) 노동자계층의 지리적 고립화, 공공서비스의 질적차별, 지가 및 주택가격의 문제, 정치적 영향력의 미흡, 유색인종의 집단화 등의 문제임.

여 거주함으로써 신도시의 사회적 혼합의 달성을 가능하게 할 수 있다.[21)]

영국의 신도시사회계층간 구성은 〈표 13-7〉에서 잘 나타나 있다. 신도시 직업구성을 기준으로 보면 Crawley신도시는 영국의 전국적 수준의 직업분포와 거의 유사한 패턴을 보이고 있다. 즉 중간계층 혹은 중산층(middle class)이 17%를 차지하고, 노동자층(working class)이 83%를 점하고 있어 국가 전체의 비율과 유사하게 나타났다. 그러나 공공주택단지인 Dagenham의 경우는 중산층이 5%밖에 차지하지 못하고 노동자계층이 절대다수인 95%를 점하고 있다. Dagenham의 경우 특정의 사회계층인구가 절대다수를 차지하므로서 사회적 균형을 이루지 못하고 있다는 증거가 된다. 반면에 런던 주변의 신도시인 Crawley, Harlow 그리고 Hamel Hempstead의 경우는 매우 균형적인 직업분포와 사회적 균형을 유지하고 있음을 알 수 있다.

이러한 직업별 인구분포가 보여주는 바는 영국의 신도시가 다양한 직종을 창출하였고 계층별 사회적 균형을 위해 노력하였음을 시사해 주는 것이다.

여기서 몇 가지 중요한 학술적인 논의의 대상이 되는 질문이 제기될 수 있다. 만일 신도시개발로 "사회적 균형" 내지 "사회계층간의 혼합"이 바람직스럽다고 하면; ① 각기 다른 사회계층의 사람들이 혼합되어 거주하는 것이 그렇지

〈표 13-7〉 영국 신도시의 사회계층구성비교

(단위: %)

사회계층 \ 지역별	Crawley (1961)	Harlow (1957)	Hamel Hempstead (1960)	전국[1)]	런던 대도시권 (1961)	Dagenham[3)] (1958)
1. 전문직	3.7	5.0	5.9	3.8	4.8	1
2. 중간전문직	13.4	13.0	20.1	15.4	15.8	4
3. 비숙련노동직	63.6	63.0	54.6	51.1	52.2	56
4. 준숙련육체노동직	13.1	19.0[2)]	14.4	20.5	18.1	22
5. 비숙련육체노동직	6.2		5.0	9.2	9.1	17
· 중간계층(middle class, 상기직종 1과 2)	17.1	18.0	26.0	19.2	20.6	5
· 노동자계층(working class, 상기직종 3, 4, 5)	82.9	82.0	740	80.8	79.4	95

주: 1) England와 Wales(1961).
2) 조숙련노동직과 미숙련육체노동직을 포함.
3) 공공주택단지.

자료: B. J. Heraud, "Social Class and the New Towns," *Urban Studies*, Vol. 5, No. 1, 1968, p. 39.

21) B. J. Heraud, *op. cit.*, p. 37.

않은 경우보다 더욱 만족하다는 증거는 무엇인가? ② 계층간 혼합되어 있는 주거지역의 중산층이 이웃의 저소득층과 노동자계층의 이익을 위해 적극적일 수 있겠는가? ③ 사회적 혼합을 이룬 주거지역이 혼합되지 못한 주거지역에 비하여 사회·경제적 이익은 무엇인가? 그리고 ④ 어떤 조건하에서 사회적 혼합이 가장 안전하고 주민에게 행복감을 줄 수 있는가?

지금까지의 연구결과는 이러한 질문에 명확한 답을 내리지 못하고 있고, 계층간 혼합된 주거지역의 편익을 측정하는 작업이 매우 어렵다는 사실만이 알려져 있을 뿐이다.[22)]

4. 신도시의 주택공급과 주거점유형태

주택점유형태(housing tenure)는 한 가구가 주택을 소유점유하느냐, 아니면 임차점유하느냐의 형태적 구분을 의미한다. 주택점유형태는 정부의 공공임대주택정책에 의해 크게 영향을 받게 되는데, 국가의 사회복지적 공공임대주택공급이 강화될수록 저소득층의 임차점유율이 증대된다.

한편 주택점유형태는 가구소득에 의해 큰 영향을 받게 된다. 일반적으로 소득이 높은 가구는 소유점유를 선호하며, 저소득층은 임차점유를 택하는 경향이 뚜렷하게 나타나고 있다. 그리고 주택점유형태는 가구소득 외에 주택금융 및 조세제도의 영향을 받게 된다. 선진국의 경우 해당주택을 담보로 저당권을 설정, 금융기관(mortgage banks)으로부터 장기저당융자를 받게 되므로 일정소득원이 있는 가구는 소유점유의 기회가 높다. 또한 주택점유형태상의 변화는 가구특성과 가정생활주기(family life cycle)에 따라 달리 나타나 가구주의 연령이 40세 이상의 가구일수록 자가소유율이 높게 나타나는 것이 일반적 경향이다.

신도시의 주택점유형태는 신도시건설로 인해 어떤 사회계층이 입주하느냐, 그리고 어떤 산업구조를 견지하느냐 등에 따라 달리 나타난다. 신도시의 주택공급에 관한 정부의 주택정책, 특히 공공임대주택공급이 활발한 지의 여부에 따라 점유형태가 달리 나타날 수 있다.

영국의 신도시들은 지방정부나 신도시개발공사(Development Corporation)의 공공임대주택공급이 활발하여 임차가구의 수가 상당한 비중을 차지하고 있

22) W. Sarkissain, *op. cit.*, p. 244;
우리 나라 대도시지역에는 공공영구임대주택(아파트)입주자와 주변에 있는 중산층아파트주민간에는 다양한 갈등이 존재하고 있음이 밝혀지고 있다. 예를 들어 공공영구임대아파트의 아동들과 중산층아파트의 아동들이 같은 학교에 다니는 것을 중산층아파트주민이 노골적으로 싫어하는 등의 문제점을 들 수 있다.

〈표 13-8〉 신도시의 공공임대주택공급실적(1966~1978)

연 도	영국의 신도시[1)]	
	공공주택건설(천호)	주택재고증대(%)
1966~1970	43.9	33
1970~1974	41.0	23
1974~1978	60.2	28

주: 1) England와 Wales의 신도시를 의미함.
자료: Town and Country Planning Association, *Town and Country Planning*, Vol. 56, No. 11, 1978.

다. 예를 들어 〈표 13-6〉에서 나타난 바와 같이 영국의 Aycliffe 신도시는 전체 주택재고의 약 절반가량이 지방정부가 제공한 공공임대주택이다. 신도시 Washington, Cwmbran, Irvine 등도 비슷한 수준에 있다.[23)]

최근 영국의 신도시들은 주택점유형태상 상당한 변화를 가져오고 있다. 이는 보수당정부의 공공임대주택의 불하정책, 즉 소유점유확대정책으로 인하여 공공임대주택이 소유점유로 전환되고 있다. 예를 들어 많은 신도시들의 공공임대주택의 불하로 인하여, 평균 5% 이상의 임차가구가 자가소유로 전환되었고, Milton Keynes 신도시는 임대주택재고 중 3.4%가, Cumberland 신도시는 9.8%, East Kilbridge는 6.2%나 자가소유로 전환되었다.[24)]

영국의 주택정책이 양대정당(보수당과 노동당) 중 어느 정당이 집권하느냐에 따라 다소 차이를 보이고 있으나, 사회복지적 공공임대주택의 공급과 유지는 오랜 전통을 지니고 있다. 〈표 13-8〉에서는 영국 신도시의 공공주택공급이 활발했던 시기(1966~1978)의 실적을 잘 나타내 주고 있다.

Ⅱ. 주택문제와 신도시개발

앞에서 살펴본 외국의 신도시개발은 그들 나름대로 주어진 사회·경제적 상황 하에서 취해진 것들이다. 영국 등 선진외국의 신도시개발은 한국의 독특한 상황과는 상이점을 발견할 수 있으며, 특히 주택문제는 그 배경과 문제의 심각성에 비추어 보면 여러 면에서 다른 성격을 내포하고 있다. 주택문제의 성격을 파악하고 이에 연계된 신도시개발의 개념적 틀은 〈그림 13-1〉에서 제시되고 있다.

---

23) 1967년의 경우 영국의 신도시 공공임대주택비율은 Crawley가 70%, Welwyn은 80%, Harlow는 90% 그리고 Paterlee는 95%를 차지하였다.
24) Town and Country Planning Association, *Town and Country Planning*, Vol. 56, No. 11 (1987), p. 29 참조.

〈그림 13-1〉 주택문제와 신도시개발

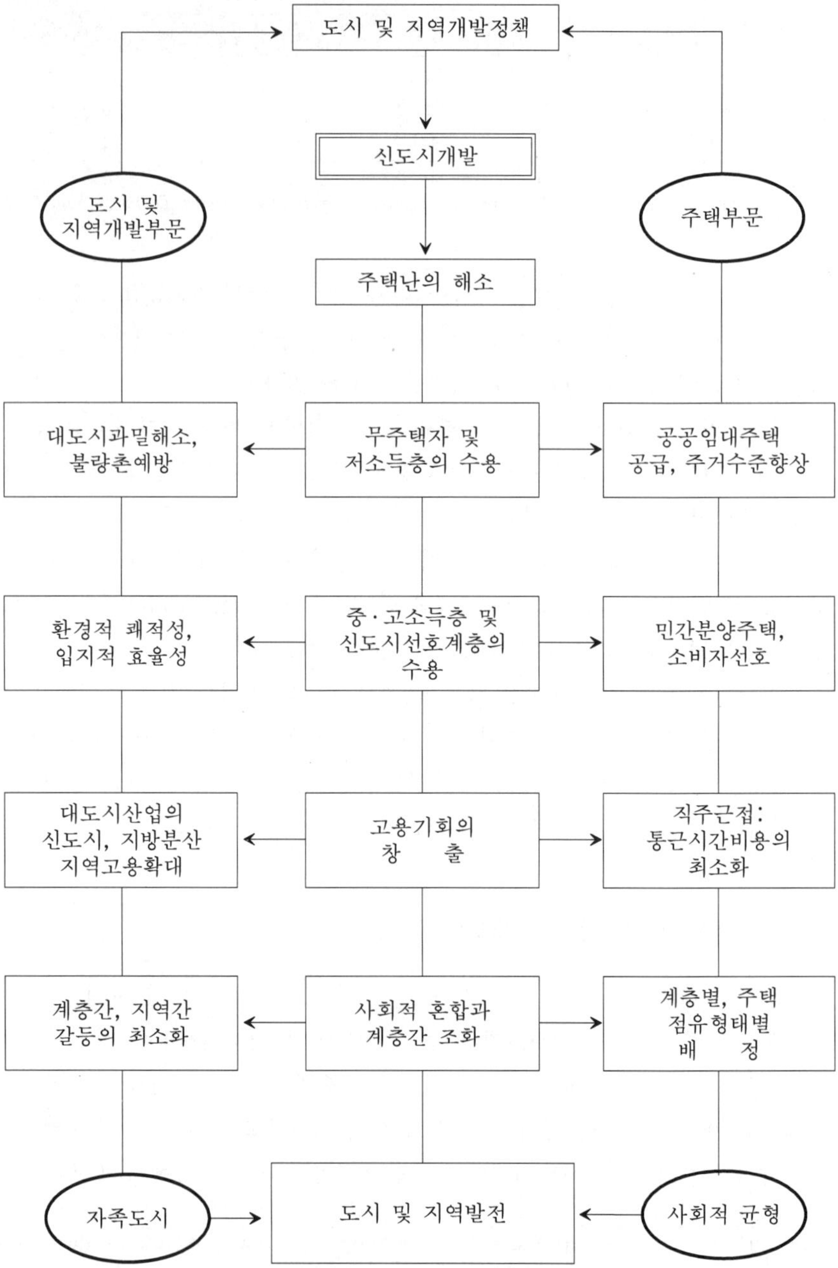

정부는 수도권의 주택난 해소를 위하여 5개 신도시를 개발하였다. 이러한 청사진적 신도시건설이 주택문제해결에 어떤 영향과 효과를 가져올 수 있는가의 논의는 매우 중요한 연구과제가 되고 있다. 초기 신도시의 주택공급계획을 보면 서울의 중산층을 유인할 수 있는 강남수준과 맞먹는 주거환경과 교통대책을 마련하겠다고 했다.

신도시개발은 거시적이고, 국가적인 관점에서 보면 국가발전을 전제로 한 도시 및 지역정책의 일환이라 할 수 있다. 이러한 맥락에서 현실적으로 당면한 서울의 주택난의 해소라는 정책목표가 신도시건설의 당위성을 부여한 셈이다. 신도시의 건설이 서울의 주택난 해소에 있다면 주택문제의 시급한 해결을 요구하는 대상인구는 임차가구와 저소득층이 될 수 있을 것이다. 이러한 관점에서 보면 신도시는 어떤 특정대상인구나 사회계층만을 위한 것이 아니고 사회적 혼합(social mix)과 사회적 계층간 조화를 이룰 수 있는 주택공급이 당연한 정책목표가 되어야 한다.

이상의 논의와 관련해 수도권 5개 신도시에 관해 아래와 같은 기본적인 몇 가지 질문이 대두된다.

첫째, 두 신도시에 수용될 인구구성에 대한 계획당국의 구상은 무엇이었는가에 대한 질문이다. 신도시인구구성(남·여 비중, 연령별 구성, 노동인구와 비노동인구구성 등)에 영향을 미치는 요소는 신도시의 산업구조와 깊은 연관을 지니고 있다. 한 예로 영국의 신도시들은 초기단계에는 노년층의 인구보다 청·장년층의 인구가 전국평균보다 높은 비중을 차지하였다. 그러나 동남지역의 신도시들은 최근 장년층 및 노년인구가 점진적으로 증가하여 새로운 신도시사회문제로 등장하고 있다.[25] 이러한 현상은 신도시의 산업구조와 주택시장의 특성에 기인하는 것으로 분석되고 있다. 분당과 일산 등 신도시의 인구구성에 대한 계획당국의 자료가 전무한 관계로 분석적 논의는 어려운 실정이나, 향후 신도시의 인구구성에 대한 추정과 연구가 필요할 것이다.

둘째, 신도시가 서울의 과밀을 해소하고, 수도에 인접하여 입지하므로서 기대할 수 있는 보완적 기능은 무엇인가 하는 점이다. 만일 서울 및 수도권의 일자리가 5개 신도시로 이전, 분산되지 않을 경우 100만명을 넘게 수용하는 5개 신도시는 거대한 주거단지의 역할밖에 수행할 수 없게 된다. 신도시와 단순한 주거목적의 단지와는 구분되어야 하고, 주거목적만을 위한 신도시는 결국 서울시의 평면적 확산과 인구의 교외분산화 역할만을 할 뿐이다. 신도시를 연구한

25) Town and Country Planning Association, *op. cit.*, p. 289.

학자들의 견해와, 신도시 경험을 많이 지닌 선진외국의 사례로 보아 인구 30만명이 넘는 신도시는 자족적 도시기능을 확보하기 위하여 고용창출이 확대되는 산업시설의 이전이나 신설이 필수적이다.

셋째, 신도시의 주택시장의 모습은 무엇인가 하는 점이다. 주택시장은 하위의 여러 시장, 즉 소유점유시장과 임차점유시장, 민간주택시장과 공공주택시장 그리고 인근 도시의 주택시장과의 연계성 등 관련사항이 많아 매우 복잡한 양상을 띠게 된다. 가장 기본적으로 고려되어야 할 사항은 신도시주택시장에서의 민간부문과 공공부문의 역할정립의 문제다. 즉 어느 정도의 신규주택이 공공부문에 의해 공급되느냐에 따라 신도시주택시장의 민간부문의 역할이 결정될 것이다.

한편 신도시주택점유형태상의 배분도 고려되어야 한다. 신도시의 모든 가구가 소유점유할 것으로 기대할 수 없으며, 신도시의 인구구성과 산업구조의 특성에 따라 주택점유형태상의 변화가 크다. 이에 대한 논의는 주택의 사회·경제적인 이해그룹(housing interest group)의 형성에 대한 연구가 없이는 곤란하다. 우리 나라도 점차 주택계급(housing class)[26]의 형성 개연성이 높아 신도시개발이 정책적으로 소득계층간 주거지분리를 조장하고 있지 않는가를 점검할 필요가 있다 하겠다.

또한 이와 관련하여 토지수용인구에 대한 전망과 이에 따르는 기반·공공시설의 공급이 이루어지지 않은 채 무분별하게 진행되는 토지개발행위를 의미하는 난개발의 문제를 들 수 있다. 이러한 난개발은 기반시설부족으로 삶의 질을 떨어뜨리고 주거환경을 악화시킨다. 그리고 난개발의 정도가 심할수록 소수에게 막대한 이익이 돌아가는 대신 다수에게는 엄청난 사회적 불이익을 안겨 준다. 난개발의 유형을 나누면 3가지로 요약될 수 있는데, ① 기반시설을 갖춘 기존 시가지에 인접한 농지 및 산지가 기존 시설에 무임승차하여 과다하게 개발됨으로써 기반시설의 용량이 초과하며, 거대한 주거단지만 난립하는 부정적인 외부효과가 발생하는 형태, ② 수려한 자연환경과 양호한 교통접근성을 활용하여 농지 및 산지에 숙박업소, 무허가공장, 아파트 등이 점(點)적으로 난립되면서 환경과 경관을 훼손하는 형태, ③ 기성시가지 내에서 저밀도의 노후주택을 고층·고밀 아파트로 재건축해 토지이용밀도가 기반시설의 용량을 초과하여 부정적인 외부효과를 유발하는 형태 등을 꼽을 수 있다.

---

26) 주택계급(housing class)에 대한 것은 R.E. Pahl, *Whose city?* Harmondsworth: Penguin, 1975; 하성규, "한국주택점유형태의 변화와 정책과제," 「사회과학연구」, 제 1 집 (1987), 중앙대; J, Rex, "The Concept of Housing Class and the Sociology of Race Relation," *Race*, Vol. 12, No. 3, 1987을 참고바람.

Ⅲ. 종　　합

이상적인 신도시개발은 ① 신도시 자체가 자급자족을 이룰 수 있고, 경제·사회적으로 균형을 도모할 수 있도록 하며, ② 도시의 크기와 인구규모 등이 도시불경제를 유발시키지 않게 계획하며, ③ 대도시의 과밀을 해소하고, 도시로 유입되는 인구와 산업활동을 흡수하도록 하며, ④ 사회계층, 인종, 직업 등이 혼합·조화된 커뮤니티를 형성하도록 하는 것이다.

Heraud의 말을 빌리면, 신도시의 사회적 균형의 성취는 첫째, 다양한 일자리가 창출되어 신도시주민의 취업기회를 다양화해야 하며, 둘째, 중·고소득층을 포함한 모든 계층의 사람들이 거주할 수 있는 여러 종류의 주택을 공급하는 것이라야 한다.27)

수도권 5개 신도시는 서울의 주택문제의 장소적 이전과 서울시의 평면적인 공간상의 확산에 그치는 결과를 초래할지도 모른다. 「고용기회의 창출」이 없는, 단순이 주거단지화한 신도시는 심한 교통혼잡과 특정계층만을 위한 불균형적인 개발이 되고 있다. 서울의 산업시설, 기업 그리고 3, 4차산업 등이 골고루 옮겨감으로써 신도시주민의 고용기회확대 및 자족적인 도시가 될 수 있을 것이다.

주택부문은 민간기업의 활동을 증대시키는 것을 근본으로 하되 공공부문의 역할 또한 커져야 할 것이다. 신도시에 거주할 저소득층을 위한 공공임대주택의 공급은 필히 병행되어야 한다. 이를 위한 주택규모별, 고용형태별, 산업구조별, 인구구조특성별, 주택점유형태별 균형을 도모할 수 있는 주택수요 및 주택소요 추정이 먼저 이루어져야 할 것이다.

---

27) B. J. Heraud, *op. cit.*, p. 2.

제 4 부

저소득층을 위한 주택정책

제14장
생산자 보조방식과 소비자 보조방식

·

제15장
사회주택의 공급과 배분

·

제16장
임대료 통제와 규제

·

제17장
임대주택과 정부의 역할

·

제18장
협동조합주택

·

제19장
개도국의 자조주택

·

제20장
불량주택과 재개발

·

제21장
한국의 불량주택재개발

제14장 : 생산자 보조방식과 소비자 보조방식

제1절 서　　론

이 지구상 어떤 국가도 주택문제를 완벽하게 해결한 국가는 보기 드물다. 선진자본주의국가들은 주택의 재고수가 전체 가구수를 능가하는 주택공급률 100% 이상을 달성하고 있으나 주거불안을 겪는 국민은 적지 않다.

국민소득수준이 낮은 개도국의 경우는 선진국에 비해 주거수준은 더욱 열악하고 주택재고의 절대적 부족으로 심각한 주택난을 경험하고 있다. 선진자본주의 국가나 개도국 모두 정도의 차이는 있으나, 주거불안계층과 주거빈곤계층이 상존하고 있으며 이에 대한 다양한 주택정책이 전개되고 있다.

상대적으로 주택문제를 성공적으로 해결해 가고 있는 국가들은 서유럽의 사회보장제도가 발달한 나라들과 싱가포르, 홍콩과 같은 도시국가들을 꼽을 수 있다. 우리 나라는 지난 30여년간 다양한 주택정책프로그램을 실시해 오고 있으나 서민주거불안은 크게 해소되지 못하고 있으며, 날이 갈수록 주거수준의 계층간 격차는 심화되고 있는 실정이다.

국가가 주거빈곤층에 대한 주거안정정책을 크게 대별하면 '주택생산자 보조방식'과 '주택소비자 보조방식,' 혹은 '건물에 대한 보조(건설보조)'와 '사람에 대한 보조(주택수당)'로 나눌 수 있다. 물론 이 두 방식을 혼합하여 실시하는 경우도 생각해 볼 수 있다. 여기서는 저소득층의 주거안정을 위한 국가의 주택보조체계(housing subsidy system), 특히 임대료 보조에 대하여 살펴보기로 한다. 특히 향후 우리 나라의 주택정책프로그램 중 소비자 보조방식의 채택이 중요한 서민주거안정의 한 방안이 될 것으로 보아 이에 대한 발전적 방향을 모색하도록 한다.

제 2 절 생산자 보조방식과 소비자 보조방식

Ⅰ. 역사적 배경

국가의 저소득층에 대한 주택보조방식은 서유럽국가들이 먼저 채택하였다. 그들의 역사적 경험은 주택보조방식의 발전을 이해하는 데 도움이 된다. 유럽국가들이 주택보조방식을 주택정책으로 채택하기에는 산업화·도시화 과정과 밀접한 관계를 갖고 있다. 유럽은 산업혁명으로 인해 전통적 농업사회에서 도시산업사회로 변화하는 과도기적 과정을 경험하게 된다. 농촌인구의 도시이주가 심화되고 이로 인해 도시지역은 저임금노동자와 저소득층의 주거불안정, 불량주거지(slums and squatter settlements)의 형성 등 심각한 주택문제를 직면하게 된다.

영국을 비롯한 서유럽국가들의 도시슬럼의 확산은 단순한 도시주택문제의 수준을 넘어 사회문제로 인식되었고, 이에 대한 개혁적 조치들이 필요하다는 지적이 설득력있게 확산되었다. 특히 세계 제 1 차대전 직후 유럽국가들은 도시슬럼을 중심으로 한 주택난 해소와 주거환경개선문제가 주요한 국가정책으로 채택되었다.[1)]

세계 제 1 차대전 이후의 서유럽국가들은 정부가 주택난 및 주거불안정을 겪고 있는 사람들을 위해 직접적으로 주택을 공급하거나 아니면 주택생산이 확대될 수 있도록 보조하는 이른바 생산자 보조방식(producer subsidy system)을 채택하였다. 생산자 보조방식은 주택의 재고가 가구수에 절대적으로 부족한 도시지역에서 강화되기 시작하였고, 가장 적극적인 프로그램으로는 사회주택(social housing, public housing)의 공급이라 할 수 있다. 이는 정부가 직접 공공주택을 공급하여 시장임대료 이하의 저렴한 임대료로 저소득층을 입주시키는 방식을 말한다. 영국의 사회주택(council housing)제도가 가장 적극적 주택생산자 보조방식의 한 형태이다.

비록 정부가 직접 사회주택을 공급하지 않는다 해도 비영리목적으로 주택을 공급하는 기관이나 단체에게 보조하는 것도 생산자 보조방식이다. 예를 들어 서유럽국가들의 협동조합주택(housing co-operatives) 보조 및 지원을 들 수 있다.

이러한 생산자 보조방식은 세계 제 2 차대전 이후까지 지속되어 오다가

1) J. S. Fuerst(ed.), *Public Housing in Europe and America*, London: Croom Helm, 1974, pp. 13~22.

1950년대 이후부터 주택보조방식이 변화하기 시작했다. 대부분의 서유럽 국가들이 산업화와 도시화로 인한 주택문제와 세계 제 1, 2차대전을 통한 주택난을 어느 정도 해결하게 되는 시점이 1960년대이다. 주택의 양적인 충족이 이룩되는 시기와 때를 같이하여 주택보조방식의 변화가 일기 시작한다. 즉 소비자 보조방식(consumer subsidy system)에 기초한 주택정책의 변화이다.[2)]

최초의 소비자 보조방식은 이미 1900년대 초 네덜란드에서 도입되었다.[3)] 이후 1930년 스웨덴, 1940년 핀란드, 1944년 오스트리아, 1948년 프랑스 그리고 1950~1960년대 유럽의 거의 모든 국가가 소비자 보조방식을 채택하게 되었다.

Ⅱ. 두 방식의 장·단점 비교

생산자 보조방식은 정부가 직접 주택을 공급하는 사회주택뿐 아니라 비영리단체, 조합, 개인이 공급하는 임대주택의 보조방식을 포함한다. 이 보조는 교부금(capital grants), 면세(tax concessions), 무이자주택자금대출 등을 통하여 저소득층이 지불가능한 수준의 저렴한 임대주택공급확대를 목표로 한다. 즉 생산자 보조방식은 주택생산자, 공급자에게 정부가 주택보조, 지원을 취함으로써 주택생산을 증대시키고, 서민이 필요로 하는 저렴한 임대료의 임대주택공급확대를 기하는 정책프로그램인 것이다. 반면 소비자 보조방식은:

- 자신의 소득으로 일정수준 이상의 정상적 주택 임대료를 지불할 수 없는 저소득층 (가구)에게 직접적으로 일정금액의 임대료 보조금을 지급하는 것,
- 정기적인 주택수당(regular housing allowance)제도로서 민간임대주택의 임대료 혹은 공공주택임대료에 적용하는 경우(rent rebate),
- 모든 가구에게 일률적이기 보다 가구원수, 주택소요수준 등에 따라 차등 보조방식을 취하기도 함.

초기 소비자 보조방식은 최소한의 임대료도 지불하기 힘든 저소득층에 대한 현금 보조방식으로서 주택수당제(housing allowance)가[4)] 대부분을 차지하였다.

---

2) E. J. Howenstine, *Housing Vouchers: A Comparative International Analysis*, New Brunswick: Center For Urban Policy Research, Rutgers University, 1986, p. 3.

3) 1901년 네덜란드주택법 참조.

4) 주택수당(housing allowance)제란 임대료의 규제(통제)완화에 따른 임대료 상승분을 보조할 목적으로 도입되었다. 주택수당의 대상도 다양하여 미국의 경우는 자력으로 주택을 소유할 수 없는 임차가구이며, 독일, 프랑스에서는 차가 뿐만 아니라 자가소유자도 대상이 된다. 한편 영국은 공공주택은 물론 민간임대주택도 주택수당의 대상이 되고 있다. 전통적으로 주택수당의 전형으로서 '임대료보조'를 들 수 있다.

〈표 14-1〉 생산자 보조방식과 소비자 보조방식 대비

	생산자 보조	소비자 보조
장점	1) 주택공급의 촉진 2) 주택의 질적 수준 향상 3) 주거빈곤층에게 직접적 혜택 4) 가시적 효과, 정치적 효과 5) 주택부족률이 높은 지역에 유리	1) 정부의 재정지출의 절감 2) 입주자 임대료 부담 경감 3) 가구간의 형평성 유지 4) 주거선택의 자유보장 5) 주택재고이용의 효율성
단점	1) 형평성 문제 2) 정부의 재정부담가중 3) 주거선택의 제한 4) 관리상의 한계	1) 임대료상승 유도 가능성 2) 임대료보조액 및 수혜자선정상 어려움 3) 가구소득, 임대료의 확인상 어려움 4) 주택재고가 부족한 지역의 적용상 한계

이러한 주택수당제를 채택함으로써 저소득, 빈곤으로 인한 주거불안정을 해소하게 하는 것이 목적이었다.

한편 주택수당제가 유럽 여러 나라에서 채택하게 된 또 하나의 이유는 오랜 기간동안 실시된 임대료통제정책을 철회함으로써[5] 발생하는 문제를 해결하기 위한 방안이기도 하였다. 그러나 유럽의 많은 국가가 서민주거안정을 위해 어떤 형태의 보조방식을 취하는 것이 보다 효과적이고 정책목표달성에 합당한가에 대한 논의가 계속되어 왔다.

주택생산자 보조방식과 소비자 보조방식의 장단점을 비교정리하면 〈표 14-1〉과 같다. 주택생산자 보조방식은 주택의 생산공급을 촉진하고 주택의 질적수준을 향상시키며 동시에 가시적 효과(혹은 정치적 효과)면에서 소비자 보조방식보다는 우월하다. 그러나 생산자 보조방식은 소비자 보조방식에 비하여 정부재정부담이 더 큰 것으로 알려져 있다. 예를 들어 정부가 직접 공공주택을 공급하는 방식을 취할 경우 공공주택공급비용, 관리상의 어려움, 입주자의 주거

각국의 주택수당 대상

구 분		독 일	프랑스	영 국	미 국
자가주택		0	0	x	x
임대주택	민간	0	0	0	0
	공공	0	0	0	0

주: 0 은 주택수당 대상임.
x는 주택수당 대상이 아님.
공공임대는 사회주택을 포함.

5) 천재지변이나 전쟁 등으로 주택재고가 급격히 파괴 혹은 감소된 경우, 임대료가 폭등하여 저소득임차인의 주거불안정이 가중되는 경우, 그리고 자본주의사회에서 나타나는 소득의 불균형적 배분을 시정하고자 임대료통제정책을 실시한다. 임대료통제정책은 1900년대 초반부터 유럽 여러 국가에서 실시되었으나, 주택사정이 좋아진 이후 정부의 시장개입정책의 전형인 임대료통제정책을 완화 내지 철회하게 되었다.

지선택의 제한 등 문제점이 노정되기도 한다. 이러한 장단점 양면을 지닌 생산자 보조방식은 주택재고수가 가구수에 미치지 못하는 주택의 양적 부족문제를 겪고 있는 국가 혹은 지역에서 유용한 방식으로 알려져 있다.

한편 소비자 보조방식은 민간주택시장(민간임대주택)의 원활한 작동을 전제로 한다. 만일 시장에서 나타나는 독점, 과점 등 시장의 실패라는 문제점이 많은 경우는 생산자 보조방식이 효과적일 수 있다.

앞의 〈표 14-1〉에서 나타난 바와 같이 소비자 보조방식은 입주자의 임대료 부담을 경감시키고 동시에 생산자 보조방식에 비해 정부의 재정지출을 절감할 수 있는 장점이 있다. 또한 입주자의 주거선택의 폭이 넓고 기존주택재고 특히 민간임대주택의 이용효율성을 높일 수 있다.[6]

그러나 소비자 보조방식은 때로 임대료상승의 요인이 되기도 하며, 임대료 보조액의 산정과 수혜자의 선정이 용이하지 않다. 이 방식은 주택재고가 부족하고 주택난이 심화된 지역, 특히 민간임대주택의 재고가 부족한 지역에는 적용상 문제점이 있다.

보조방식에 대한 오랜 논쟁에도 불구하고, 유럽국가들은 생산자 보조방식에서 소비자 보조방식으로 이행하고 있다. 왜 소비자 보조방식을 선호하고 있는지에 대한 논의를 종합해 보면:

- 주택수당제를 통하여 최저주거기준(housing minimum standard)을 확보할 수 있으며,
- 다수 주민의 지지를 획득하는 데 용이하며,
- 일반적인 소득향상정책보다 더 효과적으로 주거빈곤을 해결할 수 있으며,
- 주택구매력이 없는 가구에게 임대료 보조지원을 함으로써 민간임대주택 및 주택산업의 육성에 기여하게 된다.[7]

소비자 보조방식은 자본주의시장경제원리를 충족하는 방식이다. 왜냐하면 저소득층 소비자의 임대료를 보조함으로 해서 구매력이 증진되기 때문이다. 임차인의 구매력 증대는 곧바로 민간임대주택업자나 임대주택소유자의 임대수익을 보장하는 것과 연결된다. 이를 통하여 민간임대주택의 공급이 확대될 수 있고 민간임대시장이 활성화된다는 점이 장점으로 알려져 있다.

---

6) 덴마크, 아일랜드, 네덜란드, 노르웨이, 영국에서는 1960년대 임대료통제의 완화정책에 이어 임대료수준을 낮추고 동시 기존주택의 이용효율성 증대를 위한 수단으로 주택수당제(housing allowance)를 채택하였다.
7) E. J. Howenstine, *op, cit.*, p. 6.

이러한 장점에도 불구하고 소비자 보조방식의 근원적인 의문이 제기되기도 한다. 빈곤층에 대한 주거수준향상, 주거안정을 위한 주택보조방식(임대료보조 등)보다는 근원적인 소득향상 혹은 소득보장정책이 우선되어야 한다는 주장이 있다. 이러한 주장의 근거는 가난한 사람들을 위한 소득증대 프로그램, 예를 들어 안정된 직업을 통한 소득보장이 가능한 기술훈련 등의 근본적인 접근이 요구된다는 것이다. 소득증대가 이루어지면 구매력이 자연 향상된다는 논리에 근거하고 있다.

Ⅲ. 국제적 경험

양 접근법이 지닌 장단점을 몇 가지 척도를 중심으로 국제적 경험을 살펴보도록 한다. Howenstine은 아홉가지 척도(criteria)를 이용하여 경험적 분석을 하였다.[8)]

유럽국가들의 경험에서는 생산자 보조방식이 직접적인 물리적 주거상태와 수준을 향상시키는 데 있어서는 소비자 보조방식보다 우월한 것으로 알려져 있다. 소비자 보조방식은 이러한 물리적 주거상태의 개선이 간접적인 효과밖에 나타나지 않는다고 한다. 그러나 소비자 보조접근은 비용면에서 두 가지 이점이

〈표 14-2〉 양 접근법의 국제적 경험 비교

	생산자 보조방식	소비자 보조방식
(1) 물리적 주거상태 개선	0	*
(2) 임대료 부담의 경감	*	0
(3) 주거지출비용의 최소화	*	0
(4) 가구간 형평성 보장	*	0
(5) 주거선택의 자유증진	*	0
(6) 주택재고 이용효율성 증진	*	0
(7) 주택보조금의 가치유지	0	*
(8) 행정절차의 간소화	0	*
(9) 정치적 실현가능성	?	?

주: 0은 영향을 크게 그리고 긍정적으로 미침
*은 영향을 크게 미치지 못하고 부정적임
?은 우월성이 확연히 나타나지 않음.

8) E. J. Howenstine, "The Consumer Housing Subsidy Approach versus Producer Housing Subsidies," *Cities*, Vol. 3, No. 2, 1986, pp. 24~40.

있다. 하나는 생산자 보조방식에 비하여 보조금 총액이 적게 소요된다는 점이다. 그리고 또 하나의 이점은 두 접근 방식의 경직성과 유연성의 차이에서 발견된다. 생산자 보조방식은 초기 엄청난 재정이 요구되고 일단 주택이 지어지면, 그것은 묶인 돈이 되어 버린다. 반면 소비자 보조방식은 보조액과 보조범위는 유연하며 이러한 유연성 때문에 가구원수에 따라 차등배분된다. 유럽 국가들의 경험으로 보면 생산자 보조방식보다는 소비자 보조방식이 개별가구에 대한 비용이 적게 든다는 점이 이 제도의 장점이다.

한편 가구간 형평성에 있어 생산자 보조체계하의 공공주택의 경우 일부 저소득층만 신축되는 공공주택의 혜택을 누릴 수 있고, 이들 입주자가 소득이 향상될 경우 "특전을 받는 계층"이 된다는 가구간 형평성 문제가 자주 제기되었다. 공공주택의 수가 수혜자의 수보다 적을 경우 공공주택의 입주자와 입주하지 못한 자 사이의 비형평성 문제가 발생한다.[9] 그리고 공공주택은 가구원수와 주거공간(주택면적)과의 괴리가 발견되고 주택의 과소비와 연결된다. 예를 들어 입주당시는 자녀들이 있어 큰 집이 필요하지만 자녀들이 출가한 이후는 더이상 큰 집이 필요하지 않다. 그러나 이 노 부부는 임대료가 싸다는 이유만으로 계속 그 주택을 점유하게 된다. 이로 인하여 성장기 자녀를 둔 가구는 가구원수에 적합한 큰 주택에 입주하지 못하는 문제점이 발생하기도 한다. 사회적 형평성면에서 소비자 보조방식이 생산자 보조방식보다 저소득가구에게 더 형평성을 유지할 수 있는 정책으로 평가받고 있다.

두 보조방식과 접근에 대한 평가는 현재 처해진 각국의 주택시장조건과 주거상태에 따라 달라질 수 있으며, 일방적으로 소비자 보조방식이 생산자 보조방식보다 우월하다고 평가하기는 어렵다. 주택의 양적 부족문제를 해결하고 불량주거지의 재개발이 요구되는 지역에서는 오히려 생산자 보조방식이 타당하다는 평가가 있다.[10]

---

9) 이미 유럽의 여러 국가에서 공공주택 입주자의 20~50% 정도가 처음 입주할 당시보다 소득수준이 높아져 소득수준 그 자체만으로는 공공주택의 거주자격이 상실한 자로 추정되고 있다.

10) International Union of Family Organizations, *Cout du Logement et integration du Loyer dans le Buddget Familial*, Brussels, 1962, p. 2.

제 3 절 소비자 보조방식의 특징과 내용

Ⅰ. 임대료 통제와 임대료 보조

주택소비자 보조방식은 크게 두 가지로 대별할 수 있다. 하나는 임대료 통제(rent control)이고 다른 하나는 임대료 보조이다. 임대료 통제는 정부가 임대료가 급등한 지역에 임차인의 주거안정을 위해 시장임대료 이하수준으로 임대료를 통제하는 것을 말한다. 이는 주로 민간임대주택이 대상이며 집주인(임대인)은 정부의 정책으로 인하여 시장임대료를 받지 못하게 되어 임차인을 보조하는 결과를 가져온다. 즉 저소득층 임차인에게는 소득재분배효과를 가져온다.

이를 보다 구체적으로 살펴보면 임대료 통제 단순모형에서 잘 나타나 있다. 〈그림 14-1〉을 보면 임대주택시장의 수요(D)와 공급(S)이 주어졌을 때 균형시장임대료는 r_e이고 임대주택수요는 N_e이다. 만일 시장임대료 r_e가 너무 높다고 정부가 판단하여 r_c수준으로 임대료를 통제 혹은 동결했다면 임차가구는 $r_e - r_c$만큼의 임대료보조금(subsidy)을 집주인으로부터 받는 셈이다. 즉 소득재분배효과를 가져온다는 이론적 설명이 가능하다.

임대료 통제로 인하여 임대수요는 N_e에서 N_b로 증대하여 공급이 N_e수준에 머물러 있을 때 초과수요는 N_eN_b가 발생될 수 있다. N_eN_b만큼의 임대주택공급이 요청되는 결과를 가져온다. 만일 임대료 통제가 계속될 때, 집주인의 임대소득이 감소하여 임대주택공급은 N_a수준으로 떨어지는 경우도 발생할 수 있다.

한편 임대료 통제를 통하여 보다 값싼 임대주택에 거주할 수 있는 가구와 공급부족으로 기존임대주택으로부터 쫓겨나거나 혜택을 받지 못하는 임차인 사

〈그림 14-1〉 임대료 통제의 효과

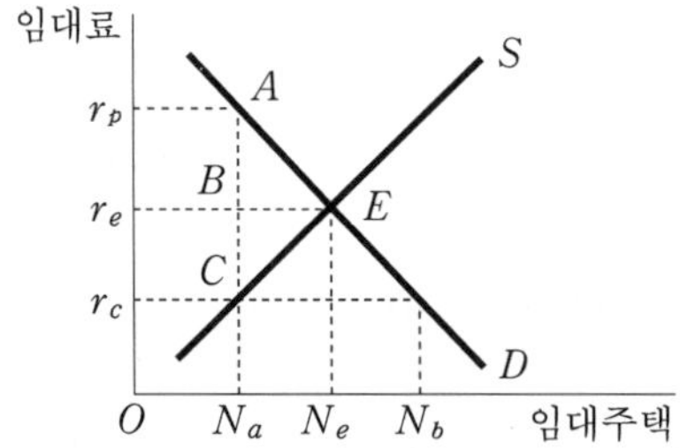

이에는 불평등이 발생할 수 있다. 그래서 임대료통제정책의 소득재분배효과는 부분적으로 실현될 수밖에 없다. 그리고 임대료 통제는 그림의 ΔABE 만큼의 소비자 잉여와 ΔBCE 만큼의 공급자잉여감소를 유발하며, 그 감소분에 해당하는 만큼의 사회전반의 후생감소도 발생할 수 있을 것이다.

임대료통제정책과 함께 또 하나의 소비자 중심의 주택보조정책은 주택수당제이다. 이는 저소득층 임차가구의 과중한 임대료부담을 덜어주기 위하여 임대료를 보조해 주는 방식이다. 이미 앞에서 소비자 보조방식의 장단점에서 지적한 바와 같이, 임대료 보조방식은 주택서비스의 소비를 촉진시키고, 주택시장의 수요를 증대시켜 공급을 자극하는 효과를 기대할 수 있다.[11)]

서민주거안정책으로서 많은 국가가 임대료통제정책보다는 임대료보조정책 혹은 주택수당제를 채택하는 경향을 발견할 수 있다. 이는 임대료통제정책에 비하여 임대료보조정책이 시장기능에 부합한다는 점이다. 임대료통제정책은 소득재분배의 효과를 가져올 수 있으나, 임대자(집주인)의 반발과 임대주택재고의 감소를 초래한다는 문제점이 나타나기도 한다.

Ⅱ. 임대료 보조: 임대료 보조액 결정방식

가난한 임차가구에게 임대료를 보조하기 위해서는 임대료의 얼마를 보조 할 것이며, 어떤 임차가구에게 먼저 보조하며, 어떤 방식으로 보조해야 할 것인가는 매우 중요한 정책과제이다. 먼저 임대료 보조(주택수당)의 개념적 표현, 즉 함수식으로 표시하면:

임대료 보조$=R-aY$

R: 적정주택의 실질임대료

Y: 가구소득

a: 소득대비 주거비비중(shelter-to-income ratio)

이러한 함수식에 근거하여 아래와 같은 그림으로 개념설명이 가능하다. 즉 소득이 높은 가구일수록 보조액은 적다는 점이다.

11) 이러한 효과를 기대하기 위해서는 자본시장의 완전성 및 신규주택공급이 탄력적이라는 가정이 충족되어야 한다. 즉 임대료 보조를 통한 주택임대수요의 증가에 대하여 신규주택의 공급이 활발하게 이루어져 임대료의 시장가격은 하락하거나 적어도 같은 경우 이 같은 논리는 그 타당성을 지닐 수 있다: 김선재·최창희·김찬규, "대전 충남지역의 주택문제와 지방정부의 역할연구－공공주택공급문제를 중심으로－,"「한국지역개발학회지」, 제5권 제1호, 1993, p.35.

〈그림 14-2〉 임대료보조액과 소득과의 관계

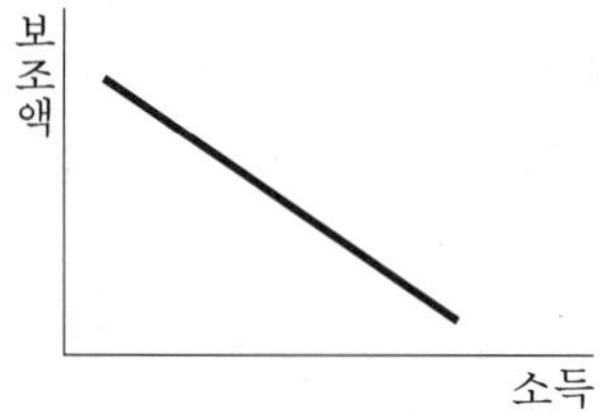

〈그림 14-3〉 보조액과 임대료와의 관계

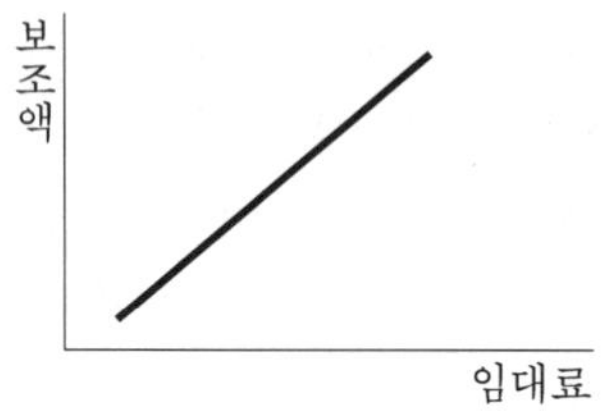

한편 보조액은 임대료가 높으면 높을수록 가구의 부담이 커지게 되며 보조금의 필요성이 높아지게 된다. 이를 임대비율공식(percent-of-rent formula)이라 불리워지는데, 이를 그림으로 나타내면 〈그림 14-3〉과 같다.

이러한 임대비율공식에 근거하여 임대료를 보조할 경우 높은 임대료를 지불하는 가구에게 더 많이 임대료를 보조하게 되어 주택의 과소비를 조장하는 결과를 가져올 수 있다. 그러면 각국은 어떤 방식으로 임대보조를 결정하고 있는지를 살펴보도록 한다.[12)]

1) 호주: 1945년 공공임대주택에 임대료할인(a rent rebate)제도를 채택하였고, 실질적인 임대료보조정책은 1978년부터 실시하였다.

임대료 보조$=bR-aY$

R: 최고한도액(ceiling)에 부합하여 지급된 임대료

Y: 가구소득

a: 소득의 증가로 지급이 감소한 임대료비율

b: 보조금으로서 지급된 임대료비율

2) 오스트리아: 1960년대 초 여러 지방정부가 주택수당제(housing allow-

12) E. J. Howenstine, *op. cit.*, pp. 71~93.

ance)를 도입하였으며, 1968년도 연방정부가 제도적으로 임대료보조제도를 채택하였다.

임대료 보조$=R-R_r$

R : 실질적인 임대료

R_r: 가구가 지불가능한 합당한 수준의 임대료

합당한 임대료는 두 가지 변수와 관련을 가지는 데 하나는 가구의 소득수준이고, 다른 하나는 가구원수이다. 이를 함수식으로 표현하면,

$R_r=f(Y, M)$

Y : 순가구소득(net family income)

M: 가구원수

3) 독일(구 서독): 1955년도에 임대료보조제를 최초로 시행하였으며, 1965년 정밀조사가 있은 후 1977년 다시 실시하였다.

임대료 보조$=G(R-R_r)$

G : 실질임대료와 적정임대료 차액의 비율

R : 실질적인 임대료(actual rent)

R_r: 적정임대료(reasonable rent)

이 적정임대료는 4가지 변수에 의해 결정되는바, 관계식은 $R_r=f(Y, M, U, Z)$이다.

Y : 가구소득

M: 가구구성원 수

U : 거주하고 있는 도시의 인구규모 (i) 10만명 이하,
(ii) 10만명~50만명, (iii) 50만명 이상으로 구분

Z : 건물연한

4) 프랑스: 1948년 최초로 주택수당제를 도입하였으며, 1977년 국가주택정책에서 중요한 변화를 가져온 포괄적인 임대료보조제를 확대·채택하였다.

임대료 보조$=K(R+C-R_r)$

R: 한도액(ceiling)으로 정해진 실제임대료

C: 주택의 쾌적성

R_r: 적정 혹은 최소한의 임대료(minimum rent), $R_r=f(Y, M)$이고, Y는 가구소득, M은 가구원수
K : 가중치

위에서 언급되지 않은 국가들, 예를 들어 캐나다, 영국, 네덜란드, 노르웨이, 스웨덴, 스위스, 미국 등에도 유사한 방식으로 임대료보조제를 채택하고 있다.

대표적인 몇 나라를 살펴본 결과 일반적인 공통성을 발견할 수 있고 동시 각국의 주택시장특성과 주거상황에 따라 독특한 주택수당제를 채택하고 있다. 이는 각국이 처한 정치, 경제, 사회, 문화적 환경을 반영하는 것이다. 앞에서 소개된 여러 나라의 주택수당모형을 기초하여 우리 나라에서 적용가능한 임대료 보조공식을 도출함으로 해서 임대료보조제의 이해를 쉽게 할 수 있으리라 본다.

일반화된 임대보조 도출공식은 아래와 같이 정리할 수 있다.

임대료 보조$=G(R-R_r)+\alpha$
여기서 G : 실질임대료와 적정임대료 사이의 차액에 대한 보조비율
R : 실질임대료
R_r: 적정임대료 $R_r=f(M, Y, L, U, T)$
α : 보정계수

이와 같은 일반화된 임대보조 계산방식을 추정하기 위하여 사용된 변수는 아래와 같이 설명된다.

① G(실임대료와 적정임대료 사이의 차액에 대한 보조비율)

각국의 예를 보면 서유럽국가들은 대부분 50%에서 100%까지 보조하고 있으며, 북미국가들은 50% 이하의 수준이다. 보조비율이 커지면 커질수록 임차가구에 대한 보조가 증대하는 결과를 가져오고, 이는 임차가구의 주거비 부담의 완화와 주거안정에 크게 기여하게 된다. 그러나 예를 들어 100% 보조의 경우, 국가는 그 만큼 재정부담이 커지며 주택서비스에 대한 과소비의 가능성이 높다. 정부재정이 충분하지 못할 경우 100%에 가까운 보조비율은 수평적 평등성을 유지하기 힘든 사회적 문제를 야기할 수도 있다. 그래서 보조비율의 결정은 해당 국가의 주택에 대한 정부투자, 즉 주거복지의 정책적 우선순위와 상관성이 높다.

② R(실임대료)

각국의 임대주택시장의 상황에 따라 달라진다. 그러나 실질시장임대료를

기초하여 국가에서 보조가능 대상주택 및 가구의 임대료상한선(ceiling)이 정해져야 한다. 실임대료는 대부분의 국가들이 평균임대료를 사용하는 경우가 보편화되고 있다. 한편 실임대료는 적정한 주택서비스를 향유할 수 있는 주택을 기준으로 해야 한다.

③ R_r(적정임대료)

적정임대료$=f(M, Y, L, U, T)$ 로서,

― M은 가구원수를 의미한다. 가구원수가 많은 경우와 적은 경우는 주택공간의 사용면적이 달리 나타나기 때문에 필히 고려되어야 할 사항이다. 여기서 단순히 가구원수만을 고려하기보다 가구원의 연령별 구성까지 파악하여 배려하는 것이 합리적이다.

― Y(가구소득)

주택보조 혹은 주택수당은 저소득, 빈곤층을 위한 사회복지적인 성격을 지니기 때문에 소득이 높은 계층이나 주거문제가 없는 가구에까지 보조할 필요는 없다. 그래서 가구소득 상한선을 설정한 후 그 범위 내에서 적정임대료를 결정하는 것이 합리적이다.

― U(거주지 도시의 인구규모)

적정임대료는 도시의 규모에 따라 차이가 있을 수 있다. 대부분 인구규모가 큰 대도시일수록 주택재고가 충분하지 못해 임대료가 높게 나타난다. 이미 독일의 경우는 적정임대료의 결정시 도시의 인구규모를 중요한 변수로 고려하고 있다.

― L(지가)

토지가격은 동일한 도시 내에서도 매우 다양하게 나타나고 지가는 임대료를 결정하는 데 있어 매우 중요한 변수가 된다. 일반적으로 지가가 높을수록 임대료가 상승하는 일반적 특성을 고려할 필요가 있다.

― T(건물연수)

건물연수가 오래될수록, 노후화된 집일수록 임대료가 하락한다. 따라서 적정임대료를 산정할 때 건물연수를 고려하는 것이 합당하다. 여기서 주의를 요하는 것은 단순히 건물연수만을 변수로 고려하기보다 해당 임대주택의 주거서비스(예, 실내화장실, 온수사용 여부 등)수준을 동시에 포함하는 것이 합당하리라고 본다.

④ α(보정계수)

주택수당의 추가요인과 차감요인을 고려해야 한다. 추가요인이란 임대료가 가구소득의 특정비율, 예를 들어 30%를 초과할 경우 그 초과분에 대해 일정 비율을 추가지급하는 수당을 생각해 볼 수 있다. 차감요인에는 실임대료가 임대료상한선을 초과할 경우 또는 방당 거주인수가 상대적으로 적은 경우 등이다. 이때 일정비율로 주택수당액을 차감하게 된다. 즉 주택서비스의 과소비를 방지하는 효과를 지닌다. 그래서 추가요인으로 인한 금액이 차감요인으로 인한 금액보다 크면, α값은 양(+)으로 작용하고, 그 반대면 음(−)으로 작용하게 된다.

Ⅲ. 각국의 주택수당지급액과 수혜대상

위에서 본 바와 같이 임대료보조액은 각국의 사정에 따라 산정방식도 다를 뿐 아니라 보조대상의 범위와 보조액에 차이가 있다. 아래 표에서 나타난 바와 같이 수혜대상의 범위는 미국이 3.1%로서 가장 적고 영국은 51.5%로 가장 많은 국가이다.

프랑스와 미국은 거주하는 주택에 대하여 일정한 기준을 정해두고, 임대료보조정책과 주거수준향상책을 연계하고 있다. 그리고 독일은 가구원수, 해당지역 그리고 주택의 건축연도 및 설비 등을 따져 보조액을 결정한다. 임대료보조정책에서 문제가 될 수 있는 것은 주택수당(임대료보조금)을 임차인에게 직접 전달할 경우 임대료보조목적으로 사용하지 않고 타 용도로 전용될 가능성을 배

〈표 14-3〉 각국의 주택수당(임대료보조) 지급액 및 수혜율 비교

구 분	독 일 (1989)	프랑스 (1988)	영 국 (임대료할인, 1990)	미 국 (Voucher, 1985)
대상가구	4인가구평균	전체가구 (HLM평균)	부부 자녀 2인	voucher-수혜자-평균
소 득	2,733마르크/월	6,577프랑/월	548파운드/월	474달러/월
임 대 료	640마르크/월	1,323프랑/월	112파운드/월	463달러/월
보 조 액	181마르크/월	863프랑/월	46.9파운드/월	310달러/월
수 혜 율	11.4%	12.7%	51.5%(1989)	3.1%
비 고	1마르크=542원	1프랑=157원	1파운드=1,212원	1달러=757원

주: 수혜율은 전국 차가가구에서 점하는 주택수당 전체수혜가구의 비율
자료: 독 일: Wirschaft und Statistik, 1990년 11월호
프랑스: LES CONDITION DE LOGGEMENT DES EN, 1988
영 국: 표준적인 가구에 대하여 제 계수를 이용하여 산정식으로 계산(1990)
미 국: Final Comprehensive Report of the Freestanding Housing Voucher Demonstration(HUD 1990)
진성수, "임대료보조정책의 국제비교," 「국토정보」, 1994. 11, p.56.

제할 수 없다. 이러한 경우 주택수당제의 본래 목적을 상실하는 결과가 된다. 임차인의 경우 주거비로 사용하지 않는 위험이 있다. 또한 집주인에게 지불된 경우에도 타용도로 사용하여 주택수당의 효과를 왜곡시킬 우려가 있다. 임대료 보조의 지불대상이 임차인, 집주인 모두에게 문제점이 없지는 않다.

보조금의 지급대상으로 미국은 집주인, 영국의 경우는 민간임대주택은 임차인(세입자), 공공주택은 집주인(지방자치단체)을 원칙으로 한다. 그리고 프랑스는 집주인이며, 독일에서는 집주인, 임차인 어느 쪽도 가능하다.

제 4 절 한국의 주택보조방식

주택을 하나의 상품으로 취급하고 있는 자본주의사회에서는 일반가구의 평균소득에 비하여 주택가격이 매우 높게 나타난다. 국민의 연평균소득에 비해 주택가격이 차지하는 비중을 나타내는 소득대비 주택가격비율(*PIR*)을 보면(1990년) 미국은 3.4배, 영국 4.4배, 일본 5.9배인데 비하여 한국은 7.5배를 보이고 있다.

이러한 높은 주택가격으로 인하여 저소득임차가구의 내집갖기란 여간 힘든 일이 아니다. 한편 높은 주택가격은 높은 임대료와 연계된다. 임대료의 상승폭이 주택매매가격의 상승폭보다 높게 나타나는 대도시의 경우는 임차가구의 주거불안을 더욱 가중시키고 있다. 우리 나라의 임차가구를 위한 생산자 보조정책과 소비자 보조정책을 살펴보기로 한다.

Ⅰ. 현 황

한국의 생산자 보조정책의 대표적인 것이 공공임대주택이다. 지난 6공화국에서 실시된 "공공영구임대주택"은 우리 나라 공공주택정책에서 처음으로 시도된 사회주택(social housing)제도이다. 총 19만호의 공공영구임대주택은 도시영세민의 주거안정에 기여하지만 주거불안에 시달리는 전체도시빈민과 주거빈곤층의 숫자에 비하면 턱없이 모자란다.

현 문민정부하에서는 공공영구임대주택제도 자체를 없애버리고 "공공주택"이라 칭하는 장기, 단기 공공주택공급으로 정책을 바꾸었다. 즉 순수한 사회주택제도는 사라지게 되었다. 한편 생산자 보조방식이라 할 수 있는 민간임대주택의 정부보조는 택지공급의 우선권, 세제혜택 및 주택금융상의 지원 등을 들 수 있으나, 전문적 민간임대주택이 거의 존재하지 않는 실정이다. 정부의 지원대상인 민간임대주택도 영구적인 임대목적의 주택이 아닌 5년 후 분양을 조건으로 하는 한시적인 민간임대주택에 국한되고 있다. 정부는 민간임대주택의 활성화를 위하여 1994년 전문적 민간임대업을 제도화하였다. 아직 초기단계에 있기 때문에 실적을 평가하기에는 이른 감이 있다.

민간임대주택 중 국민주택기금융자를 받아 건설한 민간임대주택의 임대보증금 및 임대료는 표준임대보증금 및 표준임대료(〈표 14-4〉 참조)의 각 100분의 150에 해당하는 금액을 넘을 수 없음을 규정하고 있다(임대주택건설촉진법 시행규칙 제4조 1항). 이는 민간임대주택업자가 임대료를 자의적으로 올릴 수 없도록 한 규정으로 임차가구를 보호한다는 취지를 담고 있다. 표준임대료는 시장임대료에 비해 저렴한 점을 들어 임대료 통제하에서 나타나는 소득재분배 혹은 임대료보조효과를 지니고 있다 할 수 있다. 그리고 공공영구임대주택은 표준임대료를 통해 임차가구의 임대료부담을 크게 경감시키고 있다. 서울의 경우 공공영구임대주택 입주자의 표준임대료는 시장임대료의 1/5선으로 알려져 있다.[13]

〈표 14-4〉 급지별 표준임대보증금 및 임대료(1993)

(단위: 원/m^2)

급지	기 준	표준임대보증금	표준임대료	비 고
1	서 울	108,920	1,332	임대료구성요소
2	인구 100만 이상 도시, 인구 60만 이상 도청소재지, 수도권위성도시(수원, 광명, 안양, 의정부, 고양, 성남, 과천, 부천, 안산, 구리, 하남, 미금, 의왕, 시흥, 군포)	81,690	1,245	* 감가상각비 * 수선유지비 * 화재보험료 * 대손충당금 * 국민주택기금이자
3	인구 30만 이상 도시, 도청소재지, 기타 수도권 시급도시(평택, 송탄 등)	54,460	1,158	
4	인구 10만 이상 도시, 인구 5만 이상 도시로서 대도시 주변도시, 수도권 읍급도시	40,850	1,071	
5	기 타	32,680	984	

자료: 대한주택공사, 「주택핸드북」, 1993.

13) 영구임대주택의 시장가치에 대한 실제임대료(영구임대주택임대료/영구임대주택의 시장가치)는 0.1938로 외국과 비교하여 낮은 편이다. 즉 정부의 임대료보조율이 높게 나타나고

〈표 14-5〉 영구임대주택 표준임대보증금 및 임대료(2007)

(단위: 원/m²)

급지	기 준	표준임대보증금	표준임대료
1	서울	78,654	1,568
2	부산, 대구, 인천, 광주, 대전, 수도권 위성도시	74,591	1,487
3	인구 30만 이상 도시, 도청소재지	70,694	1,409
4	기타지역	67,103	1,339

출처: 대한주택공사, 「주택도시통계편람」, 2008.

Ⅱ. 임대료 보조방식 도입가능성

지금까지 우리 나라에서 공급되어온 공공영구임대주택은 이론적으로 보면, 직접적으로는 가격효과(price effect)를 통해 수혜가구의 실질소득을 증대시키며, 동시에 시장효과(market effect)를 통해 저소득층의 하위주택시장에 영향을 미쳐 간접적으로 비입주가구의 후생수준을 높이는 것으로 설명할 수 있다. 즉 공공주택은 수혜자에게는 직접효과 그리고 비입주가구에게는 간접효과를 지니고 있다는 것이다. 그러나 우리 나라의 공공임대주택의 공급량이 미미한 수준이기 때문에 저소득층 혹은 빈민가구 중 비입주가구에게 영향을 미친다는 간접적 후생효과(간접편익)는 현실적으로 기대하기 힘든 상태이다.

공공주택공급을 통한 주택순환과정(filtering process)의 가정은 공공주택을 대량으로 건설해야 한다는 전제가 성립되고, 주택재고수가 가구수를 능가하는 주택공급이 원활한 지역에 설득력을 지닌다. 한편 현정부는 향후 공공영구임대주택을 더이상 공급하지 않을 것임을 정책의 기조를 잡고 있어 공공주택의 간접적 후생효과 및 주택순환을 통한 저소득층의 주거안정을 기대하기는 어렵다.

공공임대주택의 공급이 확대되지 못함으로 인해 소수의 저소득층에게만 수혜가 돌아가게 되어 저소득층간의 수평적인 비형평성 문제를 야기시키고 있다. 동시 공공영구임대주택에 입주하지 못한 다수의 영세민들은 주택정책에서 소외되는 사회적 문제를 지니게 된다. 아울러 정부의 민간임대주택건설에 대한 지원이 미흡하여 표준임대료의 적용을 받는 임대주택은 극소수에 지나지 않는다. 그래서 우리 나라는 공공임대주택과 민간임대주택 모두 공급량, 배분적 형평성, 정

있다. 참고로 홍콩은 0.20, 미국은 0.3705 그리고 서독은 0.7668임.
염돈민, 「영구임대주택공급의 효과분석−중계동 시범단지 사례연구−」, 국토개발연구원, 1990, p.37.

부의 지원 등 문제점을 지니고 있다.

한정된 국가재원으로 보다 많은 저소득층의 주거안정을 기대할 수 있는 대안적 주택프로그램으로 임대료보조 혹은 임대료수당제(housing allowance system)를 고려해 볼만 하다. 우리 나라에서 주택수당제가 도입되기 위해서는 아래의 몇 가지 전제조건이 해결되어야 할 것이다.

1) 민간전문임대주택(임대전문업)이 자리잡아야 한다. 전문적 민간임대주택이란 주택 그 자체가 영구임대주택으로 등록되어 집주인이 마음대로 용도전환을 하지 못하는 순수한 임대목적의 주택을 의미한다. 이러한 임대주택은 정부로부터 다양한 세제혜택 등의 배려를 받게 되지만 임대료, 임대차관계 등 법적인 구속력을 지닌다.

2) 임대자와 임차자간의 권리관계가 법적으로 명확하고 가난한 임차가구의 주거권이 확보될 수 있도록 "임대차보호법"의 개정이 요구된다. 현행 우리 나라 임대차보호법은 지켜지지 않는 사문화된 상태라 해도 과언이 아니다. 임차자의 하자가 없는 한 자동갱신권이 부여되어야 하는 등 임대차보호법은 많은 수정을 요한다.

3) 현재 임차가구의 주거실태를 정확히 파악한 자료가 부족한 실정이다. 전국의 임차가구 실태조사가 실시되어야 하고, 소득수준별, 지역별, 주택형태별 임차가구의 임대료, 주거수준 등의 자료가 먼저 확보되어야 한다. 이러한 자료는 적정임대료의 산정에 반드시 필요한 자료이며, 이러한 자료가 뒷받침되지 않으면 임대료보조기준을 정하기가 어렵다.

4) 만일 임대료 보조정책을 실시하려면 지역별(도시별), 소득수준별 임차가구의 특성을 분류하여 임대보조금의 차등화를 염두에 두어야 한다. 특히 지방자치제가 확대, 정착될 경우 지방자치단체별 주택관련제도 및 재정지원정도가 상이하기 때문에 전국적인 획일화된 기준은 별 의미를 지니지 못한다.

5) 임대료보조정책은 정부가 직접적으로 공공주택을 공급하는 것과 어떤 차이를 가져올 수 있는가를 보다 면밀히 검토할 필요가 있다. 주거빈곤층의 주거안정과 사회적 형평성의 확보는 해당 국가 및 지역의 주거사정과 경제적 수준에 따라 달라지며, 주택부문의 재정확보(주거복지재정)정도에 따라 주택프로그램이 달라진다. 향후 우리의 경제가 선진국 수준으로 진입한다고 가정할 때 임대료 보조정책은 가장 적실성을 지닌 정책으로 채택될 전망이 높다.

이미 앞에서 지적된 바와 같이 우리는 충분한 공공주택을 공급하지 못하고 있을 뿐만 아니라, 공급된 공공주택도 수평적인 형평성을 유지하지 못하고 있다.

저소득층의 주거안정을 도모하는 방법을 다양하게 생각해 볼 수 있다. 아직 본격적으로 실시해 보지 못한 임대료보조정책은 대안적 정책수단으로 분류될 수 있을 것이다.

제15장 : 사회주택의 공급과 배분

제 1 절 사회주택의 개념

주택문제의 원활한 해결을 위해 국가가 취하는 주택정책은 그 정책목표가 "누구"를 위해서 수행되어야 하느냐 하는 문제로 매우 복잡한 양상을 띠고 있다. 이유는 주택이라는 것을 하나의 상품으로 취급하느냐 아니면 사회재(혹은 집합재)로 규정하느냐에 따라 주택정책의 목표설정과 방향이 달라질 수 있기 때문이다.

현대 자본주의사회에서 가장 적극적인 복지수단의 하나는 공공임대주택 혹은 사회주택의 공급이라고 알려져 있다.[1] 이는 주택문제를 가구 스스로의 경제력에 의해 해결할 수 없는 주택소요(housing needs)집단이 존재하고, 이들의 주거안정이 사회적으로 매우 중요한 위치를 점하고 있기 때문이다.

경제행위에 수반하여 일어나는 문제를 경제문제라 한다. 경제문제가 일어나는 이유는 기본적으로 자원의 희소성에 기인한다. 자유주의경제하에서는 원칙적으로 모든 경제주체가 자유롭게 생산활동을 하며, 자유의사에 입각하여 시장에서 사고 싶은 것을 사서 쓴다. 경제주체는 시장가격의 동향을 통해서 무엇이 부족하고 무엇이 남아돌고 있는가를 알 수 있으며, 경제주체가 이 움직임에 적응함으로써 수급의 균형이 이루어진다고 보는 것이 시장경제원리다. 이 같은 경제의 장점은 가격의 자유로운 움직임에 의해 장기적으로는 자원의 합리적인 배분이 이루어진다는 데 있다. 시장경제원리하에서 주택건설업자는 이윤을 극대화할 수 있는 주택을 가능한 한 많이 공급하게 되고, 구매력이 있는 가구(家口)는 이러한 신규주택을 구입할 것이다. 한편 신규주택을 구입할 만한 경제적 능력이

1) P. Malpass and A. Murie, *Housing Policy and Practice*, London, Macmillan, 1982, pp. 13~19; M. Harloe, *The People's Home*? Oxford: Blackwell, 1995 참조.

없는 가구는 중고주택을 택하게 될 것이며, 소득이 아주 낮은 영세민은 임대주택이나, 불량주거지의 값싼 주택에 거주하게 될 것이다.

시장을 통하여 주택을 구입할 만한 능력이 있는 가구는 주택이라는 상품이 시장메커니즘으로 설명될 수 있으나, 내 집을 장만할 능력이 전혀 없는 저소득층에게는 주택시장을 통한 수요와 공급의 원리에 의한 주택구입을 기대하기 힘들 것이다. 왜냐하면 경제적 구매력이 전혀 없는 저소득계층을 위한 아주 값이 싼 정상주택을 공급할 기업가가 현실적으로 존재하지 않기 때문이다. 이들 저소득계층의 주택문제는 주택의 수요와 공급의 시장논리가 아닌 인간기본욕구로서의 주택, 즉 주택소요(housing needs)로 파악해야 할 것이다. 주택소요는 저소득층의 사회복지적 주거안정책으로 설명될 수 있다.

사회주택(social housing)은 이러한 저소득층의 주택문제를 해결하기 위한 정치적 배려로 나타난 주택공급형태이다.[2] 사회주택운동은 비단 정부뿐 아니라 비영리단체 등에서 이미 오래 전부터 시도되었는데, 영국은 1857년, 프랑스는 1867년, 독일은 1889년 노동자계층의 주택문제해결을 위한 주택협동조합운동(co-operative housing movement)을 들 수 있다.

그러나 정부의 시장개입과 사회복지적 저소득층을 위한 임대주택공급은 1800년대 후반에 일기 시작한 주택협동조합운동과 그 성격상 차이가 있기 때문에 1900년대 초반부터 선진제국에서 실시한 사회주택정책만을 다루기로 한다.

사회주택(social housing)을 영국은 council housing, 미국은 public housing, 독일은 sozialwhonung 그리고 학자에 따라서는 state housing[3]이라 부르기도 한다. 일본은 사회주택을 공영주택이라 하고, 우리 나라에서는 공공임대주택 등으로 알려져 있다.

국가마다 사회주택을 다양하게 부르고 있으나, 그 기본의미는 공공영구임대주택을 뜻한다. 예로 우리 나라에서 주택공사가 5년 임대 후 분양을 목적으로 한 공공부문의 주택은 엄격한 의미에서 사회주택이라 보기 어렵다.[4]

전통적으로 사회주택의 주체는 정부(중앙정부 혹은 지방정부)나 비영리단체로서 이들이 주택을 건설하고, 소유, 임대, 관리한다. 광의로 해석하면 정부로부터 금융지원, 조세혜택 등의 지원을 받은 주택도 공공성이 강하면 사회주택으로

2) J. S. Fuerst(ed.), *Public Housing in Europe and America*, London: Croom Helm, 1974, pp. 13~22.
3) S. Merrett, *State Housing in Britain*, London: Routledge and Kegan Paul, 1979.
4) 최근까지 주택공사 등이 5년 임대 후 분양하는 주택은 사회주택이 지닌 복지적 성격으로서의 장기임대 혹은 영구임대주택이 아니기 때문에 사회주택의 성격이 매우 약하다.

분류가 가능하다. 그러나 주택공급주체가 민간건설업자로서 정부지원을 받아 임대료를 통한 이윤추구가 목적이라면 사회주택의 범주에 포함시킬 수 없다. 사회주택은 그 근본목적이 저소득층가구에게 시장가격 이하의 임대료로 주거안정을 도모하려는 정부 혹은 공공단체의 사회복지적 주택공급의 한 형태이다.

제 2 절 사회주택의 발전배경과 현황

사회주택의 공급과 그 기능은 자본주의국가들 중에서 나라마다 차이를 보이고 있다. 사회주택의 비중이 비교적 큰 나라들은 영국, 네덜란드, 덴마크 등의 유럽국가들이고 미국 등의 북미국가는 상대적으로 비중이 크지 못한 실정이다.

사회주택의 기능을 파악하려면 사회주택의 발생배경을 이해하는 것이 매우 중요하다. 사회주택은 영국을 중심으로 유럽국가들이 19세기 초에 중산층의 박애주의적 사회활동과 노동자 스스로의 노동조합운동에 힘입어 성장하게 되었다.

사회주택의 오랜 역사를 지닌 영국의 경우를 보면, 1900년대 초부터 본격적인 국가의 주택부문 개입이 시작되었다. 1914년 영국주택재고의 약 2%가 지방정부 소유의 사회주택이었다. 영국에서 사회주택발생의 기원은 공중위생(public health)의 인식과 함께, 주거과밀과 불량주택이 질병을 만연시킨다는 데서 출발하였다.[5] 당시 도시지역주택이 불량화되고 공중위생상 심각한 문제가 제기된 것은 콜레라 등의 전염병이 런던 등의 대도시를 중심으로 확산되었던 사실에서 알 수 있다. 그리고 도시주택의 불량화는 당시의 자유방임적 도시화(laissez-faire urbanisation)로 도시로 유입되는 인구의 통제가 거의 없었던 것에 기인하기도 한다.

1914년(세계 제1차대전) 이전 열악한 주거환경에 처해 있는 빈민지역주택 문제의 관심은 당시 사회적으로 덕망이 높은 사람들(Peabody, Rothschild 그리고 Rowntree 등)이 모여 구성한 자선사회단체들이 큰 역할을 하였다. 이들의 역할이 사회의 각계각층으로부터 큰 호응을 얻게 되었고 이들 단체는 법적인 권리도 지니게 되었는데, 예를 들어 아주 열악한 노동자주택을 매입한 후 수리하여 정상주택으로 만드는 일을 국가로부터 허가를 받게 되었다. 더 나아가 이들 단체

5) S. Merrett, 전게서, pp. 3~30.

들은 노동자들을 위해 7~8층의 공동주택을 건축하기도 하였다.

이러한 민간사회단체들의 노력만으로는 도시지역의 열악한 노동자계층의 주택문제와 위생문제해결이 한계가 있어 정부는 법적, 제도적인 뒷받침이 따라야 한다는 점을 인식하였다. 그래서 1890년 토지를 강제수용하여 부적격 주택을 철거하고 새로운 정상주택을 건립하도록 하는 법(the Housing of the Working Classes Act)이 제정되었다.

물론 노동자들을 위한 주택법(1890)이 제정되기 이전에도 이와 유사한 목적을 지닌 법, 예를 들어 Lodging Houses Act(1851), Labouring Classes Dwelling Houses Act(1866), Artisan's and Labourer's Dwelling Improvement Act(1875) 등이 있었다.[6]

1890년도에 제정된 노동자를 위한 주택법이 발효되면서 정부의 역할이 증대되기 시작하였다. 정부가 직접 주택을 건립하여 노동자들에게 공급하는 것이 최선이란 판단 아래 1888년 런던에서 지방의회(London County Council)는 최초로 사회주택을 지방정부가 공급하게 하는 결정을 내렸다. 이 의회소속 주택위원회의 역할은 주로 대도시의 도심부에 산재해 있는 불량주택을 철거하고, 그 자리에 사회주택을 고밀도로 건립하는 사업에 중점을 두었는데, 이러한 사회주택이 전체주택재고에서 차지하는 비중이 크지 못하였다. 부분적으로 지방정부에서 사회주택을 공급해 왔으나 민간임대주택에 거주하는 세입자들이 높은 임대료에 불만을 품고 1915년 겨울에는 글라스고(Glasgow)를 중심으로 대규모의 세입자 '집세지불 거부운동(rent strike)'이 발생하는 사태에 이르렀다.[7] 사태가 워낙 심각하게 되어 시위진압을 위하여 군대가 투입되었고, 정부는 저소득임대주택의 임대료를 동결하도록 하는 조치를 취하기도 하였다. 이러한 세입자의 임대료 지불거부운동에 영향을 받아 영국정부는 보다 더 많은 사회주택을 공급하는 계기가 되었다. 1917년 자유당, 보수당, 노동당 연합정부는 헌터 위원회(the Hunter Commission)의 보고에 근거하여 지방정부주도의 노동자를 위한 사회주택공급 확대방안이 제시되었고, 또한 주택법(the 1919 Housing Act)이 제정되기도 하였다.

영국의 경우 세계 제1차대전 이전에는 사회주택의 공급이 총 10,000호에 지나지 않은 미미한 실적이었으나, 1919년 에디슨법(Addison Act)이 제정된 이

6) 이러한 노동자를 위한 주택법의 내용과 해설은 S. Merrett의 전게서를 참고바람.
7) 1915년 글라스고(Glasgow)에는 약 10,000명의 노동자와 세입자들이 높은 임대료를 요구하는 집주인(landlords)에 항의하는 데모가 대규모로 일어났고, 정부의 소극적인 세입자 보호대책에 대하여도 강력한 비난과 비판이 나왔다.

후부터 큰 변화를 가져오게 되었다.[8] 이 법은 주거환경이 열악한 노동자들의 주거안정과 전쟁에 참여한 군인들의 생활안정을 위한 것으로 사회주택이 공급되었다.

노르웨이(Norway), 스웨덴, 독일 등의 국가에서는 저소득층을 위한 민간부문의 자발적 주택운동(voluntary housing movement)에 영향을 받아 정부가 주택금융을 보조·지원하는 데서부터 사회주택이 성장하게 되었다. 노르웨이의 경우 세계 제 1 차대전 이전에는 정부는 금융기관을 통해 장기저리융자를 확대하여 서민들의 자가주택증대책을 시도하기도 하였다. 이들 유럽국가들은 다른 국가들에 비하여 주택협동조합조직이 강화되어 조합주택이 큰 비중을 차지하였다. 이는 정부가 주민 스스로 조직한 자조적 주택조합에게 조세, 금융 등의 지원을 강화한 데서 찾을 수 있으며, 사회주택은 주택협동조합(housing co-operative)과 깊은 연관을 지니고 있다.

각국의 사회주택의 기능을 이해하기 위하여 사회주택의 공급주체와 그 운영을 파악하는 것이 필요하다. 서구의 주요국가들의 사회주택공급 주체를 정리요약하면 아래와 같다.[9]

Ⅰ. 영 국

영국의 사회주택공급 주체는 약 400여개의 지방자치단체의회(council)가 맡고 있다. 지방정부가 사회주택의 공급, 배분, 관리 등의 책임을 맡고 있을 뿐 아니라 민간주택에 관련된 주택행정도 수행하고 있다. 사회주택재정은 중앙정부의 보조금과 민간금융기관으로부터의 융자금을 주축으로 한다. 많은 지방정부가 사회주택으로부터 세입자임대료징수를 통한 이윤획득은 허용되지 않으며, 오직 서민의 주거안정에만 그 목적이 주어진다. 그리고 1970년 중반 이후부터 중앙정부의 사회주택에 대한 통제력이 점차 강화되고 상당수의 지방정부소유 사회주택이 세입자에게 불하되고 있다. 한편 1980년대부터 약 2,500여개의 비영리주택협회(housing association)들의 역할이 증대되고 있다. 중앙정부가 각 지방정부에게 사회주택공급에 필요한 재정적 지원을 삭감하는 대신 비영리민간주택단체의 주택공급을 지원하는 방식을 채택하는 전통적 사회주택정책에 큰 변화가 일어나고 있다.

8) Paul Spicker, *Social Housing and the Social Services*, London: Longman, 1989, p.11.
9) M. Ball, M. Harloe and M. Martens, *Housing and Social Change in Europe and the U.S.A.*, London: Routledge, 1988, pp.44~47; M. Harloe, *op. cit.*, Ch.5~6.

Ⅱ. 미 국

1937년 주택법에 근거하여 저소득층을 위한 공공주택이 공급되기 시작하였다. 공공주택의 주체는 2,800여개의 공공주택당국(public housing authorities: PHAs)이다. PHA는 지방정부에 의해 법적인 권한이 부여된 독립적 기관이지만 가끔 지방정치의 영향을 받기도 한다. 연방정부로부터 보조를 받기도 하지만 대부분의 재정을 세입자의 임대료로 충당하고 있다.

도시마다 차이는 있긴하나 미국 공공주택의 문제점은 공공주택의 슬럼화이다. 이를 예방하기 위하여 공공주택의 분산화방식을 도모하였다. 예를 들어 민간개발업자가 건설한 주택을 구입하여 공공주택화하는 방식, 기존주택을 매입하여 공공주택으로 하는 방식 그리고 민간주택을 임대하여 공공주택화한 후 연방정부가 임대료차액을 보조하는 방식(이후 임대료보조제도로 변경)이 도입되었다.

1973년 공공주택은 공급이 급격히 줄어들고 대신 임대료보조를 중심으로한 정책으로의 변화를 가져왔다. 그리고 1987년 이후에는 공공주택의 신축이 거의 중단되고, 기존의 공공주택도 임차인에게 불하하는 정책을 펴고 있다.

Ⅲ. 네덜란드

역사적으로 사회주택은 도시정부(municipalities)와 주택공사(housing corporations)가 맡고 있다. 1960년대 이후 주택공사가 사회주택의 주된 공급·관리주체가 되고 있으며, 최근에는 임대용의 사회주택뿐 아니라 자가를 원하는 가구를 위해 분양용 주택도 공급하고 있다. 분양용 주택을 통해 이윤의 창출을 가져와 이 이윤은 자체의 주택사업에 재투자하기도 한다. 주택공사는 정부의 감독하에 있고 지방정부 주택관련 제규정에 의해 사업영역이 정해진다. 이 단체는 정치적으로 각 정당의 영향을 받기도 하지만 가장 큰 영향력은 노동조합으로부터 받고 있다. 주택공사의 재정은 세입자임대료, 중앙정부 및 지방정부의 보조금과 융자금으로 충당한다. 전국적으로 약 900여개의 주택공사가 있으며 이들의 최근 관심은 정부로부터의 감독과 영향권에서 벗어나 독자적 운영체계를 유지하려는 움직임이 활발하다.

Ⅳ. 프 랑 스

사회주택은 지방정부의 조정하에 있지 않고 HLM(Habitations à Loyer Modéré)에 의하여 공급된다. HLM주택은 1850년대에 저소득층에게 저렴한 주택을 공급할 목적으로 시작한 복지적 주택건설운동(HBM)을 발전시킨 것이다. 때에 따라서는 HLM은 정부보조 하의 분양주택도 공급하기도 한다. HLM은 두 개의 형태가 있는데, 하나는 Offices Publics d'HLM(OP)로서 지방정부의 협조하에 사회주택을 공급하고, 다른 하나는 Sociétiés Anonymes d'HLM(SA)로서 민간기금으로 설립된 것으로서 주택협동조합과 같은 역할을 수행한다. OP는 영리목적이 아니고 오직 임대용 사회주택만을 공급하고, SA는 제한적으로 이윤획득이 가능한 분양주택도 공급한다. HLM은 민간주택의 재개발사업도 맡고 있으며, 국가를 상대로 융자금, 보조금 등의 지원요청시에는 중앙정부로부터의 감독을 받기도 한다. 전국에 1,200여개 HLM이 있으며 중앙정부로부터 감독과 조정이 강화될 경우는 강한 반발과 독자적 운영체계를 주장하기도 한다.

Ⅴ. 독 일

독일의 경우는 매우 복잡한 사회주택체계를 지니고 있다. 사회주택은 비영리조직체(non-profit organisations), 개인(private) 그리고 회사(companies)에 의해 공급된다. 이들 사회주택공급 주체는 정부가 정한 임대료 책정기준, 입주자 선정, 건축기준 등의 법률에 따라야 하고, 비영리조직체는 다양한 기관에 의해 관리되고 있는데, 예를 들면 지방정부, 사회단체, 교회, 중앙정부, 민간회사 등 매우 다양하고 복잡하다. 사회주택을 공급하는 단체는 다양한 형태가 있는데 ① 주택협회(housing societies), ② 주택협동조합, 그리고 ③ 정부출자개발기구 등이다.

사회주택을 공급하는 단체들은 대부분 관료조직화되어 있고 중앙집중적 조직체계를 이루는 것이 특징이다. 이를 사회주택공급단체들 중 일부는 사회주택공급 이외에 도시재개발사업, 영리목적의 분양주택건설 그리고 기타 개발사업도 부분적으로 허용되고 있다. 독일에서 가장 큰 사회주택조직체는 Heue Heimat로서 노동조합에 소속되어 있다. 이들 사회주택단체의 재정은 중앙정부, 지방정부로부터의 지원을 받고 있으며, 상당부분의 사업자금은 민간으로부터 융자받고 있다.

〈표 15-1〉 전체주택재고 중 사회주택의 비중(1990)

(단위: %)

점유형태 \ 국명	영 국	네덜란드	덴마크	독 일	미 국	프랑스
사회주택(공공임대)	27	43	21	25	3	17
민간임대주택	7	13	21	38	33	30
자가소유주택	66	44	58	37	64	53

자료: M. Ball, M. Harloe and M. Martens, *Housing and Social Change in Europe and the U.S.A.*, London, Routledge, 1988, p.48(Table 2.2); HUD, *American Housing Survey for the U.S. in 1989*; *Housing and Construction Statistics*, 1988. 12.; Anne Power, *Hovels to High Rise : State Housing in Europe since 1850*, 1993, p. 10(Table 1.1); Graham Hattett, *The New Housing Shortage: Housing Affordability in Europe and the U.S.A.*, Routlege, 1993, p. 2 (Table 1.1).

사회주택이 전체주택재고에서 차지하는 비중을 보면(〈표 15-1〉) 네덜란드가 43%로 가장 많은 비중을 차지하고 있으며, 미국은 3%수준으로서 이들 국가 중 가장 낮은 비중을 유지하고 있다.

제 3 절 사회주택정책의 이론적 접근

사회주택에 대한 접근은 시대와 국가에 따라 달리 나타난다. 여기서는 영국과 미국을 중심으로 현대공공주택정책에 대한 이론적 접근을 개략적으로 살펴보고자 한다.

사회주택을 포함한 공공주택에 대한 각기 다른 견해는 대체로 5가지 형태인, 즉 다원주의(pluralism)적 접근, 신자유주의(the new right)적 접근, 엘리트이론(elite theory)적 접근, 신마르크스주의(neo-marxism)적 접근 그리고 사회민주주의(social democratic)적 접근으로 구분하여 설명된다.

1. 다원주의적 접근

현대사회는 구조나 가치체계가 다양하게 구성되어 있기 때문에 모든 사람의 이익과 지혜를 반영할 수 있도록 광범위한 참여를 통해서 계획이 수립되어야 한다고 보는 것이 이른바 다원주의(pluralism)적 입장이 있다.

다원주의자(pluralist)들은 사회주택은 선거라는 제도를 통한 이해그룹의 의사표출에 반응하는 국가정책의 하나라고 보고 있다.[10] 세계 제1차대전 당시의 영국과 1930년대 대공항시의 미국의 경우 사회주택은 선거를 통해 중요한 정치

10) G. Kirk, *Urban Planning in Capitalist Society*, London: Croom Helm, 1980, pp.50~60.

적 쟁점화가 이루어지면서 사회주택의 성장을 가져왔다.

특히 1945년과 1951년 영국 노동당의 경우 사회주택을 가장 중요한 정치적 쟁점으로 삼았고, 상대정당(보수당)의 빈약한 공공주택정책을 비난하면서 정책대결이 격화되었다. 미국은 사회주택정책의 지지는 대도시지역에서 먼저 얻게 되었고, 1950~1960년대 그 성장의 속도가 빨랐다.

영국과 미국은 사회주택에 대한 정부의 역할과 개입방식이 달리 나타나고 있다. 미국은 개별가구의 주택소요는 근본적으로 가구 스스로가 해결해야 한다는 점을 강조하고, 오직 저소득층 노령가구의 경우만 정부로부터 지원을 받게 하는 정책을 폈다. 그러나 영국은 사회주택의 수혜대상이 저소득층에만 국한하지 않고 일정조건에 맞으면 누구나 입주가 가능하다. 이와 같이 미국의 사회주택 수혜대상의 폭이 영국에 비하여 넓지 못한 것을 알 수 있다. 그리고 미국은 공공주택공급이 영국처럼 제정당간의 중요한 정책대결에 있어 우선순위를 점하지 못했다 그러나 영국은 노동당의 강력한 지지를 받아 사회주택공급이 확대되고, 지방정부의 가장 중요한 역할 중의 하나가 열악한 주거환경을 개선하는 사회주택의 공급과 관리라는 점을 강조해 왔다.

다원주의자(pluralists)들은 사회주택의 성장배경이란 저소득 노동자계층 주민들의 저렴한 임대주택의 요구에서부터 출발한다고 주장한다. 또한 저소득층이 요구하는 저렴한 임대주택을 민간부문이 수용하지 못하기 때문에 정부가 상당부분 임대주택의 공급주체로서의 역할을 맡게 된다는 것이다.

영국은 초기에 저소득층이 집단적으로 거주하는 '슬럼'지역의 재개발을 통해 주거환경개선에 치중하였으나 보다 적극적인 주택공급이 요청되어 결국 사회주택의 제도적 장치를 강화하게 되었다.

지금까지 실시된 사회주택정책은 여러 가지 문제점을 안고 있다. 예를 들어 수혜대상자의 불충분한 의견수렴과 그들의 영향력이 미흡하고 그리고 미래의 주택소요의 예측이 불명확하다는 점을 들고 있다. 한편 '슬럼'지역의 주거환경개선 프로그램이 결과적으로 중산층주택의 교외화 확산을 가져오기도 했다. 미국의 경우는 사회주택정책이 성공적으로 평가되지 못한 이유는 정치적으로 사회주택공급이 주요 의제로 채택되지 못하고 있기 때문이라고 다원주의자들은 지적하고 있다.

영국은 지방정부가 공급하는 사회주택(council housing)의 수가 점차 줄어들고 있으며, 기존의 사회주택도 지역에 따라 불하를 가속화시키고 있는 실정이다. 이러한 사회주택정책의 변화는 저소득층의 열악한 주거환경이 어느 정도 해결되었다고 판단하는 데서 출발한다. 미국도 이와 비슷한 상황임을 들어 공공주택공급의 확대보다 주택의 사유화정책을 적극적으로 추진하고 있음을 알 수 있다. 결국 사회주택의 공급확대정책을 펴온 영국과 부분적 공공주택정책의 미국 모두다 1980년대부터 '주택의 사유화' 촉진정책으로 끌고 가고 있다.

다원주의자들은 영·미 양국가가 1950년대와 같은 사회주택의 공급확대는 기대할 수 없을 것으로 전망한다. 즉 자본주의사회는 주택사유화가 근본목적이며 사회주택은 일부시장경제원리에 소외된 계층에게만 국한되는 제한적 복지주택으로 평가하고 있다. 그러나 다원주의자들은 사회주택의 중요성을 결코 과소평가하지 않으며, 사회주택정책의 우선순위결정은 제정당간의 정책대결국면 하에서 유권자들로부터 얼마나 많이 사회주택부문의 지지를 얻고 있느냐에 따라 달라질 것으로 전망하고 있다.[11)]

2. 신자유주의적 접근

1960년대 중반부터 다원주의는 신자유주의자들로부터 비난을 받기 시작했다. 신자유주의(new right)는 반집산주의(anti-collectivist)로부터 형성된 것으로 자본주의사회에서 보수적 위치를 점하고 있다. 신자유주의는 자본주의사회의 시장기능과 그 과정을 근본적으로 강조하며, 정부의 시장개입을 반대하는 입장이다.

신자유주의는 1980년대 미국의 '레이건'대통령, 영국의 '대처'수상의 경제정책에서 잘 나타나고 있다. 신자유주의자들의 견해는 선거를 통한 정부정책의 영향력은 매우 제한적이라 보고 있으며, 특정의 집단이 정책에 영향을 미칠 수는 있어도 정책오도의 위험을 내포하고 있다고 생각한다.

사회주택에 관한한 신자유주의자들은 정부의 시장개입과 사회주택의 공급확대에 대하여 우려를 나타내고 있다. 그들은 사회주택이 영·미 국가에서 저소득층에게 공급되어 왔으나, 그 공급배경과 성장의 원인을 다음의 몇 가지에서 찾고 있다.

첫째, 공공주택은 공급에 따른 관련 공무원의 업무확대, 승진 그리고 공공주택행정기능의 강화가 큰 작용을 하였다.

둘째, 공공주택이 몇몇 정당에게는 매우 중요한 정책 이슈가 되어 저소득층

---

11) pluralist 접근의 이해는; N.W. Polsby, *Community Power and Political Theory*, New Haven: Yale University Press, 1963; Robert Presthus, *The Pluralist Framework*, in Henry S, Kariel(ed.), *Frontiers of Democratic Theory*, New York: Random House, 1970, pp.289~291; P. Dunleavy, *Protest and Quiescence in Urban Politics*: a Critque of some Pluralist and Structuralist Myths, *International Journal of Urban and Regional Research*, Vol.1, No.2, 1977, pp.335~345; P. Dunleavy and B. O'Leary, *Theories of the State*, London: Macmillan, 1987, pp.13~17 참조.

및 노동자계층의 유권자들로부터 정치적 지지를 획득하는 기회가 부여되었다는 점이다.

영국의 경우 노동당의 주요정책으로 사회주택공급확대와 임대료 통제정책(rent control policy)이 채택되었고, 미국은 1940년대와 1950년대 민주당의 대도시정책의 일환으로 공공임대주택의 중요성이 인식되었다.

자본주의사회에서 정부의 시장개입은 가능한 피하는 것이 좋고, 민간부문의 육성이 그 근본질서라 인정하면서도 부분적인 정부의 주택시장개입은 피할 수 없는 상황임을 신자유주의자들도 인식하고 있다. 그러나 정부의 시장개입, 즉 공공임대주택의 공급이 주택시장메커니즘 속에서 진정한 소비자의 대변자 혹은 대리역할자로서의 정부역할에 의문을 제기하고 있다.

신자유주의자들은 정부나 공공단체의 주택공급과 관리가 민간부문의 시장경제원리에 근거한 주택공급보다 비효율적이라는 점을 강조한다. 사회주택 등 공공부문주택의 공급확대는 필연적으로 관료주의적 관리체계를 견지하게 되고, 이러한 체계 속에서 민간부문이 시도하는 가격의 저렴화와 공급의 효율성을 달성하는데 한계가 있다는 지적이다. 그리고 주택공급과정에서 민간기업이 시도하는 기업경영적 기술과 관리체계가 행정관료조직 하의 관리체계보다 훨씬 우월하다고 판단하고 있다.

이러한 정부주도형 공공주택공급체계의 경제적 비효율성 문제는 1960년대부터 그리고 공공주택의 관리상의 문제는 1970년대에 와서 본격적으로 논의되기 시작하였다. 결국 정부의 주택시장개입과 저소득층을 위한 공공임대주택공급은 소비자 개개인의 의사결정과 민간주택시장을 왜곡시키고 있다는 것이 신자유주의자들의 주장이다.[12)]

1980년대에 와서 신보수주의자들은 민간기업의 역할을 강화하는 주택시장원리에 따른 주택공급과 배분이 저소득층을 위한 사회주택의 공급의 확대보다 더욱 중요하다고 생각한다. 이러한 신자유주의적 영향으로 영국은 기존의 사회주택을 대량으로 불하하는 사회주택정책의 일대 변혁기에 접어 들었다고 판단된다.[13)]

---

12) P. Dunleavy, *The Politics of Mass Housing in Britain*, 1945~1975, Oxford: Clarendon Press, 1981 참조.

13) A. Murie, "Not so Much a Housing Policy," in P. M. Jackson(ed.), *Government Policy Initiatives 1970~1980*, London: Royal Institute of Public Administration, 1981 참조.

3. 엘리트(elite)이론적 접근

계획수립의 엘리트주의(elitism)적 사고는 일반대중의 여망과 욕구를 반영해서 작성하기보다는 소수 능력 있는 엘리트의 지혜와 가치판단에 의해서 이루어져야 한다는 점이다.

엘리트이론 및 관리주의자(managerialist)의 견해는 사회주택정책이란 사회현상의 합리성을 추구하는 엘리트집단의 압력의 결과로 본다. 즉 엘리트이론적 관점에서 주택정책이란 일반대중은 주택정책에 무관심하거나 잘 모른다고 전제하고 주택정책에 관하여는 엘리트가 대중의 의견을 형성하게 하는 것이지 대중이 엘리트의 의견을 형성시키는 것은 아니라고 본다.[14)]

초기 영국의 재개발사업과 공공주택의 공급확대는 결국 몇몇 엘리트 집단에 따라 성공적일 수 있었다는 점을 강조하고 있다. 한편 미국의 경우도 도심지 빈민촌 재개발사업과 공공주택공급이 가능할 수 있다는 논리를 엘리트이론가들은 들고 있다.

신자유주의들이 보는 것처럼 자본주의사회, 특히 영국과 미국에서 사회주택이 점차 감소할 것으로 엘리트이론가들은 전망하고 있다. 이렇게 전망하는 이유는 지금까지의 사회주택정책이 성공하지 못했다는 데 그 원인을 찾고 있다. 한편 시장메커니즘하에서 사회주택공급은 근원적으로 문제점을 야기할 수밖에 없다고 본다.

첫째, 개인이 소유한 토지의 투기현상으로 인해 공공주택의 가격을 상승시키고 있다는 점이다. 정부가 국유지 혹은 공유지를 많이 확보하지 않은 상태에서 공공주택의 공급은 필연적으로 토지수용 내지 민유지의 매입이 있어야 한다. 그리고 사회주택의 건설을 담당하는 회사(시공업자)와 건축산업의 기업적 이윤추구를 위한 그들의 영향력을 자본주의사회에서는 근본적으로 배제하기 힘든 일이다. 자본주의사회의 사회주택은 토지의 소유자, 건축을 담당하는 회사 그리고 건축자재산업의 영향을 받게 된다는 점이다.

둘째, 영국과 미국의 경우 사회주택의 공급으로 인해 사회주택입주자들에게 지나친 정부보조와 혜택이 주어지고 있다는 점이다. 개별가구가 스스로 자신의 주택문제를 해결할 수 있도록 하는 사회적 분위기나 기회를 제공하지 못하고 정

14) 엘리트이론의 소개는 Thomas R. Dye, *Understanding Public Policy*, 3rd ed., Englewood Cliffs: Prentice-Hall, 1978, pp. 20~25; P. Dunleavy and B. O'Leary, *op. cit.*, pp. 136~203 참조.

부에만 의존하는 사회적 병폐를 조장한다는 것이다.

셋째, 사회주택의 강화는 한정된 정부재원 내에서 집을 가진자(중산층 등)의 복지혜택이 줄어들 수밖에 없고, 이는 중산층 이상의 주민이 강요된 희생의 결과라고 판단하고 있다. 사회복지적 저소득층을 위한 사회주택공급은 나름대로 정당성이 부여된다 해도 지나친 사회주택공급확대는 사회적 형평성과 계층간 갈등을 유발할 수 있는 요인이 된다고 보고 있다.

엘리트이론적 관점에서 보면 주택소요계층에게 많은 주택보조금과 혜택을 주기 위한 정부의 개입이 엘리트그룹(예를 들어 대기업, 개발업자 등)의 이윤추구와 결합되지 않고는 사회적 갈등의 유발과 공공주택정책의 성공을 기대할 수 없다.[15] 엘리트그룹의 가치와 이해가 어떻게 사회주택정책에 반영되고 있느냐가 중요한 논점으로 등장하고 있다. 그러나 이익집단을 비롯한 대표적 엘리트들의 의견과 영향력이 사회주택의 공익성에 얼마나 반영되고 또 배분적 형평성을 유지할 수 있느냐 하는 점이 과제로 남는다.

4. 신마르크스주의적 접근[16]

신마르크스주의자(neo-marxist)들은 자본주의사회에서의 사회주택공급을 위한 국가의 개입은 시장기능을 위협하는 행위로 판단하고 있으나, 왜 공공주택정책이 증대될 수밖에 없는 가를 몇 가지 이유를 들어 설명하고 있다.

첫째, 1970년대 영국의 사회주택과 1940~1950년대의 미국의 공공주택은 노동조합을 결성한 노동자 등의 생활비를 경감시켰으며, 이는 노동자들의 임금인상투쟁을 완화시키는 역할을 했다고 본다.

둘째, 전후 영국의 대량의 사회주택공급은 결과적으로 대규모 건설회사 및 건설산업의 성장에 기여했다고 생각한다. 한편 사회주택은 자본주의의 주택공업화와 소유점유를 원하는 주민을 위해 저렴한 분양주택을 공급하는 데 간접적인 영향을 끼쳤다고 본다.

셋째, 사회주택프로그램은 산업자본의 한 부분을 차지하는 건설업 및 건설

15) E. J. Meehan, "The Rise and Fall of Public Housing in the United States: a Case Study of Programmed Failure in Policy Making," in Blowers, A.(ed.), *Urban Change and Conflict: An Interdisciplinary Reader*, London: Harper and Row, The Open University press, 1981.

16) 신마르크스주의자의 공공주택정책에 대한 참고문헌으로는; S. Merrett, *State Housing in Britain*, London: Routledge and Kegan Paul, 1980; B. Headey, *Housing Policy and the Developed Economy*, London: Croom Helm, 1977; C. Pickvance, "Marxist Approaches to the Study of Urban Politics: Divergences among some resent French Studies," *International Journal of Urban and Regional Research*, Vol. 1, No. 2, 1977.

자재산업의 이윤추구에 기여했다.

넷째, 사회주택공급은 '슬럼'지역의 저소득주민을 정상주택으로의 이동을 유발시키게 한다. 이는 자본주의사회에서 사회주택입주자로 하여금 기업의 이윤창출이 가능한 각종 소비제품의 소비를 증대시키는 결과를 가져온다. 예를 들어 정부가 제공한 사회주택으로 입주하게 되면, 세탁기, 자동차 그리고 다양한 전자제품의 수요를 증대시켜 자본주의 기업번창의 효과를 가져오게 하였다.

이러한 긍정적인 효과에도 불구하고 영국과 미국의 사회주택프로그램은 몇 가지 문제점을 내포하고 있다고 신마르크스주의자들은 지적하고 있다. 하나의 심각한 문제점으로는 노동자계층과 중산층의 사회적 갈등을 든다. 예를 들어 중산층이 필요로 하는 도시토지가 사회주택 등의 공공주택프로그램으로 잠식당하고 중산층의 경제적 이익이 침해당하는 결과를 가져온다고 보고 있다.

그래서 중산층은 저소득층을 위한 사회주택프로그램은 저소득층이 살고 있는 불량촌을 재개발하여 그 곳에 밀도높은 고층아파트를 건설하도록 압력을 가하고, 한편으로는 저소득층의 대도시 교외화 확산을 반대하여 왔다. 특히 미국의 대도시지역 흑인들을 위한 사회주택의 교외지역건축을 반대하는 중산층의 주장이 그 대표적인 예라 할 수 있다.

신마르크스주의자들은 자본주의사회에서 사회주택공급을 통하여 국가가 저소득 노동자계층의 사회적 통제가 가능해졌다고 판단한다. 사회주택을 통한 저소득층의 소득, 인구이동, 가정생활주기 등의 정보를 쉽게 구득하는 것이 가능하고 그들의 대정부 활동 등에 있어 정부의 통제가 쉽게 이루어질 수 있다고 한다.

신마르크스주의자들은 최근 들어 영국과 미국에서 사회주택이 증대하지 않고 오히려 감소하고 있는 이유를 다음과 같이 설명하고 있다. 가장 중요한 원인은 저소득층의 주택문제를 가능한 국가의 시장개입없이 순수한 시장메커니즘에 따라 해결하고자 하는 저소득주택정책의 변화와 관련이 깊다고 판단한다. 한편 복지재정이 민간부문의 위축이나 시장질서를 혼란하게 하는 부분은 가능한 축소하자는 것에서도 찾아볼 수 있다고 한다

결국 자본주의사회에서의 사회주택정책은 자본주의경제를 강화할 수 있는 수단으로 나아가고, 진정한 노동자계층의 주거안정목적에 크게 기여하지 못하고 있다는 견해가 신마르크스주의자들의 공통된 점이다.

5. 사회민주주의적 접근

주택에 대한 사회복지적 관점에서 접근하는 대표적인 것으로 사회민주주의

적 모형을 들 수 있다.[17] 이 접근의 특징은 시장지향적 주택문제해결모색인 신자유주의적 접근이나 시장모델(market model)의 모순과 한계를 극복하기 위한 대안적 접근방식이라 할 수 있다.

사회민주주의적 접근 옹호자들은 '시장메커니즘이 주택문제를 해결할 수 있고 복지를 적절히 전달하는 효율적인 방식'이라는 주장에 대하여 정면으로 비판하는 입장을 견지하고 있다. 시장중심적 주택문제해결방식의 결함은 시장이 지닌 본질적인 불평등으로 인하여 시민의 권리를 제대로 행사할 수 없을 뿐 아니라 인간다운 주생활을 보장할 수 없다고 전제하고, 시장에 대한 국가개입은 필수불가결하다는 주장을 한다.

사회민주주의적 접근은 '시민권과 평등전략'을 내세우고 있다. 시민으로서 그리고 사회구성원으로서 행사하기 위해서는 '공동체 성원의 조건'이 충족되어야 한다. 예를 들어 Marshall은 완전한 사회성원이 되기 위해서는 '시민권'의 보장이 중요하고, 이러한 주장의 근거는 첫째, 시장(市場)은 모든 계층이 원하는 주택을 적절히 공급하지 못하기 때문에 국가가 시장에 개입하게 되며, 특히 공공기관이 임대주택 혹은 사회주택을 공급할 수밖에 없다. 둘째, 국가에 의한 복지제공은 경제적 효율성 측면에서도 정당화 될 수 있다. 이는 교육, 의료 그리고 주택 등은 노동생산성을 증가시키는 결과를 가져오기 때문이다. 셋째, 시장은 완전한 경쟁을 보장하지 못하며, 소비자 주권을 무시하는 독점, 과점에 의해 지배된다. 주택시장 역시 소비자의 주권이 보장되지 못하고 시장실패의 모습을 찾을 수 있다.

사회민주주의적 접근에서 제시된 사회주택은 해당 사회에서 가장 가난한 소수의 사람들에게만 한정적으로 주어지는 복지가 아니고 보편적으로 주어지는 것으로 보아야 한다는 견해가 지배적이다. 즉 복지의 보편적 권리를 주장한다.

사회민주주의적 접근은 시장 그 자체를 완전히 부정하여 자본주의 근본적인 변혁을 주장하는 마르크스주의자들과는 다른 견해를 가지고 있다. 사회민주주의의 접근은 국가가 시장에 적극적으로 개입하여 시장이 지닌 모순과 불평등을 점진적으로 해결해 나가야 하며, 주택부문에 있어서는 공공부문의 사회주택공급과 임대주택공급의 지원은 중요한 국가의 역할이라고 본다.

---

17) D. Clapam, P. Kemp et al., *Housing and Social Policy*, London: Macmillan, 1990, pp. 24～31; L. J. Lundqvist, *Housing Policy & Equality: A Comparative Study of Tenure Conversion and their Effects*, London: Croom Helm, 1986, pp. 11～16.

제 4 절 사회주택의 배분원칙

Ⅰ. 사회주택의 배분기준

인류역사를 통해 한 사회가 그 발전의 수준이 낮은 시기에는 '선발전 후평등'이라는 발전목표를 선택해 왔다. 한국을 포함한 대부분의 개발도상국들이 선발전 후평등화의 길을 걷고 있다고 해도 과언은 아니다. 경세발전과 함께 일반적인 사회발전이 진척되고 사람들의 평등의식이 높아짐에 따라 단순한 소득의 분배 뿐만 아니라, 삶의 기본적 영역으로 접근하는 기회구조 등의 불평등에도 관심이 높게 된다. 그래서 사회발전이 급속하게 진행되거나 상당한 수준의 발전이 성취된 국가에서는 절대적 빈곤보다는 상대적 빈곤이 더 중요한 문제로 등장한다.

사회주택의 공급과 배분문제는 후진국의 절대적 빈곤의 상황에서보다 사회발전이 어느 정도 이룩된 사회에서의 소득재분배, 상대적 빈곤의 해소, 삶의 질이 평등화라는 뜻이 강하게 내포되어 있다. 사회주택의 공급은 자본주의국가들 사이에 다양한 수준과 형태를 발견할 수 있다. 대표적인 예로서 영국과 미국을 비교함으로써 사회주택공급 및 배분원칙의 배경을 이해하기로 한다.

영국은 사회주택을 확대공급해 온 국가 중의 하나이며, 미국은 상대적으로 사회주택의 공급확대보다는 시장원리에 의한 민간부문의 육성에 치중한 국가 중의 하나다. 한편 영국은 세계 제1차대전 후 심각한 주택난과 노동자 계층의 열악한 주거환경을 개선하고자 사회주택정책을 강화하였다. 그리고 미국은 도시지역 저소득흑인 및 빈곤계층의 도시재개발프로그램(1937)에서부터 공공임대주택에 대한 연방정부의 인식과 함께 태동하기 시작했다.[18]

통계적으로 보면 미국은 사회주택의 비중이 전체주택재고의 2%수준이나, 영국은 약 30%를 차지하고 있다. 즉 미국은 자가소유의 확대이며, 영국은 공공주택에 큰 비중을 둔 주택정책이었음을 알 수 있다. 두 국가간의 주택체계 내지 사회주택정책 상의 장·단점을 비교해 보도록 한다.

먼저 영국의 접근, 즉 사회주택의 공급확대정책은 첫째, 주거안정을 절실히 요구하는 주택소요(housing needs)계층에게 정부가 직접적으로 주택을 공급한다. 둘째, 사회주택을 공급함으로써 불량주거지의 발생을 예방하고 슬럼의 확대를 막을 수 있다. 셋째, 임대료가 싼 사회주택의 공급은 저소득층의 생산성 확대

18) S. Lansley, *Housing and Public Policy*, London: Croom Helm, 1979, p.21.

에 기여하며 범죄, 반사회적 행위, 계층간 위화감의 해소 등 사회안정에 큰 도움을 준다.

그러나 이러한 사회주택의 장점과 함께 문제점도 발생된다. 첫째, 사회주택의 공급확대는 필연적으로 사회주택관련 행정조직의 확대와 아울러 이에 따른 사회적 비용이 증대된다. 둘째, 정부의 사회주택공급확대는 민간임대주택시장을 위축하게 되며, 거시적으로는 민간주택산업에 영향을 주게 된다. 셋째, 사회주택의 재고가 증대됨에 따라 주택관리비용 즉 수리비, 유지비 등 제경비가 증가하여 공공경비의 지출이 증대될 수밖에 없다.

한편 미국식의 민간부문중심의 주택체계는 첫째, 민간투자를 확대하여 주택관련 민간산업을 육성시키게 된다. 둘째, 공공경비를 최소화하고 주택관련 관료조직을 줄일 수 있다. 셋째, 민간임대부문(private rental sector)을 육성시키며 시장경제원리를 최대한 보장할 수 있다.

그러나 미국식 접근은 국가로부터 보호받아야 할 주민, 즉 생존권을 위협받는 수많은 도시영세민들에게 직접적 주거안정의 혜택이 적다는 단점을 지적할 수 있다. 그리고 국가가 사회주택 등의 공공주택정책의 약화로 도시지역의 불량촌의 형성, 불법무허가주택의 발생 그리고 슬럼화를 예방하는 데는 한계가 있다는 점이다. 그리고 저소득층과 중·고소득층간의 주거지 분리가 심화되어 계층간 사회적 혼합(social mixing)이 더욱 어렵게 된다는 사실이다.[19)]

영국과 미국의 사회주택정책상의 근본적인 차이는 사회주택을 얼마나 많이 공급하느냐의 문제와 함께 그 수혜대상의 범위문제로 귀착된다. 사회주택의 공급량의 문제는 국가의 주택시장개입정도를 측정하는 주택의 사회복지적 측면의 강조인가 아니면 주택의 사유화 확대와 경제적 효율성의 강조냐에 달려 있다.

영국식의 접근이든 미국식의 접근이든 사회주택이 지향하는 바는 주택시장에서 구매력이 없는 저소득층이 그 주된 대상이다. 한편 사회적으로 보호를 받아야 할 주민들, 예를 들어 노년기의 빈민가구, 신체장애가구 등이 사회주택의 입주대상으로 정책적 우선 순위가 주어진다. 그리고 기존의 불량주택에 거주하

---

19) 영국과 미국의 주택체계 및 주택정책을 비교한 것은 다음의 책을 참고바람.
① L.S. Bourne, *The Geography of Housing*, London: Edward Arnold, 1981.
② H.L. Wolman, *Housing and Housing Policy in the U.S. and U.K.*, Mass.: Lexington, 1975.
③ J.S. Fuerst, *Public Housing in Europe and America*, London: Croom Helm, 1974.
④ B. Headey, *Housing Policy in the Developed Economy*, London: Croom Helm, 1978.
⑤ D.R. Mandelker, *Housing Subsidies in the U.S. and England*, New York: Bobbs-Merrill, 1974.
⑥ M. Harloe, *The People's Home?* Oxford: Blackwell, 1995.

는 가구들, 열악한 주거환경 내지 정부가 정한 최저수준(minimum standard) 이하의 주택에 거주하는 가구가 사회주택의 공급대상으로 되어 있다.

이를 종합해 보면 사회주택의 배분기준은 ① 소득이 낮고 주택구매력이 부족한 영세가구를 위한 소득 및 경제적 기준, ② 복지적인 측면에서 사회주택을 요구하는 가구를 위한 사회적 기준, ③ 열악한 주택에 거주하고 있는 가구를 위한 최저주거기준(housing minimum standard)에 근거한 주거환경기준으로 분류할 수 있다.

이러한 사회주택의 배분기준에서 보면 영국은 상기의 세 가지 기준 모두를 고려하여 그 수혜대상이 넓은 반면, 미국은 주로 사회적 기준과 경제적 기준에 중점을 두어 그 수혜대상의 범위가 좁은 편이다. 영국의 경우는 소득과 관계없이 현재 거주하고 있는 주택의 열악한 주거환경(예, 화장실 유무 등) 그 자체만으로도 사회주택의 수혜대상이 될 수 있다.

Ⅱ. 사회주택의 수혜대상선정

사회주택은 어떤 기준에 의해서 배분되어야 하는가와 함께 누구에게 우선적으로 배정해야 하는가 하는 문제가 사회주택정책의 주요한 논쟁이 된다.

사회주택의 공급원은 3개부문으로 구분해서 설명하는 것이 가능하다. 하나는 사회주택을 정부가 신규로 건축하여 공급하는 것이다. 이 경우는 사회주택의 초기공급단계에서 신규건축이 대부분을 차지한다. 둘째, 사회주택의 공급확대를 위하여 정부가 기존민간주택을 구입하여 사회주택으로 전환하는 방법이다. 그리고 마지막으로 기존의 사회주택을 재배정하는 경우이다(〈그림 15-1〉 참조).

사회주택의 재고가 많은 지역은 사회주택을 떠나거나 입주를 포기하는 경우에 한하여 다른 가구(家口)에게 배정하는 경우를 생각해 볼 수 있다. 사회주택의 수가 비교적 많은 유럽국가들은 세번째의 기준인 사회주택의 재배정이 주요한 공급원이 되고 있다.

사회주택의 수혜대상은 어떤 사람들인가에 대한 논의는 이미 많은 학자들의 연구와 각국의 경험으로 보아 다음의 몇 개 집단으로 구분된다.[20)]

1) 무주택가구: 집이 없는 무주택가구가 가장 긴급히 사회주택의 수혜대상

---

20) J.B. Cullingworth, *Essays on Housing Policy: the British Scene*, London: George Allen and Unwin, 1979; M. Harloe(ed.), *Captive Cities: Studies in the Political Economy of Cities and Regions*, New York: John Wiley and Sons, 1979; P. Malpass and A. Murie; *Housing Policy and Practice*, London: Macmillan, 1982 참조.

〈그림 15-1〉 사회주택의 공급원

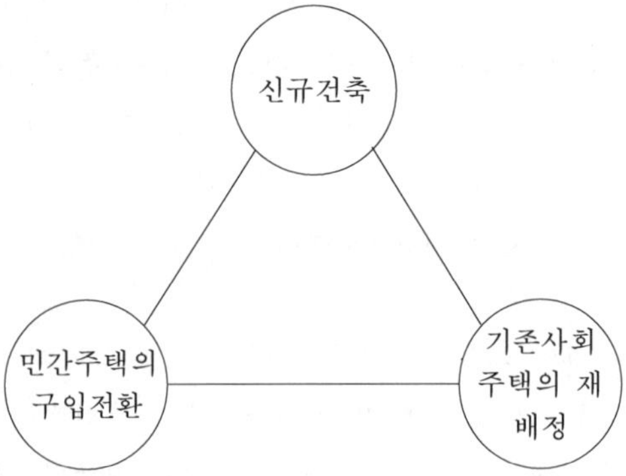

이 되고 있다. 유럽의 경우 무주택자란 자가소유가 아닌 가구뿐 아니라 임차가구도 무주택가구에서 제외된다. 즉 자기소유의 집이 없을 뿐 아니라 남의 집에 세들어 살기에도 힘든 그야말로 무주택자를 의미한다.

2) 재개발로 인한 철거민: 불량주택재개발로 인하여 주택이 철거되고 집이 없어 주거안정을 못 이루는 가구가 사회주택의 입주대상이다.

3) 신체장애자 등의 특수한 경우: 신체불구나 장애, 노령가구 등 정상적 활동이 불가능한 사람으로서 국가로부터 보호받아야 할 가구이다.

4) 현재의 주거상태가 불량한 가구: 현재 거주하는 주택이 매우 불량하거나 정부가 정한 최저주거기준(minimum standard) 이하의 열악한 환경에서 생활하는 가구이다.

5) 저소득가구 및 사회주택 희망가구(waiting list): 저소득으로 인하여 민간임대주택에 임차료를 지불할 능력이 없는 가구와 사회주택을 선호하는 일반가구에게도 사회주택의 재고가 많을 경우 배정될 수 있다.

6) 기타: 전쟁에 참가한 제대군인 등 정부에서 정한 일정자격조건을 갖춘 가구 등이다.

대부분의 국가들이 사회주택배분의 과정이 몇 개의 단계를 거쳐 입주자를 선정하게 되는데, 첫째 주택소요(housing needs)가구의 현황파악, 지역별 분포, 가구특성 등의 자료를 수집, 분석한다.

둘째, 주택소요가구의 구체적 특성들, 예를 들면 해당지역의 거주연한, 가구주의 직업유무와 직업의 종류, 현재 살고 있는 주택의 상태(밀도, 서비스 부족, 노후도 등), 신체장애정도, 임대료지불능력 등의 기준을 설정한다.

셋째, 이러한 기준에 근거하여 얼마나 많은 사회주택이 공급되어야 하며, 지역별 상황을 고려한 공급대책을 마련한다.

넷째, 최종의 입주자선정은 공적제, 등록기간순위제, 점수제 등 특정의 선정방법을 제도적으로 확정하여 선정한다.

Ⅲ. 사회주택의 배분: 영국의 사례

영국의 지방정부가 계속적으로 사회주택을 공급해 오고 있으나 항상 공급보다는 수요가 많았다. 1977년 주택법에 의하면 지체부자유가족과 노년기의 가족에게는 우선적으로 사회주택이 주어져야 한다고 명시되어 있다. 한편 무주택자에게도 높은 우선순위가 부여되어 있다.

여기서 무주택자의 정의가 필요하다. 영국의 경우 무주택자(homeless)란 그야말로 집이 없어 거리에서 잠을 자야할 처지의 사람을 의미한다. 예를 들어 남의 집에 세들어 사는 임차가구를 포함하여 일정액의 집세를 지불하고 세들어 사는 모든 가구는 무주택자 범주에 속하지 않는다.

현재 영국의 각지방정부가 제공하는 사회주택(council housing)은 다음의 각 항에 해당하는 가구에게 우선적으로 배정된다.

① 불량주거지재개발로 인한 철거대상주민

② 1977년 주택법이 정하는 무주택자(homeless)

③ 신체장애 등의 이유로 정부로부터 보호를 받아야 할 주민

④ 현재 사회주택(council housing)에 거주하는 사람으로서 다른 지역에 이사하여 또다시 사회주택을 희망하는 주민

⑤ 해당 지방정부로부터 다른 지역으로 이주를 권유받은 주민

⑥ 사회주택에 거주하기를 희망하는 가구로서 해당 지방의회(지방정부) 공공임대주택 대기자명부(waiting list)에 등록된 주민[21]

위에서 언급한 6개항 중에서 공공임대주택 대기자명부에 등록될 수 없는 사람들은 다음과 같다. i) 미혼의 젊은 사람(young single people), ii) 자가주택을 소유한 자나 민간임대주택에 거주하는 사람으로서 주거환경에 아무런 문제가 없는 주민, iii) 일정소득수준을 넘어선 고소득자, iv) 사회주택을 배정받고자 하는 관할지역에 일정기간 거주하지 않는 주민 등이다. 그러나 이러한 구분은 지방정부마다 각기 상이한 기준을 지니고 있다.

---

21) M. Norton, *Housing*, London: Wildwood House, 1980, p.56.

사회주택의 배분방식은 지방정부마다 각기 독특한 제도를 가지고 있다. 현행 지방정부가 실시하고 있는 사회주택(council housing)의 배분방식은 크게 세 가지로 분류된다.

1) 공적제(a merit system)

이 제도는 사회주택을 공급받고자 할 경우, 해당자치구의회(council)위원의 추천을 받아야 하는 제도이다. 市·邑의회의 주택전문위원은 그 지역의 주택상황이나 주민의 주택문제를 오랫동안 다룬 전문가로서 사회주택입주대상자의 순위를 결정하게 된다. 이 제도는 다른 제도에 비해 널리 이용되지 않고 있다. 1980년 현재 공적제를 실시하는 지방정부는 잉글랜드 지방의 경우 10% 정도에 지나지 않는다.

2) 등록기간순위제(a date order system)

일명 선착순이라 불리기도 한 이 제도는 대기자명부(waiting list)에 등록된 기간을 기준으로 입주우선순위를 정하는 제도다. 약 24%의 지방정부가 채택하고 있는 이 제도는 대기자명부에 오랫동안 등록하여 기다린 주민에게 먼저 혜택을 부여하게 되어 있다. 물론 예외규정이 있어 등록기간이 짧다 해도 현재의 주거수준과 상황을 판단하여 입주우선순위가 부여되기도 한다. 이러한 예외적 결정은 주로 지방정부의회의 의원이 결정하게 된다.

3) 점수제(a point system)

이 제도는 사회주택 대기자명부에 등록된 기간과 현재 거주하고 있는 주택의 시설노후도 등을 기준으로 점수를 부여한다. 점수가 많은 가구에게 사회주택 입주의 우선권이 결정된다.

각 지방정부마다 부여하는 점수의 내용과 항목이 일치하는 것이 아니다. 이는 각 지방정부가 해당지역의 주택상황과 주택정책에 따라 다르게 부여한다. 〈표 15-2〉는 3개 지방정부의 점수제를 비교한 내용이다.

점수제의 채택은 가장 합리적인 방법으로 평가받고 있으나, 지방정부별 총점수는 각기 다르며 점수부여의 판단기준도 다양하다.

〈표 15-2〉에서 나타난 3개 지방정부의 점수제의 기준을 보면 공통적으로 중요시하는 항목도 있지만 어떤 지방정부는 전혀 고려않는 항목 그리고 어떤 지방정부는 필수적으로 고려하는 등 매우 다양함을 보여준다.

예로 「부족방수」, 「거실이 없다」, 「혼잡도」, 「지체부자유와 질병의 문제를 가진 가구」는 3개 지방정부 모두 중요한 항목으로 취급하고 있다.

좀더 구체적으로 점수제의 제도하에서 공공임대주택공급에 대한 지방정부

〈표 15-2〉 영국의 3개 지방정부점수제 비교

고려사항 \ 지역	지방정부 X	지방정부 Y	지방정부 Z
1. 등록기간	a	a	b
2. 부족방수	a	a	a
3. 가구원수	a	b	b
4. 거실이 없음	a	a	a
5. 단칸방에 거주(자녀가 있는 경우)	a	b	b
6. 혼잡도, 과밀	a	a	a
7. 주거문제로 가족이 별거[1]	a	a	b
8. 침실부족으로 이성형제간 혼숙	a	a	b
9. 지체부자유, 질병	a	a	a
10. 주택 기본시설(서비스)부족	a	b	b
11. 부엌의 공동사용(다가구)	b	b	a
12. 부적합주택(위치, 상태 등)	b	b	a
13. 가구주의 고령(정년퇴직자)	b	b	a
14. 거주기간(해당지역)	b	b	a

주: 1) 현주택에 가족 모두가 동거하기가 어려워 가족 중 일부가 다른 곳에서 거주하는 경우임(방의 부족, 기타 서비스부족 등의 이유로 인함). a: 고려사항, b: 고려하지 않는 사항.
자료: A Murie, P. Niner and C. Watson, *Housing Policy and the Housing System*, London: George Allen and Unwin, 1976, p.120.

의 반응을 실례를 들어 설명하면 다음과 같다.

Ⅰ. 가족: 민간임대주택에 거주하는 가족으로 온수를 공급받지 못하고, 화장실이 실외에 있으며 목욕실이 없는 방 두 개의 집에 사는 가구(1968년 실례)

Ⅱ. 가족: 두 개의 방을 가진 집으로 처갓집 식구와 함께 기거하는 가구로 하나의 방을 사용하고 거실은 공동사용(1971년 실례)

Ⅲ. 가족: 방 3개의 집에서 자기의 가족과 3명의 동생(각각 17세, 15세, 13세)이 함께 기거하고, 방 하나를 거실로 공동사용(1971년 실례)

Ⅳ. 가족: 방 6개의 집에 방 하나를 세들어 사는 가구로 10명의 사람이 한 집에서 기거. 이 가족은 3년간 거주(1971년 실례)[22]

위의 네 가족의 경우는 실제 사회주택을 공급받기 위해 대기자명부에 등록된 가구로서 〈표 15-3〉에서 볼 수 있는 바와 같이 4개의 정부로부터 각기 다른 우선 순위가 매겨진다.

실제 사회주택입주자선정기준을 런던시 Lambeth 자치구의 경우를 소개한다. Lambeth구는 런던시의 중심부에서 5km 떨어진 남부지역에 위치하고 있

22) A. Murie et al., *Housing Policy and the Housing System*, London: George Allen and Unwin, 1976, pp.120~122.

〈표 15-3〉 4개 지방정부의 사회주택배분순위

순 위	A 지방정부	B 지방정부	C 지방정부	D 지방정부
1	가족 Ⅰ	가족 Ⅱ	가족 Ⅲ	가족 Ⅳ
2	가족 Ⅱ	가족 Ⅲ과 Ⅳ	가족 Ⅱ	가족 Ⅲ과 Ⅱ
3	가족 Ⅲ	—	가족 Ⅳ	—
4	가족 Ⅳ	가족 Ⅰ	가족 Ⅰ	가족 Ⅰ

자료: A. Murie et. al., *Housing Policy and Housing System*, London: George Allen and Unwin, 1976, p. 121.

으며 저소득층이 많이 거주하고 있는 지역이기도 하다.

Lambeth 자치구 역시 잉글랜드의 여타 자치구들과 같이 점수제를 채택하면서 해당 자치구역 내에 오래 거주한 사람과 대기자명부에 등록된 지 오래된 자가 우선권이 주어진다. 즉, 점수가 많은 자가 먼저 입주하게 되지만 점수 이외에 거주기간, 등록기간 등도 동시에 고려하는 점수제와 등록기간순위제를 종합한 배분방식을 채택하고 있는 경우다(〈표 15-4〉 참조).

영국이 시행하고 있는 3가지 제도 중에서 점수제가 가장 널리 행해지고 있는 제도이다. 이 점수제도는 맨체스터시와 런던의 캄덴(Camden)자치구에서 최초로 실시했으며 가장 합리적인 제도로 평가받고 있다.

그러나 초창기 이 제도를 실시한 후 몇 가지 문제점을 발견하게 되었는데 그 중 하나는 대기자명부(waiting list)에 등록된 주민들이 자기가 어느 정도의 점수를 얻었는지 모르는 상태에서 장기간의 대기상태가 큰 불만요소였다. 그래서 맨체스터시의회는 처음으로 대기자명부에 등록된 주민 각자의 점수를 공개함과 동시에 최저점수를 얻지 못한 주민은 공공임대주택공급의 기대를 포기하도록 권유하였다.

기본점수를 얻지 못한 가구에 대해서는 시정부가 다른 형태의 주택, 예를 들어 민간이 제공하는 임대주택 등을 소개하는 주택정보제를 채택하였다. 이와 관련하여 1980년 주택법(Housing Act)은 모든 지방정부는 공공임대주택 대기자명부에 등록된 주민에게 공공임대주택 점수제에 관련된 모든 정보를 제공하도록 하여 등록된 자는 자기의 점수를 사전에 알 수 있도록 했다.

공공임대주택에 있어서 또 하나의 문제는 임대주택의 크기(방수)와 가구원수간의 불균형문제다. 초기의 시행착오는 순위결정과 점수부여에 치중한 나머지 집의 크기와 가구원수간의 관계를 엄격하게 고려하지 못했다. 예를 들어 방의 수가 5개인 임대주택을 가족수는 3명인 가구가 공급받고, 가족수가 많은 가구가 방수가 2～3개의 주택을 공급받는 모순을 알게 되었다. 따라서 가구원수와 주택

〈표 15-4〉 런던 Lambeth 자치구 사회주택입주자선정기준, 1984

1. 입주신청조건	• 입주신청서를 제출할 당시 Lambeth 자치구역 내에 거주하고 있는 자
2. 배분방식	• 점수제(a system of points)를 채택하고, 점수의 부과는 주택소요(housing needs)가 시급한 가구에게 많은 점수가 주어짐.
3. 점수제 고려사항	1) 기초사항 • 현재 거주하고 있는 주택이 ① 거실, 침실, 부엌이 부족하거나, ② 취사시설이 미흡하며, ③ 침실의 부족으로 식구 중 일부가 별거한 상태 2) 기타 고려사항 ④ 욕실이 없거나 부족한 경우, ⑤ 욕실, 화장실, 수도 등을 다른 가구와 공동사용, ⑥ 위생상태가 불결하거나 문제가 많은 집, ⑦ 1층에서 2층으로 통하는 계단이 어린이들이 사용하기에 문제가 많은 집, ⑧ 보건당국으로부터 신체부자유 등의 문제가 있다고 판정된 사람, ⑨ 독립된 출입구 문이 없는 집
4. 입주순위결정	• 점수제 고려사항인 1)항과 2)항에 해당되는 주택의 거주자 중 점수가 많이 부여된 사람으로서 본 Lambeth 자치구에 오래 거주한 자와 대기자명부(waiting list)에 등록기간이 오래된 자부터 입주순위를 결정함.
5. 기타	• 신청자로서 본 자치구 이외의 지역에 6개월 이상 계속 거주하면 등록이 취소됨. • 사회주택에 입주하기 전까지 신청자의 주택소요(housing needs)요건이 지속되어야 함. • 만일 타 자치구로 이주할 경우는 해당등록서류가 옮겨지고 그 동안 대기자명부에 등록된 기간을 인정받을 수 있음. • 배정되는 사회주택은 입주가구의 가구원수에 따라 주택의 규모가 결정됨. • 신청자의 진술이 거짓이거나 잘못된 경우 등록은 취소됨.

자료: London Borough of Lambeth, 1984.

규모가 어울리는 형평성있는 공정한 배분원칙을 세워 국가재정의 효율성과 균형적 공급이 이루어지도록 수정해 오고 있다.

점수제를 중심으로 한 대기자명부(waiting list)등록요건은 각국마다 조금씩 상이점을 발견할 수 있다. 영국을 제외한 국가들, 예를 들어 미국, 일본, 홍콩, 싱가포르 등은 소득이 가장 중요한 사회주택의 수혜대상선정요건으로 되어 있다(〈표 15-5〉 참조).

〈표 15-5〉 각국의 공공임대주택정책 비교

	미 국	영 국	일 본	싱가포르	홍 콩	한 국
프로그램	Public Housing	Council Housing	공영주택	Public Housing	Public Housing	• 영구임대 주 택 • 5년 임대 주 택
지원주체	연방정부 지방정부	중앙정부 지방정부	중앙정부 지방정부	중앙정부	중앙정부	중앙정부 지방정부
공급주체 (관리주체)	지 자 체 (PHAs)	지 자 체 (Council) 주택조합	지 자 체	주택개발 공 사 (HDB)	Public Housing Authority	자 자 체 주택공사
지원유형	• 건설비 지원 (100%) • 운영비 보조	• 저리융자 • 운영비 보조	• 건설비 지원 1종 50% 2종 66%	• 건설비 지원 • 운영비	• 건설비 지원 • 운영비	• 건설비 지원
시장가격 대 비 임 대 료	32%	51%	48%	50~60%	9~13%	50%
입 주 자 소득제한	하위 25%	없음	• 1종: 100,000~ 162,000엔 • 2종: 100,000 엔 이하	• 21세 이상 시민, 가구 총수입 S$ 800~ $2,000 • 무주택자 (대략 월평균 가구소득의 50% 이하)	• 3인가구: HK$ 4,050 이하 • 10인가구: HK$ 6,050 이하	• 생활보호자 • 의료부조자
기타자격 요 건		• 소득제한은 없으나 홈리스 등에게 입주우 선 권 부여 • 불량주택 철거민 • 지체부자유자에게 우선권	• 재해발생에 의한 재해자		• 재해 또는 천재지변의 재해자 • 불량주택 철거민 • 재개발 사업지구 거주민 • 사회복지 구호 대상자	• 영구임대 주택사업의 철거 세입자 • 주거환경 개선사업 철거세입자 • 국가보훈 대상자 중 저소득 세입자
선정방법	선착순	점 수 제 공 적 제 등록기간 순 위 제	선착순	선착순	선착순	점수제
전 주택재고에 대한 비율	2% 미만 (1980)	24,9% (1989)	7% (1985)		46(%) (1988)	

자료: 대한주택공사, 「임대주택확대공급에 따른 저소득층 주택시장변화연구」, 1990, pp.12 〈표 2-1〉을 부분수정하여 인용.

제 5 절 한국의 사회주택

1. 한국의 사회주택배경

우리 나라에서는 사회주택의 정책적 실현이 미미한 실정이다. 1962년 이후 대한주택공사가 공공임대주택을 건설공급하기 시작했으나, 대부분의 임대주택이 1~5년 후 분양되었기 때문에 순수한 의미의 사회주택적 기능을 다하지 못했다고 평가된다.

1982년과 1984년의 임대주택육성방안이 발표되고 임대주택건설촉진법이 제정되었으나, 이러한 조치는 민간과 공공의 구별 없이 단순한 임대주택의 공급을 확대하기 위한 방안에 지나지 않는다.

우리 나라 공공기관 및 지방자치단체에서 공급하는 임대주택이 사회주택적 기능을 가지고 있느냐를 판단하기 위해서는 공공임대주택이 지닌 특징을 살펴보는 것이 도움이 된다.

첫째, 그 동안 공급된 대부분의 공공임대주택(전체 공공임대주택 중 5년 임대주택 비중: 59.3%)은 임대기간이 단기(대부분 5년)이기 때문에 서구에서 말하는 사회주택, 즉 영구임대주택 혹은 장기임대주택과는 큰 차이를 보인다. 분양을 전제로 한 임대주택이기 때문에 순수한 저소득층을 위한 주거복지적 기능이 약하다(〈표 15-6〉 참조).

〈표 15-6〉 전국 공공임대주택 재고현황

(2008년도말 기준, 단위: 호, %)

구분	계	영구	50년 공공	국민 임대	10년 공공			5년 공공			민간 임대	기타 임대
					소계	공공 기관	민간	소계	공공 기관	민간		
계	1,341,670 (100.0)	190,077 (14.1)	100,949 (7.5)	258,056 (19.2)	4,217 (0.3)	4,217	-	298,406	41,814 (3.1)	256,592 (19.1)	465,276 (34.7)	24,689 (1.8)

출처: 국토해양부, 「국토해양통계누리」.

둘째, 공공주택 전담기관이 임대목적의 주택공급보다 분양목적의 주택공급에 주력했기 때문에 공공주택의 주거복지적 기능이 미흡하다. 대한주택공사 등의 공공기관에서 공급된 주택이 주로 분양위주였음을(전체 공급량의 약 60%) 알 수 있다.

셋째, 사회주택공급에 있어서 지방정부의 역할이 매우 저조한 실정이다. 이는 지금까지 지방정부의 재원조달의 어려움, 전문인력의 부족, 공공임대주택의 인식부족 등의 문제와 관련이 깊다고 생각한다.

〈표 15-7〉 임대주택입주자 소득분포, 1988.

(단위: 만원)

지 역	구 분	주택공사주택	민간임대주택	일반차가
서 울	평 균	52.5	70.4	51.2
	중간값	49.3	65.0	40.4
지 방	평 균	47.7	60.5	45.2
	중간값	44.9	50.4	40.0

자료: 국토개발연구원, 1988년 현지조사.

넷째, 단기공공임대주택이라 해도 수혜대상, 입주자선정기준이 모호하고 정책대상그룹이 불명확하다.

현재까지 공급된 공공부문의 5년 임대주택의 사회주택적 기능이 미약하다는 점은 몇 가지 조사 결과에 의해 더욱 분명해지고 있다. 국토개발연구원 조사에 의하면 주택공사 임대주택입주자의 평균소득이 일반차가의 평균소득보다 높게 나타나고 있다(〈표 15-7〉 참조).

한편 정부로부터 지원을 받은 공공주택의 거주자평균소득이 당해지역 도시근로자가구 월평균소득보다 높게 나타나고 있어,[23] 우리 나라 공공임대주택은 도시영세민이나 저소득계층이 주된 수혜대상이 아님을 알 수 있다.

우리의 공공임대주택이 정부로부터 각종 혜택이 주어지고 있으나 최초입주자 1인에게 독점되는 문제가 있다. 한편 중·고소득층이 공공임대주택을 점유하거나 아니면 전매, 전대 가능한 투기의 대상이 되고 있음도 다른 국가에서는 보기 드문 일이다.

본격적인 사회주택이라 평가할 만한 것은 1989년 이후부터 공급되기 시작한 공공영구임대주택이다. 이 공공영구임대주택은 제 6 공화국이 주택 200만호 건설계획(1988~1992)을 목표로 제시한 것에서 출발한다. 200만호 주택건설계획 중 19만호의 주택은 공공영구임대주택을 공급하겠다는 것이었다.

역사적으로 한국에서 서구형의 사회주택(공공영구임대주택)을 공급하게된 배경은 무엇인가? 첫째, 주택가격의 급등과 부동산투기의 만연에 대한 위기의식의 인식이다. 1980년대 후반 부동산 투기와 주택 및 토지가격의 상승은 봉급생활자의 실질소득을 감소시켜 임금상승을 부추기게 되었다. 그 결과 제조업체 등은 토지가격상승에 따른 공장부지의 획득상 어려움 뿐 아니라 임금상승을 요구하는 노동자들의 노동쟁의에 시달리게 된 것이다. 당시의 부동산투기는 생산부문에

23) Seong-Kyu Ha, *State-Developed Housing in Korea*, Unpublished Ph.D thesis, University of London, U.K., 1984 참조.

대한 투자의 감소를 초래했다. 부동산가격이 지속적으로 급격히 상승하는 시기에 유휴자본은 점점 토지나 주택에 몰려들게 되어 상대적으로 생산부문에 대한 투자는 침체를 겪게 된 것이었다.

둘째, 사회통합의 필요성에 기인한다. 1988대 후반은 주택을 둘러싼 사회적 갈등이 극도에 달한 상태였다. 이를 반영하는 것으로서 경제정의실천시민연합은 도시빈민들의 주거불안과 압박을 해소하기 위하여 공공임대주택의 공급을 확대하고, 도시빈민층이 거주하는 불량주거지를 대책 없이 강제철거해서는 안 된다는 강력한 사회캠페인을 확대하였다. 아울러 급등하는 임대료를 감당할 길이 없어 비관자살하는 사람까지 나오는 등 극도로 주거사정이 악화된 사회분위기였다. 정부 스스로도 "주거의 빈부격차심화로 인해 국가안보와 자유경제체제에 도전하는 세력들의 온상을 제공할 가능성이 보이므로 획기적인 저소득층 주택정책을 도입할 필요가 있다"(건설부, 1989)라는 인식의 전환을 가져온 것이다.

셋째, 철거민, 도시빈민들의 주택운동의 영향을 들 수 있다. 1980년대 초부터 시작된 합동재개발을 통해 많은 도시빈민들은 장기간 거주한 불량무허가주거지로부터 쫓겨나게 되었다. 특히 합동재개발지구 세입자들을 중심으로 "선대책 후철거"를 구호로 내세우고 격렬한 재개발반대투쟁을 전개하였다. 동시 주민들의 자발적인 조직체가 결성되기 시작하였는데 예로 "서울시 철거민협의회" 등을 들 수 있다. 이들 빈민단체와 주민단체들은 각종 집회와 시위를 통하여 빈곤층을 위한 공공영구임대주택을 요구하게 되었다.

넷째, 정치적 목적이 내재되어 있었다. 당시 노태우정부는 "중간평가"라는 정치일정이 크게 작용한 것으로 분석된다. 중간평가란 노태우대통령이 선거 당시 공약한 것으로서 정권의 이미지 개선과 국민의 지지를 획득한다는 정치적 의미를 담고 있었다. 당시 국민주거안정이라는 이슈가 사회적인 지지를 획득하기에 적합했고 특히 저소득층의 지지획득은 공공임대주택프로그램이 적실성을 지닌 것으로 정치·관료엘리트들이 인식한 것으로 보인다.

2. 공공영구임대주택배분의 원칙과 대상선정

사회주택의 배분의 공정성과 정책목표를 달성하기 위한 노력은 사회주택이 꼭 필요한 가구에게 배정되도록 하는 데 있다. 사회주택을 필요로 하는 대상을 학술적으로 주택소요집단(housing need group)이라 했을 때 주택소요는 어떻게 판단할 수 있는가?

주택소요는 매우 다차원적이며 이는 해당국가의 주거수준, 주택프로그램,

〈표 15-8〉 공공영구임대주택 입주대상자 선정기준표

구	분	배점	비 고
방당 주거인수(20)	6인 이상 5인 4인 4인 이하	20 18 15 10	방당 주거인 수: 가구원수를 사용방수로 나눈 수(소수점 이하는「올림」함)
가구주연령(20)	60세 이상 50~60 미만 40~50 미만 30~40 미만 30 미만	10 18 20 15 10	
시거주기간(15)	서울시 5년 이상. 기타 시 5년 이하	15	주민등록상 계속하여 주거한 기간을 말함
가구원수(20)	5인 이상 4인 3인 이하	20 15 10	생활보호대상자 등의 정책기준에 의한 가구원을 말하며 주민등록상에 등재된 자여야 함
가구원 구성형태(10)	유형 3 유형 2 유형 1	10 8 5	유형3은 아래의 3개항, 유형2는 2개항, 유형1은 1개항에 해당하는 자가 각각 가구원에 포함된 경우를 말함. • 부모 또는 친부모: 생활보호대상자 등으로 책정당시 65세 이상인 자에 한하여, 가구주 또는 그의 배우자의 부모 또는 친부모 중 1인도 해당됨 • 모자가정: 모자복지법 제4조 제2항의 규정에 해당하는 가정에 한함 • 장애자: 생활보호대상자 등으로 책정당시 가구원 중 장애자수첩이 교부된 자로서 장애등급이 1급 내지 3급에 해당하는 자 • 소년·소녀가장
기타(15)	현 거주지와 주택단지와의 거리 등		

자료: 건설부.

주택정책목표와 관련성을 지니게 된다.[24] 그래서 주택소요는 그 사회의 경제, 문화 그리고 사회·심리적 요인까지도 포함되는 종합적인 접근으로 파악되어야 할 것이다.

한국은 지금까지 정책적으로 주택소요를 판단할 만한 근거를 제시하지 못하고 있다. 공공부문이 제공하는 주택의 입주자는 청약저축에 가입된 가구, 즉 저축능력이 있는 자에 한정하기 때문에 소득이 없거나 극빈자의 경우는 제도적으

24) C. W. Hartman, *Housing and Social Policy*, Englewood Cliffs: Prentice-Hall, 1975, p. 5.

로 공공주택의 혜택을 받지 못하는 결과를 가져왔다. 정부가 공급한 7~12평의 영구임대주택은 소위 영세층이라 할 수 있는 소득1분위의 주민, 특히 생활보호대상자 및 의료부조자의 주거문제를 해결하겠다고 시도한 것이다.

정부는 영구임대주택 입주자선정기준을 종합점수제로 정하고 있다. 〈표 15-8〉에 의하면 방당거주인수, 가구주연령 그리고 가구원수가 각각 20점을 차지하고 있다. 이러한 입주자판정은 몇 가지 문제점을 지니고 있다.

첫째, 영구임대주택입주대상을 초기에는 생활보호대상자로만 한정하였는데 이들이 영구임대주택의 수혜대상자로서 가장 적합하고 동시에 공정성을 지닐 수 있느냐 하는 문제이다. 현행의 제도로 보아 법정영세민으로 선정되는 절차나 방법이 행정편의주의적 성격이 강해 정작 국가로부터 보호를 받아야 할 최빈민층[25]이 제외되는 경우가 허다하다.

〈표 15-9〉는 임대주택에 입주한 가구의 유형을 나타낸 것이다. 영구임대주

〈표 15-9〉 서울시 도시개발공사 직영관리 임대주택의 입주자현황

(2002년 12월 말 현재/단위: 호, 가구)

유형	입주 가구수	국민기초 생활보장 수급자*	국가 유공자	모자·부자 가정	북한 이탈주민	일군 위안부	청약 저축 가입자
		장애인		철거 세입자		임시 이주자	
영구 임대주택	21,639	19,098 (88.3%)	418 (1.9%)	279 (1.3%)	2 (0.0%)	3 (0.0%)	1,839 (8.5%)
공공·재개발임대주택	15,509	101 (0.7%)	825 (5.3%)	8,978 (54.7%)	491 (3.2%)	669 (4.3%)	4,445 (28.7%)

* 탈락자도 포함.
자료: 서울시 도시개발공사 내부자료(2003); 장영희 외, "우리 나라 공공임대주택 임대료체계의 문제점과 개선방향," 「도시와 빈곤」 제65호, 2003, pp. 21~39.

〈표 15-10〉 영구임대주택 입주자유형별 현황(2003. 11. 30 현재)

(단위: 가구, %)

계	영세민가구(50.0%)					일반청약자 (14.5%)	탈락자* (35.5%)
	의료1종	의료2종	보훈대상	모자가정	기타*		
140,078 (100)	38,043 (27.2)	27,917 (19.9)	2,201 (1.6)	1,788 (1.3)	87 (0.1)	20.267 (14.5)	49,775 (35.5)

주: 기타: 철거민 및 교체중인 세대를 말함.
탈락자: 법정 영세민자격으로 입주했으나, 영세민자격에서 탈락된 경우를 말함.
충남, 전남, 경북, 경남에는 각각 대전, 광주, 대구, 울산광역시가 포함.
자료: 대한주택공사 판매관리처 주택관리부 업무자료.

25) 주택공사의 조사결과 서울지역의 경우 가구당 월평균소득이 자활보호가구가 29만 원, 의료부조가구가 30만 원으로서 정부가 정한 기준(4인 기준 자활보호가구 184,000원, 의료부조자

택의 경우(서울시) 국민기초생활수급자와 장애인이 88.3%로서 절대다수이며, 청약저축 가입자가 8.5%를 차지하고 있다. 그리고 전국 영구임대주택 입주자 유형별 특징으로는 영세민가구가 절반을 차지하고 탈락자가 35.5%를 나타내고 있다(〈표 15-10〉).

한편 생활보호대상자는 이미 국가로부터 복지혜택을 받고 있음에도 불구하고 공공영구임대주택이라는 주거혜택까지 주어지게 됨으로써 이중의 혜택을 받는 결과를 가져온다. 진정으로 혜택을 받아야 할 최빈민층이 구조적으로 배제되는 모순을 야기시키는 것이 문제점으로 지적된다.

둘째, 첫번째의 문제점과 연관되는 사항으로 철거민 및 재개발지구의 가난한 세입자가 공공영구임대주택의 입주대상에서 제외되는 모순이 발생되고 있다. 정확한 통계는 잡히지 않고 있으나 서울의 경우 약 1만 가구 이상이 철거민 또는 재개발지구 세입자들로서 이들의 주거불안이 계속적으로 가중되고 있는 실정이다.[26] 공공·재개발 임대주택의 경우는 철거세입자 등이 54.7%를 차지하여 공공영구임대주택보다 큰 비중을 차지하고 있다(〈표 15-9〉).

셋째, 지역적 형평성 문제가 대두된다. 19만호 영구임대주택 중 대부분이 6대도시에 건설됨으로써 대도시가 아닌 중·소도시 그리고 농촌지역의 영세민에 대한 영구임대주택의 혜택이 거의 돌아가지 못하는 결과를 가져오게 된다.

예를 들어 대도시주변의 위성도시인 부천, 성남, 안양 등 급속히 인구가 성장하는 도시의 경우 주택사정이 오히려 대도시보다 더 악화되어 있고, 저소득층 및 영세민이 집중적으로 밀집되어 있음에도 불구하고, 대도시 위주의 공공주택 공급은 장기적으로 지역간 형평성이라는 측면에서 문제를 야기시킬 수 있다고 본다. 공공영구임대주택은 지역별 인구비례와 함께 주거환경 및 주거수준을 기준으로 공급되어야 할 것이다.

넷째, 공공영구임대주택의 입주보증금과 월주거비도 지불할 수 없는 영세민에 대한 대책이 마련되지 못한 실정이다. 가난한 자의 주거안정을 위해 이들에게 공공임대주택이 주어지는 것은 당연하나 이들이 시장임대료보다 월등히 저렴한 공공임대료도 지불할 수 없는 경우는 어떻게 해결해야 하느냐의 문제가 제기되고 있다. 한편 영구임대주택의 입주자격을 완화할 경우 암시장의 확대와 입주자관리비용의 증대를 가져올 수 있다는 지적이 있다.[27] 이를 예방하기 위하여

216,000원)을 상회하고 있다(대한주택공사,「영세민 주거실태 및 의식조사 연구」, 1989. 10).

26) 정부는 1989년 5월 1일 이후 재개발사업에 의해 철거당한 세입자에 대해서는 공공영구임대주택이 입주가 가능하다고 발표한 바 있다.

27) 대한주택공사,「임대주택확대공급에 따른 저소득층 주택시장변화연구」, 1990. 7, pp.41.

영구임대주택관리방안이 보다 구체적으로 제시되어야 할 것이다.

3. 공공영구임대주택의 종식

정부는 왜 공공영구임대주택의 공급을 종료하는가?

정부가 공공영구임대주택의 공급을 더 이상 확대하지 않는 것은 "법정영세민의 감소"를 지적하였다. 소득수준의 향상으로 법정영세민의 입주신청이 줄어들고 있음을 들고 있다. 그러나 영구임대주택정책의 도입 2~3년만에 공급을 축소하고 급기야는 공공영구임대주택제도 자체를 없애버리는 이유는 무엇인가?

공공영구임대주택제도는 임시방편적으로 당시(1980년대 후반)의 부동산투기와 주택가격의 폭등에 따른 정치적 위기를 해소하려는 차원에서 도입된 점이다. 이는 충분한 준비작업으로서 점유형태변화, 수혜대상의 주거실태 및 소요판단, 합리적 선정기준의 마련 등이 제대로 이루어지지 못한 상태에서 졸속으로 추진된 점을 부인할 수 없다. 아울러 공공영구임대주택의 입주대상이 줄어들고 입주신청을 기피한다는 지적은 빈곤층의 주거상황을 직시하지 못한 행정편의주의적 판단이라 생각된다. 법정영세민에 선정되지 못한 수많은 주거빈곤층이 있으며, 현재 영세민 중 입주신청이 많지 않은 것은 직장과의 거리 등 공공임대주택이 지닌 문제점 때문이라 생각된다.

정부는 〈표 15-11〉에서 나타난 바와 같이 다양한 공공임대주택을 공급하고 있다.

공공임대주택의 입주자는 〈주택공급에관한규칙〉과 〈서울시영구임대주택운영및관리규칙〉에 따라 선정되고 있다. 영구임대주택의 경우에는 주로 국민기초생활보장수급자에게, 기타 50년 공공임대, 재개발임대, 주거환경임대, 국민임대

〈표 15-11〉 공공임대주택 입주자격

국민임대(30년)

면적별	입주자격
전용면적 50m² 미만	무주택세대주로서 전년도 도시근로자 가구당 월평균소득의 70% 이하인 자 * 단독세대주는 전용면적 40m² 미만인 주택만 신청가능
전용면적 50m² 이상~60m² 이하	무주택세대주로서 전년도 도시근로자 가구당 월평균소득의 70% 이하인 자 * 단독세대주는 전용면적 40m² 미만인 주택만 신청가능
전용면적 60m² 초과	무주택세대주로서 전년도 도시근로자 가구당 월평균소득의 100% 이하인 자 * 단독세대주는 전용면적 40m² 미만인 주택만 신청가능

유형	영구임대	공공임대(50년)	재개발임대
입주자격	• 국민기초생활보장법의 수급권자 • 저소득국가유공자 • 일군위안부 • 저소득 한부모가족 • 북한이탈주민 • 장애인 • 65세 이상 직계존속을 부양하는 자로서 수급권자 선정기준의 소득평가액 이하인 자 • 시장이 인정하는 자 • 아동복지시설 퇴소자 • 청약저축가입자	• 택지개발철거세입자 • 도시계획철거세입자 • 임시이주자 • 시의 승인을 받은 기타 공급대상자(저소득국가유공자, 북한이탈주민) • 청약저축가입자(일반공급)	• 당해(타) 재개발사업지구 철거세입자 • 시장이 정한 처분방법에 따라 선정된 자 • 북한이탈주민 • 영구임대 입주대상자격을 가진 자(일반공급 등) • 청약저축가입자(일반공급 등)

출처: 서울시청 홈페이지.

등은 청약저축자나 철거세입자, 도시근로자 소득 70% 이하 가구를 대상으로 하고 있다.

4. 사회주택의 문제점과 개선방향

향후 사회주택의 배분원칙과 대상선정에 필히 고려되어야 할 사항을 검토해 보도록 한다. 우선 우리 나라에서 공공영구임대주택의 입주대상이 될 수 있는 주택소요를 어떻게 판단하느냐 하는 점이다. 주택소요는 주택수요와는 다른 정책적 개념이기 때문에 아래의 〈그림 15-2〉처럼 세 가지 기준에 의해 접근되어

〈그림 15-2〉 주택소요 판단기준

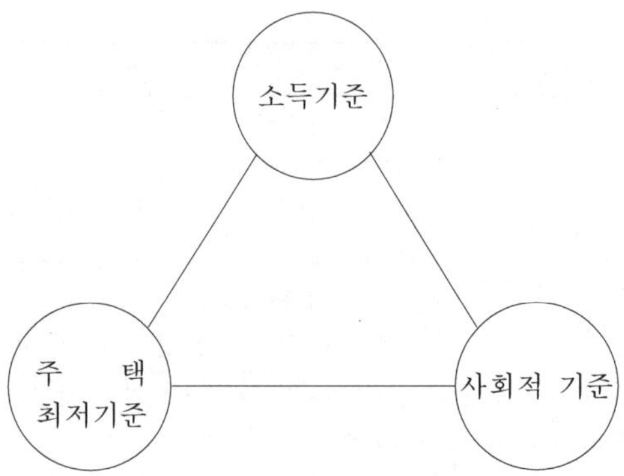

야 할 것이다.

첫째, 소득기준은 소득계층별로 구분하여 1분위 혹은 최하위계층을 의미한다. 정부가 제공한 사회주택의 가장 중요한 배분기준이 저소득이라는 점은 이미 서구선진국의 사회주택정책에서 그 근원을 찾을 수 있다. 영국의 경우 1915년 임대료통제정책에서 출발하였는데, 저소득층 특히 노동자들의 경제적 능력으로는 민간임대주택의 임대료를 지불할 수 없는 상황이었기 때문에, 임대료를 통제하거나 아니면 정부가 건설한 값싼 임대주택을 통하여 주거안정을 도모하려는 의도였다.

우리 나라의 경우 임대료통제정책은 아직 실시한 바 없고 단지 정부가 값싼 임대료를 근거로 공공임대주택을 공급한 경험을 가지고 있다. 문제는 정부가 정한 임대보증금과 월임대료조차도 지불할 수 없는 전혀 소득이 없는 극빈계층에게는 소득기준은 의미가 없다는 것이다. 정부가 소득 1분위를 임대주택입주대상으로 할 경우, 극빈층은 구조적으로 배제될 수밖에 없다.[28]

그리고 저소득을 확인할 수 있는 제도적 장치가 마련되어 있어야 한다. 소위 비공식부문에 종사하는 사람의 경우 정확한 월소득을 확인할 방안이 없는 실정이다. 일정기준 이하의 월가구소득을 판단할 수 있는 방법이 먼저 마련되어야 할 것이다.

둘째, 소득기준에만 의존하여 사회주택의 배분원칙을 정할 수는 없다. 예를 들어 장애인가구, 노령가구, 결손가구(소년가장 등) 등 소득측면보다 가정적, 신체적, 사회문화적인 요소에 의해 주거빈곤을 겪는 가구에 대한 배려가 필요하다.

정부가 제시한 최저주거기준을 공공주택정책에 활용될 수 있도록 하며, 기준 이하에 거주하는 가구(주택)에 대한 장·단기 대책의 수립이 요망된다. 한편 최저주거기준도 지역에 따라 그리고 시대에 따라 가변적일 수 있기 때문에 지역실정에 맞는 기준설정이 시급히 요청되고 있다.

선진국에서 논의되고 있는 최저기준은 대부분 주택내부시설의 미흡(예; 화장실, 부엌, 지붕 및 벽의 구조적 위험도, 채광과 통풍 등)이나, 과밀의 수준, 출입구 여부, 상하수도시설, 전기 등을 기준으로 정하고 있다. 향후 우리 나라 주택최저기준의 정책적 활용시 기존의 도시불량촌의 주거수준조사에서 나타난 사항들을 참고할 필요가 있을 것이다. 즉 주택정책상의 목표화된 최저수준(targeted mini-

---

28) 만일 월임대료를 4~6만 원 정도로 할 경우 월 20만 원 이상의 소득을 가진 가구가 해당된다. 이는 소득 1분위에 속하게 되지만 20만 원의 월소득도 가지지 못한 가구의 수가 상당수 존재하기 때문이다.

mum standard)[29]의 설정이 선행되어야 할 것이다.

셋째, 사회적 기준으로서 국가마다 주거수준과 정책목표에 따라 국가로부터 보호를 받아야 할 집단에 대한 사회주택의 입주 우선권을 부여하는 점이다. 우리 나라도 이미 국민주택의 입주자선정방법의 하나로 저소득국가유공자, 일군위안부, 북한이탈주민, 장애인 등에 대하여는 무주택인 경우 우선권이 부여되고 있다.

외국의 경우도 재개발지구 거주자(홍콩), 아파트, 주택, 토지 등 부동산을 매매하여 이익을 취한 사실이 없는 자(싱가포르), 재해발생으로 인해 주택을 긴급히 요하는 자(일본), 지체부자유 및 질병으로 인한 가구(영국), 가구주의 고령(영국) 등이 사회적 기준의 예라 생각된다.

이러한 사회적 기준은 획일적으로 정하는 것보다, 지역과 주택의 구조 등에 따라 신축성있게 운영될 수 있으리라 본다. 그러나 사회적 기준에 의해 사회주택의 입주대상자는 국민들로부터 공감과 합의를 얻을 수 있도록 광범위한 사회조사가 선행되어야 할 것이다. 또한 지방자치제의 성숙단계에서 해당 지방정부가 사회적 기준을 마련할 수 있도록 하는 것도 한 방법이 될 수 있을 것이다.

5. 사회주택정책의 방향

자본주의사회에서 사회주택정책의 향방은 이론적으로 다원주의적 접근이냐, 신자유주의냐 아니면 엘리트이론 혹은 신마르크스주의냐에 따라 그 접근이 달리 나타나고 있다.

우리 나라의 경우 사회주택정책의 초기단계인 점을 감안해 보면 서구선진국에서와 같은 정당정치가 발달한 나라가 아니기 때문에 관주도적인 사회정책수단이 강구될 수밖에 없는 형편이다. 그러나 사회주택의 입주대상이 될 수 있는 집단에 대한 의견과 국민적 합의를 얻어 사회주택배분의 형평성을 유지해야 할 것이다. 이를 위하여 다음 몇 가지 사항에 주목할 필요가 있다.

첫째, 사회주택 입주대상선정에 있어 정부나 공공단체뿐 아니라 순수한 비영리민간단체(NGO, CBO)의 의견을 수렴할 수 있는 제도적인 길이 마련되어야 한다. 이러한 단체의 정책수립과정상 참여는 소위 경직화된 관주도적인 하향적 사회주택정책의 모순을 어느 정도 시정할 수 있는 장치라 생각된다.

둘째, 지방자치단체의 역할을 강조해야 한다. 주택은 입지의 고정성 때문에

29) Seong-kyu Ha and S. Merrett, "Assessing Housing Consumption Requirements: The Case of Seoul," *Third World Planning Review*, Vol. 6, No. 4, 1984, pp. 331~337.

해당지역주택문제는 해당지방자치단체가 책임있게 배분, 관리하는 방안이 강구되어야 할 것이다. 우리의 현실은 아직 지방자치제가 정착되지 못하고, 지방재정능력이 부족한 실정 하에서 지방자치단체의 책임과 역할을 강조할 수 없는 형편이다. 그러나 향후 사회주택정책은 중앙집권적인 구조에서 지방분권적 체제로 전환될 필요성이 크다.

셋째, 사회주택의 입주자선정은 가장 중요한 정책적 과제이다. 선진국의 경험으로 보아 크게 점수제와 대기자명부(waiting list)제로 구분된다. 점수제는 사회주택의 합리적 배분이라는 요구는 충족될 수 있지만, 행정수요의 증대와 충분한 주거수준조사가 전제된다. 그리고 대기자명부제는 선착순이라는 문제와 함께 주택공급에 따른 정보 및 홍보의 충분한 전달이 전제가 된다. 우리의 현실에서는 점수제와 대기자명부제를 혼합하여 실시하는 방안이 잠정적으로 필요할 것으로 생각된다. 즉 일정요건을 갖춘 가구에 대하여 자격을 부여하되 해당가구 중 우선순위는 점수제로 평가하는 방안이 강구되어야 할 것이다. 그 동안 실시한 영구임대주택 입주자선정을 위한 종합점수제는 나름대로 합리성을 지니고 있으나 법정영세민 등에 국한함으로써 나타나는 문제점도 간과해서는 안 될 것이다.

마지막으로 우리 나라 영구임대주택정책에 관한 국민적 합의를 도출하고자 하는 정부의 노력과 토론과정이 결여되어 있다. 외국에서는 공공영구임대주택이 사회주의적 주택생산양식이라는 비난이 많았는데, 우리 나라는 영구임대주택에 대한 사회주의적이라는 반론이 제기된 적이 한번도 없었다는 지적이 있다.[30] 공공영구임대주택의 사회이념적 논쟁은 물론 공공주택이 지니는 사회·경제적 파급효과에 대한 논의가 활발히 이루어져야 할 것이다.

30) 유재현, "영구임대주택의 전망과 과제,"「주택금융」제115호, 1990. 1, p. 11.

제16장 : 임대료 통제와 규제

제1절 서　론

정부의 지나친 시장간섭과 통제는 자본주의 시장메커니즘을 왜곡시킬 우려가 크다. 주택시장도 근본적으로 수요와 공급의 기본원리에 의해 작동되는데, 이러한 움직임을 정부가 조정, 통제하는 것은 거시적으로 보면 「경제활동에 의한 이윤추구의 침해」로 해석된다.

이러한 문제에도 불구하고 정부가 주택시장에 개입하게 되는 것은 주택시장의 불완전성 때문으로 볼 수 있다. 즉 주택은 원활한 시장기능을 수행하지 못할 정도로 너무나 많은 특성들을 가지고 있어, 사회적 최적수준의 산출물을 생산해 내거나 공평한 분배를 이루지 못하기 때문이다.[1]

민간임대주택시장에서 집주인은 자기소유의 집을 임대함으로써 임대소득을 획득하게 되며, 자가주택시장에서 구매력이 부족한 임차인은 임대주택을 통하여 주거안정을 기하게 된다. 그러나 주택이 절대적으로 부족한 상황에 있는 도시 혹은 특정지역에서 발생되는 임대료의 급상승은 임차인의 주거불안정을 가져온다. 따라서 주택공급을 확대하여 주택의 절대적 부족을 단기간 내에 해결할 수 없는 상황 하에서는 정부가 「임대료 통제나 규제」라는 시장개입수단을 통하여 저소득층 임차인의 주거비부담완화와 아울러 임차권을 보장하려고 한다. 정부의 주택시장개입 중 가장 적극적인 형태가 「임대료 통제」일 것이다.

현대자본주의사회에서 실시되고 있는 임대료 인상을 억제하는 방안에는 크게 4가지가 있다. 첫째 전시나 비상사태에 주로 취해지는 조치로서 임대료를 일정수준에 묶는 임대료 동결(rent freezing), 둘째 임대료의 폭등을 막기 위한 방

1) S. Lansley, *Housing and Public Policy*, London: Croom Helm, 1979, p. 21.

안으로 입법을 통한 일정한 수준의 임대료 인상률을 제한하는 임대료 통제(rent control)방법, 셋째 임대료 규제(rent regulation)로서 지방정부의 전문직 공무원인 임대료 사정관(rent officer)에 의해 적정임대료를 조정하는 방법으로 임대인과 임차인을 동시에 보호하는 방안, 그리고 넷째 특정 임대주택단지의 가옥주 대표와 세입자 대표가 임대료 인상률을 합의하는 임대료 안정(rent stabilization)방법으로 주로 신규임대주택에 많이 적용된다. 여기서 전자의 첫번째와 두번째의 임대료 동결과 통제는 비상수단으로 운영되는 경우가 대부분이며, 평상시에는 후자의 임대료 규제와 임대료 안정책이 많이 이용되고 있다. 임대료 규제책의 대표적인 제도로서 영국의 「공정임대료제도(fair rent system)」를 들 수 있다.

제 2 절 임대료 통제의 이론적 논의

Ⅰ. 임대료 통제의 의의

민간임대시장에 있어서 임대료 통제의 목적은 크게 3가지로 분류해서 생각해 볼 수 있다.

첫째, 일상적인 경우가 아닌 천재지변이나 전쟁 등으로 주택재고가 급격히 파괴 혹은 감소되어 해당지역주민들의 주거불안정과 사회적 동요를 진정시키는데 임대료 통제의 목적이 있다. 대부분의 선진국(특히 유럽국가들)이 제 1~2차 세계대전을 통하여 다수의 주택파괴로 인한 주택재고가 부족한 상황 하에서 긴급조치로서 민간임대주택의 임대료를 동결, 통제한 경우가 있다.

둘째, 전시나 천재지변의 상황이 아니더라도 임대료가 폭등하여 저소득임차인의 주거불안정이 가중되는 경우가 있다. 이러한 상황 하에서는 임차인의 보호라는 사회정책적 차원에서 폭등하는 임대료를 일정시점에서 동결, 통제하기도 한다. 특히 도시화와 산업화가 급속하게 진행되는 시기에는 도시지역의 주택재고가 절대적으로 부족하게 되고 따라서 임대주택의 수요공급에 있어 불균형이 심화되는 바 어떠한 형태로든 정부의 주택시장개입이 이루어지게 된다.

셋째, 자본주의사회에서 흔히 나타나는 소득의 불균형적 배분을 시정하고자 하는 목적에서 임대료통제정책이 실시된다. 임대료 통제나 규제를 실시함으로써 시장가격과 통제가격간에는 일정액의 차이가 발생하게 되는데, 이는 결국 정부의 재정투자 없이 임차인에게 주택보조금을 주는 결과를 가져온다. 즉 집주인의 일정소득이 임차인에게 배분되는 것이며, 집주인은 임대료통제정책으로 정부의 복지재정 일부를 부담하는 형태가 된다.

그러나 이러한 정부의 임대주택시장개입과 통제는 주택시장에서 형성된 가격체계를 무시하는 결과이며, 주택자원의 정부통제적 배분으로 인하여 주택시장 기능을 왜곡시킬 수 있다는 주장이 가능하다. 한편 위에서 언급한 세 가지 임대료통제목적 중 세 번째의 경우, 소득재분배의 수단으로 임대료 통제가 가장 적합한가에 대한 의문과 함께 임차인이 소득재분배의 일차적 대상이 되어야 한다는 주장에 대한 반론이 제기되기도 한다.

Ⅱ. 임대료 통제의 모형

임대료 통제가 지니는 시장효과는 정부에서 통제한 임대료가 시장임대료보다 낮다는 것을 전제로 한다. 단순모형으로서 임대료 통제는 〈그림 16-1〉을 보면 잘 나타나 있다.

임대주택시장의 수요(D)와 공급(S)이 주어졌을 때 균형시장임대료는 r_e이고 임대주택수요는 N_e이다. 만일 시장임대료 r_e가 너무 높다고 정부가 판단하여 r_c수준으로 임대료를 통제 혹은 동결했다면 임차가구는 $r_e - r_c$만큼의 임대료보조금(subsidy)을 집주인으로부터 받는 셈이다. 즉 소득의 재분배효과를 가져온다는 이론적 설명이 가능해진다. 임대료 통제로 인하여 임대수요는 N_e에서 N_b로 증대하여 공급이 N_e수준에 머물러 있을 때 초과수요 $N_e \cdot N_b$가 발생될 것이다. 즉 $N_e \cdot N_b$만큼의 임대주택공급이 요청되는 결과를 가져오게 된다. 만일

〈그림 16-1〉 임대료 통제의 단순모형

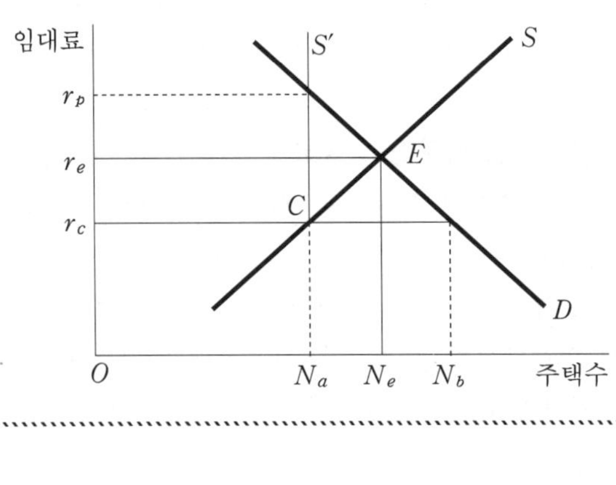

임대료 통제가 계속될 때, 집주인의 임대소득이 감소하는 결과를 가져와서 임대주택공급수는 N_a수준으로 떨어지는 경우도 발생할 수 있다. 이 경우 기존의 임대주택은 임대목적이 아닌 다른 용도로 전환하거나 임대주택을 자가주택으로 처분하는 등 다양한 변화를 예견할 수 있을 것이다. 따라서 주택공급함수는 S'로 굴절되고, 암시장에서의 임대료는 통제 이전의 시장가격보다 훨씬 높은 r_p의 수준에서 결정될 수도 있을 것이다.

위에서 언급한 임대료 통제의 단순모형에서 나타난 파급효과를 정리해 보면 ① 임대료 통제로 인한 세입자의 소득증대효과, ② 집주인으로부터 세입자에게 소득의 재분배효과, ③ 임대목적의 신규주택 및 기존주택재고의 감소, ④ 임대주택의 용도전환, 그리고 ⑤ 기존임대주택의 물리적 수준의 악화 등을 예견해 볼 수 있다.

임대료 통제와 주택공급과의 관계를 자본재고조정모형(capital stock adjustment model)을 통해서 알아보자.

임대주택시장이 실질임대료 r^*에서 장기균형을 이룬다고 가정해 보자. 여기서 주택재고는 OH^*이고, 연간신규주택공급은 OH^*로서 감실되는 주택수를 보충하고 일정한 재고량을 충분히 유지한다. 그런데 만일 소득증가, 핵가족화 추세 등으로 인하여 임대주택에 대한 수요가 갑자기 증대했다고 가정해 보면 주택재고가 고정된 상태에서 임대료는 r_1으로 상승하게 된다. 이로서 장기균형임대료 r^*보다 상승된 임대료를 통해 임대인들은 임대주택을 h_1수준으로 증대시키게 된

〈그림 16-2〉 주택재고조정과 임대료 통제

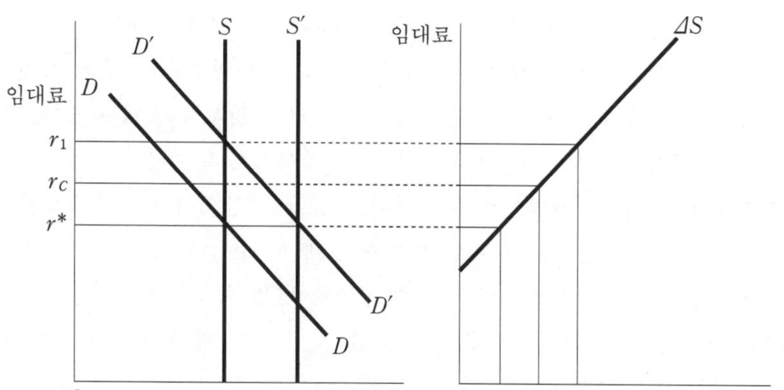

(a) 주택재고 수요와 공급　　(b) 신규주택공급

다. 시간이 지남에 따라 가구수 또한 증가하고, 따라서 총주택수는 H^{**}수준으로 증가하며, 총공급곡선은 S'로 이동하게 된다. 결국 임대료는 원래 가격인 r^*로 재조정된다.

정부는 초기의 임대료 상승을 허용하지 않을 경우, 즉 임대료 통제가격인 rc를 지정하게 된다고 가정해 보자. 이 경우 $r^*<rc<r_1$, 즉 통제된 임대료는 장기균형임대료보다는 높고 단기시장수준 r_1보다는 낮다. 이와 같은 양상의 임대료 통제라면 새로운 균형상태로의 조정이 발생되는 속도(혹은 비율)에는 영향을 미치되 최종 장기적 결과에는 영향을 미치지 않는다. 이 점이 임대료통제정책에서 무시되어온 것으로서 강조되어야 할 점이다.

특히 초기의 주택공급은 통제정책으로 말미암아 oh_1 대신 ohc가 되고, 연간 임대주택재고의 감소를 예상할 수 있다. 이는 통제된 임대료 수준이 그들의 임대주택을 다른 용도로 전환하여 더 많은 이익을 얻을 수 있다는 판단이 서게 되면, 임대주택은 더욱 감소하게 될 것이다. 임대료 통제는 시장임대료보다 낮게 책정되어야 정책효과가 있으며, 이때 임대주택의 물리적 불량화·노후화와 재고의 감소를 막기 위하여 제도적 처방이 있을 수 있다. 예를 들어 집주인의 임대주택처분의 제한이나 타용도로의 전환을 제한하는 경우이다. 그러나 이러한 강력한 재산권 행사의 제약으로 임대주택재고의 감소를 방지할 수 있다 하더라도 결국 집주인의 임대용주택에 대한 투자의욕상실과 수리, 개축 등의 소홀로 인해 임대주택은 질적 저하를 초래하게 될 것이다.

Moorhouse[2]와 Frankena[3]는 임대료 통제에 의한 주택의 질적 저하에 관해 미시경제적 접근을 시도하였다. 이들은 임대주택이란 각종 주거서비스의 조합이라 보고, 시장가격 이하로 임대료를 통제하게 되면 임대인의 이윤이 감소하여 임대주택에 대한 서비스 개선이 등한시되고 임대주택의 질적 저하를 가져오게 된다고 보았다. 〈그림 16-3〉에서 볼 수 있는 것처럼 통제된 임대료(rc)가 임대주택시장가격(r)보다 낮게 책정되면 주택서비스 단위당 가격이 p에서 p_1으로 떨어진다. 이에 임대인은 주거서비스 공급을 감소시키고 임대료를 상승시키려고 할 것이다. 임대료 통제로 제약을 받게 된 소득은 곡선 혹은 그 아래로 머물게 되는 가격-양의 결합값으로 주어진다. 만일 주택서비스의 양이 q_2로 떨어지면 균형점은 주택서비스수요와 공급 사이에 있게 되고, 더 이상 하락하지

2) J.C. Moorhouse, “Optimal Housing Maintenance under Rent Control,” *Southern Economic Journal*, Vol. 9, 1972, pp. 93～106.

3) Mark Frankena, “Alternative Models of Rent Control,” *Urban Studies*, Vol. 12, 1975, pp. 303～308.

〈그림 16-3〉 임대료 통제와 주택의 질조정

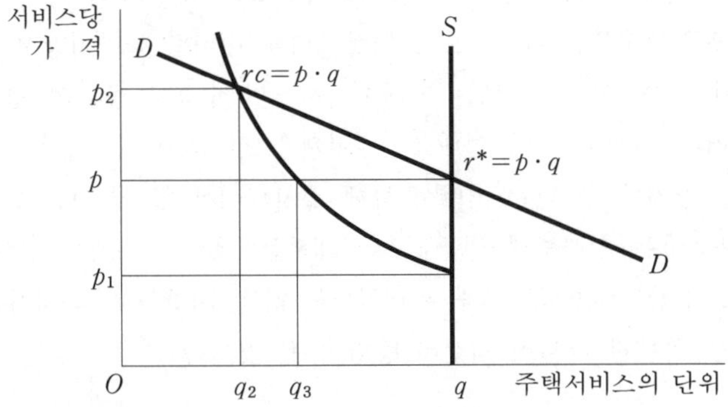

않는다. 그렇지만 최저주거기준(housing minimum standards)에 대한 공중보건법(public health legislation)이 q_2로 떨어지는 것을 방지할 것인데 이는 단위당 서비스가격확보를 저지하는 것이 아니라 임대료를 통제한 주택에 대한 과도한 수요가 암시장의 존재를 가능케 한다는 뜻이다.

임대료통제제도가 가난한 세입자를 보호하고 과도한 임대료 상승을 방지하는 목적으로 적용되지만 여러 가지 부작용을 초래할 수 있다.

첫째, 임대료 통제는 임대주택의 과소비를 초래하고 가구이동을 감소시키는 결과를 가져온다. 즉 임대료 통제하에서는 임차인은 싼 임대료의 주택을 제공받게 되는 결과로 주거공간의 소비가 증대되고 한편 싼 임대료의 현 주택에서 계속 거주하고 다른 곳으로의 이사를 기피하는 경향이 나타난다.

둘째, 임대료 통제는 임대주택의 질적 저하를 초래할 수 있다. 시장가격 이하의 통제된 임대료를 받은 집주인은 주택의 수리, 보수 등의 유지비를 최소화하거나 등한시 함으로써 임대주택재고의 질적 수준을 떨어뜨리는 결과를 가져온다.

셋째, 통제된 가격은 임대인의 이윤을 감소시키는 결과를 가져오므로 더 이상의 임대주택공급을 하지 않을 것이다. 한편 기존의 임대주택도 이윤이 적으므로 타용도로의 전환이 발생된다. 그리고 이러한 임대주택공급의 위축과 함께 임대주택의 수요는 증대될 가능성이 높다. 일부 자가소유 가구도 싼 임대료의 임대주택을 선호하는 임대주택수요의 증대라는 부작용을 낳게 된다.

넷째, 강력한 임대료통제정책은 주택시장의 암거래의 형성과 함께 주택시장의 왜곡현상이 발견된다. 임대주택공급이 증대되지 못하고 기존임대주택도 용도전환으로 인하여 임대주택재고가 감소되면 통제된 임대료에 의해 임대차 관계가 성립되지 못한다. 즉 임대인이 원하는 통제된 가격보다 높은 임대료를 지불하는 임차인이 발생하게 되어 결국 암시장이 성립될 수밖에 없다.

임대료통제정책은 한시적으로 비상사태에 대비한 극약처방적 효과만을 기대할 수밖에 없다. 장기적으로는 임대주택시장의 수요와 공급의 원리에 기초해야 한다. 그러나 어쩔수 없이 임대료통제정책을 실시해야 할 경우는 임대주택재고의 감소를 방지할 수 있는 처방이 함께 실시되어야 할 것이다. 그리고 임대주택수요에 부응하는 임대주택의 공급을 확대하는 정책을 동시에 병행하는 것이 바람직하다. 민간임대주택공급을 확대할 수 없는 시장구조 하에서는 공공부문의 주택공급을 확대하는 길이 최선의 방법이 될 것이다.

제3절 각국의 임대료 통제와 규제제도

I. 영국의 공정임대료(Fair Rent System)제도

1. 공정임대료제도의 배경

영국은 1915년의 임대료통제정책을 시초로 그 후 여러 차례 임대료통제 입법과 정책의 변화를 가져왔다. 우선 전시상태에서는 물자부족을 경험하고 소비자 보호를 목적으로 가격통제를 실시하게 되었는데, 그 중의 하나가 "임대료 통제"였다. 당시 임대료를 동결하는 강력한 정책을 폈었고, 법적 강제하에 전전(戰前)이나 원래 임대시가격으로 시행되도록 하였다. 전후에는 다시 정상상태로 환원될 것이라는 기대속에서 임기응변적 비상조치도 취해졌으나, 막상 전후에도 주택부족의 심각성, 주택공급자인 건설산업의 침체 등으로 임대료통제정책의 철회는 시기상조라는 여론이 지배적이었다. 그리하여 추가적으로 1919년과 1920년에 임대료 통제 관련법률이 통과되었고, 그 후 정부는 민간임대시장에 개입하여 1960년대까지 계속해 왔다. 1965년 임대료 통제에 대한 완화된 조치로서 '공정임대료' 제도의 도입이 있었다. 1915년 이후 1970년대까지 영국의 임대료통제정책은 아래와 같은 몇 가지 유형으로 구분된다.

첫째, 가장 엄격하고 직접적인 통제정책으로서 소위 전면통제(full control)라 불리는 것이 1~2차 세계대전 초기 및 2차대전 이후에도 당분간 계속된 정책이었다. 이러한 강력한 임대료통제정책은 과거 일정시점을 기준으로 최고임대료를 묶어 놓는 방법을 썼다.

둘째, 임대료통제정책의 완화의 조치로서 세입자에게 충격을 주지 않는 최소한의 범위 내에서 점진적 임대료인상허용정책을 들 수 있다. 이러한 정책을 점진적 통제완화책(gradual or creeping decontrol)이라 부르기도 하는데, 이 정책하에서는 현재의 세입자가 떠나지 않는 한 그 임대주택은 통제를 받지만 세입자가 떠나고 나면 집주인이 임대료를 인상시킬 수 있는 임대료통제책으로 전면통제에 비하여 많이 완화된 정책인 것이다.

셋째, 주택수요와 공급이 균형상태에 도달함으로써 임대료의 급격한 상승이 없어 임대료 통제가 철회되는 시기이다. 따라서 임대기간이 종료되지 않아도 통제가 완화되는 것을 말하며 이러한 정책을 block decontrol이라 불린다.

넷째, 1965년에 와서 임대료통제정책은 임대료규제책(rent regulation)으로 바뀌고 "공정임대료"제도가 도입된다. 이 제도는 지금까지 실시된 통제정책으로부터 융통성을 지닌 완화책으로 임대인과 임차인을 동시에 보호하는 정책으로 평가된다.

2. 공정임대료제도

임대료통제정책은 임차인을 보호하는 정책으로는 효과가 있으나 임대주택의 공급이 감소되고 기존임대주택의 질적 저하를 초래하는 등 여러 가지 문제점이 발견되었다.

영국은 1964년 노동당이 집권하면서 임대주택의 임대인과 임차인을 동시에 보호하면서 임대료 폭등을 조정해 보겠다는 제도를 실시하였는데, 이것이 공정임대료제도(fair rent system, 1965)이다.

공정임대료(fair rent)란 종전의 정부가 시장임대료를 무시하고 결정한 통제된 임대료와는 달리 임대료사정관(rent officer)의 평가에 의해서 등록된 임대료를 말한다. 공정임대료란 임대인은 임대주택을 통하여 일정 이윤을 획득하고 아울러 임차인에게는 임대료 폭등이나 임차인주거불안정을 방지하기 위한 것이 본래의 목적이다. 즉 임대인의 부당한 이득을 억제하면서 적정임대료를 통한 세입자보호제도인 것이다. 공정임대료는 임대료사정관에 의해 조정결정되는데 임대료사정관의 신분은 환경성장관(the Secretary of State for the Environment)을 대신하여 지방정부에서 임명한 전문공무원이다.

임대인 혹은 임차인이 공정임대료결정을 신청할 경우 원하는 공정임대료를 명시하게 하고 명시된 임대료에 대하여 임대인과 임차인이 만족·동의하지 못할 경우 반드시 양편을 불러 조정에 들어간다. 공정임대료는 임차인 혹은 임대인이

동시에 혹은 어느 한편의 공정임대료 조정요구에 의해 임대료사정관이 개입된다. 만일 임대인 임차인 중 어느 누구도 공정임대료 신청이 없으면, 임대료사정관의 개입조정은 없다.

임대료사정관이 양편의 조정과정을 거쳐 최종 공정임대료를 결정하게 되고, 이에 한편이 동의하지 않으면 이의제기는 28일 이내에 「임대료조정위원회(rent assessment committee)」에 할 수 있다. 임대료조정위원회는 임대료사정관에 의해 결정된 공정임대료에 대하여 심사하게 된다. 임대료조정위원회의 최종결정에 대해 불만이 있는 임대인 혹은 임차인은 법적으로 이의를 제기할 수 있다. 그러나 대부분의 경우는 임대료사정관에 의해 조정된 임대료로 결정되며, 임대료조정위원회까지 이의를 제기하는 경우는 드물고 더욱이 법적으로 이의제기를 하는 예는 거의 없다.

그러면 임대료사정관은 어떤 기준에 의해 공정임대료를 결정하는가? 임대료사정관이 고려하는 사항을 보면 다음과 같다.

① 해당 임대주택의 건축연도: 주택의 노후도판단

② 주택의 구조적 특징과 유지관리상태: 주거서비스의 수준을 판단

③ 가구(家具)의 유무와 가구가 있는 경우 종류, 질적 수준 등의 고려 등이다.

여기서 특기할 사항은 임대료산정시 고려하지 않는 사항은 임대인의 투자나 노력 없이 제공되는 이점, 예를 들어 근린공원 등으로부터 발생하는 쾌적성 등이다. 임대료사정관이 공정한 임대료를 결정하기란 사실상 매우 힘든 일이며 때로 자의적 판단기준이 작용할 위험성이 내포되어 있다. 그래서 공정임대료 산정을 위해서 몇 가지 비교기준을 마련하고 있다.

① 임대료사정관의 개입없이 임대인과 임차인 사이의 합의에 의해서 결정된 임대료와 해당지역내의 임대료수준

② 임대주택의 수요와 공급이 균형을 유지하고 있는 지역의 유사한 형태, 비슷한 수준을 지닌 주택의 임대료

③ 수익률·비용·총가격 등을 고려하여 산정한 기존의 공정임대료

④ 기타 해당주택의 여러 가지 특성들을 고려하여 비슷한 수준의 해당지역 주택과 비교하여 공정임대료를 결정하도록 되어 있다.

그러나 임대료사정관이 반드시 어떤 사항들을 참조하여 공정임대료를 판정하여야 한다는 세밀한 내용은 법적으로 명시되어 있지 않다.

중요한 것은 임대료사정관이 스스로 해당임대주택을 방문하여 직접 그 주택

이 지닌 장점과 문제점을 점검하도록 되어 있다. 그리고 임대료사정관이 최종 공정임대료를 판정할 때는 임대인과 임차인의 개인적 사정, 즉 저소득, 지체부자유, 결손가정 등은 일체 고려하지 않고, 오직 주택 자체만을 기준으로 판정하게 된다. 이러한 공정임대료를 판정하는데 임대료사정관의 서비스는 일체 무료이며, 임대인과 임차인이 임대료사정관에게 금전적 사례비를 지불하는 것은 금지되어있다. 비록 공정임대료제도를 통해 임차인을 보호하고 있다고 하지만 「공정임대료」도 지불할 수 없는 저소득임차인의 경우는 지방정부에 임대료 수당(rent allowance)을[4] 신청할 수 있게 되어 있다. 어떤 家口가 지방정부로부터 임대료 수당을 지원받을 수 있는가에 대하여는 지방정부의 주택국(Housing department)이나 시민자문처(the local citizen's advice bureau)에 문의하면 된다.[5]

한편 통계적 방법에 의하여 공정임대료를 판정하는 기준은 특성가격함수(hedonic price function)추정을 통하여 결정하는 방안도 있다.[6] 이 방법은 임대료를 종속변수로 하고, 독립변수는 주택이 지닌 다양한 특성 즉 주택의 구조, 위치 그리고 환경적 특성 등을 나타낸다.

$$R_i = f(X_{i1} \cdots X_{ij} \cdots X_{im})$$

여기서 R_i $= i$주택의 공정임대료

$X_{ij} = i$주택의 j번째 특성을 나타낸다.

3. 공정임대료제도의 미시경제적 평가

공정임대료제도는 두 가지 문제점을 내포하고 있다. 하나는 공정임대료 판정기준이 주택 그 자체에만 국한하고 임차인의 개인적 사정을 전혀 고려하지 않는다는 점이다. 그리고 다른 하나는 공정임대료제도가 임대주택의 재고가 부족하다는 사실을 고려하지 않았다는 점이다.

공정임대료제도가 영국에서 주택정책의 핵심을 이루고 있다는 중요성을 들어 Stafford는 미시경제적 접근을 통하여 몇 가지 문제점을 제기하였다. 〈그림

4) 임차가구를 위한 임대료보조제도로서 공공주택임차인에게는 임대료 할인(rent rebate)과 민간임대주택 임차인에게는 임대료수당(housing allowance)제도가 있다. 임대료할인은 2차대전 이전부터 지자체의 재량으로 실시되어 왔으며, 주택수당은 1960년대까지 일부지방에서 실시되어 왔으나 1972년 주택재정법(Housing Finance Act, 1972)에 의해 전국적으로 실시되었다.

5) Marion Cutting, *A Housing Rights Handbook*, Harmondsworth: Penguin Books, 1979, p.128.

6) J. Doling and M. Davis, *Public Control of Privately Rented Housing*, Hampshire: Gower, 1984 참조.

16-4〉에서 모든 주택은 동일지역에서는 동질적인 것으로 간주한다. AA는 실제 임대목적의 주택재고(家具없는 임대주택)로써 완전한 비탄력적 단기공급선이며, SS_1은 장기공급선이다. 자유시장조건 하에서는 공급 OA는 P_1에 임대료가 책정된다. P_1의 임대료 수준에서 총량적 수요는 OT이며, AT만큼의 초과수요가 발생하여 과밀의 초래, 무주택자의 발생, 임대료 상승을 유발하게 된다.

자유시장경제 하에서 임대인은 P_2수준의 임대료를 요구하게 되고, 이 상황 하에서 OA주택은 OT만큼의 가구를 수용해야 한다. 정부는 임대료 규제를 통하여 임차인을 보호하기 위하여 P_1의 "공정한 임대료"로 책정한다고 생각해 보자. 여기서 P_1의 공정임대료는 집주인에게 공급을 증대시킬 아무런 인센티브를 주지 못한다

한편 AT만큼의 가구는 임대주택을 찾지 못하는 결과를 가져온다. 비록 공정임대료가 임차인이 지불가능한 임대료 수준에 결정되었다 해도, 문제를 해결하기 위해서는 공급곡선이 SS_2로 옮겨가지 않으면 안된다.

만일 P_1 공정임대료수준 하에서 모든 임차인이 임대료를 지불할 의사와 지불능력이 있을 때, 임대수요(DD_1)는 완전 비탄력적 일 수 있다. 한편 시장에서의 공정임대료 P_1을 지키기 위해서는 공급선 SS_2가 유지될 수 있는 임대인의 보조정책이 요청된다. 이는 임대인의 일정수준의 임대소득을 보장하는 정부지원책이 따라야 임대주택공급이 유지되고, 임대시장에서 공정임대료 P_1 수준을 유지할 수 있다는 것이다.

이상에서 임대수요층을 위하여 정부는 임대주택공급이 확대될 수 있도록 직

〈그림 16-4〉 공정임대료 단순모형

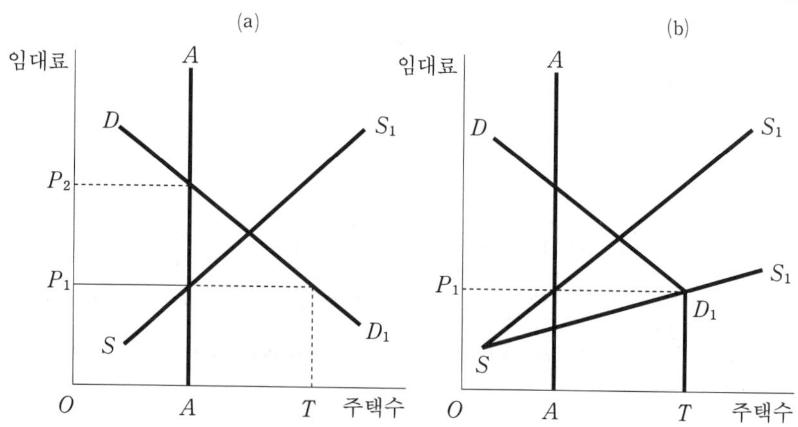

접적인 보조정책을 펴거나 아니면 정부가 임대주택을 건설공급해야 한다는 것을 알 수 있다. 즉 공정임대료제도로 인하여 임대주택공급이 감소하거나 임대주택 수요가 증대되는 상황 하에서는 공급적 측면의 정부지원과 아울러 수요측면의 저소득임차인에 대한 주거비보조정책이 동시에 시행되어야 한다.7)

영국이 공정임대료정책을 펼 수 있었던 배경에는 지방정부가 관리하는 공공영구임대주택의 수가 전체주택재고의 1/3 이상을 차지하고 있다는 사실을 간과할 수 없다. 그 동안 꾸준히 공공부문의 임대주택공급을 확대해 왔기 때문에 공정임대료를 통한 공급상의 공백을 채울 수 있었다는 점이다.

그러나 영국이 시행해 온 공정임대료제도는 아래와 같은 몇 가지 문제점과 한계를 지니고 있다.

① 공정임대료의 결정과정에 있어서 임대료사정관의 주관적 요소를 내포하고 있어 어디까지가 공정한 결정인가에 대한 객관적 기준을 제시하기가 어렵다.

② 공정임대료의 임대료사정관과 임대료조정위원회에게 너무 많은 자율성이 부여되어 있다.

③ 지난 몇 년간의 경험으로 보아 공정임대료의 상승률이 다른 물가지수에 비해 훨씬 느린 것으로 평가되어 임대인의 수익은 감소하고 임차인에게 많은 혜택이 주어지고 있다.

④ 1970년대 후반부터 민간임대주택부문보다 자가주택부문(owner-occupation)에 정부가 더 큰 비중을 두어 각종지원제도가 추가됨에 따라 민간임대부문은 상대적으로 위축되고 있다. 이로 인하여 민간임대주택이 자가주택부문으로 전환하는 등 「공정임대료」제도에 직접적인 영향을 미치고 있다.

⑤ 민간임대주택을 정부가 매입하는 이른바 공공부문의 확대방안은 민간임대부문에서 발생하는 임대료 통제나 규제의 문제점을 해결할 수 있는 가장 확실한 방안이 될 수 있다. 그러나 이를 위한 막대한 국가재정의 투입은 재정적으로 어려움이 많아 비현실적이다. 한편 「대처」 보수당 정부가 기존의 사회주택도 불하하는 주택사유화 정책에 초점을 맞추고 있는 현실에서는 민간임대주택의 공공주택전환은 거의 불가능한 일이라 할 수 있다.

7) D.C. Stafford, *The Economics of Housing Policy*, London: Croom Helm, 1978, p.109.

Ⅱ. 독일의 임대료규제제도

1. 주택문제와 정부개입[8)]

독일의 주택정책은 자유주택시장을 전제한다. 그러나 "모든 사람은 인간적인 거주에 대한 권리를 갖는다"는 대전제에 입각하여, 공적인 개입이 필요하다는 입장을 취하고 있다. 이는 곧 주택시장에 있어 국가는 자유경쟁의 조건을 만들어 주는 한편 사회적 요구를 충족시키기 위해 국가가 개입해 조정할 필요가 있다는 것을 말한다.

독일에 있어 주택시장에의 정부개입의 필요성이 실제적으로 인식되기 시작한 것은 세계 1, 2차 대전이라는 커다란 역사적 전환을 거치면서부터 였다. 전쟁 중 공습, 시가전으로 인해 파괴된 주택수는 엄청난 반면 전후 수백만의 추방자, 난민들이 국내로 유입하였는 바 주택사정은 실로 상상을 초월할 정도였기 때문이다. 따라서 전후 한동안 독일 주택정책의 주안점은 어떻게 주택을 대량으로 건설하여 국민에게 주거공간을 확보할 수 있도록 하느냐 하는 점에 있었다.

독일의 이러한 주택대량공급정책은 소위 「사회주택(social rented housing)」 정책으로 대표된다. 사회주택은 「규모, 시설, 임대료 또는 건설비부담이 폭넓게 국민층에 맞는 적절한 주택」으로서, 국가는 사회주택의 건설시 저리, 무이자의 대부금이나 보조금을 지급하고, 반대급부로 사회주택에 대해 여러 가지 제한을 가하는 방법을 취하고 있다. 사회주택건설을 중심으로 한 주택정책은 그 후 도시개발에 대한 제도 및 법제화가 행해져 주택의 질, 주거환경개선이 활발하게 이루어져 결국 독일의 주택수준은 유럽 내에서도 상당히 높은 위치를 차지하게 되었다.

2. 임대료통제와 규제제도

(1) 임대차 법령의 변천[9)]

1896년 제정된 독일의 민법에 의하면 임대차계약은 기본적으로는 계약자유의 원칙에 의해 체결되는 것으로 나타나 있다. 그러나 이러한 원칙은 2차례 세계대전을 거쳐 현재에 이르기까지 크게 변화하였다. 다음은 연도별로 그 흐름을 살펴 본 것이다.

---

8) 水原涉, "西トイツの住宅政策-その性格と成果について-," 「HOUSE誌」, 1月號特輯, 1981. 1.

9) 伊藤英隆, "住宅賃貸條件の國際比較硏究(2)-西トイツ編-," 「土地住宅問題」, Vol.130, 1985.

— 1896년 민법제정, 1900년 시행.
— 1914년 제1차대전으로 인해 주택재고가 파괴되었으며, 1917년에는 주택의 입주관리, 집세 및 계약해제에 관해 국가의 개입이 시작됨.
— 1922년 제국 가임[10]법 제정, 1918년 이전에 건축된 차가의 임대료가 통제됨.
— 1923년 차가보호법 제정·계약해제 등에 개입.
— 1936년 가격정비령의 발포, 물가와 서비스요금의 동결, 집세도 포함됨.
— 1951년 제1차 주택건설법제정, 공적자금을 도입하여 소위 「사회주택」의 건설을 촉진함과 동시에 신설 민영차가의 집세는 자유계약의 원칙에 맡김.
— 1953년 주택입주관리법제정, 민간차가의 입주자결정 등을 국가의 관리하에 둠.
— 1960년 이후 주택시장에의 정부개입이 지역별로 단계적으로 폐지됨. 그동안 주택재고가 어느 정도 확보되었으며, 시장경제원리를 회복하고 사유재산의 보호를 강화해야 한다는 주장이 대두되었기 때문임. 그러나 1970년대는 그 결과로써 재차 형태를 바꾼 국가의 개입을 필요로 하는 문제가 발생하게 됨.
— 1970년 주택수당법의 제정, 주택수당은 차가인에는 임대료보조금으로서 자가취득자에는 할부금 등 부담보조금으로서 지급됨.
— 1971년 임차권개선법의 제정, 우선 임대료에 관하여 「임대료인상조정법」에 의하도록 하며, 「비교임대료」를 상한으로 하는 가격인상제도를 정함, 또한 폭리적 임대료를 형사벌이나 질서벌의 대상으로 하였음.
— 1983년 경기침체, 물가상승 등의 문제가 발생함에 따라, 「임대주택공급촉진법」이 제정됨.
— 1990년 Gesetz uber die Gemeinnutzigkeit im Wohnungswesen(주택공공성에 관한 법률) 폐지,

(2) 비교임대료제도의 개요

지금까지 살펴본 독일의 임대차 법령 중 비교임대료제도가 영국의 공정임대료제도와 함께 대표적인 임대료규제제도의 예로 볼 수 있다.

비교임대료란 임대인에게 발생하는 주택부족으로 인한 초과이득을 배제하고

10) 家賃은 일본에서 사용하는 용어로 「집세」를 의미한다. 우리 나라 임대차보호법에서는 借賃이란 용어를 사용하고 있다.

산출한 준시장임대료이다.[11] 1971년의 「임대료인상조정법」은 비교임대료가 상대적으로 높은 경우의 임대료 인상을 규제한 제도로 그 내용을 구체적으로 살펴보면 다음과 같다.[12]

1) 임대료 인상으로 인한 계약해제의 금지

임대료 인상목적을 위한 임대차계약해제의 고지는 배제된다.

2) 임대인은 다음의 경우 임차인에 대해 가격인상에 대한 동의를 요구할 수 있다.

① 1년간에 걸쳐 임대료를 변경하지 않은 경우

② 요구하는 임대료가 그 지역내 또는 유사한 지역의 건설방식, 주택규모, 설비, 특성(건축년도) 및 입지의 면에서 비교가능한 주택의 최근 3개년 이내에 계약된 임대료(비교임대료)를 상회하지 않은 경우

③ 3년간의 임대료가격인상률이 30% 이상이 되지 않은 경우

3) 인상수속

임대인은 가격인상요구를 서면으로 이유를 붙여 행한다. 요구하는 임대료가 비교임대료를 초과하지 않은 증명으로서 ① 공시가임표 ② 감정인에 의한 감정서 ③ 유사주택 3호의 임대료 사례 중 어느 하나를 인용할 수 있다.

4) 공시임대료표

공시임대료표는 그 지역당국 또는 임대인과 차가인의 대표자가 작성한다. 작성방법은 당해지역 내 민영차가를 주택의 규모별, 설비별, 건축년도별, 입지별로 분류하고, 각각에 관해 임대료조사를 실시, 통계학적 처리를 행한다. 공시임대료표는 2년마다 수정한다.

5) 특수한 임대료인상

이제까지 서술한 임대료 인상은 비교임대료가 상대적으로 높은 경우이다. 이외에 임대인이 주택재고의 개선공사를 행한 경우는 필요한 비용의 1%상당액을 인상할 수 있다. 또한 차입금에 의해 차가를 건설하고 그 후 금리가 인상된 때(변동금리자금) 또는 주택제비용 포함의 임대료가 지불된 경우, 세금 등이 인상된 때에는 그 금액만큼 임대료 인상이 인정된다.

3. 공공주택회사(Gemeinnutzige Wohnungs Gesellschaften)

공공주택회사는 정부의 지원을 받아 저소득층의 주거안정에 목표를 둔 소형

---

11) 국토개발연구원, 「사회주택정책에 관한 연구」, 1988. 12, p. 42.

12) 伊藤英隆, 전게서.

주택(kleinwohnungen)[13]을 건설하는 법인체이다. 이 회사는 독일 전체주택건설량의 상당부분[14]을 차지하고 있으며, 가난한 사람들의 주거안정을 도모하고자 인도주의적 사회단체나 사람들의 자금에 의해 출발한 사회주택적 조합성격이 강한 주택공급단체이다.

공공주택회사가 건설하는 주택은 60% 이상이 임대주택이며,[15] 임대료는 "주택공공성에 관한 법률(Gesetz uber die Gemeinnutzigkeit im Wonungswesen: WGG)"에 근거 "적정임대료"[16]를 정하도록 되어 있어, 이윤추구가 목표인 일반 민간부문임대주택과는 차이를 보이고 있다. 공공주택회사의 임대주택은 저소득층, 실직자, 노령가구, 신혼부부 등 경제적으로 어려움이 많은 가구에게 우선권이 부여되기도 한다.

공공주택회사의 임대주택공급에 따른 정부지원은 주로 재산세, 영업세, 법인세를 감면해 주고, 기타 행정비용을 경감시켜 주는 혜택을 들 수 있다. 이는 주거안정을 누리지 못하는 사람들을 위한 정부의 간접적 보조방식이며, 이러한 방식의 저소득층 주거안정이 바람직한가의 논란이 계속되어 왔다. 이러한 논란의 결과 공공주택회사에 대한 정부의 보조제도는 1990년부터 폐지되었다.[17]

비록 공공주택회사가 "주택공공성에 관한 법률(WGG)"의 폐지로 활동이 중지되기는 했지만, 이 회사의 저소득층 주거안정을 위한 기여도는 시사하는 바가 크다. 즉 공공주택회사를 통하여 가난한 사람들의 임대료보조와 임차가구의 주거불안정을 해소하고, 간접적인 방법의 임대료 규제와 조정역할을 정부가 수행하였다는 점이다. 공공주택회사제도의 폐지는 독일의 주택정책이 임대료 규제나 조정정책에서 시장경제로의 전환을 의미한다.

Ⅲ. 일본의 임대료규제제도

일본정부가 민간임대주택시장에 개입하게 된 것도 세계대전이란 극한상황에서 비롯되었다. 일본은 제2차 세계대전 중인 1939년 10월 20일 지대가임통제

13) 소형주택이란 120m² 이하의 주택을 말한다.
14) 총건설호수 중 공공주택회사의 비중이 연간 11%~43%의 수준으로서 1951년에는 43.1%, 1965년에는 30.3% 그리고 1985년에는 11.3%의 주택을 건설하였다.
15) BMF, Schriftenreihe des Bundesministeriums der Finanzen, Heft.35, 1985. 8 참조.
16) 적정임대료는 경영비용 및 자본비용을 충당하는 데 필요한 금액을 초과하지 않는 범위를 뜻함.
17) 공공주택회사에 관한 설명은 송형식, "독일의 공공주택회사," 「주택금융」, 제121호, 1990. 7, pp.26~35를 참고바람.

령(제 1 차)을 공포하였다. 동법은 일정시점을 기준으로 임대료 상한선을 정한 것으로 전쟁 중의 무절제한 임대료 상승을 막고 주민생활을 안정시키고자 유효기간 1년의 한시법으로 제정되었다. 이 법은 1940년 10월의 제 2 차 지대가임통제령에 의하여 1946년 9월 30일까지 존속되었다.

1946년 9월 전쟁 후 부족한 주택사정과 물가상승억제 등의 필요에 의해 현재의 제 3 차 지대가임통제령이 공포되었는데, 수차의 개정을 거쳐 오늘에 이르고 있다. 이 법에 의하면 임대인은 정지통제액 및 인가통제액을 초과하여 지대가임의 액을 계약 또는 수령할 수 없다.

여기서 정지통제령이란 제 2 차 지대가임통제령이 유효한 최후의 날인 1946년 9월 30일의 지대가임을 말하고, 인가통제령은 1946년 9월 30일 이후에 새롭게 발생하는 지대가임에 관하여 물가청장관이 정하는 인가기준에 따라서 지방장관이 인가하는 지대가임을 말한다. 제 3 차 지대가임통제령은 그 후 몇 차례 개정을 통해 통제대상의 범위가 계속 축소되는 추세를 보여왔다.[18)]

한편 일본의 임대료정책의 논의에 있어 주목할 만한 것으로 경사임대료제도, 공가임대료제도 및 계속임대료제도를 들 수 있다.

이들 제도는 주택·도시정비공단법에 규정된 것으로 그 내용은 다음과 같다.[19)]

첫째, 경사(傾斜)임대료제도는 관리개시 초기의 임대료를 감액하고, 이후 일정기간(원칙적으로 5년간) 매년 일정률을 곱해서 얻은 금액을 점차 인상해 가는 제도로 1970년도부터 도입되었다. 본제도는 건축비 및 지가의 앙등으로 인한 임대주택의 임대료가 고액화되고, 근로자가 부담할 수 있는 적정한 임대료수준을 확보하기가 점차 어려워짐에 따라 입주초기의 임대료부담을 경감함과 동시에 입주가능계층을 확보할 목적으로 제정되었다.

둘째, 공가(空家)임대료제도는 임대주택에 공가(空家)가 발생한 경우 신규입주자에 대해 적용하는 임대료로 1966년에 도입되었다. 이 제도는 오래된 주택일지라도 일단 공가가 되면 특별한 수리를 가하여 최대한 그 시점의 신규주택수준으로 조정한 후 새로이 공급하는 것이기 때문에, 그 임대료도 항상 적정하고 균형적인 수준이 되어야 한다는 사고방식에 의한 것으로, 임대주택상호간의 임

---

18) 염돈민, "외국의 임대료통제정책," 국토개발연구원, 「국토정보다이제스트」, 1987. 7. 15, pp. 15~16; 日本住宅公團審議室, 「世界の住宅政策比較研究(家賃政策)」, 昭和 50年, pp.55~96 참조.

19) 대한주택공사, 「공공주택단지의 타당성평가 및 개발방향에 관한 연구」, 1989. 12, pp.174~175.

대료의 불균형성장과 주택의 질적향상을 도모할 것을 목적으로 하는 제도이다.

셋째, 계속(繼續)임대료제도는 경제사정의 변동, 소득의 상승 등 제반요인으로 인하여 계속해서 거주하는 사람들의 임대료를 일정기간이 경과할 때마다 수정하여 적정화를 도모하는 제도이다.

Ⅳ. 미국과 캐나다의 임대료규제제도[20)]

미국과 캐나다에서 채택하고 있는 임대료통제방식의 특징은 정부는 매년 임대료를 올릴 수 있는 상한선만 정할 뿐이고 임차인과 임대인간의 거래에는 관여하지 않는 데 있다. 또한 양국의 임대료 통제는 각 도시마다 차이가 있고 그 실시시기도 다르다.

미국은 세계 제1차대전과 2차대전 기간 중 임대료통제정책을 한시적으로 실시하였으나 이후 폐지되었다. 그리고 1971년 닉슨(Nixon)정부하에 잠시 임대료를 조정한 적이 있었다. 미국의 임대료통제정책의 특징은 전국을 대상으로 실시되기보다는 각 지방정부의 사정에 따라 실시된다는 점을 들 수 있다.

미국에서 주택임대료 통제가 가장 오랫동안 실시되어온 곳은 뉴욕과 로스앤젤레스이다. 이 중 뉴욕의 임대료 통제는 2차대전중인 1943년에 전시물가통제의 일환으로 시작되었다. 이때 모든 임대주택의 임대료는 1943년 3월 1일 수준으로 고정시켰고, 세입자에게는 원하는 기간 동안 계속 임대할 수 있는 우선권이 부여되었다. 그 후 뉴욕의 임대료 통제는 통제완화와 강화의 주기적 시행을 되풀이하게 되었다. 특기할 만한 것은 규정상 공가율이 5%를 넘게 되면, 임대료 통제를 해제한다고 되어 있으나 아직까지 이 수준을 넘은 적이 없다.

캐나다의 가장 대표적인 임대료 통제는 1975년의 선거와중에서 일시적으로 시작된 온타리오주의 임대료 통제이다. 그 내용을 살펴보면, 1975년 이전에 건축된 모든 임대주택이 임대료 통제의 대상이 되었으나 이후 새로 짓는 임대주택에 대해서는 5년간 임대료 통제대상에서 제외시켰다. 임대료 통제대상의 범위는 그 후 몇 차례 변화가 있었다.

한편 임대인은 매년 정해진 범위안에서 임대료를 인상시킬 수 있는데, 이 임대료 인상률은 1975~1977년간에 8%, 1977~1985년간에는 6% 그리고 1985~1986년간에는 4%였으며, 1986~1987년간에는 5.2%였다. 그리고 임대료조정위

20) 황명찬·홍갑선, "주택임대료 통제의 이론과 사례," 한국주택은행, 「주택금융」, 제17호, 1990. 3, pp.6~9에서 발췌·인용하였음.

원회의 허락을 받으면 그 범위 이상으로도 임대료를 인상할 수 있다.

제 4 절 한국의 주택임대차 보호와 규제

Ⅰ. 주택임대차보호법의 내용

주택임대차보호법은 주거용 건물의 임대차에 관하여 민법에 대한 특례를 규정함으로써 국민의 주거생활의 안정을 보장함을 목적으로 1981년 3월 5일 법률 제3379호로 제정되었다.

당시의 우리 나라 주택정책의 기조는 과거 경제·정책적 차원에서 사회·복지적 차원으로 전환되는 시점에 있었다. 이같은 전환은 정부의 주택공급정책이 내집을 마련할 만한 능력이 없는 소위 저소득층의 주택문제를 해결하지 못함에서 비롯된 것으로 주택임대차보호법 역시 이러한 시대적 배경과 같은 맥락에서 출발한 것으로 이해할 수 있다.

주택임대차 보호법은 그 후 1983년 12월 30일 1차 개정이 있었다. 한편 동법 시행령은 1984년 6월 14일 대통령 제1141호로 제정되었으며, 1987년 12월 1일 1차 개정을 거쳤다. 주택임대차보호법은 법의 적용범위, 임대차기간, 해지의 제한 및 소액보증금의 보호 등을 중심내용으로 구성되어 있다(동법 및 시행령의 1차개정 때까지의 내용은 〈부록 3〉 참조).

1차 개정시까지의 임대차보호법 및 시행령 중 세입자 보호와 가장 직접적으로 연관이 있는 임대차기간, 임대료 증액 및 소액보증금의 보호규정을 살펴보면 다음과 같다.

첫째, 임대차기간에 있어서 주택임차권의 단기존속기관을 명시적으로 규정하고 있어, 주택임대차계약체결 후 6개월 이내에는 임대인이 해지통고를 할 수 없도록 함으로써 주택임차의 최단존속기간이 1년이 될 수 있도록 하는 간접적인 방법을 취하고 있다.

둘째, 임대료 또는 보증금의 증액청구는 약정한 임대료의 5%를 초과하지 못하며, 증액청구도 임대차계약 또는 약정한 임대료 등의 증액이 있은 후 1년 이내에는 하지 못하도록 되어 있다.

셋째, 소액보증금에 관한 내용 중 중심이 되는 것은 우선변제를 받을 소액보증금의 범위를 서울특별시 및 광역시에서는 500만원 이하, 기타의 지역에서는

400만 원 이하로 규정하고 있다.

한편 임대차 보호법은 1989년 12월 30일, 시행령은 1990년 2월 19일, 1995년 10월 19일 다시 개정되었다. 임대차기간 및 소액보증금의 액수를 중심으로 한 동법령의 개정은 세입자의 임차보증금 채권보호와 주거생활을 안정시키기 위한 목적에서 비롯되었다.

동 개정법령에 의하면 기간을 정하지 않았거나 기간을 2년 미만으로 정한 임대차는 그 기간을 2년으로 하였다. 그리고 우선변제를 받을 수 있는 소액보증금 중 일정액의 범위는 수도권 중 과밀억제권역은 1,600만 원 및 광역시는 1,400만 원 이하, 그 밖의 지역은 1,200만 원 이하로 정하였으며, 우선변제를 받을 수 있는 임차인의 범위는 보증금이 수도권 중 과밀억제권역은 4,000만 원 및 광역시에서는 3,500만 원 이하, 그 밖의 지역에서는 3,000만 원 이하로 하였다(시행령 제3조).

최근(1998) 임대차보호법의 개정에 대한 내용이 발표되었다. 그 동안의 임대차보호법이 임차인의 주거안정을 도모하는 데 많은 문제가 있음을 파악하고 다시 개정의 취지를 보다 강화된 법률적 내용을 담고 있다(〈표 16-1〉 참조). 그러나 주택임대차보호법에 대한 개정안에 대해 몇 가지 제도적 한계와 장애요인이 발견되어 논란이 일고 있다.

새로 개정될 법률안에서는 한 단계 진일보된 조항이 포함되어 있지만, 주거권확보를 위해서는 보장사항을 강화하거나, 새로운 항목을 추가하는 등의 사후

〈표 16-1〉 주택임대차보호법 개정내용(1998년 현재)

항목 / 기준	경매신청	임차권 등기	대항력·우선변제권	전세금반환 청구소송기간	전세기간	자동갱신권
현행기준	집을 비워주어야 가능	민법상 집주인과 세입자 간 합의에 의해 가능(대항력만)	집을 비워주면 상실	3~4개월	2년	집주인의 자의적 판단에 의존
개정기준	거주하면서도 가능	법원 명령으로도 가능(대항력과 우선변제권 모두가능)	임차권 등기 후 이사해도 권리유지	1~2개월(소액사건준용)	2년 미만도 가능(세입자가 2년요구시는 집주인은 응해야 함)	재계약여부 통보 후에도 의사표시 없으면 암묵적 계약갱신 효력 있음.

자료: 법무부.

적 노력도 필요하다.

첫째, 우선 제 3 자에 대한 권리행사로 대항력행사와 우선변제사항이다. 종전에 경매 등의 주거환경을 위협하는 주거안정 저해요소를 제거할 수 있는 길이 열린 것이다. 전세입주 전 이미 은행담보가 잡혀 있는 경우 선순위가 아니더라도, 확정일자를 받아 놓은 경우 임차권 등기를 마친 시점부터 대항력과 우선변제권을 취득하게 되었다. 개정안 전의 내용인 민법 제621조는 집주인이 법의 적용을 꺼리는데다 대항력만 인정될 뿐 경매처분시 우선변제권이 없어 활용가치가 적었는데, 이 개정안에서는 임차권 등기명령에 의한 임차권 등기와 같이 대항력과 우선변제권을 가지게 되었다.

둘째, 집주인에 대해 임차권 등기명령을 법원에 고할 수 있는 사항으로 법원이의신청을 하면, 재판을 해 임차권 등기명령의 적정 여부를 판단한다.

셋째, 임대기간의 대한 사항으로 계약만료 때까지 이사의사 여부를 밝히는 것에 관계없이 집주인은 2 년간 세입자를 내보낼 수 없도록 못박고 있다. ㉠ 세입자의 경우 계약이 만료됐더라도 아무 때나 이사하겠다는 통보를 하고 1 개월이 지나면 자동적으로 계약이 해지돼 이사가 가능하다. 하지만 집주인은 2 년간 세입자를 강제퇴출할 수 없도록 하였다. ㉡ 원래 집주인은 계약기간 만료 6 개월 전부터 1 개월전 사이에 재계약 여부를 세입자에게 알려야 하고 세입자는 계약만료 전까지 이사여부를 통보하면 된다. 하지만 이런 통보 없이 그대로 거주했다면 묵시적으로 계약갱신이 된 것으로 간주되지만 별도의 계약기간은 없는 것으로 되어 있다. ㉢ 마지막 조항의 경우 계약갱신에 대한 기간명시를 하지 않으면 완전한 자동갱신의 효력을 발휘하는 데 장애사항이 될 소지를 남겨 두어 흠결로 지적할 수 있다. 자동갱신의 의미는 결국 분명한 기간명시만큼의 주거안정권을 법률적으로 확보하는 것이므로, 명백한 기간의 선언이 차후의 계약자 상호간의 의견차이로 인한 갈등의 요인을 사전에 잠재울 수 있게 하는 조치가 될 것이다.

넷째, 전세금 반환소송의 사항이다. 사전에 임차권을 등기했는데도 전세금이 회수되지 않는 경우에 한하여 전세금 반환소송을 제기해 여기서 승소하면 이를 근거로 경매신청해 배당받는 방법을 강구할 수 있도록 하였다.

이상의 개정내용에도 불구하고 최근 임대차보호법에 몇 가지 허점이 발견되고 있어 이에 대한 시정보완이 요구되고 있다. ① 확정일자와 전입신고를 하고 등기부등본을 통해 근저당이 설정되지 않은 것을 확인한 상태임에도 불구하고 계약하여 거주하고 있는 임대주택에 대해 집이 경매에 들어 넘어가면서 전세금을 우선 변제받지 못하는 법률상의 맹점이 드러났다. 전입신고날에 근저당이 설정된 경우가 바로 그 사례에 속한다. 전세금을 우선 보장받기 위해서는 근저당 설정보다 전입신고, 확정일자, 실제거주가 앞서야 한다. 전입신고의 법률적 효력은 신고 다음날부터 효력이 발생하므로, 근저당이 같은 날에 설정됐을 경우 전세금을 보장받지 못하게 된다. 따라서 전입신고 당일이라도 법률적 효력이 발생하도록 법개정을 서둘러야 한다. ② 계약서를 분실했을 때에도 전세금을 보장받지 못한다. 경매로 집이 넘어갔을 때 확정일자가 찍힌 계약서를 분실할 경우 확정일자를 안 받은 것과 똑같은 효력을 미친다. 등기소나 동사무소에서 임차인이나 임대인의 관계, 전세금 등의 내용을 기록하지 않은 연유로 계약서를 분실하면 재작성해 확정일자를 받아야 하며, 그 때부터 효력이 발생한다. 동사무소 등 일선 행정기관 등을 통해 확정일자 내용을 확인할 수 있도록 제도를 개선해야 한다. ③ 기존계약서를 주인이 바뀌었다는 이유로 새로 작성할 경우 이 역시 법률적 효력을 상실하게 된다. 집주인이 바뀌더라도 새로 계약서를 작성하지 않고 기존 계약서를 유지해야 기존 임대차관계가 승계된다. 그래야 비로소 새 집주인이 유동성 확보를 위해서 주택을 담보로 제공하더라도 전 주인과 계약 당시의 확정일자인, 전입신고 등이 법률적 효력을 발휘하게 되는 것이다. ④ 주거서비스의 질적 측면으로 임대주택의 결함이나 노후상태에 대해 유지·보수비를 청구할 수 있는 권리를 인정해야 한다. 세입자는 임대주택을 교환가치로서가 아닌 사용가치로서 이에 대한 대가를 임대료로 지불하는 것이므로, 마땅히 소유권으로 교환가치를 가진 집주인은 보다 나은 주거질을 요구하는 세입자의 요구를 수용해야 하기 때문이다. 이것이 시정되지 않는 한 세입자와 집주인 사이에는 주거분쟁으로 갈등관계가 계속될 수 있다. 또한 이해상호간 다툼이나 분쟁의 소지를 없애기 위해서 임대계약서를 꼼꼼히 작성하는 것도 하나의 방법이 될 것이다. 실례로 서유럽국가의 경우 집을 임대할 때에 집에 관한 상세한 자료를 촘촘히 기록해 놓아 쌍방이 객관적인 주거서비스의 질에 관한 정보를 확인하는 성능인증장치와 같은 기능을 지니게 하였다.

Ⅱ. 전세파동과 정부대책

그 동안 주택의 임대료 상승률이 소비자물가상승률보다 높은 수준을 계속보여 왔으나, 소위 파동으로까지 표현될 정도로 급격한 임대료 상승은 1980년대말에 있었다. 전세가격의 급격한 상승조짐은 1988년도부터 계속되었으나 1980년말, 1990년초에 와서 소위 전세가격의 폭등이 시작되었다. 당시의 전세가 폭등현상은 무엇보다도 주택공급부족, 부동산가격앙등 등이 가장 직접적인 요인이 되겠으나, 당시의 상황으로 보아 구체적으로 다음과 같은 연유에서 비롯되었다고 볼 수 있다.

첫째, 임대차보호법 등 법개정의 여파를 들 수 있다.

임대차보호법에서의 계약기간 2년 연장조항은 법개정안이 발효되기도 전에 2년치분을 일시에 인상하는 결과를 빚었을 뿐 아니라, 우선변제금액의 인상조정도 보증금의 하한선만 올리는 결과를 초래하였다. 또한 종합토지세 인상이나 과표현실화 조치는 과세가 되기도 전에 그 금액을 임차인에게 전가시키게 되는 양상을 보였다.

둘째, 대량주택공급 및 주택값 안정을 목적으로 시행된 분당, 일산 등 신도시 건설계획은 이들지역으로의 입주희망자들의 대기성 전세수요를 촉발시켜 서울지역의 전세값 앙등을 초래하게 되었으며, 그 파급효과가 전국에까지 미치게 되었다.

셋째, 당시 물가가 크게 오른데다 시중자금이 풍성해 상승심리가 팽배해 있었을 뿐 아니라 부분적으로 집주인들의 담합, 일부 중개업자들의 조작도 가격상승의 한 요인으로 작용했다고 볼 수 있다.

넷째, 이사철과 신학기 개학을 앞둔 일시적·주기적 현상의 측면도 작용하였다.

다섯째, 전세값 상승조짐이 일어나는 데도 적기에 대처를 못하고 시기를 놓친 정책부재도 한 요인이 되었다.

그러면 당시의 전세값 상승폭이 구체적으로 어느 정도인지 다음 〈표 16-2〉를 중심으로 살펴보자.

우선 전체도시를 살펴보면, 1985년 12월 말을 100으로 볼 때, 1989년 3월의 가격지수는 154.1인 반면 1년뒤인 1990년 3월의 가격지수가 197.4로 나타나 1989년 3월 이후의 전세값 상승폭이 이전 3년여 동안의 상승폭과 거의 맞먹는 것으로 나타나고 있다.

한편 지역별로는 1985년 12월 이후, 1990년 3월까지 서울이나 5개광역시 31개 중소도시의 상승폭은 큰 차이가 없는 것으로 나타났다. 그러나 1989년 3월 이후 1990년 3월까지만의 수치를 비교해 볼 때, 서울의 가격지수증가분이 51.5에 달해 동기간 동안 서울이 상대적으로 높은 전세값 상승현상을 보이고 있다.

주택형태별로는 전반적으로 아파트의 상승률이 높으나, 1989년 3월 이후는 연립주택의 상승률도 이전에 비해 증가하는 양상을 보인다. 주택규모별로는 중소규모의 주택이 건축시기별로는 5년 경과한 주택이 대체로 높은 상승률을 나

〈표 16-2〉 1990년 3월 중 주택전세가격지수

(1985. 12말=100.0)

구 분		전년동월 (1989. 3. 15)	전 월 (1990. 2. 15)	금 월 (1990. 3. 15)	증 감 비전월	비전년동월
종 합(전도시)		154.1	192.8	197.4	4.6	4.3
지역별	서 울	148.6	195.6	200.1	4.5	51.5
	5개 광역시	157.6	190.7	194.2	3.5	36.6
	1개 중소도시	162.2	188.9	195.3	6.4	3.1
행태별	단 독	149.2	184.2	188.2	4.0	39.0
	연 립	152.6	195.2	201.6	6.4	49.0
	아파트	166.3	212.3	218.6	5.7	51.7
규모별	대	149.2	180.0	185.4	5.4	36.2
	중	150.2	191.1	195.6	4.5	45.4
	소	164.0	202.0	207.0	5.0	43.0
건축시기별	5년 이내	156.3	188.0	192.4	4.4	36.1
	5년 경과	157.0	201.8	207.2	5.4	50.2

자료: 한국주택은행, 「주택금융」, 제118호, 1990. 4, p. 40.

타내고 있다.

위에서 살펴본 바의 전세가격파동은 우리의 민간임대주택시장의 구조적 특성과 정부정책의 부정적 영향이 상호작용하여 발생된 결과라고 볼 수 있다. 이러한 전세파동이 걷잡을 수 없는 국면에까지 이르게 되자 정부는 급기야 1990년 2월 16일 「부동산 및 전월세가격안정대책」을 발표하기에 이르렀다.

정부대책의 주된 내용을 요약해 보면 다음과 같다.

① 임대료 부당인상행위에 대한 합동단속; 과다인상시 5년간 임대소득세 소급부과, 아파트, 토지의 가등기 소유실태조사

② 전월세 주택 및 상가의 등록제실시; 중앙임대료조정위원회를 설치하여 매년 적정수준의 임대료 인상률고시, 위반시에는 벌칙부과

③ 임대료 분쟁조정신고센터의 설치; 2월부터 전국 동사무소 및 세무소에 설치해 세입자의 신고를 접수

④ 5개 신도시주택조기분양, 임대산업육성; 분당, 일산 등 신도시주택공급에 있어 상반기 1만 6천가구, 하반기 5만 2천가구를 조기분양, 수서, 일원지구주택분양을 하반기에 조기실시

⑤ 위법 부동산중개업제재강화; 임대료 인상을 조장하면, 체형위주로 처벌

⑥ 토지초과이득세 조기시행; 3월 초까지 부과지역지정, 3월 1일 이후 신

규토지취득자에 양도소득세 중과 또한 임대매매 증명제도 3월 중 조기 실시

⑦ 아파트분양절차개선: 무주택자 우선순위인정, 미성년자의 경우 자금출처 조사 등이다.

최근 IMF관리체계 이후 주택산업의 연쇄부도와, 부동산경기의 위축으로 주택거래가 원활히 이루어지지 않고 전세금반환이 순조롭지 못하여 집주인과의 반환갈등과 마찰로 생긴 주거분쟁이 법정공방으로까지 이어지고 있다.[21] 전세금에 해당하는 목돈을 자금유동성의 결여로 돌려 받을 수 없어 전세를 든 집에 다시 전세를 들여 자금유동성을 확보하려는 이른바 '전전세' 방법이나, 종래의 임대차 계약관계와는 달리 전세금에 해당하는 이자를 매달 받는 '역전세' 방법을 강구해 볼 수 있다. 이 역시 경제적으로 우월한 위치에 있는 집주인의 동의를 얻어야 하는 번거로움에 봉착하게 된다. 물론 정부도 이에 대한 대응으로 전세금반환을 위한 대출을 일시적으로 모색하기도 하였지만 여전히 전세시장의 불안정성을 해결하기에는 역부족이었다. 따라서 요즈음 전세금을 지키기 위해 임차인 권리의 원천을 보전하는 방법으로 법률적인 공신력의 힘을 차용하거나, 장래불안에 대한 위기를 비용으로 상정하여 현재적 가치로 바꾸어 가까운 미래에 닥칠지도 모를 위험을 담보하는 방안들이 부분적으로 진행되고 있는 추세이다.

Ⅲ. 전세금 보전방법

대도시의 경우 임차가구수가 자가가구수에 비해 월등히 많다. 전세값은 계속 올라 임차가구의 주거부담이 증가하고 있다. 전셋집을 키워 언젠가는 내 집을 마련하려는 서민들이 전세금 사기를 당하는 경우가 발생한다. 주택임대차보호법을 중심으로 전세금 사기를 피하는 방법을 알아보자.

① 주민등록을 빨리 해야 한다. 임대차보호법은 '임대차는 그 등기(전세등기)가 없는 경우에도 임차인이 주택의 인도와 주민등록을 마친 때에는 그 다음날부터 제 3 자에 대해 효력이 생긴다'고 규정하고 있다. 따라서 입주한 후에는 주민등록을 먼저 마쳐 놓아야 안심할 수 있다.

② 전입신고를 빨리 해야 한다. 미등기 주택에 세드는 경우는 전입신고를

21) IMF관리체제하에서 이사철 전세금을 둘러싼 분쟁의 해결방안으로 전세금반환소송을 고려하고 있다. 그러나 이 경우 승소할 확률은 100%이고, 100만원 정도인 소송비용도 보장받을 수 있지만, 3~5개월이나 걸리는 단점이 있어 대다수 경제적 약자인 임차인의 경우 부담이 아닐 수 없다.

속히 해야 한다. 요즘 재개발 또는 재건축, 조합아파트의 경우 준공검사를 받지 않고 입주하는 아파트들이 많다. 이 경우에도 임대차보호법의 보호를 받을 수 있다. 등기가 나지 않은 주택이라도 전입신고를 마치면 전세금을 떼일 우려는 없다.

③ 등기부 등본을 확인해야 한다. 등기부등본을 확인해 선순위 저당권이 없는 깨끗한 집에 세들 때에는 걱정할 필요가 없다.

④ 등기부상 저당권이 설정된 경우: 이 경우는 조심해야 한다. 누군가가 그 집에 대한 권리를 갖고 있기 때문에 먼저 설정한 1순위 저당권자가 경매에 부치거나, 누군가에게 권리를 양도할 경우에는 임차인은 권리주장이 어렵게 된다.

⑤ 확정일자을 받아 두어야 한다. 확정일자는 보증금을 지키는 1차수단이며 전세권등기와 같다고 보면 된다. 그러나 확정일자인이 모든 것을 해결해 주는 것은 아니다. 확정일차인을 받았다 해도 그 이전에 저당권이 설정된 경우에는 1백% 전세금을 받는다고 확신할 수는 없다. 선순위 저당권자의 채무가 해결된 후에야 자신에게 권리가 돌아오기 때문이다. 따라서 임차자는 계약전 주택의 시가와 저당권 설정금액을 면밀하게 살펴보아야 한다.

⑥ 전세보증금 보험에 드는 방법이 있다. 주택임대차신용보험이라는 이름으로 대한보증보험과 한국보증보험 등이 취급하고 있는 상품으로, 전세기간이 끝나도 전세금을 돌려받지 못하거나, 전세기간중 경매에 붙쳐져 전세금을 받지 못하게 될 때 이를 보상해 주는 제도이다. 집주인 동의 없이 가입이 가능하며, 간편한 절차로 보증금전액을 회수할 수 있다. 단, 계약기간이 1년 이상에 전세면적이 40평 이하라는 제약조건이 붙는다. 전세계약체결한 지 5개월 이내에 가입하면 된다. 보험기간은 전세계약기간 더하기 30일이며, 보험료율은 연 0.5%, 보증금이 8천만원이라면, 보험료는 80만원이다. 근저당권 같은 선순위채권이 설정된 경우, 설정금액이 추정시가의 70% 이하이면 보험가입 대상이 된다. 그러나 압류-가압류-가처분-가등기 등이 설정돼 있으면 보험에 들 수 없다. 보험을 받는 방법은 전세계약 만료 30일이 지나도 주인이 전세금을 돌려 주지 않을 경우 보험가입자가 보험금을 청구하면, 보험회사가 집주인에게 이 사실을 알리고 집을 비워 주는 날 보험금을 지급한다. 보험회사는 대위권을 행사하여 집주인에게서 돈을 받아낸다.

Ⅳ. 최근 동향

임대차관련 발전적 대안들이 논의되고 있다. 예로 전세에서 보증부월세 등으로 전환할 경우, 적용이율을 과거 월 2%에서 금융기관대출금리 수준으로 하향적용할 수 있도록 임대차보호법에 명시하고 월세 등 주거비지출을 소득공제할 수 있도록 해야 한다. 그리고 임차권등기명령제도를 확대하고 등기비용 및 등기절차간소화를 통해 전세등기를 의무화, 보증금의 안전반환장치 마련을 강구해야 할 것이라는 지적이 많다.

전세를 살고 있다가 월세로 바꿀 때 적용되는 월세전환이자율이 연 14%를 넘을 수 없게 된다. 전세에서 월세로 바꾸는 세입자를 보호하기 위해 주택월세전환이율 상한선(上限線)을 연리 14%로 규정한 주택임대차보호법 시행령이 개정되었다(주택임대차보호법시행령 제 2 조의2). 월세전환이자율 상한선이 적용되는 주택은 단독주택, 아파트, 다가구주택 등 주택임대차보호법이 적용되는 모든 주택이다.

그러나 계약을 갱신할 때 집주인이 전세보증금 자체를 올려 버릴 경우, 월세전환이율 상한선의 제한을 받지 않는다. 또 처음부터 월세로 임대계약을 할 경우, 월세전환이율 상한선의 적용을 받지 않는다.

특약사항도 기재해야 하는데, 특약사항에는 잔금지급시까지 저당권, 전세권, 가등기 등 등기부상 하자가 발생하면 임대차계약을 해제하고 임대인은 계약금의 두 배를 배상한다는 내용을 포함시켜야 한다.

제17장 임대주택과 정부의 역할

제1절 서 론

소득증대에 따라 주거의 질에 대한 국민의 요구는 나날이 증대하고 있으며 새로운 주거수요가 크게 늘어나고 있다. 그 동안 지속적인 주택공급확대로 인해 주택보급률은 향상되었지만 아직도 주택의 양적·질적 문제는 충분히 해결되지 못한 상태이고 특히 임차가구들의 주거불안정은 더욱 심화되는 양상을 보이고 있다.

1995년「인구 및 주택 총조사」에 따르면 임차가구의 비중이 증가하고 있다. 1980년의 경우 전체가구의 약 39%가 전월세 가구였으나 1995년에는 44.2%로 증가하였다. 임차가구의 비중이 증가한다는 것은 그 만큼 임대주택이 필요하다는 것을 의미한다. 그러나 우리 나라 전체 주택재고 중 임대주택이 차지하는 비중은 임차가구수의 증가만큼 증대되지 않았을 뿐 아니라 절대다수의 임대주택이 소위 비공식(비제도권) 임대주택으로서 정확한 통계도 부재한 상태이며 적절한 정책적 지원과 규제 또한 힘든 상태이다.

선진 외국의 경우 주택보급률이 100%를 상회하고 있음에도 불구하고 임차가구 비중은 매우 높다. 이는 내집을 소유하지 않아도 주거안정을 누릴 수 있는 제도권 임대주택이 많이 공급되어 있기 때문이다. 아울러 임대주택문화가 정착될 수 있도록 해당 정부가 지속적이고 적극적인 정책을 실시한 결과이기도 하다. 주택공급률이 낮은 우리 나라의 경우 우선 임대주택의 공급이 확대되어야 한다. 동시 임대주택 활성화를 위해 생산자 및 소비자 보조방식이 동시에 운용되는 정책적 배려가 따라야 한다. 수많은 임차가구의 주거안정과 국민의 인간다운 주거생활을 위해서 임대주택의 중요성을 아무리 강조해도 지나치지 않다. 본 장은[1] 우리 나라 민간임대주택의 문제점을 파악하고 향후 공식부문 임대주택

1) 이 논문은 1997년 10월 대한주택공사가 주최한 "임대주택 정책방향에 관한 토론회"에 발표한 저자의 논문 '임대주택 활성화를 위한 정부의 역할과 제도개선방향'을 수정 보완한 것임.

활성화를 위한 정부의 역할을 논의하고자 한다. 더불어 임대주택 관련제도가 어떤 방향으로 개선되어야 하는지를 제시하고자 한다.

제 2 절 임대주택과 정부의 역할

1. 이론적 논의

만일 정부가 모든 국민에게 적정한 주택(a decent house)이 각 가구의 지불능력에 알맞게 공급되기를 원한다면 필히 주택소요(housing need)문제를 고려해야 한다. 주택소요란 “지불능력이 부족하고 최저주거수준을 충족하지 못하는 사람들이 필요로 하는 주택”으로 정의된다. 주택정책적 관점에서 보면 지불능력이 없어 인간다운 주생활을 누리지 못하는 사람들을 위한 주거서비스확보가 과제이다. 그러나 주택수요(housing demand)는 소비자가 주택에 대한 지불능력과 지불의사를 지닌 상태를 나타내는 것을 말한다.

〈그림 17-1〉에서 주택은 시장기능에 좌우된다고 가정한다면, 수요곡선 D_1과 공급곡선 S_1이 만나는 지점에서 r은 임대료, q는 주택의 양(주택수)을 결정하게 된다. 즉 균형점인 Or에서 임대료가, 그리고 Oq에서 임대주택의 양이 결정된다. 임대주택이 아닌 분양주택에서도 마찬가지로 이 원리가 적용된다. 그런데 해당 주택시장하에서는 현실적으로 주택소요가 존재한다. Oq는 주택수요에 부응하는 주택공급량이며, 임대주택시장에서 역할을 못하는 주택소요, $On-Oq$, 즉 주택부족(H)이 존재한다. 문제는 이 부족분(H)을 정책적으로 어떻게 해결하느냐가 주요 과제가 된다.

이 부족한 임대주택(혹은 주택소요)을 해결하는 정책 대안은 크게 4가지로 분류된다. 첫째, 수요곡선 D_1을 D_2로 이동시키는 경우이다. 임대주택을 필요로 하는 소비자에게 다양한 보조금을 지원하는 소위 “수요지향적 보조정책”을 통해 문제를 해결하는 방안이다. 이 경우 임대료는 Or_1로 상승하게 되고 임대료가 상승한 만큼 임대주택의 공급도 On으로 증대하게 된다.

둘째, 임대료를 낮추기 위해서는 공급곡선을 S_1에서 S_2로 이동함으로써 공급을 확대하는 방안이다. 이는 “공급지향적 정책”으로서 임대주택의 공급을 증대하기 위한 보조금 등의 지원책을 강화하는 방법이다. 이 경우 임대주택의 공급이 증대함에 따라 임대료는 Or_2로 떨어지고, 이로 인한 임차가구의 수요가 On으로 증대하게 된다.

〈그림 17-1〉 임대주택수요와 소요

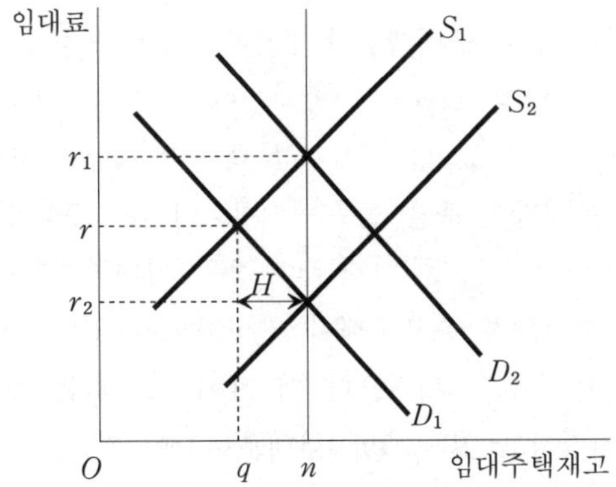

셋째, 정부는 부족한 임대주택(H)을 직접적으로 공급하는 방안이다. 예를 들어 공공기관(주택공사, 지방자치단체 등)을 통해 공공임대주택을 공급하는 방식이다. 그림에서 Oq의 임대주택에 대한 지불능력(임대료 Or)이 부족한 임차가구들을 위한 임대주택의 공급이 된다.

넷째, 위에서 언급한 첫번째에서 세 번째까지의 요소를 모두 혼합해서 정책적으로 활용하는 방안이다. 대부분의 국가들은 수요측면, 공급측면, 그리고 정부의 직접적 공급 등 다양한 정책을 혼합해서 활용하는 것이 일반화되어 있다.[2)]

주택수요지향적 보조정책은 주택수요증대와 지불능력을 제고시키는 방안이다. 선진 외국의 경우 수요측면의 보조금은 크게 두 가지로 조건부보조금(conditional subsidies)과 비조건부보조금(unconditional subsidies)으로 나누어진다(Oxley, 1987). 비조건부 보조정책이란 소득보조프로그램으로서 소득세 공제 혹은 현금지원 등이다. 임대주택수요는 가구소득과 관련을 맺고 있기 때문에 가구원수 및 소득수준에 따라 차등지원하며, 소득이 낮고 가구원수가 많은 가구는 상대적으로 보조액이 많다. 이러한 정책은 광의의 사회복지프로그램으로 활용된다. 조건부 보조정책은 특정의 조건을 충족하는 경우에 해당된다. 조건의 내용은 국가마다 매우 다양하지만 일반적으로 직업유무, 소득수준, 가구원수, 거주기간, 주거상태 등이며 이 조건에 기초하여 임대료보조금(rent allowance)을 지원하는 프로그램이다. 그리고 임대료보조금은 기본적으로 주택최저기준 등 현재 거주하

2) M. Oxley and J. Smith, *Housing Policy and Rented Housing in Europe*, London: E & FN Spon, 1996.

고 있는 임대주택의 주거수준, 임대료 등을 감안하게 된다.

공급적 측면의 지원정책은 임대주택의 공급을 확대하기 위한 방안이다. 공급측면의 지원책은 주로 주택생산자(공급자) 혹은 임대업을 원하는 집주인에게 주어지는 것으로서 일정 조건이 충족되어야 정부로부터 지원을 받을 수 있다. 일반화된 공급적 지원프로그램은 저렴한 택지의 개발과 공급, 낮은 이자율의 주택자금, 보조금, 조세감면 등을 들 수 있다. 여기서 주목해야 할 사항은 주택공급률이 100%를 넘어선 유럽 선진국의 경우 임대주택정책에 있어 공급지향적 프로그램보다 수요지향적 프로그램이 활성화되어 있다. 이유는 공급측 지원은 정부의 재정지원이 수요측 지원보다 더 많이 소요되는 등 정부의 부담이 크기 때문인 것으로 지적되고 있다. 1980년대부터 생산자 보조방식보다 소비자 보조방식의 채택이 일반화되고 있다.[3)]

2. 정부의 역할

주택은 인간의 기본욕구 충족의 필수적 품목에 해당되기 때문에 거의 모든 나라에서 국가의 시장개입을 인정하고 있다. 그러나 신자유주의적 관점에서 보면 주택은 시장기능에 따라 해결될 수 있어야 하며 주택서비스 공급은 개인의 책임과 민간부문의 역할을 강조한다. 소위 시장모형에 따르면 효율적인 주택자원배분은 국가의 개입보다 시장에서 경쟁의 바탕 위에서 이루어져야 한다는 것이다(L.S. Bourne, 1981). 한편 이러한 시장기제를 인정하면서도 주택은 가치재(merit goods) 또는 준공공재로 분류하는 학자들도 많다. 준공공재로서의 주택은 외부효과, 비경합성, 비배재적 성질을 완전히 가지지는 않지만 사회정책적 입장에서 공급되어야 할 공공재화의 일종으로 본다(R.A. Musgrave, 1984)

그리고 사회민주적 모형은 주택을 하나의 사회적 재화로 보기 때문에 시장의 기능에만 의존할 수 없다는 문제점을 주장한다. 시장의 부정적 결과, 즉 독과점과 정보의 한계 등으로 시장기능에 의한 주택자원의 배분적 형평성은 기대하기 힘들다는 점이 경험적으로 발견된다고 한다. 사회민주적 접근은 주택을 수요(demand)에 따라 접근하기보다 주택의 소요(housing needs)에 비중을 두고 있는 특징이 있다.[4)]

이러한 상이한 이론적·이데올로기적 접근 중 어떤 방식을 택하느냐에 따라

3) E.J. Howenstine, *Housing Vouchers: A Comparative International Analysis*, New Brunswick: Center for Urban Policy Research, Rutgers University, 1986.

4) D. Clapham, P. Kemp, and S. Smith, *Housing Policy and Social Policy*, London: Macmillian, 1990.

주택의 생산 및 분배양식의 틀이 달라진다고 본다. 우리 나라의 경우 지난 30여년간의 주택체제를 보면 기본적으로 시장모형에 근간을 두고 있음을 알 수 있다. 주택은 시장에서 수요와 공급의 원리에 따라 생산, 공급, 배분, 소비되는 것으로 상정하고 이를 바탕으로 주택공급이 이루어졌다. 정부에서 주택정책상 사회민주적인 방식을 공식적으로 표방한 적은 없었다. 우리 나라의 주택공급과 배분양식이 기존 시장모형과는 상당한 차이를 지닌 독특한 모형이며 그 특징과 파급효과는 무엇인가를 살펴보도록 한다.

첫째, 신규주택(아파트) 분양에 있어서 20호 이상의 주택이 공급될 경우 정부에서 규정한 분양가를 준수해야 하는 소위 "아파트 분양가규제"책을 지난 1982년 이후 지속해 왔다. 그러나 일부 지역에 주택 미분양이 속출하는 등 분양가규제정책의 문제점이 심화되어 정부는 민간아파트 분양가를 전면 자율화하였다. 그러나 공공택지에 건설되는 아파트와 국민주택기금지원을 받아 건설하는 전용면적 18평 이하 국민주택은 종전대로 분양가규제를 계속 받는다. 민간주택 분양가 규제정책은 세계 어떤 나라에도 찾아보기 힘든 정부개입형태이다.

둘째, 분양가규제 이외에도 민간주택공급에 수많은 정부규제가 따르고 있다. 소형주택 의무비율, 주택공급규칙에 따라 선분양제도, 채권입찰제, 주택청약제도를 통한 주택수요자의 분양제한 등 공급 및 수요 양면에 어느 국가보다 시장개입과 정부간섭을 강화하고 있음을 알 수 있다. 우리 나라 정부의 주택시장 규제내용과 방식에 있어 자본주의 시장경제를 택한 어떤 국가보다 강력할 뿐만 아니라 규제의 방식이 시장모델에서 주장하는 원리와 상이한 점을 들어 "파행적 시장모델"이라고 규정할 수 있다.

셋째, 그 동안 정부의 시장규제책은 주택을 많이 공급하고 저렴하게 공급해야 된다는 데 초점을 두고 있었다. 즉 어떤 점유형태의 주택이든 많이 공급함으로 해서 주택의 보급률을 높이고 주택부족을 완화할 수 있다는 기대에서 취해진 것이다. 그러나 공급된 주택의 대부분이 분양목적이어서 임대주택을 필요로 하는 일반 임차가구와 저소득층에게는 주택공급의 효과가 직접적이지 못할 뿐 아니라 오히려 임대료의 상승으로 인한 주거불안정이 지속되고 있다.

〈표 17-1〉에서 나타난 바와 같이 주택 200만호 공급 등을 통하여 주택매매가격은 1990년 초반 이후 보합세 내지 하락을 경험하고 있지만 전세가격은 상대적으로 급상승하여 임차가구의 주거비 부담을 가속시키고 있음을 알 수 있다. 특히 도시지역의 경우 대형·중형주택보다 소형주택의 전세가격이 상대적으로 많이 상승하고 있다(주택은행, 1997). 소형주택에 살아가는 전세 임차가구의 주

〈표 17-1〉 전국 주택가격 및 전세가격지수 변화추이

(2008. 12=100)

구 분	주택매매가격 종합지수	주택전세가격 종합지수
1986	42.2	28.4
1987	45.2	33.9
1988	51.2	38.3
1989	58.6	45.1
1990	71.0	52.6
1991	70.6	53.6
1992	67.1	57.7
1993	65.1	59.1
1994	65.0	61.8
1995	64.9	64.0
1996	65.9	68.2
1997	67.2	68.7
1998	58.9	56.1
1999	60.9	65.5
2000	61.2	72.8
2001	67.2	84.8
2002	78.2	93.3
2003	82.7	92.0
2004	81.0	87.4
2005	84.3	90.1
2006	94.0	95.9
2007	97.0	98.3
2008	100.0	100.0

출처: KB국민은행.

거압박이 가장 심한 상황임을 말해 주고 있다.

그 동안의 정부의 주택공급정책과 시장개입 및 규제책은 내집을 소유할 능력이 부족한 임차가구(세입자)를 우선적으로 배려하지 못했다는 점에서 주택시장의 개입방식과 주택공급프로그램의 전면적 수정이 불가피하다고 판단된다. 다른 말로 표현하면 계층지향적인 주택정책으로의 전환이 필요하다는 것을 의미한다.

넷째, 이론적으로 보면 주택의 양적 증대를 통한 주택문제 해결방식은 "필터링전략(filtering strategy)"이라 할 수 있다. 즉 주택순환과정전략이라 불리는 필터링전략은 중·고소득계층을 위한 주택을 많이 공급함으로써 소득이 낮은 계층의 가구가 장기적으로 보아 주거수준이 향상될 뿐 아니라 저렴한 주택을 소비

할 수 있다는 원리이다. 그러나 이러한 시장이론은 주택공급률이 낮고 투기적 수요가 많은 지역에서는 그 효과가 미미하며, 특히 개발도상국과 같은 주거빈곤층이 많은 경우는 소득이 낮은 계층의 주거불안정 해소에는 한계가 있음을 경험적으로 밝히고 있다.5)

아울러 분양목적의 주택을 많이 공급함으로써 임차가구의 주거안정에 직접적으로 도움을 줄 것이라는 것은 현실적으로 기대하기 힘들다. 200만호 주택공급 이후 지속적으로 전세가격이 상승하고 있음이 이를 잘 말해 주고 있다. 국가의 주택부문 개입은 소득계층간, 지역간 주거격차해소 및 국민 주거수준향상, 주택점유형태간의 형평성의 제고, 그리고 저소득임차가구의 주거안정(housing security)의 보장을 위한 것이다. 우리 나라 정부의 주택부문개입은 주거불안정에 시달리고 있는 임차가구를 위한 임대주택에 우선순위가 주어지지 않고 있어 정부의 역할이 무엇인지를 의심케 한다.

제 3 절 임대주택 현황과 문제점

1. 임대주택의 유형과 기능

임대주택이란 사회통념상으로는 "임차인 거주를 위하여 제공된 주택"을 의미한다. 우리 나라의 경우 임대주택은 임대를 목적으로 임대기간과 공식/비공식을 가리지 않고 모든 임차인 거주를 위한 주택으로 인식되고 있다. 그러나 서구 선진국의 경우 임대주택은 "임대만을 목적으로 하는 주택"으로 규정하고 있으며, 이러한 임대주택은 영구임대주택만을 의미한다.

우리 나라 임대주택의 유형을 분류하면(〈표 17-2〉 참조), 먼저 공식적 임대주택과 비공식적 임대주택으로 나눌 수 있다. 공식적 임대주택이란 임대주택으로 등록한 경우로서 정부의 통계에 정확히 집계될 수 있으며 정부의 각종 지원 및 규제대상이 된다. 이를 유형별로 보면 공공임대주택, 공공건설임대주택, 민간건설임대주택, 매입임대주택 등으로 구분된다. 비공식 임대주택은 등록하지 않은 대부분 개인소유 주택의 경우로서 일부전세주택, 독채전세주택, 다가구주택 등이며 정부의 공식적인 지원대상이 아니다. 그러나 현행 임대차보호법에 따르면 비공식부문의 임대주택이라 해도 임대기간, 임대료상승률 등의 법적 제재를 받을 수 있다.

5) R. Ferchiou, *New Construction, Subsidies and Filtering of Dwellings in Tunis*, Unpublished Ph. D thesis, Michigan State University, 1975.

〈표 17-2〉 한국의 임대주택 분류와 특징

분 류	임대기간	임대차유형	등록유무	형 태
공식적 임대주택 (제도권 임대주택)	-영구임대주택 -장기임대주택 -단기임대주택	보증부 월세형(임대보증금+월임대료)	등 록	-공공임대주택[1)] -공공건설임대주택[2)] -민간건설임대주택[3)] -매입임대주택[4)]
비공식적 임대주택 (비제도권 임대주택)	-영구임대주택은 거의 전무함 -장기임대주택 -단기임대주택	-전세 -보증부월세 -월세 -사글세	미등록	-일부전세주택 -독채전세주택 -다가구주택

주: 1) 공공임대주택은 주택공사 등 공공기관에 의하여 건설된 임대주택. 그러나 국민주택기금의 지원으로 민간주택업체가 건설·공급하는 임대주택도 공공임대주택에 포함시키고 있음.
2) 공공건설임대주택은 국민주택기금의 지원으로 공공 또는 민간사업체에 의하여 건설된 임대주택.
3) 민간건설임대주택은 민간자금으로 건설된 임대주택.
4) 매입임대주택은 기존주택을 매입하여 임대하는 주택.

우리 나라는 비공식적 임대주택이 임대주택재고의 대부분을 차지하고 있다. 비공식 임대주택의 긍정적 기능과 부정적인 기능을 살펴보도록 한다. 비공식 임대주택의 긍정적 기능으로는 첫째, 거의 대부분이 비공식적 임대주택이기 때문에 임차자의 입장에서 보면 임대주택을 구하기가 매우 용이하다. 둘째, 임대주택 유형이 매우 다양하다. 주택유형으로서 단독주택과 아파트, 다가구 및 다세대주택 등 다양하며 임대차유형도 전세, 보증부월세, 월세 등 임차인의 취향과 경제수준에 알맞게 선택의 폭이 넓다. 셋째, 정보를 쉽게 구득할 수 있다. 일반 부동산 중개인들의 대부분이 비공식부문의 임대주택을 취급하고 있어 임차인이 원하는 해당지역의 복덕방을 통해 정보입수가 가능하며 최근에는 부동산잡지 및 신문 등의 매체를 통해 비교적 정확한 임대정보를 쉽게 얻을 수 있다.

비공식임대주택이 지닌 문제점으로는 첫째, 영구임대주택이 아니기 때문에 주거 안정적 측면에서 매우 불안한 상태이다. 계약기간을 연장하면서 지속적으로 거주하기에는 한계가 있다. 둘째, 임대주택이 부족한 상황하에서 임대료(전세금 등)상승 등 임차인에게 불리한 점을 공식적으로 대항하거나 시정할 수 있는 방안이 매우 제한적이거나 거의 불가능한 경우가 대부분이다. 셋째, 임차인에게 주거안정을 도모할 수 있는 '자동갱신권' 등이 법적으로 규정되어 있지 않다. 넷째, 등록된 상태가 아니기 때문에 비공식 임대주택의 임대료(전세금 등)를 정부가 정확히 파악하기 힘들고 따라서 정확한 과세(임대소득세 등)가 용이하지 않다.

2. 임대주택 실태와 문제점

임대주택은 공공부문과 민간부문을 합쳐 1982년부터 2002년 사이 우리 나라에서 총 1,491,551호가 공급되었으며 이중 주택업체가 약 59.2%, 나머지는 공공부문(국가, 지자체, 주공)이 공급하였다. 민간부문의 임대주택공급비중은 공공부문에 비해 낮은 비중을 차지해 오다 1993년 이후부터 급격히 공급량이 증가하다가 1998년 이후는 둔화되고 있다. 2002년의 경우 우리 나라 전체 임대주택의 40.9%를 민간부문에서 공급하고 있어 민간의 역할이 감소하는 양상을 보이고 있다(〈표 17-3〉 참조).

〈표 17-3〉 임대주택건설 실적(1982~2008)

(단위: 호)

구분	합계	지자체	주공	민간
1982~1986	77,719	14,025	34,994	28,700
1987	51,918	135	20,070	31,713
1988	52,218	1,164	25,188	25,866
1989	82,475	24,252	40,046	18,177
1990	144,544	28,747	58,744	57,053
1991	76,391	21,606	49,224	5,561
1992	62,679	13,473	44,717	4,489
1993	41,525	2,922	10,055	28,548
1994	74,889	3,088	19,125	52,676
1995	83,032	1,276	18,237	63,519
1996	111,063	3,190	16,188	91,685
1997	108,728	1,057	15,941	91,730
1998	93,795	160	13,958	79,677
1999	109,417	441	30,115	78,861
2000	95,932	1,714	30,953	63,265
2001	102,557	2,438	40,908	59,211
2002	86,586	4,033	55,403	27,150
2003	84,768	10,106	64,686	9,976
2004	97,226	6,150	86,845	4,231
2005	105,787	18,533	84,476	2,778
2006	111,536	9,461	96,991	5,084
2007	146,565	15,769	117,351	13,445
2008	116,908	12,802	94,788	9,318

* 공공건설임대주택: 임대주택법 시행령 제2조 제1호 각목에 해당하는 임대주택.
* 건설실적: 주택사업계획승인 기준(단, 국민임대의 경우 다가구·부도임대, 미분양 매입(60m² 이하 포함).
출처: 국토해양부, 국토해양통계누리.

〈표 17-4〉 지역별 임대사업자 및 임대호수 등록현황(2003년 9월 30일 현재)

(단위: 개, 호)

월별 누계	합 계		건설임대사업자				매입임대사업자	
			주택건설사업자		건축법허가자			
	사업자수	임대호수	사업자수	임대호수	사업자수	임대호수	사업자수	임대호수
합계	25,370	680,176	1,359	499,434	4,038	53,128	19,973	127,614
서울	9,923	265,263	439	191,599	2,288	27,203	7,196	46,461
부산	1,786	42,968	81	27,203	307	4,400	1,398	10,577
대구	445	24,125	54	21,201	65	829	326	2,095
대전	829	7,595	29	3,019	37	519	763	4,057
광주	521	40,016	101	35,963	125	1,956	295	2,097
인천	1,591	13,700	32	4,577	63	813	1,496	8,310
울산	334	7,190	26	3,102	125	2,782	183	1,306
경기	6,280	83,254	112	46,881	333	4,847	5,835	31,526
강원	266	24,688	33	22,457	9	111	224	2,120
충북	529	26,552	64	21,544	10	139	455	4,869
충남	666	22,371	48	17,898	24	235	594	4,238
전북	628	37,310	99	30,892	200	2,946	329	3,472
전남	265	30,815	56	28,169	40	1,502	169	1,144
경북	539	30,370	115	26,435	135	1,880	289	2,055
경남	519	19,462	64	15,465	66	851	389	3,146
제주	249	4,497	6	2,241	221	2,115	32	141

자료: 건설교통부, 주택정책과, 내부자료, 2003. 9.

우리 나라의 임대주택은 대부분 비공식 임대주택으로서 공식적 임대주택은 전체 주택재고 중 차지하는 비중이 매우 낮다. 2003년 9월 현재 전국의 임대호수는 680,176호이다(〈표 17-4〉 참조). 이 임대주택 재고는 전체주택 재고의 약 5.9%에 해당된다. 우리 나라 전체 임차가구수에 비해 제도권 민간임대주택이 얼마나 부족한가를 잘 말해 주고 있다.

그리고 전체 제도권 임대주택중 매입임대사업자의 임대주택비중은 18.7%에 지나지 않으며 나머지는 건설임대사업자의[6] 임대주택이다(〈표 17-4 참조). 매입

6) 건설임대사업자는 주택건설촉진법에 의한 허가자와 건축법에 의한 허가자로 구분된다. 주촉법에 의한 허가자가 건설하여 공급하는 임대주택이란 20세대 이상의 주택을 건설하기 위하여 주택건설사업계획 승인을 받고 관할구청에 임대사업자로 등록한 임대사업자를 말한다. 건축법에 의해 허가자가 건설하여 공급하는 임대주택은 주로 다세대주택이나 연립주택 등 20세대 미만의 주택건축허가를 얻어 건설한 뒤 관할구청에 임대주택사업자로 등록하는 경우이다.

〈표 17-5〉 지역별 임대사업자 및 임대호수 등록현황(2008년 기준)

(단위: 개, 호)

구 분		계		건설임대사업자				매입임대사업자	
				주택건설사업자		건축법허가자			
		사업자수	임대호수	사업자수	임대호수	사업자수	임대호수	사업자수	임대호수
전 국		40,256	1,341,670	1,263	910,879	5,662	165,999	33,331	264,792
수도권	소계	26,112	535,796	539	351,947	3,757	61,801	21,816	122,048
	서울	13,845	249,688	354	163,041	3,115	29,548	10,376	57,099

자료: 국토해양부, 국토해양통계누리.

임대사업자의 임대주택 비중이 상대적으로 매우 저조함을 알 수 있다.

지역별 임대주택 사업자의 분포를 보면 서울이 전체 제도권 임대주택 사업자의 약 34.6%를 차지하고 있다(〈표 17-4〉 참조). 서울지역 역시 건설임대사업자의 임대주택이 매입임대사업자의 임대주택보다 그 비중이 월등히 높다.

서울시의 제도권 임대주택을 면적별로 살펴보면 2003년 10월 현재 60m² 이하의 소형주택이 절대 다수(68%)를 차지하고 있다. 주택규모가 클수록 임대호수가 적어 아직 우리 나라에서는 중산층 이상이 선호하는 85m²를 초과하는 중대형 임대주택 비중이 매우 적다(1.05%)는 사실을 알 수 있다. 임대주거문화의 정착을 위해서는 다양한 규모의 주택이 공식적 임대주택부문으로 흡수될 수 있어야 할 것이다.

제 4 절 민간임대주택 관련제도

1. 임대주택제도

건국 이후부터 1970년대 말까지 우리 나라는 임대주택제도가 존재하지 않았다. 이는 국가의 임대주택에 대한 정책적 중요성의 인식이 부족한 점도 있지만 주택문제가 사회적 이슈로 등장하지 않았다는 점도 감안할 수 있을 것이다. 정부는 1981년 "주거용 건물의 임대차에 관하여 민법에 대한 특례를 규정함으로써 국민의 주거생활안정을 보장"함을 목적으로 주택임대차보호법을 제정하였다. 이 법의 주된 내용은 임대기간, 임대료 인상률 및 소액보증금의 보호 등을 다루고 있다.

1982년에는 임대주택의 건설을 촉진하기 위하여 임대주택육성방안을 마련

〈표 17-6〉 임대주택 금융지원

(단위: 만원, %)

자금종류	호당융자 한도액	연이율	융자기간	비 고
–공공분양주택자금 • 전용면적 60m²이하 • 전용면적 60m²초과~75m²이하	 5,500 7,500	 5.0 (5.2) 6.0 (5.2)	• 사업자: 3년이내 일시상환 • 입주자: 1년거치 19년 상환 또는 3년거치 17년 상환	–조합주택·유입물건 포함 –건축허가 대상사업의 경우 호당한도: 3천만원 –( )는 입주자앞 직접대출 및 대환시 금리 • 연소득 2천만원 이하 연 4.7% • 전용면적 60m²이하 주택을 공급받는 국가유공자 또는 그 유가족에게 대환시 연 3.0% 적용 –전용면적 60m²초과~75m²이하는 공공기관에 한하여 지원
• 다세대주택자금	1,500	5.0 (5.2)	• 사업자: 2년이내 일시상환 • 입주자: 1년 거치 19년 상환 또는 3년 거치 17년 상환	–사업자의 경우 당초 상환기일로부터 1년의 범위내에서 대출기간 연장가능 –( )는 입주자 대환시 금리 • 연소득 2천만원 이하 연 4.7%
• 다가구주택자금	12,000 (가구당 1,500)	5.0	1년 이내 일시상환	–대출금의 20% 이상 상환시 당초 상환기일로부터 2년의 범위내에서 1년 단위로 연장가능
• 재해주택복구 및 구입자금		3.0	3년 거치 17년 상환	–재해복구 및 복구비용 부담기준에 관한 규정에 의하되 특별재해지역은 2천만원 추가지원 가능 –재해주택복구시 수도권을 제외한 읍·면지역(도시지역 제외)은 전용면적 100m²까지 융자
–후분양주택자금 • 전용면적 60m²이하 • 전용면적 60m²초과~85m²이하	6,000 8,000	4.5 (5.2) 5.5 (5.2)	• 사업자: 3년 이내 일시상환 • 입주자: 1년거치 19년 상환 또는 3년 거치 17년 상환	–( )는 입주자 대환시 금리 • 연소득 2천만원 이하 연 4.7%

주: 2008년 1월 기준.
자료: 대한주택공사, 「주택핸드북」, 2008, p. 234.

하였다. 그러나 임대주택공급이 부진하여 1984년에는 임대주택건설촉진법을 제정하였다. 이 법은 임대주택에 대한 택지, 금융, 조세지원의 확대를 통하여 임대주택의 건설을 확대·촉진하고자 하는 데 목적이 있었다. 이후 임대주택의 공급은 크게 확대되지 않았으며 임차가구는 해가 갈수록 증가하였다. 임대주택의 수요에 비해 공급이 턱없이 부족한 상황에서 정부는 1993년 임대주택건설촉진법을 임대주택법으로 전면 개정하였다. 이 법의 주요 내용은; ① 임대주택건설뿐 아니라 관리·입주자보호방안 등 규정, ② 매입임대주택제도 및 임대사업자 등록제도 도입, ③ 모든 임대주택에 대해 임대기간, 임대보증금, 임대료 등 신고의무 부여, 그리고 ④ 표준임대차계약서 사용의무화 등이다.

임대주택에 대한 지원내용을 보면 크게 금융, 세제, 그리고 택지 3가지로 구분된다. 먼저 금융지원으로 전용면적 60m² 이하의 소형주택에 대하여는 국민주택기금에서 장기저리의 자금을 지원한다(〈표 17-6〉 참조).

세제지원으로는 국세의 양도소득세(법인세특별부가세)와 소득세(법인세), 지방세의 취득세·등록세, 재산세, 종합토지세 그리고 택지초과소유부담금 등에서 지원이 이루어지고 있다. 임대주택법에 의한 건설임대주택(5년 이상 임대)과 매입임대주택(10년 이상 임대)은 양도소득세를 100% 감면해 준다. 60m² 이하의 임대주택에 대하여는 취·등록세 면제와 재산세 50%감면, 5호 이상 임대하는 경우 종합토지세를 3/1000의 세율로 분리 과세하도록 배려하고 있다. 택지지원으로는 토지공사 등 공공택지 개발사업시행자는 개발된 공동주택건설용지의 20% 이상을 85m² 이하의 임대주택건설용지로 우선 공급하고, 공급가격도 분양주택용지보다 10% 낮은 가격으로 공급한다. 1996년 이전에는 60m² 이하의 용지만 임대주택용지로 공급하였고 공급가격도 소형분양주택과 동일하였으나 지원대상이 확대되고 지원조건도 개선되었다.

이러한 임대주택지원책과 함께 다양한 규제도 동시에 이루어지고 있다. 임대주택의 임대료 인상제한, 임차인 선정제한, 임대의무기간 부여 등 임대사업자에 대한 규제가 따른다. 아래 〈표 17-7〉는 임대주택에 대한 규제내용을 요약한 것이다.

임대주택법(1996. 12. 30) 및 동법시행령이 개정됨에 따라 미분양주택을 임대주택으로 전환하는 경우에 임차인 선정방법을 정하는 등 이들 법령에서 위임된 사항을 정하고, 공공건설임대주택을 임대하거나 우선 매각하는 때에는 전산검색을 하도록 하는 등 현행제도의 운영과정에서 나타난 미비점을 개선·보완하였다. 그 내용을 요약하면 아래와 같다.

〈표 17-7〉 건설임대주택과 매입임대주택에 관한 규제내용비교

구 분	건설임대주택		매입임대주택
	공공건설임대주택	민간건설임대주택	
임대보증금 및 임대료	• 표준임대보증금 및 표준임대료고시로 규제	• 제한 없음(다만, 임대조건신고의무)	• 제한 없음(다만, 임대조건신고의무) 5년, 10년, 50년
임대의무기간	• 5년, 30년, 50년	• 5년	• 3년
임차인 자격 및 선정	• 무주택세대주	• 임대사업자가 결정 (제한 없음)	• 임대사업자가 결정 (제한 없음)
우선매각의무	• 입주시부터 매각시까지 무주택세대주	• 임대사업자가 결정 (제한 없음)	• 임대사업자가 결정 (제한 없음)
매각가격 산정기준	• 임대주택법령의 산정기준	• 임대사업자가 결정 (제한 없음)	• 임대사업자가 결정 (제한 없음)
국민주택기금 지원여부	• 지원(세대당 35~50백만 원, 중도금 8백만 원)	• 지원 없음	• 구입자금으로 호당 60백만 원 지원
주택관리	• 300세대 이상, 승강기설치, 중앙난방의 임대주택은 의무관리		–
특별수선 충당금	• 300세대 이상, 승강기설치, 중앙난방의 임대주택은 의무관리		–

자료: 대한주택공사, 「주택핸드북」, 2002, p. 260.

1) 임대를 목적으로 주택을 건설하는 토지소유자, 소속근로자에게 임대를 목적으로 주택을 건설하는 고용자 및 임대를 목적으로 주택의 매입계약을 체결한 자도 임대사업자로 등록할 수 있도록 함(령 제 6 조 제 2 항).

2) 건설임대주택의 경우 종전에는 주택의 종류에 관계없이 무주택세대주에게 공급하도록 하고 임대의무기간 종료 후에는 무주택인 임차인에게 우선 매각하도록 하던 것을 민간건설임대주택의 경우에는 임대사업자가 자율적으로 임차인 및 매각대상자를 선정할 수 있도록 함(령11조 제13조).

3) 300 세대 이상인 임대주택의 임대사업자가 매월 적립하여야 하는 특별수선충당금의 요율을 영구임대주택의 경우에는 표준건축비의 1만분의 4, 기타 임대주택의 경우에는 표준건축비의 1만분의 3으로 하고, 이 특별수선충당금은 임대사업자와 관할 시장·군수 또는 구청장이 공동으로 관리하도록 함(령 제 5 조의 2).

4) 미분양주택을 임대주택으로 전환하는 경우 국민주택기금을 지원받은 주택으로서 20호 이상인 경우에는 주택공급에 관한 규칙에 따라 임차인을 선정하

도록 하고, 그 외의 경우에는 사업자가 자율적으로 임차인을 선정하도록 함(제1조의 2).

5) 공공건설임대주택의 임대차계약을 체결하거나 임대의무기간이 경과한 공공건설임대주택을 임차인에게 우선 매각하고자 하는 때에는 주택전산망을 통하여 임차인의 자격을 확인하도록 함(제2조의 3).

6) 특별수선충당금으로 교체·보수할 주요시설의 범위, 교체·보수시기 및 방법 등은 장기수선계획으로 정하도록 하였다(제7조의 2).

이러한 임대주택공급확대를 위한 조치를 취하고 있음에도 불구하고 현행 민간임대주택제도의 문제점이 적지 않다.

첫째, 임차인의 주거안정을 위해서는 장기임대주택이 많이 공급되어야 한다. 그러나 현행 제도하에서는 분양 조건부 단기임대주택(5년 임대후 분양)이 가장 큰 비중을 차지하고 있다. 이러한 단기임대주택은 임대 이후 분양하여 자금회수가 가능하다는 사업자들의 경영효율에 근거하고 있다. 공공이 공급해온 영구임대주택은 더 이상 공급되지 않아 우리 나라 공식적 임대주택의 특징은 단기임대주택 위주라는 평가를 내릴 수 있다.

둘째, 우리 나라 임대료인상률을 연 5%로 제한하고 있다(주택임대차보호법). 이 제도는 최초의 임대료는 규제하지 못하고 재계약시 임대료인상률만을 규제하는 제도이기 때문에 임차인을 교체할 경우 임대료인상은 얼마든지 가능하다. 또한 임대료인상률은 물가상승률 등 현실적인 시장여건을 고려하는 것이 합리적이다. 임대료인상에 대한 분쟁이 지속되고 있음에도 불구하고 이를 제대로 해결할 수 있는 장치가 매우 미흡한 상태이다. 예를 들어 영국의 공정임대료제도는 임대자와 임차자 공히 임대료인상을 인정할 수 있는 다양한 변수를 고려하여 결정하도록 제도화되어 있음을 참고할 필요가 있다.

셋째, 공공부문의 역할이 미약하고 최저소득계층을 위한 공공임대주택이 턱없이 부족하다. 주택 200만호 건설 이후 수익성을 추구하는 민간업체에 임대주택의 공급에 의존하고 있어 저소득층 주거안정에 대한 정부의 정책의지가 의심스럽다. 1992～2007년 기간중 공공임대주택 건설실적을 보면 민간주택업체가 42.1%를

〈표 17-8〉 사업주체별 공공임대주택 건설실적(1982～2007)

(단위: 호, %)

연 도	계	지자체	주택공사	주택업체
1982～2007	2,002,323 (100.0)	183,740 (9.2)	976,188 (48.7)	842,395 (42.1)

자료: 대한주택공사, 「주택도시통계편람」, 2008, p. 358.

차지하고 있어 공공 못지않게 큰 비중을 차지하고 있다(〈표 17-8〉 참조).

넷째, 우리 나라는 전세계적으로 월소득 대비 임대료의 비중이 높아 주거비 부담이 과중한 실정이다. 예를 들어 선진국들의 월소득 대비 임대료가 25~30% 수준이나 서울의 경우 47%를 차지하고 있다(이춘희, 1997). 이러한 임대료 부담을 줄이기 위해서는 임대주택재고의 확대를 위한 공급적 프로그램이 보다 구체적으로 제시될 필요가 있다. 동시 임차자를 위한 임대료보조 등의 수요적 프로그램도 점진적 실시를 고려할 필요가 있다.

2. 제도개선방향

(1) 정책기조의 변화: 공급지향적 정책과 수요지향적 정책

우리 나라에서 임대주택은 그 비중이 매우 크다. 현실적으로 임차가구의 비중이 증대하고 있다는 점 이외에도 핵가족화 및 새로운 가구 탄생 등으로 임대주택의 수요는 증대할 것으로 예상된다. 특히 도시지역의 연소득 대비 평균주택가격(PIR)이 세계적으로 상위권에 있다는 점을 감안해 보면 내 집을 갖지 못하고 주거안정을 누릴 수 있는 방안은 제도권 임대주택의 공급확대가 지름길이다.

정부가 시도하고 있는 공급지향적 지원책은 택지 및 금융 그리고 세제 혜택으로 구분된다. 이 중 가장 중요한 공급측 지원은 개발택지의 우선적 공급이다. 현재 우리 나라의 주거상황하에서는 임대주택의 공급을 증대할 수 있는 방안이 수요증대 방안보다 정책적인 우선순위가 높다. 그러나 주택공급률이 90%이상을 확보한 지역에는 서구 여러 나라에서 시행하고 있는 수요지향적 접근을 점진적으로 채택할 필요가 있다. 공공영구임대주택이 더 이상 공급되지 않는 상황하에서 저소득임차가구를 대상으로 임대료보조금(rent allowance) 등을 선별적으로 실시하는 방안 등도 고려해 볼 만하다. 아울러 제도권 임대주택 중에서 공공임대와 공공건설임대주택은 사회주택으로서의 기능을 다 할 수 있도록 규제가 엄격해야 하나, 민간건설임대와 매입임대는 규제조치를 점차 완화해 나가는 방향으로 정책의 기조가 확립되어야 할 것이다.

(2) 비영리 임대주택공급의 활성화와 다양화

우리 나라 임대주택의 중요한 두 가지 특징은 비공식부문(비제도권) 임대주택이 절대다수를 차지한다는 사실과 다른 하나는 임대주택의 주체(개발 및 관리)가 다양하지 못하다는 점이다. 〈표 17-9〉에서 나타난 바와 같이 유럽연합(EU) 회원국의 경우 임대주택의 개발주체가 매우 다양하다. 특히 서유럽 신진국들 중

〈표 17-9〉 소유주체별 임대주택

프랑스, 1992	%
개 인	47.1
HLM	39.8
기타사회단체	6.6
산업체, 기관	6.5

독일, 1987	%
개인/파터너쉽	65.0
공동소유	7.1
협동조합	7.0
비영리법인	17.5
상업적 임대	3.4

네덜란드, 1992	%
주택협회 (housing associations)	58
도시정부	10
비영리단체	9
개 인	13
기업체, 기관	10

영국, 1993	%
지방정부, 신도시공사	60.5
주택협회(housing associations)	11.0
개 인	28.5

자료: French Ministry(1994), Hebert(1993). Netherlands Ministry of Housing, Physical Planning and Environment(1993) and DOE(1994); M. Oxley and Jacqueline Smith(1996).

프랑스, 독일, 네덜란드, 영국은 비영리단체 및 협동조합, 주택협회 등의 임대주택이 큰 비중을 차지하고 있음을 주목할 만하다.

임대주택은 크게 영리와 비영리로 나눌 수 있는바, 비영리임대주택에서 큰 비중을 차지하는 것은 공공임대주택이며 나머지는 주로 임차가구의 노력으로 조직된 협동조합에서 운영하는 협동조합임대주택과 비영리법인이 운영하는 임대주택이다. 우리 나라의 경우 비영리임대주택의 경우 공공임대주택을 제외하면 거의 전무한 실정이다. 향후 공공임대주택의 공급도 증대되어야 하고, 특히 민간부문 비영리 임대주택공급확대를 위해 아래와 같은 정책적 배려가 매우 중요하다고 판단된다.

첫째, 임차가구 스스로가 주택협동조합을 결성하여 협동조합적 임대주택건립에 제도적 틀을 마련하고 비영리임대 목적인 협동조합임대주택은 전폭적인 지원과 배려가 따라야 한다.

둘째, 비영리를 목적으로 한 법인체의 임대주택공급, 예를 들어 종교단체, 공공기관, 사회단체, 기업체 등의 무주택자 및 노동자를 위한 임대주택건립 등이 적극적으로 활성화될 수 있도록 정책적 노력이 필요하다.

셋째, 사회적 취약계층을 위한 공공임대주택의 공급은 지속되어야 한다. 유럽연합국가들의 경우 나라마다 차이를 보이고 있지만 전체주택에서 공공임대주

〈표 17-10〉 각국의 자가점유/거주 현황(2003년 기준)

(단위: %)

국 가	1980년				2003년				공공임대 주택 비중
	임대	자가	협동	기타	임대	자가	협동	기타	
미 국	–	–	–	–	31.7	68.3	–	–	1.0
일 본	–	–	–	–	36.6	61.2	–	–	7.0
영 국	43	57	–	0	29.5	70.5	–	0	19.2
오스트리아	43	52	–	5	39	58	–	3	14.3
벨 기 에	38	59	0	3	31	68	–	2	7.0
덴 마 크	43	55	1	1	40	53	7	0	20.0
핀 란 드	30	63	0	7	34	63	0	3	17.2
프 랑 스	41	47	–	12	38	56	–	6	17.5
독 일	61	39	–	0	55	45	–	0	6.5
아일랜드	24	76	–	0	18	77	–	5	4.6
룩셈부르크	39	60	–	1	26	67	–	7	1.9
네덜란드	58	42	–	0	45	55	–	0	34.6
포르투갈	39	52	–	5	21	75	–	4	3.3
스 페 인	21	73	–	6	11	82	–	7	0.9
스 웨 덴	42	42	16	0	39	46	15	0	21.0

자료: National Board of Housing, Building and Planning, *Housing Statistics in the European Union 2004*, Sweden; 미국 센서스, 일본 센서스, 영국 주택서베이 결과.

택이 차지하는 비중이 네덜란드(40%), 스웨덴(36%), 영국(26%), 덴마크(24%)에서는 매우 높은 편이다. 현재 우리 나라는 5% 미만의 공공임대주택 수준으로 사회취약계층을 위한 주거복지에는 한계가 있다. 더욱이 5년 후 분양을 목적으로 하는 시한부 임대주택이 대부분을 차지하고 있어 복지효과를 기대하기는 어렵다.

(3) 지원의 차등화와 최저주거기준의 활용

이미 유럽 및 북미의 선진국들은 저소득 임차가구에 대하여 주거비보조(임대료보조)제도를 오래 전부터 실시해 오고 있다. 임대료보조제도는 주택재고가 가구수에 비해 적은 지역, 즉 주택보급률이 낮은 지역에서는 임대주택재고의 공급확대에 부정적인 효과를 가져온다는 지적이 있다. 그러나 우리 나라와 같이 제도권 임대주택이 활성화되지 못하고 있는 상황에서는 임대주택의 생산(공급)과 수요 양면에서의 정책적 노력이 필요하다.

임대료 보조제도는 주택소비자를 지원하는 제도로 주택의 구매력이 부족하고 적정주거 확보능력이 부족한 가구에 대하여 취하는 일종의 주거복지적 프로그램이다. 우리 나라 주택정책은 주로 물적자원지원(생산자지원책)에 치중해 왔으나 향후는 인적자원지원(소비자지원)도 동시에 병행할 필요가 있다. 이를 위해 국민 주거수준을 정확히 파악할 수 있는 "주거수준조사"가 필히 따라야 할 것이며, 동시에 "최저주거기준"의 적용이 필요하다. 이를 통하여 얼마나 많은 사람들이 최저주거기준 이하에서 거주하고 있느냐를 파악할 수 있고 임대료보조 대상을 결정할 수 있기 때문이다.

(4) 임대주택개발 및 공급방식의 다양화

현재 우리 나라 제도권 임대주택은 크게 4가지로서 공공임대주택, 공공건설임대주택, 민간임대주택, 매입임대주택으로 구분된다. 먼저 공공부문 임대주택은 입주대상을 보다 명확히 정의하고 정부와 민간이 공동의 노력으로 임대주택을 증대할 수 있는 방향으로의 정책전환이 필요하다. 임대주택의 활성화를 위해 첫째, 공공과 민간의 협력과 파터너십을 형성하는 것을 추진할 필요가 있다. 특히 지방재정자립도가 낮은 지역(도시)의 경우 민간의 자본과 기술을 필요로 한다. 예를 들어 일본은 저소득층 노인을 위한 주택공급을 위하여 지방정부가 부지를 제공하고 주택도시정비공단과 보험회사가 건설자금을 제공하는 노인주택(시니어주택)이 공급되고 있다. 우리 나라도 정부, 공공기관, 건설회사, 보험회사, 은행 등이 상호 협조·합동하는 파터너십제도의 개발이 필요하다. 향후 노령화사회를 대비하여 노인임대주택의 공급이 활성화되도록 정책적 배려가 필요하다.

둘째, 임대주택은 저소득층만이 주된 입주대상이라는 사회적 통념을 불식시키기 위해서는 다양한 형태, 규모(면적), 입지의 임대주택이 제도권(등록)에 많이 공급되도록 해야 한다. 예를 들어 중산층을 위한 임대주택이 공급됨으로 해서 주택을 투자나 이재의 수단이 아닌 주거안정의 첩경이 된다는 사실이 사회적으로 확산되도록 해야 한다. 이를 위해서는 현행 매입임대사업자의 범위, 요건 등을 완화해야 할 것이다.

셋째, 임대주택산업의 활성화는 임대주택사업에 참여하는 주체의 다양화 작업이 필수적이다. 예를 들어 보험회사의 임대주택산업 진출을 유도할 수 있도록 하는 것도 한 방안이 될 수 있다. 보험회사가 지닌 총자산의 5%한도 내에서만 사업용으로 투자할 수 있는 현재의 규정은 임대주택사업진입에 장애가 되고 있다. 이러한 제 규정을 개정하여 보험회사가 임대주택사업에 진출할 수 있도록 여건 조성이 필요하다.

(5) 세금 감면혜택

현재의 임대주택관련 조세혜택은 주로 일정 규모 이하의 주택(전용면적 18평 이하)에만 적용하여 다양한 규모의 임대주택공급이 확대되지 못하는 문제점을 안고 있다. 사회적 형평성 관점에서는 저소득층이 주고객인 소형임대주택에 우선적으로 세제혜택을 주는 것이 당연하다. 그러나 임대주택의 사회적 편견을 없애고 중산층의 임대주거문화를 정착시키기 위해서는 18평 이상의 임대주택에 대해서도 세제혜택이 돌아갈 수 있도록 감면혜택의 범위를 점차 확대해 나가도록 해야 한다.

제 5 절 결 론

임대주택은 자가주택과 양대 축을 이루는 중요한 주택점유형태이다. 내집을 소유하기를 원하지만 구매력이 부족한 경우, 직장이동, 그리고 다양한 이유 등으로 자기 집을 소유하는 것보다 임대주택이 하나의 대안이다. 우리 나라는 해가 거듭될수록 임차가구가 증가하고 있어 임대주택의 중요성이 더욱 커지고 있다.

지난 30여 년간의 우리 나라 주택정책은 내집 갖기를 원하는 사람들을 위한 자가확대정책이라는 특징을 지니고 있다. 그래서 임대주택정책보다 분양주택정책에 더욱 많은 비중을 둔 것이라 할 수 있다. 이 지구상 주택보급률이 100%를 넘어선 국가는 많다. 대부분의 선진국들이 주택보급률 100%를 이미 1970년 초에 달성하였다. 그러나 자본주의국가 중 자가소유율 100%를 달성한 국가는 없다. 국민 모두가 자기집을 갖게 하는 것은 실현불가능한 정책목표일지 모른다. 아무리 1인당 소득수준이 높은 사회라 해도 주택을 소유할 만한 경제적 능력을 갖추지 못한 사람들이 존재한다. 모든 사람들에게 자기소유의 집을 갖도록 하는 것이 중요한 것이 아니라 임대주택에 살아도 주거안정을 누릴 수 있는 방안이 강구되어야 한다. 이를 위해서는 제도권 임대주택의 공급활성화가 급선무이다. 임대주택활성화 방안은 ① 공공과 민간의 파터너십의 추진, ② 최저주거기준의 활용, ③ 협동조합주택 등 비영리임대주택의 지원, ④ 임대주택 관리방안의 모색 등이 필요하다. 현재 우리 나라 절대 다수를 차지하는 비공식임대주택을 가능한 한 제도권 임대주택으로 유도하여 임대주택에 거주해도 주거안정을 누릴 수 있도록 하는 정책의 일대 전환이 요구되고 있다.

제18장 : 협동조합주택

제 1 절 협동조합주택의 의의

인류역사는 경쟁과 협동의 연속이다. 경쟁을 강조하는 인류의 역사적 해석은 만인 대 만인의 투쟁 그리고 전쟁으로 설명된다, 그러나 인류역사의 많은 부분이 협동과 협력의 결과로 발전된 사실을 간과할 수 없다. 인간이 생존을 위하여 홍수나 재난에 대비하고 먹을 것을 구하기 위한 끊임없는 공동노력은 대표적인 생존적 협동의 형태라 할 수 있다. 인류의 평등과 안전을 이룩하기 위해서는 인간 개개인이 협동의 원칙에 동의하고 보다 조화롭게 협력하는 길을 찾게 될 것이다.

주택문제에 있어서 협동의 형태로 발전되기에는 여러 가지 이유와 배경이 있다. 원시사회나 건축기술이 발전하지 못한 사회에서는 인간은 자기의 거처를 친지나 주위사람들의 도움을 얻어 건축하였다. 주위사람들의 도움으로 집을 짓는 형태가 가장 원초적 주택협동조합의 유형이 된다.

근대사회에 와서는 주택은 주위 몇몇 사람들의 노동력만으로 건축할 수 없는 매우 복잡한 과정과 구조를 지니게 된다. 건축기술의 발달과 건축자재의 제품화, 다양화로 인해 주택건축은 하나의 산업으로 발전되고, 주택은 자본주의사회에서 중요한 자산과 이윤창출 그리고 투기의 대상으로까지 발전하게 되었다. 내집을 마련하기란 평균소득수준으로 보면 장기간 동안 저축을 해야 하고, 주택금융이 발달한 선진국의 경우도 저소득층이 자가(自家)의 꿈을 실현하기란 쉬운 일은 결코 아니다.

이러한 다양하고 복잡한 주택의 사회-경제적 환경 하에서 원시적 협동방식으로 주택건축과 주거안정을 기대하기는 매우 힘든 상황이다. 그래서 보다 조직적이고 체계적인 주택문제해결의 한 방안으로 1850년대 초 덴마크(Denmark)에서 협동조합주택이 시작되었고 이후 프랑스, 독일, 스웨덴 등으로 확산되기 시작하였다.

협동조합주택(housing cooperatives)이란 다수의 사람들에 의해 만들어진 비영리 법인체(Non-Profit Housing Organization)로서 조합원의 자발적이고 민주적 경영을 통해 주거안정이라는 공동의 목표를 충족시키고자 하는 것이다. 이 제도는 서구 여러 나라에서 상당히 발전된 모습으로 정착되어 있고, 사회주의적 성격을 띤 정책임에도 불구하고 영국 등 자본주의 국가들에서 적극 도입되어 활용되고 있다.

물론 나라마다 처한 정치적, 경제적 상황 하에서 조금씩 다른 모습을 띠고 있으나, 주택을 자유경쟁시장에만 맡길 수 없는 상황을 감안할 때 중·저소득 계층의 자발적인 대응책의 하나로서 협동조합주택은 특히 선진자본주의사회에서 최근 관심이 높아지고 있는 주거안정책의 하나이다.

이러한 협동조합주택을 공급하는 주체인 주택협동조합의 특징은 다음과 같이 요약할 수 있다.

① 법적 근거를 가진 법인체로서 존재할 것
② 조합원들은 지분출자금에 관계없이 1인 1투표권을 가짐
③ 조합원들은 요구되는 조합자본에 거의 동일한 출자를 하게 되고, 정해진 이자율에 따라 이자를 지급받음
④ 사업활동에 의해 생긴 이윤은 조합전체의 이익을 위해 쓰임
⑤ 조합의 구성은 자발적이며 탈퇴도 개인의 의사에 따름
⑥ 저렴한 비용으로 양호한 주택을 공급하려는 사회적 목적을 견지하며 영리추구를 목표로 하지 않고, 정부의 공권력에 의해 조직된 단체가 아니다.[1)]

주택협동조합의 구성목적은 근본적으로 상호부조 및 자조(self-help)의 의미가 크다. 자신의 주택문제를 정부나 공공단체에 요구하여 해결될 수 있다는 것은 한계가 있음을 절감하고, 비슷한 주택문제를 가진 동일목적의 사람들이 모여 공동으로 주거안정을 해결하는 한 방안으로서 큰 의의를 지니고 있다. 이러한 공동의 목적을 추구하기 위해서는 주택협동조합은 매우 고도화된 민주주의적 운영방식과 조합원의 협조가 전제되고 있다.

1) ICA Housing Committee, *Co-operative Housing*, Leutzeallee, International Co-operative Alliance Housing Committee, 1980, pp. 2~3.

제 2 절 협동조합주택의 발전배경

Ⅰ. 협동조합의 기원

근대적 협동조합이 탄생하기 이전의 유사조직은 중세서구의 「길드(guild)」[2]를 들 수 있고, 우리 나라의 경우는 「계」와 「향약」[3]을 들 수 있다.

길드는 10세기 중엽과 11세기 초 서구에서 주로 상인들로 구성되어 경제적 목적뿐만 아니라 사회적, 종교적 생활의 중심체 역할을 하기도 했다. 13세기에 들어서는 전유럽에 수공업 길드가 구성되고, 경제적 특권의 확보뿐만 아니라 종교적 의식까지도 협동으로 하였으며, 조합원은 언제나 성실과 공공봉사에 임하게 하였다. 그래서 길드는 중세 이후에 있어서 상공업생활의 기본조직이 되었음은 물론 당시 사회를 안정시키는데 크게 공헌하였다. 그러나 18세기 후반부터 산업혁명의 영향으로 길드는 약화되기 시작했고, 신흥기업의 부상으로 완전히 사라지게 되었다.

우리 나라의 경우는 역사적으로 협동조합의 유사조직으로 자위를 목적으로 한 계, 공제를 목적으로 한 계, 공동작업을 목적으로 한 계 등 다양한 계가 존재하였다. 계의 기원은 신라시대 부녀자들이 주방공동작업을 중심으로 조직하였던 가배계 그리고 고려시대 호포계, 군포계가 있었고, 이조시대에는 더욱 번성하게 되었다. 그러나 이러한 계는 협동조합이라기보다 원시협동체 혹은 공동체에 불과한 것이다. 한편 이조 중종때부터 존재하였던 「향약」도 협동체로서 매우 중요한 역사적 의미를 지닌다. 향약은 지방의 유생들이 향(군, 현)을 단위로 약(정관, 규약)에 의하여 도덕적·정치적 자치를 하였던 조직이었다. 이는 인보상조(隣保相助)의 조직이었고 계보다는 강한 조직체였다고 볼 수 있다.

Ⅱ. 사상적 배경

협동조합운동에 사상적으로 가장 큰 영향을 미친 대표적인 인물은 영국의 Robert Owen(1771~1858), 프랑스의 Saint Simon(1760~1825) 그리고 Charles Fourier(1772~1837)[4] 등이다.

2) 중세 서구에 존재하였던 同職者組合, 商人組合, 手工業者 組合을 말한다.
3) 한우근, 「한국통사」, 을유문화사, 1973, pp.288~291.
4) 로버트 오웬, 이문창(역), 「사회에 관한 새 견해」, 형설출판사, 1983; 정병호, 「협동조합

이들은 빈곤이 사라지고 착취가 없는 자유로운 이상사회가 실현되자면 인간의 도덕심이 존중되고, 인간개조를 위한 교육 그리고 협동의 정신이 요청된다고 하였다. 계급간에 우애의 정신이 함양되면 그 때에는 협동조합이라는 조직을 통하여 사회개선을 유도할 수 있다고 보았다.

Owen은 18세기 말부터 19세기 중엽에 걸친 사회주의 사상가였으며, 노동운동의 지도자인 동시에 협동조합운동의 선구자이기도 하였다. 흔히 Owen은 박애주의자 혹은 사회주의자로 불리기도 하는데, 그의 박애사상의 실현은 뉴라낙(New Lanark) 수차방적공장에서부터 였다. 그가 추구한 개혁의 내용들을 보면 가난한 노동자들을 위한 식당과 주택의 건립, 소년공원의 최저연령을 10세 이상으로 함과 동시에 노동시간도 10시간 30분으로 단축, 소비조합형태의 상품실비구매제도 등 노동자의 근로조건개선과 인간다운 삶을 영위하도록 많은 일을 하였다. 이와 같은 노력으로 영국 스코틀랜드에 뉴라낙이라는 모범촌 혹은 신도시를 건설하고, 노동자의 주거안정과 교육을 강화하는데 지대한 역할을 수행하였다.

즉 Owen은 협동과 단결의 마을이라는 특수협동사회를 실현시키게 되는데, 주요한 내용은 자본주의 사회환경의 개선책으로 교육과 경쟁의 원칙을 도입하고 계급문화의 시정을 위한 노력으로 집약된다. 이후 그는 뉴하모니(New Harmony)협동촌 건설운동을 시도(1825년)하였고, 이러한 Owen의 사상을 옹호하는 다양한 행동운동으로서 협동조합운동이 전개되었다.

영국의 경우 협동조합의 사상적 결실은 1844년「로치데일공정 개척자조합(the Rochdale Society of Equitable Pioneers)」[5]의 설립을 들 수 있다. 로치데일조합의 창립은 각종 직업에 종사하는 28인으로 구성되고, 그들의 주류는 대체로 차티스트(Chartist)[6]와 사회주의자 두 집단으로 형성되었다. 이 조합은 ① 생활필수품 판매를 위한 상점설치, ② 주택임대료의 폭등에 대비한 주택의 건축과 매입, ③ 실업과 저임금문제를 해결하기 위해 노동자들의 직업창출과 제조업의 운영 등 조합의 자립적 공동이익을 추구하는 단체의 수립이 목적이었다.

조합의 운영을 합리적으로 수행하고 그들의 이상을 실현하기 위하여 로치데일 원칙을 채택하였다. 주요한 원칙을 보면, ① 시가주의원칙으로서 상품은 시가로 판매, ② 자본이자제한원칙으로서 출자에 대한 이자는 일정한도로 제한, ③ 이용고배당원칙으로서 잉여금의 배당은 이용고에 비례, ④ 현금거래원칙으로

론」, 대원출판사, 1987; 近藤康男,「協同組合の理論」, 御茶水書房, 1977 참조.

5) C.R. Fay, *Co-operation at Home and Abroad*, Fourth Edition, London, King, 1936~1939.

6) 정병호, 전게서, pp.42~43.

서 외상거래를 금하고 현금거래, ⑤ 민주관리원칙으로서 조합원의 의결권은 남여불문 평등하게 주어짐, ⑥ 자유주의원칙으로서 조합자금은 조합원 스스로의 출자에 의하여 이루어지고, 정부의 보조나 타인의 기부는 일체 배제, 그리고 ⑦ 운영공개원칙, ⑧ 정치 및 종교의 중립원칙, ⑨ 교육장려원칙 등을 견지하였다.

노동자협동조합사상은 프랑스의 사회주의사상가인 Saint Simon의 사상에서 찾을 수 있다. 그는 현대사회가 자본가는 노동자를 이용·착취하고 있으니, 이를 개조하여 새로운 산업사회를 건설하기 위해서는 모든 생산수단은 사회적 자본으로 통합되어 조합이 새로 조직되어야 하고, 이에 의해 사회적 자본이 관리되고 운영되어야 한다고 주장하였다. 그가 말하는 조합의 개념은 생산조합적인 성 격을 뜻하는 것이었으며, 이러한 사상에 기초하여, 이후 Charles Fourier나 Philippe Buchez(1796~1865)는 생산조합운동을 전개하게 되었다.

Fourier는 Owen과 더불어 공상적 사회주의사상을 대표하는 인물이며 협동주의적 사회주의를 주장하였다. 그는 자유경쟁사회에서 약자가 소외당하지 않으려면 오직 집단적 협동조직을 구성하여 운영하는 길이 최선이며, 불합리한 사유재산제를 비판하고 개혁안을 제시하기도 하였다.

그가 제안한 것은 파란주(Phalange)라는 단위조합으로서, 조직은 소비협동조합의 특성을 지녔으나 토지와 생산수단은 파란주의 공동재산으로 구상되었다. 이는 국가의 원조나 간섭을 배제하고 상부상조의 정신으로 협동하여 공동출자, 공동생산 및 공동소비하는 것으로서 계획되었으나 구체적 실현은 보지 못했다. 그러나 그는 이후 프랑스 협동조합사상의 선구자로서 높이 평가되고 있다.

Ⅲ. 서구의 협동조합주택

대부분의 선진국 협동조합주택은 비영리주택조직(non-profit housing organizations)으로서 전국 및 각 지방수준의 조직을 가지고 있다. 특히 유럽 여러 국가에서 협동조합주택이 번성하게 되는 배경은 도시화 과정과 노동자의 주거안정책과 깊은 연관을 지니고 있다.

19세기 중엽 산업혁명과 급속한 도시화 과정에서 도시에 거주하는 노동자들의 주택수요가 급증하게 되었고, 높은 임대료와 불량주택의 확산 등 노동자의 주거안정은 매우 중요한 사회문제로 등장하였다. 이러한 열악한 주거환경에 처한 노동자들은 당시 팽배하던 노동운동의 여파로 자조적 집단운동, 자선단체와 우애주의에 입각한 비영리주택운동을 발전시켰고, 이러한 비영리주택협동조합은 정부의 주택정책상 재정 및 기술지원의 대상이 되는 법적 근거를 요구하기 시작하였다. 그러나 국가마다 매우 다양한 주택협동조합의 발전배경과 특성이 있기 때문에 일률적으로 주택협동조합의 특성을 말하기는 힘든다. 그러나 서구에서 주택협동조합이 급성장한 시기로서 세계 제 1 차대전 이후의 노동운동의 여파로 보고 있다.[7)]

서구의 주택협동조합은 기존의 농업협동조합, 생산 혹은 소비협동조합 그리고 건축조합(building societies)과는 다른 몇 가지 특징을 지니고 있다.

건축조합은 같은 조합법 내에서 규정되지만 실제 주택을 짓는다기보다는 조합원들로부터 받아들인 기금을 바탕으로 조합원의 주택구입비용이나 건축비에 대출하여 주는 저축금고의 성격이 강한 것이다. 그리고 주택협동조합과 타협동조합과의 차이점은,

첫째, 주택협동조합에서는 생산자와 소비자가 동일하다.

둘째, 재정이나 조직계획이 장기적이다.

셋째, 택지확보, 도시계획 그리고 재정 등에서 정부 및 지방자치단체와 연계되어 있고,

넷째, 조합의 성공여부가 종합원 상호간 또는 지역주민과의 인간관계에 극히 민감하다는 것이다.

주택정책 체계상 사회복지 내지 사회정의의 차원에서 볼 때 협동조합주택은 역시 해당국가의 정치제도 및 정치활동이 민주적으로 발전된 서구 선진국에서 성공적인 경험을 갖고 있다.

주택협동조합이 가장 발전적으로 운영되고 있는 국가로 스웨덴을 들 수 있으며, 스칸디나비아 국가들이 대부분 활성화되어 있다. 그리고 노르웨이의 경우는 2차대전 후에 급속히 발전되었는데, 수도의 신규주택 중 약 50% 그리고 국가전체의 신규주택 약 25%가 협동조합주택으로 건설되고 있다. 그리고 독일, 프랑스, 스위스 등은 지난 수십 년 간 협동조합주택을 많이 공급해 온 국가들이다. 폴란드와 체코도 주택협동조합의 활동을 확대해 온 나라들이다. 그래서 대부분의 유럽국가들이 주택협동조합의 성공적 경험을 지니고 있으며, 북미의 경우는 예를 들어 미국 뉴욕의 「슬럼」재개발과 도시노동자의 주택재건축을 위하여 협동조합주택의 성공적인 경험을 지니고 있으며, 캐나다의 경우는 학생, 노인 등 특수그룹의 주택문제해결의 한 방안으로 주택협동조합이 이용되고 있다.

7) A.C. Lewin, *Housing Co-operatives in Developing Countries*, Chichester, John Wiley and Sons, 1980, p.17.

Ⅳ. 개발도상국의 주택협동조합[8)]

개발도상국에 있어서 주택협동조합이라는 것이 새로운 것은 아니다. 그러나 그 발전의 속도가 빨라진 시기는 세계 제2차 대전 이후부터라고 볼 수 있다.

개발도상국 중에서는 인도가 가장 큰 주택협동조합을 가진 나라인데 약 16,330개의 주택협동조합(1971년도)과 약 110만명에 달하는 회원을 가지고 있다. 주택협동조합은 개발도상국 중 남미 국가들이 다른 나라에 비하여 상대적으로 잘 발달되어 있다. 이유는 이들 남미 국가들은 정부가 매우 적극적으로 주택협동조합에게 지원을 해주고 있다는 점에서 찾을 수 있다. 칠레의 경우는 1963년과 1970년 사이 주택건설의 약 10%가 주택협동조합의 주택이었고, 브라질 또한 협동조합주택건설이 활발한 국가 중의 하나다. 반면에 아프리카국가들은 다른 개발도상국에 비하여 협동조합주택의 보급이 비교적 최근의 일로서 1970년대에 탄자니아, 가나 등 수개국에서 채택되고 있다.

개발도상국들의 주택협동조합은 서구의 것과는 몇 가지 차이점을 발견할 수 있는데, 대부분의 개발도상국 주택협동조합의 조합원들의 소득수준이 저소득층이라기보다 중·고소득층이 주류를 형성하고 있다는 점이다. 이렇게 저소득층이 배제되는 이유는 국가마다 다양하지만, 가장 큰 이유 중의 하나는 정부로부터 적극적인 재정적·기술적 지원을 받지 못할 경우 개발도상국의 저소득층이 주택협동조합을 성공적으로 운영하기가 어렵다는 뜻이다. 그리고 선진국의 주택협동조합에 비하여 개발도상국의 주택협동조합은 그 운영 및 행정비용이 더 많이 소요되고 있어 저소득층은 자연히 배제되고 있다. 한편 개발도상국의 주택정책상 일반적인 문제이지만 주택협동조합의 경험의 부족뿐만 아니라 이 분야 주택전문가가 부족한 상태이기 때문에 협동조합주택의 장점을 인지하면서도 그 운영상 어려움을 겪고 있다.

제3절 주택협동조합의 조직과 운영

대부분의 국가들에 있어서 주택협동조합은 「협동조합법(co-operative laws)」[9)]에 의하여 설립·운영되고 있다. 주택협동조합이라는 제도와 조합법으로 규정되

8) *Ibid.*, pp.3~12.
9) 협동조합법에 관해서는; 大塚喜一郎, 「協同組合法の研究」, 有斐閣, 1964 참조.

어 있는 국가들을 보면 영국, 프랑스, 서독, 오스트리아, 스웨덴, 스위스, 체코, 폴란드, 대부분의 영연방국가 그리고 라틴아메리카국가들이다. 미국과 이태리는 주택협동조합 특별법을 가지고 있으며, 덴마크와 노르웨이는 협동조합법이 없고 이들 국가들은 회사법(company law)에 근거하여 운영되고 있다.

조합법이 지닌 목적과 특징은 대부분의 국가들이 유사한 데 두 가지 큰 목적을 두고 있다. 첫째, 협동조합의 운영을 합리화하고 상호협동을 증진시키고자 하며, 둘째, 자본이득을 극대화시키는 것보다 협동의 원리에 입각한 조직의 원활한 운영에 두고 있다. 그래서 대부분의 국가가 제정한 협동조합법은 협동업무의 효율성과 편의성 그리고 협동의 원리를 강조하고 있다.

많은 국가들이 채택하고 있는 주택협동조합의 일반적인 특징과 내용들을 살펴보기로 한다.

Ⅰ. 조 직

1. 조합원의 자격

조합법은 조합원 자격여부를 명시하고 있는 데 대부분의 국가가 조합원의 최소연령을 명시하고 있다. 일반적인 최소연령은 15세이며 남녀 구분 없이 조합원이 될 수 있고, 한 가족에서 1명만이 조합원으로 될 수 있다.

대부분 조합의 구성은 직장단위가 주류를 이루고 있는 데, 예를 들어 공공기관이나 기업체에서 직원이나 노동자가 조합원이 된다. 그러나 국가마다 상이한 점이 있긴하다. 그리고 동일교회에 속한 교인들의 주택조합도 가능한 경우가 있어 그 범위는 매우 광범위하고 다양하다.

법적 최소인 이상의 사람들이 최종 취득할 주택비용에 근거한 입회비 및 출자 배당금(상·하한가 지정)을 지불한 모든 사람들에게 개방되는 것이 원칙이나 실제로는 비슷한 소득수준을 유지하는 경향이 있다. 또 조합원 규모의 확대에 있어 최초공개회원제(open membership)상태의 모조합과 차후에 주택을 확보한 자조합(daughter-cooperatives)으로 체계화시켜 영속조합으로서 조합원의 공동자산으로서의 주택을 자치(self-governing)에 의해 유지·관리해 나가기도 한다.

2. 총회와 위원회

조합원들은 조합법에 따라 1인 1투표권을 가지고 매년 개최되는(어떤 나라에서는 불규칙적으로 개최) 총회에서 의결권을 행사한다. 통상조합의 운영 및 주택전반에 관한 계획 등에 있어서 조합원의 경험부족으로 전문경영인 혹은 전담 위원회에 의한 관리·운영을 택하게 된다.

3. 연방체계

유럽 여러 나라에서는 주택조합이 지역 또는 전국적인 조직의 일부로서 세입자 협동조합, 노조협동조합 등 몇 가지 비영리조직의 기능을 담당하면서 주택운동의 공공적 역할을 수행하고 있다.

지역 혹은 직장협동조합을 총괄하여 전국주택협동조합중앙회(혹은 중앙협의회)는 직접적으로 주택을 건설·공급하지는 않으나 주택금융, 건축자재구입과 공급 그리고 조합운영에 대한 지침과 정보 등을 제공하고 있다.

그러나 스웨덴주택협회(Swedish National Housing Association)와 덴마크비영리주택협회(Danish National Federation of Non-profit Housing societies)는 보다 구체적인 사업영역을 가지고 있다. 특히 스웨덴의 주택협회는 자체의 주택자재를 제조하는 공장을 지니고 있으며, 덴마크주택협회는 표준화된 부엌용품 등을 생산·공급하기도 한다.

Ⅱ. 재 정

주택협동조합의 운영에 있어서 가장 중요한 것이 재정이다. 재정의 규모나 재원조달방식은 협동조합주택이 조합원 소유를 목적으로 하느냐 아니면 임대용이냐에 따라 큰 차이를 보이고 있다. 주택협동조합은 자발적으로 참여한 회원들에 의해 운영되고, 궁극적으로 주택을 필요로 하는 조합원들에게 저렴한 주택을 공급하는 것이 목적이다. 주택협동조합의 재정은 각국마다 상이한 정치제도와 재정의 수준에 따라 정부의 개입 및 지원이 달리 나타나고 있다.

주택조합은 외부의 간섭과 영향력을 최소화함으로써 조합 자체의 자율성이 극대화 될 수 있도록 하는 것이 당연하다. 그러나 주택협동조합의 재정능력이 빈약한 경우는 외부의 지원, 특히 정부로부터 재정적 지원을 받음으로써 운영상 큰 도움이 되고 있다. 개발도상국의 주택협동조합은 정부의 재정지원이 빈약하여 조합원의 부담이 그만큼 증대될 수밖에 없다. 결국 조합원의 소득수준, 정부의 재정지원여부, 정부의 금융제도 등이 주택협동조합의 운영에 큰 영향을 미치게 된다. 일반적으로 주택협동조합 재정의 확보방법과 그 내용을 간략히 정리해 보면 아래와 같다.

① 조합원의 출자금 및 저축
② 민간대출자금(민간은행, 보험회사 등) 및 정부의 대출자금(중앙 및 지방정부)
③ 정부의 보조금, 지원금
④ 출자금 및 저축의 이자 등이다.

Ⅲ. 계획 및 설계

재정확보가 이루어지더라도 실시단계에서 여러 가지 어려움이 야기되는데 그 중의 하나가 부지의 확보, 주택건축, 자재의 공급 등이다.

1. 부지의 확보와 개발

부지의 확보를 위해서 스웨덴의 경우는 토지시장을 통하여 부지를 매입하는 방법을 택하기도 한다. 그러나 대부분의 국가들이 주택협동조합중앙회를 통하여 중앙정부나 지방정부와 상의하여 조합주택용 부지를 장기적으로 확보하는 등의 정책적 차원에서 접근하는 경우가 대부분이다. 이 경우 협동조합주택용 부지는 장기임대나 아니면 도시계획구역 내의 토지의 용도변경, 공공이 확보한 토지의 활용, 공장부지의 주거지용도전환 등 정부로부터 정책적인 배려를 얻고 있다. 더 나아가 영국의 주택공사(The National Housing Corporation)와 캐나다의 중앙모게지 및 주택공사(The Central Mortgage and Housing Corporation)에서는 조합주택용 택지를 스스로 개발하거나 취득하기도 한다.

2. 건　　축

협동조합주택의 설계·계획·건축 등은 자체의 인력으로 수행하는 것이 원칙이지만 대부분의 협동조합은 전문인력의 부족으로 민간업체와 계약하여 건축하고 있다. 그러나 주택협동조합이 발달한 노르웨이, 스웨덴, 덴마크 등은 건축가, 주택건설에 따른 기술자 등 전문가를 고용하여 주택공급에 임하고 있다. 주택협동조합중앙회는 이러한 전문가들의 고용 및 민간건설업체와의 계약 등을 주로 맡고 있으며, 개별 지방주택협동조합은 그 지방의 조건과 조합원들의 요구사항을 수렴할 수 있는 구체적인 계획수립의 단계를 수행하게 된다.

3. 자재의 공급

몇몇 국가의 주택조합연합회에서는 저렴하고 효율적인 건축자재공급을 위하여 자체의 공장을 운영하는 경우도 있으나 대부분 민간기업과 계약에 의해 자재를 공급하고 있다. 스웨덴의 경우는 주택협회에서 부엌용품, 창문 등을 생산하는 공장을 운영하고 있으며, 독일 및 오스트레일리아 등에서는 조합주택의 건축재료와 규격을 표준화하는 데 성공한 국가들이다.

4. 디 자 인

대부분의 협동조합주택이 공동주택(아파트)형이 많으며, 조합원의 가구원수에 따라 주택의 크기를 조절하고 있다. 가장 대표적인 유럽 협동조합주택의 전형은 방 3개, 부엌 그리고 욕실겸 화장실을 가진 아파트로 알려지고 있다. 종전의 아파트형 조합주택에서 최근에는 단독주택, 연립주택 등 다양한 형태의 주택이 조합원의 요구에 따라 공급되고 있다.

Ⅳ. 입주와 관리

1. 주택의 배분

건설된 조합주택의 배분은 대기자 명부에 나타난 조합가입의 순서대로 공평하게 입주하는 것을 원칙으로 하고 있다. 대부분의 조합원이 자기집을 가지지 못한 세입자나 무주택자이기 때문에 조합주택의 입주를 기다려온 가구들이다. 그래서 모든 조합원들이 쉽게 이해하고 분배의 공평성을 기하고자 하는 것이 대부분의 주택협동조합의 분배방식이다. 이러한 배분의 방식을 크게 3가지로 분류될 수 있다.

첫째, 조합에 가입한 순서대로 입주하는 방식

둘째, 공가(空家)가 생기면 조합의 위원회에서 신입주자를 결정하는 방식

셋째, 해당 지방정부와 협의하는 방식 등이다.

국가별 차이는 있지만, 첫번째 방식을 가장 많이 채택하고 있으나 경우에 따라서는 비록 조합에 가입은 늦었지만 긴급을 요하는 가구에 대하여는 우선순위를 부여하는 경우도 있다. 그리고 지방정부와 협의하여 입주순위와 입주자의 배정을 고려하는 경우는 정부로부터 재정지원을 받은 주택협동조합에 해당된다. 그 한 예로 지방정부는 긴급히 입주되어야 할 빈민 혹은 사회적으로 보호받아야 할 특수계층에 속한 조합원에게 우선권을 부여하기도 한다.

2. 조합주택의 분양·임대·전대

조합주택은 조합원의 입주와 주거목적에 큰 제한은 없으나, 국가마다 임대·전대 등에는 제한을 가하는 경우가 대부분이다. 홍콩의 경우는 조합의 허가없이는 전대가 불가능하고 아파트의 방 한 칸 세놓는 것도 제한되고 있다. 그러나 몇몇 국가에서는 조합에 지불해야 할 대부금 조달을 위해 집의 일부분을 세놓는 경우를 허락하기도 한다.

흥미있는 예로서 코스타리카(Costa Rica)에서는 건설주택의 30%에 해당하는 가구분은 조합원의 흥미를 유발하도록 임의추첨을 택하기도 한다. 한편 주택 점유형태 상 자가소유보다는 협동조합의 공동소유에 따라 입주자는 임대형식을 취하게 되며, 통제기간 동안 저당이나 투기를 위한 전대를 하지 못하도록 하고 있다. 이는 조합원의 주거안정을 확보하고 권리를 투기의 목적으로 이용하지 못하도록 함과 동시에 상호신뢰를 바탕으로 지역사회를 구축하기 위한 것이다.

초기의 조합은 화폐가치가 큰 변동이 없고, 사람들의 직업과 거주이동이 많지 않던 정태적 상황에서 시도되었지만, 현대의 상황은 가구이동이 활발해져 조합주택의 입주와 퇴거 빈도수가 증가하는 데 따른 주택의 배분과 관리측면에서 새로운 문제가 제기되고 있다. 1980년대에 와서 협동조합주택제도의 변화 중 주목할 만한 사실은 분할소유개념이다. 분할소유란 만일 조합원이 주택가격의 30%만 지불하면 30%의 소유권이 인정되고 나머지 70%는 조합이 지분을 소유하게 되는 제도이다. 100% 주택가격을 지불하면 자기소유의 집이 되지만 이 조합주택을 처분하려면 일반인에게 팔 수 없고 해당조합에 되팔게 함으로써 주택투기는 원천적으로 봉쇄하고 있다.

제 4 절 각국의 사례

I. 스 웨 덴

1. 주택협동조합의 발전과정[10)]

스웨덴주택협동조합의 역사는 1872년으로 거슬러 올라간다. 당시 최초로

10) Owe Lundevall, *Swedish Experience of Co-operative Housing*, off-Print of article contained in the documentation prepared by The Swedish Ministry of Physical Planning

주택협동조합이 구성되었고, 1870년대의 열악한 주거환경과 주택난을 해결해 보고자 하는 한 방안으로 채택된 것이다.

그러나 본격적인 주택협동조합의 발전은 세계 제1차대전 이후인데, 수많은 주택이 전쟁으로 파괴된 상황에서 도시화의 진전으로 인한 도시지역 주택부족을 완화해야 한다는 상황에서 였다. 주택공급을 확대해야 한다는 정책은 초기 주로 민간부문을 통한 것이었으나, 임대료의 상승 등 여러 가지 주택시장의 문제점이 노정되었다. 가장 심각했던 주택사정은 1920~1923년으로서 임대료가 급등하고 노동자들의 주거불안은 매우 심각한 사회문제로 등장하였다. 이러한 상황하에서 스톡홀름(Stockholm)에 HSB(Swedish Tenants' Savings Bank and Housing Association)로 알려진 주택협동조합운동이 주로 세입자를 중심으로 확산되기 시작하였다.

HSB는 초기 건축조합의 형태로 각 지방에 근거를 두고 1923년 설립되었으며, 소위 세입자-집주인협회(tenant-owner association)의 형태였다. 그리고 HSB는 저축을 겸한 주택건축운동 조직체로서 종전의 건축과 저축이 분리된 조직을 하나로 통합하여 운영하게 되었다. HSB는 초기 주택을 통한 재산증식이나 이윤동기보다는 어떻게 하면 값싼 주택을 집없는 많은 사람들에게 공급할 수 있느냐 하는 것이 목적이었다.

HSB와 함께 1940년대 초부터 Svenska Riksbyggen 이라는 노동조합 산하의 주택조합을 빼놓을 수 없다. 당시 스웨덴 건축노동자의 40%가 실업의 상태였기 때문에 노동자 스스로의 주택협동조합의 구성이 활발하게 진행되었다. 초기 노동자 주택협동조합은 지방정부와의 협조 하에 주로 임대용 노동자아파트를 건축하는데 주력하였다.

2. HSB 협회의 조직과 운영

HSB 회원은 크게 두 가지 형태로 나누어지는데, 하나는 HSB협회의 회원과 다른 하나는 주택협동조합의 회원이다. 모든 회원은 HSB협회에 속하며 HSB주택에 입주하게 되면 HSB주택협동조합의 회원이 된다. 모든 회원은 투표권을 가지며 HSB저축은행의 주요고객으로서 대기자명부에 등록된 순서에 따라 주택을 배정받을 수 있다.

HSB협회에는 누구나 가입할 수 있고 연령제한이 없으며 회원자격은 한 지역에서 타지역으로 이주시에도 계속된다. HSB는 민주적으로 운영되며 대표의

to the U.N. conference on Human Settlements, HABITAT, Vancouver, 1976.

〈그림 18-1〉 HSB의 조직

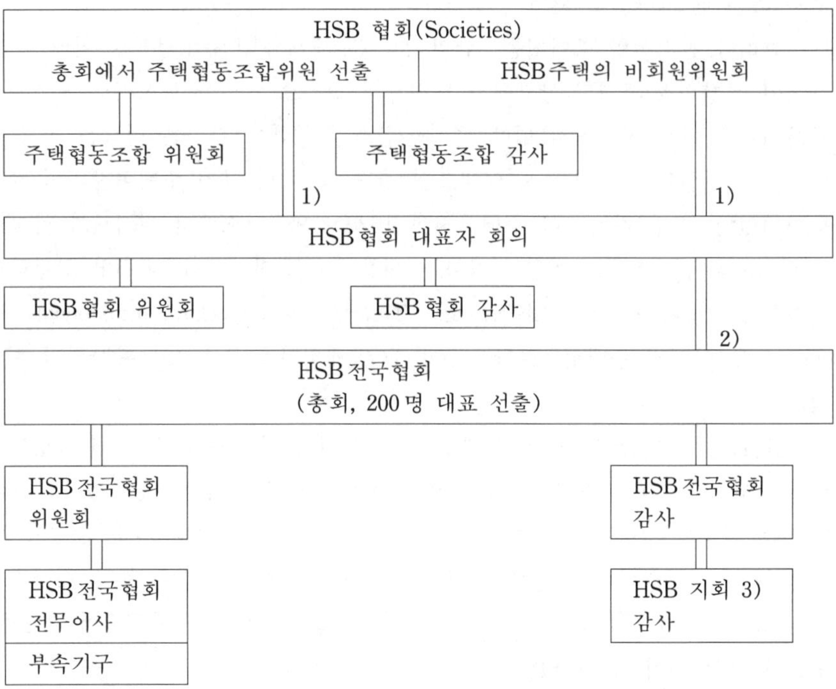

주: 1) HSB협회는 지역별 조직을 지니고 있으며, 각 지역 총회에서 주택협동조합 대표와 HSB주택을 원하지 않는 회원 대표를 선출하여 HSB협회 대표자 회의에 참석.
2) HSB협회 위원회에서 경우에 따라서는 총회대표자회의에 참석할 위원을 지명할 수 있는 권한도 부여됨.
3) HSB지회 감사는 HSB협회 감사와의 협조 하에 업무를 수행.

선출 등은 투표에 의한 방식을 취하고 있다. HSB의 조직은 〈그림 18-1〉과 같다.

3. HSB 협동조합주택의 특징[11)]

HSB 저축은 두 가지 목적으로 회원들에게 혜택이 부여되고 있다. 회원들은 HSB조직을 통하여 적정이자율로 저축하여 주택을 얻게 되는 주택금융제도를 제공하고 있다. HSB는 주택마련저축과 연계하여 주택대기자명부에 등록시키며, 연간 최소 SEK 1,200(1985년 3월 현재)[12)]의 저축제도를 지니고 있다. HSB저축의 장점은 18세 이하의 자녀에게도 기회가 부여되어 이 금액의 절반을 저축하게 하여 장래 주택마련을 도모하고 있다는 점이다. HSB저축은행은 주택마련

11) HSB National Federation, *Cooperative Housing*, Tiba Tryck, Stockholm, 1985.
12) 1 US $ =9.25 Swed. Crowns(1984).

목적의 저축뿐 아니라 일반저축도 취급한다. 그리고 청소년(16~28세)에게는 장래주택마련을 위한 조세혜택을 겸한 주택금융제도도 함께 취급하고 있다.

HSB는 1985년 현재 약 400,000명의 회원을 가지고 있으며, 스웨덴 전체 주택재고의 10%의 주택을 공급하였다. HSB는 아파트·연립주택·단독주택·별장·주말주택 등 다양한 주택들을 공급하고 있다. HSB회원자격을 얻어 주택에 입주하기 위해서는 보증금을 지불해야 하는데, HSB저축은행으로부터 대부도 가능하다.

HSB의 주택공급실적은 〈표 18-1〉과 같다. 공급의 특징은 협동조합주택이 66% 이상을 차지하고 자가주택은 약 28%에 지나지 않는다. 주택형태는 대부분 아파트가 주류를 이루고 있는데, 1984년도 총공급호수 4,369호 중 99%인 3,436호가 아파트이고 약 1%인 933호가 단독주택이다.

HSB조합주택의 거주자는 세입자-소유자(a tenant-owner)로 표현되는데, 엄격히 말하면 자가주택은 아니나 거주자의 입장에서 보면 주거에 아무런 불편과 이용상 문제가 없는 HSB 소속의 자가형 임대주택이라 말할 수 있다. 세입자-소유자 주택은 원칙적으로 전대가 불가능하다. 특수한 경우를 제외(HSB 협동조합주택법 제9조 및 제18조 참조)하고는 주택의 일부나 전체를 타인에게 임대할 수 없다. 특수한 경우란 협동조합주택 심사국에서 절차를 거쳐 허가된 경우에만 해당되나 이 경우는 전대기간이 매우 제한적이며 여러 가지 조건을 제시하게 된다.

만일 HSB 협동조합주택의 규칙을 준수하지 않을 경우 자격이 박탈되고 퇴거명령을 받게 되는데 그 중 중요한 사항들을 소개하면, ① 거주자의 조합주택 보증금과 입주허가비용(occupancy-grant fee)의 지불을 2주 이상 연체한 경우, 조합으로부터 독촉장을 받고 일정기간 내 지불을 이행하지 않을 경우, ② 조합으로부터 허가없이 전대한 경우, ③ 주택을 타인에게 빌려주거나(주거목적의 편의제공) 거주 이외의 목적으로 이용한 경우, ④ 입주자의 관리소홀과 부주의로 해충, 기생충 등의 확산으로 주변주택과 단지 전체의 위해를 초래했을 경우, ⑤

〈표 18-1〉 HSB 주택공급 실적(1984년 말 현재)

주택구분	주택수(호)
협동조합주택	276,833(66.2%)
커뮤니티 신탁주택	115,751(27.7%)
자가주택	25,285(6.1%)
합 계	417,869(100.0%)

자료: HSB;S RIKSFÖRBUND, Sweden, 1985.

기타 협동조합측이 요구한 사항들을 이행하지 않는 경우 등이다.

4. HSB 협동조합주택의 재정 및 입주비용

스웨덴의 협동조합주택의 재정구성을 보면 입주자의 보증금(deposit)이 1%, 정부주택대부금(government housing credit)이 29% 그리고 저당대출(mortgage)이 70%로 되어 있다.

협동조합주택건설기간 동안 비용은 주로 건축대부금(building loan)을 통하여 집행되며 건물이 완성된 이후 건축대부금은 저당대출과 정부주택대부금으로 대체된다. 그리고 협동조합주택에 대한 정부주택대부금은 첫해 일년은 대부금 상환이 없으며, 이후 35년에 걸쳐 지불하도록 배려하고 있다.

그리고 모든 조합주택 입주자는 입주전 보증금을 지불해야 하고, 매년 주택의 수리비, 유지비 등을 위한 비용과 임대료를 함께 매월 지불해야 한다. 주택의 유지비는 단지의 유지비·수도·전기·난방비 등으로 구성되며, 주택 내부의 장식 및 기타 비용은 입주자의 선호에 따라 스스로 부담하게 되어 있다. 한편 입주자가 조합측에 지불하는 조합비는 조합의 운영 등에 소요되는 경비로서 고정되어 있는데 대개 주택 생산비의 2.5%에 해당되는 금액으로 매년 1/8%에 해당하는 금액을 20년간 지불하도록 되어 있다.

Ⅱ. 영 국

1. 협동조합의 발전배경

영국협동조합의 발전배경은 앞 절에서 언급된 로치데일(Rochdale)협동조합운동에서 찾을 수 있다. 로치데일조합은 당초 1829년 제정된 「우애조합법」(1834년 개정)에 의해 설립된 것이었다. 그러나 이 법은 노동조합을 규제하기 위하여 만들어진 것이기 때문에 협동조합이 제조업 등 생산조합을 할 수 있는 근거가 되지 못하였다.

영국의 협동조합이 법적 지위가 확보되고 국가로부터 보호받을 수 있게 된 것은 1852년 「산업 및 절약 조합법」이 제정되면서부터인데 이 법은 협동조합에 대한 법으로서 세계 최초의 것이다. 이 법으로 인하여(이후 1862년 개정) 협동조합의 활동에서 생긴 잉여금에 대한 면세의 특전이 부여되었으며, 유한책임제와 연합회 설립이 가능하게 되었다. 협동조합 중 주택협동조합운동은 다른 국가들에 비하여 늦게 발전되었다. 주택협동조합이 법적인 근거를 부여한 것은 1936

년 주택법(the Housing Act)이며, 이후 사회 여러 자선단체들이 동조·협동함으로써 발전하기 시작하였다.

영국의 주택협동조합이 활성화되지 못한 것은 여러 가지 이유가 있겠으나 지방정부의 강력한 공공임대주택정책의 실시 때문이라고 말할 수 있다. 영국은 다른 나라들에 비하여 비교적 일찍 지방정부가 저소득 노동자들의 주거안정을 위하여 공공임대주택을 공급·확대해 온 대표적 국가이다.

2. 주택협동조합의 원리와 현황13)

주택협동조합은 주로 주택소요집단(housing needs group)의 주거안정을 도모하기 위한 자구책으로 생겨났다. 즉 그것은 저소득층 자가소유의 경제적 어려움과 민간임대주택의 임대료상승으로 인한 주거불안정을 해결하기 위하여 조합소유의 주택을 많이 확보함으로써 조합원의 안정된 주거생활을 약속하는 협동체이다. 이러한 주택협동조합은 몇 가지 원칙 하에서 운영되고 있는데, 그 원칙의 주요내용을 보면 다음과 같다.

첫째, 협동조합운동은 자발적 참여에 근거를 두고 있으며, 정치적·인종적·종교적인 어떠한 차별이나 구분이 없다. 둘째, 협동조합은 그 운영에 있어 민주적 절차를 중요시하며 모든 조합원은 동등한 자격과 권리를 지닌다. 셋째, 협동조합활동에 의하여 발생된 모든 이익과 손실은 조합과 조합원에 배당되고 모든 조합원은 동등한 책임이 부여된다. 넷째, 모든 조합은 조합원들에게 적정교육을 실시하며, 특히 협동의 기술과 방법론을 익히도록 한다. 다섯째, 조합은 그 조직에 있어 지역조합·전국조합·국제조합 등으로 확대되며 모든 조합은 상호 밀접한 연계를 유지한다.

1989년 현재 영국은 279개의 주택협동조합이 등록되어 있으며, 지역적으로는 주로 런던 대도시권, 중서부 그리고 북서지방에 활성화되어 있다. 협동조합에 가입을 원하는 자는 다음의 절차를 거치도록 되어 있다.

① 조합의 설립목적에 동의해야 한다.
② 7명 이상의 사람이 원하면 조합을 구성할 수 있고, 지방정부주택국으로부터 조합주택건설을 위하여 업무상 협조요청이 가능하다.
③ 전국주택협회연합회(National Federation of Housing Association)는 주택협동조합 관련규정을 제정, 기본지침을 제시한다.

---

13) M. Norton, *Housing*, London, Wildwood House, 1980, p.92; H. Cope, *Housing Associations*, London, Macmillan, 1990.

④ 주택건설을 위한 부지를 확보하고 건축에 따른 세부지침을 마련하고, 동시에 절차에 따라 당국으로부터 허가를 얻어야 한다.

⑤ 조합주택건설을 위한 재정과 공공부문주택자금이나 지방정부의 주택대부금, 보조금을 신청할 수 있으며, 민간부문 저당대출(mortgage)을 100% 확보할 수 있다.

한편, 지방정부로부터 주택개량교부금(improvement grants)도 지원받을 수 있다. 이러한 재정적 지원의 절차나 업무적인 협조는 주로 주택공고(housing corporation)를 통하여 이루어지고 있다.

영국의 주택협동조합이 주로 다루는 주택확보 및 공급원은 지방정부의 임대주택을 개량, 보수하여 조합에 귀속시키는 경우가 많다. 그리고 민간임대주택을 현재의 세입자들의 요구에 의하여 조합주택으로의 전환과 슬럼지역의 무허가불량주택을 개량하여 주택협동조합이 운영하는 경우도 허다하다.

주택협동조합의 운영과 주택건설에 있어서는 지방정부의 역할이 매우 중요하다. 왜냐하면 신규주택을 건설하기 위한 부지의 확보는 대부분 지방자치단체가 조합을 대신하여 수행하는 경우가 많기 때문이다.

1975년 이후 영국은 다음과 같은 3가지 형태의 주택협동조합을 정부가 인정하고 있다.

① 관리협동조합(management co-operatives)으로서 세입자들의 단체가 현재 임차상태에 있는 주택단지의 관리·운영기능을 주로 담당하는 조합이다. 이 조합은 임대주택단지의 공동적 책임과 관리를 맡는게 목적이다.

② 세입자들이 공동으로 주택을 소유하거나 임차하여 조합에 귀속된 주거단지로서 개별소유가 아닌 조합소유의 주택을 관리·운영하는 주택협동조합이다.

③ 공동소유주택협동조합(shared ownership co-operatives)으로서 조합원들이 공동으로 주택을 소유한 경우로 주택가격상승의 경제적 이익을 공동배분하며 조합이 관리·운영하는 경우이다.

각 협동조합이 수행하는 일들을 정리해 보면 먼저 관리협동조합은 다음과 같은 책임을 맡고 있다.

① 주거단지의 공동시설과 공동서비스의 관리책임(마을회관, 놀이터, 주차장 등)

② 주택의 수리, 보수 그리고 유지관리에 필요한 사항과 임대료의 징수

③ 입주자의 배정·입주·퇴거 등

④ 임대료의 수준결정(주, 월 임대료 산정)

⑤ 해당주택의 개량 및 주거단지 환경개선

비영리(non-equity)협동조합은 개별가구가 주택을 소유한 것이 아니고 조합 귀속의 주택에 거주하는 영리목적이 아닌 임대주택조합의 형태이다. 조합원들은 투표에 의하여 관리위원을 선출구성하여 운영하도록 한다. 그리고 공동소유주택 협동조합(co-ownership co-operative)은 조합원이 주택을 공동소유하면서 조합을 운영하고 있으며, 이러한 조합의 설립은 대부분 외부단체로부터 재정 및 기타 지원을 받고 있다.

제 5 절 한국의 주택조합

Ⅰ. 협동조합의 배경

우리 나라에서 전통적으로 협동생활이 조직화된 것으로 계·향약 등을 들 수 있는데, 이와 같은 협동조직은 상부상조를 바탕으로 조직된 인적조직이란 점에서 협동조합과 유사하나, 현대적 의미에서 경제적 이해관계를 동기로 하는 협동조합의 모습과는 다른 점이 있다고 하겠다.

현대적 의미의 협동조합은 강화도조약 후에 생성된 협동조합운동에서 기원을 찾아 볼 수 있다. 강화도조약 이후 일제의 자본주의가 우리 나라에 침투해 들어오면서 그들의 자본주의를 성장시키고, 식민지에 대한 착취를 위하여 일제는 축산조합·양잠조합·금융조합·산업조합 등을 만들었는데 이것이 한국에서 협동조합운동의 주축이 되었다.[14)]

협동조합은 본래 협동과 자율을 기반으로 하는 자발적인 조직체이다. 상기한 금융조합 및 산업조합은 일제가 식민지정책을 수행하기 위하여 설립한 정책기관이었다. 이와는 달리 한국에서 협동조합운동이 자발적으로 일어난 경험이 있다. 1925년 10월 29일 천도교도들을 중심으로 농민의 지위향상과 복리증진을 내세우면서 창립된 「조선농민사」, 재일본 유학생들이 한국경제의 낙후성을 타개하고, 민족운동의 기반을 조성하기 위하여 1926년 봄에 동경에 사무소를 두고 활동을 시작한 「협동조합운동사」, 이와 때를 같이하여 경성 YMCA가 그 부대사업으로서 경성 부근에 8개의 농촌협동조합을 조직하기 시작한 「기독교계 협

14) 어수일, 「협동조합론」, 광림사, 1968, p. 305.

동조합」 등의 협동조합운동이 전개되었으나, 일제의 탄압과 경영미숙 등으로 1933년을 끝으로 소멸하고 말았다.[15)]

해방 후 관제조합을 바탕으로 1957년에 「농업협동조합」이 탄생되었고, 1962년에 「수산업협동조합」이 설립되었으며, 농업협동조합으로부터 1981년에 분리된 「축산업협동조합」과 1960년 경부터 시작된 신용협동조합의 전국적인 연합조직인 「한국신용협동조합연합회」 등이 한국협동조합의 근간을 이루고 있다.

Ⅱ. 주택조합의 특성

주택조합을 정의하고 있는 주택건설촉진법 제3조 9항을 보면 「주택조합」이라 함은 동일 또는 인접한 시(서울특별시 및 광역시를 포함한다)·군에 거주하는 주택이 없는 주민이 주택을 마련하기 위하여 설립한 조합(이하 「지역조합」이라 한다), 동일한 직장에 근무하는 주택이 없는 근로자가 주택을 마련하기 위하여 설립한 조합(이하 「직장조합」이라 한다) 및 대통령령이 정하는 노후·불량한 주택을 철거하고 그 철거한 대지위에 주택을 건설하기 위하여 기존주택의 소유자가 설립한 조합(이하 「재건축조합」이라 한다)을 말한다라고 규정되어 있다. 이들에 대해 좀더 구체적으로 살펴보기로 한다.

1. 직장주택조합

직장주택조합에는 조합원들의 적립금으로 주택자금과 택지를 마련, 주택건설업자를 통해 직접 집을 짓는 사업조합과 주공이나 공공기관이 지은 아파트를 분양받을 수 있는 분양조합이 있는데, 20인 이상의 조합원을 확보할 수 있으면 설립이 가능하다. 1998년 10월 31일 현재 서울의 직장조합수는 1,650(조합원수: 89,495명)개이다.

주택조합의 추진에서 중요한 것은 부지매입인데, 이는 토지개발공사 등 공공기관이 개발한 택지를 싸게 공급받을 수 있고 또 건축자금이 부족할 때 회사의 적립금 중 10% 이상과 소규모주택의 경우는 국민주택기금의 지원을 받을 수도 있다. 융자금은 소규모주택일수록 많아지며, 저당비율은 80%, 이율은 연 10%, 대출기간은 1년거치 19년 체증식 할부상환방식이다. 분양조합의 경우 단체공급으로 주택관계법에는 전체 분양가구의 40%까지 할당받을 수 있지만, 대도시에

---

15) 상게서, pp. 302~304.
정찬길, 「한국협동조합의 발전」, 1983, pp. 70~72.

서는 공공주택의 물량도 적고 청약자가 많아서 분양기회는 상대적으로 매우 희박하다.

2. 지역주택조합

조합원자격이나 설립인가 절차는 직장조합과 같으나 분양조합은 지역주택조합에 없다. 현행 주택건설촉진법에 따르면 지역조합은 서울특별시와 광역시를 포함한 같은 지역 또는 인접한 시·군에 거주하는 자기소유의 집이 없는 주민이 지역조합을 설립할 수 있도록 허용하고 있다.

지난 1987년 12월 주택건설촉진법이 개정되면서 지역조합에 관한 규정이 새로 추가된 이후 지역조합설립신청이 몰렸으나, 서울시는 시행령과 시행규칙에 이에 관한 구체적인 절차가 명시되어 있지 않다는 이유로 지역설립인가를 내주지 않았다. 특히 지난 1983년 동작구 사당동에서 제일아파트를 지을 때 처음 지역조합승인을 내줬다가 사고가 발생했다는 이유로 그 동안 지역조합을 허용하지 않아 온 셈이다. 그러나 서울시는 민원이 쏟아지는데다 일단 법적 근거로 마련되어 있는 지역조합을 시행하지 않을 수 없어 1988년 11월 1백50명 조합원이 등록된 성수동 지역조합을 승인한 것을 시작으로 1998년 10월 31일 현재 710개 지역조합(조합원수: 55,784명)이 있다(〈표 18-2〉 참조).

3. 재건축조합

설립자격은 노후·불량주택소유자로 주민들의 80% 이상의 동의로 재건축이 가능하다. 이는 또한 도시재개발법에 의한 주택개량재개발사업과정에서 설립되어 추진되는 경향이 많다.

1980년 주택조합에 관한 근거법 조항이 입안된지 6년이 지난 1986년에 처

〈표 18-2〉 서울시 유형별 주택조합현황(1982～1998)

(단위: 개, 명)

구분 / 연도별	합계		직장조합		지역조합	
	조합수	조합원수	조합수	조합원수	조합수	조합원수
계	2,360	145,279	1,650	89,495	710	55,784
1982～1989	1,319	81,261	1,237	74,710	82	6,551
1990～1997	1,041	64,018	413	14,785	628	49,233
1998년 10월 31일 현재	22	865	4	86	18	779

주: 1998. 10. 31 현재.
자료: 서울시, 주택기획과, 내부자료, 1998.

음 실시된 조합제도는 서울시의 경우 1990년 12월까지 1,497개가 설립되었으나 (〈표 18-2〉 참조), 사업승인조합은 1,020개이다. 더욱이 1989년에 더욱 강화된 조합원자격, 설립허가, 주택규모, 분양식 건설을 제한 그리고「수서사건」을 계기로 이 제도의 활성화는 어렵게 된 형편에 있다.

Ⅲ. 현행 주택조합의 문제점

현행 우리 나라의 주택조합은 직장주택조합이 주종을 이루고 있다. 특히 지난 1987년경부터 주택경기가 활성화되면서 직장주택조합을 통한 신규주택의 공급은 까다로운「아파트분양제도」를 피하는 매력 있는 제도로 인식되고 있다. 시장가격과 분양가격이 큰 차이를 보이는 현행 주택시장의 이중구조는「조합주택=상당한 이윤추구」라는 법칙을 유도해 내고 말았다. 특히 한정된 공급속에서 주택에 대한 수요가 계속 늘어나면서 주택가격은 급상승하고 이에 대한 무주택서민의 불안한 심리를 악용하는 사기사건 또한 자주 일어나고 있다.

그 동안 주택조합제도가 보다 원활한 주택공급을 시도함으로써 무주택자에게 주거복지의 효과를 제고시키는데 기여를 해왔으나 아울러 예기치 못했던 문제점도 지적되고 있다. 이러한 문제점은 주택부지의 확보, 제도상의 미비로 인한 사기사건, 주택투기문제 등으로 분류할 수 있는데 그 내용을 보면 다음과 같다.

1. 주택부지의 확보

주택조합은 대부분 직장이 몰려있는 서울 및 수도권에 설립되며, 역시 이 지역에 주택을 건립하려 한다. 주택이 절대적으로 부족하고 아파트가격이 상승하면서 주택조합의 설립도 크게 늘게 되었다. 이에 비해 주택을 건설할 부지가 거의 없기 때문에 사업추진이 어렵게 되는 것이다. 이러한 상황속에서 일부 주택조합은 도시계획법, 건축법 등의 관련법률과 지침 등을 충분히 검토하지 않고 아파트건축이 허용되지 않는 그린벨트(개발제한구역), 공원용지, 자연녹지, 생산녹지 등에 속한 부지를 매입하게 되는 경우가 생기게 되었다. 이러한 지역은 건폐율, 용적률 등의 제한으로 아파트건립이 불가능하고, 용도변경 및 형질변경에 있어서도 매우 어려운 상황이다.

2. 제도상의 미비

주택조합에 대한 법률적·행정적 제도가 완비되지 않음으로써 행정관청의 규제가 느슨하고 허점도 많게 된다. 이러한 점을 악용하여 유령조합을 만들어 사기 분양하거나, 실제 가구수보다 많은 조합원을 모집하는 사례가 생기게 된다. 또 이들은 아파트건설이 불가능한 부지에 허위광고 등을 통해 입주희망자 등을 모집하는 경우도 있으며, 분양처분 등에 관한 원칙이 없어 조합과 시공회사간에 분양지분을 둘러싼 마찰 및 분쟁을 일으키는 현상도 초래되고 있다.

3. 주택투기문제

현행 아파트분양제도는 기존에 주택을 소유한 사람은 아파트 등 신규주택을 분양받기가 어렵게 되어 있다. 그러나 주택조합의 경우는 조합원의 구성을 조합내부에서 처리하기 때문에, 집 있는 사람들의 투기수단으로 활용되기도 한다. 조합원 상당수가 실제로 입주하지 않고 이를 전매·임대하는 경우도 발생되고 있다.

4. 기 타

주택조합이 건설하는 주택의 입지 심의기준이 애매함으로써 관청에 대한 로비들을 유발하는 요인이 되어 주택조합의 사업승인이 「관청-대기업-중소기업」 순으로 되어 있다는 지적[16]도 있다. 또한 몇 년씩 주택청약부금을 부어가며 아파트분양을 기다리고 있는 사람들이 많은 현실에서 좋은 직장에 근무하고 있다는 기득권을 이용, 남들보다 싼 값에 먼저 주택조합의 아파트를 분양받는다는 점에서 주택공급에 대한 형평성의 문제가 제기되고 있다.

Ⅳ. 수서(水西)사건의 경우와 조합주택

서울의 강남지역에 위치한 「수서지구」는 당초 서울시에 거주하는 무주택 서민들에게 주택을 공급하기 위해 공영개발방식에 의해 택지개발예정지구로 지정된 지역이다. 공영개발은 택지개발예정지구나 토지구획정리사업지역 내 토지 소유자들의 땅을 전부 매입 또는 수용해서 택지를 개발해 공공시설이나 주택 등을 건설하는 방식이다.

26개 주택조합에 관련된 「한보그룹」은 서울시가 1988년 8월 수서지구를 택지개발예정지구로 지정해 주도록 건설부에 요청하기 4개월 전부터 임원명의로 자연녹지를 사들이기 시작했고, 동시에 주택조합원을 모집하여 26개 조합

16) 매일경제신문, 1990년 6월 1일.

3,360명의 조합원에게 「제소전 화해수법」[17]으로 47,926평을 매각했다.

그러나 서울시는 특정주택조합에 택지를 매각할 수 없다면서 택지를 분양하지 않기로 결정했고, 이로 인해 26개 주택조합은 연명으로 국회에 청원서를 제출하였다. 국회건설분과위원회는 집단민원우려 등의 이유로 주택조합에게 특별분양을 허용토록 서울시에 권유했고, 서울시는 이를 받아들여 당초결정을 번복하여 35,500평의 택지를 주택조합에 공급하기로 결정하여 사회적 물의를 빚게 되었다.

소위 「수서지구특혜분양」 파문은 주택조합이 지닌 문제점을 잘 나타낸 대표적인 경우라 할 수 있다. 수서지구특혜분양에서 나타난 조합주택의 문제점은 아래와 같이 요약할 수 있다.

① 조합이 시공업체나 부동산중개업체와 결탁, 건축허가가 불가능한 자연녹지 등을 대상으로 비정상적으로 사업을 추진하였다는 점이다. 사회적 물의를 일으킨 수서지구의 경우도 집을 지을 수 없는 자연녹지를 매입하는 등의 편법을 동원한 예이다.

② 주택조합에 가입하면 공개분양의 치열한 경쟁을 피하면서 채권입찰 없이도 주택을 공급받을 수 있다. 그리고 주택사업자(건설회사)도 분양가상한제나 연동제의 적용을 받지 않아 수익성을 확실히 보장받게 된다. 이러한 제도적 배려 때문에 오히려 투기에 악용되고 있으며 사기사건 등의 부작용을 초래하게 되었다.

③ 이러한 주택조합이 지닌 이점 때문에 1990년말 서울에만 총 1,497개의 조합이(조합원 90,635여명) 설립되어 있다. 주택조합의 제도상의 허점은 무주택자를 가려내는 장치가 미비하다는 점이다. 조합주택설립 인가시에만 무주택자 여부를 심사할 뿐 준공시나 입주시에 재점검하는 장치를 시행하지 못했다. 한편 주민등록표만으로 조합원의 무주택여부를 심사하고 있기 때문에 주민등록을 옮기기만 하면 주택이 있는 사람도 무주택자가 되어 주택조합에 가입할 수 있었다. 그리고 이미 주택에 가입했더라도 다른 조합에 재가입했는지를 제대로 점검하지 못해 수개의 조합에 가입한 사례가 있었다.[18]

④ 서울시 등 대도시의 경우 조합을 설립했다해도 조합주택을 건립할 수 있

---

17) 제소전 화해방식이란 정상적 매매가 불가능한 토지거래허가지역 등에서 매도-매수인이 마치 채무, 채권관계에 있는 것으로 꾸며 소유권을 이전하는 투기성 토지거래행위의 한 수법이다.

18) 매일경제신문, 1991년 2월 5일; 조선일보, 1991년 2월 5일.

는 택지매입이 매우 힘든 상태이고, 매입했다 하더라도 건축허가를 받지 못한 경우가 허다하다. 이러한 이유로 주택조합은 택지매입 및 건축허가 절차상 행정 당국에 영향력을 행사할 수 있는 권력기관과 합세하는 소위 「연합직장주택조합」을 구성한다. 수서지구의 경우도 26개 조합 중 정부기관(경제기획원, 농림수산부, 서울지방국세청 등), 금융기관, 군부대, 경찰서, 언론기관이 포함되어 있다.

⑤ 수서지구의 경우 공영개발방식으로 조성된 택지를 주택조합에 공급할 수 있다 하더라도 이를 특정주택조합에게만 수의계약형식으로 특별공급하도록 한 것은 형평의 원리에도 어긋나고 재량권을 벗어난다고 보아야 할 것이다. 그리고 수서지구에서는 서울시가 조합주택용지를 공급할 것인지 여부를 결정하지도 않은 상태에서 택지를 특정조합에게 공급하겠다고 밝힌 것은 절차상 큰 잘못이다.

⑥ 수서지구가 지구지정 이전에 설립된 조합이 14개 조합(조합원수 650명)에 불과하다. 그런데도 서울시는 26개 조합(3,360명)에 모두 연고권을 인정하고 있는 것도 행정권을 넘어선 조치라 할 수 있다. 26개 조합이 토지를 이미 소유하고 있었다는 점을 내세워 연고권을 주장하였다. 연고권을 이유로 수의계약을 하기 위해서는 「택지개발촉진법」의 대통령령(시행령) 제13조 제5항(분양공급방식에 관한 절차, 수의계약에 의한 공급)에 규정된 7가지 사유에 해당되어야 한다. 그러나 수서지구 26개 연합조합의 경우는 7가지 사유 중 어느 항목도 해당되지 않아 정당화될 수 없다고 판단된다.

주택조합은 갖가지 투기와 비리가 상존하여 왔다. 주택조합 관련 투기 및 불법적 사례들을 요약 정리하면 ① 무주택자의 조합가입, ② 주택조합원 입주권(딱지)의 불법매매, ③ 유령주택조합의 결성, ④ 주택조합아파트 부지매입가격 과다계상(計上)에 의한 차액편취, ⑤ 시공회사로부터의 금품수수 등 비리, ⑥ 수의계약에 의한 상가불법분양, ⑦ 조합운영비 청산과정에서의 횡령, ⑧ 조합주택 설립인가 과정에서의 공무원비리개입 등이다.

Ⅴ. 외국의 협동조합주택과 한국의 조합주택의 차이점

세계 30여개국에서 시행되고 있는 협동조합주택제도는 나라마다 정치·경제·사회적인 특수성 아래 각기 다양한 모습을 취하고 있는데, 개발도상국가들에서는 제반여건이 성숙되지 못한 상태에서 비교적 단편적이거나 특정목적에 치중한 기능을 띠고 있다고 볼 수 있다. 우리 나라도 예외는 아니어서 앞에서 살펴본 바와 같이 선진 외국에 비하여 비영리주택사업의 역사가 짧고 협동조합주택의 제도가 발달되지 못한 형편이다. 주택협동조합의 각 내용별로 몇 가지의 차이점을 요약해 보면 다음과 같이 정리할 수 있다(〈표 18-3〉 참조).

1. 조합원의 구성과 자격

선진 외국의 경우 초기 저소득노동자나 세입자를 중심으로 주거안정을 도모하기 위한 자구적 노력으로 주택협동조합이 발전하게 되었다. 이는 협동조합운동을 가능케하는 노동조합운동과 비영리 자선단체, 종교단체 등 여러 사회단체의 역할이 큰 힘이 되었다. 외국의 협동조합은 대체로 비슷한 수준의 소득과 사회적 지위를 가진 사람들, 주로 제조업체의 노동자, 기업체사원, 공무원 등 동질구성원이 집단화되어 이들의 결속력에 의해 발전하게 되었다.

우리 나라의 경우 산업화 과정속에서 경제성장정책에 중점을 두어 노동자의 노조활동이 제한적이어서 주택협동조합운동의 사회적 분위기가 성숙되지 못하였다. 그리고 정부도 주택공급을 주로 민간부문에 의존한 관계로 자발적, 자조적, 협동체로서의 주택협동조합의 발전이 힘들었고 정책적 배려나 제도적 노력이 미흡했었다. 아직 우리 나라는 순수한 노동자들의 주택조합이 전무한 실정이고, 기존 조합주택은 그 구성과 조합원자격에 있어 현실적으로 매우 제한적임을 알 수 있다. 예를 들어 1989년 8월 이후 조합원자격이 무주택 1년에서 3년으로 늘어나고, 직장조합의 경우 동일직장 2년 이상 근무자, 지역조합의 경우 동일지역 1년 이상 거주자로 규정하고 있다.

2. 조 직

외국의 경우 연방체조직 혹은 지방공공단체의 지원으로 보다 강력한 조합운영이 발휘될 수 있는 여건이 마련되어 있다. 실제로 영국에서는 협동조합이 도입된 것은 1930년대이고 그 이전 오랜 기간동안 비영리사업활동이 다각적으로 모색되어 왔던 경험을 가지고 있었다. 또 조직화 과정상 고도의 경험과 지식이 뒷받침되어야 함에도 우리 나라의 경우 이점이 부족하여 실패하는 예가 많아 전문위원회나 정부로부터의 운영지도가 필요한 형편이다.

향후 협동조합주택의 발전을 위해서는 전국적인 조합주택의 연합회와 이들의 활동을 지역에 확대시킬 수 있는 지역주택조합, 그리고 직장별 조합주택 등 그 조직적 체계정비 및 정부의 지원책이 요망된다.

3. 재 정

조합원에 의한 출자금만으로 건설비용을 감당하기는 매우 힘든다. 그래서 민간은행대출자금 외에도 생애주기 동안의 장기, 저리의 정부 및 공공기관으로부터 보조가 수반되는 것을 외국의 예로부터 알 수 있다. 우리 나라의 경우 주택은행에서의 대출만으로는 불충분한 상태이다. 주택공사에 의해 건설되는 공공주택의 경우마저 민간자금에 상당비율 의존하는 형편에서는 국민주택채권이나 각

〈표 18-3〉 조합주택의 특성별 비교

	한국의 조합주택	유럽국가들의 협동조합주택
발전배경과 사상	– 계, 향약 등의 상호부조적 전통 – 최근에 와서는 무주택자의 주거안정목적	– 공상적 사회주의 – 차티스트(chartist) – 비영리주택조직 – 노동자들의 주거안정
조합주택발전시기	– 1986년부터 시작	– 19세기
조합원의 구성과 자격	– 직장조합의 경우 동일직장 2년 이상 근무자 – 지역조합의 경우 해당지역 1년 이상 거주자 – 3년 이상 무주택자	– 초기는 저소득노동자와 세입자중심 – 최근에는 모든 사회계층에 확대
조 직	– 전국적 조직이 없음 – 한시적 조직	– 근본적으로 자발적·자주적 조직 – 전국적 조직(연합회)으로 확대 – 비영리사회단체의 도움 – 정부의 재정 및 기술지원 확대
재 정	– 조합원의 출자금 – 주택은행의 대출	– 조합원의 출자금 – 정부의 보조금 – 민간금융기관의 저당대출
점유형태	– 자가주택목적 – 분양이 가능	– 임대주택목적 – 제한적 분양 – 공동·분할소유제도의 병행
주택 및 입주자관리	– 입주 후 3년이 경과하면 입주자관리가 불가능	– 협동조합이 영속적이어서 조합원자격이 지속됨 – 영속적 협동체이기 때문에 입주자관리가 용이

종주택기금의 확보로 정부지원비율을 높이는 길이 모색되어야 할 것이다.

4. 점유형태

외국의 경우 주택협동조합의 주택은 분양을 목적으로 한 것보다 임대목적의 경우가 더욱 활성화되어 있다. 협동조합주택은 자가소유를 목표로 하기보다 조합원의 주거안정이 일차적 목표이기 때문에 우리 나라의 분양목적의 조합주택과는 본질적으로 차이가 있다. 한편 외국의 조합주택은 대부분 조합의 입주권한이 일생동안 보장되고 전매·전대가 제한되는 것이 일반적이기 때문에, 우리 나라에서 흔히 나타나는 투기적 요소는 철저히 배제되고 있다. 향후 우리 나라 조합주택의 성격을 협동조합주택이라는 비영리목적의 임대주택용으로 전환시키는 것이 급선무이며 이를 위한 제도적 장치가 따라야 할 것이다.

5. 주택 및 입주자관리

협동조합주택제도가 발달된 국가일수록 협동조합은 영속적 협동체로서 존재하고 모조합(mother co-operatives)과 자조합(daughter co-operatives)의 체계를 갖추고 있다. 즉 기존의 입주자들이 조합원의 자격을 계속 지니고 주택개량, 유지관리 등 자신들의 권익과 주거안정을 위하여 협동한다.

그러나 우리의 경우는 주택건설과 입주가 완료되면 조합은 해체되고 관리적 측면의 조합원 결속이 불가능한 체계이다. 이는 조합주택이 주택공급·분양에만 그 목적이 있고 이후 조합원들 상호간의 협동적 노력에 의한 관리적 조합의 성격이 전혀 부여되지 못하고 있다. 즉 우리 나라는 건축조합적 성격이 강한 반면 사회주택으로서의 공공정책과의 연계나 자조적 개념이 불충분한 실정이다.

제 6 절 협동조합주택의 정책적 시사점

국가재정이 빈약한 개발도상국의 경우 사회주택이 발달한 선진국과 같이 대량의 공공임대주택공급은 한계가 있다. 그리고 시장경제원리에 따른 주택공급은 저소득계층의 주거비부담능력과 주택구입능력이 부족하여 자가주택을 확대하기란 매우 힘든 상황이다.

소득수준이 높은 선진국의 경우도 저소득계층의 주거안정은 가구 스스로의 노력과 정부지원이라는 이원적 협동에 의하여 정책을 펴고 있다. 한편 주거안정을 목표로 한 세입자나 무주택자가 영리가 목적이 아닌 주거목적의 협동조합을 구성하여 스스로 주택문제를 해결하고자 하는 의도는 정부가 적극적으로 협력해야 마땅하다.

선진 외국에서 실시하고 있는 협동조합주택이 우리에게 주는 긍정적 측면은 다음과 같이 정리된다.

① 사유재산권에 의한 계약·처분의 자유는 제한되지만 입주자 자신이 부지 선정·설계·조합운영 등 참여가 보장되어 있고, 영구적 입주권을 가지게 된다. 이는 권리의 상속 혹은 여타지역에 존재하는 조합주택과의 권리교환이 가능하여 서민주거안정에 첩경이 되고 있다.

② 대부분의 국가들이 협동조합주택은 타인에게 양도가 불가능하며 전매·전대가 금지되어 있기 때문에 부동산 투기나 가수요 등의 문제를 상당히 예방·진정시킬 수 있다.

③ 협동조합주택은 스스로의 자구적 노력과 자조적 협동체의 결과이기 때문에 공공영구임대주택 등 정부가 직접적으로 주택을 공급해야 하는 재정적 어려움을 상당부분 해결할 수 있다. 그러나 협동조합주택 역시 저소득층이 조합원의 대부분을 차지할 경우 정부의 재정적·기술적 지원이 따라야 한다.

④ 협동조합주택이 전국적으로 확산되고 조합주택수가 증대하면 조합원의 주거이동에 따른 불편과 불안을 해소할 수 있으며, 특히 근로자들의 주거안정에 도움이 될 수 있다.

이러한 협동조합주택을 성공적으로 발전시킬 수 있는 조건들은 다음과 같이 생각해 볼 수 있다.

첫째, 협동조합주택을 확대할 수 있는 근거법(가칭 협동조합주택법)의 제정이 요구된다.

둘째, 정부의 재정지원방안과 민간은행으로부터의 저당대출, 대부 등의 주택협동조합관련 주택금융제도의 마련이다.

셋째, 공공기관(토지개발공사, 주택공사 등)과 정부로부터 협동조합주택의 택지확보를 위한 배려와 노력이 따라야 한다.

넷째, 기존조합주택의 장·단점을 파악하고 조합주택이 지닌 투기적 요소를 방지하여 서민주거안정책으로서의 주택정책적 인식의 전환이 선행되어야 한다.

제19장 : 개도국의 자조주택

제1절 서 론

개발도상국 정부의 주택공급을 위한 꾸준한 노력과 불량주택 철거작업에도 불구하고 불량주택문제의 괄목할 만한 해결이 없었다는 점을 직시한 학자들은 저소득층 주택문제해결을 위한 새로운 이론을 제시하였다. 대표적인 학자로서 C. Abrams와 J. Turner 등에 의해 주도된 '자조주택(self-help housing)'의 개념이다.[1)]

이에 따르면 과거의 전통적인 주택의 개념은 법률에 의해 규정된 물리적 기준, 예를 들어 최소대지, 최소건평, 적정건축자료 등에 의해 정의되었다. 따라서 과거의 저소득층을 위한 주택정책은 주택의 물리적 수준을 높이고 신규주택을 공급하는데만 치중하였다. 그러나 대부분의 개도국들은 자원의 희소성, 재정의 부족 등으로 주택의 물리적 수준을 쉽사리 높일 수 없을 뿐만 아니라 저소득층을 위한 신규주택공급은 어려움이 많았다. 이농향도라는 인구이동의 특성과 도시의 팽창 등으로 한계인구의 증가는 계속되고 불량무허가주택은 증대되어 사회문제화되기 시작하였다.

이러한 상황 하에서 저소득층 및 도시영세민에게 중요한 것은 주택의 외형적, 물리적 수준과 시장가치가 아닌 사용자 가치(user value)일지도 모른다. 따라서 Turner는 주택을 물리적 요소로만 파악하는 것이 아니라 기능적 요소로도 파악하여야 한다고 주장하였다.

'하늘은 스스로 돕는 자를 돕는다'는 말과 같이 저소득층의 주택문제를 스스

---

1) C. Abrams, *Man's Struggle for Shelter in an Urbanizing World*, Cambridge, MIT Press, 1964; J.F.C. Turner, "Uncontrolled Urban Settlement," Working Paper, U.N. International Seminar on Development Policies and Planning in Relation to Urbanization, Pittsburgh, U.S.A, 1966 참조.

로의 노력으로 해결할 수 있기를 바라는 주택개발의 한 철학이 자조주택의 개념이다. 저소득층의 자조적 노력이란 저소득주민의 손으로 직접 집을 짓게 함으로써 노동력의 기회비용을 국가적 생산에 순전한 기여로 계산될 수 있게 하는 것이다.

어떻게 보면 자조주택은 새로운 개념이 아닐 수도 있다. 자조주택은 넓은 의미에서 인간의 동굴생활시대에까지 거슬러 올라가 인간의 가장 기본적 주거형태의 하나라 볼 수 있다. 그러나 개도국의 주택정책적 측면에서 자원의 불공평한 분배, 주택시장의 부분적 실패, 극심한 주택난, 사회적 공평성의 결여 등으로 자조주택의 개념은 하나의 전략적인 면에서 현대자본주의사회의 새로운 문제해결의 원리로 해석된다.

본고에서는 자조주택론(self-help housing)의 개념을 이해하고, 서민을 위한 주택정책적 의미를 파악하는데 그 목적이 있다. 오늘날 개도국들이 도시 저소득층의 주택문제해결에 있어서 자조주택적 전략은 학술적, 정책적으로 시사하는 바가 크다고 해석된다.

제 2 절 자조주택개념의 역사적 발전

주택은 하나의 경제적 상품으로써 시장경제원리에 의해 생산·분배되어야 하며 모든 것을 시장기능에 의존할 것인가, 아니면 하나의 중요한 사회적 상품으로써 인간의 기본욕구해결이라는 측면에서 국가의 개입과 통제가 필요한 것인가에 대한 많은 논란이 계속되고 있다. 어떻든 자조주택개념은 주택난 해소와 주거수준향상을 후진국 정부의 노력만으로 해결하기 어려운 문제가 따르므로 그 역할의 일부를 민간·개개주택거주자에게 분담하고자 하는 주민주도형 저소득층 주택문제해결방안으로 이해되고 있다.

자조주택개념이 시대적으로 어떻게 변천되어 왔느냐를 이해하는 것은 매우 중요하다. Rodell과 Skinner는 자조주택개념을 크게 1950년대, 즉 Abrams 이전 시대와 1970년대 Turner 이후로 구분하여 설명하고 있다.[2)]

〈표 19-1〉에서 나타난 바와 같이 1950년대에 자조주택의 개념은 불량주거지의 불량무허가주택에 국한하나, 1970년대에 와서는 자조주택이 불량무허가주

2) R. J. Skinner and M. J. Rodell(ed.), *People Poverty and Shelter*, London: Methuen, 1983, pp.10~11.

〈표 19-1〉 자조주택개념의 변천

구 분	1950년대(Abrams 이전)	1970년대(Turner 이후)
1. 기본아이디어	자조주택＝저소득가구(가족)의 노동비용이 지불되지 않은 자조적 노력	자조주택＝① 가족의 투자결정 ② 가족의 노동력 제공은 금전적 저축 혹은 비지불 노동력의 투자 그리고 양자 모두를 포함
2. 예	불량주거지의 불량주택(shacks and shanties)	불량주택에서부터 일반주택까지 포함
3. 건축과정	① 남의 땅에 무단침입, 거주 ② 폐기된 건축자재이용 ③ 주말이나 야간을 이용하여 가족이 주택건축 ④ 건축 후에 거주하는 것이 아니고 거주하면서 건축 * 최종건축물은 불법성, 자재비용 등에 의해 큰 장애를 받게 됨	① 건축기간은 예견하기 힘들고 매우 다양 ② 보잘 것 없는 오두막집이나 불량주택이 자조주택건축과정의 중간단계일 수도 있고 최종생산물일 수도 있음 * 주택완성은 가족의 소득 10~20년의 기간소요, 안정성의 결여 등의 불안 상존
4. 주된 이용자	· 농촌에서 도시로 이주해 온 저소득층	누구든지 가능, 저소득층에서 중소득층까지
5. 정책적 의미 ① 기본이론 ② 성공조건	· 자조주택은 주택건설비용절감 · 어떤 조건 하에서도 자조주택은 비용절감	· 자조주택은 투자로 간주됨 · 자조주택을 투자증대로 보는 것은 ① 집이 완성되기까지 걸리는 5~6년 동안 투자를 해야하고 ② 이웃의 주택이 적정수준에 미치지 못했다고 판단될 때 투자증대요망
③ 극복되어야 할 문제	① 토지의 부족 ② 주택건축을 완성하기 위하여 적정수준 건축자재구입의 어려움 ③ 정상주택을 건축하기 위한 계획 및 기술의 부족	① 안전하고 적지의 택지마련 ② 토지 및 건축규제가 자조주택을 불법이라 규정 ③ 공공서비스의 부족 ④ 최소한의 자조주택건축비용의 융자부족
④ 해결방안	· 저소득층 가족의 노동력을 이용한 계획된 주택건설과 적정기술지도	① 저소득층이 주거안정을 누릴 수 있도록 부지, 하부구조 계획 ② 기술지도 ③ 불량주거지 개량 재개발
⑤ 최소한의 정부역할	① 토지개발과 하부구조의 시설제공 ② 주택디자인 정보제공	· 토지문제의 안정과 하부구조 시설제공

	③ 건축자재의 저렴구입 ④ 건축의 기술지도 및 조직화	
⑥ 이상적 프로젝트	• 주택건축을 완성할 수 있는 외부로부터의 지원이 있는 자조주택	• 지역(지방)적 특성에 맞는 다양한 자조주택
⑦ 결 과	• 값싼 주택이기 때문에 저소득층이 이용가능한 주택해결 방안	• 충분한 주택을 다양한 가격으로 수많은 저소득층이 이용가능 ① 자조주택은 많은 수의 주택건축이 가능하며 ② 적은 비용으로 토지, 하부구조 그리고 저소득층의 경제능력에 맞는 수준의 주택 확보

자료: M.J. Rodell and R.J. Skinner, 'Introduction: Contemporary Self-Help Programmes', in M.J. Rodell and R.J. Skinner(ed.), *People, Poverty and Shelter*, London: Methuen, 1983, pp.10~11, (table 1.1) 참조.

택에 국한하지 않고 모든 주택에 해당될 수 있다는 주장이다. 후자의 경우 자조주택이라고 해도 가족의 투자결정 및 금전적인 저축행위와 다름이 없다는 '투자'의 개념을 도입하였다.

자조주택이 성공적으로 수행되기 위해서는 저소득층의 자조적 노력(노동력 제공 등)이 전제되지만 정부의 지원노력도 매우 중요한 것으로 지적되고 있다. 저소득계층이 스스로 해결할 수 없는 문제, 예로 토지개발과 하부구조시설의 제공, 주택디자인의 제공, 건축 자재의 저렴공급, 건축기술지도 및 행정적인 뒷받침은 정부의 힘에 의존할 수밖에 없다.

자조주택의 정책적 의미는 다음 절에서 논의하기로 하고, 1950년대 자조주택 프로그램을 실시하는데 극복되어야 할 문제점들을 서술해 보도록 한다.

먼저 토지의 부족문제이다. 불량무허가주택들은 대부분 남의 땅(공유지, 사유지, 타인소유의 땅)에 무단불법으로 침입하여 사용하는 경우가 많다. 이러한 상황 하에서 부지확보의 문제는 자조주택의 성공여부와 직결된다. 한편 정상주택으로의 질적 향상은 자조적 노력에 따른다 해도 체계적 자조주택건설계획과 기술의 부족문제는 주민 스스로 해결하기 힘든 문제들이다.

1970년대에 와서 자조주택 프로그램을 확대실시하는데 논란이 된 것은 기존의 제법률(건축법 등)이 자조주택을 불법이라 규정하였고, 자조주택건축에 필요한 제도금융으로부터 융자해택 등의 조치가 미흡했다는 점이다.

Abrams 이전의 시대는 자조주택이 값싼 주택임을 들어 저소득층이 이용가능하고 그들의 힘에 의해 스스로 해결되기를 원했지만, 1970년대부터는 자조주택이 저소득층에만 국한되는 것이 아니라 다양한 계층에게 다양한 수준으로 확대될 수 있음을 강조하게 되었다. 즉 소득수준에 알맞는 저렴주택이 공급됨으로 해서 주택난으로 어려움을 겪고 있는 개도국의 주택문제해결방안으로 제시되고 있다.

자조주택의 논의는 개도국의 경우에 더욱 활발히 전개되고 있다. 그러나 자조주택의 역사적 배경으로 보아 서구선진국들도 매우 큰 관심을 가져왔다. 미국의 경우를 보면 1930년대 경제공항으로 인한 실업자의 증가로 주택문제는 심각한 사회문제로 등장하였다.

미국의 자조주택운동은 Westmorland County에서 실업자를 위한 자조주택 프로그램을 실시하여 자조주택건설을 시도한 것이 그 시작이라 할 수 있다. 그리고 미국의 퀘이커교도 조직체(Quaker Organization)[3]가 자조주택운동을 보다 조직적으로 전개하였고, 1940년대는 프에르토 리코(Puerto Rico)에 대대적인 자조주택운동이 일어났다. 당시 토지가 없는 농민과 실업자가 급증하자 이주민에 대한 대책이 없다면 매우 심각한 정치적 위기가 초래될 것 같아 시도된 것이 자조주택운동이다.

이 운동은 농촌지역에서 먼저 시작되었고, 지역사회개발운동의 일환으로 약 67,000명의 농민이 주축이 되었다. 당시 자조주택은 흔히 개도국에서 볼 수 있는 저소득층 주민들의 자의에 의한 주택건축이 아닌 건축전문가의 지도 속에서 상당히 조직화된 자조주택운동이었다. 1949년부터 1960년대까지 약 40,000호의 자조주택이 건설되었으며 이것은 저소득층 주민의 주택문제해결에 큰 도움을 주게 되었다.

1960년대에 와서 미국은 흑인들의 민권(civil right)운동, 도시실업자문제 등으로 도시불안이 계속되었다. 1960년 후반 연방정부의 HUD(Housing and Urban Development)가 저소득층을 위한 주택개량 및 주택공급방안을 제시하였고, 1969년 미국정부의 요청에 의해 Turner와 OSTI(Organization for Social and Technical Innovation) 공동으로 미국의 자조주택에 관한 연구보고서가 제출되었다. 이 보고서에 따르면 미국에는 세 가지 형태의 자조주택이 존재하고 있음이 확인되었다.[4]

---

3) 17세기 중엽 영국의 George Fox가 창시한 기독교의 일파, Society of Friends회원의 별칭.
4) OSTI, Self-Help Housing in the U.S.A. Report to the U.S. Department of Housing and Urban Development by the Organization for Social and Technical Innovation, Mass. 1969 참조.

첫째, 독립된 자조주택(independent self-help)이다. 이는 외부로부터 어떠한 보조나 기술지도 없이 스스로 자기집을 짓는 경우이다. 즉 정부나 기술용역회사로부터 기술지도, 재정보조 없이 가족들의 유휴노동력을 주중, 주말을 이용하여 상당히 긴 기간을 통해 자기의 집을 건축하는 형태이다. 상호 비슷한 경제수준과 관심을 가진 사람들의 조직을 통해 이루어지는 것이 아닌 순수한 개별가구 위주의 자조주택인 것이 특징이다.

둘째, 조직화된 자조·상호부조형태(organized self and mutual help)의 자조주택이다. 개인상호간의 이익을 위하여 외부의 기술적 조언·감독·재정적 지원을 받아 자조주택을 건축하는 방식이다. 자조주택단체에 회원으로 가입하여 일정기간 건축에 대한 기술 및 지식을 습득하고 6~14개월 가량 자조주택을 건설한다. 이러한 자조주택운동은 개인의 힘으로 실현하기 힘든 기술, 금융 등 상호이해와 관심이 동일한 저소득층의 상호부조의 형식을 빌어 주택문제를 해결하는 방안이다.

셋째, 고용된 자조주택(employed self-help) 형태이다. 주로 공공기관, 정부가 주도하는 자조주택 프로그램에 주민이 가입하여 회원이 된다. 회원은 주로 무주택저소득층주민으로서 그들의 주택을 건축하는 동안 회원들은 월급(혹은 주급)의 임금노동자로 고용되며 그들이 공동으로 건축하는 집을 각자 소유하는 방안이다.

이러한 몇 가지 형태의 자조주택에서 찾을 수 있는 장점은 어떠한 형태의 자조주택이든 주택시장에서 거래되는 주택보다 가격면에서 저렴하다는 점이다. 그리고 자기집을 소유하고자 하는 가족의 노동력을 동원할 수 있으므로 주택 건설비를 절감할 수 있으며, 결국 가족의 노동력은 저축의 효과를 가지게 된다. 이와 같이 자조주택은 저렴한 가격의 자가주택을 소유하게 하는 저소득층 주택문제해결의 한 방안으로 활용되었다.

미국과 마찬가지로 독일에서도 자조주택 경험을 지니고 있다. 1892년부터 자조주택운동이 시작되었으나 그 범위와 효과는 크지 못했다. 노동자들 스스로 자조주택건설이 활성화되기는 세계 제1차대전 이후부터로서 전후의 주택난과 노동자의 열악한 주거환경개선을 목적으로 하였다. 정부는 저렴한 건축자재와 적정가격의 토지를 제공하고 노동자들은 스스로 주택건설에 참여하는 방식을 취했다.

세계 제2차대전 후 독일은 더욱 자조적 주택문제해결이 요청되었다. 1950년 "독일인 자조의 날"(German Self-Help Day)을 정하여 근면과 자조의 정신을 고취시키는 캠페인을 벌이기도 했다. 1970년대부터는 자조주택이 주로 소규모 도시에서 더욱 활성화되었다. 소규모도시는 토지가격이 크게 상승하지 않았고 자조주택건설이 비교적 용이하다. 이러한 소도시의 자조주택건설은 정상적인 주택가격의 15～20%를 절감하는 효과를 가져오고 있으며, 참여범위도 저소득층 노동자들 뿐 아니라 일부 중산층까지 확대되어 있다.

주택의 자조적 건설은 12～15명의 관심 있는 사람들이 자발적으로 조직을 구성하고 공동으로 주택을 건설하여 추첨에 의해 배정하는 경우가 많다고 한다. 독일의 자조주택건설형태는 자조주택협동조합(self-organized co-operatives)형태와, 민간개발업자(trager)의 협조에 의한 형태로 구분된다. 개발업자의 협조형태는 자조주택의 부지, 건축자재, 주택디자인, 자금융자, 주택의 인·허가 등의 기술적·전문적인 사항이 되고 나머지 주택건설의 노동력은 주민이 맡는 경우이다. 이러한 독일의 자조주택은 저임금노동자의 자가주택확보방안으로서 상당한 기여를 했다고 평가할 수 있다.[5)]

제 3 절 자조주택의 이론논쟁

고도성장을 추구하는 개도국에서 급격한 도시화와 이에 동반하여 발생하는 대량의 불량주택지구의 형성은 필연적이라 보는 학자가 많다. 그 동안 개도국 정부가 도시영세민의 주택문제해결을 위한 노력을 계속해 왔으나, 저소득층이 주거안정을 누릴 수 있는 신규주택의 공급 및 불량주택재개발은 한계에 직면하게 되었고 법적인 규제조치 또한 근본적인 처방이 되질 못했다. 이러한 상황속에서 어떤 형태의 주택이 그들의 주거안정을 누릴 수 있겠는가? 이에 대한 답으로 Turner는 자조주택론을 제시하게 되었다. 자조주택의 개념은 부지(敷地)와 서비스(site and services)프로젝트 등으로 많은 실천이 전개되고 있으나, 자조주택이론에 대한 학자들의 비판과 문제점이 지적되고 있다.

먼저 Dwyer는 자조주택론에 대하여 다음과 같이 논평하였다.[6)]

첫째, Turner는 자조주택적 접근에 따른 비용 및 대안적 토지이용에 대해서는 별다른 신경을 쓰지 않았다는 지적이다. 각국의 도시마다 거의 상이한 도

5) 미국과 독일의 자조주택의 경험에 관해서는 P.M. Ward(ed.), *Self-Help Housing: A Critique*, London: Mansell, 1982, Ch.2를 참고바람.

6) D.J. Dwyer, *People and Housing in Third World Cities*, London: Longman, 1979, pp.203～204.

시환경, 즉 교통시설, 도로율, 상하수도공급, 근접성 등이 큰 차이를 보이고 있음에도 불구하고, 모든 불량주택지구를 자조적 전략으로 해결할 수 있다는 발상은 많은 문제를 내포한다. 매우 중요하게 다루어야 할 해당 도시의 체계와 형태에 대한 전반적인 견해가 불분명하다는 점이다.

둘째, 자조주택건설로 인한 개별주택뿐만 아니라 전체 도시지역사회에서 나타나는 주택설계 및 배치상의 조잡함이다. 자조주택은 대개 건축기술이 전혀없는 저소득층가족의 노동으로 건축된다. 이로 인한 주택의 조잡함과 건축적 불안요소는 이루말할 수 없을 것이며, 만족스럽지 못한 불량촌의 재창조의 결과를 초래할지도 모른다는 점이다.

셋째, Turner 모델은 리마(Lima)의 불량주거지(barriadas)의 자조적 개선노력을 근거로 제시된 것이기에 일견 넓은 의미의 모든 제3세계 도시불량주택에 적용될 수도 있다. 그러나 크게 보아 남미국가들은 도시불량주택의 성격이 유사한 속성들을 지니고 있다 해도 그 외의 많은 개도국에 존재하는 도시불량주거지는 성격상의 차이가 매우 크다고 할 수 있다. 그래서 리마(Lima)에서 행해진 자조적 주택개량방안이 다른 개도국불량주택지의 개량방안으로 적용되기에는 여러가지 문제가 있을 것이다.

자조주택론적 문제해결방안은 불안했던 불량주택의 점유상태를 합법적으로 인정해 주는 결과이기 때문에, 지금까지 고려된 사용가치(use value)가 주택의 시장가치(market value)로 전환된다. 즉 시장가치부여는 구매력이 있는 중·고소득층의 개입을 수반하여 주택투기현상을 초래하며 결과적으로 원주민인 저소득층을 그 지역으로부터 축출하게 되는 현상을 가져온다.

한편, 기존의 법률로 보면 불법무허가주택을 합법화시키는 것은 불량주거지에 거주하는 주민에게만 해택을 부여하고, 정상주택에 세들어 사는 많은 저소득층에게는 혜택이 주어지지 않음으로 해서 저소득계층간 위화감을 조성하는 결과를 가져올지도 모른다. 법은 만인에게 평등하다는 정신에 위배될 수 있다는 지적이 나올 수 있다.

결국 무단불법주거지의 자조적 개량사업은 근본적인 저소득층주택문제의 해결이라기보다 주택의 상품화 가치를 창출하여 주택의 사용자가치로부터 교환가치로의 전환으로 이해된다. 이러한 역할 때문에 저소득층 주거환경개선이라는 본래의 목적이 전도될 가능성이 크다고 할 수 있다.

Turner의 모델에 대하여 강한 비판을 전개해 온 Burgess의 지적을 보자.[7]

---

7) R.D. Burgess, "Self-Help Housing Advocacy," in P.M. Ward(ed.), *Self-Help Hous-*

Burgess는 Marx의 견해에 따라, 주택이 자조적으로 건축된 것이건, 아니면 공식적으로 건축된 것이건 주택의 사용가치와 시장가치간의 차이는 큰 의미를 지니지 못한다고 설명한다. 주택은 사용자가치를 지니고 있음과 동시에 또한 시장가치를 동반한다는 지적이다.[8] 그래서 자조주택을 자본주의적 생산양식 속에서 사용자가치와 시장가치를 구분한다는 것은 큰 의미를 부여할 수 없다는 주장이다.

이에 대해 자조주택을 주장하는 Turner의 반론을 요약해 보면 다음과 같다. 그는 주택에 있어서 중요한 쟁점은 자조주택과 정부주도의 공공주택 사이가 대립인 것처럼 잘못 인식되고 있다는 것이라고 지적한다. 이 논쟁은 결국 사회주의적 주택학자와 보수주의적 주택학자간의 대립으로서, 사회주의적 주택론자의 입장은 정부가 "자조주택운동"을 장려하는 것이 가난한 사람들의 주택문제에 대해 정부가 그들에게 책임을 회피·전가시키며 공공지출을 줄이기 위한 책략에 불과하다고 주장한다. 그러나 Turner와 그의 동료들은 자조주택이 정부주도의 산물이 아니기 때문에 이러한 주장은 타당하지 못하다고 반박한다.

이는 주택에 있어서 생산수단의 소유와 통제가 집중되어야 하느냐 아니면 분산되어야 하느냐 하는 전통적 논쟁과 관련을 지닌다. Turner는 주택에 있어서 기본적 자원은 주민들 자신과 그들의 지역적인 조직에 의해서만 적절하고 경제적인 효율성을 극대화할 수 있다고 주장하면서 세 가지 쟁점인 권한(authority), 경제(economy), 가치(value)의 접근을 통해 자조주택론의 필연성을 강조하고 있다.

이러한 쟁점을 설명하기 위하여 Turner는 5가지의 경험적 사례를 제시하였다.[9]

1) 사례 1: 어느 페인트공의 경우

페인트공은 쓰레기하치장 근처에 있는 대모의 집 뒷마당에서 필요한 기간 동안 거주할 수 있는 도움을 받고 있다. 이로 인해 그는 최저생계비보다 약 20% 많은 수입을 올리고 있으며, 집세를 내지 않는 덕분에 그의 가족은 자신들이 희

---

ing: A Critique, London: Mansell, 1982 p.59.

8) 마르크스(K. Marx)는 모든 상품은 사용가치(use value)와 교환가치(exchange value)라는 두 가지 속성을 가지고 있다고 했다. 그러나 사용가치에 초점을 맞추어 분석하는 것은 무의미하다고 생각했다. 왜냐하면 자본주의에서는 상품생산이 목적이 되므로, 상품은 그 교환가치로서만 의미가 있기 때문이다.

9) J.F.C. Turner, *Housing by People*, London: Marion Boyers, 1976, pp.51~101; J.F.C. Turner, "Issues in Self-Help and Self-Managed Housing," in P. Ward(ed.), *op. cit.*, pp.100~113.

망하는 미래의 주택을 위해 저축이 가능했다. 또한 그의 집은 쓰레기하치장에서 가져온 플라스틱이나 다른 폐품을 손질하여 멕시코 시티(Mexico City)의 온화한 기후에서 큰 불편없이 지낼 수 있었다. 그러므로 이러한 불량한 주거형태는 가난한 페인트공과 같은 경우 자신의 미래계획과 이상적으로 일치한다고 볼 수 있다.

2) 사례 2: 어느 벽돌공의 경우

도시 변두리에 사는 어느 벽돌공의 경우 그의 가족은 조그만 구멍가게에 고용되고, 벽돌공의 불규칙한 수입에 의존하고 있었다. 이들 가족은 비록 수입은 적었으나 적은 주거비용으로 그럭저럭 괜찮은 생활을 유지해 왔었다. 그러나 이들은 개량된 현대주택에[10] 이주한 이후 수입의 약 55%를 집세와 유지비에 지출해야 했다. 또한 이주한 곳이 직장과 거리가 멀어 교통비 부담이 늘어났으며, 더욱 문제가 되는 것은 이주한 곳에서는 구멍가게 같은 곳에서 일하지 못하게 되어 그 만큼 수입이 줄어들게 되었다. 그들은 집세를 지불하지 못해 항상 쫓겨날 위험이 도사리고 있으며 결국 좋은 시설의 주거안락을 즐길 여유가 없는 것이다. 이들은 덜 중요한 것들(일정수준 이상의 정상주택)을 얻는 대신 가장 중요한 것들(안정된 소유형태, 원하는 소비패턴, 노령을 위한 저축 등)을 잃어버린 결과이다.

3) 사례 3: 어느 공장노동자의 경우

멕시코 시티(Mexico City)의 한 노동자는 초원지역의 비탈진 곳에 꽤 넓은 땅을 싸게 구입할 수 있었다. 그는 월부금으로 땅값을 갚아 나가고 있으며, 월부금은 자신의 수입한도 내에서 갚아가고 있기 때문에 큰 부담이 아니었다. 그는 자신의 집을 개량하고, 땅이 있기 때문에 여러 가지 용도의 건물(예를 들면 구멍가게 따위)을 여유가 생기는 대로 더 지을 예정이다. 또한 그는 월부금을 전부 상환하기 전까지 공장에서 쫓겨날 염려가 없는 이점을 가지고 있다.

4) 사례 4: 어느 공무원의 경우

56세의 한 공무원은 도심부의 노후화된 주거지역에서 살고 있으나, 그 곳이 주택개량재개발사업으로 철거됨으로써 공공임대주택으로 이주하게 되었다. 그는 꽤 많은 수입을 얻고 있기 때문에 그 정도의 집은 직접 지어서 살 수 있지만 보조금혜택이 없는 상황에서는 공공임대주택이 경제적으로 이점이 많아 이 곳으로 이사왔다. 그러나 공공임대주택은 사용과 매매가 제한되어 있으며 영구히 자기 집으로 전환할 수 없다. 그는 공무원이라 노후대책이 마련되어 있고, 수입도 안

10) 정부가 주도한 저소득층 주택프로그램으로 공급된 현대식 주택을 의미함.

정된 편이라 주택소유권은 큰 문제가 아니며 현재의 주택상황에 대체로 만족하고 있다.

5) 사례 5: Mama Elena의 경우

이 여인은 주택을 마련할 경제적 여유가 없었고 또한 남편에게 일할 자리를 제공해 줄 수 있는 곳에 불법으로 무단거주하게 되었다. 그녀는 과거 불법무단 거주지역에서 수차례 강제이주당한 경험을 가지고 있기 때문에 현재의 판자집에 대하여 거의 투자를 하지 않았다. 그러나 몇 년이 지난 후 확실하지는 않더라도 나중에 무단주거자로서의 사용권리(기득권)를 주장하는데 도움이 될 듯해서 수입의 일부를 투자하여 몇 개의 방과 상점을 지을 수 있었다. 이후 그녀의 집 주변에는 비슷한 수준의 저소득층 19세대가 공동으로 집을 지어 비교적 안정되게 살아가고 있다.

사례 1과 사례 2에서 나타난 것은 주택이 지닌 사용자의 경제적 수준과 물리적 수준간의 관계를 잘 설명해 주고 있다. 즉 주택에 있어서 사용자에 대한 유용성은 공급된 주택의 물리적 수준과는 큰 관련성이 없다는 점이다. 만약 물리적으로 높은 수준의 집이 저소득층에게 더 나은 집이라 한다면 주택문제는 물리적으로 일정수준 이하의 집들에 대해서는 문제의 대상으로 고려하지 않고 일정 수준 이상의 주택부족률에 관한 문제로 잘못 인식될 우려가 있다. 그래서 저소득층주택문제는 물리적으로 일정수준 이하의 집을 일정수준 이상으로 대체시킴으로써 찾으려 할 것이다. 그러나 이러한 해결은 의도했던 대상그룹에게 더 큰 문제만 안겨주게 되고, 소득의 증대없는 수준높은 주택의 공급이란 문제해결에 도움이 되지 못한다는 것이다. 이를 들어 Turner는 주택의 가치, 특히 사용자가치가 중요하다고 지적하였다. 이러한 점을 고려해 보면 주택의 가치는 인간의 삶을 영위하는데 필요한 소모품으로써 간주하는 시장가치가 아닌, 개개인의 삶의 일부로서 필요에 의한 활동(activity)으로 파악해야만 주택에 대한 올바른 인식이 가능하다는 논리를 펴고 있다.

한편 상기 제시된 사례들을 통해 지적될 수 있는 것은 두 종류의 주택체계(housing system)가 설명되고 있다는 점이다. 즉 벽돌공과 공무원에게 공급되었던 중앙집중식 관료체계 또는 타율적 주택공급체계와 페인트공과 공장노동자에게 공급된 자조적, 자율적 체계인 것이다.

이 두 가지 주택공급체계는 〈표 19-2〉와 같이 비교된다.

한편 주택을 규모의 경제문제로 접근해 보면, 주택은 자본집약적 산업 또는 기술집약적 산업보다는 규모가 적은 많은 수의 지역적인 기업들이 훨씬 효율성이

〈표 19-2〉 관료적 체계와 자주적 체계

관 료 적 체 계
① 많은 비용으로 건설된 높은 수준의 집은 저소득층에게 분명치 못한 사용가치를 지님. ② 거주자가 선택의 여지가 없으며, 그 곳에 거주하거나 아니면 떠나야하는 양자택일이다. ③ 집중화된 관료적 공급체계는 재원이 비재생적이기 때문에 주택투자에 한계가 있다.

자 주 적 체 계
① 적은 비용으로 여러 수준의 집이 건설되어 높은 사용가치를 제공. ② 거주자의 자의에 의해 선택되며, 미래에 대한 여러 계획과 기회를 극대화시킬 수 있다. ③ 자조적 주택공급체계는 그들의 재원이 재생적이기 때문에 주택투자가 가능하다.

자료: J.F.C. Turner, *Housing by People*, London, Marion Boyers, 1976.

높다고 Turner는 이해하고 있다. 왜냐하면 주택의 집중화된 생산방식은 산업적 측면에서 생산성이 있을지라도, 혹은 상업적으로 더 이익이 있을지라도 그것은 유용한 재화와 용역을 감소시켜 결국 많은 유용한 자원을 낭비하게 된다는 것이다.

이러한 관점에서 주택경제의 논점은 "규모의 경제에 의한 생산성 문제인가?" 아니면 "이용가능한 자원의 효율적 사용인가?"라는 문제에 귀착된다. Turner는 자조주택 프로그램을 통해 이용가능한 자원의 효율적 활용이 저소득층을 위한 주택생산의 중요한 요소라고 파악하고 있다.

제 4 절 자조주택 프로그램과 정책적 의미

1970년도 유엔(UN)세미나에서 개도국의 빈민을 위한 주택문제 해결방안들이 광범위하게 논의되었다. 그 중에서 자조주택 프로그램으로 인식된 "부지와 서비스"(site and services) 프로젝트를 확대실시해야 한다는 데 의견의 일치를 보았다.[11)]

개도국 도시빈민들의 주거안정을 위하여 빈민들이 주거하고 있는 슬럼지역

11) United Nation, *Improvement of Slums and Squatter Settlements*, New York: UN, 1971, pp. 65~67.

을 주민 스스로의 노력과 정부의 도움을 합쳐 주거수준을 향상시키고자 제안된 주택프로젝트가 "부지와 서비스"방안이라 할 수 있다. 대부분의 개도국 도시가구의 10% 이상에 해당하는 빈민들에게 현실적으로 주거안정을 기대하는 방안이란 그들이 주거하고 있는 불량촌이나 아니면 적정부지를 마련하여 그들의 경제적 능력으로 해결할 수 있는 방법의 모색이 매우 중요하다는 사실에서 출발한다.

이러한 Turner의 주장에도 불구하고 부지와 서비스 프로젝트를 비판적으로 보고 있는 학자들의 주장은 계속되고 있다. 그들에 따르면 개도국에서 부지와 서비스 프로젝트는 자유방임적 주택정책의 상징으로서 도시빈민들에 대한 정부의 역할이 매우 소극적이며, 국민의 생존권 보호라는 국가적 책임을 회피하는 결과라는 것이다. 부지와 서비스 전략은 결코 장기적 안목에서 출발한 것이 아닌 단기적 해결방안으로 이해되며, 빈민들의 빈곤문제를 합리화 내지 지속시키는 결과라고 지적하고 있다.[12)]

Ⅰ. 「부지와 서비스」적 접근

"부지와 서비스"의 개념은 가난한 빈민들에게 집을 지을 수 있는 부지(sites)를 정부에서 제공하고, 주민은 가족의 노동력을 동원하여 점진적으로 주택을 스스로 건축해 나가는 주택문제해결방안이다.[13)]

많은 개도국의 경우 정부가 제공하는 공공주택이 수적으로 빈민들의 주택소요를 충족시키지 못할 뿐 아니라, 설령 충분한 공공주택이 공급된다 해도 빈민들의 제한된 수입으로는 유지해 나갈 능력이 없다는 점에서 비롯된다. 빈민들에게 제공되는 부지는 국가마다 공급형태가 상이하여 일률적으로는 말할 수는 없다. 공공용지를 장기저리로 불하하는 방법, 장기토지이용권만 부여하는 방법 등 매우 다양하다. 주택을 지을 수 있는 부지의 확보문제는 이전까지 불안했던 토지사용권리(land tenure)를 합법화내지 정부가 인정해 주는 형식을 취하고 있다.

서비스(services)란 불량촌이 지닌 주택환경 및 생활편익시설들을 정부가 개선해 주는 방법을 말한다. 예로 소방도로의 확보, 상·하수도의 건설, 전기시설

12) Hans Harms, "Limitations of Self-Help," *Architectural Design*, Vol. 46, 1976, pp. 230~231; R. D. Burgess, Marxism and Geography, Occasional Paper of Department of Geography, No. 30, 1976, University College, University of London.

13) O. F. Grimes, Jr. *Housing for Low-Income Urban Families*, Washington D.C.: The World Bank, 1976, p. 18.

및 국민학교, 보건소 등의 공공시설을 제공하는 방법이다. 부지와 서비스 프로젝트는 대부분 기존의 불량촌지구에서 실시되고 있으며, 빈민촌이 지닌 지역사회의 공동체와 문화를 그대로 유지·발전시키는 데 목적이 있다.

부지와 서비스 프로젝트의 장점들을 열거하면 다음과 같다.

1) 개도국정부가 도시빈민들을 위해 충분한 공공주택제공과 주거수준향상을 일시에 달성할 수 없기 때문에 점진적으로 도시빈민들의 주거안정을 기하기 위한 방안이다.

2) 빈민들의 저소득을 감안할 때 정부지원의 분양주택 혹은 일정수준 이상의 현대식 주택을 제공하는 것은 오히려 빈민들의 재정적 부담을 과중하게 하는 결과를 가져오기 때문에 부지와 서비스의 프로젝트를 통하여 가계지출을 최소화시키기 위한 방안이다.

3) 부지와 서비스방안은 불량촌을 완전히 철거·재개발하는 방안이 아닌 점진적 개량개발방안이기 때문에 도시빈민들의 지역사회공동체와 그들의 문화를 유지하는 결과를 가져온다.

4) 도시저소득층의 높은 실업률이 계속되는 경우 부지와 서비스 프로젝트를 실시함으로써 가족의 노동력을 동원하게 되어 유휴노동력의 이용을 극대화할 수 있다. 한편 주민 스스로의 노동력 제공은 자신들의 주거문제를 스스로 해결하려는 자조적 노력의 확대를 기대할 수 있다.

5) 도시빈민들을 위한 가장 저렴한 주택건축 및 주택제공방안의 일환으로 평가된다. 민간기업이나 정부가 공식적으로 제공하는 주택보다 최소한의 주거기준을 준수하면서 자조적 방식의 주택건축이 제비용면에서 저렴하게 건설될 수 있다는 장점을 지닌다.

Rodell은 부지와 서비스 프로젝트가 전통적 주택건설과 두 가지 점에서 차이를 지니고 있다고 지적하였다.[14]

첫째, 전통적 주택건설 및 제공방안은 완전히 주택을 건설한 이후에 주민들이 입주하는 것이 대부분인데, 부지와 서비스 방안은 완전한 주택건축완료 후가 아닌 상황에서 입주한다. 즉 부분적으로 시설을 보안해 가면서 건축하는 방안이기 때문에 주택건설비용이 장기에 걸쳐 소요된다는 점을 들 수 있다.

둘째, 「부지와 서비스」방안은 가족의 유휴노동력을 이용하거나 이웃 혹은 친지의 도움으로 주택을 건축하기 때문에 저소득가구의 직접적 투자의 의미를 지닌다. 최소한 주택건축에 따른 노동비용은 가족 스스로 해결하게 되며 저렴한

14) R. J. Skinner and M. J. Rodell(ed.), *op. cit.*, p. 22.

건축자재(때로 중고건축자재 등)를 사용하기 때문에 저렴한 주택건설이 가능하다.

부지와 서비스 프로젝트를 원만히 수행하기 위해서는 정부나 공공기관의 도움이 필요하다. 도시빈민들의 자조적 노력에 의해 주택을 개량, 건축한다고 해도 계획기관의 역할이 중요시된다. 〈표 19-3〉은 자조적 부지와 서비스 프로젝트수행을 위한 주택계획(정책)기관의 단계별 계획내용이 소개되고 있다.

우선 부지와 서비스 프로젝트를 지원하는 기관(정부)이 현지에서 지역하부구조시설의 설치를 시도해야 한다. 불량지구가 필요로 하는 도로, 상·하수도, 전기 등의 시설물이 프로젝트 시작과 동시에 제공되어야 한다.

그리고 두 번째 단계로 주민들의 참여분위기를 유발시키며, 프로젝트 관련 제규정을 인지시켜야 할 것이다.

세 번째 단계는 정부의 기술적인 지원이 따라야 한다. 주택건설 시범교육, 전문인의 현장실습과 기술적 세부사항을 소개해야 한다.

마지막으로 프로젝트를 수행하는 데 가장 필요로 하는, 저렴한 건축자재의 구입요령, 정부기관이나 금융기관으로부터 제공되는 주택금융의 활용방법을 설명해 주어야 한다.

〈표 19-3〉 자조적 "부지와 서비스" 프로젝트계획의 단계별 내용

단 계	지 침	내 용
1 단계	· Core주택과 하부구조건설	· 기본적으로 필요로 하는 도로, 상·하수도, 전기 등의 시설설치 · 주민들이 참고할 수 있는 모델주택의 건축 · 주택의 기본골조만을 제공하는 Core 주택제공
2 단계	· 프로젝트 제규정의 인지	· 프로젝트 수행시 알아야 할 제규정, 관련 내용의 소개 · 언제, 어떤 방법의 주택건설지침을 습득해야 하는가의 인지 · 주민참여유도
3 단계	· 기술적 지원	· 주택건설시범교육실시 · 건축기술의 소개 · 전문인의 현장실습과 소개
4 단계	· 건축자재구입과 주택개량 금융알선	· 저렴한 건축자재 구입요령 소개 · 주택금융, 정부지원 등 정보제공 · 융자절차, 유의사항 등 소개

Ⅱ. 「부지와 서비스」 프로젝트의 정책적 시사

개도국정부의 저소득층 주택문제해결의 방안으로 논의된 부지와 서비스사업은 많은 개도국의 경험적 사례를 통해 살펴보면 시사하는 바가 크다. 그러나 지금까지 각국의 경험을 요약하여 정리하면 다음과 같은 문제점이 발생하였다.

첫째, 부지와 서비스 프로젝트가 해당 주민의 충분한 이해와 동의없이 수행되었기 때문에 발생된 문제들이다. 예로 빈민들의 유휴노동력이 충분이 활용될 것으로 기대하였지만 40~80%의 가구가 자기가족의 노동력이 아닌 영세주택건설업자들에게 맡기는 결과를 초래하였다.[15] 최근의 조사에 의하면 탄자니아에서 시행된 부지와 서비스 프로젝트 시행지구의 23가구 중 오직 3가구 만이 가족의 노동력으로 주택건축을 완료할 수 있었다고 한다.[16] 즉 자조적 노동력을 동원할 수 있었다는 의도는 실제 프로젝트수행시 가장 큰 문제점으로 등장하게 되었다.

둘째, 부지와 서비스 프로젝트지구의 주민들이 그들의 수입에 알맞는 주택투자가 아닌 상당한 고액의 투자를 함으로써 주택개량의 재정적 부담이 기대했던 것보다 많은 것으로 나타났다. 비록 수입이 적은 저소득층이라 해도 자기집을 보다 훌륭하게 건축하기 위하여 지나치게 많은 돈을 투자함은 저소득층의 자조적 노력에 문제를 야기시키게 된다.

셋째, 부지와 서비스 프로젝트를 실시함에 있어서 최소한의 주거수준(minimum standards)의 설정상의 어려움이다. 최저주거기준은 도시빈민들의 지불능력과 기본적으로 누려야 할 주택서비스를 고려해야 하는데, 지역별 특성, 주민의 선호도, 건축관련법규 등의 전면적 재조정 없이는 최저주거기준설정이 어렵게 되어 있다.

넷째, 불량촌재개발지구의 경우 부지가 대부분 국·공유지 혹은 사유지로서 도시빈민들이 불법무단으로 점령하여 상당기간 사용하고 있다. 이 경우 부지의 불하 혹은 장기임대 등의 방안을 강구할 수 있지만 기존의 법적 권리행사와 불하시 가격결정에 따른 어려움이 지적되고 있다.

한편 빈민들을 도시 외곽지나 특정지역(땅값이 비교적 저렴한 장소)으로 집단이주할 경우 발생하는 문제들, 예로 이주민들에 대한 직장의 제공과 정착이 가능할 수 있도록 요구되는 제반문제들이 해결되어야 할 것이다. 결국 부지와 서

15) World Bank, "Sites and Services and Upgrading, a Review of Bank-assisted Projects," Washington D.C., World Bank, Urban Projects Department, 1978, p. 16.
16) Th. Schilderman, "Labour for Individual Housing in Dar es Salaam," Dar es Salaam, Centre for Housing Studies, mimeo, 1981.

비스 프로젝트는 집을 지을 수 있는 저렴한 토지의 공급이 애로사항으로 대두되고 있다.[17]

다섯째, 부지와 서비스 프로젝트는 저소득층의 재정적 부담을 경감시키는 방안이므로, 정부나 공공기관에 의한 주택자금융자나 주택보조금 등의 주택금융적 제도상의 뒷받침이 전제되어야 한다. 그러나 국가재정적 어려움과 주택금융이 발달하지 못한 개도국의 경우 부지와 서비스 프로젝트에 충분한 자금을 공급하지 못하고 있다는 점이다. 특히 도시빈민들이 제도금융을 이용하기 위해서는 사회적 공신력과 신용이 보장되어야 하는데, 대부분의 주택금융기관이 도시빈민들의 신용관계(주택융자금을 지불할 능력 등)에 대하여 회의적이고 소극적이다.[18]

이러한 문제점들이 지적되고 있음에도 불구하고 자조적 부지와 서비스 프로젝트가 성공적으로 수행된 개도국이 있다. 대표적인 예로 인도네시아의 Kampong Improvement Programme(KIP)으로서 도시 저소득층 주택문제해결을 성공적으로 수행한 것으로 평가되고 있다.

KIP는 지방의 자원을 최대한 활용함과 동시에 재정적 어려움을 세계은행(World Bank) 등의 국제기구를 통해 자금을 지원받아 매우 성공적으로 실시되었다.[19] 쟈카르타시의 경우 1980년까지 약 7,380헥타의 면적에 350만명의 주민이 KIP프로젝트를 통하여 주택문제를 해결하게 되었다. 이러한 성공적인 수행은 정부의 적극적인 노력과 함께 지역(지방)적 상황을 충분히 고려한 점진적 개량방법을 동원했기 때문이라고 볼 수 있다.

제 5 절 활용방법

개도국의 빈약한 복지재정과 저소득층의 주택구매력의 부족으로 충분한 공공주택을 공급하지 못하고 있는 상황 하에서 자조적 "부지와 서비스" 프로젝트는 주택문제해결의 한 방안임에 틀림없다. 한편 일부 학자들의 계속되는 비판속에서도 1970년도 초부터 많은 개도국들이 부지와 서비스 프로젝트를 중요한 주택정책의 수단으로 활용하고 있다.

---

17) E. Wegelin, "From Building to Enabling Housing Strategies in Asia: Institutional Problems, in R.J. Skinner and M.J. Rodell(ed.), *op. cit.*, p.108; Seong-Kyu Ha(ed.), *Housing Policy and Practice in Asia*, London: Croom Helm, 1987 참조.

18) P.M. Ward, "Financing land acquisition for self-built housing schemes in developing countries," *Third World Planning Review*, Vol.3, No.1, 1981.

19) Seong-Kyu Ha, *op. cit.*, p.147.

우리 나라의 경우 도시영세민들의 주택문제는 날로 심각한 사회문제의 하나로 등장하고 있으며, 대도시 불량주택재개발사업에 대해 그 목적과 개발방법에 있어 비판적인 견해가 지배적이다.[20]

앞으로 대도시빈민들의 집단주거지인 달동네·산동네의 재개발사업을 주민위주의 개량사업으로 전환해야 한다는 주장속에는 "부지와 서비스"적 접근이 내포되어 있다. 즉 관주도적 혹은 건설회사가 참여하는 합동재개발이 아닌 주민스스로의 노력·조직·의지에 따라 주민주도적으로 주택개량사업을 시도해야 한다는 논의와 뜻을 같이하고 있다고 생각된다.

우리 나라 도시불량촌재개발사업에 있어 "부지와 서비스"적 접근은 가능할 것인가? 가능하다면 한국형 "부지와 서비스" 프로젝트 모형은 어떤 것인가? 이론적 수준에서 불량주택재개발사업시 활용가능한 "부지와 서비스" 프로젝트의 장점과 활용범위를 생각해 보도록 한다.

첫째, 복지사회를 구현하기 위하여 정부의 획기적인 저소득층을 위한 공공임대주택의 공급이 가능한가? 만일 공공임대주택의 공급이 제한적이라면 도시빈민들의 주택문제해결을 위한 대안은 무엇인가?

지난 제 6 공화국시절 주택 200만호를 공급하였으나 대도시 저소득층 주택문제는 여전히 해결되지 않고 있다. 이러한 상황 하에서 지역의 특성 등을 감안하여 선별적인 "부지와 서비스"프로젝트를 실시해 볼 수 있다.

둘째, 이러한 자조적 주택개량사업은 주민들의 자조적 노력과 정부(공공기관 등)의 부지 및 도시 서비스(하부구조 시설물 등)의 충분한 제공이 따라야 한다. 기존의 불량주택재개발사업시 정부는 오히려 원주민에게 공유지(시유지)를 불하하여 막대한 재정적 수입을 올리는 발상속에서는 진행이 어려울 것이다. 한편 재개발지구의 공공시설물을 재개발조합이 해결하게 하는 기존의 태도로서는 이러한 "부지와 서비스"적 접근을 불가능하게 하는 것이라 본다. 그래서 공공기관과 정부는 도시저소득층과 영세민을 위한 도시 서비스의 공급을 정부의 재정으로 해결해야 한다는 인식의 전환이 필요하다.

셋째, 부지와 서비스 프로젝트를 도시불량주택재개발지구에 적용하려면 중고주택 및 재개발주택융자 등 주택금융제도가 변화·발전되어야 한다. 기존의 금융제도로서는 중고주택개량 및 불량주택재개발사업의 금융적 지원이 미흡하기 때문에 효과적인 "부지와 서비스" 프로젝트를 수행할 수 없을 것이다. 즉 신규

20) 불량촌재개발정책의 재검토를 위한 토론회, 발표논문, 천주교 서울대교구 도시빈민사목위원회, 1988 참조.

주택의 금융지원 및 융자혜택을 강조하기보다 중고주택의 개량과 불량촌재개발에 요구되는 주택금융의 강화가 요구된다.

넷째, 도시저소득층을 대상으로 하는 주택정책은 그들을 위한 주택의 양적 공급확대와 함께 질적인 주거수준의 향상이 병행되어야 한다. 질적수준의 향상은 목표화된 최저주거기준(targeted minimum standard)에 미달하는 주택이나 대상 주민이 정책목표의 대상이 된다. "부지와 서비스" 프로젝트 역시 도시저소득층이 인간의 기본욕구로서 누릴 수 있는 최저주거기준을 정하고 주택건설과 개량에 임한다. 우리 나라의 경우 도시저소득층이 누려야 할 주거의 최저기준은 설정되어 있지 않다. 그래서 불량촌의 재개발은 현대식 고급아파트 등이 건설되고, 원주민들의 유지능력에 맞지 않은 중산층 위주의 주택이 공급된다는 지적이 많다. "부지와 서비스"적인 저소득층주택정책을 도입하려면 우선 목표화된 최저주거기준이 지역실정, 주민선호도, 기타 사회·경제적 사항을 고려해 설정되어야 할 것이다.

다섯째, 자조(self-help)적 주택문제해결방안은 관심과 처지가 비슷한 저소득층의 협동적 조직체와 상호협조적 구성원의 역할이 요구된다. 흔히 주택협동조합(housing co-operatives)이라 불리는 주택운동이 "부지와 서비스" 프로젝트에는 매우 중요하게 인식되고 있다.[21] 이러한 주민의 협동적 조직체들을 이용하여 자조주택건설을 위한 제반사항들(토지문제, 주택금융, 공동투자 등)이 결정·시행되도록 해야 한다. 현재 우리 나라 불량촌재개발지구에서 자생적으로 형성된 조직체, 예로 세입자대책위원회 등을 보다 생산적인 자조주택그룹으로 발전시키기 위해서는 「재개발지구 세입자주택조합(가칭)」 등의 구성이 가능하도록 제도적인 노력이 따라야 할 것이다.

결론적으로 사회복지가 미흡한 우리의 실정에서 자조적 도시영세민 주택문제해결방안은 정부적 차원에서 연구되어야 할 분야이다. 이미 미국과 같은 선진국에서 실시된 "조직화된 자조·상호부조형태"(organized self and mutual helf)의 자조주택운동 등을 활용할 수 있을 것이며, 우리의 경제수준보다 낮은 후진국의 성공사례(인도네시아의 KIP 등)도 면밀하게 분석하여 장점을 도입할 필요가 있다고 생각된다.

---

21) A.C. Lewin, *Housing Co-operatives in Developing Countries*, Chichester: John Wiley and Sons, 1980, p.13.

제20장 불량주택과 재개발

제1절 불량주택과 불량촌의 개념

불량주택의 의미는 상대적 개념이다. 왜냐하면 시대와 국가에 따라 불량주택을 판정하는 기준이 매우 가변적이기 때문이다. 아프리카나 동남아 저개발국들의 불량주택과 영국, 미국 등의 서구 선진국의 불량주택은 그 기준설정에서부터 재개발 프로그램에 이르기까지 다양하고 상이하게 나타나고 있다. 그러나 선·후진국을 막론하고 불량주택의 일반적 기준은 주거적합성과 공중위생이라는 측면에서 동질성을 발견할 수 있다. 즉 주거적합성이란 인간이 주생활을 영위할 만한 집인가 아닌가의 개별주택이 지닌 물리적 시설과 주거서비스의 기준이며, 공중위생이란 주택 및 주거환경이 보건위생의 위해를 가져오고 있느냐의 기준을 뜻한다.

흔히 불량주택을 일정수준 이하의 집(substandard housing)이라 표현하기도 한다. 수준 이하라 함은 집이 구조적으로 불안전하고, 비위생적이며, 외관이 볼품없다는 뜻이다.[1] 그런데 어느 정도의 수준을 구조적으로 불안정하고 비위생적이며 외관상 볼품없는 집이냐하는 판단은 두 가지로 해석이 가능하다.

하나는 행정적, 정책적인 측면에서 말하는 최저주거기준(housing minimum standard)에 미달하는 집으로서, 이는 국가마다 최저기준설정의 변수가 다양하고 최저수준이 상이하게 나타난다. 다른 하나는 일반적으로 통용되는 불량주택 혹은 불량촌의 사회적 인식에서 출발한 것을 들 수 있다.

먼저 주택의 최저기준적 측면에서 보면, 영국의 불량주택 혹은 부적합주택(unfit dwellings)이란 다음 사항 중 하나 혹은 그 이상이 결여된 상태의 집을 말한다. ① 욕실, ② 실내화장실, ③ 세면대(wash hand basin), ④ 조리시설 및

1) 김형국 편, 「불량촌과 재개발」, 나남, 1989, p.22.

오수·배수용 시설, ⑤ 냉·온수 사용가능시설, ⑥ 적정자연채광, ⑦ 방습, ⑧ 쓰레기 및 하수처리, ⑨ 주택의 내부구조 및 설계 등이다. 이 중 ①번에서 ⑤번까지가 주택의 기본서비스라 하고, 이 기본서비스 중 부족한 것이 있으며 나머지 ⑥번에서 ⑨번까지 중 어느 하나라도 부족하면 인간의 주생활을 영위하는데 문제가 있는 부적합 주택으로 판정된다.[2)]

한국의 경우는 불량주택기준으로는 ① 국·공유지의 무허가건물(일반주거지의 무허가건물 포함), ② 천막, 판자집 등 비정상적 건축구조를 지닌 집, ③ 7평 미만의 협소한 집, ④ 전기, 상·하수도 등 부대시설이 불비한 주택으로 구분하고 있다. 이러한 구분의 특징은 물리적 시설의 적합성 여부와 불법성 유무를 기준으로 주로 건축허가와 건물의 소유권 등기 유무에 초점이 주어져 있다.

불량주택의 다른 하나의 의미는 일반적으로 통용되고 사회적으로 인식된 불량촌과 불량주택으로 그 기준이 모호한 경우가 많다. 이는 앞에서 말한 정부가 정한 일정한 기준에 근거하여 불량주택을 판단한다기 보다 사회·공간·문화적 의미가 매우 크게 작용하고 있다. 이러한 예로 브라질의 favelas, 터어키의 gecekondus, 멕시코의 paracaidistas, 베네주엘라의 barrios, 인도의 Busteel, 인도네시아의 Kampong 등과 우리 나라의 판자촌(혹은 달동네)을 들 수 있다.

일반적으로 인식된 불량촌과 불량주택은 몇 가지의 특징을 지니고 있다.

첫째는 집단화한 저소득층의 주거지이다. 대부분 수백호의 불량주택에서부터 수만호에 이르는 다양한 주거지를 형성하고 있다는 점이다. 이곳에 거주하는 주민은 대부분 저소득층으로서 도시의 가장 빈곤층 주민이며, 이들은 농촌이나 다른 지역에서 이주하여 정착하고 있는 특징을 발견할 수 있다.

둘째, 이러한 주거지는 사회적·역사적 의미를 지니고 있다. 불량촌의 형성은 상당히 오랜 기간 동안 지속되어온 것으로서 해당국가의 도시화, 산업화와 깊은 연관을 지니고 있다. 한편 이 지역에 사는 주민은 도시의 한계인구라는 사회·경제적 의미를 지니고 있기도 하다.

셋째, 개도국의 불량주택들은 도시의 특정지역에 자리잡고 있다. 대부분 이들 주택은 국·공유지나 사유지에 무단침입하여 정착하게 되었다는 특징을 찾을 수 있다. 예를 들어 터어키의 불량촌을 "gecekondus"라고 부르는데, 이는 "밤에 남의 땅을 무단점령한다"는 뜻이라고 한다.[3)]

---

2) DOE, *English Housing Condition Survey*, 1981, Part I: Report of the Physical Condition Survey, London: HMSO, 1982 참조.

3) P. McAuslan, *Urban Land and Shelter for the Poor*, London: Earthscan, 1985, p. 57.

〈표 20-1〉 기준 이하의 불량·불법주택의 판정

	대지소유면적	건 물	부대시설	공중위생
불법성	a. 남의 땅에 불법점유 여부	c. 건축법 등의 법적기준 미달	e. 전기, 수도 등의 불법적 사용	g. 화장실, 상·하수도 쓰레기 처리시설 등의 미비
불량성	b. 최소대지 및 공간의 미확보	d. · 건축자재의 불량성 · 구조적 불량 · 노후도	f. · 주택서비스의 부족, 불량 · 소방도로·하수처리 미비 등	h. 전염병 등 각종 질병의 만연 가능성

넷째, 이러한 정주지는 정부로부터 불법·불량이라는 판단때문에 도시서비스나 하부시설면에서 정상주거지역에 비하여 월등히 열악한 상황에 처해있다. 이러한 주거지는 도시행정적면에서 도시미관을 해치는 장소로, 근대화에 역행하는 전근대적 주거지로 구분되어 정책적 냉대와 비난의 대상이 되기도 한다.

위에서 논의된 불량주택과 불량촌의 의미를 정리해 보면 다음과 같은 몇 가지 문제점을 찾을 수 있다.

첫째, 정부에서 정한 기준에 미달하는 주택은 불법성과 불량성에 기초하고 있다. 그러나 이러한 주택들은 〈표 20-1〉과 같이 구분하여 생각해 보면 불량주택의 판정에 대한 문제점을 찾을 수 있다.

〈표 20-1〉에서 나타난 기준(수준) 이하의 불법·불량주택의 기준으로만 판단하는 것은 여러 가지 논란을 가져올 수 있다.

① 사례 1: a사항을 제외한 모든 사항(b.c.d.e.f.g.h)이 갖추어진 주택이 존재할 수 있다. 즉 건물, 부대시설, 공중위생 그리고 최소대지를 확보하고 있으나, 자기땅이 아닌 남의 땅에 주택을 건축한 경우로서 이는 불량주택의 범주에 해당되지 않을 수 있다. 대지소유권(혹은 사용권)을 확보하지 못했을 뿐 인간의 주생활을 위한 주거적합성을 충분히 지닌 경우이다.

② 사례 2: c항, 즉 건축법 등의 법적기준에 미달하고 있으나 기타사항(a.b.d.e.f.g.h)을 다 확보한 경우를 볼 수 있다. 이 경우는 건축법상 몇 가지 기준에 미달하고 있지만 주거적합성은 큰 문제가 없다. 그런데 건축법 등이 대부분의 개도국은 선진국에서 적용하는 기준들을 근거로 설정되어 있기 때문에 현실적으로 적합하지 않거나 너무 상향적, 서구지향적인 경

우가 많다. 예를 들어 용적률, 건폐율 등으로서 이러한 기준은 도시의 토지이용상태나 주택상황에 따라 신축적으로 운용될 수 있기 때문이다.

그래서 정부에서 행정적으로 정한 불량주택의 기준에서 얼마나 많이 부족한가의 정도에 따라 불량·불법주택의 수가 달라질 수 있다. 정부가 정한 획일적 기준으로 인하여 수많은 주택이 철거의 대상이 되거나 불량무허가주택으로 분류되는 것은 개도국 도시지역에서 흔히 발견되는 예이다. 위에서 언급한 사례 1과 사례 2의 경우는 적절한 정책적 배려와 행정절차를 거치면 전혀 문제가 없는 정상주택으로서의 주거적합성을 지닐 수 있다.

영국의 경우는 부적합주택(unfit dwellings)과 기초서비스 한두 가지가 불비한(예 ; 온수시설, 실내화장실 등) 주택으로 구분하여 불량주택을 판정하는데, 후자의 경우는 재개발 대상주택이라기보다 정부로부터 만족스럽지 못한 주택으로 분류되어 주택보수 등의 금융지원대상이 되는 주택으로 보고 있다.

둘째, 불량주택의 기준설정에 관한 사항으로서 어떤 수준이 주거에 부적합한가를 각국의 사회·경제 그리고 주거문화적 속성을 고려한 연구가 선행되어야 할 것이다. 흔히 개도국 정부는 서구 여러 나라에서 적용되는 기준을 원용하고 있다. 예를 들어 대지의 최소면적, 건축자재의 불량성, 공중위생상의 기준에서 개도국의 주거상황에 맞지 않는 너무 높은 수준을 요구하고 있다.[4)]

필리핀의 경우 건축자재로서 "대나무(bamboo)"는 그 나라의 기후와 지리적 여건으로 매우 훌륭한 주택자재가 되며, 또한 흙벽돌 등 지방의 고유한 자연자원이 경우에 따라서는 매우 유용한 건축재료가 될 수 있다. 저소득층의 저렴주택 건축이란 측면에서 충분히 활용가치가 있음에도 이를 사용한 주택이 불량주택으로 판정되는 것은 한계자원의 이용이라는 측면에서 재고되어야 한다.[5)] 획일적인 불량주택의 판정기준은 그 지역이 처한 사회·경제 그리고 주거문화의 속성을 무시한 결과이다.

셋째, 일반적으로 통용되고 있는 불량촌으로서 일정지역에 저소득층의 집단화된 정주지에 관한 사항이다. 이러한 지역에 대한 불량주택의 일반적 인식은 그 지역이 지닌 도시 한계적 특성에서 발생한 것으로서 일반인의 편견이 내재해 있다. 흔히 불량주거지는 그 도시의 중산층이나 그 이상의 사회계층사람들이 명명한 주거지로서 중산층의 기준에서 본 불량촌이라는 점이다. 저소득층의 입장

4) A. Gilbert and J. Gugler, *Cities, Poverty and Development*, Oxford: Oxford University Press, 1981, Ch. 5 참조.

5) H. S. Murison and J. P. Lea(ed.), *Housing in Third World Countries*, London: Macmillan, 1979, p. 72.

에서 보면 전혀 불량촌이 아닌 지극히 정상적인 주거지역일 수가 있다. 도시빈민의 사회경제적 수준과 속성에서는 그 이상의 수준높은 주택을 유지할 수도, 구입할 수도 없기 때문에 당연한 현실적 주거지역이 되고 있다. 소위 정상주택이나 중산층 주거지역에 거주하는 사람의 눈에 비친 저소득층 주택이 불량하다는 점은 불량의 기준을 어디에 두고 있느냐, 어느 수준을 정상주택이라 보느냐에 따라 달리 나타날 수 있다.

여기서 불량촌의 의미를 선·후진국의 경우로 나누어 개념정의를 내려야 할 것이다. 선진국의 경우는 주로 슬럼(slum)으로 지칭되고 있는데, 이는 토지이용이 미흡하거나, 노후·불량한 주택들이 집단을 형성하고 있다. 슬럼지구는 도시의 경제·사회구조 그리고 도시생태적 변화에 기인한 토지이용상의 문제가 발생된 지구로서 주택이 심하게 노후되거나 불량하게 변한 주거지이다. 그러나 이러한 주거지역은 개도국의 불량촌에서 흔히 지적되는 국·공유지의 무단침입과 무허가주택이 시초부터 형성된 곳과는 다른 범주로 취급되어야 한다.

반면 개도국의 불량촌(squatter settlement)은 국·공유지나 사유지에 무단으로 침입, 무허가주택을 건립한 것으로 항구적인 주택과 주거지가 아닌 임시적, 한계적인 주거지라는 점이 특징이다. 학자에 따라서는 무허가불량촌을 자생적 정착지(spontaneous settlement) 혹은 비통제정착지(uncontrolled settlement)로 지칭하기도 한다.[6]

선·후진국의 불량촌의 특성을 정리해 보면 〈표 20-2〉와 같다.

그러나 무허가불량촌의 형성이 개도국에만 국한된 것이라는 것은 잘못된 지적이라는 논의도 있다. 서유럽의 경우 두 가지의 불량무허가주택이 존재하고 있는데, 하나는 기존의 공가상태에 있는 주택, 사무실, 아파트를 무단점령하며 도시빈민들이 주거용으로 사용하는 경우로서 런던, 암스텔담, 코펜하겐 그리고 베를린 등지에서 흔히 볼 수 있다. 또 다른 하나의 무허가불량주택은 개도국의 도시에서 나타나는 형태와 유사한 것으로 남의 땅에 허가없이 침입하여 임시적인 주택을 건립하여 주거지를 형성한 것으로 스페인의 바르셀로나, 유고슬라비아, 터키 등지에서 볼 수 있다.[7] 그러나 유럽의 불량무허가정착지는 그 숫자나 형성과정에 있어 개도국의 경우와는 큰 차이를 보이고 있다.

---

6) J.F.C. Turner, *Housing by People*, London: Marion Boyars, 1976; D.J. Dwyer, *People and Housing in Third World Countries*, London: Longman, 1979 참조.

7) P. McAuslan, *op. cit.*, p.49.

〈표 20-2〉 선진국·개도국 불량촌의 특성비교

	불량촌	특 성
선진국	· 슬럼(slum) · 게토(ghetto)	· 합법적인 건물이나 물리적 노후, 과밀, 설계 및 계획의 미흡 · 주거지역뿐 아니라 비주거지역도 포함 · 주민의 안전, 건강, 도덕성에 위해를 끼치는 지구 · 범죄, 질병 등으로 경제적 자립도가 낮은 저소득층 주거지역
개도국	· 무허가불량촌 (squatter settlements) · 자생적 정착촌 (spontaneous settlements)	· 국·공유지, 사유지의 불법적인 무단점령, 침입 · 건축법 등의 법적 기준에 미달한 무허가 불법주택 · 저소득층, 도시영세민 등의 정착지 · 주택의 기초서비스 불비 및 공공서비스가 미흡

자료: ① N.P. Gist et. al., *Urban Sociology*, New York, Thomas Y. Cromwell, 1970.
② C. Abrams, *Squatter Settlement: The Problem and Opportunity*, Washington D.C., Division of International Affairs, Department of Housing and Urban Development, 1966 참조.

제 2 절 불량주택의 형성과 정책반응

여기서는 개도국의 불량주택형성의 배경과 정부의 정책반응을 개관하도록 한다. 불량촌에 대한 논의는 어떤 시각에서 출발하느냐에 따라 큰 차이를 보이고 있는데, 크게 3가지로 구분하여 이론적 논의를 전개하도록 한다.

Ⅰ. 불량주택형성의 불가피론

개도국의 도시화 과정속에서 불량주택의 형성은 당연한 결과로 보는 시각이 있다. 많은 제 3 세계 국가들은 농업피폐와 독과점적 산업화 과정속에서 실업 및 반실업을 발생시키고, 공식적 노동시장에서 배제된 비공식적인 도시경제활동에 종사하는 저임금 노동자들의 출현이 뚜렷하게 나타나고 있는 것을 본다. 농업의 피폐에 따른 탈농업화와 이촌향도의 인구이동으로 도시지역은 농촌에서 밀려온 도시저소득층이 성장하게 된다. 이들 유입인구는 결과적으로 도시의 노동력 공급과잉의 상황을 유발시키고 저임금 노동력이라는 구조적 기반이 조성된다.

도시빈민의 범주를 파악하는데 있어 주변화론이 설명력을 지니고 있다. 주변화론은 종속적 자본주의 발전으로 인한 필연적인 결과로서 주변화 현상을 설명하려는 노력이다. 즉 대부분의 이농민들이 자본집약적 산업화로 인해 근대적 공업체계에 편입되지 못하고 주변적 대중을 이루는 것으로 인식한다.[8)]

한편 도시빈민의 형성요인이 자본주의경제발전과정에서 필연적 현상으로 보는 견해가 있다. 자본주의 경제발전 하에서 도시빈민의 생성은 첫째, 자본주의화에 따른 공동체의 해체와 그로 인해 상품·시장경제에 익숙치 못한 사람들의 도시빈민화, 둘째, 자본주의 생산의 순환, 변동과정에서 대량의 산업예비군의 발생, 셋째, 산업재해와 폐질화에 의한 도시빈민의 생성, 넷째, 중소기업 및 수공업체의 유지에 따른 도시빈민의 존재 등을 들고 있다.[9)] 그리고 개도국의 도시화과정 중 자본주의사회가 지닌 모순과 갈등속에서 도시빈민의 출현을 당연한 귀결로 보고, 주변부의 축적이 종속적이고 대외지향적이라는 특징을 들어 이를 설명하기도 한다.[10)]

개도국의 도시빈민은 결국 농업부문에서의 광범한 이농현상, 국가독점자본주의, 주변부 독점자본주의 자본축적방식, 도시 비공식부문론 등이 필연적 도시빈민형성을 설명하고 있다. 도시빈민의 주거형태는 일반적 개도국도시문제인 불량촌의 형성으로 연결되고, 소득의 증대기회가 한정된 이들 빈민들의 가장 현실적 주거상황이 바로 불량무허가주택인 점이다. 대부분의 개도국이 서구 선진국에서 볼 수 있는 사회주택의 공급이나 사회복지 프로그램이 미흡한 실정에서 빈민들의 주거안정책은 국가정책의 우선순위에서 밀려나기 일쑤다. 개도국의 산업화 과정속에 수출지향적 공업화와 제조업 육성책으로 자본의 투자수익률이 낮다고 평가되는 주택투자는 매우 한정되어 있기 때문이다. 자본주의가 지닌 자체의 모순과 한계로 도시빈민의 형성은 필연적 현상이고, 이러한 상황이 도시 무허가 불량주택의 형성을 가능케 한다는 것이다.

Ⅱ. 공식적 주택시장의 한계론

주택시장의 특징은 ① 주택이라는 상품의 비이동성, ② 전국시장형성보다는 지역에 국한된 지역하위시장(regional sub-market)의 형성, ③ 주택의 이질성,

8) ① 김영석, 「도시빈민론」, 아침, 1985, pp.76~77. ② I. Roxborough, *Theories of Underdevelopment*, London, Macmillan, 1979. ③ 허석렬, "도시 무허가정착지의 고용구조," 김형국, 전게서, pp.52~54 참조.
9) ① 박현채, "한국자본주의와 도시빈민문제," 한국교회사회 선교협의회, 도시주민사회분과위원회, 「도시빈민자료집」, 제 2 권, 1979. ② 허석렬, 상게서, pp.52~56 참조.
10) 이효재·허석렬(편), 「제 3 세계의 도시화와 빈곤」, 한길사, 1983, pp.32~33.

④ 주택공급의 비탄력성, ⑤ 주택정보구득의 한계, 그리고 ⑥ 일반소비제품에 비하여 주택의 높은 가격 등을 들고 있다. 이러한 주택이 지닌 특성과 주택시장의 독특한 메커니즘으로 완전경쟁시장과는 큰 차이를 보이고 있다. 주택시장은 주택의 수요와 공급의 원리에 의해 작동된다. 그러나 빈민층의 경우 주택시장에서 유효수요집단이 아닌 소비자로서의 구매력이 없는 주택소요집단(housing need group)이다. 이들에게 공식주택시장에서의 소비자선호와 소비자의 역할을 기대하기는 힘든다.

도시빈민들이 공식주택시장에 진입하려면 국가로부터 직접적으로 재정적 보조를 받거나 정부의 저렴주택공급책으로 저렴한 주택을 구입하거나 임대받도록 해야 한다. 그러나 대부분의 개도국은 국가재정의 부족으로 도시빈민의 주거안정을 위한 재정지출을 증대할 수 없을 뿐 아니라, 설령 국가재정으로 도시빈민의 주택프로그램을 실시해도 그 수혜대상은 지극히 소수빈민에 국한된다. 일부 개도국은 제도적으로 주택건축법규나 기준을 완화함으로써 주택가격을 인하하여 도시빈민들을 공식(정상)주택시장에 편입할 수 있도록 한다. 그러나 기준 완화를 통한 도시빈민의 주택시장편입은 국가가 해야 할 복지재정지출과 적극적 주택시장개입을 회피하는 매우 소극적이고 간접적 방법으로서 그 실효성에 많은 의문이 제기되기도 한다.

결국 자본주의의 개도국들이 주택시장메커니즘으로 도시빈민들의 주거안정을 도모하기에는 한계가 있고, 공식주택시장에서 역할이 없는 빈민들은 소위 비공식주택시장을 형성하게 된다. 비공식 주택시장이란 주택거래나 주택생산, 공급상 정부의 허가와 절차를 밟지 않는 도시빈민들의 주택시장으로서 무허가불량주택이 대표적인 예라 할 수 있다. 도시빈민들의 집단적 주거지인 무허가불량촌에는 불량주택가옥주, 불량주택세입자, 불량주택 외지 지주, 불량주택 투기꾼, 불량촌 내 가게소유자 등 다양한 불량촌주민이 존재한다.[11] 이들 불량촌주민들간에는 무허가불량주택의 비공식적 주택의 공급·교환·소비과정이 일어나고 있다.

도시빈민들의 공식주택시장 편입의 한계, 국가의 시장기능회복을 위한 자유방임적 주택정책의 실패 등에 연유하여 비공식주택시장인 무허가불량주택은 형성될 수밖에 없고, 이러한 비공식 주택시장이 빈민들의 사회·경제적 주거형태를 반영하는 좋은 예가 될 수 있다.

---

11) C. Abrams, "Squatting and Squatters," J. Abu-Lughod and R. Hay Jr(eds.), *Third World Urbanization*, Chicago: Maaroufa Press, 1977, pp. 293~299 참조.

Ⅲ. 자조주택론과 주택시장의존론

개도국 정부가 도시빈민들을 위한 주택프로그램을 적절히 제시하지도 못하고 비공식 주택시장의 실체를 부정하는 것은 현실적이지 못하다는 비판이 많다. 특히 Turner를 중심으로 한 자조주택그룹이 1970년대 중반부터 제창한 자조주택론(self-help housing)이 그 대표적인 예라 할 수 있다.[12)]

자조주택론은 주민의 자구적 노력으로서 스스로 주택문제를 해결해 나가는 것에 초점을 맞춘, 주택개발의 한 철학이라 할 수 있다. 즉 주택이 지닌 물리적 특성 그 자체보다 주택의 사용가치를 더욱 중요시 한다는데 강조점을 두고 있다. 그래서 주택건설을 위해 주민 스스로의 적극적인 참여를 권장하고 이것이 확대, 주민운동화되어 저소득층 주거안정을 도모할 수 있다는 주장이다.[13)]

주택건설이 공식적 건설사업의 경로를 통해 공급된다면 주택의 가격은 자연히 상승되고 빈민 스스로의 부담으로는 구입이 불가능하다. 그리고 빈민들의 다수가 실업의 상태가 지속되는 경우, 자신과 가족 유휴노동력을 동원할 수 있으며 주민 각자의 요구수준에 적합한 주택을 건설할 수 있어 비용절감의 효과를 가져온다.

한편 기존의 개도국 저소득층에 대한 주택정책 내지 재개발정책이 불량주택을 철거, 재개발의 형태를 취하기 때문에 도시빈민주택문제가 더욱 악화되는 경험을 지니고 있다. 많은 개도국이 주민의 자조적 노력에 의한 주택건설 그 자체를 무시하고 관료적 체계하의 주택건설·공급을 지속해 왔다. 이는 개도국이 안고 있는 도시빈민의 저소득·실업·문화적 속성을 무시한 서구지향적 주택정책 논리라는 비판이 있다. 정부의 대책 없는 불량촌의 철거보다는 주민의 자율성과 합리성에 근거한 자조적 주택건설노력을 고무시켜야 한다는 주장이다. 즉 개도국 도시빈민의 불량촌형성을 인정하고, 또 이는 피할 수 없는 현실임을 수용한 바탕 위에서 관료적 불량주택철거보다는 주민의 노력으로 스스로 주택문제를 해결하도록 하는 논리이다.

"불량주택이 좋다"는 인식이 아니라, "불량주택을 자조적으로 개선하자"는 철학에 바탕을 두고 세계은행(IBRD) 등 국제기구에서는 개도국의 무허가불량촌 개량을 위한 부지와 서비스(site and services) 프로그램을 제시하기도 하였다. USAID·IBRD·ILO 등의 국제기구가 자조적 노력에 바탕을 둔 개도국 빈민들의

12) 자조주택론의 역사적 발전과 평가에 대하여는 본서의 제18장에 자세히 소개되어 있다.
13) J.F.C. Turner, *op. cit.* 참조.

주택문제해결은 주택시장의존적 논리가 내재해 있다. 이들의 프로그램들은 대부분 도시빈민의 유휴노동력을 활용한다는 전략의 기본구상 아래 비공식주택시장을 공식적 주택시장으로의 전환을 시도하였다. 국가가 비공식주택시장의 작동을 방해하거나 규제하기보다 자본주의 정상주택시장으로 끌어들여 보다 공식적, 제도적으로 유도한다는 것이다. 이러한 전략은 우선 재정적으로 빈약한 국가들의 부담을 완화할 수 있고, 동시에 빈민들의 자조적 노력으로 건설한 주택이 빈민가족의 경제적 투자가치도 향유할 수 있게 하는 자본주의시장의존적 발상으로 평가된다.

위에 언급한 자조주택론이나, 그에 바탕을 둔 부지와 서비스 프로그램 그리고 빈민들의 비공식주택시장의 공식주택시장으로의 유도 등은 국가가 당연히 지불해야 할 사회복지부담을 빈민에게 전가하는 결과라는 비판이 있다. 한편 이러한 시장의존적 주택문제해결은 국가가 빈민의 주택문제를 시장기능에 맡겨둠으로써, 자본주의시장 경제강화라는 목표가 빈민의 주거안정이라는 목표보다 우선하는 정책적 편의성에 기초하고 있다는 비판이 있다.[14]

제 3 절 불량주택재개발의 기능과 유형

I. 재개발의 일반적 목적과 기능

도시재개발이란 용어는 선진국 특히 영국과 미국의 도시지역 슬럼(slums)지구를 보다 활성화하고 환경이 좋은 지역으로 재개발하고자 하는 의도에서 사용한 것이다. 한편 도시재개발의 범위를 주거지역에 국한하느냐 아니면 상업·업무지역까지를 포함하느냐는 각국이 처한 도시상황에 따라 둘 다를 포함할 수도 있고 어느 하나만을 강조하기도 한다. 그러나 주거지의 재개발은 지난 반세기 이상 많은 국가에서 시도된 도시정책의 일환으로서 그 목표가 분명히 나타나고 있다.[15] 여러 학자들의 논의와 경험적 사례들을 관찰해 보면 불량주거지재개발은 다목적 정책목표를 포함하고 있다.

---

14) R. Burgess, "Self-Help Housing: A New Imperialist Strategy? A Critique of the Turner School," *Antipode*, Vol. 9, 1977, pp. 50~59.

15) 미국의 경우는 W.G. Grigsby, *Housing Markets and Public Policy*, Philadelphia, University of Pennsylvania Press, 1963을 영국의 경우는 D.V. Donnison, *The Government of Housing*, London: Penguin Books, 1967을 참고바람.

첫째, 주거지재개발은 불량한 주택 및 주거지의 환경적 악화를 예방 혹은 개선해 보자는 목적이 담겨 있다. 특히 개별주택의 물리적 시설의 불량화나 노후화를 방치해 두면 주변의 다른 주택에 영향을 끼치고 결국 지역사회 주거환경 전체를 악화시킨다는 점에서 매우 주요하게 다루어진다. 이와 같이 불량주거지 재개발은 개별불량화된 주택 그 자체에 초점을 맞추기보다 해당지역 전체의 환경에 더욱 큰 비중을 두고 있다. 주거환경을 개선한다는 의도는 토지의 효율적 이용, 도로 및 교통시설과 교통체계의 정비, 지역사회시설인 학교·공원·우체국 등의 사회시설을 적정하게 배치·공급한다는 목표를 가지고 있다.

둘째, 주거지재개발은 해당지역의 물리적 시설계획을 우선적으로 다루지만 결과적으로는 지역사회 내지 도시 전체의 사회적 구조와 연관을 지니고 있다. 인간정주지는 단순히 물리적 시설로만 규정지울 수 없는 사회적 연계(social networks)속에서 파악되어야 하기 때문이다. 특히 미국과 같은 다민족사회는 다양한 인종과 상이한 종교·문화적 배경을 지닌 사람들이 어울려 살아가는 곳이 도시이기 때문에 장소 혹은 주택 그 자체보다 인종·주민을 우선적으로 고려하는 재개발의 중요성을 지적하고 있다. 이에 근거하여 주거지재개발은 사회적 재개발정책(a social renewal policy)으로의 특징도 포함하고 있다.[16]

선진국의 경우 도시계획적 측면에서 본 주거지 재개발은 다음의 여섯 가지 특징을 발견하게 된다; ① 지도관리적, ② 미래지향적, ③ 종합적, 정책지향적, ④ 계획선택지향적, ⑤ 법적 규제지향적, 그리고 ⑥ 토지이용지향적이다.[17] 이러한 특징은 재개발이 대부분 도시정부의 도시계획담당부서의 영향하에서 정책이 수행된다는 점에서 찾을 수 있다.

주거지재개발은 도시 전체속의 한 지역에 국한된 것이기는 하지만 도시 전체와의 연계속에서 파악된다는 점에서 영국의 도시재개발의 계획적 접근을 예를 들어 본다. 리버풀(Liverpool)의 재개발계획은 다음과 같은 사항을 필히 고려하도록 한다.

1) 지역(the region): 리버풀 도시가 속해 있는 Merseyside지방 전체속에서 리버풀 도시 자체의 성장과 주변지역과의 관련성을 파악해야 한다.

2) 접근성(accessibility): 재개발은 필히 도시 전체의 교통체계와 접근성을 고려해야 한다.

---

16) D.M. Muchnick, *Urban Renewal in Liverpool*, London: Bell and Sons, 1970, p.14.
17) Nathan, D. Grundstein, "Urban Information Systems and Urban Management Decisions and Control," *Urban Affairs Quarterly*, Vol.1, No.4, June, 1966, pp.24~25.

3) 도시형태(urban form): 해당도시의 고용구조, 산업구조 등의 제경제적 활동과 교통체계 등의 연관속에서 도시형태를 고려하고 재개발을 계획한다.

4) 고용(employment): 해당도시의 고용상태의 인식과 고용을 증대시킬 수 있도록 계획되어야 하지만 이것은 도시 전체의 인구증가문제와 연관하여 계획하도록 한다.

5) 주택(housing): 주민들이 공공주택과 민간부문주택을 마음대로 선택할 수 있게 주택개발을 수행해야 하며, 주택공급은 필히 교육시설, 공원 기타 필요한 사회서비스와 함께 공급되어야 한다.

6) 환경(environment): 주거지재개발계획은 도시 전체의 환경악화를 초래하지 않도록 계획되고, 주택 및 주거지 설계단계에서부터 주거지 환경을 고려하도록 한다.[18)]

위에서 언급된 재개발의 목적과 정책목표들을 종합해 보면 재개발이 지닌 기능은 다음과 같이 정리된다.

첫째, 불량주택재개발은 도시정책의 일환으로서 도시 전체 및 해당지역 환경악화를 예방·개선하는 데 목적이 있다.

둘째, 불량·노후화된 주택을 개량 혹은 철거 재개발함으로써 도시토지이용의 효율성을 증대시키고자 한다.

셋째, 불량주택지구에 주택의 개량은 물론 해당지구의 공공서비스와 도시시설을 공급함으로써 더욱 쾌적하고 편리한 주거지역을 창출한다.

넷째, 단순히 물리적 시설의 개량과 공급이 아닌 지역사회 전체를 보다 활성화하는 사회재개발적 효과를 가지면서 기존의 지역사회를 파괴하지 않는다.

다섯째, 해당지구 주민의 접근성을 증대시키고, 이를 위하여 도시 전체의 교통체계도 고려되는 교통계획을 함께 수행한다.

여섯째, 주거지재개발 주민의 고용기회확대를 기하며, 해당지역 주민의 의사에 따라 원주민이 계속적으로 주거안정을 기하도록 한다.

Ⅱ. 개도국의 불량주택재개발에 대한 견해

개도국의 불량무허가주택의 형성과 그 수준은 선진국과 큰 차이를 보이고 있다. 개도국이 지닌 가도시화 현상, 농업의 저발전과 함께 수반된 이촌향도적 인구이동 특성, 도시의 비공식부문의 역할 등에서 선진국과는 상이한 불량촌의

18) D. M. Muchnick, *op. cit.*, p. 18.

형성배경을 갖고 있고, 이에 따른 개도국의 재개발정책을 논의할 수 있다.

먼저 개도국의 오랜 세월 동안 만연된 불량무허가정착지에 대한 상반된 견해가 있다. 하나는 불량무허가주택에 대한 부정적 시각으로서 불량촌은 철거되어야 한다는 입장이다. 그리고 다른 하나는 개도국의 불량촌이 부정적인 면보다 긍정적인 역할을 수행하고 있다고 보고 철거보다는 그들의 주거지를 수용·인정해야 한다는 입장이 있다.

사실 많은 남미국가들과 아프리카, 동남아 개도국 정부들은 도시지역 무허가불량주택에 대하여 무관심하거나 방치해 둔 상태가 오랫동안 지속되었다. 그러나 1960년대부터 점차 관심을 보이면서 이들에 대한 재개발 및 주택정책적 수단을 동원하게 된다. 개도국도시들의 무허가불량주택에 대한 부정적 시각은 해당 도시정부나 중앙정부의 도시정책을 맡고 있는 관리들로부터 나타난다. 이들이 개도국 빈민의 무허가불량주택에 대한 부정적인 시각을 지니게 된 이유는 무허가불량촌이 지닌 문제점에서부터 출발한다.

이들이 지적한 무허가불량촌의 문제점은 다음과 같다.

① 국·공유지나 사유지에 무단불법침입하여 사용하고 있기 때문에 실정법을 위반하고 있으며 이를 묵과할 경우 사회질서확립이 어렵다.

② 불량촌의 주택은 기존의 건축법이나 도시계획 관련규정을 지키지 않는 불법·무허가주택들이다.

③ 무허가주거지이기 때문에 수도·도로·전기 등이 공급될 수 없고 이러한 사회적 서비스와 시설을 요구할 권리가 주어지지 않는다. 한편 이러한 서비스가 부족한 탓에 이들은 인근주택과 마을로부터 불법적으로 전기·수도 등을 사용하고 있다.

④ 주거지가 불량한 이유로 각종 질병이 만연할 우려가 있으며, 이는 도시 전체의 공중위생에 위협을 가져온다.

⑤ 불량촌은 인근 정상주택과 주거지에 영향을 줄 뿐 아니라 도시 전체의 주거환경과 도시환경의 악화를 초래한다.

⑥ 불량촌은 소년범죄의 증가, 비윤리적 형태를 조성할 환경을 지니고 있으며, 정치적으로 무관심하거나 정치성향이 좌익화할 수 있어 정치적 안정에도 도움이 되지 않는다.

⑦ 무허가불량주택은 생산적이지 못하고 도시미관을 해치는, 사회적으로 암적인 존재이다.[19]

---

19) ① A. Gilbert and J. Gugler, *op. cit.*, pp. 97~98.

이러한 이유를 들어 무허가불량주택은 합법성을 지니고 있지 못하며, 주거환경이 불량하여 철거의 대상이 된다는 점이다.

이에 반하여 많은 학자들은 개도국의 불량무허가주택이 정부에서 생각하고 있는 것처럼 비생산적, 도시미관을 해치는 암적인 존재가 아니고 오히려 도시발전과 사회발전의 필연적인 과정이요 긍정적인 면도 찾을 수 있다는 주장이 많다.

첫째, 도시무허가불량주택은 도시빈민들이 취할 수 있는 불가피한 주거형태이며, 이는 도시빈민 자신들의 잘못이나 불법성이라기보다 사회구조적 모순 때문에 연유된 것이라고 보고 있다. 앞에서도 지적한 바와 같이 이들이 대부분 농촌지역에서 밀려온 사람들인데 농촌은 이들의 소득창출의 기회를 제공하지 못했고, 도시지역 역시 소득증대의 기회가 매우 제한적이다. 결국 저소득과 실업 혹은 반실업의 상태에서 발생한 매우 자연적이고 자구적 주거형태라는 설명이다.

둘째, 정부에서 주장하는 이들의 주거지역과 주택이 일정수준 이하이고, 기존의 법질서를 위배하기 때문에 철거되어야 한다는 논리는 법이 지닌 모순과 주거적합성을 판단하는 기준설정 자체가 정부주도적 혹은 중산층의 편견에서 연유된 것이라 반박하고 있다. 대부분의 개도국 도시관련 법률이 도시화가 급격한 개도국 도시 현실을 무시한 법률들이며, 도시의 빈민들이 처한 주택 및 소득 수준을 고려하지 못한 서구 지향적 선진국 법률의 원용이라는 지적이 많다. 사회정의에 입각해서 생각해 보면 다수 도시저소득층을 위한 법률이라기보다 소수 중·고소득층에게 유리하도록 설정된 기준이라는 것이다.

셋째, 인간이 최소한 누려야 할 기초수요(basic needs)를 국가가 제대로 해결하지 못한 상태에서 불량성과 불법성을 들어 무허가불량주택은 철거되어야 하고 사회적 법질서에 반한다는 인식은 잘못되었다는 주장이다. 철거에 저항하는 생존권적 권리마저 정부가 방해하는 것은 국가가 취해야 할 국민의 기본적 권리를 보호하지 못하는 무능의 소치라는 것이다. 불법성 여부를 따지기 이전 최소한의 인간다운 삶을 영위하기 위한 수도·전기·도로 등은 무허가불량주택이라 해도 제공해 주어야 한다는 국가의 역할을 강조하고 있다.

넷째, 무허가불량주택의 주민을 무능력, 게으름, 범죄의 가능성을 들어 정책적으로 냉대하는 것은 불량촌에 대한 편견이다. 이러한 현상은 무허가불량촌만

---

② P. McAuslan, *op. cit.*, pp. 114~115.
③ T. McGee, "Urbanisation, Housing and Hawkers: the Context for Development," in H.S. Murison and J.P. Lea(ed.), *op. cit.*, p.13~21 참조.
④ Seong-Kyu Ha(ed.), *Housing Policy and Practice in Asia*, London: Croom Helm, 1987.

이 지니고 있는 특성이 아닌 현대자본주의사회 대도시지역의 일반적 특성이며, 루이스(Oscar Lewis)[20]류의 「빈곤문화(culture of poverty)」의 해석에서 출발한 것이다.

빈곤은 빈곤한 자의 결함에서 찾기보다 사회구조적 모순 속에서 찾아야 하고, 빈민들의 자기성취욕구의 기회가 주어지지 못한 데서 찾아야 한다는 주장이다.[21] 대부분의 빈민들은 자신의 주거문제를 해결하기 위해 자구적인 노력을 계속하고 있으며, 상향 이동을 위해 노력하는 사람들이 대부분이라고 한다.[22]

다섯째, 도시 무허가주택은 불법성과 불량성의 기준에서 파악될 것이 아니라 도시토지자본, 금융자본, 부동산자본 등의 이해가 상충되고, 정부정책을 통한 자본의 이해가 충족되는 결과로서 이해할 필요가 있다는 시각이 있다. 도시빈민들의 불량촌형성은 자본의 자기이해실현과정이다. 자본축적의 과정으로서 자본주의가 지닌 내적 모순에서 찾을 수밖에 없다는 신마르크스주의적 해석도 있다.[23]

여섯째, 개도국의 경우 소득의 불균형적 배분, 주택자원의 지역간, 계층간 불공정한 배분 등을 국가가 제대로 시정하지 못하는 모순 속에서 불량촌이 발생된 것이라는 견해도 있다. 이러한 주장은 자본주의의 소득불균형을 해소하는 복지정책이 미흡해서 도시빈민은 불량무허가정착지를 형성할 수밖에 없다는 논리이다. 소득이 불균형적으로 배분된 사회 속에서 재사회적 갈등관계와 도시빈민의 재생산메커니즘의 이해 없이 가시적으로 나타난 빈민들의 불량한 주택과 불법성을 들어 철거를 주장하고 냉대하는 것은 잘못이라는 지적이다.

상기 지적된 불량무허가주택발생의 필연성과 그들의 자구적 생존노력을 들어 철거재개발의 정부정책은 문제해결이라기보다 문제의 장소적 이전이나 미봉책에 불과하다는 점이다. McGee는 개도국의 주택정책은 ① 개도국의 소득배분과 전반적 도시화 경향의 이해 속에서 수행되어야 하고, ② 무허가불량주택이 저소득층의 인구를 현실적으로 수용하고 있다는 긍정적 시각에서 출발해야 하며, ③ 저소득층이 수용할 수 없는 높은 수준의 주택을 유지하게 하는 주택정책은 실효성이 없다고 주장한다.[24]

---

20) O. Lewis, "The Culture of Poverty," in Lewis, O.(ed.), *Anthropological Essays*, Random, 1970, pp. 67~80.

21) J. Perlman, *The Myth of Marginality: Urban Poverty and Politics in Rio de Janeiro*, University of California Press, 1976 참조.

22) J. F. C. Turner, *op. cit.* 참조.

23) ① R. Burgess, "The Politics of Urban Residence in Latin America," *IJURR*, Vol. 6, 1982 참조.
② M. Castells, *The Urban Question*, London: Edward Arnold, 1982 참조.

24) T. McGee, *op. cit.*, p. 21.

Ⅲ. 불량주택재개발의 유형

도시재개발(urban renewal)의 일반적 형태는 널리 알려진 바에 의하며 크게 세 가지로 구분된다.

첫째, 전면철거재개발(redevelopment)로서 기존의 불량화되거나 노후화된 물리적 구조물을 완전히 철거하고, 그 위치에 토지의 효율성을 극대화할 수 있는 시설물 혹은 신규주택으로 대체시키는 방법이다. 이 방법은 서구 선진국 대도시의 슬럼철거재개발(slum clearance)[25] 방식으로 1950년대와 1960년대 많이 활용된 방법 중의 하나이다. 개도국의 경우도 1970년대의 무허가불량주거지를 전면철거하고 현대식 고급주택을 건립하는 방식을 취하기도 하였다.

둘째, 수복 및 보전재개발(rehabilitation and conservation)로서 현재상태에서는 주거지역의 불량도와 노후도가 심하지 않으나 부분적으로 부적합요소가 나타날 때 부분적으로 이를 방지하기 위한 조치이다. 흔히 지구수복(rehabilitation)으로 불리워지는 재개발방식은 지구환경개선을 목표로 기존의 토지이용을 유지하면서 기존의 주택 등의 시설을 철거하지 않고 개축·보수하는 방법이다.

한편 이와 유사한 보전(conservation)재개발은 역사적, 문화적 가치를 지니고 있는 주택, 건축물 등의 불량화와 노후화를 예방하면서 수리·보호하는 방식이다.

셋째, 점진적 개량재개발(upgrading and improvement)은 주택의 불량·노후도가 악화된 상태에서 지구 내의 기존 물리적 구조를 크게 변화시키지 않은 채 주택의 물리적 수준을 향상시키고 필요한 공공시설물을 설치하는 방법이다. 이러한 방식은 기존의 지역사회를 붕괴하지 않는다는 원칙을 유지하면서 원주민이 그 곳에 계속적으로 거주하게 하는 목적이 있다. 점진적 재개발방법은 특히 개도국의 무허가불량주거지에 도시빈민들의 공동체를 해체하지 않고 원주민이 계속적으로 거주하게 할 수 있다는 점에서 매우 유용한 재개발방식이라는 평을 받고 있다.

재개발유형별 장단점의 대비는 〈표 20-3〉에 잘 나타나 있다. 선·후진국의 경험을 토대로 전면 철거재개발은 부정적 효과가 큰 것으로 나타나고 있다.

첫째, 철거재개발은 비록 불량주택이지만 도시 전체의 주택재고(housing stock) 측면에서 보면, 많은 수의 주택을 감소시키는 결과를 가져온다.

---

25) M. S. Gibson and M. J. Langstaff, *An Introduction to Urban Renewal*, London: Hutchinson, 1982, Ch. 2, pp. 18~49 참조.

둘째, 철거재개발은 일정기간 원주민의 이주·이동을 동반한다. 재개발사업의 진행이 지연될 경우 본래 거주하던 지역을 떠나야 하고 도시저소득층의 자생적 생활터전이 붕괴될 수밖에 없다.

셋째, 철거재개발은 대부분 불량촌에 현대식 주택을 건립하는 형태이므로 주택의 고급화·대형화로 인하여 도시빈민들의 경제수준을 넘어서는 주거환경의 급격한 변화를 가져온다. 결국 원주민인 도시빈민은 그 지역을 떠나게 되고 소득수준이 보다 높은 계층이 차지하게 된다. 원주민의 사회·경제·문화적인 속성을 고려하지 않고, 주택의 물리적 서비스수준만의 향상으로서는 원주민 현지 정

〈표 20-3〉 재개발유형별 특성 대비

	점진적 개량재개발	수복 및 보전재개발	전면철거재개발[1)]
특 징 및 장 점	– 도시영세민들의 기존생활터전의 유지 – 도시빈민촌 문화의 파괴방지 – 이주불편의 최소화 – 주택재고의 감소방지 – 원주민의 경제적 부담 경감	– 기존주거지자원의 이용 – 기존사회·경제적 삶의 패턴 유지 – 기존토지이용형태 유지 – 지역사회문화의 보전 – 자원손실의 최소화 – 주민과 지방정부와의 마찰을 최소화	– 전면적 지구개편 – 주거지정비 – 불량주택의 전면제거 – 도시미관의 확보 – 주민주도적 재개발 유도(합동재개발) – 시행주체의 경비부담을 최소화(잔여분분양)
정부의 역 할	– 각종민원의 최소화 – 도시서비스의 제공 – 해당지구 하부구조 개선 – 개량재개발 금융제도 마련 – 토지소유권의 점진적 해결 – 주거 최저기준 설정	– 수복·보전재개발지구지정 기준설정 – 건축물, 역사적 가치가 있는 장소의 보전책 – 도시서비스 확충 – 중고주택개량, 보전재개발 금융제도	– 시행주체, 조합구성 – 재개발금융제도 – 분쟁의 조정 – 공공용지부담 – 재개발지구지정
고려할 사 항	– 부분적 철거재개발 병행여부 – 시행주체(정부주도형, 민간주도형, 혼합형) – 주민의견수렴·참여 – 자조(self-help)적 주민조직과 참여	– 주민선호, 주민참여 – 시행주체 – 보전지구의 기준 – 환경영향평가	– 권리보상시 분쟁 – 세입자대책 – 지가·주택가격의 상승 – 투기·전매행위 방지 – 조합구성의 민주성 확보

주: 1) 서울시 합동재개발의 경우를 기준으로 하였음.

착이라는 목적달성은 어렵게 된다.

철거재개발은 전면적 지구개편을 통하여 불량 주거지를 정비할 수 있고, 도시미관의 확보와 토지이용의 효율화라는 장점을 지니고 있다. 그러나 철거재개발이 갖는 단점과 부정적 효과 때문에 점진적 개량재개발을 택하는 추세를 보이고 있다.[26] 〈표 20-3〉에서 보는 것처럼 점진적 개량재개발의 장점이 전면철거재개발의 단점을 보완한 것이라 생각된다.

26) 영국의 경우는 1960년대까지 주로 철거재개발을 시행하였는 바 여러 가지 문제점이 발생하여 이에 대한 반성이 1970년대에 대두되었다. 그래서 재개발방식이 지역사회중심의 점진적·종합적 방식으로 전환하게 된다. M. S. Gibson and M. J. Langstaff, *op. cit.*, Ch. 4 참조.

제21장 한국의 불량주택재개발

제 1 절 한국의 불량촌형성배경

우리 나라 불량촌형성배경에 관한 연구는 이미 다수의 논문을 통하여 밝혀지고 있다.[1] 여기서는 이해의 편의를 위하여 우리 나라 불량촌형성배경을 시대적으로 4단계로 구분하여 설명하도록 한다[2](〈표 21-1〉 참조).

〈표 21-1〉 불량촌형성의 시대적 특성

시 기	대표적 불량촌	특 성
일제식민지 (제 1 기)	토막민촌, 빈민굴	– 원시적 주택: 토굴, 움집 – 농촌에서 쫓겨난 영세농민 – 개천가, 산비탈 등의 부적합주거지에 정착
8·15 해방과 6·25 동란 이후 (제 2 기)	판자촌	– 무허가판자집 – 피난민, 이농민 등의 영세민, 저소득층 – 도심부나 국유지, 사유지의 무허가 입지 – 철거의 대상으로 도시외곽지로 밀려남.
1960~1980년대초 (제 3 기)	달동네, 산동네	– 불량주택으로서 주로 서울도심부 외곽지에 형성 – 이농민, 도시영세민 – 정착지 사업으로 인한 집단이주지 – 도시화의 영향
1980년대 초반 이후 (제 4 기)	벌집·닭장, 비닐하우스	– 셋방, 자취방 등의 벌집, 닭장 형태 – 재개발 등의 사업으로 쫓겨난 철거민 – 공단주변, 저소득 주거지역에 닭장과 벌집이 밀집, 비닐하우스는 도시주변 공터, 녹지, 개발제한구역에 형성

1) 대표적인 연구로서 ① 강만길,「토막민의 생활」, 일제시대 빈민생활사 연구, 창작사, 1987 ② 김형국·하성규 편,「불량주택재개발론」, 나남, 1998 ③ 정창무,「무허가불량주택에 관한 사적 고찰」, 서울대 대학원 석사논문, 1985 등이다.

2) 김형국은 한국의 불량촌 형성을 ① 제 1 세대로 한국불량촌의 원형: 토막민촌, ② 제 2 세대로 사회저변의 불량촌확산: 판자촌, ③ 제 3 세대로 도시화 후유증인 불량촌의 형성: 달동네로 구분하고 있으며 ; 정동익은 도시빈민의 형성을 ① 해방 이전시기: 토막민, ② 해방후부터 1960년까지: 판자촌, ③ 1960년부터 현재에 이르는 시기: 달동네, 산동네로 구분하였다. 김형국 편, 전게서, pp.26~32; 정동익,「도시빈민연구」, 아침, 1989, pp.43~47 참조.

Ⅰ. 일제식민지하의 토막민촌

우리 나라 불량촌의 제 1 기라고 명명할 수 있는 일제식민지 하의 토막민촌 혹은 토굴은 원시적인 영세민 주거형태이다. 이들의 주택은 주거서비스의 확보라기보다 인간이 최소한 삶을 영위하기 위한 은신처(shelter)의 기능뿐이었다. 대부분의 토막민들은 산비탈이나 개천가에 굴을 파거나 거적 등을 이용하여 지붕을 만든 집이었고 또한 이러한 주택이 집단으로 형성되었다.

토막민촌의 형성은 일제 때에 뚜렷하게 나타났고 그 절정을 이룬시기는 일제 말이었다. 1941 년 토막거주자는 37,020 인이며, 토막호수는 7,286 호였다고 알려지고 있다.[3] 이들 토막민은 일제의 식민지 정책의 결과로 농촌에서 쫓겨난 농민들과 도시지역에 살던 주민 중 파산하여 토막생활을 하는 사람들로 구분된다.[4] 대표적인 토막민 거주지역으로는 서울시 홍제동, 돈암동, 아현동 등 이었으며, 이 시기 토막민 거주지의 상당부분은 오늘날 무허가정착지의 전신을 이루고 있기도 한다.

당시 토막민이 형성될 수밖에 없었던 이유는 일제의 수탈적 농업정책이 가장 큰 이유 중의 하나다. 일제는 전근대적, 반봉건적 토지소유로서의 재편을 통해 식민지지주제도를 강화해 나갔다. 일제의 수탈방법은 주로 농업부문에서 식량과 원료를 수탈하는 데 있었으며 이에 따른 광범위한 이농민이 형성되었다. 이러한 농업부문의 수탈로 인해 농촌에서 쫓겨난 농민들은 도시로의 이주가 주류를 이루었고 이들이 정착한 곳이 바로 토막민촌이었다. 이들의 상당수가 만주를 비롯하여 해외로 이주하기도 하였고, 도시주변부의 최하층 임금노동자나 실업자로 전락하여 도시빈민의 주류를 형성하였는데 이들은 그 당시 정상주택에 거주한다는 것이 불가능하여 관유지나 사유지에 토막을 짓고 정착하게 된 것이다.

일제의 수탈에 따른 소작농의 몰락이 도시빈민의 누적을 가져왔고 이들의 생존을 위한 주거수단이 토막, 토굴이라는 사실에서 한국 빈민의 최초의 형성과정이라 평가된다.

---

3) ① 경성제대 위생조사부 편, 「토막민의 생활 · 위생」, 東京, 岩波書店, 1942 ② 장세훈, 「도시 무허가정착지 철거정비 정책에 관한 연구」, 서울대 대학원 석사학위논문, 1987, p.32 참조.

4) 강만길, 전게서, p.242.

Ⅱ. 8.15와 6.25 이후의 판자촌

해방 이후 해외에서 돌아온 귀환동포수는 일본에서 137만 9천명, 만주 및 기타 등지에서 41만 5천명 그리고 북한지역에서 74만명으로 총 253만 5천명이며, 그 중 50% 정도는 도시주변부에 정착하여 빈곤층을 형성한 것으로 간주되고 있다.[5] 한편 6.25동란으로 인하여 서울의 주택피해는 전체주택재고의 3할에 가까운 전소된 집 34,742호, 반소된 집 20,340호로서 서울의 주택사정은 악화일로에 있었다. 그리고 6.25전쟁 피난민들의 상당수가 일자리를 찾지 못하고 끼니를 해결하기 힘든 도시빈민으로 전락하게 되었다.

귀환한 동포의 다수와 6.25전쟁으로 인한 피난민 등의 도시정착의 주거형태가 판자집이었다. 이들의 임시거처로 대부분 폐기처분된 목재조각, 깡통 그리고 돌과 흙으로 주택을 만든 것이 판자집이라 불리워졌다. 판자집의 대부분이 도심주변 국·공유지를 무단점유하여 임시정착하게 되었고, 서울의 경우 청계천 주변, 용산 등지에 밀집하여 판자촌을 형성하게 되었다.

판자촌을 형성할 수밖에 없었던 당시의 상황은 8.15와 6.25라는 역사적 대변혁과 동란을 통해 도시로의 이입인구가 증가한 것도 이유 중의 하나이지만, 이들 유입된 인구를 수용할 만한 주택이 절대적으로 부족하였기 때문이다. 한편 이들은 소득이 낮아 정상주택을 구입·유지할 수 없을 뿐 아니라 끼니조차 해결하기 힘든 빈곤층이었다.

Ⅲ. 달동네·산동네

도시빈민들의 주거지역인 불량주거지역이 달동네·산동네라 불리워지기는 1970년대의 일이다. 달동네라는 말은 비교적 높은 지대에 자리잡고 있는 주거밀집지역으로 달이 잘 보인다는 뜻에서 붙여진 이름인 듯하다.[6] 산동네 역시 달동네와 유사한 의미로 도시지역의 산비탈이나 구릉지 등에 저소득층의 불량주택을 통칭하는 것으로 이해되고 있다.

이러한 달동네·산동네는 도심주변의 불량주택재개발사업으로 인해 도시 외곽지로 밀려나온 빈민들의 주거지로서 서울시 사당동 그리고 봉천동 산비탈에 밀집한 빈민주택이 대표적인 예라 할 수 있다. 서울의 달동네·산동네의 불량주

5) 정동익, 전게서, p.44.
6) 김형국·하성규, 전게서, p.29.

택은 1961년에 84,440동이었으나, 1970년에는 187,500동으로 급증하게 되었다. 특히 1970년대 달동네의 급성장은 몇 가지 점에서 그 배경을 찾을 수 있다.

첫째, 1960년대 초부터 시작된 경제개발 5개년계획으로 수출주도형 공업화가 추진되어 농업부문은 상대적으로 피폐하기 시작했으며, 대량의 이농현상으로 농촌 저소득층이 도시로 유입되었다. 이러한 이농현상은 농민의 부채급증, 부재지주의 증가 그리고 외국농축산물의 수입 등으로 농가의 몰락을 초래하게 되었고, 농촌에 남아 농사짓는 일이 소득향상과 인간다운 삶을 영위하기에 큰 어려움을 가지게 되었다. 특히 농업 이외의 산업이 발달하지 못한 호남·충청·강원 등지의 농민이 도시로 이주하는 경향이 1960년대 중반부터 뚜렷하게 나타났다. 이들이 도시로 이주하여 정착할 수 있는 곳은 정상주거지가 아닌 달동네·산동네였고 이러한 한계인구를 수용하는 데 달동네는 매우 중요한 주거안정적 역할을 수행하게 되었다.

1960년대 중반부터 연평균 약 60만명이 도시로 유입되었고, 이들을 수용할 만한 주택은 도시지역 무허가불량주택이 주종을 이루게 되었다. 또한 이들이 정착하게 되는 무허가불량촌도 도시중심부의 접근이 용이한 지역이 대부분을 차지하게 되었는데 재개발사업으로 점차 외곽으로 확산·이동하는 경향을 보이기도 했다.

둘째, 도시재개발정책의 영향으로 달동네·산동네는 형성될 수밖에 없는 누적적 인과관계를 찾을 수 있다. 예를 들어 청계천 등의 도심부에 가까운 판자촌의 영세민을 당시 도시외곽지인 사당동, 봉천동으로 집단이주시켜 시유지 5~10평을 임시적으로 점유하게 하여 불량촌의 장소적 이전이 발생되었다. 시기적으로 1961~1972년 사이 도시계획사업으로 인한 이주정착이 도심의 철거민들을 외곽지로 몰아내는 결과를 가져왔으며, 이들 이주정착지가 이후 산동네·달동네의 형성에 주류를 이루었다.

셋째, 도시의 가난한 사람들은 가도시화 현상으로 제대로 일자리를 찾지 못한 자들로서 도시 비공식 부문에 대부분 종사하게 된다. 이들의 소득으로는 정상주택을 구입·유지할 수 없을 뿐 아니라 만성적 빈곤과 실업의 상태에서 주거지역으로서의 달동네·산동네가 가장 적절한 장소가 되었다. 1960년대 초기에는 주로 한강변, 청계천, 중랑천 등의 하천변이나 동숭동 등의 산등성이가 주류를 이루는 불량촌이 철거정비사업으로 현재의 목동, 삼양동, 난곡, 봉천동 등으로 천막이나 움막형태의 초기 달동네를 형성하게 되었다. 이들 달동네 사람들은 인근시장이나 공사장의 날품팔이에서부터 가정부에 이르는 지극히 안정적이지 못한 시간제, 계절적인 취업구조로 빈곤계층의 비공식 부문이라는 도시경제와 연관을 지니고 있으며,

이들의 소득에 맞는 주거지역으로서 달동네는 큰 역할을 지니게 되었다.

Ⅳ. 닭장·벌집·비닐하우스

벌집·닭장이라는 뜻은 저임금 공원들의 자취방이나 셋방을 지칭하고 있다. 소득이 불규칙하거나 저임금으로 여러 명의 공원들이 한방에서 숙식을 해야 하기 때문에 마치 벌집이나 닭장 같은 주거환경을 연상하게 한다. 주로 2~3평 규모의 셋방이 한지붕 밑에 10~20개씩 벌집처럼 연결되어 있고, 화장실과 수도 등을 공동으로 사용하는 1980년대에 급격하게 발생한 새로운 불량촌의 한 형태이다. 특히 서울의 구로공단 주변에는 수많은 닭장이 산재해 있는데 주로 미혼 저임금 근로자들이 이용하는 셋방으로 취사시설, 욕실 등이 부족할 뿐만 아니라 겨울에는 주로 연탄을 사용한 난방구조로서 연탄가스중독사건도 종종 발생하기도 한다.7)

비닐하우스는 본래 고등소채나 화초 등을 재배하기 위한 시설이다. 그러나 1980년대 초반부터 재개발사업으로 철거된 세입자와 도시계획사업으로 밀려난 도시빈민들이 임시적 수단의 주거형태를 갖추고 살고 있는 집이기도 하다. 비닐하우스는 인근마을이나 주택으로부터 전기·수도 등을 연결하여 사용하고 있어 주거의 불편은 말할 것도 없고, 취학자녀를 가진 가구는 주민등록상 여러 가지 애로사항을 지니고 있다. 예를 들어 서초동·방배동의 비닐하우스에 거주하는 철거민은 주민등록이 대부분 친척·친구의 주소로 되어 있고, 대부분 남의 땅에 비닐하우스를 건립하였기에 항구적인 주택이 될 수 없다. 1990년 현재 서울시내 비닐하우스에 거주하는 사람은 2만여 세대(10만여 명)으로 추산된다고 한다.

제 2 절　한국 불량주택재개발의 역사적 변천

도시는 기술발달과 산업구조의 변화에 따라 성장과 쇠퇴의, 변화의 장소라 할 수 있다. 도시는 인간의 의도적 노력과 자연발생적 요인 등이 서로 상호작용하여 정치·사회·경제 등의 각종기능에 부합되도록 변화를 지속하고 있다. 과거의 도시공간구조와 개발패턴이 현재의 도시생활에 부적합할 경우 인간은 의도적 교정적 변화를 추구하게 된다.

7) ① 김형국·하성규, 전게서, pp.29~30 ② 동아일보, 1981. 1. 17, 1987. 3. 11 참조.

〈표 21-2〉 불량주택재개발정책 및 재개발 방식별 구분

시 기	구 분	특 징
① 1950~1965	전면철거 · 이주	– 국·공유지 불법무허가주택을 철거 · 이주시킴. 예: 서울시의 미아동, 번동, 상계동, 사당동, 오금동, 거여동, 가락동 등으로 이주.
② 1965~1972	불량촌정비 및 시민아파트 건립	– 불량촌철거정비와 함께 시민아파트 건립.
③ 1969~1972	대규모단지조성 및 집단이주	– 광주대단지조성, 불량촌주민집단이주.
④ 1967~1974	불량주택의 선별적 양성화	– 일정수준 이상의 불량주택의 양성화.
⑤ 1973~1982	주택개량 · 철거재개발	– 주민자력의 주택개량 및 철거재개발의 병행.
⑥ 1983년 이후	합동재개발	– 주민조합의 결성과 건설사업자의 참여로 불량주택재개발.
⑦ 1989년 이후	주거환경개선사업	– 주거환경개선을 위한 임시조치법에 근거. – 주민의 현지개량과 정부의 금융지원방식.
⑧ 2001~	주거환경개선사업	– 1단계: 주거환경개선사업기간동안 1조6천억원 재정 투입 – 2단계: 2조원의 재정지원이 계획
2002~	도시 및 주거환경정비법 제정	– 주거환경개선사업은 이 법에 편입되어 운영중

자료: 국토연구원, 주거환경개선사업의 원주민 재정착 제고방안 연구(배순석, 천현숙, 김승종), 2005.

도시토지이용의 비효율성, 도시주거환경의 악화, 교통난의 해결방안으로 도시재개발은 물리적 시설의 재개발이라는 목적과 함께 사회적 재개발이라는 다목적성을 지니고 있다. 우리 나라의 불량주택재개발이 어떤 "재개발방식"을 선택해 왔으며, 각기 다른 재개발방식의 특징과 문제점을 논의하는 것은 향후 재개발 정책수립에 큰 도움이 되리라 본다.

그 동안 우리 나라에서 행해진 불량주택재개발정책의 시대적 구분이 명확하지는 않지만 이해의 편의를 위해 8단계로 구분해 보도록 한다(〈표 21-2〉 참조).

Ⅰ. 한국 불량주택재개발의 방식과 정책내용

1. 전면철거 및 이주(1950~1965년)

8.15해방과 6.25동란 등 급격한 사회적 변혁기를 통해 발생한 무허가불량

주택은 주로 국·공유지에 많이 자리잡고 있었다. 이들은 불법적으로 국·공유지를 점유하고 불량주택을 건립하고 있어 도시계획법에 근거하여 철거의 대상이 되었다.

도시의 토지이용상 문제를 야기시킨다고 판단한 정부는 무허가불량주택을 철거하고 동시에 도심외곽지로 이주시키는 정책을 시도하였다. 당시 도심에서 가까운 지역인 미아동·번동·구로 등지로 집단이주시킨 가구는 약 3,229세대로, 세대당 8~10평의 대지를 제공하고 재정착시켰다. 한편 1963~1966년에도 공릉동·신정동·사당동·오금동·거여동 등지로 21,818가구를 이주시켰고, 이들은 주로 도심지에 거주한 불량무허가빈민들이 대부분을 차지하였다.[8] 이주된 주민들은 대부분 도심지에 일자리를 갖고 있었기 때문에 집단이주의 재개발 목적이 달성되기는 어려웠고, 집단이주의 지역들이 계속적으로 불량화되어 불량촌의 「장소적 이전」이라는 악순환을 계속하였다.

2. 불량촌 정비 및 시민아파트 건립(1965~1972년)

불량촌 주민의 상당수가 도심지로 다시 돌아오는 문제점[9]을 보완하고, 현지정착을 도모한 새로운 재개발의 방법이 시민아파트의 건립이었다. 이 정책은 주민들의 일자리, 교통문제 그리고 토지이용의 효율화 등을 고려하여 시정부가 시민아파트를 건립함으로써 불량촌 주민의 주거생활을 안정시킨다는 목적을 지니고 있었다.

불량촌 현지에 시민아파트를 건립하기 위해서는 불량주택을 철거해야 했고 도시빈민들의 시민아파트 입주를 위해 일정액의 융자금도 제공하는 주택금융적 정책도 따랐다. 이 사업은 시민아파트 2,000동을 건립할 계획을 가지고 도시빈민의 현지정착을 기대했지만, 1970년 이후 아파트 붕괴사고로 중단하게 되었다. 결국 426동 만을 건립하고, 계속적으로 시민아파트 사업을 진행할 수 없었다. 배경은 몇 가지로 요약해서 정리할 수 있다. 첫째, 고지대에 아파트를 건설했고 건물 자체의 졸속·부실공사 등 붕괴위험을 지닌 아파트 건설이었다.[10] 둘째, 입주자들의 대부분이 도시빈민이라 융자금상환능력의 부족과 함께 전매행위가 만연되었었다. 셋째, 시민아파트의 건설에 따른 관련 공무원의 부정·비리사실이

8) 철거이주된 가구의 통계는, 서울특별시, 「시정백서」, 1962, 1964의 것을 참고바람.
9) 시의 강제이주정착이라는 정책적 효과는 이주했던 빈민의 약 50% 이상이 다시 도심지역으로 재진입하는 문제점을 지니게 되었다. 서울시, 「주택백서」, 1978, pp.267~273 참조.
10) 당시 건립된 아파트 중 10동 이상이 부실공사로 인하여 1975년 이전에 철거되었고, 1984년까지 142동이 철거되었다.

밝혀졌고, 막대한 예산의 낭비 등 시민아파트 사업주체의 졸속행정 등을 들 수 있다.

3. 대규모단지조성 및 집단이주(1969~1972년)

시민아파트와 병행하여 시도된 재개발정책이 광주대단지이주정책이었다. 광주대단지조성사업은 당시 경기도 광주군(현 성남시)에 350만여 평(토지매입) 중 개발가능한 300만평에 총 278,000명의 불량촌 주민을 집단이주시킬 계획으로 사업을 추진하였다. 그러나 1971년 6월까지 114,860명이 이주하였으나 광주단지폭동사건을 계기로 이 사업은 중단되었다.

광주대단지조성과 집단이주정책이 실패로 끝난 배경은 첫째, 광주대단지에 이주한 대부분의 주민이 도심지에 일자리를 갖고 있어 분양권을 전매하고 다시 서울로 진입했다는 점이다.[11)]

둘째, 이주민을 위한 도시기반시설과 사회적 서비스를 제대로 적시에 공급하지 못해 생활에 불편을 초래했을 뿐 아니라 서울시가 약속한 사항들을 이행하지 못했다.

셋째, 개발투자를 촉진하기 위하여 토지투기와 전매행위가 조성되어 빈민들을 위한 단지조성이라기보다 투기자본의 진입이라는 문제점을 야기시켰다.

광주대단지조성사업은 서울시의 불량촌 주민을 집단으로 도시외곽지에 이주시키는 인구분산책과 도시빈민주거안정이라는 두 가지 목표를 지니고 있었다. 그러나 인구분산책으로서의 문제점은 도시하부시설이나 사회서비스의 공급 없이 대단위 주거단지를 조성함으로써 도시빈민의 수용이 불가능했다는 점이다. 주거단지로서의 「광주대단지」는 하나의 도시규모의 인구를 수용하기 때문에 주거단지가 아닌 신도시의 성격을 갖는다.[12)] 자조적 능력이 없는 서울시 도시빈민의 집단적 수용장소로서의 광주단지는 대도시 인구분산책으로는 처음부터 계획·발상에 문제를 지니고 있었다.

한편 도시빈민의 주거안정책으로서 도시외곽지의 집단이주 단지조성은 반실업상태의 도시빈민들이 일자리가 있는 서울로 재진입할 수밖에 없는 도시불량촌 주민의 사회·경제적 속성과 상황을 무시한 지극히 행정편의주의적 발상이었다는 점을 지적할 수 있다.

---

11) 약 80%의 철거이주민들은 택지분양증이나 분양지를 전매하고, 서울로 재이주하거나 광주군 외곽에 또다시 무허가정착지를 형성하였다. 장세훈, 전게논문, p.57.

12) 이후 광주단지는 "성남시"로 개명되어 경기도 관리 하의 행정구역으로 기형적 신도시가 탄생되었다.

4. 불량주택의 선별적 양성화(1967~1974년)

불량주택의 철거민에 대한 문제해결이 어렵다는 정부의 인식하에 1967년 서울시는 불량주택정비 및 양성화정책을 시도하였다. 이 정책은 현지주민의 불량주택개량·개축의 노력을 제도적으로 보장하고, 재개발사업에 주민의 적극적인 참여를 유도한다는 점에서 매우 효과적이라 할 수 있다. 1974년말 양성화사업의 추진실적으로 49개지구의 양성화대상 총 10,161동 중 9,154동이 개량되었다. 양성화사업대상의 무허가불량주택은 59%가 국유지, 18%가 시유지 그리고 23%의 주택이 사유지에 건립되어 있었다.[13]

불량무허가주택의 양성화정책은 불량주택의 물리적인 철거만으로는 본래의 재개발목표달성이 어렵다는 반성에서 나온 도시빈민 위주의 재개발정책이라 할 수 있다. 이 정책은 ① 현지주민의 사회·경제적 속성과 그들의 지역사회를 유지시킨다는 점, ② 불량무허가주택을 철거하지 않음으로써 도시 전체의 주택재고수를 감소시키지 않고, 기존주택재고를 활용한다는 점, 그리고 ③ 주민의 자조적 노력을 수용하고 정부가 필요한 도시하부시설을 제공한다는 점 등이 큰 의의를 지니고 있다. 그러나 몇 가지 보완조치의 미흡으로 양성화정책은 확대되지 못하였다.

① 양성화정책은 무허가불량주택의 국·공유지불하가 이루어지지 못한 상태에서는 사유권 행사가 불가능하기 때문에 한계를 지닐 수밖에 없었다. 즉 국·공유지의 합법적인 점유권이 주어지지 않으면 주민의 자조적 개량노력이 지속될 수 없었다.

② 양성화정책 대상지역에 거주하는 주민의 협동체적 자구노력의 영속적 조직화가 이루어지지 못했고, 양성화에 대한 여러 가지 제한조건들이 주민의 자조노력을 위축시킨 결과이다.

③ 양성화정책 대상지역인 불량촌의 대부분이 1970년대에 와서 다시 재개발 대상지구로 지정되는 악순환을 겪게 되었다.[14]

양성화 정책은 개별주택의 개량 및 외형적 환경개선에 치중한 결과 불량촌 전체지구의 계획적인 재개발을 어렵게 하였다. 이는 정부의 공공서비스 확충과 기반시설 등을 정상주거지와 동일한 수준으로 개량하지 못한 점도 큰 이유 중의

13) 서울시, 「주택백서」, 1970, p.272 참조.
14) 1973년 "주택개량촉진에 관한 임시조치법"에 의거 재개발지구 지정시 재개발대상구역으로 재지정되었다.

하나이다.

5. 주택개량 및 철거재개발(1973~1982년)

서울시는 1970년 불량무허가건물에 대한 조사를 다시 실시하여 이에 근거한 현지개량위주의 재개발사업을 추진하였다. 주택개량 재개발은 관리처분(환지처분)에 의한 주민의 자력개발방식을 대표적으로 들 수 있다. 이 방식은 서울시가 공공시설을 설치·제공하도록 하고, 주민들에게는 기존토지 등의 권리를 근거로 적정 감보율을 적용하여 환지된 택지에 자신의 주택을 건립하는 내용이다.

1973년 「주택개량촉진에 관한 임시조치법」의 시행을 계기로 서울시는 주택개량대상의 불량주택지구를 일괄지정하였는데, 종전 개량사업을 거쳤던 시민아파트단지, 양성화지구 그리고 현지개량시행지역도 다시 재개발지구로 지정하였다.

한편 임시조치법에 근거하여 재개발지구지정과 함께 불법건물에 합법성을 부여할 수 있는 법적 기틀을 마련하였다. 그리고 이 법은 불량무허가정착지를 재개발지구와 철거대상지역으로 구분함으로써[15] 개량재개발과 철거정책을 동시에 병행적으로 수행가능케 하였다.

현지개량사업이 활성화될 수 있었던 이유는 1975년 AID차관도입에 힘입어 공공시설투자비가 조성된 점을 들 수 있다. 주민은 차관융자로 국공유지를 구입하고, 국공유지에 주택개량융자비용과 자체 비용으로 주택을 개량·개축하고, 서울시는 토지매각이용형식으로 양여된 차관으로 공공시설설치비용 전액을 충당

〈표 21-3〉 서울시 주택개량촉진법상 불량주택지구지정현황

구 분	지구수	면 적 (만명)	주택동수 (천동)	국·공유지 점유비율(%)	비 고
1차지정 (1973. 12. 11)	196	446	125	58.9	
2차지정 (1975. 11. 13)	199	455	126	57.9	
3차지정 (1979. 4. 20)	227	597	150	33.9	법정절차 미 필

자료: 1) 서울시, 「주택백서」, 1978. 10, p. 279.
2) 서울시 재개발2과 내부자료 참조.

15) 서울시는 임시조치법에 따라 ① 1970년 6월 20일 이전에 건립된 건물 ② 20동 이상 집단화지구 ③ 해발 100m 이하의 주거지역 ④ 최소한 4m 이상의 소방도로시설 가능지역 ⑤ 도시계획상 용도변경이 가능한 지역을 재개발지구로 지정할 수 있도록 예규를 마련하고 또한 무허가 건물은 철거대상으로 하였다.

하는 방식이었다.[16] 그러나 AID차관이 중단되는 1982년부터 이 사업은 시행이 어렵게 되었다.

Ⅱ. 합동재개발

〈표 21-2〉에서 지적한 것처럼 1950년대 이후 정부는 다양한 불량주택재개발방식을 도입하여 시행하였다. 그 동안 실시된 재개발정책은 주로 불량무허가주택을 철거하고 도시외곽지로 이주시키는 방식을 채택하였으나, 빈민들이 이주정착한 도시외곽지와 그 주변은 다시 불량화되었다. 특히 1960년말 집단이주자들은 서울시의 불량촌을 외곽지로 확산시키는 결과를 초래하였고, 1980년대에 와서는 이 지역들이 주요한 도시빈민들의 주거지로 또다시 재개발의 대상이 되었다.

1984년부터 우리 나라 대도시의 불량주택재개발정책은 일대 전환기를 맞이하였다. 그 동안 도시빈민들의 도심지 국·공유지와 사유지를 무단점유하여 불법적으로 불량주택을 건립하는 행위는 당국의 계속된 단속과 철거작업으로 큰 효과를 거두게 되었다. 그러나 상당한 면적의 시외곽지 국·공유지에 도시빈민들이 정착하여 불량촌을 형성하고 있어, 도시의 공간적 확산에 따른 개발수요가 증대하였으며, 또 사유지화된 불량촌의 재개발 필요성이 정책적으로 대두되었다.

1. 합동재개발의 내용

합동재개발은 재개발대상지구 주민이 시행주체가 되어 참여사업자, 즉 건설업체를 선정하여 불량주택을 철거하고, 현대식 주택(대부분 아파트)을 건설하는 주민과 건설회사의 합동적 노력에 의한 주민주도적 재개발 방식이다(〈표 21-4〉 참조).

합동재개발의 세부지침을 보면 ; ① 합동재개발은 그 지역 주민조합이 시행주체이고, ② 조합은 재개발의 실시를 위해 참여사업자(건설업체)를 선정하며, ③ 건설업체는 이주보상금을 무이자 혹은 유이자로[17] 융자하고 주민 이주 후 기존주택을 철거한다(불법주택은 무보상 철거하고, 합법주택은 감정가에 의거, 보상 후

16) 장세훈, 전게서, p.91 참조; AID차관 주택개량 재개발사업의 내용은 변영진, 「불량무허가주택 재개발사업방식의 사회·경제적 평가」, 서울대 석사학위논문, 1985.

17) 1994년 10월 현재 이주융자금은 재개발구역에 따라 차이가 있지만, 무이자 5,000만원에 유이자 3,000만에 이르기도 한다. 이같이 이주융자금이 올라간 것은 건설업체간의 과당 수주경쟁의 결과이다.

〈표 21-4〉 합동재개발방식[1]의 특징

구 분	특 징
시 행 자	– 재개발조합(주민), – 민간주도형
개발방향, 목표	– 사업성 추구, – 주민의 주거안정, – 도시정비
건축형태, 규모	– 아파트·연립, – 국민주택초과 건축 40~50%
사 업 비	– 건축업체간 경쟁으로 사업비 절감, – 참여조합원의 조달
건 축 비	– 공동건축으로 건축비 절감, – 잔여분 분양으로 경비충당
세 금	– 양도세 등 7가지 면제
조 합 의 구 성	– 조합인가 신청요건으로 건물·토지소유자 2/3 이상의 동의
조 합 원 권 리	– 권리양도 가능, – 건축시설(아파트 등)의 분양신청권
사 업 시 행 방 법	– 조합원: 토지제공, – 참여조합원: 건축시설 등의 공사시공

주: 1) 합동재개발방식은 단위개발사업에 둘 이상의 개발주체가 개발의 권리를 공유하는 방식이다. 개발의 주체가 정부 또는 공공간의 합동재개발, 민간과 공공간의 합동재개발로 구분할 수 있다. 이중 민간간의 합동개발방식이 본 〈표 21-4〉에서 다루고자 하는 내용이다.

철거함). ④ 건설업체는 철거가구수의 1.5~2배 정도의 아파트를 지어 철거주민에게 분양한 후 잔여가구분을 일반분양하여 투자경비를 회수한다.[18]

보다 구체적인 합동재개발의 시행지침을 보면, 주택건립은 총세대수의 80% 이상을 전용면적 85m²(25.7평) 이하인 국민주택으로 하되, 특히 50%는 60m²(18평)를 초과할 수 없도록 규정하고 있다. 또 20%의 경우도 115m²(34.8평)를 넘지 못하도록 함으로써 소형아파트 건립을 유도하고 있다.[19] 또 20호 이상의 잔여세대는 전량 주택청약제도에 의해 분양하도록 되어 있으며, 분양가격은 건설교통부가 고시한 표준건축비에 따라 결정된다. 세입자(사업계획 고시 전 3개월 이상 거주한 무주택자)에게는 서울시 업무지침에 의거하여 23~33m²의 범위 내에서 재개발 임대주택을 공급하도록 하고 있다.[20]

재개발사업을 시행하기 위한 주민조합은 기존의 재개발대상지구의 기존주민의 참여를 전제로 하고, 또한 주민이 재개발시행주체가 된다는 점에서 큰 의의가 있다. 조합원 자격은 사업시행구역 내의 토지 또는 건축물의 소유자(이하 토지 등의 소유자)와 지상권자로 정하고, 토지 등의 소유자 2/3 이상의 동의를 얻어야 조합설립이 가능하다.

18) 서울시, 「합동재개발 세부시행지침」, 1992.

19) 서울시, 「합동재개발 업무지침」, 1994 참조. 건립평형은 1989년까지는 전용면적 45평까지 가능했으나, 대형아파트에 대한 비난 여론이 높아지자 그 규모를 규제했다.

20) 세입자대책은 1984년 이후 주요민원사항이 되어 왔으며, 이에 따라 세입자대책으로 1987년부터 방한칸 분양권을 지급했으나 세입자들에게 실질적인 도움이 되지 못하자 1989년부터는 공공임대주택 공급으로 정책이 바뀌었다. 그러나 공공임대주택공급을 위한 예산이 충분히 확보되지 않아 1995년 1월 현재 건립된 세입자용 공공임대주택은 1개 구역에 불과하다.

〈표 21-5〉 합동재개발시행단계별 구분과 내용

단계 및 절차	담당자(조합주민, 서울시)
1. 시행인가단계	
정관 및 사업시행계획서 작성	조 합
↓	
주민의 동의	토지 등의 소유자 2/3의 동의
↓	
건축심의	서울시
↓	
공람 및 의견청취	서울시→공람 공고, 의견채택여부 결정
↓	
시행인가	서울시
2. 관리처분계획인가단계	
분양신청	주 민
↓	
관리처분계획수립	조 합
↓	
공 람	조합 · 서울시→의견채택여부 결정
↓	
관리처분계획인가	서울시(국·공유지 관리청 의견청취)
3. 사업시행단계	
지장물철거	조 합
↓	
주택건립	조합 · 건설업체→공공시설공사
↓	
준공검사	서울시
↓	
공사 완료 공고	서울시
4. 분양처분단계	
확정측량	조합→지적공사
↓	
토지분할	〃
↓	
분양처분	시행자(조합)→시→건설부에 보고
↓	
청산 및 등기	〃
↓	
관계 서류 인가	〃

참여조합원인 건설업체는 사업비를 조달하여야 한다. 사업시행을 위한 자금은 참여조합원이 조달하는 자금 이외에, 조합원이 제공한 토지(국·공유지 포함),

〈표 21-6〉 주택재개발(Housing Redevelopment) 사업현황(2007년 12월 31일 기준)

구 분		구역수	시행면적(m^2)	철거대상(동)	건립가구(호)
계	계	661	32,880,362	232,459	539,788
	완 료	364	15,435,067	128,422	277,250
	시행중	132	8,185,646	56,861	128,891
	미시행	165	9,259,649	47,176	133,647
서울	계	448	20,174,847	164,577	370,058
	완 료	297	13,089,506	111,130	256,877
	시행중	82	4,737,293	38,961	72,918
	미시행	69	2,348,048	14,486	40,263
부산	계	131	8,292,583	42,912	103,395
	완 료	38	1,617,234	10,751	10,285
	시행중	38	2,799,662	14,682	44,422
	미시행	55	3,875,687	17,479	48,688
대구	계	20	377,316	3,435	5,150
	완 료	18	310,895	3,000	3,882
	시행중	—	—	—	—
	미시행	2	66,421	435	1,268
인천	계	7	312,118	2,146	6,535
	완 료	2	72,301	732	1,394
	시행중	4	162,016	1,100	3,779
	미시행	1	77,801	314	1,362
광주	계	11	644,011	5,315	10,780
	완 료	1	35,139	389	658
	시행중	—	—	—	—
	미시행	10	608,872	4,926	10,122
대전	계	8	420,967	1,744	6,514
	완 료	—	—	—	—
	시행중	2	104,886	510	1,791
	미시행	6	316,081	1,234	4,723
울산	계	3	715,115	2,708	6,843
	완 료	—	—	—	—
	시행중	—	—	—	—
	미시행	3	715,115	2,708	6,843
경기	계	7	549,682	1,266	9,389
	완 료	1	32,650	116	900
	시행중	4	227,982	1,015	3,639
	미시행	2	289,050	135	4,850

강원	계	3	133,310	636	2,390
	완 료	1	18,271	155	587
	시행중	1	65,611	227	932
	미시행	1	49,428	254	871
충남	계	6	321,368	1,084	5,166
	완 료	—	—	—	—
	시행중	1	88,196	366	1,410
	미시행	5	233,172	718	3,756
전북	계	6	289,942	1,768	3,284
	완 료	4	183,625	1,054	1,751
	시행중	—	—	—	—
	미시행	2	106,317	714	1,533
경남	계	11	649,103	4,868	10,284
	완 료	2	75,446	1,095	916
	시행중	—	—	—	—
	미시행	9	573,657	3,773	9,368

자료: 국토해양부 주택토지실 주택정비과.

조합원의 부담금 등에 기초하여 조달된다.

시행절차는 〈표 21-5〉에서 나타난 바와 같이 크게 4단계로 구분되고, 이는 주로 시행에 따른 법적 절차를 기준으로 ① 시행인가단계, ② 관리처분계획인가단계, ③ 사업시행단계, 그리고 ④ 분양처분단계로 나누어진다.

2. 합동재개발실적

불량주택재개발사업은 〈표 21-6〉에서 나타난 바와 같이 서울·부산 등 대도시를 중심으로 시행되고 있다. 도시별 주택재개발현황을 보면 재개발구역 지정면에서 서울이 전체의 67.8%를 차지하는 448개 지구이며, 면적으로는 전체의 61.4%를 점하고 있다. 특히 서울, 부산, 두 도시가 전체주택재개발지구지정의 87.6%를 차지하여 대도시에 집중적인 불량주택재개발지정의 특징을 알 수 있다.

합동재개발사업은 1983년부터 시행되었는데, 서울시의 경우 2009년 9월 현재 208개 지구가 완료되었고 시행중인 지구가 78개 지구이다. 가구수로는 253,613가구분이 합동재개발로 건립되었거나 건립중에 있다(〈표 21-7〉 참조).

서울시 합동재개발의 토지현황으로서 완료지구의 경우 국·공유지가 43.5%이고 시행 중인 지구가 42%로서 평균 43%이다. 한편 합동재개발지구의 주택허가 유무를 보면 무허가주택이 약 76.6%를 차지하고 나머지는 허가를 받은 유허

〈표 21-7〉 서울시 재개발사업의 시행방법별 현황(2009년 9월)

구 분	계				합동재개발				자력재개발			
	구역수	면적 (m²)	정비건물(동)	건립세대수	구역수	면적 (m²)	정비건물(동)	건립세대수	구역수	면적 (m²)	정비건물(동)	건립세대수
계	419	17,624,698	139,143	321,675	349	11,642,683.2	114,751	296,500	70	3,404,313	24,392	25,175
완 료	270	11,295,596	95,782	220,071	208	8,672,690	77,866	201,591	62	2,622,906	17,916	18,480
시행중	86	3,751,400	26,345	58,717	78	2,969,993	19,869	52,022	8	781,407	6,476	6,695
미시행	63	2,577,702	17,016	42,887	63	–	17,016	42,887	–	–	–	–

자료: 서울특별시 주택국 주택재개발 통계자료(2009. 9월말 기준).

가주택으로 나타났다. 한편 합동재개발로 건립된 주택의 평균규모(1993년 현재)는 한 가구당 31.6평으로 국민주택규모를 상회하고 있음을 알 수 있다.

3. 합동재개발의 평가

합동재개발사업의 평가는 합동재개발에 참여하거나 영향을 직접적으로 받는 사람과 기관의 역할속에서 찾을 수 있다. 합동재개발사업에 영향을 주거나 받는 사람과 기관은 ① 가옥주(원주민), ② 세입자, ③ 일반분양자, ④ 서울시(국가), 그리고 ⑤ 참여조합원인 건설업체로 나누어진다. 이들 5개 집단의 참여역할과 개발수익의 분배는 〈그림 21-1〉에서 설명되고 있다.

〈그림 21-1〉 합동재개발 참여자의 역할과 개발수익

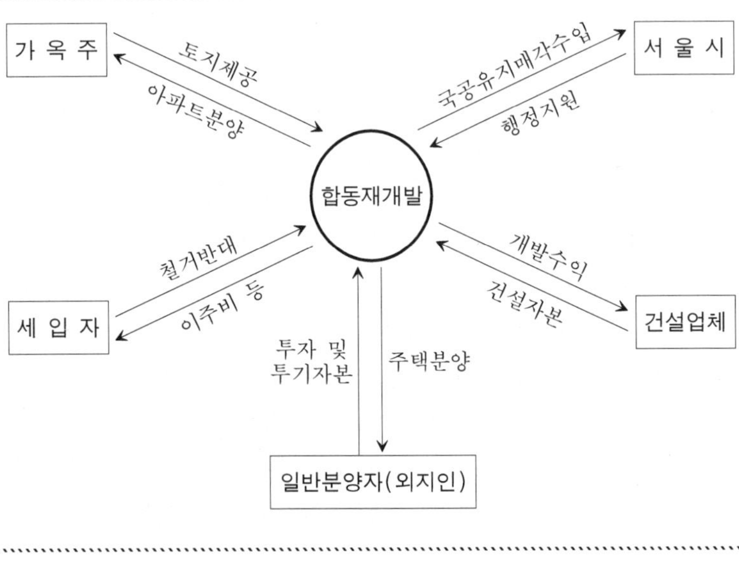

(1) 가 옥 주

토지소유자나 건물소유자는 합동재개발을 통해 경제적으로 상당한 이익을 얻는다. 이들은 재개발 시행시 건설업자로부터 수천만원에 이르는 융자가 주어지고, 재개발이 완료된 후 아파트를 분양받게 되어 주거서비스가 향상될 뿐 아니라 토지소유지분에 대해 분양받는 아파트가 시장가격으로 환산하면 큰 경제적 이득을 가져온다. 왜냐하면 전매차액을 얻고 매각할 수 있을 뿐 아니라 서울시내의 신규아파트공급이 제한된 상태에서 아파트 가격이 계속적으로 상승하기 때문이다.

(2) 건설업체

참여조합원인 건설업체는 사업비를 조달해야 하는 경제적 부담을 안고 있지만, 조합원에 할당된 아파트분을 제외한 잔여분을 일반분양할 수 있으므로 사업비 조달이 보장된다. 서울시의 경우 신규아파트를 건설할 수 있는 택지가 제한되어 있는 상태인데, 재개발사업에 참여하여 재개발사업이 순조롭게 진행될 경우 충분한 개발수익이 보장된 사업이 된다. 그리고 1980년대에는 해외건설경기의 부진으로 인한 유휴노동력과 장비의 활용으로 건설회사 자체의 운영에도 도움을 준다.

(3) 서 울 시

서울시는 그 동안 관주도적 재개발사업으로 인한 비난을 합동재개발이라는 방식을 통해 외형상 민간주도의 재개발사업으로 전환시켰다. 아울러 주민조합구성원 2/3 이상의 주민동의를 전제로 한 주민자율적 사업에 기초하여 불량촌의 제거와 도시미관을 확보할 수 있게 되었다. 그리고 불하되지 못한 상태의 국·공유지를 재개발사업을 통해 불하함으로써 국·공유지 매각수입과 함께 수세확보에 도움이 되었다. 그 동안 무허가건물에 재산세가 면제되었으나 새로운 아파트를 건설함으로써 막대한 재정수입을 확보할 수 있는 수세원을 얻게 되었다. 특히 1986년 아시안게임과 1988년 올림픽잔치를 위해 불량화된 주거지역을 합동재개발사업을 통해 쉽게 정비할 수 있었다. 경찰력의 동원없이 불량주택을 철거하게 되고, 조합원들의 협조로 최소한의 행정력만으로 도시정비가 가능하게 된 것이다.

(4) 일반분양자와 외지인

일반분양자에게는 합동재개발사업에서 건축된 아파트의 조합원 몫을 제외한 잔여분의 분양이 가능하다. 물론 재개발아파트에의 당첨이 높은 경쟁률을 보이고 있긴 하나 신규아파트가 대량으로 공급되지 않은 서울주택시장의 특성하에서는 일반분양자에게는 큰 혜택이라 할 수 있다. 그리고 분양가격과 시장가격간 큰 차이가 발생하기 때문에 분양당첨 그 자체가 큰 수익을 가져오는 결과이다.

일반분양자 이외에 상당수 외지인이 원조합원의 입주권(분양권 딱지)을 매입하여 조합원의 자격이 부여되는 경우[21]에 합동재개발을 통한 재개발지구 원주민 이외의 외지인이 얻는 수익은 엄청난 것이라 판단된다. 이는 합동재개발을 통하여 아파트 투기의 기회를 제공한 결과이며, 부동산 투기자본의 재개발지구 유입이라는 문제점을 가져왔다.

(5) 세 입 자

합동재개발지구 세입자는 재개발조합원의 자격이 부여되지 않기 때문에 재개발정책대상에서 제외될 뿐만 아니라 타지역으로 주거이동을 강요받아 왔다. 특히 재개발사업시행(공기단축)을 빨리 진행하기 위해 세입자의 강제철거방법이 동원되기 때문에 조합측과 심한 갈등과 마찰을 유발하기도 하였다.

세입자들은 재개발지구에서 타지역으로 주거이동할 경우 세입자들이 거주했던 재개발지역만큼 값싼 임대료로 살 수 있는 주택을 찾기 힘들다. 재개발주변지역은 재개발사업으로 인해 임대료가 상승하게 되고, 빈민들이 살 수 있는 집이 재개발로 철거되기 때문에 이들의 소득수준으로 임차할 수 있는 주택재고가 급격히 감소하게 된다.

물론 합동재개발사업시행지구 내의 세입자를 위한 조치[22]들이 취해지긴 했으나 그들의 생존권적 철거반대투쟁은 점차 조직화되고 종교·사회단체들의 외부적 지원으로 집단적 저항운동이 심화되었다.[23] 세입자를 중심으로한 철거반대

21) 조합원은 입주권을 1회에 한하여 양도할 수 있으나 현지의 조사결과 입주권은 수없이 전매되고 있었다. 동작구 사당4구역의 경우 전체무허가주택이 1,800동이었음에도 2,404번이나 명의이전이 일어났으며, 1988년 10월 4,500만원이었던 무허가주택이 1년 사이에 1억2천만원으로 오르기도 했다. 1995년 초에도 사정은 비슷해서, 8평 무허가주택이 1억원 가까이에 거래되고 있는 실정이다.

22) 앞서 설명한 바와 같이 현행 합동재개발에서는 세입자들이 공공임대주택 입주권이나 3개월간 주거대책비(1995년 4월 현재 3인 가족기준으로 약 300만원 정도) 중에서 대책을 택일할 수 있다. 하지만 실제로는 공공임대주택이 적기에 건립되지 않고 있고, 설령 건립한다 하더라도 주택철거 후 입주하기까지 약 3년간의 임시거주대책이 없어 계속해서 민원을 야기하고 있다.

23) 세입자 자신들의 자생적인 단체로서 「세입자대책위원회」 등이 있으며, 이들이 연대한 「전국철거민연합회」와 「주거권 실현을 위한 국민연합」이 전국적인 연결망을 가지고 있다. 그리고 사회·종교단체들의 지원은 주로 「천주교도시빈민회」, 「천주교빈민사목위원회」, 「기독교도시빈민선교협의회」 그리고 일부 서울소재대학의 「학생회」 및 「도시빈민운동단체」 등이다.

운동 등의 도시빈민운동이 합동재개발을 통해 상대적 역량을 강화했고, 여타 사회세력들과의 연대를 모색하는 토대가 되기도 하였다는 지적도 있다.[24)]

한편 합동재개발지구의 세입자 법적 지위에 대하여 현행의 보상체계 아래에서는 도시재개발을 반대할 권리가 있다고 보는 견해가 있다. 황인철, 유남영 두 변호사는 "세입자들이 종전처럼 살아갈 수 있도록 정당한 보상이 행해지지 않는다면 그러한 도시재개발사업은 사회국가이념을 표방하고 있는 현행 헌법 아래에서 위헌성의 문제를 제기할 수 있다"고 하고, 생존권적 철거반대운동은 당연히 헌법적 정당성을 획득하고 있다는 주장이다.[25)]

Ⅲ. 주거환경개선사업

1. 주거환경개선사업 배경

주거환경개선사업은 1989년 "도시저소득주민의 주거환경개선을 위한 임시조치법"(이하 주거환경개선법으로 약칭)에 근거하고 있다. 주거환경개선사업이 왜 생겨나게 되었는가를 논의하려면 근거법인 주거환경개선법의 발생배경을 밝히는 것부터 출발해야 한다.

주거환경개선법은 합동재개발방식이 지닌 문제점을 보완하고 재개발의 부작용을 최소화할 수 있는 점진적인 재개발방식이라는 점에서 큰 의의를 지닌다. 입법과정을 보면 국회건설위원회에서 민정당이 발의한(1988년 11월 7일) "도시저소득주민의 주거환경개선을 위한 임시조치법"의 원안을 폐기하고, 1989년 3월 2일 4당(黨) 합의로 같은 이름의 수정안을 건설위원회안으로 제안하였다. 1989년 4월 1일 동법이 제정되었고, 1989년 8월 10일 "동법시행령"을 공포, 시행하게 되었으며, 이 법은 1999년 12월 31일까지 그 효력을 가지는 한시법으로 되어 있다.

2. 주거환경개선사업의 주요내용

주거환경개선법 제1조에 "도시의 저소득주민 밀집지역의 주거환경개선을 위하여 필요한 사항을 정함으로써 도시의 저소득주민의 복지증진과 도시환경개선에 이바지함을 목적으로 한다"라고 되어 있다.

이러한 목적은 도시불량촌지역 저소득주민의 복지증진이라는 '사회정책 내지

24) 장세훈, 전게서, p.129 참조.
25) 황인철·유남영, "빈민들의 주거형편에 대한 법적지위: 도시재개발과 세입자의 권리," 김형국, 전게서, pp.337~338.

사회복지적'인 목표와 주거환경을 개선하겠다는 '주택정책' 및 '도시정책'의 복합적 목표를 담고 있다. 주거환경개선법은 지난 날의 재개발방식이 지닌 문제점을 시정하고, 저소득주민의 복리증진이라는 사회정책적 목표까지를 포함하고 있어 도시재개발정책의 발전된 모습이라 생각된다. 보다 구체적으로 기존의 도시재개발법과 주거환경개선법의 중요한 차이를 〈표 21-8〉을 통해 살펴보도록 한다.

종전의 합동재개발방식과 대비하여 주거환경개선사업이 지닌 장점은: 첫째, 저소득층의 주거안정을 위하여 재개발사업이 주민의 복리증진이라는 정책목표를 담고 있음은 종전의 물리적 주택재개발방식에서 진일보한 면을 찾을 수 있다.

둘째, 재개발사업비를 국고 또는 국민주택기금에서 조달가능하도록 하여 재개발사업시 투자비용의 부담에 따른 상업성 위주의 재개발을 어느 정도 예방할 수 있다는 점이다.

셋째, 주거환경개선사업시 현지개량방식을 취할 경우 주민은 주택을 개량하고 지방자치단체는 공공시설정비를 담당하게 되어 현지주민의 경제적 부담을 덜어주는 효과를 기대할 수 있다.

넷째, 현지개량방식은 이론적으로는 원주민이 해당 지구에서 계속 거주하게 되므로 지역공동체를 유지할 수 있다는 장점이 있다. 이는 전면철거재개발이 가져오는 빈민지역사회붕괴 등의 사회적 충격의 최소화를 기대할 수 있다.

다섯째, 위에서 언급된 사항과 연관되는 것으로서 현지주민의 정착과 공동체의 유지를 통해 세입자들의 강제철거의 충격과 주거불안을 어느 정도 막을 수 있다. 이는 합동재개발과 같은 전면철거재개발에서 나타나는 '세입자-집주인'간의 갈등을 상당부문 막을 수 있다.

여섯째, 주거환경개선사업은 법적으로 시장 등이 시행한다(법 제7조)로 되어 있어 저소득 주거환경개선사업을 공공적 성격이 강한 사업으로 규정하고 있다. 저소득층의 주거안정에 공공기관이 개입되는 주거복지정책적인 접근을 지향하고 있음을 보여준다.

일곱째, 재개발사업시 주민의 범위에 세입자를 포함(제4조 2항)시키고 있음은 종전의 합동재개발시 세입자의 배제와는 큰 대조를 이룬다. 한편 세입자에게는 공공임대주택의 입주자격을 부여하고 있다.

3. 주거환경개선사업의 추진실태

서울시의 경우 107개 지구가 주거환경개선사업지구로 지정되었고, 이 중 사업이 시행중인 곳은 59개로 알려져 있다. 전국적으로는 2007년 말 현재 1,041지

〈표 21-8〉 도시및주거환경정비법 시행에 따른 제도변화

구 분	제정 전			도시환경정비사업
	재건축사업	재개발사업	주거환경개선사업	
기본계획	없음	도시재개발기본 계획 대상: 인구 100만	없음	도시·주거환경기본 계획 대상: 인구 50만(도시계획절차)
구역지정	없음	재개발구역 절차: 도시계획	주거환경개선구역 절차: 도시계획 조건: 소유자 2/3 및 세입자 1/2 동의	정비구역지정 절차: 도시계획 조건: 기본계획 범위 이내
시행주체	조합+시공회사	조합+시공회사	공공기관+개인	토지소유자, 조합, 시장·군수, 주택공사, 지방공사, 토지공사 등 다원화
추진 위원회	주민임의운용	주민임의운영	없음	설립된 소유자의 1/2의 동의, 시장·군수의 승인
안전진단	시·군·구청장이 실시여부판단	없음	없음	시·군·구청장이 실시여부판단, 시·도지사 사전평가
조합설립 조건	전체소유자의 80%, 동별소유자의 2/3	소유자의 2/3 이상 동의	없음	소유자의 80% 이상 동의
사업인가 조건	없음	토지면적 2/3 이상 소유자 2/3 이상 동의	없음	토지면적의 2/3 이상과 소유자의 80% 이상 동의
관리처분 계획	주민임의운영	분양신청 30~60일 이내	없음	분양신청 30~60일 이내 통일
청산	주민임의운영	분양처분 후 청산금 지급 및 징수	없음	관리처분계획 인가 후 청산금의 분할징수 및 지급

자료: 이윤상 "도시및주거환경정비법 시행과 공공부문의 과제,"「토지연구」제14집 제1호(2003년 봄호), p. 129.

구가 지정되었고, 사업이 완료된 지구수는 518지구이다(〈표 21-9〉).

주거환경개선사업은 현지개량방식과 공동주택방식으로 분류되며, 경우에 따라서는 양방법이 혼용되기도 한다. 각각의 방식을 어떤 지구에 적용하느냐의 판

〈표 21-9〉 주거환경개선사업 추진현황

1) 연도별

(단위: 천호)

연도별	'89~95	'96	'97	'98	'99	'00	'01	'02	'03	'04	'05	'06	'07	계
지구지정	361	45	55	51	60	13	49	131	42	3	4	144	83	1,041
주택수	109.2	7.0	9.1	14.7	12.8	2.1	7.5	34.2	8.7	0.5	0.8	58.8	24.1	289.5

2) 지역별

(단위: 천호)

구 분	지구지정		사업시행		사업완료	
	지구수	주택수	지구수	주택수	지구수	주택수
총계	1,041	289.5	424	130.0	518	131.2
서 울	107	37.2	59	21.0	46	16.0
부 산	140	46.5	132	44.7	8	1.8
대 구	66	21.1	44	17.1	21	3.8
인 천	59	21.7	7	7.5	48	10.2
광 주	59	18.6	23	7.0	35	11.4
대 전	46	14.5	22	4.8	18	5.8
울 산	5	3.2	3	2.5	2	0.7
경 기	72	18.1	7	3.4	60	12.0
강 원	48	11.4	10	2.5	29	7.2
충 북	41	5.4	–	–	38	4.9
충 남	43	5.1	10	0.9	14	2.2
전 북	67	15.5	24	3.4	35	8.3
전 남	134	33.8	30	4.8	69	22.5
경 북	54	10.4	27	5.5	27	4.6
경 남	69	23.9	17	3.9	45	17.7
제 주	32	3.1	9	1.0	23	2.1

주: 2007. 12. 31 현재.
자료: 국토해양부 주택업무편람(2008).

단은 엄격한 기준이나 판단근거가 마련되어 있지 못하다. 서울시는 조례 7조에서 토지건축물소유자 총수의 2/3 이상이 공동주택사업을 원하는 지구이거나 또는 국공유지가 있는 지역으로 건축물의 전면철거가 필요한 지구에서 공동주택방식을 채택하도록 하고 있다.

부산시에서는 현지개량방식을 도로사정이 양호하고 건물의 재건축으로 주거환경개선의 효과가 있다고 판단되는 경우에 채택하고, 공동주택방식은 도로가 미로형이고 불규칙·협소하거나 경사가 심한 경우에 채택하도록 하고 있다. 광주시에서도 유사한 기준을 채택하고 있는 것으로 알려져 있다.[26]

26) 국토개발연구원, 「주택재개발 활성화방안연구」, 1991, p. 55.

제 3 절 불량주택재개발의 문제점

Ⅰ. 재개발목표

재개발사업은 도시관리적 관점, 주택정책적 관점 그리고 사회정책적 관점이 동시에 고려되어야 한다. 현행 도시재개발법은 주로 도시의 물리적 수준을 향상시키거나 노후 불량주택 및 주거환경을 개선한다는 것이 주된 목표이다. 주거환경개선법은 저소득층주거지역의 주거환경개선과 복지증진을 목적으로 하고 있으나, 불량한 주거지역에 거주하고 있는 주민의 경제적, 사회적인 면을 깊이 있게 고려하지 못하는 문제점을 지니고 있다.

불량주거지역의 주택만 개량하거나 주거환경만을 개선하는 것으로 도시저소득층의 사회경제적 안정을 도모하기란 어렵다. 그래서 불량주거지역의 재개발은 그 곳에 거주하는 주민의 사회경제적인 수준, 상황, 공동체의 특성 등을 파악하는 기초자료가 필요하며, 동시 재개발의 목표는 주거환경개선과 동시 주민의 사회경제적 안정이라는 목표를 동시에 충족하도록 해야 한다. 이러한 재개발목표의 재설정없이 불량주택의 개량방식이나 주거환경개선을 위한 기술적인 접근방식을 아무리 논의해 보아도 한계를 지니게 된다.

이미 도시불량주거지역재개발의 경험이 많은 영국과 미국의 경우를 보면 단순히 주택 혹은 주거환경이라는 물리적 도시재개발이 아닌 사회재개발정책(a social renewal policy)이라는 관점에서 재개발사업을 시행하고 있다. 영국의 경우 불량주거지재개발을 계획할 때는 반드시 해당도시의 고용구조, 산업구조, 인구구조 그리고 가구특성과 경제적 능력 등을 고려하여 재개발대상지 저소득주민의 사회경제적 상황과 연계하여 주택 및 주거환경을 개선하는 방식을 취한다.[27] 미국 역시 대도시 슬럼지구 재개발시에는 재개발지구 주민의 실업수준 및 고용(취업)상태, 자녀교육, 범죄율, 문화적 특성(종교, 인종 등)을 고려하여 이러한 사회경제적 조건에 맞는 재개발프로그램을 개발하도록 한다.[28] 불량주택재개발이란 주택이라는 물리적 환경과 그 속에 살아가는 사람들의 공동체적 특성과 경제·사회적 조건들을 고려한 프로그램을 개발할 수 있도록 재개발목표가 재정립되어야 한다.

---

27) D.M. Muchnick, *Urban Renewal in Liverpool*, London: Bell and Sons, 1970, p.14.

28) W.M. Rohe and L.B. Gates, *Planning with Neighborhoods*, Chapel Hill: University of North Carolina Press, 1985, p.33.

종전의 재개발법에 비하여 주거환경개선법은 저소득주민의 복리증진이라는 정책목표를 담고 있으나 시행상 본래의 취지를 충분히 살리지 못하는 한계를 노출하고 있다.

Ⅱ. 재개발방식의 결정

주거환경개선사업의 경우 재개발방식은 두 가지로 분류된다. 하나는 현지개량방식이고 다른 하나는 공동주택방식이다. 이 두 가지 방식은 그 결정기준이 분명하지 않을 뿐 아니라 공동주택방식은 종전의 합동재개발방식과 크게 다를 바 없는 방식으로 이해된다.

공동주택방식과 현지개발방식의 적용기준은 다음과 같다. 공동주택방식은 ① 주민들이 원할 경우, ② 국공유지 비율이 높은 곳, ③ 경사도 10% 이상, ④ 가로가 불규칙적인 미로형이며 도로폭이 협소, 그리고 ⑤ 영세필지(15평 이하) 비율이 높은 지역이다.

한편 현지개량방식은 ① 주민들이 원할 경우, ② 사유지 비율이 높은 곳, ③ 평지, 경사도 10% 이하, ④ 격자형 도로망이 갖춰지고, 도로폭이 2m 이상인 곳, 그리고 ⑤ 15평 이상 필지비율이 높은 지역이다. 이러한 방식의 결정은 자치단체업무관행으로 처리되고 있다.

합동재개발방식을 채택한 재개발지구의 대부분이 위에서 언급된 공동주택방식 5가지 요건을 지닌 지역들이었다. 이러한 관점에서 보면 주거환경개선사업은 크게 달라진 것이 없는 방식이다. 공동주택방식과 현지개발방식의 가장 큰 차이점은 국공유지 및 사유지비율이 어느 정도인가에 달려 있다 해도 과언이 아니다. 예를 들어 국공유지비율이 낮은 곳은 자연적으로 현지개량방식을 그리고 사유지비율이 낮은 곳은 공동주택방식을 취하는 결과이다. 아울러 공동주택방식의 경우 원가옥주 재입주시 소요비용이 오히려 합동재개발보다 높은 것으로 알려져 원주민의 부담이 가중되고 있다.

Ⅲ. 구역지정기준

현행 재개발법에서는 도심지 재개발구역과 주택개량재개발구역 지정요건이 구분없이 시행되고 있다. 건설교통부 업무지침에 따라 이를 분리해서 정의하고 있으나 문제점을 지니고 있다. 불량주택과 불량주거지역이라 할 때 '불량'에 대한 법적 기준이 모호하다. 그리고 저소득주민을 위한 주거환경개선법 역시 지구 지정에 있어 분명하지 못한 점은 마찬가지다. 주거환경개선법 시행령 제4조 제1항을 보면 "철거민을 50세대 이상 수용하거나 인구밀도가 1,000m^2당 300인 이상인 지역"의 경우 "철거민"에 대한 분명한 정의와 한계가 나와 있지 않다. 그리고 "대상지역의 면적이 2,000m^2 이상인 지역"의 경우도 면적이 이 기준에 못 미치면 해당사항이 없어 주거환경개선사업을 추진하기가 어렵게 되어 있다.

이러한 구역지정과 불량주택 및 불량주거지역을 판정할 수 있는 기준의 모호성 및 비합리성과 함께 해당주민의 사회경제적 여건은 전혀 고려되지 못하는 점이 문제점으로 지적된다. 거주민에 관한 사항, 즉 사람에 관한 사항과 사람들의 경제사회적 여건을 고려하지 못하고 물리적 불량노후도와 합법성 여부를 중심으로 된 현행 도시재개발지구지정은 개선되어야 한다.

Ⅳ. 국공유지(國公有地) 처리

도시내의 주거지개발가능지가 거의 소진되거나 개발의 여지가 제한된 대도시(특히 서울시)의 경우 정부가 소유한 땅은 도시관리적 측면에서 그리고 주택정책적 측면에서 매우 중요한 역할을 기대할 수 있다. 전국토에 대한 국공유지의 비율이 높은 국가들로는 이스라엘(85.6%), 싱가포르(80.8%), 대만(69.4%), 스웨덴 등을 들 수 있다. 이들 국가가 전반적으로 주택문제를 안정적으로 풀어나가는 배경은 정부소유의 땅이 많다는 점이 공통적인 특징이다.

우리 나라는 1992년 현재 전국토에 대한 국공유지의 비율이 19.7%로서 국공유지가 비교적 적다고 알려진 미국(32.7%)이나 일본(23.7%)의 수준에도 못미치고 있다. 특히 도시지역은 집 지을 땅이 부족한 현실에서 재개발지구의 국공유지를 불하하는 것을 원칙으로 제도화되어 있음은 많은 문제점과 아울러 미래 도시관리 및 주택정책을 더욱 어렵게 하는 것이라 생각된다.

서울시의 경우 1993년 1월 현재 재개발구역의 국공유지 비율을 보면 재개발완료된 구역이 평균 49.2%, 사업중인 구역이 66.9% 그리고 미시행구역은 50.9%로서 서울시 전체 재개발구역의 국공유지 평균은 54.9%를 차지하고 있다.[29)]

물론 재개발사업지구의 국공유지를 점유자에게 시장가격 이하로 불하하고 있다는 점도 지적될 수 있지만 재개발지구의 국공유지 불하는 재고되어야 한다.

29) 서울시 주택개량과, 1993.

합동재개발의 경우 사업시행인가와 동시 $165m^2$를 초과하지 않는 범위에서 점유하고 있는 면적을 점유자에게 불하하고 있다. 주거환경개선사업에서는 주거환경개선계획이 고시된 날로부터 지구 내의 국공유지는 종전의 용도가 폐지되어 사업시행자에게 무상으로 양여된다(법 제11조 11항). 사업시행자에게 양여된 토지의 사용 또는 처분으로 인한 수입은 주거환경개선사업 이외의 용도로는 사용할 수 없도록 용도가 제한되어 있다. 그러나 주민의 입장에서 보면 결과적으로 국공유지를 소유하게 되는 사실 자체에는 변함이 없다.[30)]

대부분 재개발재원은 국공유지 매각을 통해 조달되고 있는 것이 지방정부의 현실이다. 국공유지를 매각하지 않고 재개발의 공공적 성격을 유지할 수 있도록 하는 재원의 확보는 중앙정부로부터의 재정지원이 전제되어야 한다. 아울러 지방정부도 도시계획세 10%를 재개발재원으로 사용하도록 하는 규정을 준수하여 재개발재원의 확충에 노력이 따라야 한다.

V. 주민참여방식

주거환경개선사업시 주민참여에 관한 조항은 동법 제4조 2항과 제6조에 근거하고 있다. 주거환경개선지구의 지정을 위해서는 기준일 현재 당해 지역 안의 토지 또는 건축물 소유자 총수의 각각 2/3 이상의 동의와 기준일 현재 당해 지역 안에 3월 이상 거주하고 있는 세입자 세대주 총수의 1/2 이상의 동의를 얻어야 한다. 다만 시장 등이 당해 지역 안에 세입자를 위한 주택의 건설공급이 불가능하다고 판단되는 경우와 당해 지역 안의 세입자 세대주 총수가 토지 또는 건축물을 소유하고 있는 자 총수의 1/2 미만일 경우에는 그러하지 아니한다. 그리고 시장 등이 주거환경개선계획의 수립 또는 변경에 관하여 주민의 의견을 청취하고자 할 때에는 당해 지역에서 발간되는 일간신문에 1회 이상 공고하고 7일 이상 관계서류 및 도면을 당해 주민에게 공람시켜야 하며, 공고된 주거환경개선계획의 내용에 대해 의견이 있는 자는 공람기일 내에 시장 등에 의견서를 제출할 수 있다.

이러한 주민참여의 제도적 절차나 방식은 이론적으로 큰 문제가 없어 보인다. 그러나 현실적으로 재개발지구의 주민참여가 제대로 잘 이루어지느냐 하는 문제점과 아울러 참여가 얼마나 반영되고 있느냐를 생각해 보아야 한다. 한 조

30) 「불량주택정비사업제도개선 및 법개정방안」, 천주교서울대교구 도시빈민사목위원회, 도시빈민연구소, 1994. 1, p. 29.

사 보고서에 의하면, 재개발지구 주민의 50% 이상이 '진행되는 사업에 대해 잘 모른다'고 하며, 공람이나 공청회 등에 참여한 경우는 5%에도 미치지 못한다고 한다.[31] 이들 주민들의 참여가 제대로 잘 이루어 지지 않는 것은 주민의 대부분이 맞벌이 부부, 막노동자 등으로 참여가 불가능한 경우가 많다. 그리고 재개발조합의 경우 지난 날의 경험으로 보아 주민들로부터 불신을 받는 등 주민대표(조합임원 등)와 조합원간의 갈등이 심화되고 있다. 그리고 세입자의 동의를 필요로 하고 있으나 실제 예외 규정의 적용 등 주민참여가 잘 이루어진다고 보기 힘들다. 진정 주민중심의 불량주택재개발사업이 되려면 주민의 의사를 반영할 수 있는 보다 구체적인 방안들을 강구할 필요가 있다.

Ⅵ. 공공임대주택의 건립

지난 날 재개발사업의 갈등은 세입자대책의 미흡에서 비롯되었다고 해도 과언이 아니다. 다행히 세입자에 대한 다양한 조치들이 취해지고 있으며, 초기 합동재개발사업시 보였던 세입자무대책과는 진일보한 면을 발견할 수 있다(〈표 21-10〉 참조). 주거환경개선사업의 경우 세입자용으로 정부는 임대주택을 공급하

〈표 21-10〉 세입자대책의 변화추이

연 도	내 용
1970~1980년대초	- 세입자대책이 없었음
1985	- 합동재개발지구 세입자에게 아파트 방한칸 입주권 또는 주거대책비 지급
1986. 11. 29.	- 공공사업시행으로 철거되는 건물의 세입자에게 가족수에 따라 2개월분의 주거대책비 지급(공공용지의 취득 및 손실보상에 관한 특별 시행규칙)
1987. 6. 1	- 재개발구역내 소형아파트 방 1칸 분양권 또는 2개월분의 주거대책비 중 택일(서울시 주택개량재개발사업 업무지침)
1989. 1. 24.	- 주거대책비 2개월분에서 3개월분으로 증액(서울시 주택개량재개발사업 업무지침)
1989. 5. 1.	- 세입자용 공공임대주택 입주권 또는 주거대책비 중 택일(서울시 주택개량재개발사업 업무지침)

31) 상게서 참조.

도록 되어 있다.[32)]

문제는 주거환경개선사업시 공동주택방식의 경우 영구임대주택의 건립이 일정규모 이하의 지역은 시장·군수 재량에 해당함으로 건립되지 않을 경우도 있다. 그리고 공공영구임대주택은 정부재정을 필요로 하기 때문에 적기에 재정지원이 어려워 건립에 차질을 빚고 있는 지구도 많다. 아울러 공공임대주택재원의 확보가 매우 어려움을 겪고 있음을 감안하면, 제도적으로는 저소득주민, 특히 세입자들을 위한다는 공공임대주택이 '종이위의 계획'으로 전락될 가능성이 매우 크다.

제 4 절 불량주택재개발사업의 발전방향

Ⅰ. 법 체계의 정비

"도시저소득주민의 주거환경개선을 위한 임시조치법"에 근거하여 시행되는 주거환경개선사업은 동 법이 지닌 한시적 효력(1999년까지) 때문에 많은 문제점을 내포하고 있다. 현 상태에서는 1999년 이후에 주거환경개선사업이 자동적으로 불가능하다는 해석이 가능해지며, 아울러 도시저소득주민의 주거환경개선사업이 일정기간만(10년간) 시행되고 중단되어야 하는 것인지 등 많은 의문점을 지닌다.

이는 주거환경개선법이 제정될 당시 충분한 검토와 연구가 미진한 상태에서 법이 만들어졌다는 사실을 짐작할 수 있으며, 기존의 도시재개발 관련법과의 연계성 그리고 장래 도시불량주택재개발의 정책방향 등이 정립되지 못한 상태에서 임시방편적 한시법으로 탄생되었기 때문이다.

주거환경개선사업이 담고 있는 긍정적인 사항을 유지발전시키며 동 법이 지닌 문제점을 보완하기 위하여 다음과 같이 발전적 대안을 제안한다.

첫째, 기존의 도시재개발 관련 법을 전면적으로 재검토하고 중복되거나 구분이 분명하지 않은 부분을 통합 혹은 분리시키는 작업이 요구된다.

둘째, 현행 도시재개발법에 근거한 합동재개발과 임시조치법에 근거한 주거

32) 현재 합동재개발구역은 영구임대주택의 공급규정이 '서울시 업무지침'에 의거하고 있다. 그래서 서울이 아닌 다른 도시에서는 지침이 없다는 이유로 세입자용 영구임대주택을 회피하는 경우가 많다. 또 영구임대주택건립재원에 관하여 중앙정부가 책임을 지지 않는 결과를 낳고 있어 세입자용 임대주택은 그 실효성이 문제가 있다고 판단된다.

환경개선사업의 대상구역지정기준 등이 불명확하여 두 개의 법률이 거의 동일한 사항을 취급하는 모순과 비합리성을 시정해야 한다.

셋째, 이를 위하여 현행 '도시재개발법'과 '도시저소득주민의 주거환경개선을 위한 임시조치법'을 통합하는 방법을 취하되, 성격이 다른 도심재개발사항은 불량주거지재개발과 분리시킬 필요가 있다. 도심재개발사업은 그 성격상 도시의 토지이용 효율화와 도시기능의 고려 등 도시계획 및 도시관리적 차원에서 접근되어야 하며, 불량주택재개발사업은 해당지구 주민의 사회·경제적 사항, 국공유지의 점유, 공공주택정책과의 연계 등으로 큰 차이를 보이고 있기 때문이다.

Ⅱ. 새로운 법의 특징과 내용

재개발, 재건축, 주거환경개선사업은 유사한 노후불량주택을 대상으로 하는 정비사업임에도 불구하고 3개의 서로 다른 법령에 의해 사업이 추진되어 왔다. 특히 산업화, 도시화 과정에서 대량공급된 주택들이 노후화됨에 따라 이들을 체계적이고 효율적으로 정비할 필요성이 커지고 있으나 현행 재개발사업, 재건축사업 및 주거환경개선사업이 각각 개별법으로 규정되어 이에 관한 제도적 뒷받침이 미흡하므로, 이를 보완한 단일통합법을 제정, 2003년 7월 1일부터 시행하게 된 것이다.

이에 따라 도시 및 주거환경정비사업의 통합 및 종합관리로 선계획-후개발에 입각한 도시관리를 도모하고자 하였으며, 조합운영의 전문성 및 조합권익의 보호를 강화하였으며, 특히 재건축사업은 주택정책적 측면에서, 도시계획적 차원에서 관리가 가능하게 된 것이다.

도시 및 주거환경정비법의 주요내용은 특별시장, 광역시장 또는 시장은 주거환경개선사업, 주택재개발사업, 주택재건축사업 및 도시환경정비사업의 기본방향, 계획기간, 개략적인 정비구역의 범위 등의 내용이 포함되어 있는 도시주거환경정비기본계획을 수립하도록 하였다.

아울러 시·도지사는 시장 등의 신청에 의하여 도시계획절차에 따라 정비구역을 지정할 수 있도록 하고, 정비구역지정신청시 건폐율-용적률계획 등 정비계획을 함께 수립하도록 하며, 정비계획이 수립된 경우에는 국토의계획및이용에관한법률에 의한 지구단위계획이 수립된 것으로 보도록 하였다.

또한 주택재개발사업 및 주택건축사업의 시공사는 사업시행인가 이후 경쟁입찰을 통하여 선정하도록 함으로써 시공사의 재정비사업 조기참여로 야기되던 부작용을 최소화하였으며, 정비사업에 참여하는 시공사에게 시공보증을 의무적으로 받도록 하여 시공사부도시 조합원의 피해를 최소화하도록 하였다. 더불어 정비사업의 추진위원회를 제도화하여 조합의 설립 등 사업추진준비를 하도록 하고, 그 역할을 명확히 규정하여 사업추진과 관련된 분쟁 및 비리요인을 제거하도록 하였다.

그리고 조합의 정관 및 관리처분계획에 정비사업비와 조합원의 부담비용 등 사업시행과 관련된 사항을 구체적으로 명시하여 조합과 시공사 간의 분쟁을 예방하도록 하였다. 또한 시행령을 통해 정비구역이 아닌 구역에서 재건축사업은 아파트 및 연립주택만 가능하고, 단독주택재건축은 300세대 또는 1만 제곱미터 이상의 규모를 갖추어 정비구역으로 지정되어야 할 수 있도록 하였다. 따라서 체계적 도시관리는 물론 향후 추진될 사업의 용적률을 사전에 예측가능하도록 하였다.

이에 더하여 정비사업을 위탁받거나 자문할 수 있는 정비사업전문관리제도를 도입하여 조합의 비전문성을 보완하고 효율적인 사업추진을 도모하였으며, 정비사업전문관리자로 등록하기 위해서는 법인은 5억 원, 개인은 10억 원의 자본금과 건축사, 도시계획기술사, 감정평가사 등으로 일정요건을 갖춘 기술인력을 5인 이상 갖추도록 하였다.

Ⅲ. 최저주거기준의 활용

우리 나라는 2000년 9월 최저주거기준을 설정하였다. 건설교통부가 제안한 이 기준은 면적, 시설 및 구조 성능 환경 등 세개 부문별로 인간정주의 하한 기준을 설정한 것이다. 침실·부엌·화장실·수납공간 등을 합한 최적주거면적으로는 2인가구는 6.1평, 3인은 8.8평, 4인은 11.2평, 5인은 12.4평 등이 제시되었다. 그리고 5세가 넘는 자녀는 부부 침실과 별도로 방을, 만 8세 이상 이성자녀는 각각 방을 쓰는 것 등을 기준으로 삼았다.

국민최저주거기준이 설정됨으로써 ① 우리 나라의 전반적 국민주거수준을 파악할 수 있으며, ② 불량주택재개발 등 재개발사업을 위한 준거를 마련하고, ③ 공공주택의 공급 등 국가주택정책의 방향설정에 도움을 주며 그리고 ④ 국민주거안정을 위한 재정계획 등의 장기계획의 수립에 큰 도움을 준다. 그래서 불량주택재개발제도개선과 관련하여 하루속히 정부는 국민최저주거기준을 설정해야 한다. 2000년 현재 최저주거기준 이하의 가구는 총 330만 가구로서 전체 가구수의 23%를 차지하고 있다.

참고로 이웃 일본은 국민의 '최저주거기준'은 물론 '평균주거수준' 그리고 앞으로 어느 수준까지 향상되어야 한다는 '유도주거수준'까지 설정하여 주택정책과 재개발정책을 펴고 있다.

Ⅳ. 재개발재정의 확충과 사회재개발적 노력

저소득층 주거지의 불량주택재개발사업은 공공적 성격을 지니고 있기에 정부의 지원, 투자 등이 반드시 따라야 한다. 현행 제도하에서는 대부분의 재개발 관련 재정을 지방정부가 조달하는 형태를 취하기 때문에 재정능력이 취약한 도시정부는 불량주거지재개발을 효율적으로 시행하기 힘들다.

예를 들어 불량주거지의 법정 영세민과 이와 비슷한 저소득주민들에게는 단순히 주택만을 개량하거나 주거지환경의 개선만으로 생활안정은 한계를 지닌다. 이들을 위한 접근은 사회복지적, 사회정책적인 관점 그리고 공공주택정책적 관점 등이 연계되어야 한다. 이미 서구에서 불량촌 재개발은 단순히 주택 등의 물리적 수준향상만으로는 한계가 있음을 경험하여 사회재개발(social renewal)적 성격의 사업을 동시에 전개하고 있다. 예를 들어 안정된 취업확보를 위한 직업훈련의 실시, 재개발지구에 아파트형 공장건립으로 취업알선, 자녀교육관련 지원책 마련 그리고 다양한 사회교육의 실시 등이 이루어지고 있다. 장소의 재개발과 함께 주민들의 사회경제적 그리고 문화적 속성의 파악과 이에 관련된 프로그램의 실시가 요구된다.

참고로 일본의 재개발사업은 정부의 재정투자가 매우 큰 비중을 차지하고 있다. 일본 키타큐슈시의 재개발사업에 있어 시정부의 재정투자비중은 전체 재개발소요비용 중 정부분담률이 60% 이상을 차지하고 있어 재개발정책에 있어 시사하는 바가 크다.[33]

Ⅴ. 재개발자문단의 구성

불량주거지재개발은 다양한 이해갈등이 존재하고 있다. 세입자와 집주인, 조합과 주민, 건설회사와 주민, 조합과 지방정부 사이에는 이해와 협조보다는 불신과 불협화음이 지속되고 있다. 이러한 갈등과 분쟁이 지속되고 있음에도 불구하고 이를 조정해결하는 기구나 제도적 장치가 미흡하여 문제를 더욱 복잡하게

33) City of Kitakyushu, *Urban Planning in Kitakyushu City*, 1993 참조.

하고 있다. 그래서 가칭 재개발자문단을 구성해야 함을 강조한다. 이 자문단은 전문가, 주민대표, 정부의 관련 공무원, 시민단체, 법조인 등으로 구성하여, 다양한 분쟁을 조정하고 일정한 법적 권한도 부여되도록 해야 할 것이다.

Ⅵ. 합리적 토지이용방안의 모색

도시토지이용의 효율성이란 지가(地價)가 상대적으로 높은 곳은 토지를 가능한 집약적, 고밀도로 이용하고, 반대의 경우는 토지이용이 저밀도 혹은 여유있게 이용하는 것이 일반적인 경향이다. 그러나 우리 나라 대도시, 특히 서울의 경우는 재개발사업으로 인한 토지이용은 이러한 일반적인 패턴과는 정반대의 토지이용이 이루어지고 있음을 발견할 수 있다.

예를 들어 소위 달동네·산동네라 불리는 불량주거지의 재개발은 이러한 토지이용의 효율성 측면에서 많은 문제점을 내포하고 있다. 고지대(高地帶) 불량주거지는 거의 대부분 15층 이상의 아파트로 재개발되기 때문에 토지가격이 상대적으로 싼 산비탈 고지대는 밀도가 높게 재개발되고 있으며, 산아래 평지인 대로변에는 지가가 월등히 높은 곳인데도 불구하고 고지대 비해 저밀도로 이용되고 있다는 점이다. 이러한 현상은 서울시의 대부분 불량주거지재개발지구(예, 사당동, 봉천동 등)에서 잘 나타나고 있다. 한편 고지대에 고밀도의 고층아파트가 건립됨으로 해서 도시 전체의 경관 등의 문제도 야기되며 아울러 도시토지의 효율적 이용이라는 측면에서 재개발의 기법, 주택형태, 지구지정 등을 통한 세심한 배려가 요망되고 있다. 불량촌이 입지한 지형적, 입지적 여건과 주변의 토지이용의 특성을 고려한 다양한 주택의 형태 및 개발기법이 동원되어야 한다.

제 5 부

한국주택정책의 발전방향

제22장 : 한국의 주택정책과 이념적 논의

제1절 문제의 제기

주택정책은 이데올로기적 속성을 지니고 있다. 선진자본주의 국가들의 경험에 비추어 보면, 시장경제는 자원의 최적배분과 경제적 능률성을 제고시킬 수 있지만, 독점, 차별, 공공재의 부족, 소득의 불평등과 같은 시장의 실패를 보여준다. 따라서 오늘날 정부는 자원의 효율적 배분과 소득의 재분배를 위해 시장경제활동에 적극 개입하고 있다. 주택시장에 있어 정부개입과 간섭은 보편화된 현상이고 역사적으로 보면 소위 자유-개입주의(liberal-interventionism)적 파라다임이 1940년부터 자본주의 주택정책에 자리잡기 시작하였다.[1)]

왜 국가는 주택시장에 개입해야 하고 어떤방식으로 개입해야 하느냐는 주택정책의 가장 본질적인 질문이고 이는 「이데올로기」적 논의를 필연적으로 수반하게 된다.

우리 나라의 경우 그 동안 극단적인 「냉전이데올로기」가 전횡됨으로써 주택정책에 대한 이데올로기적 논쟁은 물론 논의조차 거의 없었다. 물론 1980년대 이후 진보적인 입장을 취하는 소장 연구자집단들에 의해 이러한 이데올로기 논의에 대한 금기는 상당히 극복되고 있으나, 아직도 소위 「제도권 학계」에서는 정부의 정책은 물론이고 연구자들 내부에서의 이데올로기적 비판은 일종의 「금단의 영역」으로 취급되고 있는 것이 현실이다.[2)]

---

1) M. Ball, M. Harloe and M. Martens, *Housing and Social Change in Europe and the USA*, London: Routledge, 1990, p. 8.

2) 예를 들어 한 주택연구자는 영구임대주택의 실시과정에 대해 "외국에서 그처럼 사회주의적이라는 비난이 들끓었는데 우리 나라에서는 영구임대주택이 사회주의적 이라는 반론이 한번도 제기된 적이 없다"고 하며 의아할 정도로 조용하게 진행되는 이상한 상황을 지적하고 있다.
유재현, "영구임대주택의 전망과 과제," 「주택금융」, 제115호, 한국주택은행, 1990년 1월, p. 11.

이러한 사정은 본 장에서[3] 정리해 보고자 하는 한국주택정책의 성격과 주택에 대한 시장개입을 둘러싸고 나타나는 주택연구자들의 학문적 입장에 관해서도 마찬가지이다. 특히 사회정책이 시장에 대한 국가개입을 전제로 하는 것이기 때문에 국가의 시장개입을 둘러싼 연구자들의 시각의 차이는 매우 클 수밖에 없으며, 사회정책의 영역에 포함시킬 수 있는 주택정책 역시 예외일 수는 없을 것이다.

최근 주택정책영역에서 주택시장에 대한 정부개입의 범위에 관하여 주택연구자들의 입장의 차이를 감지할 수 있는 논의가 진행되고 있는 것을 볼 수 있다. 예를 들어 본격적인 논쟁으로 나아가고 있지는 않지만 우리 나라에서 1980년 말부터 실시된 영구임대주택에 대한 주택연구자들의 논의와 이에 대한 이데올로기적 논쟁의 필요성에 대한 문제제기에서,[4] 그리고 정치경제학적 입장에서 우리 나라의 주택문제와 주택정책을 분석하는 일련의 그룹에서[5] 주택정책에 대한 이데올로기적 논의와 논쟁의 가능성을 엿볼 수 있다.

주택정책을 포함한 사회정책에 대한 이념적, 혹은 이론적 논의가 필요한 이유는 "사회정책이 운영되는 사회, 경제, 정치체제의 분석이 선행되지 않으면 사회정책의 본질과 기능을 전혀 이해할 수 없다"[6]는 가장 본질적이고, 학문적인 이유와 더불어 국가가 특정정책수단을 사용했을 때 거기에서 파생되는 파급효과를 미리 예견함으로써 정책의 역기능적인 파급효과를 최소화 할 수 있다는데 있다.

본장의 목적은 주택정책의 영역에서 이념적 혹은 이론적 논의가 기존의 주택정책을 평가하고 올바른 주택정책의 방향을 정립하는데 상당한 도움이 된다는 전제하에 기존의 주택정책연구자들의 주장을 검토함으로써 주택정책에서의 이데올로기적 논의의 중요성을 부각시켜 보고자 하는 의도이다.

---

3) 하성규·김연명, "한국의 주택정책과 이데올로기," 「국토계획」, 제26권 제 1 호, 1991 참조.
4) ① 하성규, "정부의 역할과 공공임대주택공급: 영국의 공공임대주택을 중심으로," 「주택금융」, 제19권 2 호, 1986; 하성규, "사회주택정책의 이론적 논의," 「환경과학」, 제 1 집, 1989, pp.33~56.
② 유재현, 앞의 논문.
5) 예를 들어 민족민주운동연구소가 펴낸 「주택문제의 인식과 대안」, 논장, 1990 그리고 「경제와 사회」 이론과 실천, 1990에 특집으로 마련된 '한국사회의 토지, 주택문제'에 실린 최병두 이외의 5편의 논문을 볼 것.
6) Vic George & Paul Wilding, *Ideology and Social Welfare*, London: R.K.P., 1976, p.1.

제 2 절 주택정책의 이념적 모형

이 절에서는 주택에 대한 정부개입의 논리와 그 특징을 시장모델, 사회민주주의모델 그리고 사회주의모델로 나누어 살펴보기로 한다.

자본주의체제에서의 정부의 시장간섭은 오늘날 전세계적인 현상이 되었다. 특히 일반 재화에 비해 주택만큼 많은 시장간섭을 받는 재화도 드물다. 토지나 주택에 관한 법령을 비롯하여 다양한 세법 및 행정규제 등 직접·간접의 정부개입과 시장간섭이 존재한다. 따라서 순수한 의미에서 주택시장에 대한 정부개입이 완전히 배제된 「자유방임주의적 주택정책」은 존재하지 않는다고 할 수 있다. 다만, 각국마다 주택시장에 대한 개입의 정도가 차이가 날 따름이다.

Lansley에 의하면 여러 나라에서 일반적으로 행해지는 주택부문에서의 정부개입이란 크게 세 가지로 나누어 설명이 가능하다.[7] 첫째, 정부가 주택시장에 극소의 개입으로 자유시장경제원리에 의해 작용하도록 허용하는 것이다. 둘째, 상당한 부문에 있어 정부가 주택의 최저기준설정, 주택보조금의 지급, 주택관련기관에 통제력을 행사하며, 필요하다면 정부가 직접 주택을 공급하는 것이다. 셋째, 주택의 모든 부분에서 정부가 통제, 조정력을 행사하는 경우로 사회주의 경제체제하에서 볼 수 있는 현상이다. 편의상 본 글에서는 첫번째 유형을 시장모델, 두번째 유형을 사회민주주의모델, 그리고 세 번째 유형을 사회주의모델로 분류하여 각 모델의 특성을 보다 자세히 살펴보기로 한다. 각 모형의 특징에 대한 외국 학자들의 논의는 국내에 이미 많이 소개되어 있으므로 여기서는 Clapham[8] 등의 논의를 중심으로 한다.

1. 시장모델(market model)

주택에 대한 시장모델의 이론적 입장은 경제학자인 Olsen에 의하여 소개되었는데 그의 이론의 요점은 “① 주택서비스의 공급자와 수요자는 수없이 많다. ② 개개인의 주택거래량은 전체적인 거래량에 비해 극히 미소하다. ③ 생산자나 소비자의 담합현상이 없다. ④ 생산자와 소비자의 시장에의 출입이 자유롭다. ⑤ 생산자와 소비자는 시장에 관한 완전한 지식을 갖고 있다. ⑥ 시장에 대한

7) S. Lansley, *Housing and Public Policy*, 하성규, 앞의 논문(1986), p. 21에서 재인용.
8) D. Clapham, P. Kemp et al., *Housing and Social Policy*, London: Macmillan, 1990, pp. 24~28.

정부개입이 없다. ⑦ 주택은 동질성의 상품이다."라고 가정하며 경제학에서의 완전경쟁시장이론을 개념적인 틀로 삼고 있다.[9]

이러한 경제학의 완전경쟁이론을 근거로 삼는 시장모델의 전형은[10] 1970년대 후반부터 미국과 영국에서 유행하게 된 신자유주의(New Right)적 접근에서 볼 수 있다. 이들은 주택을 포함한 사회서비스에 대한 개인의 책임과 민간부문의 역할을 강조하고, 따라서 사회정책에서 정부는 최소한의 역할만을 담당해야 한다고 인식하고 있다.

신자유주의의 중심적인 구성요소 중의 하나는 신자유주의 경제학(neo-liberal economics)인데 이 이론에 의하면 가장 효율적인 자원분배는 국가개입을 통해서보다는 시장경쟁을 통해 이루어진다고 주장하며, 시장의 움직임에 대한 국가개입을 매우 부정적으로 보고 있다. 시민권(사회복지에 대한 권리)이라는 것은 개인적 노력을 통해 보상을 쌓아가는 개인의 권리에서 나온다고 보고 있다. 또한 이 이론은 사적 소유권과 부의 보호에 초점을 맞추고 불평등 이데올로기를 그 기반으로 삼고 있는데, 시장메커니즘이 지닌 어느 정도의 불평등은 창의력과 노력을 촉진시킨다고 주장하고 있다. 따라서 국가개입은 시장의 효율성을 감소시키고 또한 개인의 자유를 침해한다고 주장한다.

신자유주의의 두 번째 요소는 전통적인 권위주의적 보수주의(authoritarian conservatism)인데, 이 이념은(사회통제를 위한 개입을 제외한) 사회복지에서의 국가개입을 축소하고 대신 가족·친족의 의무감을 강조한다. 또한 국가에 의한 복지 제공은 사회생활의 중심인 가족의 기능을 잠식하여 무규범적이고(anomic) 소외된 개인으로 이루어진 사회를 만들게 한다고 주장한다.

그러나 신자유주의적 접근이 국가개입을 전부 반대하는 것은 아니다. 모든 사람이 시장체계에서 효과적으로 경쟁할 수 없다는 것, 그리고 가족으로부터 도움을 받지 못하는 노인, 장애자같은 사람들은 직접적인 국가의 도움이 있어야 한다는 것을 시장모델에서는 수용하고 있다. 그러나 이러한 도움은 시장에 최소한으로 개입하는 형태를 띠어야 하며 엄격히 제한적인 성격을 갖고 있어야 한다고 주장한다. 이 모델의 가장 중요한 목적은 경제활동과 창의성을 촉진시키기 위해 낮은 세금을 거두고 공공지출을 최소화해야 한다는 것이다. 따라서 국가가 제공하는 급여는 근로의욕을 상실할 정도로 「관대」해서는 안 되며, 동일한 논리로 국가의 보조금이 경제자유주의의 원칙을 저해해서는 안 된다고 본다.

9) 임길진, "주택이론의 개관," 황명찬 편, 「주택정책론」, 경영문화원, 1985, p.19에서 재인용.
10) 이 부분은 D. Clapham, P. Kemp et al., *op. cit.*, pp.24~28의 내용을 중심으로 했음.

따라서 신자유주의의 사회정책의 핵심적 특징은 두 가지 점으로 요약할 수 있다. ① 사회정책은 시장메커니즘에서 주변적 역할을 하기 때문에, 또한 국가개입은 최후의 수단으로 선택되는 것이기 때문에 국가의 직접적 서비스 공급은 시장메커니즘보다 열등한 것이다. ② 시장의 우월성을 확보하기 위해 국가의 직접적 보조지원을 최소화할 필요성과 연관되어 「관대한 처우」와 「열등처우」의 경계를 확실히 하는 것이다.

특히, 시장모델에서 원활한 주택공급의 이론적 기반으로 삼고 있는 것이 주택순환과정(filtering process) 이론인데, 이것은 중산층 또는 그 이상의 소득계층을 대상으로 신규주택을 건설·공급하면 이들이 거주하던 주택이 하향순환(filter-down)되어 장기적으로 저소득층주민의 주거수준도 향상될 수 있을 것이라는 시장메커니즘을 근본으로 삼는 이론이다.[11]

정리하자면 주택에 있어서의 시장모델의 특성은 주택시장에 대한 국가개입은 비효율적 결과를 초래하기 때문에 주택공급은 시장메커니즘에 맡겨야 하며 최소의 개입만이 필요하다는 것으로 요약할 수 있다.

2. 사회민주주의모델(Social Democratic Model)

시장지향적 모델에 대한 전통적 대안은 사회민주주의 이념[12]이며 사회민주주의의 옹호자들은 시장이 복지전달의 가장 효율적이고 유익한 방식이라는 것을 비판해 왔다. 사회민주주의 사상적 배경은 이 책의 제 2 장에서 소개된 것과 같이 19세기 자유방임주의에 대한 비판적 시각에서 출발한 것이다.

사회민주주의모델의 핵심은 「시민권」과 「평등전략」이라는 생각이다. 시민권은 공동체에 참여하는 완전한 구성원이 되기 위한 제반조건과 권리를 지칭하는데, 사회민주주의는 시장사회의 본질적 특성인 불평등 때문에 시민권이 적절하고 충분하게 행사되도록 국가개입이 필요하다고 보고 있다.

Marshall은 시민권, 정치권뿐만 아니라 사회권이 보장되어야 완전한 사회성원이 될 수 있다고 보았는데 이러한 Marshall의 주장을 근거로 하여 사회민주주의자들은 ① 시장이 중요한 복지서비스를 적절한 기준으로 공급하지 못하기

---

11) 이 이론에 대해서는 ① 김정호·김재영, 「주택시장 수급체계 분석 연구: 필터링효과를 중심으로」, 국토개발연구원, 1988. 12, pp. 11~16 그리고 ② 하성규, "주택순환과정의 실상," 「주택」, 대한주택공사, 1986, pp. 33~40 참조. 뒤에서 보겠지만 이 연구자들은 필터링가설이 우리 나라에서는 적용상 한계가 있다는 결과를 보고하고 있다.

12) 이 부분은 D. Clapham, P. Kemp et al., 전게서, pp. 28~31 그리고 L. J. Lundqvist, *Housing Policy & Equality: A Comparative Study of Tenure Conversion and their Effects*, London: Croom Helm, 1986, pp. 11~16의 내용을 중심으로 했음.

때문에 국가개입이 필요하고 바람직하며(예를 들어, 주택의 경우는 사회주택을 공급하는 것), ② 국가에 의한 복지제공은 경제적 효율성이라는 근거에서 정당화될 수 있다고 주장한다(예를 들어 무료의 의료와 교육은 노동생산성을 증가시킴). 또한 ③ 시장이 완전 경쟁을 보장하지 못하며 소비자주권을 무시하는 독점과 과점에 의해 지배된다고 주장한다.[13)]

또한 사회민주주의자들은 시장경제의 부정적 결과가 공공복지에 의해 보상받을 수 있고, 또한 받아야 한다고 주장하며 자산조사(means test)를 통해 선택적으로 복지를 제공하기보다는 복지가 보편적 권리로서 주어져야 한다고 주장한다.

시민권과 밀접하게 연관하여 복지국가의 핵심은 소위 '평등전략'이다. 평등에 대한 태도는 다양하지만 사회민주주의자들은 모든 사람에게 기회의 평등은 확실히 보장되어야 하고 능력에 따라서 다소 차이가 있을 수 있다는 평등을 의미한다. 이러한 평등은 적어도 4가지 이유에서 필요하다고 생각되는데, ① 사회적 응집력의 확보, ② 사회적 효율성의 증가, ③ 사회정의의 실현 ④ 자기실현의 수단으로서의 평등이 옹호된다.

사회민주주의모델은 시장을 불가피하게 발생시키고, 재생산하는 불평등과 비효율성에 대한 비판에 근거를 두고 있으며, 국가의 적극적인 시장개입을 옹호하고 있다. 그럼에도 불구하고 이 접근법의 옹호론자들은 시장의 문제점을 점진적으로 해결할 수 있다는 신념하에 자본주의 경제를 인정한다. 즉 마르크스주의자들의 주장과는 달리 자본주의체제의 근본적 변혁을 통하지 않고도 자본주의하에서 개혁을 성취할 수 있다고 보고 있다.

3. 사회주의적 모델(Marxist Model)

사회정책에 대한 마르크스주의적 모델은 몇몇 연구자들에 의해 제시된 적이 있지만,[14)] 이는 사회주의 실제적 경험을 근거로 제시된 것이 아니라 다분히 Marx, Engels의 저작에 근거한 '이론적 연역'의 수준에 머물러 있는 정도인데, 특히 주택정책에 대한 마르크스주의 모델에 관한 논의는 1970년대 후반에 와서야 본격화되었다. 마르크스주의적 접근의 주된 내용을 보면, 첫째 자본주의 사회

13) D. Clapham, P. Kemp et al., 전게서, p.29; T. H. Marshall, *Citizenship and Social Class*, Cambridge: Cambridge University Press, 1950 참조.
14) Julia Parker, *Social Policy and Citizenship*, London: Macmillan, 1975, pp.4~5. R. Mishra, *Society and Social Policy: A Theoretical Perspective on Welfare*, London: Macmillian, 1977 표갑수 외 역, 「사회이론과 사회정책」, 한국복지정책연구소, 1981, 5장 참조.

에서는 주택문제해결이 불가능하다는 주장이다. 이러한 주장은 Engels에서 전형적으로 나타나는데, 그는 "자본주의 생산양식이 존속하는 한 주택문제나 노동자들의 운명에 영향을 미치는 어떤 다른 사회문제를 그것만 떼어내어 해결하겠다고 희망하는 것은 어리석은 짓이며, 해결책은 자본주의적 생산양식의 폐지 그리고 노동계급에 의한 모든 생존수단 및 노동도구의 전유에 있다"[15]고 주장하였다. 두 번째는 주택을 포함한 사회복지의 배분이 자본주의에서처럼 시장상황에서의 능력보다는 욕구(needs)에 의해 배분되어야 한다는 원칙이다. 주지하듯이, 사회주의 국가에서의 모든 자원의 배분은 욕구에 따른 분배의 원칙이 적용되어야 한다는 것은 유명한 Marx의 공산당선언에서 선명하게 제시되어 있다.[16] 따라서 주택의 공급도 욕구의 원칙에 따라 배분될 것이다. 셋째는 사회주의 사회에서는 사유재산제도가 폐지됨으로써 주택의 자가소유가 없어지고 공공 혹은 사회의 소유가 됨으로써 소유와 사용이 완전히 분리된 「사회주택」이 주택점유형태의 기본을 이룰 것이다.

한편, 마르크스주의자들은 주택체계는 다음의 4가지 관점에서 자본주의 사회체계와 상호연관되어 있다고 본다. 이는 ① 주택은 하나의 상품이며, 어떤 자본형성을 위한 잉여가치의 원천이다. ② 주택은 노동자가 필요로 하는 소비의 한 부분이며 이는 노동력재생산의 한 측면이다. ③ 주택은 자본주의사회관계의 재생산과 연결되어 있다. 그리고 ④ 주택체계는 사회계급갈등의 한 영역이며 다양한 정부개입의 대상이 된다.[17]

위의 논의를 종합해 보면 자본주의사회에서 상품으로서의 주택은 잉여가치 생산의 매개물이며, 특정 산업자본(예: 건축산업자본)의 자본축적의 한 수단으로 보고 있다. 그리고 자본주의사회의 주택체계는 상호모순성을 지니고 있는 사회체계의 일부분이며 이러한 모순성에 기인된 계급갈등의 한 장이다. 갈등의 형태는 궁극적으로 자본과 노동간의 갈등을 반영하고 있다.

결국 마르크스주의자의 견해로는 개량주의적 접근을 통해서는 자본주의사회의 주택을 둘러싼 제갈등과 불평등을 해결할 수 없다고 본다. 선진자본주의사회의 사회복지적 「공공주택」은 궁극적으로는 노동력의 재생산과 자본주의 체제유지라는 목표하에 전개되고 있다는 점이다.

---

15) 프리드리히 엥겔스, "주택문제," 정경진(편역), 「노동자경제학」, 일송정, 1988, p.197.
16) 욕구에 따른 분배라는 마르크스주의의 복지분배원칙에 대한 자세한 논의는 Mishra, 전게서, pp.80~84 참조.
17) K. Bassett and J. Short, *Housing and Residential Structure*, London: Routledge & Kegan Paul, 1980, p.174.

제 3 절 한국주택정책의 특성

여기에서 한국주택정책의 특성을 살펴보는 것은 한국의 주택정책이 앞에서 제시한 주택정책의 모델 중 어느 모델에 가장 근접한 모델이었는가를 밝혀보려는 것이다.[18] 때문에 정부의 주택시장에 관한 개입의 역사와 주택시장개입의 형태를 살펴보는 것은 매우 중요한 일이다.

1. 주택정책의 전개과정

우리 나라에서 본격적으로 주택문제를 정부의 계획하에서 실시한 것은 1962년의 제 1 차 경제개발 5개년 계획부터라고 할 수 있다. 그러나 이것은 정부가 사회민주주의적 모델에 입각한 주택시장메커니즘에 적극적인 개입이라기보다는 정부가 시장을 원활하게 운영하기 위해 극히 최소한의 개입을 한 것으로 생각된다. 이것은 한국의 주택정책이 1980년도 후반기까지 소위「사회주택」개념을 적용시킬 수 있는 주택을 정부가 공급한 적이 없고 정부가 주택을 건설하여 일반인에게 분양하는, 본질적으로 시장메커니즘에 입각한 정책이었기 때문이다.

예를 들어 1962~1981년까지의 한국의 주택정책의 발전과정을 검토한 한 연구자는 한국주택정책의 몇 가지 특징을 제시하고 있는데, "한국주택정책의 골자는 서민위주로 되어 있고, 또한 실제로 시행하였으나 영세민에 대한 주택정책은 바람직한 것이 되지 못하고 대부분의 경우 실패로 돌아갔다. 임대주택의 건설필요성을 강조하면서도 임대주택의 공급은 미미한 편이고, 제도가 마련되지 못하였다"[19]고 하여 임대주택의 공급조차도 원활히 이루어지지 않았음을 지적하고 있다.

다시 말해서 1978년의「8.8부동산투기억제대책」이전까지의 주택정책은 단적으로 표현하여, 거시경제운용측면에서 반순환적(anti-cyclical) 경기정책의 수단으로 사용되어 왔으며, 정부의 역할보다는 민간부문의 주도하에서 주택순환이론(housing filtering theory)에 근거하여 주택건설의 촉진과 국민의 주택복지의

18) 한국의 주택정책성과에 관하여 연구자들은 다양한 견해를 보이고 있음을 알 수 있다. 그래서 이 부분에서는 1차 자료에 근거하기 보다는 그 동안의 연구결과를 중심으로 살펴보고자 한다.

19) 주종원, "한국 저소득자주택을 위한 주택정책의 발전," 황명찬 편,「주택정책론」, pp. 133~134 물론 여기서 '임대주택'이라함은 분양을 전제로 한 임대주택, 즉 시장메커니즘을 전제한 것이지 소유와 사용이 완전히 분리된 사회주택의 개념은 아니다.

향상을 기하고자 하였다. 즉 수출부진에 기인한 경기하강시 내수진작을 위하여 수입유발효과가 비교적 낮은 주택부문의 투자를 늘렸으며, 이 경우 주택건설도 정부의 역할보다는 민간부문의 시장기능을 통하여 공급하였으므로 주택수요의 대상도 저소득층보다는 유효수요를 갖고 있는 중산층 이상을 대상으로 하였던 것이다. 따라서 고소득층이 신규주택을 수요하게 되면 이 계층이 사용하던 기존 주택을 저소득층이 구입하는 형태의 주택순환이론을 바탕으로 하는 주택의 상향이동을 기대하였던 것이다.[20] 그러나 8.8조치를 통해 정부는 시장모델에서 벗어나 주택시장개입에 두드러지게 역할을 나타내기 시작했다.

우리 나라에서 주택시장조절의 문제가 제기된 것은 대체로 1978년초부터의 일이다. 1977년 하반기부터 부가가치세의 도입과 때를 같이 해서 일반국민의 기대인플레가 높아짐에 따라 주택수요도 크게 증가하기 시작했으며, 1978년초에 들어와서는 주택시장이 거의 과열상태에 이르게 되었다. 주택수요는 투기수요를 포함해서 급격히 증가하는데 비해서 주택공급은 이에 미치지 못했으며 수급균형을 위한 가격의 상승이 정부당국의 개입으로 억제되자 그야말로 주택초과수요상태가 조성되었다. 그리하여 신규아파트의 청약경쟁이 일어나고 분양아파트의 「프리미엄」이 계속 상승했다.

이런 상황 하에서 정부당국은 주택시장대책으로서 소위 청약예금제, 국민주택 청약부금제, 전매규제와 양도소득세의 부과행정강화 등을 1978년초부터 실시했다. 이러한 제도들은 첫째로 주택의 초과수요상태에서 과도한 청약경쟁을 억제함으로써 가능한 한 실수요자들이 우선적으로 아파트 등 주택분양의 혜택을 받도록 하자는데 있었으며, 둘째로는 주택가격의 급격한 상승을 억제하고 투기적 거래의 과열화를 막기 위해서 전매행위를 억제하자는 데 있다. 셋째로는 주택금융의 확대를 통해서 주택건설을 촉진하고 그렇게 함으로써 공급량을 확대코자 했던 것이다.[21]

따라서 우리 나라의 주택정책은 과거에는 주택시장의 기능에만 맡겨 수급을 유지해 왔으나 1970년대 후반부터 시장메커니즘에 대한 통제가 시작되었고, 1980년대 말에 와서야 일부주택복지지향적 사회주택의 공급이 시작되고 있다고 볼 수 있다. 〈표 22-1〉에서 보는 바와 같이 1989년 이후에야 소득계층별로 주택공급계획을 차등화하는 정책이 본격화되기에 이르렀다.

---

20) 김중수, "전환기의 주택정책과제와 공공부분의 역할," 「주택금융」, 제20권 6호, 1987.12, p.22.

21) 김광석, "주택수급정책," 국토개발연구원 편, 「'80년대 주택정책의 방향」, 1979, p.98.

〈표 22-1〉 정부의 소득계층별 주택공급계획(1989)

(단위: 만호)

소득계층	주택유형	건설호수	재 원	사업주체
도시영세민	소형영구임대 (7~12평)	25	정부재정	주택공사, 지방자치단체
저 소 득 근 로 자	근로복지 사원용임대 (7~15평)	15 10	국민주택기금 국민주택기금	주택공사, 지방자치단체, 주택사업자, 기업 등이 건설하여 분양
중 산 화 가능계층	장기임대 (10~15평) 소형분양 (10~18평)	15 25	상 동 상 동	주택공사, 지방자치단체, 주택사업자 등이 건설하여 분양 상 동
중 산 층	중형분양 (18~25평)	60	민영주택자금	주택사업자
중산층 이상	중형 이상 (25평 이상)	50	자기자금	주택사업자
합 계		200		

자료: 건설부, 1989.

2. 주택정책과 배분의 형평성

한국의 주택정책이 각 소득계층에 미친 효과를 분석해 보면 한국주택정책의 특성과 성격이 명확히 드러난다. 주택정책의 불공평성 문제는 이미 여러 연구자들에 의해 지적되었다. 주택을 소유한 자와 소유하지 못한 자 사이의 정책적 불공평성은「기회의 불공평」으로 규정하는 연구자의 주장을 보면,

> "집을 소유한 사람들이 여러 채의 주택을 더 사서 세금도 내지 않고 임대수익을 올리며 자산가치가 날로 증가하고 있는 데 비해, 저소득층의 주택소유기회는 점점 더 불가능에 가까워지고 있다.
>
> 또한 중고소득층이 점점 더 넓은 집에 살 수 있는 기회가 확대되고 있으나 저소득층은 단칸방에 한 식구가 사는 비율이 아직도 높다. …, 이상의 상황을 볼때 한국의 주택정책은 저소득빈민, 무주택자 실수요자 중심으로 일대전환이 이루어져야 한다."[22]

민간분양주택은 말할 것도 없고, 정부가 공급한 공공주택에 대한 접근가능성도 고소득층일수록 높게 나타났으며, 임대주택을 제외하면 저소득층은 공공주

22) 유재현, "한국주택정책의 당면과제—저소득층 문제를 중심으로," 한·일 토지, 주택정책세미나, 경제정의실천시민연합, 서울, 1991. 2.

택에 접근하는 것이 불가능하였다. 이와 같이 주택정책의 이행결과는 목표와 상당한 거리가 있고 그 동안의 정부의 개입이 저소득층의 주택문제를 해결한다는 공식적 목표와는 다르게 주로 중·상층에게 이득을 주는 것으로 나타났다는 것을 알 수 있다. 이와 비슷한 문제의식을 가지고 접근한 한 연구의 경우도 우리 나라에서 주택에 대한 "공공지원의 혜택은 저소득층에 비해 중·상계층에 더 많이 분배되었음"[23]을 지적하고 있다.

이외에 다른 연구자들도 "현행 공공주택정책 중 저소득자를 위한 장기임대주택과 소형 분양주택은 입주 또는 주택구입시 자금 또는 주거비부담이 과중하고 입주자선정제도도 미흡하여 중산층이 주로 입주하게 됨으로써 저소득근로자는 사실상 주택공급대상에서 소외되어 왔다"고 하여 공공부문에서 담당하고 있는 주택공급이 사실상 저소득층과는 거리가 멀었다는 점을 일반적으로 지적하고 있다.[24]

즉 한국의 주택정책은 정부가 내세우고 있는 주된 정책대상계층인 저소득층 혹은 임차가구를 위한 정책이었다기 보다는 구매력을 갖춘 중산층 이상의 주택문제를 해결하기 위한 정책이었다고 볼 수 있다. 한편 한국의 경제성장의 혜택은 가장 가난한 사람들에게 누적적 효과(trickle down)를 가져오지 못했다. 이러한 패턴은 시장실패도, 정부실패도 아닌 사회실패(social failure)에서 기인된다는 주장이 있다.[25]

3. 한국주택정책의 특성: 「파행적 시장모델」

지금까지의 논의를 정리하자면 우리 나라의 주택정책은 시장메커니즘에서 파생되는 불평등을 완화시키기 위한 사회주택 등의 적극적 국가개입이 거의 없었다는 점에서, 그리고 대부분의 주택공급을 시장의 원리에 맡겼다는 점에서 시장모델에 가깝다는 것을 알 수 있다. 그러나 시장모델의 전형적인 모습과는 또 다른 측면, 즉 분양가의 통제, 원가연동제, 주택상환사채 등의 제도가 존재하고 공공부문이 사실상 민간부문의 역할을 담당했다는 점(주택공사, 지방정부의 수익성 분양아파트 공급)에서 시장에 대한 상당한 개입이 있었다. 그렇다고 이러한 형태의 정부의 시장개입을 앞에서 고찰한 사회민주주의적 주택정책의 모델이라

23) 김태일, "한국의 주택부문 공공지원의 소득계층별 혜택분석," 서울대 행정대학원 행정학과 석사학위논문, 1989. 1, p. 75.
24) 고철·양경환 외, 「근로자주거실태 및 주택수요파악연구」, 건설부, 1990. 7, p. 7
25) Woo-Jin Kim, *Economic Growth, Low-Income and Housing in South Korea*, Unpublished Ph. D thesis, University of Glasgow, 1995, p. 233.

고 할 수는 없다. 왜냐하면 앞절에서 살펴본 바와 같이 분양가 통제 등의 정부개입이 그 표면적인 목적과는 달리 소득계층간 불평등의 확대로 나타났고, 또한 이러한 개입의 근저에 깔려 있는 이념이 주택을 하나의 사회적인 보편적 권리로서 인정한다는 사회권과는 거리가 멀기 때문이다. 따라서 우리 나라의 주택시장에 대한 정부의 개입은 철저히 시장모델을 전제로 하고 공공부문과 민간부문 모두 수지타산에 근거한 주택공급이었다는 점이다. 따라서 여기서는 이러한 우리나라의 주택정책의 모형을 시장모델의 왜곡이라는 점에서「파행적 시장모델」이라고 부르기로 한다.[26)]

그러면 다음 절에서는「파행적 시장모델」로 규정지울 수 있는 한국의 주택정책에 대해 기존의 주택연구들이 어떤 종류의 반응을 나타내었는가를 살펴보기로 한다.

제 4 절 주택시장개입에 관한 논의

저자가 살펴본 국내의 문헌에서는 주택에 대한 정부개입을 철저히 반대하는「완전한 자유방임주의」에 입각한 주장은 찾아보기 힘들다. 즉 주택문제에 대한 정부의 개입은 필요하다는 것이다. 다만 문제가 되는 것은 정부가 어디까지 개입하는냐 하는「정도의 문제」인 것이다. 때문에「개입의 정도」라는 측면에서 대략 3가지 경향으로 나누어 볼 수 있다. 첫번째의 경향은「파행적」 시장모델에서「정상적」 시장모델의 회복을 주장하는 자들, 즉 시장개입을 최소화하자는 것이며, 두 번째 경향은 좀더 시장개입을 선호하는 사회민주주의적인 성격을 갖는 국가개입의 방향으로 접근해가려는 것이며, 세 번째는 주택문제의 원인과 해결에 대해 정치경제학에 입각한 진단과 사회주의적 처방을 선호하는 접근방법이다.[27)]

26) 여기서「파행적 사회민주주의 모델」이 아닌「파행적 시장모델」이라고 부른 것은 한국 주택정책의 성격이 시장모델에 근거하고 있다는 점을 강조하기 때문이다.

27) 기존의 주택연구자들을 이러한 세 가지 경향으로 분류하는 것은 무리가 있을 수 있다. 아마도 가장 큰 이유는 어떤 연구자도 자신의「이념적 입장」을 공개적으로 표명하지 않기 때문이다. 때문에 이글에서도 특정 개인의 주택정책 관련 견해를 어떤 틀속에 한정시키기 힘들며 다만「경향적」으로 그런 모습을 보이고 있다는 점만을 지적한 것이며, 또「대략적으로」 분류가 가능하다는 의미이다. 시장모델의「회복」, 사회민주주의로의「접근」 등의 용어를 사용하는 것은 이러한 사정을 참작한 것임을 밝혀 둔다.

1. 정상적 시장모델로의 전환

정상적 시장모델로의 전환을 주장하는 것은 앞에서 규정한 「파행적」 시장모델에서 「파행성」을 종식시키자는 주장으로 이해할 수 있다. 다시 말하면 공공부문이 분양주택을 공급하는 것은 민간부문에 맡겨야 하고 현행의 분양가 규제 등의 시장메커니즘을 저해하는 요소를 없애고 이를 시장기능에 맡겨야 한다는 권고이다. 몇 개의 대표적인 주장을 살펴보기로 한다.

주택시장에 대한 국가통제가 본격화되기 시작한 1970년대 말에 한 논자는 주택가격규제 등의 제도를 반대하며, 주택공급을 정상적 시장모델에 맡기고 간접적 지원책만을 펼 것을 다음과 같이 주장하고 있다.

> "…주택시장도 시장인 이상 수급의 균형은 자유로운 가격조절을 통해서 이룩되는 것이 원칙이다. 따라서 단기적 시장조절을 위한 정책 당국의 직접적인 개입, 예를 들면 가격통제나 주택규모제한 등은 결코 효과적인 시책이 못된다. 직접적 가격통제는 「프리미엄」을 높히거나 주택의 질적 저하만을 가져오며, 주택규모에 대한 제한 규모가 큰 주택의 가격상승만을 가속화시킬 뿐이다. 결론적으로 주택정책당국은 주택금융을 포함한 주택건설자금의 공급확대, 건설기술의 향상 등을 통해서 장기주택수급을 맞추는데 정책적 초점을 두어야 하며 단기적 시장조절에 큰 관심을 가져서는 안될 것이다.…주택정책 당국에 의한 직접적 개입은 부작용을 낳기 마련이라고 판단된다."[28]

이러한 논의는 가격통제 등 단기적이고 직접적인 국가의 시장개입이 오히려 역효과만을 가져 온다고 보고 간접적인 지원책만을 사용할 것을 주장하고 있다. 특히 신규아파트 분양가격규제 등 정부의 시장개입은 주택시장의 원활한 작동을 저해한다는 주장도 있다.

> "신규공급주택에 대한 분양가격제한은 주택가격의 인위적인 억제를 통해 시가보다 저렴한 가격으로 구입할 수 있는 기회를 무주택자에게 제공하여 줌으로써 주택공급을 증가시킨 일면도 있다. 그러나 이러한 규제의 지속은 다른 한편으로 기업에게 적정이윤을 보장해주지 못해 민간부문의 주택투자를 위축시키고 또 생산성을 약화시켜, 결과적으로는 더 큰 주택공급부족을

28) 김광석, 전게서, p.103.

야기시킴으로써 오히려 주택공급의 커다란 제약요인으로 작용하고 있다."[29]

정부의 주택가격통제의 한 예라 할 수 있는 분양가상한규제는 신규주택의 감소와 그에 따른 기존주택가격의 상승을 유발, 도시의 외연적 확산을 초래한다는 부정적 효과를 지적하고 있다.[30]

또한 임대료 통제에 관해서도 시장모델을 선호하는 입장의 견해를 볼 수 있는데 "임대료 통제는 가능한 한 하지 않는 것이 좋으며 꼭 해야만 할 부득이한 경우라 할지라도 단기간 동안만 실시해야 한다"[31]는 입장을 보이고 있다.

한편, 현재 공공부문이 담당하고 있는 주택공급(주택공사를 통한 공급), 즉 공공부문에 의한 분양아파트 공급은 더 이상 공공부문에서 담당하면 안 되며, 이를 완전히 시장메커니즘으로 전환시켜야 한다는 주장도 결국 시장모델로의 전환을 권고하는 입장으로 볼 수 있다. 즉 "민영주택은 시장가격을 통해 수급조절이 되도록 민영주택시장을 자율화할 것"[32]을 주장하고 있다. 현재 많은 논란이 되고 있는 이점에 대해 좀더 자세히 살펴보기로 한다.

김정호 등은 한국의 주택정책이 그 동안 주택순환과정(filtering process) 가설에 의해 추진되었다고 주장하면서, 이 가설은 실제로 한국에서 서민주택의 해결에 도움을 주지 못했다는 것을 실증적으로 밝히고 있다.[33] 즉 주택순환과정에 의거한 정책이 중산층으로 하여금 필요 이상의 주택을 소비하도록 조장한 결과를 가져왔을 뿐 저소득계층의 주거소비증가나 주택소유에 기여하였다고 볼 수 없다며 "필터링에 의한 주택개선은 지금의 시장구조하에서는 요원하다"[34](강조-필자)는 결론을 내리고 있다.

그러나 이들은 필터링가설이 적용되지 않는 이유를 「시장메커니즘의 일반적 결함」에서 찾는 것이 아니라 현재 실시되고 있는 「한국주택정책의 파행적 결함」에서 찾고 있다. 즉 정부의 잘못된 주택시장개입이 필터링가설이 성립될 수 없게 만든다는 것이다. 그들은 다음과 같이 주장하고 있다.

> "중산층자가의 경우 정부의 지원은 전혀 필요하지 않다. 그들의 주택문제는 주택시장기능을 강화함으로써 해결이 가능하다고 생각된다. 필요 이상

29) 허재완, "주택가격의 안정을 위한 정책방향," 「주택금융」, 제119호, 1990. 5, p. 40.
30) 김경환, "우리 나라 주택부분의 비효율성," 서강대, 「상경논집」, 제18집, 1989, pp. 10～11.
31) 황명찬 · 홍갑선, "주택임대료 통제의 이론과 사례," 「주택금융」, 제117호 , 1990. 3, p. 13.
32) 김정호, "2000년대를 향한 주택정책방향," 국토개발연구원, 「국민주거생활안정을 위한 공청회」, 1990. 11, p. 26.
33) 김정호 · 김재영, 「주택시장 수급체계 분석연구: 필터링효과를 중심으로」, 국토개발연구원, 1988.
34) 김정호 · 김재영, 앞의 논문, p. 73.

으로 정부가 개입함으로써 일부에게 과다한 경제적 편익을 가져다 주고, 시장기능을 왜곡시키는 결과만을 초래할 수도 있다는 것이다.…그러나 하향 필터링이 일어나지 않는 이유가 공급부족에 있다는 점을 감안할 때, 주택공급은 확대되어야 한다. 그러기 위해서는 주택시장이 보다 자율적으로 운용되도록 규제를 완화하는 동시에, 세제 금융제도를 이용하여 정부가 주택시장에 간접적으로 개입하여 주택공급을 늘려야 할 것이다. 그 이상의 직접적인 정부개입은 가격의 왜곡과 수급괴리현상을 심화시켜서 결국 정보에 민감한 소수인들에게만 상대적으로 큰 경제적 이익을 가져다주게 될 것이다."[35)]

즉 이들은 현재의 주택분양가 통제에서 오는 가격의 왜곡과 수급괴리현상이 결국은 정부의 과도한 개입 때문이며 이는 「정상적 시장메커니즘의 회복으로만」 해결될 수 있다는 점을 강조하고 있다.

이상에서 살펴본 견해들은 정부의 주택시장 개입이 직접적 개입보다는 간접적 개입으로 그리고 정부개입은 최소한으로 한정되어야 하며, 정부의 시장개입이 오히려 주택시장을 왜곡시키는 역효과만을 나타낸다는 점을 강조하는 등 시장모델에서 주장되는 일반적 명제와 유사한 주장을 하고 있음을 알 수 있다.

2. 사회민주주의모델로의 접근

우리 나라 주택정책이 시장경제원리에 기초한 「수지타산적」 정책이라는 사실은 권태준의 다음과 같은 글에서 잘 나타나 있다.

"지난 20여년 동안 우리 주택정책의 동인은, 그 내세운 목표가 무엇이던 간에, 기본적으로 그 사업의 수지타산이었다. 그래서 이 수지타산 논리에 스스로 적응할 수 없는 사람들은 소외당해 마땅한 것으로 취급되었던 것이다. 〈무주택자〉, 〈실수요자〉, 〈서민〉 또는 다른 무엇이라 하든간에, 집을 지어 팔고 빌려주는 측의 수지타산에 영합할 수 없는 사람들은 〈시장〉에 들어올 자격조차 갖지 못했다."[36)]

이러한 시장모델의 한계성 때문에 더 많은 그리고 더욱더 형평적인 국가개입을 요구하는, 따라서 사회민주주의적 주택정책의 모형으로 접근해 가고 있는 일련의 논의를 발견할 수 있다.[37)] 가장 전형적인 논리는 경제정의실천시민연합

35) 김정호·김재영, 앞의 논문, pp. 71~72.
36) 권태준, 「분배의 의식화 시대」, 나남, 1989, p. 34.
37) 예를 들어 "주택은 인간생활의 바탕이 되기 때문에 저소득층이라 할지라도 기본수요의 충

(이하 경실련)의 입장에서 볼 수 있다.

경실련의 주장은 「땅, 집: 한국의 토지주택정책 어디로 가야할 것인가」라는 소책자에서 가장 전형적으로 나타나고 있는데, 이들 제안의 핵심은 시장에 대한 국가의 개입을 적극적으로 옹호하는 입장에 근거하고 있다. 예를 들어 택지소유를 제한하는 택지소유상한제가 자본주의의 핵심인 사유재산제도에 위배된다는 주장을 비판하고 있다. 이들은 "이 세계에서 사유재산제도를 무한정으로 보장해주는 나라는 없다"[38]는 지적과 함께 우리 나라의 경우 택지소유상한제보다 더 사유재산을 제약하는 토지수용제도라는 전례도 있다는 주장을 하고 있다.

계속해서 이들은 주택문제의 해결은 수도권 집중억제와 지역균형개발이 전제되어야 하며, 이러한 전제를 가정하면서 한국의 주택문제해결을 위한 대안으로 "집합주택, 국공유지의 주택건설용지로 장기임대불하 등의 공급확대를 통한 주택소유기회확대, 임대료 통제 등 가격규제를 통한 주택소유기회확대, 적정수준의 쾌적한 주거환경조성" 등의 주장을 하고 있다. 결국 이들의 제안속에 내포된 기본방향을 그들 자신의 표현을 빌려 한마디로 요약하면

> "주택이 사회 전체구성원을 위한 「사회재 또는 공공재」임을 명확히 인식하여 전국민이 주택을 소유함으로써 생기는 재산증식의 가능성을 모두 포기하도록 합의해야 한다는 것이다."[39]

그러나 이들 역시 일정부분에서의 시장의 역할을 인정하고 있다. 즉 "정부는… 주택분야에 적극적인 재정투입을 하며 공공기관의 주택시장개입은 사회주택공급에만 한정해야 한다고 주장하며, 주택시장에 대한 국가개입은 저소득층을 위한 사회주택공급에만 정당성을 갖는다는 것을 보여주면서 현재의 분양가 상한선을 철폐하여 민간주택건설이 활발하게 이루어지도록 지원해야"[40] 한다고 하여 저소득층 이상의 주택문제는 시장원리에 맡길 것을 주장하고 있다.

그러나 경실련은 앞에서 살펴본 시장모델로의 전환을 주장하는 논자들과는 달리 저소득층 이상에 대한 주택시장을 완전히 시장경제에 맡겨서는 안 되고 이

족을 위하여 마땅히 그 일정량을 소비할 수 있도록 주택서비스수준이 설정되어야 하고 또 분배의 공평을 달성하기 위해서는 화폐에 의한 소득재분배만이 아니라 주택이나 의료, 교육 등과 같은 특정한 재화 및 서비스에 관한 平等主義가 채택되어야 한다"

차병권, "주택자금 공급확대를 위한 세제상의 과제와 대책," 한국개발연구원, 한국주택은행, 「국민복지향상을 위한 주택정책심포지움 보고서」, 1979. 10, p.143.

38) 경제정의실천시민연합, 「땅, 집: 한국의 토지주택정책, 어디로 가야 할 것인가」, 한울, 1990, p.11.

39) 상게서, p.44.

40) 상게서, P.44.

부분에서도 조세제도를 통한 「적극적」 국가개입이 필요하다고 주장하고 있다. 그들은 일정주택 이상의 호화주택의 신축을 금지하고 중과세를 해야 한다고 하며 다음과 같이 주장하고 있다.

> "모든 재산을 몰수하여 무상분배하는 사회주의식 혁명에 대한 유일한 대안은 부유층들이 내는 세금이 빈민층들의 복지향상에 기여하는 방법 뿐이다. 부유층들이 호화주택에 거주하는 것을 물리적으로 억제하는 방법보다는 그들이 내는 돈이 빈민주거복지향상에 사용되는 방식을 통해 적개심도 죄의식도 가질 필요없이 공존하는 방향으로 사회가 발전해 나가야 한다."[41]

저자는 주택을 시장메커니즘에 전적으로 맡겨서는 안되는 이유를 주택이 지닌 사회재적 특성을 들어 지적하고, 주택시장에서의 정부개입의 필요성이 특히 저소득층을 위한 사회주택(공공영구임대주택)의 도입을 주장하여 왔다.[42]

지금까지 공공부문의 역할이 자가소유율을 높이는데 치중해 왔으나 "공공부문은 기본적으로 시급히 주거안정을 요하는 저소득계층과 도시영세민의 주된 정책이 되어야 한다. 이들을 위한 공공영구임대주택 혹은 장기임대주택공급에 주력해야 할 것이다. 지금까지 공공분양을 위한 주택건설은 민간부문의 역할을 위축시키는 결과를 가져왔으며, 중·고소득계층을 위한 주택공급은 민간에게 맡겨야 한다."[43]

> "지금까지 우리 나라 정부가 주택시장에 개입하여 분양을 위한 주택을 건설해 온 것은 엄격한 의미에서 민간주택건설업자에게 큰 타격을 주었을 뿐만 아니라 「지나친 시장개입이라 해야 할 것」이다. 공공부문은 주택시장에서 구입능력이 없는 저소득층을 위한 공공임대주택건설에 치중하는 것이 바람직하다."[44]

그러나 저자는 저소득층 이상에 대한 주택공급을 완전히 시장메커니즘에 맡겨야 한다는 논리를 펴는 것은 아니다. 신규아파트 분양가격이 규제받고 있는 상황하에서는 분양가와 시가간 엄청난 차액이 발생되고 있다. 소위 「프리미엄」

41) 상게서, p.43.
42) 하성규, "정부의 역할과 공공임대주택공급: 영국의 공공임대주택을 중심으로," 「주택금융」, 제19권 2호, 1986. 2.
43) 하성규, "한국 주택점유형태의 변화와 정책과제," 「사회과학연구」, 제1집, 중앙대 사회과학연구소, 1987, p.197.
44) 하성규, 앞의 논문(1987), p.195.

을 노린 가수요와 투기수요가 상존하고 있음은 이미 알려진 사실이다. 그래서 실수요자 위주의 주택배분방안을 제시한 바 있는데, 구체적으로는 1가구 2주택 소유자에 대한 아파트청약금지, 혹은 1가구 1주택이라 하더라도 일정규모 이상의 주택소유자에 대해서는 청약자격을 제한할 것을 권고하고, 이는 더욱더 형평지향적인 정부개입을 강조하였다.[45]

한편 주택공급측면에서 저소득층에게 주택서비스의 충족기회가 확대되어야 한다는 논지를 펴는 학자가 많다. 황명찬은 "6공화국에서 시작한 200만호 건설계획은 정책대상계층(target group)을 재조정하여 영구임대주택과 소형분양주택의 비율을 지금보다 대폭적으로 늘릴 필요가 있다"[46]고 주장한다. 그리고 권태준은 "앞으로 주택부문에서의 정부의 지원과 개입은, 스스로 문제해결을 할 능력이 없는 계층을 대상으로 명실공히 「공공주택」의 생산과 분배를 위한 것이어야 할 것이다"[47]라는 주장에서도 나타난다.

또한 최근에 사회주택에 대한 논의와 이를 선호하는 연구논문에서[48] 사회민주주의적 모델에 접근해 가는 모습을 발견할 수 있다.

고철·염돈민 등은 지금까지의 한국의 주택정책이 "기존주택시장 내에서 수요 또는 공급의 진작을 통한 신규주택공급의 확대에만 초점이 두어짐으로써 시장내에 진입하기 힘든 최저소득층이 정책으로부터 소외되어 왔다"고 지적하면서 저소득층을 위해 사회주택개념이 가미된 새로운 공공주택정책으로의 방향전환을 촉구하고 있다. 이들은 "정부의 시장개입은 자유시장에 의하여 핍박받는 저소득층을 지원하여 주거상향이동시킨다는 관점에서 무주택자라는 대상계층설정보다는 저소득층이라는 소득개념을 대상계층설정시 고려해야 하며, 정책프로그램의 운용은 각 계층의 수요구조에 부응하도록 다양하게 하여야 할 것이며, 프로그램의 구성을 중첩적으로 구성하여 모든 사람이 혜택을 받을 수 있도록 기회를 균등하게 제공해야 할 것"[49] 이라고 주장한다.

한편 소수 중·고소득층과 대규모주택건설업자의 선호을 쫓는 자가분양주택에 깊게 관여해 왔으며, 이러한 정책은 다수 대중의 주택수요에 부응하지 못했을 뿐 아니라 가진 자와 못가진 자의 주거수준격차만 심화시키는 결과를 초래했

45) 하성규, "실수요자중심의 주택공급방안," 국토개발연구원, 「국민주거생활안정을 위한 공청회」, 1990. 11, p. 42.
46) 황명찬, "주택정책의 문제점과 전망," 「국회보」, 1990. 12월호, p. 71.
47) 권태준, 전게서, p. 46.
48) 하성규 외, 「공공임대주택정책의 재평가와 발전방향」, 한국도시연구소, 연구보고 94-1, 1995 참조.
49) 고철·염돈민 외, 「사회주택정책에 관한 연구」, 국토개발연구원, 1988, p. 51

다.[50] 이는 정부의 주택부문개입의 문제점 지적과 동시 고소득층 위주의 주택정책이 지닌 "사회적 형평성의 결여"임을 지적하고 있다.

이상에서 주택의 사회재적 성격을 인식하고 임대료 통제, 주택분양방법의 일정한 제한 등 실수요자 중심의 주택공급 그리고 사회주택의 대량공급 등 정부가 주택시장에 더욱 적극적으로 개입하는 정책을 펴야 한다는 주장이 상당히 존재하고 있다. 그리고 이들 주장 속에서는 주택을 시장메커니즘에 맡겨야 하는 부분도 존재하지만, 이를 무한정으로 허락해서는 안 되고 일정한 정부의 규제가 필요하다는 사회민주주의적 모델에 근접하는 일련의 논의가[51] 존재하고 있음을 확인할 수 있다.

3. 정치경제학적 접근의 모색

1980년대 중반 이후 우리 나라 사회과학계에 정치경제학적 입장을 표방하는 연구물들이 쏟아져 나오기 시작했고, 주택분야에서도 이 입장이 최근에 부각되고 있다. 이들은 앞에서 살펴본 시장모델의 회복이나 혹은 사회민주주의 모델로의 접근 등을 보이는 그룹과 상당한 차이를 보이고 있다. 이들은 주택연구를 위한 이론적 틀을 마르크스주의 정치경제학에서 찾고 있으며, 한국사회의 주택문제를 해결하기 위해서 사회민주주의 모델에서 주장하는 것 이상의 주택의 「탈시장화」, 「탈상품화(decommodification)」, 즉 사회주의방식의 주택공급방식을 지향하고 있다.

먼저 이들은 한국사회에서 주택문제를 발생시키는 근본적 원인을 독점자본의 토지독점과 부동산투기로 단정하면서, 그 동안의 한국의 주택정책은 물론 최근의 200만호 주택건설정책까지 모든 정책들은 결국 "건설자본의 이윤추구에 봉사하고, 주택배분과정에서 중산층 이상의 계층을 위주로 한 아파트공급과 무허가정착지의 재개발(해체)과정이라는 계급적 차별성을 노정시켜 왔다"[52]고 주장하고 있다. 또한 이 과정에서 국가는 독점자본과 부동산투기자의 이익을 보장해 주는 역할을 해왔다고 주장한다.

---

50) Il-Seong Yoon, *Housing in a Newly Industrialized Economy*, Aldershot: Avebury, 1994, p. 162.

51) 우리 나라 공공주택의 성격과 배분적 모순을 지적한 사람들, 그리고 주택시장에서의 정부개입의 필요성을 주장한다는 사실만으로 사회민주주의 모델속에 포함시키는 것은 문제가 있을 수 있다. 한국의 주택연구자들 중 서구에서 일컫는 사회민주주의 모델에서처럼 주택에 관련된 '시민권'과 '평등전략' 등에 대한 구체적인 논의가 없다는 점이 한 이유로 지적될 수 있을 것이다.

52) 민족민주운동연구소, 전게서, p. 94.

그리고 주택문제의 해결은 현재의 시장경제체제로는 불가능하며, "주택문제의 해결은 자본주의적인 시장메커니즘에 의해서가 아닌 소유여부와는 관계없이 주택사용이 광범한 사회계층에게 보장되는 공공임대주택체계를 확립하는 방향으로 전환되어야 한다"[53]고 하여 시장메커니즘에 의한 주택공급 배제를 강조한다. 이를 위해서는 "도시 토지의 국유화 확대, 토지소유의 제한 및 투기토지의 환수, 국민주거권의 보장 그리고 공공임대주택의 대규모 건설과 무주택대중의 실제입주, 임대차 등록제의 도입"[54] 등의 제도적 장치가 보장되어야 주택, 토지 거의 전부문에서 국가의 강한 통제가 필요하다고 주장한다.

또한 "임대료규제정책은 단기적으로는 임대료를 안정시켜 서민들의 생활을 안정시킬 수 있는 정책이지만, 장기적으로는 부작용이 예상되므로, 임대료의 안정을 비롯하여 전반적인 주택문제를 해결하기 위해서는 주택의 과소비에 대한 세금의 중과와 토지의 과다보유에 대한 종합토지보유과세의 강화를 통해서 해결해야 할 것" 이라고 주장하며 보다 근원적인 대책을 촉구하고 있다.[55]

그러나 이들은 사회민주주의 모델에 근접한 연구자들이 주장하는 것처럼 국가의 적극적 개입을 훨씬 더 강도높게 주장하나 자본주의하의 국가가 이 모든 조치를 시행할 것으로 생각하지는 않으며, 이러한 조치들은 근로대중 중의 사회적 실천(계급투쟁)에 의해서만이 달성될 수 있다[56]고 보는데서 다른 그룹들과 차이점이 있다.

주택의 마르크스주의적 접근의 근원은 F. Engels(1820~1895)의 연구(The Housing Question)에서 찾을 수 있다. Engels는 19세기 주택문제들, 즉 세입자의 불안정, 임대료의 상승, 불량주택 등의 문제를 해결하기 위한 근본적인 해결책은 사회주의적 접근이 요청된다고 하였다. 그는 기존의 토지, 주택의 소유권을 몰수하여 재분배하는 길을 택해야 할 것이라 믿었다. 그러나 우리 나라 주택연구자들 중 Engels식의 사회주의혁명을 통한 주택문제의 해결방식을 구체화시킨 논의는 보기 힘든다.

53) 양재섭, 「한국의 주택공급구조에 있어서 공공부문의 역할에 관한 연구: 대한주택공사의 역할을 중심으로」, 서울대 환경대학원 석사학위논문, 1990. 4, p. 98.

54) 민족민주운동연구소, 전게서, 제 5 장.
한상진·한상연 외, 「알기쉬운 집의 경제학: 주택문제의 실상과 허상」, 실천문학사, 1990, 제 6 장 참조.

55) 곽세현, "임대료 규제의 의미와 효과," 「한겨레」, 통권 19호, 한겨레사회연구소, 1990. 3, pp. 98~99.

56) 백욱인, "주택문제와 대중운동: 주택투쟁의 사회적 위상과 가능성," 「경제와 사회」, 1990년 가을호(통권 7호), 한국산업사회연구회, 이론과 실천사, 1990.

제 5 절 결 론

지금까지 한국주택정책 그리고 한국주택 연구자들의 특성을 세 가지의 이념적 모형으로 분류하여 살펴보았다. 그 결과 한국의 주택정책은 시장모델을 기본으로 하되 정상적 시장모델(신고전파 경제학에 근거한)도 아니고 그렇다고 사회민주주의적 모델도 아닌 「파행적」 시장모델로 규정될 수 있다. 또한 국내 주택연구자들의 주장을 검토한 결과, 분류의 과정에서 필자의 독단적 판단이 작용했을 수도 있다. 그러나 서구에서 논의되는 주택시장모델과 유사한 경향을 보이는 논의들, 즉 정상적 시장모델로의 「전환」을 주장하는 부류와 사회민주주의모델로 「접근해 들어가는」 그리고 정치경제학적 주택공급을 「지향하는」 부류들로 분리해 낼 수 있었다.

한국의 주택문제는 어느 연구자가 지적한 것처럼 「난마처럼 얽혀 있다」. 이것을 푸는 방법은 논쟁의 폭을 기술적 차원에서 이데올로기적 차원으로 확대하는 것이 매우 중요하다고 생각된다. 주택정책의 논의는 미시적·정책기술적 수준에서 가치문제와 함께 논의되는 거시적·사회정책의 영역으로 확대되어야 할 것이다.

마지막으로 이와 같은 글이 한국의 주택정책연구에서 그리 많지 않다는 점을 고려할 때, 향후 주택정책과 이데올로기에 관련된 논의는 아래 사항에 대하여 보다 더 깊게 연구될 필요가 있다.

① 우리 나라 역대정부(제 1 공화국~제 6 공화국, 문민정부)의 정치적 이념과 주택정책과는 어떤 관련성을 지니고 있는가?

② 한국의 제 정당들의 주택정책기조 사이에는 어떤 이념적 차이가 존재하는가?

③ 정치경제학적 접근의 구체적 주택정책의 대안은 무엇이며 그 실천성에 대한 평가는 무엇인가?

④ 한국에서 사회민주주의적 주택정책의 실현은 가능한가?

⑤ 신자유주의(The New Right)적 주택정책을 따를 경우 우리 나라 주택시장메커니즘상 「분배의 불공정성」문제를 어떻게 해결해 나갈 것인가?

제23장 : 주택정책의 발전방향

제 1 절 주택정책의 목표설정

우리 나라 「주택건설촉진법」에 따르면 "국가는 국민의 주거생활의 안정과 향상을 보장하기 위하여 필요한 시책을 종합적으로 계획·실시하여야 한다(주택건설촉진법 제2조)"고 되어 있다. 국가가 주택부문에 개입하여 각종의 지원책과 규제책을 강구하고 직접적으로 임대주택을 공급하는 것은 궁극적으로 국민의 주거생활안정이라는 정책목표를 달성하고자 하는 데 있다.

「주택공급에 관한 규칙」에 따르면, 주택의 공급대상은 당해 주택건설지역에 거주하는 세대주인 자로 하되, 1세대 1주택의 기준으로 공급하도록 되어 있다. 국민주택기금에 의한 자금을 지원받아 건설되거나 개량되는 국민주택[1)]과 국가·지방자치단체 또는 대한주택공사가 사업주체로서 건설·공급되는 $85m^2$ 이하의 주택의 공급대상은 입주자 모집공고일 1년 전부터 입주시까지의 무주택세대주인 자로 한다.

또한 국민주거생활의 안정을 도모하고자 임대주택건설을 촉진하고(임대주택법 제1조), 도시의 저소득층주민 밀집지역의 주거환경개선을 위하여 필요한 주택의 건설, 건축물의 개량, 공공시설의 정비, 소득원의 개발 등의 주거환경개선사업을 할 수 있다(도시 저소득주민의 주거환경개선을 위한 임시조치법 제1조 및 제2조). 그리고 주거용건물의 임대차에 관하여 민법에 대한 특례를 규정함으로써 국민의 주거생활의 안정을 보장하도록 하고, 임대차기간, 해지의 제한, 계약의 갱신, 소액보증금의 보호 등 임차인을 보호하는 제도를 펴고 있다.

---

1) 국민주택의 규모는 $85m^2$ 이하의 주택이며, 국민주택 중 $40m^2$ 이하의 분양주택 및 $50m^2$ 이하의 임대주택공급대상은 세대주의 월평균소득이 경제기획원 장관이 발표하는 당해 주택건설지역에서의 전년도 도시근로자 가구당 월평균 소득 이하인 자로 한다.

위에서 소개한 우리 나라 주택관련법과 제도 속에서 도출되는 주택정책의 목표는 아래의 사항으로 요약·정리된다.

① 국민의 주거생활안정

② 무주택자의 주택공급상 우선권 부여

③ 임대주택의 공급촉진

④ 주택공급확대를 위한 주택건설업의 육성 및 지원

⑤ 저소득 밀집 주거지역인 불량촌의 개량 및 주거환경개선사업의 시행

⑥ 자기집을 가지지 못한 임차인의 보호 등

위에서 언급된 우리 나라 주택정책목표의 설정은 여러 가지 문제를 내포하고 있다. 우리 나라 주택정책 목표는 정책대상집단을 명확히 제시하지 못하여 누가 먼저 정책적 수혜대상이 되고 있느냐의 파악이 어려운 상태이다. 예를 들어 무주택자와 임차인을 위한 정책이 매우 중요한 정책우선순위로 나타나고 있으나 실제 정책집행단계에는 무주택자보다는 유주택자, 임차인 보다는 임대인 위주의 주택정책임을 발견할 수 있다. 이러한 평가는 다음의 논의에서 찾을 수 있다.

1) 무주택자의 범위와 정의에 관한 사항이다.

주택공급규칙에 의하면 「무주택자」란 주택을 소유하고 있지 아니한 세대주를 말한다. 즉 남의 집에 세들어 사는 임차가구는 소득수준과 관계없이 무주택자의 범주에 속한다. 주택의 소유만을 고려하기 때문에 토지, 빌딩, 금융자산 등의 상당한 자산을 소유한 자도 무주택자로 취급된다. 이는 제도적으로 무주택자의 범위를 너무 광의로 해석하고 있으며, 남의 집에 세들어 산다는 이유 하나만으로 소득수준의 고하에 관계없이 무주택자로 취급하는 것은 주택정책의 목표대상을 명확하게 정의하지 못한 처사이다.

무주택자의 판정기준은 주택소유여부도 중요하지만 현재 거주하고 있는 주택의 질적, 물리적 상태, 거주불안정 정도, 소득수준, 자산정도 등이 동시에 종합적으로 고려되어야 할 것이다.

2) 무주택자와 임차인이 우선적으로 주거안정을 누려야 할 대상집단이라 하면 이들이 원하고 이들의 소득수준에 맞는 주택의 공급확대가 따라야 한다. 그러나 지난 10여 년간의 신규주택 규모는 놀랄 만큼 증대하였고,[2] 임차가구의 수는 더욱 증가하였다.[3]

---

2) 신규공급주택규모는 1981년에 20.8평에서 1989년은 31평으로 증가하는 추세에 있다.

3) 1975년 우리 나라 전가구 중 임차가구수는 36.9%였으나, 1995년도에는 44.1%로 비율이 증가하였다.

무주택자와 임차인을 위한 주거안정책이 이들의 자가소유율을 확대하는 정책인지, 아니면 임대주택을 공급확대하여 주거의 안정을 도모하려고 시도되는 정책인지를 파악하기가 어렵다. 만일 무주택자와 임차인의 자가소유확대정책보다 거주목적의 주거안정에 초점을 맞춘다면 민간·공공부문의 임대주택확대에 대한 정책적 우선순위가 주어져야 할 것이다. 정부의 주택정책은 자가소유율도 증대시키고 임차인의 주거안정도 도모하고 주택보급률도 높이는 동시다발적 주택정책목표설정이므로 정책적 우선순위를 파악하기가 어렵다. 무주택자와 임차인들도 지역별, 소득수준별로 다양하게 분포되어 있기 때문에, 일률적으로 주택공급확대정책만을 내세울 것이 아니라 소득수준별, 주택점유형태별, 지역별로 체계적이고 단계적인 접근이 제시되어야 할 것이다.

3) 저소득층의 주거안정을 위해 불량주택을 개량 혹은 주거환경을 개선하기 위한 불량주택의 기준이 제시되지 못하고 있다. 앞서 제20장에서 「불량주택재개발」을 논의할 때 이미 지적된 바와 같이 어떤 주택이 재개발 혹은 주거환경개선의 대상이 될 수 있는 주택인지를 판정할 수 있는 최저주거기준(housing minimum standard)의 활용이 필요하다. 이를 통하여 많은 주택이 철거의 대상이 되거나 아니면 재개발대상지구에 포함되어 재산권행사나 개별가구의 주거환경개선이 어렵게 하는 문제점을 최소화해야 한다.

4) 주택수요집단(housing demand group)과 주택소요집단(housing needs group)의 구분이 불분명하여 주택프로그램의 수혜대상선정상 혼란과 오류의 소지가 크다. 주택수요집단이란 주택구입의 의사와 지불능력이 있는 사람들이며, 주택소요집단은 시장메커니즘에 의해 주거안정을 도모하기 힘든 일정수준 이하의 열악한 주택에 거주하는 저소득계층을 뜻한다.

일반적으로 주택수요집단인 중·고소득층은 민간주택시장에 의존하고, 주택소요집단은 공공부문주택의 수혜대상이 된다. 주택소요집단에 속하는 빈민과 저소득층의 경우 일부 생활보호대상자 등 법정영세민에 속하지 못한 저소득층에 대한 주택프로그램이 미흡하다. 만일 저소득층 가구가 공공주택분양을 기대할 경우 주택은행의 청약저축이나 부금에 가입해야 하는데, 은행에 저축을 할 수도 없는 저소득층의 주거안정대책이 미흡한 실정이다. 주택정책의 목표설정은 우선 정책대상집단의 정확한 구분과 함께 소득수준별 주택프로그램을 다양화할 필요가 있다.

5) 임대주택의 수요와 정책에 관한 사항이다. 도시지역 주택소비의 근원은 가구수의 증가, 소득의 증대 그리고 도시화의 과정 속에서 찾을 수 있다. 여기서는 주택소비의 일반적 특성과 임대주택소비에 관련된 주택정책 그리고 주택자원

의 배분상의 문제점을 논의하도록 한다.

임대주택을 요구하는 가구는 자가주택을 마련하지 못한 저소득층이나 자가보다 임대주택을 선호하는 일부 중·고소득층이다. 대부분의 저소득층은 자가주택 구매력이 부족하여 어쩔 수 없이 임대주택을 택하는 경우가 많다. 그러나 중·고소득층의 일부는 자가주택을 구입할 경제적 능력이 부족해서가 아니라 개인적 선호 아니면 일정기간 필요에 의해 임대주택에 거주하는 경우로 볼 수 있다. 중·고소득층이 임대주택을 선호하는 경우는 민간임대주택이 발달하여 주생활에 아무런 불편이 없는 국가들과 공공임대주택이 많이 공급되어 저소득층뿐 아니라 중산층까지 수용하고 있는 나라들, 특히 유럽국가들에서 흔히 나타나는 현상이다.

우리 나라의 경우, 임대주택의 소비패턴을 보면 자가주택을 마련하기 힘든 도시 저소득층이나 자가주택을 마련할 수 있는 경제적 여력이 어느 정도 갖춘 상향이동의 단계에 와있는 중소득층이 대부분을 차지한다. 후자의 경우는 자기가 원하는 지역에 기대하는 유형(예: 아파트)의 주택에 분양당첨이 되면 언제든지 자가주택을 마련할 수 있는 대기성 임차가구들이 대부분을 차지한다. 그러나 전자의 저소득층은 일정규모 이상의 주택을 자기 능력으로는 도저히 구입하기 힘든 비자발적 저소득 임차가구이다.

정부의 주택정책 중 이러한 저소득층 임차가구의 주거안정을 위해 몇 가지 정책프로그램을 실시하였다. 예를 들어 공공영구임대주택, 5년 임대 후 분양하는 단기임대주택 그리고 민간건설업자를 통한 민간임대주택의 공급방안 등을 들 수 있다.

먼저 민간임대주택에 대한 주택정책을 살펴보자. 민간임대주택부문의 가장 강력한 주택정책은 임대료 통제와 규제책이라 할 수 있다. 이미 이 책의 제16장에서 언급되었듯이 우리 나라는 임대료 규제정책을 실시한 경험이 없다. 임대료 규제정책이란 민간임대주택에 거주하는 임차가구를 보호하기 위하여 일정수준에서 임대료를 규제하는 정부개입방식이다. 그리고 임대료 규제책이 지니는 부정적 효과가 클 경우 보다 완화된 규제책을 동원하기도 한다.

우리 나라의 경우 임대차보호법을 통하여 임차인을 보호하기 위한 제도적 장치는 마련되었다고 볼 수 있으나 현실적으로 임대차보호법이 잘 지켜지지 않고 있다. 지난 1990년초 전세금이 급등하여 사회적 문제가 제기되었을 당시 정부는 몇 가지 임대료안정 및 조정방안을 제시하기도 하였지만 행정력의 미흡으로 실효성이 없었고 체계적·장기적인 대책을 수립하지 못한 상태에 있다.

제 2 절 주거빈곤 인과모형

우리 사회의 주거빈곤에 대한 인과관계를 살펴보도록 한다(〈그림 23-1〉 참조).

주거빈곤은[4] 가구(개인)의 저소득(빈곤) 그 자체가 가장 직접적 원인으로 지적될 수 있다. 아울러 다양한 제도적, 구조적인 요인들이 주거빈곤의 환경변수로 설명될 수 있으며, 이러한 요인들이 주거불안정을 더욱 악화시키는 것으로 작용하기도 한다. 주택공급·생산요인으로는 계층중립적인[5] 주택의 공급확대에 치우친 결과 일부 중산층 및 고소득층은 주거수준이 향상되고 있으나 저소득층은 주거불안과 주거빈곤상태를 벗어나지 못하고 있다. 우리 나라 주택시장은 철저히 공급자 위주의 시장이다. 분양당첨에 의해 주택을 공급받게 되는 주택시장의 파행성(특히 분양가 규제 등)이 지속되는 상태에서 주택은행에 주택청약저축·예금에 가입이 불가능한 가구는 주택의 대량공급이 이루어 진다해도 직접적 혜택을 누리지 못하는 실정이다. 즉 주택공급 및 배분의 계층 중립성은 저소득층에게 불리한 조건이 된다. 주택정책을 통해 어떤 계층이 먼저 혜택이 주어져야 하느냐를 고려한 "계층지향성," "정책목표그룹"에 대한 배려가 부족했다는 것이다.

아울러 주택의 배분적인 왜곡현상도 주거빈곤과 관련되는 독립변수로 설명되는 바 주택수요(housing demand)와 주택소요(housing needs)의 구분없이 주택만 공급하면 문제해결이 가능하다는 인식이 지배적이었다. 그러나 주택소요층의 주거안정은 시장메커니즘으로는 해결하기 힘든 한계를 지닌다. 즉 소요층은 공공주택공급이나 임대료보조정책 등의 배려가 따라야 주거안정이 가능해진다. 또한 주거빈곤층을 파악하기 위해서는 주택최저기준이 마련되어야 한다. "누가 주거빈곤층인가?"를 정책적으로 파악할 수 있는 증거로서 주택최저기준이 존재하지 않는 상태에서 공공주택정책을 지속하고 있음은 주거빈곤을 해결하기 위한 정책과는 거리가 멀다.

주거빈곤을 가중시키는 또 하나의 요인으로는 주택점유형태적 수요와 소요

---

4) 주거빈곤의 개념적 인식은 주택소요를 통해 파악할 수 있을 것이다. 주택소요란 "일정기준 이하의 주거수준에서 거주하는 사람들에게 요구되는 주택의 양과 질을 의미한다." 일반적으로 빈곤의 개념을 절대적 빈곤과 상대적 빈곤으로 구분해서 논의할 때 주거빈곤 역시 절대적 주거빈곤과 상대적 주거빈곤으로 구분이 가능해진다. 본장에서는 협의로는 절대적 주거빈곤을 의미하고 광의로는 상대적 주거빈곤을 포함하고 있다.

5) 계층중립적이란 "어느 계층은 특별히 어려운 지경에 처해 있는 데 견주어서 다른 계층은 상대적으로 좋은 형편에 있는 것과 같은, 주거소요에 관한 계층간 상대적 격차를 도외시하고 있다는 말이다." 권태준, 「분배의 의식화 시대」, 나남, 1989, p.38.

〈그림 23-1〉 도시주거빈곤 인과모형

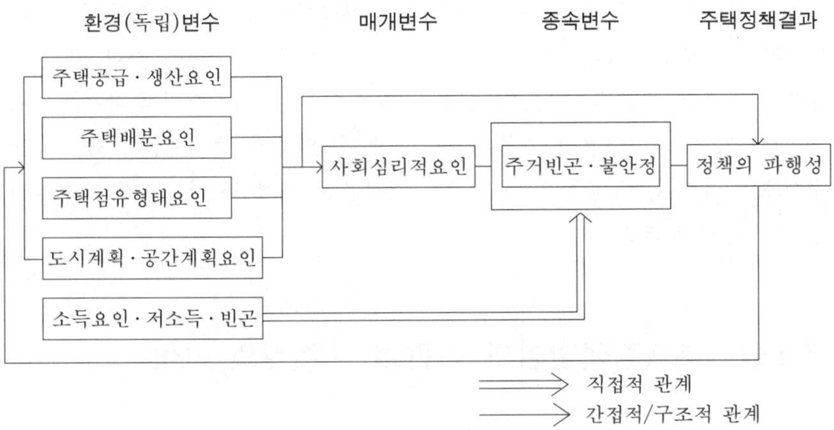

(所要)를 고려하지 못하고 있다는 점이다. 분양목적의 주택, 즉 자가소유목적의 간접적/구조적 관계주택을 대량 공급한다해도 자가(自家)실현이 원천적으로 불가능한 집단이 존재하기 때문에 이러한 가구에게는 임대주택의 공급확대가 필요하다. 우리 나라는 임대주택산업의 육성이 미진한 상태이며 전문임대업이 제도화되지 못하여 임차가구의 주거불안이 지속되고 있는 실정이다.

주거빈곤은 도시계획 및 공간계획과도 깊은 연관을 지니고 있다. 도시미관위주의 재개발사업과 상업주의적 합동재개발은 주거빈곤층의 주거압박을 가중시키는 결과를 초래하였으며, 미래지향적이라는 도시기본계획도 주택문제해결을 위한 구도를 제시하지 못하고 있다. 도시토지이용은 인구구조, 가구특성, 직주근접 등의 기본적 사항과 체계적 연계가 미흡하고 주거환경을 악화시키는 요인으로 작용하고 있다.

이러한 다양한 직접, 간접적인 요인(환경변수·독립변수)은 사회심리적인 매개변수에 의해 더욱 주거불안정과 주거빈곤감을 증폭시키고 있다. 자가집단의 경우 사회심리적 요인이란 무엇인가? 분양당첨자는 수천만원(혹은 수억대)의 불노소득이 확보되는 행운을 얻고 있다.[6] 주택분양가규제하에서의 프리미엄을 노린 투기성 분양당첨은 사회적 위화감과 상대적 박탈감을 유발하고 있다. 한편 임차가구집단의 경우 주택의 대량공급(예: 200만호 공급)이 이루어졌음에도 불

6) 신규아파트 분양가규제 하의 분양가격은 시장가격의 60~70% 수준으로 분양당첨 그 자체가 엄청난 불로소득 혹은 행운으로 인식되었다. 세계 어떤 국가에서도 신규주택분양당첨으로 인한 프리미엄을 안겨주는 주택공급제도는 보기 힘든다.

구하고 전세, 월세는 계속 상승하고 있어 주거압박은 여전하다.[7] 분양가규제책으로 인한 부작용인 불노소득의 창출과 분양당첨되지 못한 사람들의 상대적 주거빈곤감의 증폭 그리고 임차가구들의 내집마련 꿈의 실현에 대한 좌절, 전·월세의 계속적인 상승 등이 주거빈곤을 실감하게 하는 사회심리적 매개변수이다.

결과적으로 이러한 변수들의 상호작용에 의하여 주거빈곤과 주거불안정이 상존하고 있으며, 이에 대한 구조적인 해결방안이 제시되지 못하는 "주택정책의 파행성"이 지속되고 있다.

제 3 절 주택정책발상의 전환과 주거권의 인식

1. 발상의 전환

스위스 국제경영개발연구원(IDM)과 세계경제포럼이 발표한 보고서에 의하면 국가경쟁력이 조사대상국 중 싱가포르가 2위이고 한국은 24위로 발표됐다. 일본과 독일을 물리치고 2위에 오른 싱가포르는 어떻게 하여 국가경쟁력이 이처럼 강화되고 있는가?

경제 및 경영전략 전문가들은 싱가포르 정부는 국가정책을 일관성있게 펼치고 총체적인 추진력이 다른 나라에 비해 뛰어나다는 평가를 한다. 한편에는 싱가포르는 정부운영에 있어 공직자들의 투철한 공인정신과 부정부패가 거의 없는 공직자상이 국가경쟁력의 원동력이라고도 한다. "공무원은 근무시간에 신문을 읽을 여가가 있을 수 없다"라는 말이 나올 정도로 열심히 일하는 공직자들이다. 이 밖에 부처간의 이기주의나 비협조는 상상도 할 수 없다는 점, 윗물이 맑은 사회지도층 인사의 청렴 등도 장점으로 지적된다.

싱가포르의 국가경쟁력이 세계적으로 초일류국가의 수준에 도달한 것은 위에서 말한 것 이외에 또 하나의 중요한 사실이 있음을 주시해야 한다. 그것은 싱가포르 공공주택정책의 기여이다. 싱가포르는 주민의 약 85%(77%가 자가소유화 됨)가 국가에서 건설한 저렴공공주택에 거주하고 있다. 유럽 선진국 못지 않게 공공주택공급이 확대되어 있고 주택정책이 발달한 나라이다.

---

7) 대도시 거주 임차가구의 소득에 대한 임대료 비율은 1982년의 17%에서 1988년에는 26%로 증가하여 소득에 대한 임대료 부담이 지속적으로 증가하고 있다. 한편 1986~1992년 사이 주택매매가격과 전세가격 상승률을 비교해 보면 1990년 한해를 제외하고는 전세가격이 매매가격보다 더 큰 폭으로 상승하여, 매매가격의 절대수준이 하락한 기간 중에서도 전세가격은 상승하였다. 고철 "주택정책현안과제와 대책," 주택공급확대방안에 관한 정책토론회, 국토개발연구원, 1994; 김경환·서승환, 「도시경제론」, 홍문사, 1994, p.254 참조.

1인당 GNP가 우리의 2배인 상황에서 일반노동자의 임금수준이 우리와 비슷하거나 낮은 데도 불구하고, 생산성이 높고 안정되어 있는 점을 따져 보아야 한다. 다양한 이유가 있겠으나 가장 중요한 것으로 노동자 및 일반 서민의 주거 안정을 들 수 있다. 물가가 비싸다고 해도 내집마련이 용이하고, 자가소유가 불가능한 계층에 대해서는 국가가 공공주택을 공급함으로써 주거안정을 보장받을 수 있다는 것이 가장 큰 사회안정과 국가경쟁력의 원동력이라 평가할 수 있다.

홍콩도 마찬가지다. 1986년 현재 전체주택의 45%가 공공주택으로 자유시장을 택하고 있는 자본주의국가 중 2번째로 큰 규모의 공공주택 보유국이다. 한 연구에 따르면 공공영구임대주택의 보조금 지급이 현물로 계산하여 노동자 월수입의 70%에 해당되었다고 한다. 이러한 정책이 홍콩의 노동자들을 장시간의 노동과 저임금에 견딜 수 있게 한 요인으로 풀이된다. 홍콩 역시 공공주택공급이 국가경제발전과 사회안정의 원동력으로 평가받고 있다.[8]

"주택은 비생산적이며 공공주택투자는 경제발전이나 국가경쟁력에 효과적이지 못하다"라고 하는 정책결정자들의 인식은 적어도 싱가포르와 홍콩의 경험으로는 설득력을 지니지 못하고 있다. 주택정책에 대한 인식의 일대전환이 시급한 시기이다. 공공주택의 축소론 내지 무용론은 국가경쟁력제고나 경제발전에도 도움이 되지 않을 뿐 아니라 사회적 통합을 이루는 데 위험한 발상이 될 수 있다.[9]

2. 권위주의정부의 주택정책과 시민운동

그 동안 우리 사회는 성장과 분배문제에 관하여 소위 성장론자와 분배론자 간의 의견대립이 지속되어 왔다. 성장론자로 분류되는 사람들의 주장은, 분배에 치중하다 보면 경제성장에 지장을 가져오기 때문에 분배에 대한 고려는 성장을 이룩한 연후에 생각할 문제라는 주장이다. 이는 기업이윤의 확대를 통한 자본축적을 충분히 이룩하고 경제규모의 확대를 통한 부의 창출이 급선무라는 논리이다.

8) M. Castells, L. Goh, R. Y-W Kwok, *The Shek Kip Mei Syndrome: Economic Develop-ment and Public Housing in Hong Kong and Singapore*, London: Pion, 1990.

9)

구 분	1989	1990	1991	1992	1993
재정지원액(억원)	6,530	7,342	9,700	7,700	5,356
세출대비액(%)	2.3	2.2	2.4	1.6	1.0

자료: 염돈민, "저소득층 주택정책의 방향," 「국토정보」, 1994, p.8~9, 79.

"주택부문에 대한 재정지원 추이"는 위의 표와 같이 1991년 이후 급격히 감소하고 있다. 참고로 외국의 세출액대비 재정지원비율(중앙정부)은 미국: 5.8%(1990), 영국: 8.0%(1989), 프랑스: 6.2%(1990), 일본: 2.1%(1993) 등이다.

그러나 분배문제를 중요하게 생각하는 사람들의 견해는 "누구를 위한 성장이냐"에 대한 대답을 요구한다. 경제발전의 목표가 단순히 경제규모의 확대에만 국한된 것이 아니므로 "성장과 분배"는 동시적이고 상호연계되어 진행되어야 한다는 논리이다. 경제성장과 함께 저소득층에게도 성장의 과실이 나누어 질 수 있는 상태, 즉 빈곤층의 주거안정, 보건과 영양상태의 향상은 생활과 직장의 안정감을 유지하게 됨으로 생산성의 증대를 가져와 결국 경제성장과 사회안정을 유지할 수 있다는 주장이다.

지난 수십 년 동안의 경제성장 위주의 국가정책은 총량적 경제규모의 증대와 자본축적의 목표는 상당부문 달성했다고 본다. 그러나 분배문제를 소홀히 다루거나 미쳐 돌보지 못한 정책적 미숙함이 노정되었고, "개발독재"의 거대한 힘에 눌려 이룩한 경제성장의 긍정적 기여에 못지 않은 부정적 효과와 불평등의 사회적 갈등은 심각한 상태이다.

시기적으로 보면 1960년대부터 1988년까지 주택부문의 경우는 철저히 경제성장정책의 종속적인 한 부문에 지나지 않았다. 1989년부터는 역사적으로 처음 도입한 공공영구임대주택제도라는 것을 통하여 성장위주에서 "부분적 분배"를 고려하는 정책전환이 이루어졌다고 평가된다. 1989년부터 향후 4년간 200만호 주택건설계획의 일환으로 공공영구임대주택 25만호를 건설하겠다는 주택정책의 탄생을 예로 들 수 있다.

문제는 이러한 서민의 주거안정을 위한 분배적, 사회복지적인 공공주택정책이 정책당국자들의 "성장과 분배의 조화"라는 정책발상의 전환에서 기인한다기보다 분배를 고려하지 않을 수 없는 당시의 사회적 분위기와 한계상황논리가 더욱 설명력을 지닌다. 1980년대 후반의 급등하는 주택가격, 사회적으로 만연된 부동산 투기, 저임금 노동자의 계속되는 임금투쟁, 재개발지구 도시빈민들을 중심한 철거반대 투쟁 등 소외되고 경제성장으로부터 혜택을 받지 못한 그룹들의 소득불평등 및 빈부격차에 대한 노골적인 반발과 위기상황이 주거복지정책의 도입을 가져오게 한 것이라 본다.

이러한 사회분위기는 정부로 하여금 "주거의 빈부격차심화로 인해 국가안보와 자유경제체제에 도전하는 세력들의 온상을 제공할 가능성이 보이므로 획기적인 저소득층 주택정책을 도입할 필요가 있다(건설부, 1989)"는 사실에서 잘 알 수 있다. 저소득 주택문제 해결없이는 사회안정 자체가 위기를 맞이하게 될 것이라는 위기의식에서 출발한 것이 저소득을 위한 주택정책의 전환점이라 생각된다.

정부에게 정책의 전환을 가져오게 한 조직된 힘의 원동력은 노동조합, 시민단체, 비정부기구(NGOs: non-governmental organizations)와 지역사회 주민단체(CBOs: community-based organizations)들이다. 기업체의 생산성에 차질을 가져오기도 한 심각한 노동운동, 경제정의실천시민연합(경실련)이 주축이 된 부동산 투기방지대책 및 토지공개념 등의 경제정의를 위한 시민운동 그리고 재개발지구의 도시빈민들의 자구적 생존전략으로서의 "선 주거대책 후 철거"를 주장한 도시빈민운동 등이 공공영구임대주택의 탄생을 가져오게 한 것으로 본다. 이러한 주택정책변환의 인과적 분석은 "1915년에 발생한 영국 글라스고 저임금 노동자들의 임대료지불거부 투쟁운동"의 충격으로 영국 정부가 대대적 사회주택을 공급하게 되는 것과 유사한 역사적 경험으로 생각된다.

안타깝게도 한국의 공공영구임대주택은 문민정부 하에서는 자취를 감추어 버렸다. 더 이상의 주거복지형 영구임대주택은 공급이 없다. 공공영구임대주택을 대신한다는 공공주택이라는 새로운 주택프로그램도 재정지원의 부족으로 그 실적이 미미하며, 서민주거안정을 위한 주택정책은 퇴행적 경로를 걷고 있다고 해도 과언이 아니다.

주거빈곤의 해결을 위한 정부의 정책노력은 강화되어야 한다. 그러나 시민들의 자구적 노력 또한 필요하다. 이는 시민운동의 차원에서 단순한 정부정책의 비판뿐 아니라 시민 스스로의 협동적 주거안정노력의 대안모색도 제시되어야 한다. 그 대표적인 주민운동으로서 덴마크, 스웨덴, 영국, 독일 등지에서 오랜 역사를 지닌 주택협동조합운동(housing co-operative movement) 등은 시사하는 바가 크다.

3. 주거문제에 대한 국제적 움직임

문민정부 하에서 가장 유행하는 용어 중의 하나는 세계화, 국제화, 국제경쟁력의 강화 등으로 생각된다. 아울러 지방자치제의 정착을 위해 지방화 또한 중요한 과제이자 사회적 슬로건이 되고 있다.

주택문제와 관련하여 국제적으로 인식을 공유하고 있는 것은 모든 국가에서 인간으로서의 최저주거수준을 유지할 수 있도록 하는 것이다. 이는 인간다운 삶의 조건으로 주거안정이 가장 중요한 것으로 보고 있기 때문이다. 아울러 현재 거주하고 있는 주거지에서 강제적으로 철거당함으로 해서 초래되는 주거압박과 주거불안정을 최소화 하자는 점이다. 그래서 인간은 누구나 정상적 가정생활이 가능하도록 주거(tenure security)가 정착되어야 하며 만일 주거침해 혹은 철거

등을 통한 주거위협은 정부가 적극적으로 보호·개입해야 한다는 것이 세계적 추세이다. 이러한 경향을 잘 나타내는 움직임이 유엔을 통해 전개되고 있다. 이 지구상 많은 주민들이 빈곤으로 인해 불량촌을 형성하고 때로 강제철거의 위협으로 사회적 갈등을 유발하고 있다.

그래서 유엔인권위원회(UN Commission on Human Rights)는 1993년 3월 10일 제네바에서 개최된 제49차 회의에서 만장일치로 아래 사항을 결의하였다(결의안 제77호).

1. 인간의 주거권 실현이라는 관점에서 강제철거는 명백히 인권을 침해하는 것으로 규정함.
2. 모든 정부는 강제철거가 행해지지 않도록 신속한 조치를 강구하도록 권고함.
3. 강제철거의 위협을 받고 있는 모든 주민에 대하여 법적인 주거안전조치를 마련하고, 해당 주민(집단)의 효율적인 참여, 협의 그리고 협상을 통해 강제철거로부터 보호받도록 모든 조치를 강구해야 함.
4. 강제철거를 당한 모든 주민과 공동체에 대하여 정부는 그들의 요구에 따라 원상회복, 보상 혹은 적정하거나 충분한 대안적 거처(혹은 부지)를 마련해야 하며, 이는 이해관계를 지닌 주민 및 집단의 상호만족스러운 협상을 통하여 이루어지도록 함.
5. 유엔 사무총장은 이 결의안이 세계 모든 정부, 유엔 산하기관, 지역 및 범정부기관, 민간단체, 커뮤니티단체에 권유하여 실행되도록 함.
6. 유엔 사무총장은 실제 강제철거에 관한 각국의 사례 분석보고를 취합하며, 이를 국제법과 관련 법률에 근거하여 분석하며, 그 결과 보고서를 제50차 인권위원회 회의에 제출하도록 함.
7. "경제, 사회, 문화적 권리의 실현"이라는 제하의 보고서를 제50차 회의에서 작성하도록 결정하며, 강제철거에 대한 이슈가 지속적으로 논의될 수 있도록 모든 조치를 강구할 것을 결의함.

위에서 본 것 같이 국제적인 주거권확보 움직임이 전세계적으로 확산되고 있음에도 불구하고 아직도 우리 나라는 주민의사에 반하는 강제철거와 철거과정에서 폭행과 불법이 자행되고 있다. 최근 발생한 강제철거의 한 예를 보면, 1994년 4월 19일 하왕십리 2-1지구 재개발지구에서 철거반의 폭력적 철거과정

에서 수명이 폭행을 당하는 불상사가 발생하였다.[10]

유엔 결의안에 따르면 주거권(housing rights)은 곧 인권(human rights)이며 각국 정부는 주거권이 침해되지 않도록 주택정책 혹은 재개발 정책을 펴야 한다고 강력히 권고하였다. 아울러 공공사업으로 인해 불가피하게 철거가 필요한 경우는 해당 철거주민(가옥주, 세입자)에 대해서는 반드시 거처를 마련해 주어야 한다는 주장이다.

제 4 절 주택정책의 발전방향

지금까지 논의한 저소득층 주거상황과 주택정책효과분석을 중심으로 살펴보면 우리 나라 주택문제는 크게 5가지로 구분될 수 있다. 첫째, 주택의 양적 부족문제로서 가구수에 비하여 주택수가 절대적으로 부족하다는 점이다. 둘째, 주택의 질적 문제로서 일부 중·고소득층은 괄목할 만큼 향상되고 있으나 대부분의 임차가구와 저소득층의 주거빈곤은 개선되지 못하고 있다. 셋째, 일반 서민의 주거비부담능력의 부족이다. 지난 10년간 주택가격의 급상승으로 인하여 집을 가진자와 신규아파트를 분양받은 사람은 엄청난 불로소득을 얻었으나 대부분의 임차가구와 저소득층은 주거비 부담이 과중하여 주거불안이 지속되고 있다. 넷째, 주택자원의 불공평한 분배문제이다. 집을 여러 채 가진자는 임대수입에 대한 세금도 없이 더욱 자산가치를 증대시키고 불노소득을 향유하고 있으나 일반 셋집에 살아가는 임차가구에 대해서는 국가가 제대로 보호하지 못하고 있다. 또한 기존 임대차보호법은 임대료 규제나 임대주택시장 질서를 바로잡지 못하는 사문화된 상태에 있다. 그리고 다섯 번째로 주택정책목표설정의 모순이다. 무주택자의 정의가 불분명하여 정확한 공공주택정책대상을 가려내지 못하고 있으며, 주택수요집단과 주택소요집단의 정책적 구분이 모호하다.

위에서 지적한 사항들에 초점을 맞추어 보다 효율적이고 형평성 있는 주택정책을 수립하고 발전적으로 운영하기 위해서는 아래에 지적하는 주택전략모형들을 고려할 필요가 있다.

주택은 소비주체와 생산·공급주체가 달리 나타나는 것이 일반적이다. 일부 저소득층 주택, 예를 들어 달동네·산동네의 불량주거지에서는 주택공급자가 바로 주택소비자인 불량·불법주택이 존재하지만 대부분의 주택은 생산과 소비의

10) 한국일보, 1994년 4월 25일자 참조.

주체가 다르다.

아래의 주택점유형태별 주택생산 및 공급주체의 구분(〈표 23-1〉 참조)에서 공공과 민간의 역할분담을 생각해 볼 수 있다. A와 C에 속하는 주택은 민간에서 건설·공급하는 주택으로서 A는 민간자가부문이며, C는 민간임대부문의 주택이다. B와 D는 공공부문이 공급하는 주택으로 B는 공공분양주택이며 D는 공공임대주택을 의미한다.

그리고 E와 F는 비영리단체에서 공급하는 주택으로, 예를 들면 유럽선진국에서 흔히 볼 수 있는 협동조합주택(housing co-operatives)이 전형이 될 수 있다. 협동조합주택은 이 책의 제18장에서 논의된 바와 같이 주민들의 협동적 노력에 의해 주택을 생산·소비하는 형태를 말한다. 협동조합주택은 F에 해당하는 「임대목적의 조합주택」이 주류를 형성하였으나 1970년대부터 「자가목적의 조합주택」도 일부국가에서 성행하고 있다.

A~F에 이르는 6가지 주택의 생산·공급주체에 따른 점유방식속에서 지난날 우리 나라 주택정책은 이중 어느 부문에 정책적 우선순위를 두었는가를 살펴보자. 이 책의 여러 곳에서 언급되었듯이 우리 나라는 그 동안 자가소유확대에 정책적 배려가 집중되었다. 특히 신규분양주택이 〈표 23-1〉의 A부문의 것으로서 주로 민간건설업체가 주로 담당하였다. 대부분의 자본주의 시장경제 하에서는 A부문이 전체주택재고중 큰 비중을 차지하고 있는 것이 일반적 현상이지만, 상대적으로 민간임대와 공공임대가 또한 고르게 발달되어 있다.

〈표 23-1〉 주택점유형태별 공급주체

공급·생산주체 / 점유방식	민 간	공 공	비영리단체
자가(분양)	A	B	E
임 대	C	D	F

(1) 자가촉진을 위한 민간분양주택(A부문)

정부는 신규분양주택시장에 매우 깊숙히 개입하고 있다. 분양가규제, 원가연동제, 채권입찰제, 상환사채 등의 제도가 그 대표적인 민간분양주택의 시장개입제도이며, 증대하는 주택수요를 감당하기 어려워 주택청약예금제도를 도입하여 과열경쟁을 조정하고 있다. 분양주택의 공급확대측면에서 정부의 시장개입은 부정적 효과를 지니고 있다는 견해와 거래질서 및 공정분배를 위해 정부의 규제조치가 필요하다는 상반된 주장이 있다. 현실적으로 시가와 분양가 사이에 엄청난 차액이 발생되어 투기자본이 유인되고 있는 것도 사실이다. 그러나 건설업자에게는 채산성 문제 등으로 공급이 위축될 수밖에 없다는 업계의 불만도 있다. 분양가연동제는 주택의 공급을 제한하고 주택투기를 유발하는 부작용을 낳고 있기 때문에 가격조정정책이 재고될 필요가 있다. 그러나 분양가를 자율화했을 때의 주택시장 파급효과를 고려하여 점진적인 자율화 방안이 제시되어야 할 것이다.

예를 들어 차등적 분양가조정정책으로서 일정규모 이하(예: 25.7평)에는 일정기간 분양가조정이 필요하겠으나 중·대형 주택은 시장기능에 맡겨야 할 것이다. 자가주택수요의 측면에서 공급확대가 필수적임을 감안하여 단계적 자율화조치를 취해야 하고 주택시장하에서의 민간주택산업의 경쟁력 제고를 확보할 수 있는 주택정책의 발전적 변화가 요청되고 있다.

(2) 서민을 위한 민간임대주택(C부문)

우리 나라 주택점유형태상 상당부분을 차지하고 있는 것이 민간임대주택(임차가구의 비중은 46.9%, 1990년)인데 민간임대주택공급을 위한 제도적 장치가 미흡하여 민간임대주택은 일반 셋집이 거의 대부분을 차지하고 있다. 우리 나라는 독특한 임대주택시장인 "전세제"로 형성되어 있는데, 주택전세제의 보편화 현상은 주택금융제도의 미발달에서 찾을 수 있다. 그리고 전세금은 주택구입의 목돈마련의 역할을 할 수 있어 전세가구는 자가소유가능계층으로 볼 수도 있다.

5년 임대 후 분양가능한 민간임대주택의 공급지원책을 건설회사를 주된 대상으로 유도하고 있으나 민간건설업체의 단기의 자금회수, 고기대 수익률에 부응하지 못하여 대량공급이 어려운 실정이다. 그리고 정부의 민간임대주택건설에 대한 지원 등도 일관성을 지니지 못하여 안정적 임대주택공급이 어렵게 되어 있다. 다행히 임대주택법이 제정되어 민간임대업의 활성화를 기대해 볼만 하다. 그러나 현행 임대주택법은 임대주택의 공급을 확대할 수 있는 조치들이 미흡하여 제도적 보완이 요구되고 있다.

(3) 공공부문(B와 D부문)

앞에서 이미 여러 차례 지적한 바와 같이 우리 나라 공공부문 주택공급은 임대주택보다 분양목적의 자가주택공급에 치중하여 왔다. 제6공화국시절 주택 200만호 계획의 일환으로 공급된 공공임대주택(D부문) 19만호는 발전적인 주택정책이라 평가할 수 있다. 그러나 19만호 계획 이후는 공공영구임대주택(사회주택)계획이 전혀 없다. 공공임대주택은 법정영세민의 가구수에 비하여 턱없이 부족한 실정이라 일부 영세민에게만 선택적으로 공급되고 있다. 공공주택정책의 가장 핵심적 부문이 임대주택임을 감안할 때 지금까지의 정책수단과 배분방식은 재고되어야 할 것이다.

(4) 비영리단체(E. F부문)의 주택공급

서구 선진국에 비하여 우리 나라는 비영리단체의 주택공급이 거의 전무한 실정이다. 유럽 선진국의 경우 종교단체, 사회자선단체 등에서 저소득층을 위한 주택프로그램이 오래 전부터 존재하였고, 주민 스스로의 주택협동조합운동이 활발하였다. 특히 노동조합을 중심으로 한 비영리조합원 주택공급방식이 널리 활성화 되어 있는 것에 비교하면 우리 나라는 이 분야의 주택공급이 너무나 미약하다. 현존하는 조합주택이 자가소유중심의 분양주택이어서 투기의 온상이 되고 있음은 물론 「수서지구 특혜분양사건」을 계기로 조합주택의 문제점이 확연히 나타나고 있다.

(5) 주요 외국의 경우

〈표 23-2〉에서 나타난 바와 같이 주택의 점유형태는 나라마다 상이한 특성을 지니고 있다. 주택의 점유형태상으로 보아 몇 개의 그룹으로 분류할 수 있는데,

〈표 23-2〉 각국의 점유형태비교

(단위: %)

국가 / 점유형태	영국 (1990)	네덜란드 (1990)	덴마크 (1990)	스웨덴[5] (1990)	독일 (1990)	미국 (1990)	프랑스 (1990)	일본[3] (1988)	싱가포르[4] (1985)	한국 (1990)
공공임대 (D)	26	40	24	36	25	3	17	7.6	공공주택 거주가구81%	—[1]
민간임대 (C)	7	15	24	21	38	33	40	29.6		41.2[2]
자가소유 (A)	67	45	52	43	37	64	53	53.3	민간주택 거주가구19%	53.3

주: 1) 한국의 공공임대(공공영구임대주택)는 2% 미만으로 추정됨. 임차가구와 자가소유를 제외한 나머지 2.5%는 무상임(1995 인구 및 주택센서스 참조).
2) 우리 나라 통계는 자가와 기타를 제외한 임대주택에 민간임대와 공공임대가 포함되어 있음.
3) 소유관계가 불분명한 1.4%, 주택은 포함되지 않았음.
4) 총인구 중의 81%가 공공주택에 거주하고 있으며, 이 중 76.1%는 자가점유가구이고 23.9%는 임차가구이다. 민간주택입주자는 19%이다.
5) 스웨덴의 순수민간임대는 21%이며, 15%는 협동조합주택임.

자료: ① M. Ball et al., *Housing and Social Change in Europe and the USA*, London: Routledge, 1988, p. 48, 〈Table 2. 2〉 재구성 및 보완.
② Seong-Kyu Ha(ed.), *Housing Policy and Practice in Asia*, London: Croom Helm, 1987.
③ A. K. Wang & S. H. K. Yeh., *Housing a Nation*, H.D.B., 1985.
④ M. Oxley & J. Smith, *Housing Policy and Rented Housing in Europe*, London: E & FN SPON, 1996, p. 74.
⑤ Anne Power, *Hovels to High Rise: State Housing in Europe since 1850*, 1993, p. 10, 〈Table 1.1〉 참조.

미국과 일본은 자가소유가 절대적으로 우위를 차지하고 공공임대가 가장 낮은 비율을 차지하고 있다.

그리고 영국과 네덜란드는 자가비중이 다른 점유형태에 비하여 상대적으로 높긴 하나 공공임대의 비중이 매우 크게 나타나고 있다. 특히 네덜란드는 공공임대와 자가소유가 거의 비슷한 수준에 와 있다.

독일의 경우는 민간임대가 자가소유보다는 높은 비중을 차지하고 공공임대도 상당한 부분을 차지한다. 민간임대와 공공임대를 합하면 63%로서 임대주택의 비중이 월등히 높은 국가 중의 하나이다.

위에서 살펴본 각국의 주택점유형태별 비중은 다음과 같다.

① 미국·일본식 점유형태구성은; A(자가)>C(민간임대)>D(공공임대)

② 영국·네덜란드식 점유형태구성은; A(자가)>D(공공임대)>C(민간임대)

③ 독일식 점유형태구성은; C(민간임대)>A(자가)>D(공공임대)

우리 나라의 경우는 ①번의 미국·일본식 점유형태구성에 유사하다고 생각된다. 그러나 아직 한국은 공공임대부문이 〈표 23-2〉에 나타난 어떤 국가보다 낮은 비중을 보이고 있다. 아시아 국가들 중에는 싱가포르와 홍콩이 공공임대부문이 활성화된 대표적인 국가이다.

(6) 종 합

향후 우리 나라 주택정책적 관심은 임대주택과 비영리단체 주택공급에 유의할 필요가 있다. 복지국가를 지향하는 세계적 추세를 감안하면 우리 나라는 공공임대주택에 대한 정책적 배려가 너무나 미흡하였고, 자가소유촉진에 중점을 둔 주택정책적 특성을 발견할 수 있다. 주택점유형태에 근거하여 공공과 민간의 역할정립은 아래와 같은 기본원칙에서 재정립될 필요가 있다.

1) 자가수요의 기대에 부응하기 위하여 정부는 주택시장, 특히 원가연동제 등 신규분양주택의 가격규제방식을 점진적으로 철회하여야 한다. 민간분양주택은 시장메커니즘에 맡겨두어야 하고 자가주택공급확대를 위한 간접적 지원방안이 따라야 한다. 분양가격규제 등은 일정규모 이하의 서민주택의 경우나 특정지역에만 국한할 필요가 있다.

2) 자가주택을 마련하지 못한 일반 서민을 위하여 민간임대주택의 공급이 확대될 수 있는 방안이 모색되어야 한다. 기존의 민간임대주택건설업체에게 지원하는 방식에서 보다 더 적극적 지원방안이 있어야 하고 전문임대주택업체의 육성이 매우 중요한 정책과제이다. 전세 및 임대료 안정을 위해 일반 셋집에 대한

〈그림 23-2〉 주택점유방식모형

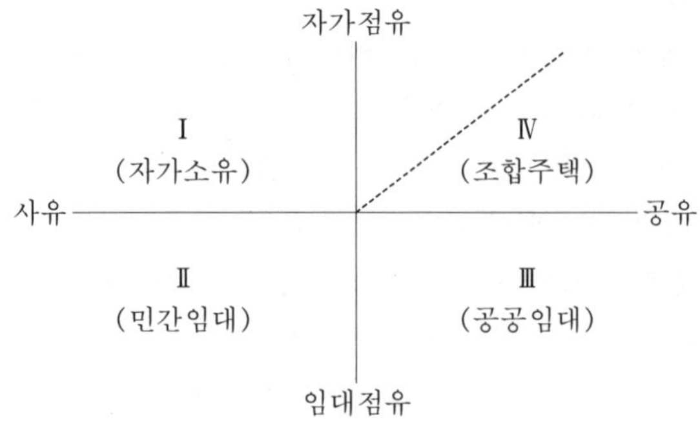

지원책과 아울러 임대료 폭등을 막을 수 있는 "임대료 규제방안"이 강구되어야 한다.

3) 우리 나라 공공주택정책의 최우선 과제는 "공공임대주택(사회주택)"의 공급확대이다. 공공주택의 수혜대상을 확대하기 위하여 공공부문에서 공급하는 임대주택은 현재의 "아파트"건설방식에 국한할 것이 아니라 다가구주택, 연립주택 등의 주택형태의 다양성을 고려해야 한다. 한편 공공부문에서 분양을 목적으로 하는 수지타산적 주택공급방식을 지양하고 분양주택은 민간부문에 맡기는 것이 효율적이라 생각된다.

4) 기존의 "조합주택"제도는 철회되거나 개선되어야 한다. 만일 조합주택의 존속을 희망한다면 이미 유럽선진국에서 경험한 "협동조합주택(housing co-operatives)"방식을 우리 실정에 알맞게 개선 도입해야 하고, 주민의 주택소유욕을 감안하여 협동조합주택은 분할소유방식(shared-ownership)의 채택이 요망된다.

5) 향후 우리 나라 주택정책방향은 위의 그림에서 나타나는 이념적 구분하에서 어떤 주택관련 사회이념을 선호하느냐에 따라 그 방향설정이 크게 좌우될 것으로 본다.

- I 은 주택을 경제재, 교환가치에 중점을 두고 주택의 사유화, 자가소유를 강조하는 시장모델(market model)지향적 접근이다.
- Ⅱ는 주택을 경제재의 하나로 보고, 사적 임대제도의 활성화와 민간임대시장을 강조하는 접근이며, 이는 위의 I 의 접근, 즉 시장모델의 한 부분을 차지한다.
- Ⅲ은 주택의 사회재적 성격을 강조하는 것이며 공공임대주택의 공급에 정책적 배려가 큰 주택제도 하에서 찾을 수 있다. 주택의 공유(혹은 국유)와

임대점유를 강조하는 접근은 대부분 사회주의국가들에서 경험한 마르크스주의(Marxist model)적 접근방식이다. 그러나 유럽선진국의 상당수 국가들이 주택의 사회재적 역할과 사회주택의 공급이 확대된 경우는 이념적으로 사회민주주의(social democratic)모형이라 할 수 있다.

- Ⅳ의 경우 주택은 교환가치와 사용가치를 동시에 지닌 것으로 보지만 공유형태로서의 자가주택을 생각할 수 있다. 일반임대주택시장에서의 순수한 민간임대주택과는 달리 공급주택은 공공기관, 종교단체, 기업 혹은 조합 등으로 개인소유주택이 아니지만 거주자의 입장에서 보면 자가점유와 다를 바 없는 주거안정이 확보된 경우이다. 대표적인 예로 협동조합주택 등을 들 수 있다.

우리 나라의 경우 주택관련 사회이념적인 경향이 지금까지 주로 윗그림의 Ⅰ과 Ⅱ부문에 해당되는 시장지향적 접근이 대부분이다. 향후 우리 나라 주택정책은 Ⅲ과 Ⅳ부문에도 보다 적극적인 제도적 보완과 논의가 계속되어야 할 것이다. 주택정책에 있어서 주택점유방식에 대한 고려가 가장 중요한 이념적 핵심부분이며 또한 배분방식의 기준으로 지적될 수 있다. 한국의 주택정책의 개념적 틀(conceptual framework)은 이와 같은 점유방식(자가점유냐 임대점유냐)과 주택의 공급 및 소유주체(사유냐 공유냐)에 대한 이념적 논의와 연구가 결여되어 있었다고 평가된다.

주택은 국민경제적 영역과 개인의 소비영역을 차지한다. 그러나 주택문제의 원인규명과 이에 대한 대책은 경제논리만으로는 풀기 힘든 매우 복잡다기한 사회현상을 이해할 필요가 있다. 아직도 정부의 주택정책 논리는 주택물량공급의 효율성 담보에만 급급하고 있다. 개개 가구의 주택소요와 수요를 제대로 수용하지 못하고 동시 주택점유형태에 근거하지 못하는 경제주의적 정책편향성에 대한 비판적 성찰이 요구된다.

많이 지어 많이 파는 정책도 주요하지만, 지어진 집이 누구에게 돌아가고 있는냐의 배분적 형평성 또한 중요한 정책목표가 되어야 한다. 이제 한국의 주택정책은 인간이 최소한 누려야 할 주거욕구를 충족하는 방향으로 그리고 사회통합을 이루고 공동체적 삶의 기반이 다져지는 "주거권의 확보"에 최선을 다해야 할 때다.

부 록

1. 주택투자의 파급효과

·

2. 신도시주택수요특성과 이주성향

·

3. 주택임대차보호법 및 동법시행령

부록 1: 주택투자의 파급효과: 부산시의 경우[1)]

1. 부산지역경제 및 주택현황

우리 나라 제 2 의 도시인 부산은 이른바 동남경제권의 성장중심지로서 제조업, 무역, 금융, 정보 등의 분야에서 중추기능을 수행하고 있으며, 풍부한 관광자원을 보유하고 있다. 부산지역은 전국인구의 8.8%, 전체수출의 14.2%, 전체 제조업생산의 9.1%를 담당하고 있어 거대한 지역경제권을 형성하고 있다.

부산의 산업구조는 제 1 차 산업 3.4%, 제 2 차 산업 41.6%, 제 3 차 산업 55.0%로 구성되어 있으며(1987년), 제 2 차 산업 중 제조업은 신발, 섬유 등과 같은 노동집약형 경공업의 비중이 높다. 더욱이 최근에는 제 3 차 산업의 성장속도가 제 2 차 산업의 속도보다 빨라[2)] 생산도시에서 소비도시로의 성격이 강하게 나타나고 있다.

부산지역산업의 특징을 좀더 구체적으로 파악하기 위해 지역특화계수인 입지상(LQ)를 구해보면 〈표 1〉과 같다. 이에 의하면 부산시는 제조업분야에 있어서는 섬유, 의복 및 가죽산업, 제재 및 목재품산업, 석유화학제품, 금속 1차 제품 등과 같은 도시형공업 및 중공업에서 특화를 보이고 있으며, 제 3 차 산업에

〈표 1〉 부산시 주요산업의 입지상(LQ)

산 업	입지상	산 업	입지상
농림수산품	0.236	금속제품 및 기계	0.704
광산품	0.051	기타 제조업	0.891
음식료품	0.869	전력, 가스 및 수도	0.180
섬유, 의복 및 가죽	1.390	주택건설	0.245
제재 및 목재품	1.622	비주택건설	0.965
종이, 인쇄 및 출판	0.450	도·소매업	1.796
석유화학제품	1.324	음식 및 숙박업	0.965
비금속광물제품	0.477	운수·보관·통신업	1.466
금속 1차 제품	1.777	금융, 보험 및 부동산	1.146

1) 하성규·허재완, "주택투자의 지역경제파급효과분석," 「국토계획」 제25권 1호(통권 56호), 1990, pp.45~65 부분수정·보완하였음.

2) 취업인구의 기준으로 보았을 때 제 2 차 산업의 비중은 1977년 44.6%에서 1987년 41.6%로 10년 동안에 3%가 감소하였으나, 반면에 제 3 차 산업은 51.7%에서 55.0%로 동 기간 동안 3.3%나 증가하였다.

〈표 2〉 부산시 인구 및 주택현황(1987)

	인 구	가 구	주 택[1)]	주택보급률	인구증가율 (1986～1987)
부산시	3,654,097	883,080	437,387	50.9	2.1
시계[2)]	28,788,174	7,086,357	2,193,993	56.7	3.4

주: 1) 1986년 통계임.
2) 서울시, 부산시, 대구시, 인천시, 광주시 5개시임.
자료: 내무부, 「한국도시연감」, 1988.

〈표 3〉 1988년도 부산시 주택공급실적

구분	유형별						주체별			
	계	단독	공동주택				계	민간	시	주공
			계	다세대	연립	아파트				
호수	31,852	3,930	27,922	9,710	2,287	15,925	31,852	28,748	560	2,544
비율(%)	100.0	12.3	87.7	30.5	7.2	50.0	100.0	90.2	1.8	8.0

자료: 부산광역시, 「주택건설종합계획」, 1989.

서도 도소매업, 운수·보관·통신업, 금융, 보험 및 부동산부문에서 특화를 보이고 있다. 반면 주택건설부문은 전국에 비해서 지역 내 비중이 상대적으로 아주 낮다.

한편 부산시의 주택현황을 살펴보면 〈표 2〉에서 나타난 것처럼 부산시의 주택보급률은 50.9%에 불과한데, 이는 우리 나라 5대도시 평균보급률 56.7%에도 못 미치는 매우 낮은 수준으로서 부산시가 서울시(50.6%)와 마찬가지로 매우 심각한 주택난을 겪고 있음을 단적으로 보여주고 있다. 부산시의 총 437,387호의 주택 중 단독주택이 65.7%, 아파트가 25.7% 그리고 연립주택이 8.6%를 차지하고 있어, 주택유형에 있어서 단독주택이 압도적인 비중을 차지하고 있다. 그러나 신규로 공급되는 주택의 경우 아파트의 비중이 크게 증가하고 있는데, 1988년의 경우 총공급량 31,852호 중 단독주택은 12.3%에 불과한 3,930호가 공급된 반면 아파트는 50%에 달하는 15,925호가 공급되어 아파트의 비중이 점차 확대될 전망이다.

한편 공급주체에 있어서는 주택공사와 부산시에 의한 공공주택은 약 10%에 불과하고, 나머지 90%가 민간에 의해 공급되는 특징을 나타내고 있다(〈표 3〉 참조).

그러면 향후 부산시의 주택투자계획은 어떠한가? 정부는 현재 우리 나라의 심각한 주택난을 개선하기 위해 1988～1992년 동안 총사업비 64조 2,830억

〈표 4〉 연도별 부산시 주택건설계획(1988～1992)

(단위: 호, 100만원)

구분 \ 연도	계	1988	1989	1990	1991	1992
건설호수	150,000	17,000	27,000	31,700	35,200	39,100
총사업비	4,821,225	546,405	867,820	1,018,885	1,131,380	1,256,735

자료: 부산시(단 총사업비는 해당연도 전국의 총사업비를 부산지역의 건설호수비율로 배분한 것임).

을 투입하여 주택 200만호를 건설한다는 계획을 설정하고 있다. 이에 따른 부산시의 계획은 〈표 4〉와 같다. 즉 동 기간 동안 부산지역에는 총 15만호의 주택이 건설될 예정이며, 이를 위해 4조 821억원의 투자재원의 소요될 전망이다. 이중 1/3에 달하는 5만호는 7～12평 규모의 영구임대주택으로 건설할 예정이며, 이를 위해 부산시와 주택공사가 모두 8,280억을 투자할 예정이다.

2. 주택투자의 부산지역경제 파급효과분석

본문 4장에서 주택투자의 지역경제에 대한 효과를 관련산업생산유발효과·지역고용유발효과·지역사회간접자본 유발효과·지역노동생산성증대효과의 4가지로 구분하였다. 그러나 실제로 이러한 모든 효과를 정확히 측정하기란 매우 어렵다. 특히 노동생산성은 생산물, 고용, 사회간접자본과는 달리 계량화가 어렵고, 더욱이 지역생산성에 영향을 미치는 다른 요인들도 많기 때문에 주택투자로 인한 효과를 분리하는 것이 거의 불가능하다. 따라서 본 연구에서는 주택투자의 지역경제파급효과를 관련산업생산유발, 지역고용유발, 지역사회간접자본에 대한 효과에 국한하여 분석하고, 지역노동생산성증대효과는 몇몇 지표의 변화를 통해 주택투자가 지역주거수준에 미친 효과를 간략하게 기술하고자 한다.

(1) 주거수준향상 효과분석

1972년 이후 1987년까지 부산시는 공공과 민간을 합하여 총 324,026호의 주택을 건설하였다(〈표 5〉 참조). 연도별로 다소 기복이 있지만, 매년 평균 17,000호 이상의 주택투자가 이루어져 왔다. 그러면 이러한 주택투자의 결과로 부산시의 주거수준향상이 얼마나 이루어졌는가? 이를 파악하기 위해 부산시 주택보급률의 추이를 살펴보면, 1970년에는 58.7%의 보급률이 1980년 51.9%, 1985년 54.1% 그리고 1987년에 50.9%로 점차 감소하는 경향이 뚜렷이 나타나고 있다. 이는 인구 및 가구수의 증가율에 비해 주택투자의 증가율이 상대적으

〈표 5〉 부산시의 주택건설현황(1972~1988)

연 도 별	건 설 호 수	연 도 별	건 설 호 수
1972~1976	67,958	1983	22,234
1977	19,122	1984	17,284
1978	23,947	1985	21,343
1979	27,267	1986	17,243
1980	24,344	1987	27,301
1981	8,165	1988	31,852
1982	15,966	계	324,026

주: 공공 및 민간의 주택건설총계임.
자료: 건설부, 「주택통계편람」(각년도).

로 낮았음을 의미하며, 따라서 기존의 주택투자가 주거수준 및 주택공급률을 증대시키기에 미흡했음을 암시하고 있다.

한편 도시저소득층의 밀집지역인 불량주거지역의 주택개량사업을 통한 주거수준향상효과를 살펴보면, 부산시에는 해방 후 해외동포의 귀국, 6.25동란으로 인한 피난민의 판자집난립 그리고 1960년 이후 공업화에 따른 농촌인구의 도시집중 등으로 인하여 시외곽에 무허가불량주택의 집단화가 형성되어 왔었는데, 그 동안 몇 차례에 걸친 재개발정책의 시행에도 불구하고[3] 아직도 54개 지역 18,198호의 무허가불량주택이 존재하고 있는 실정이다.

감소추세에 있는 주택보급률, 여전히 많은 수의 무허가불량주택 등 이같은 실정을 종합적으로 감안해 보았을 때, 그 동안 주택투자가 부산지역의 주거수준을 향상시키는데 큰 효과를 거두지 못했다고 할 수 있으며, 따라서 주택투자의 생산성향상효과도 부산시에 관한한 거의 없었거나 혹은 있더라도 무시할 만한 정도라고 할 수 있다.

(2) 생산, 고용 및 사회간접자본유발효과분석

가. 분석모형의 선정 및 자료의 추정

앞에서 언급한 것처럼 주택투자의 관련산업생산 및 고용유발효과는 일반적으로 투입-산출모형에 의하여 분석된다. 따라서 본 연구에서도 부산지역의 투입-산출모형을 도출하고, 이에 근거하여 제반효과를 파악하고자 한다.

3) 부산시에서 실시된 불량주택개량사업은 크게 4단계로 나누어지는데, 첫째, 1963년 이전의 철거이주정책, 둘째, 1964~1972년 사이의 철거재개발정책, 셋째, 1973~1981년 기간의 현지개량 및 철거이주정책 그리고 네 번째 단계인 1982년 이후의 주민자율시행으로 구분할 수 있다.

지역투입-산출표의 작성법은 크게 직접조사법과 비조사법으로 대비된다. 분석의 정확성을 확보하기 위해서는 전자에 의하는 것이 가장 바람직하지만, 그에 수반되는 시간적·경제적 비용이 너무 크기 때문에 최근에 와서는 기존의 지역통계자료에 근거하여 전국산업연관표에서 지역투입-산출표를 추정하는 후자의 방법이 매우 광범위하게 이용되고 있다.[4] 비조사법에도 여러 종류가 있으나 Morrison and Smith(1974)[5] 그리고 Sawyer and Miller(1983)[6] 등의 실증연구 결과에 따르면 그 중에서도 이른바 조정된 단순입지상법(Balanced Simple Location Quotients: BSLQ)이 가장 우수한 것으로 나타났기 때문에[7] 본 연구에서도 이 방법을 이용하였다.

BSLQ기법은 전국 및 지역의 산업별총산출액(X_i^R, X_i^R)[8]자료, 전국산업연관표의 기술계수(a_{ij}^N) 그리고 지역최종수요(F_i^R)를 알고 있다는 전제 하에서 이들을 이용하여 지역투입계수(a_{ij}^R)를 추정하는 기법으로서 그 추정절차는 다음과 같이 4단계로 나누어진다.

1단계: 지역산업의 입지상 계수(LQ_i^R)의 산정

$$LQ_i^R = \frac{X_i^R / X^R}{X_i^N / X^N} \quad \cdots\cdots (1)$$

2단계: 1차 지역투입계수(a_{ij}^R)의 추정

앞서 계산된 LQ_i^R가 1보다 크거나 같을 경우 이것은 R지역에서는 i산업의 지역 내 비중이 전국평균보다 더 높다는 것을 의미한다. 이 경우 지역 내 타산업들의 i제품에 대한 중간수요는 충분히 충족될 수 있으므로, 지역투입계수는 전국기술계수와 동일하다고 할 수 있다. 반면 LQ_i^R가 1보다 작을 경우, 이것은 R지역에서는 i산업의 지역 내 비중이 상대적으로 낮기 때문에 그 지역 내 타산업에서 필요로 하는 i제품이 완전히 충족되지 못함을 의미하고, 따라서 이

4) 비조사법에 관한 지역산업연관법의 작성기법 및 이론적 배경에 관한 자세한 내용은 Miller and Blair(1985), 김호언(1986) 등을 참고할 것.

5) I. Morrison and P. Smith, "Nonsurvey Input-Output Techniques at the Small Area Level; an Evaluation," *Journal of Regional Science*, Vol. 14, No. 1, 1974, pp. 1~14.

6) C. Sawyer and R. E. Miller, "Experiments in Regionalization of National Input-Output Table," *Environment and Planning* A, Vol. 15, No. 11, Nov., 1983, pp. 1501~20.

7) BSLQ 외에도 많이 이용되는 비조사법으로는 구매기준입지상법(Purchase-Only Location Quotients), 교차산업비율법(Cross-Industry Quotients), 지역구입계수법(Regional Purchase Coefficients) 등이 있다.

8) 여기서 상첨자 N은 전국(nation), R은 지역(region) 그리고 하첨자($i=1, \cdots, n$)는 산업(industry)을 나타내는 기호이다. 그리고 하첨자 i가 없는 경우는 전체산업의 합을 의미한다.

경우 지역투입계수는 전국투입계수에 계산된 LQ_i^R을 곱함으로써 얻어진다. 즉

$$\hat{a}_{ij}^R = \begin{cases} a_{ij}^N \text{ if } LQ_i^R \geq 1 \ (i, j=1, \cdots, n) \\ a_{ij}^N \times LQ_i^R \text{ if } LQ_i^R < 1 \ (i, j=1, \cdots, n) \end{cases} \quad \cdots\cdots (2)$$

3단계: 지역산업별 총산출액추정치($\hat{X}_i^R$)계산

2단계에서 얻어진 a_{ij}^R가 이미 알고 있는 지역자료 X_i^R과 일관성을 갖고 있는지를 점검하기 위해 X_i^R을 다음 식에 의거 계산한다. 즉

$$\hat{X}_i^R = (\sum_j \hat{a}_{ij}^R \times F_j^R) + F_i^R \ (i, j=1, \cdots, n) \quad \cdots\cdots (3)$$

4단계: 조성된 지역투입계수(a_{ij}^R)의 도출

앞에서 추정된 총산출액($\hat{X}_j^R$)이 실제 알고 있는 총산출액(X_i^R)보다 크면, 이것은 입지상법에 의해 1차로 추정된 값이 과대계산되었음을 의미한다. 따라서 $\hat{a}_{ij}^R$은 그 과대계산된 비율만큼 축소조정되어야 하며, 반면 추정된 $\hat{X}_i^R$이 실제 지역산출액(X_i^R)보다 크지 않으면 기추정된 $\hat{a}_{ij}^R$ 값은 조정될 필요가 없다.[9] 즉

$$a_{ij}^R = \begin{cases} \hat{a}_{ij}^R \times X_i^R / \hat{X}_i^R \text{ if } \hat{X}_i^R > X_i^R \ (i, j=1, \cdots, n) \\ \hat{a}_{ij}^R \text{ if } \hat{X}_i^R \leq X_i^R \ (i, j=1, \cdots, n) \end{cases} \quad \cdots\cdots (4)$$

이상에서 설명된 BSLQ방법에 의거하여 부산지역투입산출표를 도출하고자 할 경우, 산업을 몇 부분으로 나누어야 할 것인가 하는 문제와 필요한 지역자료(즉 지역의 산업별 총생산액 및 최종수요액)를 어떻게 구할 것인가 하는 문제가 제기된다.

일반적으로 비조사법에 의하여 지역투입-산출표계수를 추정할 경우, 산업을 세분할수록 도출된 지역계수의 신뢰도가 높아진다. 그러나 많은 나라 특히 우리나라와 같은 경우, 산업을 세분할수록 필요한 자료의 획득이 더욱 어려워진다는 문제점이 있다. 이같은 점을 고려하여 본 연구에서는 기본적으로 한국은행의 전국산업연관표 중 대분류 20개 부문표에 따라서 부산지역산업을 분류하였다. 그러나 주택건설이 독립된 부문으로 분류되어 있지 않고, 건설부문에 통합되

9) 여기서는 지역 내 이입은 부가가치항목에 포함되어 계산되며, 지역의 이출은 다음과 같이 산출된다. 즉

$$\text{이출액} = \begin{cases} \hat{X}_i^R - X_i^R \text{ if } \hat{X}_i^R < X_i^R \\ 0 \text{ if } \hat{X}_i^R \leq X_i^R. \end{cases}$$

〈표 6〉 부산지역산업별 산출액 및 최종수요

(단위: 백만)

산 업 부 문 명	지역총산출액(X)	지역최종수요(F_i^R)
1. 농림수산물	316,221	97,231
2. 광산품	6,362	232
3. 음식료품	1,382,039	888,421
4. 섬유, 의복 및 가죽	1,768,152	161,868
5. 제재 및 목제품	206,745	25,945
6. 종이, 인쇄 및 출판	140,310	12,025
7. 석유화학제품	2,634,467	223,280
8. 비금속·광물제품	147,304	1,568
9. 금속 1 차제품	1,519,507	−44,651
10. 금속제품 및 기계	1,468,388	406,764
11. 기타 제조업	161,926	32,621
12. 전력, 가스 및 수도	73,455	12,461
13. 주택건설	85,969	85,969
14. 비주택건설	1,027,514	68,861
15. 도·소매업	2,058,274	491,370
16. 음식 및 숙박	159,321	67,464
17. 운수·보관·통신업	1,507,616	342,246
18. 금융, 보험 및 부동산	1,386,004	416,051
19. 공공행정 및 국방	147,919	42,944
20. 기타 서비스	952,506	660,555
21. 기타	300,146	129

어 있어 본 연구목적에 적합하지 않아 건설부문을 전국산업연관표 중 분류 161개 부문표에 의거하여 '주택건설과 비주택건설'부문으로 세분하였다. 따라서 부산시 전체산업은 21개 부문으로 나누어졌다(〈표 6〉 참조).

한편 부산지역의 산업별 산출액(X_i^R) 및 최종수요액(F_i^R)에 관한 자료는 기발간된 제반통계집을 이용하여 추가하였다. 이를 구체적으로 이용하여 설명하면, 농림수산품부문은 1985년 전국산업연관표, 「부산시 통계연보」 및 「총사업체 통계조사보고서」를 이용하여 다음방식에 의거 추정하였다.

'농업'산출액
- 작물: (전국작물별 산출액)×(부산지역산출량/전국산출량)
- 축산 및 양잠: (전국축산 및 양잠산출액)×(부산지역사육두수/전국사육두수)
- 농업 서비스: (전국농업서비스 산출액)×(부산지역농업서비스사업체수/전국농업서비스사업체수)

'임업'산출액: (전국임업산출액)×(부산지역임목축액/전국임목축액)

그리고 광산품 및 제조업의 부산지역산출액은 「광공업통계조사보고서」의 시도별 생산액자료를 이용하여 「전국산업연관표」상의 생산액을 배분하여 추계하였다.[10] 즉

> 품목별 부산지역 산출액＝해당품목의 전국산업연관표상의 산출액×(광공업 통계조사보고서상의 부산지역생산액/광공업 통계조사보고서상의 전국생산액)

또 주택건축 및 비주택건축, 토목 및 기타 건설의 부산지역산출액은 「건설업통계조사보고서」에 나타난 지역별, 공사 종류별 기성실적비율에 의해 「전국생산연관표」상의 총생산액을 비례배분하였으며, 「도·소매업」, 「음식 및 숙박」, 「운수, 보관, 통신업」, 「금융, 보험 및 부동산」 부문의 부산지역산출액은 「총사업체통계조사보고서」의 자료를 이용하였다. 끝으로 「공공행정 및 국방」, 「기타 서비스」 및 「기타 부문」 그리고 「민간소비지출」, 「고정자본형성」, 「재고증가」 등의 최종수요부문은 김호언(1986, pp.45～47)이 이용한 추계방식을 그대로 적용하여 계산하였다. 이상의 추계방법에 의해서 얻어진 부산지역자료는 〈표 6〉에 나타나 있다.

나. 지역투입-산출에 나타난 부산주택산업의 구조적 특징

〈표 6〉의 자료를 토대로 BSLQ기법에 의해 부산지역투입-산출표가 〈표 6〉과 같이 도출되었다. 〈표 6〉에 나타난 투입구조에 의하면 부산지역 내에서 주택부문의 산출물 1단위를 생산할 경우 지역 내 금속 1차제품부문에서 0.088단위, 비금속광물산업에서 0.075단위, 금융, 보험 및 부동산부문에서 0.069단위, 금속 및 기계산업에서 0.043단위, 제재 및 목제품부문에서 0.042, 도·소매업에서 0.041단위 그리고 운수, 보관, 통신업에서 0.027단위 등을 각각 주택건설을 위한 중간재로써 구입하는 것으로 나타났다.

〈표 1〉의 입지상 계수값이 보여주듯이 부산지역에서 주택산업의 비중은 전국비중에 비해 상대적으로 아주 낮다. 그러나 이같이 상대적으로 낮은 비중이 부산지역 경제 내에서 주택산업의 절대적 파급효과가 타산업에 비해 작다는 것을 의미하는 것은 아니다.

이러한 사실은 〈표 7〉의 역행렬 계수에서 얻어진 감응도 및 영향력 계수[11]

---

10) 공업통계자료보고서자료를 그대로 사용하지 않은 이유는 그 자료에는 5인 이하 업체의 생산량이 반영되어 있지 않기 때문이다.

11) 감응도 계수는 특정산업의 전방연쇄효과가 어느 정도인가를 전산평균에 대한 상대적 크

〈표 7〉 부산지역투입계수표

	①	②	③	④	⑤	⑥	⑦	⑧	⑨	⑩
1.	0.021955	0.004892	0.101750	0.000774	0.001718	0.000430	0.001342	0.000004	0.000001	0.000001
2.	0.000041	0.000015	0.000013	0.000012	0.000008	0.000060	0.001342	0.004872	0.000416	0.000030
3.	0.073735	0	0.081783	0.002858	0	0.001928	0.002428	0.000006	0.000058	0
4.	0.002370	0.001230	0.000513	0.349597	0.005553	0.005280	0.013298	0.001258	0.000485	0.002743
5.	0.001765	0.020475	0.000374	0.000323	0.133160	0.006033	0.000685	0.001106	0.001247	0.004449
6.	0.000513	0.001040	0.005717	0.003683	0.003492	0.139651	0.003369	0.009529	0.000446	0.002547
7.	0.071037	0.082504	0.030166	0.134999	0.061347	0.070245	0.194638	0.091093	0.065342	0.043146
8.	0.000171	0.000521	0.003701	0.000245	0.003012	0.002102	0.002189	0.070835	0.004237	0.004803
9.	0.000434	0.011141	0.000478	0.000656	0.003623	0.010178	0.002311	0.005095	0.452046	0.116132
10.	0.005809	0.336772	0.005717	0.004198	0.016197	0.005573	0.006696	0.016994	0.009319	0.137539
11.	0.000161	0.000449	0.001696	0.001514	0.000169	0.000172	0.000562	0.000181	0.000056	0.000345
12.	0.000409	0.013520	0.001806	0.005356	0.004190	0.005862	0.005104	0.011545	0.008166	0.002670
13.	0	0	0	0	0	0	0	0	0	0
14.	0.003265	0.010315	0.000715	0.001424	0.002664	0.001301	0.000839	0.000909	0.002149	0.001137
15.	0.018032	0.018498	0.030889	0.028144	0.039083	0.040622	0.025206	0.019461	0.018919	0.049377
16.	0	0	0	0	0	0	0	0	0	0
17.	0.008132	0.019138	0.010743	0.010066	0.025609	0.016959	0.016548	0.040451	0.012109	0.013697
18.	0.013359	0.039824	0.018744	0.024912	0.047063	0.041377	0.024599	0.034300	0.017661	0.037148
19.	0	0	0	0	0	0	0	0	0	0
20.	0.001490	0.003170	0.001368	0.001755	0.002194	0.001600	0.001829	0.001804	0.000904	0.002487
21.	0.003485	0.023871	0.005398	0.009431	0.010694	0.021145	0.008311	0.012871	0.006266	0.013646

	⑪	⑫	⑬	⑭	⑮	⑯	⑰	⑱	⑲	⑳	㉑
1.	0.000627	0.000000	0.000068	0.000271	0.000043	0.000368	0.000001	0.000004	0.000442	0.000404	0.010299
2.	0.000166	0.000610	0.000367	0.000709	0.000013	0	0.000015	0	0.000010	0.000003	0.000107
3.	0.000278	0	0.000004	0.000003	0.000113	0	0.000002	0	0.000133	0.000160	0.405113
4.	0.176735	0.000031	0.000742	0.001239	0.000995	0.005687	0.001783	0.000261	0.000802	0.000405	0.028303
5.	0.012062	0.000013	0.042696	0.039744	0.000270	0.005804	0.000572	0.000228	0.000227	0.001833	0.001343
6.	0.014086	0.000365	0.002027	0.001363	0.008280	0.002650	0.001411	0.013360	0.006569	0.004896	0.020024
7.	0.116551	0.186785	0.043709	0.054745	0.235782	0.060953	0.166735	0.014004	0.048238	0.065601	0.024286
8.	0.003946	0.000275	0.075581	0.054705	0	0.000213	0.000262	0.000141	0.000215	0.000296	0.002043
9.	0.034957	0.001629	0.088144	0.068623	0.000543	0.000314	0.000592	0.000173	0.000143	0.000062	0.001977
10.	0.041915	0.007199	0.061767	0.067851	0.006832	0.007632	0.028895	0.003749	0.063098	0.003302	0.007115
11.	0.006159	0.000013	0.000056	0.000223	0.000938	0.009254	0.000165	0.001211	0.001266	0.001251	0.033423
12.	0.002732	0.007755	0.000134	0.000163	0.003501	0.013242	0.002321	0.004370	0.002727	0.005008	0.000009
13.	0	0	0	0	0	0	0	0	0	0	0
14.	0.001343	0.013245	0.002728	0.003159	0.010125	0.004970	0.001511	0.041336	0.028071	0.005657	0
15.	0.038893	0.006890	0.041345	0.038134	0.010714	0.015071	0.016427	0.003570	0.015126	0.017997	0.092450
16.	0	0	0	0	0	0	0	0	0	0	0.185002
17.	0.016981	0.011523	0.027427	0.034718	0.066903	0.024857	0.040622	0.021089	0.027737	0.013559	0.005825
18.	0.041063	0.021355	0.069178	0.088182	0.068318	0.145950	0.038149	0.089736	0.032362	0.063824	0.045111
19.	0	0	0	0	0	0	0	0	0	0	0
20.	0.002838	0.001858	0.001653	0.001701	0.005770	0.008902	0.004576	0.028573	0.004989	0.007031	0.002154
21.	0.017929	0.006864	0.007717	0.012181	0.043045	0.020196	0.016771	0.002110	0.054718	0.043488	0.007531

를 나타내고 있는 〈표 8〉을 보면 잘 알 수 있다. 즉 비록 주택건설부문이 타산업의 중간재로는 거의 이용되지 않기 때문에 전방효과를 나타내는 감응도 값이 아주 낮기는 하지만, 후방효과를 나타내는 영향력 계수는 1.053으로써 부산지역 전산업평균보다 높고, 금속제품 및 기계부문, 기타제조업부문, 비주택건설부문 등과 함께 상위그룹에 속하고 있다. 입지상에서 나타난 것처럼 주택건설부문이 농림수산품, 광산품 등과 함께 부산지역에서 가장 특화되지 않은 산업인데도 불구하고 특화정도가 높은 석유화학산업, 제재 및 목재산업, 도·소매업, 운수·보관·통신업, 금융·보험 및 부동산부문보다도 후방효과가 더욱 크다는 사실은 전·후방관련효과 중에서도 후방효과가 더 중요하다고 주장한 Hirshman(1958)[12)]

〈표 8〉 부산주택산업의 감응도 및 영향력 계수

산 업 부 문 명	감응도 계수	영향력 계수
1. 농림수산품	0.768662(13)	0.81774(21)
2. 광산품	0.622539(18)	0.897166(15)
3. 음식료품	1.161874(4)	0.878484(16)
4. 섬유, 의복 및 가죽	1.276837(3)	0.273918(3)
5. 제재 및 목제품	0.825164(10)	0.2984(9)
6. 종이, 인쇄 및 출판	0.836962(9)	0.97373(8)
7. 석유·화학제품	2.395989(1)	0.912091(14)
8. 비금속·광물제품	0.791822(11)	0.916857(12)
9. 금속 1 차제품	1.644559(2)	1.370571(2)
10. 금속제품 및 기계	1.076752(1)	1.076135(6)
11. 기타 제조업	0.667939(17)	1.190664(4)
12. 전력, 가스 및 수도	0.713599(15)	0.861767(18)
13. 주택건설	0.613156(19)	1.053532(7)
14. 비주택건설	0.753072(14)	1.084401(5)
15. 도·소매업	1.154129(5)	0.873227(17)
16. 음식 및 숙박	0.789119(12)	0.916900(11)
17. 운수·보관·통신업	1.066118(7)	0.917006(10)
18. 금융, 보험 및 부동산	0.613156(19)	0.848185(20)
19. 공공행정 및 국방	0.613156(19)	0.915650(13)
20. 기타 서비스	0.712147(8)	1.415045(1)
21. 기타	0.951142(8)	1.415045(1)
전 산 업 평 균	1.000000	1.000000

주: ( )는 순위를 나타냄.

기로 나타낸 자료로서, 해당산업의 생산유발계수의 행합계를 전산업평균으로 나누어서 구한다. 반면 영향력 계수는 특정산업의 후방연쇄효과의 정도를 전산업평균에 대한 상대적 크기로 나타낸 지수로서 해당산업의 생산유발계수의 열합계를 전산업평균으로 나누어서 구한다.

12) A. D. Hirshman, *The Strategy of Economic Development*, Yale University Press, 1958, pp. 116~117.

의 관점에서 보면 주택투자가 부산지역경제 내에서는 여전히 중요한 위치를 차지하고 있다고 할 수 있다.

다. 주택산업의 지역생산, 고용 및 사회간접자본유발효과

주택부문은 그 산업적 특성때문에 주택건설활동이 관련산업의 생산 및 고용등에 미치는 직·간접 파급효과를 측정함에 있어서 해당부문을 외생화시킨 역행렬을 이용하는 것이 일반적이다. 이를 구체적으로 설명하기 위해 지역투입산출표관계를 다음과 같은 행렬식에 의해 나타낸다고 하자.

$$A^R X^R + F^R = X^R \quad \cdots\cdots (5)$$

여기서는 A^R은 (21×21)의 지역투입계수행렬이고, X^R은 (21×21)의 지역산업의 총산출액벡터 그리고 F^R은 (21×1)의 지역최종수요 벡터를 나타낸다. 그런데 이제 주택건설부문을 외생화하면 위 식 (5)는 다음과 같이 쓸 수 있다.

$$\bar{A}^R \bar{X}^R + \bar{A}^R_H \bar{X}^R_H X^R_H = \bar{X}^R \quad \cdots\cdots (6)$$

여기서 $\bar{A}^R$은 주택건설부문이 제외된 (20×20)의 지역투입계수행렬, $\bar{X}^R$은 주택건설부문이 제외된 (20×1)의 지역산업총산출액 벡터, $\bar{A}^R_H$은 주택부문이 제외된 (20×1)의 주택건설부문 지역투입계수 벡터, $\bar{X}^R_H$은 부산지역의 주택건설부문 총산출액을 나타내는 스칼라 그리고 $\bar{X}^R_H$은 주택부문이 제외된 (20×1)의 지역산업 최종수요벡터이다.

식 (6)을 다시 정리하면 결국 다음의 식 (7)을 얻게 되고, 여기에서 $(I-\bar{A}^R_H)^{-1}$ $\bar{A}^R_H$항이

$$\bar{X}^R = (I-\bar{A}^R)^{-1}(\bar{A}^R_H \bar{X}^R_H + \bar{F}^R) \quad \cdots\cdots (7)$$

주택건설활동에 의해 여타산업의 생산활동에 직·간접으로 어떠한 효과를 유발하는가를 나타내는 생산유발계수이며, 여기에 산업별 단위생산액당 고용인원수를 나타내는 고용계수를 곱해주면 주택활동의 여타산업에 대한 고용유발효과를 보여주는 고용유발계수가 얻어진다. 이같은 과정에 의해서 계산된 생산유발계수 및 고용유발계수가 〈표 9〉에 정리되어 있다.

이에 의하면 주택투자 1단위증가는 부산지역의 총생산 1.77507단위의 증가를 초래하는데, 이 중 주택부문의 자체 증가몫이 56.3%이며 주택관련산업의 생산증가분이 43.66%인 0.77507단위이다. 이제 이 여타부분의 증가몫을 세분해 보면 금속 1차제품이 0.180759로써 주택투자로 인한 생산유발효과가 가장 높고, 그

〈표 9〉 주택투자의 부산지역생산 및 고용유발효과

산 업 부 문 명	생산유발계수 (점유비 %)	고용유발계수 (점유비 %)
1. 농림수산품	0.001445(0.08)	0.0000424(0.04)
2. 광산품	0.001008(0.06)	0.0001041(0.11)
3. 음식료품	0.008819(0.50)	0.0001578(0.16)
4. 섬유, 의복 및 가죽	0.006703(0.38)	0.0003853(0.4)
5. 제재 및 목제품	0.050745(2.86)	0.0024412(2.53)
6. 종이, 인쇄 및 출판	0.006069(0.34)	0.0002302(0.23)
7. 섬유화학제품	0.105930(5.97)	0.0019082(1.97)
8. 비금속·광물제품	0.083644(4.71)	0.0029807(3.08)
9. 금속 1 차제품	0.180759(10.18)	0.0219036(22.67)
10. 금속제품 및 기계	0.079728(4.49)	0.0027928(2.89)
11. 기타 제조업	0.001072(0.06)	0.0000780(0.08)
12. 전력, 가스 및 수도	0.004527(0.26)	0.0004479(0.46)
13. 비주택건설	0.008558(0.48)	0.0004259(0.44)
14. 도·소매업	0.059850(3.37)	0.0039003(4.04)
15. 음식 및 숙박	0.003506(0.20)	0.0006773(0.70)
16. 운수, 보관 및 통신업	0.046117(3.60)	0.0022544(2.33)
17. 금융, 보험 및 부동산	0.101486(5.72)	0.0036412(3.77)
18. 공공행정 및 국방	0.000000(0.00)	0.000000(0.00)
19. 기타 서비스	0.006108(0.34)	0.0005351(0.55)
20. 기타	0.018953(1.07)	0.000000(0.00)
일 반 부 문 계	0.775057(43.66)	0.0449067(46.47)
주 택 건 설 부 문	1.000000(56.34)	0.0517300(53.53)
합 계	1.775057(100.00)	0.0966367(100.00)

다음이 석유화학제품의 0.10593, 금융·보험 및 부동산부문의 0.101486, 비금속광물제품의 0.083644, 금속제품 및 기계의 0.07928, 도·소매업의 0.05985, 제재 및 목제품의 0.050745 그리고 운수·보관 및 통신업의 0.046117 등의 순으로 나타난다.

반면 공공행정 및 국방 기타 제조업, 광산품, 농림수산품 등의 경우는 주택투자로 인한 지역 내 생산유발효과가 전혀 없거나 또는 있다 하더라도 아주 낮은 산업들로서 주택부문과 연관성이 거의 없음을 보여주고 있다.

한편 주택투자로 인한 고용증대효과를 나타내는 고용유발계수를 보면, 주택투자액 100만원에 의해 부산지역 전체로 총 0.0966367명의 고용증가가 나타나는데, 이 중 53.53%는 주택건설부문 자체에서의 고용증대효과이고 그 나머지 46.47%가 주택관련산업에서의 고용증대효과이다. 이 주택관련산업에서의 고용증대효과 0.0449067을 산업별로 좀더 세분해 보면 금속 1차제품의 경우가 0.022로써 가장 높고, 그 다음으로 0.0039의 도·소매업, 0.0029의 운수·보관·통신업, 0.0019의 석유화학제품 등이 따르고 있다.

반면 공공행정 및 국방·농림수산품·광산품·음식료품·기타부문 등은 주택투자로 인한 고용증대효과가 거의 없는 실정이다. 전반적으로 보았을 때 고용유발효과의 경우는 생산유발효과의 경우에 비해서 서비스업부문의 효과가 제조업 경우보다 상대적으로 더 높게 나타나는데, 이것은 서비스업부문이 더욱 노동집약적인 산업이기 때문이라 여겨진다.

이제 이상의 산업별 생산 및 고용유발효과를 앞에서 제시된 이론적 모형의 관점에서 파악하기 위해 〈표 9〉를 재정리하여 〈표 10〉으로 통합하였다. 그런데 제4장 〈그림 4-2〉에 제시된 판매 및 관리부문 중 관리부문과 연관된 산업은 찾기가 어렵고, 또 그 비중이 미미할 것 같아 분석의 편의를 위해 판매관리부문과 금융부문을 통합하여 판매 및 금융부문으로 분류하였다. 이런 분류에 따른 생산 및 고용유발효과를 보면, 먼저 생산유발효과에 있어서 1단위 주택투자를 증가시켰을 경우 주택자재관련부문에서의 생산유발효과가 가장 높아 0.500806 단위, 그리고 그 다음이 판매 및 금융부문으로서 0.107555단위, 이용부문이 0.078878단위의 생산증대가 각각 유발된다. 반면 사회간접자본의 경우는 생산유발효과가 가장 낮아 0.050644단위에 그치고 있는데, 이는 부산지역의 경우 필요한 도시하부구조는 이미 상당히 갖추어져 있기 때문에 특정주택단지를 위한 새로운 사회간접자본의 투자가 크지 않기 때문이라 여겨진다.

한편 고용유발효과를 보면, 여전히 자재부문에서의 고용효과가 가장 크게 나타나 주택투자규모 100만원당 0.0320265명의 고용창출효과를 가져온다. 그러나 생산유발효과의 경우와는 달리 이용부문의 고용유발계수가 0.0051207로써 오히

〈표 10〉 부산시 주택투자부문별 효과비교

구 분		해 당 산 업	생산유발효과	고용유발효과
관련산업 부 문	자재부문	제재 및 목제품, 석유화학제품, 금속 1차제품, 금속제품 및 기계, 비금속광물제품	0.500806	0.0320265
	판매 및 금융부문	종이, 인쇄 및 출판 금융, 보험 및 부동산	0.107555	0.0038714
	이용부문	음식료품, 섬유의복 및 가죽도·소매업, 음식 및 숙박	0.078878	0.005120
사회간접자본부문		전력, 가스 및 수도 운수, 보관 및 통신업	0.050644	0.0027023

려 판매 및 금융부문보다 더 높은데, 이는 이용부문이 훨씬 노동집약적인 산업으로 구성되어 있기 때문이라 판단된다. 사회간접자본부문의 경우는 낮은 생산유발효과로 인해 역시 고용창출효과도 가장 낮다. 이를 통해볼 때 부산시와 같이 도시기반시설이 어느 정도 정비된 대도시의 경우에 있어서는 주택투자의 사회간접자본유발효과는 상대적으로 낮은 것으로 판단된다.

앞서 기술한대로 부산시는 1988~1992년 기간 동안 정부의 200만호 주택건설에 따라 부산지역 내 15만호 주택건설을 계획하였다. 그러면 이러한 주택투자가 동 계획기간 동안 부산지역 경제에 얼마만한 파급효과를 가져올 것인가는 도출된 생산 및 고용유발효과를 이용하여 추정해 보기로 한다. 〈표 11〉에 따르면 계획기간 동안 15만호 건설에 따른 부산지역의 총생산유발액은 8조 5,578억원에 달하고, 고용증가인원은 46만 5,907명에 달할 것으로 예측된다. 이 중 주택부문 자체로부터 오는 유발효과를 제하고 순수히 타산업에 미치는 효과만도 3조 7,365억원의 생산증가 및 21만 6,505명의 고용증가를 야기시킬 것으로 보인다.

이를 산업별로 세분해 보면 생산유발효과가 가장 높은 산업인 금속 1차 제품, 석유화학제품, 금융·보험 및 부동산이 각각 8,714억원, 5,107억원, 4,892억원의 산출액증대가 예상되며, 그 뒤를 이어 비금속광물부문이 4,032억원, 금속제품 및 기계부문이 3,843억원, 도·소매업이 2,885억원, 제재 및 목재업이 2,446억원 그리고 운수, 보관 및 통신업이 2,223억원의 생산증가를 나타낼 것으로 추산된다.

한편 고용유발에 있어서도 금속 1차 제품부문에서는 무려 10만 5,602명의 고용증대가 예상되며, 도·소매업은 18,804명, 금융, 보험 및 부동산은 17,555명, 비금속광물업은 14,371명, 금속제품 및 기계업은 13,465명, 제재 및 목재업은 11,770명 그리고 운수, 보관 및 통신업은 10,869명의 고용증대효과가 있을 것으로 추정된다.

이상의 생산 및 고용효과를 이론적 틀에 의한 부문별 효과로 재정리해 보면 〈표 12〉와 같이 나타난다. 즉 15만호 건설에 의해 자재부문에서는 약 총 2조 4,145억원의 생산증대와 15만 4천여명의 고용증가가, 판매 및 금융부문에서는 5,185억원 및 1만 8천 6백여명의 증가가, 그리고 이용부문에서는 약 3,800억원의 생산유발과 24,600여명의 고용유발효과가 나타날 것으로 예상된다.

〈표 11〉 15만호 주택건설에 따른 부산지역총생산 및 고용유발효과

산업부문명	총생산유발액(백만원)						총고용유발인원(인/백만원)					
	계	1988	1989	1990	1991	1992	계	1988	1989	1990	1991	1992
1. 농림·수산품	6,967	790	1,254	1,472	1,635	1,816	204	23	36	43	48	54
2. 광산품	4,860	551	875	1,027	1,140	1,267	502	57	90	106	118	131
3. 음식료품	42,518	4,819	7,653	8,986	9,978	11,082	761	86	137	161	179	198
4. 섬유, 의복 및 가죽	32,317	3,663	5,817	6,830	7,584	8,423	1,858	210	334	393	436	485
5. 제재 및 목제품	244,653	27,727	44,038	51,703	57,412	63,773	11,770	1,334	2,119	2,487	2,762	3,068
6. 종이, 인쇄 및 출판	29,260	3,316	5,267	6,184	6,866	7,627	1,110	126	200	235	260	289
7. 석유화학제품	510,712	57,881	91,928	107,930	119,847	133,126	9,200	1,043	1,656	1,944	2,159	2,398
8. 비금속·광물제품	403,266	45,703	72,588	85,224	94,633	105,118	14,371	1,629	2,587	3,037	3,372	3,746
9. 금속 1차 제품	871,480	98,768	156,866	184,174	204,507	227,166	105,602	11,968	19,008	22,317	24,781	27,528
10. 금속제품 및 기계	384,387	43,564	69,190	81,234	90,203	100,196	13,465	1,526	2,424	2,846	3,160	3,509
11. 기타 제조업	5,168	586	930	1,092	1,231	1,347	376	43	68	79	88	98
12. 전력, 가스 및 수도	21,826	2,474	3,928	4,612	5,122	5,690	2,159	245	389	456	507	562
13. 비주택건설	41,260	4,676	7,427	8,720	9,682	10,755	2,053	233	370	434	482	534
14. 도·소매업	288,500	32,707	51,939	60,980	67,713	75,211	18,804	2,131	3,385	3,974	4,413	4,901
15. 음식 및 숙박	16,903	1,916	3,043	3,572	3,967	4,405	3,265	370	588	690	766	851
16. 운수, 보관 및 통신업	222,340	25,199	40,021	46,988	52,176	57,956	10,869	1,232	1,956	2,297	2,551	2,833
17. 금융, 보험 및 부동산	489,287	55,452	88,072	103,403	114,819	127,541	17,555	1,990	3,160	3,710	4,120	4,575
18. 공공행정 및 국방	0	0	0	0	0	0	0	0	0	0	0	0
19. 기타 서비스	29,448	3,337	5,300	6,223	6,910	7,678	2,580	292	464	546	605	678
20. 기타	91,377	10,366	16,474	19,341	21,487	23,709	0	0	0	0	0	0
일반부문 계	3,736,579	423,495	672,610	789,694	876,884	974,041	216,505	24,537	38,971	45,755	50,807	46,435
주택건설부문	4,821,225	546,405	876,820	1,018,885	1,131,380	1,256,735	249,402	28,266	44,892	52,707	58,526	65,011
총 계	8,557,804	969,900	1,540,430	1,808,579	2,008,624	2,230,776	465,907	52,803	83,863	98,462	109,333	121,446

〈표 12〉 15만호 주택건설에 따른 부문별 총효과

구 분		총생산유발액(백만원)					
		계	1988	1989	1990	1991	1992
관련 산업 부문	자재부문	2,414,498	273,643	434,610	510,264	566,602	629,378
	판매 및 금융부문	518,547	58,766	93,339	109,587	121,685	135,166
	이용부문	380,288	43,105	68,452	80,368	89,242	99,121
사회간접자본부문		244,166	27,673	43,949	51,600	57,298	63,646

구 분		총고용유발인원					
		계	1988	1989	1990	1991	1992
관련 산업 부문	자재부문	154,408	17,500	27,794	32,631	36,234	40,249
	판매 및 금융부문	18,665	2,116	3,360	3,945	4,380	4,864
	이용부문	24,688	2,797	4,444	5,218	5,794	6,435
사회간접자본부문		14,028	1,477	2,345	2,753	3,058	3,395

부록 2: 신도시주택수요특성과 이주성향

1. 특성가격모형(hedonic price model)[1)]

주택(토지)은 물리적 조건, 주변환경조건, 입지고정성으로 인한 접근성 등의 측면에서 동질의 재화(homogeneous goods)가 아니다. 그러므로 주택가격은 상기의 여러 가지 특성의 함수로 보기 때문에 주택시장분석이나 토지시장분석에 특성가격모형을 사용할 수 있다. 전술한 바와 같이 다음 두 가지의 특성가격모형이 사용되었다.

(1) 주택가격분석모형

이질적 특성을 가진 주택의 가격에 각 특성들이 얼마나 기여하고 있는가를 알아보기 위하여 주택가격에 각 특성량을 다음과 같이 회귀분석함으로써 각 특성의 가격을 추정할 수 있다.

$$AP = a_0 + a_1B_i + a_2C_i + a_3D_i + a_4E_i$$

단, AP: 주택가격
a_i : 추정할 계수
B_i : 주택의 물리적 특성
C_i : 환경적 특성
D_i : 접근성
E_i : 기타 특성

상기의 방식으로 추정된 계수들은 특성가격(hedonic price)이라 지칭되며 각 특성의 암묵가격(shadow price) 혹은 소비자들이 그 특성에 부여하는 묵시적 가치(implicit valuations)로 해석된다.

---

1) R. N. Lafferty and H. E. Frech, "Community Environment and the Market Value of Single Family Homes: the Effect of Dispersion of Land Uses," *Journal of Law and Economics*, Vol. 21, 1978, pp. 381~394; P. B. McLeod, "The Demand for Local Amenity: An Hedonic Price Analysis," *Environment and Planning A.*, Vol. 16, 1984, pp. 389~400; E. Heikkla., P. Gordon., J. I. Kim., R. Peiser., H. W. Richardson and D. Dale-Johnson, "What Happened to the CBD-distance Gradient?: Land Values in a Policentric City," *Environment and Planning A.*, Vol. 21, 1989, pp. 221~232.

(2) 특성별 탄력성분석모형

이 모형은 주택가격을 구성하는 특성들의 절대가치보다는 특성들의 탄력성 분석을 목적으로 한다. 특성의 탄력성분석은 선형모형을 사용하지 않고 Log-선형회귀분석으로 한다. 이 모형으로 추정할 계수의 값은 절대가격과는 상관이 없으며, 독립변수단위규모의 변화에 대한 종속변수의 감응도를 나타내는 탄력성이다.

(3) 변　수

주택특성에 따른 가격구성요인을 분석하는데 사용되는 변수는 종속변수와 독립변수가 있다. 연구목적상 종속변수는 공동주택의 가격이다. 그러나 설문에 나타난 '현재주택가격'은 활용상 많은 문제점이 있어서 부동산정보지를 이용하여 지역별, 규모별 시장가격을 얻었다. 또한 이 주택가격을 그대로 종속변수로 사용할 경우 면적이 넓은 주택의 가격이 과대평가되는 문제가 발생되므로[2] 주택가격을 단위토지당(평당)가격으로 표준화하여 종속변수로 사용하였다.[3] 특성가격분석모형에 사용되는 독립변수는 일반적으로 주택특성에 관한 변수, 환경에 관한 변수, 접근성에 관한 변수 등으로 크게 세 가지로 분류할 수 있고, 연구목적에 따라 다른 변수를 추가할 수 있다. 본 연구에 고려된 독립변수들은 다음과 같다.

가. 주택특성에 관한 변수

주택의 특성은 면적·방수·거실수·화장실수·건물연령·질적 수준·난방방식·화장실형태 등의 물리적 특성뿐만 아니라 주택의 방향·층수·전망(view) 등을 포함한다. 본 연구의 자료는 건물연령, 질적 수준, 전망 등에 대한 정보가 정확하지 않기 때문에 사용치 않았고 주거환경만족정도를 고려할 때 이 요인이 함축되었으리라고 추측한다. 그리고 연구대상이 아파트 및 연립주택이므로 주택내부구조에 현격한 차이가 없을 것으로 본다. 단독주택은 주택 내에 정원 등의 여유지(open space)가 있거나 한 단위의 주택에 여러 가구가 사용할 수 있는 등 주택형태(한옥, 양옥 등)에 따라 상당한 구조의 차이를 나타낼 수 있다. 그리고 공동주택은 면적이 넓은 주택이 방수, 거실수, 화장실수 등이 증가하는 일반적

2) Heteroscedasticity 문제이다. G. S. Maddala, *Econometrics*, New York: McGraw-Hill, 1977, p.260; H. Theil, *Principles of Econometrics*, New York: Wiley, 1971, p.248 참조.
3) Maddala, *op. cit.*, p.265.

특성이 단독주택보다 강하여 면적, 방수, 거실수, 화장실수간에는 다중공선성(multicollinearity)이 예상된다. 물론 상기 제특성과 주택가격간에는 상당한 정(+)의 상관관계가 예상된다.

나. 환경에 관한 변수

특정지역의 주택가격(토지가격)은 그 지점에서 얻을 수 있는 쾌적성과 불쾌적성에 크게 영향을 받는다. 교육환경, 범죄발생빈도, 대기 및 소음공해정도, 이웃환경 등이 주거환경의 수준을 나타내고 해당지점 혹은 해당지역의 주택가격에 반영된다. 본 연구에서는 이러한 주거환경에 대한 요인들이 개별적으로 주택가격에 미치는 영향을 분석하기 위한 객관성을 가진 지역별 자료가 없기 때문에 주거환경만족도지수(LEVI)와 학군불만족지수(SCHDF)를 작성하여 환경에 관한 변수로 대신하였다.

① 주거환경만족도지수(LEVI)

주거환경만족도지수는 해당지역거주자들이 교육환경, 공해정도, 범죄, 기타 공공서비스 등을 총체적으로 고려하여 주관적으로 평가한 7단계의 주거환경만족정도를 바탕으로 하여 지역별로 작성하였다. 특히 주거환경만족도지수 작성시 지역간 상대적 주거환경만족정도를 평가하기 위하여 만족정도에 따라 가중치를 부여하였다. 즉 극단적인 만족도를 나타내는 '아주 만족'은 최고점수인 7점을 부여하고 극단적 불만족을 나타내는 '아주 불만족'은 최하점수인 1점을 부여하였다.[4] 이러한 방법으로 지역별 주거환경만족도 총점을 계산하여 전체지역평균을 기준으로 주거환경만족도지수(LEVI)를 작성하여 〈표 1〉에 나타냈다. 주거환경만족도지수가 높은 지역은 주거환경만족도가 높음을 의미한다. 그러므로 주택가격과는 정(+)의 상관관계가 예상된다.

② 학군불만족지수(SCHDF)

학군불만족지수는 주거지입지결정시의 교육환경의 중요성을 고려하여 주거환경만족도지수의 보조지표로서 독립적으로 작성하였다. 학군불만족지수는 주거환경에 대한 불만족이유 중 한 가지를 선택하였을 때 학군 때문이라고 응답한 사람의 비율을 지역별로 계산하여 작성하였다. 학군불만족지수도 주거환경만족도지수와 같은 방법으로 작성하여 〈표 1〉에 제시되었다. 학군불만족지수가 높은

4) 가중치를 부여한 이유는 주민이 4명 뿐인 가상적인 세 지역을 비교함으로써 이해하기 쉽다. 즉 '아주 만족'이 2명이고 '아주 불만족'이 2명인 「가」지역과 중간정도를 나타내는 '보통'(4점)이 4명있는 「나」지역은 주거환경만족도가 두 지역 공히 16/4=4로서 동일하다. 그러나 '아주 만족'이 1명이고 '아주 불만족'이 3명인 「다」지역의 주거환경만족도는 10/4=2.5로서 앞의 두 지역보다 낮다.

지역은 상대적으로 주택가격이 낮을 것으로 예상된다. 따라서 주택가격과는 역(−)의 관계가 예상된다. 그리고 학군불만족지수는 주거환경만족도결정의 주요 요인이므로 두 변수간 상당한 정도의 역(−)의 상관관계가 예상된다.

다. 접근성에 관한 변수(TRPI)

한 가구의 구성원들은 직장으로 출퇴근을 하거나 교육기관으로 등하교를 하며, 일상생활에 필요한 재화 및 서비스를 획득하기 위한 빈번한 이동을 하여야 한다. 접근성이란 이러한 여러 가지 생활에 필수적인 사항들을 충족시켜주는 장소(지점)에 얼마나 쉽게 도달할 수 있는가를 나타내며, 입지결정에 영향을 미쳐 주택가격에 반영된다. 그러므로 접근성이 높은 지역은 접근성이 낮은 지역보다 주택(토지)가격이 일반적으로 높아진다. 대부분 도심지에 직장과 시장이 존재한다고 가정하는 단일중심도시모형(monocentric urban model)에 근거하여 CBD까지의 거리를 접근성의 척도로 사용한다. 그러나 본 연구의 대상지역인 서울은 단일중심도시라고 가정할 수 없다. 그 이유는 직장수를 반영하는 서울시의 지역별 도착지기준 통근자수만으로도 쉽게 입증할 수 있다. 즉 서울의 중심지역으로 볼 수 있는 중구로 출근하는 인구는 서울 전체출근인구의 14%에 불과하다.[5] 이는 서울의 총직장수의 14%만이 중구(도심지)에 있고, 나머지 86%는 도심지 이외의 곳에 존재한다는 사실을 대변한다. 비도심지에 위치한 86%의 직장의 분포는 일반적으로 분산분포하기보다는 특정지역에 집중분포되는 경향이 있어 부도심지를 형성하는데, 정확한 부도심지의 분석은 본 연구의 범위를 벗어나므로 서울지역의 교통지구별 도착통행량분포를 나타내는 〈그림 1〉을 참고로 제시한다.

이러한 이유로 서울은 단일중심도시가 아닌 다핵심도시로 보는 것이 타당하므로 본 연구에서는 도심지까지의 거리를 접근성의 척도로 사용하지 않는다. 이러한 도시구조에서 접근성을 반영하는 척도로서는 시장까지의 거리, 직장까지의 거리 등이 사용될 수 있다. 그러나 본 연구의 자료는 시장까지의 거리에 대한 정보가 미흡하고 직장의 위치가 분산되어 있어 두 대안을 사용하지 않았다. 접근성의 척도로서 통근·통학·쇼핑행위를 얼마나 편리하게 할 수 있는가를 대변해 주는 교통혼잡 및 교통불편의 정도를 대안으로 채택하였다. 조사대상지역의 주거환경에 대한 불만족이유 중 교통혼잡 및 교통불편으로 응답한 비율을 지역별로 비교하여 평균에 대한 편차를 지역간 상대적 접근성방해지수로 사용하였

5) 교통개발원, 「수도권 통근·통학실태조사보고: 1987」, 1989 참조.

〈그림 1〉 서울특별시 교통지구별 도착통행량분포

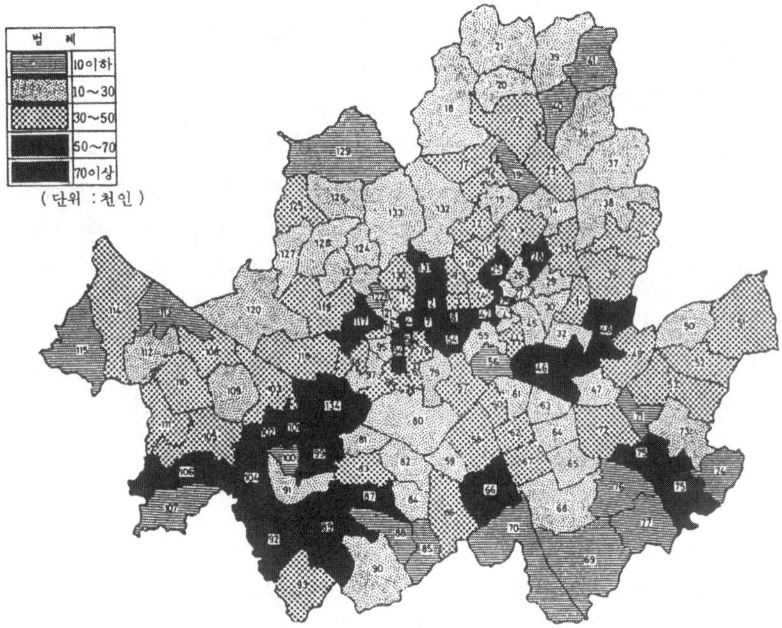

※ 도착통행량을 지구별 면적으로 나눈 직장밀도로 표시되면 더욱 설득력을 가질 것이지만 본 연구에서는 이 그림으로 대신한다.

자료: 교통개발원, 「수도권 통근·통학의 통행실태조사보고: 1987」, 1989, p.32.

〈표 1〉 지역별 환경 및 접근성에 관한 지수

(평균=100)

번호	지 역	주거환경만족도 (LEVI)	학군불만족도 (SCHDF)	접근성방해지수 (TRPI)
1	암사동	95	88	84
2	압구정 반포 APT	110	33	51
3	대치동 은마 APT	119	0	108
4	대림동	95	200	51
5	북아현동 시민APT	81	22	55
6	하월곡동	85	59	168
7	상계동 APT	90	42	212
8	과천 APT	125	356	71

다. 지역별 접근성방해지수는 〈표 1〉에 나타나 있다.

라. 투자수요에 관한 변수(PCR)

주택구입은 한 개인의 전 생애에 걸쳐서 가장 큰 비중을 차지하는 투자행위

중의 하나이다. 그러므로 주택구입자는 전술한 여러 가지 특성들 뿐만 아니라 투자에 대한 수익도 고려하기 마련이다. 더구나 주택가격의 상승률이 일반물가지수의 상승률과 소득상승률을 상회하고 있고, 이에 따른 가수요로 인한 투기현상이 만연하고 있는 현실을 감안할 때 주택소유로 인한 수익률은 주택가격결정에 상당한 영향을 미친다고 할 수 있다. 이러한 점을 감안하여 볼 때 현재의 주택가격이 주택상승률에 얼마나 많은 영향을 받았는가를 분석하는 것은 주택수요자들의 주택투자로 인한 기대수익을 반영하기 때문에 공급량과 공급(분양)가격이 고정되거나 제시된 신도시의 경우와 연관시켜 볼 때 상당한 의미가 있다. 자료 중 〈표 1〉에 있는 변수들은 100을 기준으로한 지수들이지만 가격상승률은 백분율로 조정되지 않았으므로 계수의 해석에 유의할 필요가 있다. 한편, 연간주택가격상승률(혹은 기대수익)과 주택가격과의 관계는 기대수익이 높은 주택이 투자가치가 크므로 정(+)의 관계가 성립될 것으로 예상된다.

지금까지 논의된 각종 독립변수들과 종속변수와의 예상상관관계를 요약하면 다음과 같다.

면적 · 방수 · 거실수 등(B_i): $\frac{\partial AP}{\partial B_i} > 0$

주거환경만족도지수(LEVI): $\frac{\partial AP}{\partial LEVI} > 0$

학군불만족지수(SCHDF): $\frac{\partial AP}{\partial SCHDF} < 0$

접근성방해지수(TRPI): $\frac{\partial AP}{\partial TRPI} < 0$

연간주택가격상승률(PCR): $\frac{\partial AP}{\partial PCR} > 0$

2. 모형의 설정과정

추정모형을 설정하기 위한 전 단계로 변수간 상관관계를 분석하여 본 결과 종속변수와 독립변수, 독립변수와 독립변수간에도 대부분 예상했던 부호를 보였다. 그러나 주거환경만족도(LEVI)와 학군불만족도(SCHDF)는 상관계수가 +0.47818로서 예상을 빗나갔다. 이는 환경만족도가 높은 지역에서 학군(교육환경)에 대한 불만이 높다는 것을 의미하므로 논리상 상충이 있어 보인다. 그러나 학군(교육환경)에 대한 만족여부는 주거환경에 대한 만족정도를 결정하는 중요요인이지만 취학자녀가 없는 가구나 대학생자녀만 있는 가구에는 학군의 중요성이 감소하는 점을 감안하면 학군이 불만스럽다는 이유 하나로 반드시 주거환경에 불만을 갖는다고는 할 수 없다. 〈표 1〉에서 볼 수 있듯이 주거환경만족도가 가장 높은 과천이 학군불만족도 또한 가장 높다는 점이 이를 뒷받침해준다. 그러므로 이 상반된 두 가지 요인 중 어느 요인이 주택가격결정에 더 큰 영향력을 발휘할 지는 상관관계분석만으로는 쉽게 알 수 없다. 추정모형은 기초요인분석(principal components analysis)을 실행하였으며, Eigen값이 1보다 큰 요인을 분석하는 법칙(the eigenvalues-greater-than-one rule)을 이용하여 변수간 다중공선성(multicollinearity)을 제거하여 설정하였다.

3. 공동주택수요의 특성 및 신도시이주성향

(1) 공동주택수요의 특성

공동주택의 수요를 분석하기 위하여 특성별 지불의사추정을 위한 모형과 특성별 탄력성을 추정하기 위한 모형 등 두 가지의 특성가격모형의 결과를 분리하여 논의한다. 나아가 이 두 모형에서 도출된 공동주택수요의 특성을 신도시정책과 연관시켜 본다.

가. 특성별 지불의사추정모형

공동주택에 관련된 제특성에 대한 주택구매자의 지불의사정도를 추정하기 위한 회귀분석의 결과는 〈표 2〉에 나타내었다.

분석결과에 따르면 가격에 영향을 미치는 중요한 특성은 주택규모, 학군불만족지수, 접근성 방해지수 및 가격상승률로 나타났다. 즉 주택의 규모가 클수록

〈표 2〉 특성별 지불의사추정모형

($R^2=0.81$)

특성변수		계수	t-값	Prob>¦T¦
상 수	constant	1.946353	8.046	0.0001
공동주택규모	APTSIZE	0.099752	25.955	0.0001
방 수	ROOM	0.064344	1.518	0.1294
난방방식	HTS	0.071342	1.503	0.1332
주거환경만족도	LEVI	−0.005071	−1.744	0.0817
학군불만족도	SCHDF	−0.001078	−3.663	0.0003
접근성방해지수	TRPI	−0.009691	−17.485	0.0001
가격상승률	PCR	0.268114	3.391	0.0007

※ 평균평당가격: 3,461,910원.

평당가격은 높아지고, 학군에 대한 불만족도가 높을수록 평당가격은 낮아지며 교통이 불편하거나 혼잡한 지역의 주택일수록 평당가격이 낮아지고, 주택가격상승률이 높을수록 평당가격이 높게 나타났다. 특성계수 중 방수·난방방식은 통계적 유의성이 없거나 낮은 것으로 나타났다. 그러나 이 특성들이 주택가격결정에 전혀 영향을 끼치지 않는다고는 할 수 없다. 방수는 공동주택의 성격으로 미루어 보아 주택면적이 넓을수록 많아지는 경향이 있으므로, 두 변수간의 다중공선성으로 인하여(두 변수의 상관계수는 +0.74) 유의성이 낮은 것으로 보이므로 방수가 가격에 미치는 영향은 주택규모가 대신 설명한다고 할 수 있다. 난방방식은 중앙집중식 혹은 지역난방방식이 연탄을 이용한 난방방식보다 주택가격결정에 유리한 조건이 될 것으로 예상되어 모형에 포함시켰으나 대부분의 공동주택이 비슷한 난방방식을 사용하고 있어 영향력이 미약하거나 없는 것으로 나타났다.[6] 흥미있는 변수는 주거환경만족도지수이다. 왜냐하면 특성계수가 음(−)의 값을 가져 주거환경에 대한 만족정도가 높을수록 평당가격이 낮아지는 예상 밖의 현상을 보여주고 있기 때문이다. 이는 특성계수에 나타난 것을 그대로 받아들이기 보다는 계수의 통계적 유의성과 이 변수와 유사한 정보를 갖고 있는 교육환경불만족도지수와 연관시켜 해석하는 것이 타당하다고 본다. 즉 〈표 1〉에서 나타내주고 있는 두 지수들을 비교하여 보거나 모형의 설정과정에서 설명한 바와 같이 두 변수간의 상관관계로 말미암은 것으로 보인다. 그리고 주거환경만족도지수의 계수는 통계적 유의수준이 낮은 반면 교육환경불만족도계수의 통계적 유의수준이 높은 점 등을 고려할 때 교육환경에 관한 계수의 정보만 채택하는 것이 타당성이 있다고 본다.

분석결과가 보여주는 계수들은 각 독립변수 한 단위가 증가하면 이 계수값에 평균평당가격을 곱한 값만큼의 가치가 변화한다는 것을 의미하므로 각 특성 한 단위의 구체적인 가치 혹은 지불의사를 계산할 수 있다. 주택수요자들은 규모가 큰 주택일수록(한평 증가당 345,332원), 주거환경이 좋거나 교육환경이 좋은 곳일수록(교육환경만족도 1% 증가당 3,731원), 교통이 원활한 곳일수록(접근성 1% 증가당 33,549원), 그리고 투자가치가 높은 주택일수록(가격상승률 1% 증가당 9,281원) 높은 평당가격을 지불하고자 한다.

나. 특성별 탄력성추정모형

주택가격을 구성하는 특성들의 가격변화에 대한 감응도는 Log모형을 이용

6) 난방방식은 두 모형에서 통계적으로 유의성이 없으나 모형에서 제외시키는 것보다 포함시킨 결과가 좋아 그대로 두었다.

〈표 3〉 특성별 탄력성추정모형

($R^2=0.79$)

특성변수	Log	계수	t－값	Prob>¦T¦
상수	constant	0.068658	0.211	0.8329
공동주택규모	LSIZE	0.532173	19.511	0.0001
방수	LROOM	0.137621	4.005	0.0001
난방방식	LHTS	0.010952	0.466	0.6413
주거환경만족도	LLEVI	0.108496	1.711	0.0875
학군불만족도	LSCHDF	0.003599	2.087	0.0373
접근성방해지수	LTRPI	－0.267299	－16.105	0.0001
가격상승률	LPCR	0.031164	3.926	0.0001

한 회귀분석을 이용한다. 각 특성별 탄력도는 〈표 3〉에 표시되어 있다.

〈표 3〉에서 보는 바와 같이 주택규모·방수·접근성 방해지수·가격상승률 등의 계수들은 예상했던 부호를 갖고 통계적 유의성이 높다. 그러나 난방방식은 앞의 경우와 마찬가지로 통계적 유의성이 없다. 주거환경만족도는 통계적 유의수준이 앞의 분석과 거의 비슷한 수준을 보였지만 기대했던 부호를 가지게 되었다. 반면에 학군불만족도계수는 통계적 유의수준이 낮아지고 부호도 양(+)으로 나타났다. 이는 전술한 바와 같이 주거환경만족도와의 연관성 때문에 나타난 결과로 추측된다. 그러나 10%의 유의수준에서는 주거환경만족도의 탄력성이 학군불만족도의 탄력성보다 매우 높은 점을 감안할 때 탄력성에 있어서는 주거환경이 더 중요한 역할을 한다고 할 수 있겠다. 변수 중 주택규모, 접근성, 투자수익률의 탄력성이 높게 나타난 점에 유의할 필요가 있다. 즉 주택수요자들은 주택구매에 있어서 주택의 평형에 매우 민감하며, 주거입지결정시에는 교통이 얼마나 편리한가 하는 점과 장래 기대수익성 여부에 예민한 반응을 나타낸다.

이상의 두 특성가격분석에서 얻을 수 있는 공동주택수요의 특징을 요약하면 다음과 같다.

첫째, 공동주택의 규모가 클수록(작을수록) 평당가격이 높고(낮고), 주택규모의 변동에 따른 평당가격의 변화가 민감하다. 즉 주택수요자들은 넓은 주택일수록 높은 평당가격을 지불하고자 하고 그 지불의사정도도 주택규모에 따라 크게 달라진다.

둘째, 주택수요자의 주거지입지결정에 있어서 교통의 편이성이 매우 중요한 요인이며, 이 요인에 상당한 가치를 부여하고 있다. 주택수요자들의 접근성을 높여주는, 편리하고 신속한 교통조건은 주거 및 교육환경보다 더 중요한 입지결정 요인으로 나타났다.

셋째, 주택수요에 있어서 주택에 대한 투자로 인한 기대수익의 역할은 매우 크다고 할 수 있다. 주택수요자들은(실수요자이든 가수요자이든) 주택구입에 있어서 주택의 물리적, 환경적 특성 이외에도 투자수익을 심각하게 고려하며 수익정도에도 민감한 반응을 보임을 알 수 있다. 이는 우리 나라의 대도시 공동주택시장의 문제점을 감안할 때 보다 명확해진다.

넷째, 주거환경에 만족한다고 하여 반드시 교육환경에도 만족하는 것은 아니다. 그러나 그 이유를 주거환경과 교육환경에 대하여 소비자가 가치를 부여하지 않는다고 볼 수는 없다. 이는 좋은 주거환경과 교육환경을 동시에 만족할 수 있는 주거지가 희소한 현실을 반영하는 것으로 이해된다. 그러므로 이러한 제약조건 하에서의 두 요인에 대한 수요자의 선택은 생애주기(life-cycle) 및 취향에 따라 우선권이 주어진다고 보는 것이 타당하겠다.

(2) 신도시이주성향분석

모든 가구는 소비자로서 주어진 제약조건 하에서 효용을 극대화하고 또한 주거환경개선을 위하여 노력한다. 그러므로 소비자의 주거지재입지행위는 효용극대화의 동태적 과정이라고 할 수 있다. 이러한 측면에서 볼 때 신도시로 이주하기를 원하지 않는 가구는 현 위치에서 경제적 능력이나 기타조건 하에서 어느 정도 적정입지화를 이루었거나 적정입지노력을 중단한 가구로 볼 수 있다. 반면에 신도시로 이주하기를 원하는 가구는 현재 입지적정화를 이루지 못한 준적정(sub-optimal) 상태이거나 신도시라는 외부조건의 변화로 새로운 입지적정화를 추구하는 가구로 볼 수 있다. 앞 절에서 얻은 공동주택수요에 관한 각종 정보는 과천을 포함한 서울지역의 특성별 평균지불의사와 탄력성을 나타낸다. 그러므로 소득과 환경 등의 측면에서 이질성을 가진 가구들의 재입지행위를 구체적으로 분석할 수 없다. 신도시개발계획에 따르면 수도권의 신도시는 쾌적한 주거환경, 수준높은 교육환경, 중대형 규모의 공동주택, 교통시설의 증·개축 등 소비자들이 기꺼이 지불하고자 하는 좋은 특성들을 모두 갖춘 도시이다. 더구나 이러한 좋은 조건을 제공하면서도 주택의 가격은 시장가격보다 현저히 낮은 분양가로 수요자에게 제공됨으로써 투자가치 또한 매우 높아 분양을 받기 위한 치열한 경쟁을 유발시키고 있다. 이 절에서는 앞 절에서 분석한 주택수요자의 주택규모, 주거환경 및 교육환경, 접근성, 투자수익 등의 특성에 대한 지불의사와 탄력성을 바탕으로 각종 설문사항을 분석한 지역별 자료를 참고로 하여 어떤 성격을 가진 가구가 신도시로 이주하기를 원하고 또 왜 원하는지를 분석한다. 설명의 편의상

소득수준을 반영한 지역단위로 논의하고 그 결과를 바탕으로 종합적인 이주성향을 도출하기로 한다.

신도시이주성향분석에는 서울 및 경기지역의 전체조사대상가구(총 1,895가구)를 포함하였기 때문에 성남지역이 포함된다. 그러므로 9개의 조사대상지역을 특성별로 상호 비교하기 위하여 앞에서 사용한 각종지수를 조정할 필요가 있다. 〈표 4〉는 가구의 잠재적 이동성을 반영하는 5년 내 이주의사(%로 표시)와 현재 거주하고 있는 주택에 대한 만족도를 포함한 다섯 가지 특성들이 지역별로 표시되어 있다. 이 표는 신도시로의 이주가능성과 이주이유를 간접적으로 설명하고 있다. 이 표와 더불어 지역별 접근성의 대상이 되는 직장위치를 나타내는 〈표 7〉과 기타 유용한 자료들을 사용하여 신도시이주성향을 분석한다. 이 분석에서 주택수요자들이 특정 신도시를 선택하는 이유 중의 하나인 접근성을 논의할 때는 거주지를 기준으로 하지 않고 접근성의 대상이 되는 직장위치를 기준으로 한다.[7] 분석순서는 소득수준별로 분류된 지역을 원칙으로 하며 서울지역을 먼저 고려하고 과천과 성남은 분리하여 설명한다.

〈표 4〉 지역별 이주희망자비율과 환경 및 접근성에 관한 지수

번호	지 역	5년 내 이주의향[1]	주택 만족도[2]	주거환경 만족도	교육환경 불만족도	접근성 방해지수
1	암사동	47.0	91	94	80	88
2	압구정 반포 APT	39.4	113	108	30	53
3	대치동 은마 APT	52.6	110	117	0	114
4	대림동	42.7	100	93	182	54
5	북아현동 시민APT	68.6	67	79	20	58
6	하월곡동	31.6	92	84	54	178
7	상계동 APT	44.7	109	89	38	224
8	과천 APT	71.3	102	123	324	75
9	성남 APT	82.8	116	112	171	56

주: 1) 5년 내 이주의향은 각 지역 전체조사대상 중 이주의사가 있는 가구의 백분율이다.
2) 주택만족도지수도 주거환경만족도지수의 방법을 따랐다.

7) 거주지위치를 기준으로 하지 않고 직장위치를 기준으로 분석하는 이유는 다음과 같다. 신도시 계획이 주거지로서의 좋은 조건을 정부가 공약하고 있다고 하더라도 그리고 교통시설의 신설 또는 증가를 통하여 직장에 대한 접근성을 높일 수 있어도 모든 이주자들의 직장위치 자체를 이전시킬 수는 없을 것이다. 그러므로 모든 신도시가 같은 조건(주거 및 교육환경, 공공서비스, 도시기반시설, 공급가격 등)이라면 주택수요자의 선택사항을 부동성(immobility)을 가진 신도시의 입지선정밖에 없고, 또한 거주지의 위치를 바꾸는 것이 직장위치를 바꾸는 것보다 현실적으로 훨씬 용이하기 때문이다. 이러한 이유에서 접근성을 기준으로 하면서 주택수요자들이 어느 신도시로 입지할 것인가를 분석하기 위해서는 거주지위치보다 직장위치를 기준으로 하는 것이 합당한 접근방법일 것이다.

가. 고소득가구의 신도시이주여부와 신도시입지선택

아홉 개의 조사대상지역 중 가장 높은 소득과 가장 높은 주택가격을 보이는 압구정동과 반포동의 경우를 보자. 이 지역의 주택, 주거, 교육환경 및 접근성 측면의 각종 지표들은 다른 지역에 비하여 매우 유리한 조건들을 가지고 있고, 이들이 주택가격에 반영되어 있음을 알 수 있다. 이 지역은 전체조사대상자 중 5년 내 이주의향을 가진 가구가 39.1%에 불과하여 대부분의 가구들이 어느 정도 현거주지에서 입지적정화를 실현하고 있다고 할 수 있다. 이는 이 지역의 학군에 대한 만족도가 높을 뿐만 아니라 접근성의 측면에서도 직장의 위치들이 〈표 7〉에서 볼 수 있듯이 지역 내에 30%, 종로·중구에 18%, 인근경기지역에 15%, 여의도가 있는 영등포구에 6.3% 등 비교적 유리한 조건을 갖추고 있음을 알 수 있다. 신도시로 이주를 희망하는 가구는 고급주택지역으로서 주택 자체에 대한 불만정도가 낮은 점, 신도시에서의 희망주택규모가 현재규모와 거의 같다는 점(〈표 5〉 참조), 접근성이 가장 높다는 점, 또한 대부분의 가구들이 이동성을 높여주는 자동차를 보유하고 있는 점 등에 비하여 주거환경에 대한 만족도가 보통정도수준인 점 등을 미루어 보아 이주의 목적이 보다 쾌적한 주거환경을 목표로 한 이동임을 알 수 있다. 이들이 원하는 신도시의 위치는 〈표 6〉에 표시된 바와 같이 강남(36%), 경기남동(26%), 경기남부(17.4%) 순으로서 직장의 분포와 비슷하게 나타나 직장에 대한 접근성을 유지하면서 쾌적성을 향상시키고자 함을 암시하고 있다.

나. 중간소득층의 신도시이주이유와 신도시입지선택

중간소득계층이 주로 거주하는 지역들의 신도시이주여부는 비슷하나(42.7%~52.6%), 그 이유는 다양하다. 암사동의 경우는 주택만족도와 주거환경만족도가 비교적 낮은 반면 교육환경에는 비교적 만족하고 있고 접근성도 비교적 높이 평가하고 있음을 알 수 있다. 그러므로 신도시이주여부는 두 요인 중 어느 특성에 더 큰 가치를 부여하느냐에 달려있고, 신도시이주목적은 보다 나은 주택(예상주택규모증가율 48%)과 주거환경의 개선이라고 할 수 있다. 이러한 조건이 충족될 때의 희망신도시위치로 강남 30%, 경기남동 28%, 경기동부 13.6%, 강북이 10.4%로 나타나 현직장의 분포가 지역 내 35%, 인접지역인 송파, 강남, 성동구에 24%, 종로·중구에 8.2%인 점을 감안할 때, 직장에 대한 접근성이 매우 중요한 입지결정요인임을 알 수 있다(〈표 6〉 참조). 대치동의 경우는 주거지이동원인에 있어서는 암사동과 정반대의 현상이 나타난다. 즉 주택 및 주거환경만족정도가 매우 높을 뿐만 아니라 8학군지역으로 교육환경에 대한 최고의 만족도를 보이고 있다. 반면 교통조건에 대한 불만은 상당히 높은 지역이다. 이주를 희망하는 52.6%의 가구는 신도시에서 현재의 주택조건과(예상주택규모증가율 8%) 환경조건을 얻을 것으로 예상하고, 접근성에 민감하여 보다 편리한 교통조건을 목표로 함을 짐작할 수 있다. 이는 직장의 분포와 연관하여 원하는 신도시의 위치가 강남(53.6%)과 경기남동(24.3%)에 집중되어 있는 점을 고려할 때 더욱 분명하다. 한편 상계동의 경우는 또다른 양상을 보여주고 있다. 즉 현재의 주택에 비교적 만족을 하고 있고 교육환경불만정도가 매우 낮은 반면 주거환경을 불만스러워하고, 특히 교통조건에 대한 심각한 불만을 가지고 있다. 이는 교육환경에 만족하고 있다기보다는 교통이 너무나 불편하여 교육환경보다 교통문제를 최우선과제로 선택한 것으로 보인다. 이는 상계동지역가구들의 직장분포가 이를 뒷받침하고 있다. 지역 내에 직장을 가지고 있는 가구는 7.6%밖에 되지 않고 직장위치는 주로 종로·중구(36.5%)에 밀집되어 있고, 강남(5%)과 여의도가 있는 영등포(6.4%)에도 상당한 비중을 차지하여 상당히 먼 거리를 출퇴근할 뿐만 아니라 교통혼잡지역을 통과하고 있음을 알 수 있다. 따라서 이들은 접근성에 많은 가치를 부여하는 경향이 있고, 신도시의 위치가 강북(21%), 강남(20%), 경기남동(16%), 경기남부(12%), 강서(10.5%) 등으로 다양하게 나타나 이를 반영하고 있다. 특히 이 지역은 도시계획에 의한 대규모주거단지라는 점에서 그리고 지역자족성의 측면에서 신도시계획에 많은 시사점을 준다. 대림동의 경우는 이주의 주된 목적이 교육환경개선이었고 이 지역 또한 직장에 대한 접근성을 유지하거나 높일 수 있는 신도시를 원하였다.

다. 저소득층의 신도시이주이유와 신도시입지선택

저소득층지역으로 선정된 북아현동(시민아파트지역)과 하월곡동(단독주택지역)은 모두 강북지역이다. 그러나 각각의 성격은 〈표 4〉에서 비교할 수 있듯이 매우 다르다. 북아현동의 경우는 이주의사가 성남 다음으로 높고 주택조건과 주거환경에 대한 불만이 가장 심각한 지역인 반면, 교육환경과 교통조건에는 매우 높은 수준의 만족도를 보이고 있다. 주택규모는 현재 사용하고 있는 규모(12.22평)의 배 이상(25.26평)을 원하고 있고, 직장과 희망신도시의 위치가 다양하게 분포되어 있는 점을 미루어 신도시이주의 주목적이 보다 큰 주택과 개선된 주거환경임을 알 수 있다. 단독주택지역인 하월곡동은 모든 점에서 심각한 문제를 내포하고 있음에도 불구하고 이주의사가 31.6%로 9개 지역 중 가장 낮아 이주능력에 문제가 있음을 반영한다. 이는 직장의 위치가 임금수준이 대체로 낮은 지역 내(38%)에 있고, 실업자나 부정기취업을 나타내는 직장위치가 불명확한 가구가 22%나 되는 점을 볼 때 더욱 명확해진다. 이주를 할 수 있는 능력을 가졌거나 원하는 가구는 북아현동과 마찬가지로 보다 큰 주택(주택규모증가율 51%)을 목적으로 하고, 신도시위치도 강북(53%)과 경기북서(11.5%)에 집중되어 있어 자가용(이동성)이 없는 상황에서 선택의 여지가 좁음을 알 수 있다.

라. 과천·성남 주민의 신도시이주이유와 신도시입지선택

행정구역상 경기도에 속한 과천과 성남지역은 공통적으로 주거환경에 높은 만족도를 보이는 반면, 교육환경에 대한 불만이 매우 높다. 또한 두 지역 모두 이주의사가 매우 높다. 그러나 이주이유는 수입의 근원지인 직업의 분포에 따른 지역특성에 따라 차이가 난다. 즉 과천지역의 조사대상자의 직장분포는 지역 내에 있는 비율이 상계동지역 다음으로 낮은 14%정도 밖에 되지 않고 주로 종로·중구(21.2%), 강남·서초(22.2%), 영등포구와 안양지역에 분포되어 있다. 그러므로 대부분의 가구가 서울의 중심부와 강남방면으로 출퇴근해야 하므로 교통의 편이성이 성남지역보다 절실하고, 원하는 신도시지역도 〈표 6〉에서 볼 수 있듯이 이 두 지역 내이거나 접근성을 높일 수 있는 방향으로 나타났다. 한편 성남지역의 직장분포는 지역 내(32%)와 인접한 강남, 서초, 송파구(35%)에 밀집되어 있어 과천지역보다 지역 내 직장비중이 높고 출퇴근이 상대적으로 편리하다고 할 수 있다. 이는 성남지역의 이주희망자의 신도시입지가 경기남동(64%)과 강남(29.8%)인 점을 보면 더욱 명확해진다.

〈표 5〉 지역별 주택규모와 신도시에서의 희망주택규모 (단위: 평)

지역이름	현 거주지의 평균주택규모	신도시에서의 희망주택규모	증가율
1. 암사동	18.12	26.80	48%
2. 압구정 반포 APT	34.17	35.69	4%
3. 대치동 은마 APT	31.89	34.41	8%
4. 대림동	26.07	29.70	14%
5. 북아현동 시민APT	12.12	25.26	107%
6. 하월곡동	16.94	25.66	51%
7. 상계동 APT	24.70	29.29	19%
8. 과천 APT	23.38	32.90	41%
9. 성남 APT	26.67	32.09	20%

〈표 6〉 지역별 희망신도시입지지역

(단위: %)

지역이름	서울시내			경기도지역				
	강북	강남	강서	북서	북부	동부	남동	남부
1. 암사동	10.4	29.4	3.2	3.9	3.6	13.6	28.2	7.8
2. 압구정 반포 APT	5.6	36.0	3.1	5.9	2.5	4.2	25.3	17.4
3. 대치동 APT	2.8	53.6	2.8	6.6	1.7	2.8	24.3	5.5
4. 대림동	13.8	12.1	9.5	5.2	1.7	5.2	13.8	38.8
5. 북아현동 APT	23.2	15.5	17.1	16.6	1.7	2.2	12.2	11.6
6. 하월곡동	53.1	8.5	1.4	11.3	3.3	5.6	6.6	10.3
7. 상계동 APT	21.1	20.0	10.3	4.3	7.0	9.2	16.2	11.9
8. 과천 APT	0.9	36.5	1.4	2.8	0.5	0.5	27.5	29.9
9. 성남 APT	0.6	29.8	2.2	0.6	0.0	1.1	64.0	1.7

자료: 한국토지개발공사, 「신도시건설에 있어서 인구특성에 따른 주민중심 주거단지개발에 관한 연구」, 1990, p.295.

〈표 7〉 거주지별 직장위치

직장위치 \ 거주지	강동구 암사동 1	강남구 압구정	서초구 반포 2	강남구 대치동 3	영등포구 대림동 4	서대문구 북아현동 5	성북구 하월곡동 6	노원구 상계동 7	과천 8	성남 9
종로구 11	8		32	18	3	19	9	22	14	5
	2.87		7.27	9.50	2.73	11.45	4.79	13.02	7.07	3.30
중구 12	15		47	15	6	4	6	40	28	12
	5.38		10.68	8.38	5.45	2.41	3.19	23.67	14.14	7.27
노원구 21	3		1	0	0	0	3	13	1	0
	1.08		0.23	0.00	0.00	0.00	1.60	7.69	0.51	0.00
도봉구 22	3		4	3	1	2	9	14	1	1
	1.08		0.91	1.68	0.91	1.20	4.79	8.28	0.51	0.61
성북구 23	3		14	4	0	1	72	4	3	0
	10.8		3.18	2.23	0.00	0.60	38.30	2.37	1.52	0.00
중랑구 24	1		3	0	0	1	1	0	0	0
	0.36		0.68	0.00	0.00	0.60	0.53	0.00	0.00	0.00
동대문구 25	9		14	5	1	7	7	10	1	2
	3.23		3.18	2.79	0.91	4.22	3.72	5.92	0.51	1.21
성동구 26	19		12	6	1	7	3	7	1	5
	6.81		2.73	3.35	0.91	4.22	1.60	4.14	0.51	3.03
강남구 31	23		62	52	9	10	12	8	28	32
	8.24		14.09	29.05	8.18	6.02	6.38	4.73	14.14	19.39
서초구 32	3		70	16	13	5	1	1	16	12
	1.08		15.91	8.94	11.82	3.01	0.53	0.59	8.08	7.27
송파구 33	24		6	9	0	3	1	4	1	14
	8.60		1.36	5.03	0.00	1.81	0.53	2.37	0.51	8.48
강동구 34	98		11	12	1	2	2	3	1	4
	35.13		2.50	6.70	0.91	1.20	1.06	1.78	0.51	2.42

은평구	41	7		5	2	0	8	1	1	3	1
		2.51		1.14	1.12	0.00	4.82	0.53	0.59	1.52	0.61
마포구	42	6		8	6	2	10	1	4	2	2
		2.15		1.82	3.35	1.82	6.02	0.53	2.37	1.01	1.21
서대문구	43	1		5	4	0	33	4	4	5	0
		0.36		1.14	2.23	0.00	19.88	2.13	2.37	2.53	0.00
용산구	51	6		14	6	8	5	2	6	10	2
		2.15		3.18	3.35	7.27	3.01	1.06	3.55	5.05	1.21
동작구	52	1		10	0	19	3	0	1	1	0
		0.36		2.27	0.00	17.27	1.81	0.00	0.59	0.51	0.00
관악구	53	2		6	1	17	5	0	0	7	1
		0.72		1.36	0.56	15.45	3.01	0.00	0.00	3.54	0.61
구로구	54	2		9	2	2	7	0	0	2	1
		0.72		2.05	1.12	1.82	4.22	0.00	0.00	1.01	0.61
강서구	55	0		8	1	2	5	1	2	2	1
		0.00		1.82	0.56	1.82	3.01	0.53	1.18	1.01	0.61
양천구	56	0		0	1	2	4	0	1	1	0
		0.00		0.00	0.56	1.82	2.41	0.00	0.59	0.51	0.00
영등포구	57	7		28	1	8	7	2	11	13	2
		2.51		6.36	0.56	7.27	4.22	1.06	6.51	6.57	1.21
성남	61	4		1	1	1	1	2	4	1	53
		1.43		0.23	0.56	0.91	0.60	1.06	2.37	0.51	32.12
과천	62	0		5	0	0	1	1	0	28	2
		0.00		1.14	0.00	0.00	0.60	0.53	0.00	14.14	1.21
의왕	63	0		1	0	1	0	0	0	3	0
		0.00		0.23	0.00	0.91	0.00	0.00	0.00	1.52	0.00
안산	64	0		3	0	0	0	0	1	0	0
		0.00		0.68	0.00	0.00	0.00	0.00	0.59	0.00	0.00
안양	65	0		8	2	2	1	0	1	13	1
		0.00		1.82	1.12	1.82	0.60	0.00	1.59	6.57	0.61
구리	66	1		1	0	1	0	1	0	0	1
		0.36		0.23	0.00	0.91	0.00	0.53	0.00	0.00	0.61
광명	67	0		1	0	0	1	0	0	0	0
		0.00		0.23	0.00	0.00	0.60	0.00	0.00	0.00	0.00
의정부	68	0		3	0	0	0	4	1	0	0
		0.00		0.68	0.00	0.00	0.00	2.13	0.59	0.00	0.00
수원	69	1		1	2	0	1	0	0	3	0
		0.36		0.23	1.12	0.00	0.60	0.00	0.00	1.52	0.00
기타경기	70	10		16	1	0	2	0	2	5	8
		3.58		3.64	0.56	0.00	1.20	0.00	1.18	2.53	4.85
인천	71	2		12	4	5	2	2	3	2	1
		0.72		2.73	2.23	4.55	1.20	1.06	1.78	1.01	0.61
기타	72	20		19	6	5	9	41	1	2	2
		7.17		4.32	3.35	4.55	5.42	21.81	0.59	1.01	1.21
계		279		440	179	110	166	188	169	198	165

주: 총 관측수=1895.

부록 3: 주택임대차보호법 및 동법시행령

주택임대차보호법

제정 1981. 3. 5 법률 제3379호
개정 1983. 12. 30 법률 제3682호

제 1 조 목적

이 법은 주거용 건물의 임대차에 관하여 민법에 대한 특례를 규정함으로써 국민의 주거생활의 안정을 보장함을 목적으로 한다.

제 2 조 적용범위

이 법은 주거용 건물(이하 "주택"이라 한다)의 전부 또는 일부의 임대차에 관하여 이를 적용한다. 그 임대주택의 일부가 주거 외의 목적으로 사용되는 경우에도 이와 같다. (개정 83. 12. 30)

제 3 조 대항력 등

① 임대차는 그 등기가 없는 경우에도 임차인이 주택의 임대와 주민등록을 마친 때에는 그 익일부터 제 3 자에 대하여 효력이 생긴다. 이 경우 전입신고를 한 때에 주민등록이 된 것으로 본다.

② 임차주택의 양수인(기타 임대할 권리를 승계할 자를 포함한다)은 임대인의 지위를 승계한 것으로 본다.

③ 민법 제575조 제 1 항, 제 3 항 및 제578조의 규정은 이 법에 의하여 임대차의 목적이 된 주택이 매매 또는 경매의 목적물이 된 경우에 이를 준용한다.

④ 민법 제536조의 규정은 제 3 항의 경우에 이를 준용한다.

제 4 조 임대차기간 등

① 기간을 1 년 미만으로 정한 임대차는 그 기간의 정함이 없는 것으로 본다.

② 임대차가 종료한 경우에도 임차인이 보증금을 반환받을 때까지는 임대차관계는 존속하는 것으로 본다. (신설 83. 12. 30)

제 5 조 해지의 제한

기간의 정함이 없는 임대차에 있어 임대인은 계약을 체결한 날로부터 6 월이 경과하지 아니하면 계약의 해지통고를 할 수 없다. 그러나 계약이 갱신된 경우에는 그러하지 아니하다.

제 6 조 계약의 갱신

① 임대인이 임대차기간만료 전 6 월부터 1 월까지에 임차인에 대하여 갱신거절의 통지 또는 조건을 변경하지 아니하면 갱신하지 아니한다는 뜻의 통지를 하지 아니한 경우에는 그 기간이 만료된 때에 전임대차와 동일한 조건으로 다시 임대차한 것으로 본다. 이 경우에 임대차의 존속기간은 그 정함이 없는 것으로 본다.

② 2 기의 차임액에 달하도록 차임을 연체하거나 기타 임차인으로써의 의무를 현저

히 위반한 임차인에 대하여는 제 1 항의 규정을 적용하지 아니한다.

제 7 조 차임 등의 증감청구권

약정한 차임 또는 보증금이 임차주택에 대한 조세, 공과금 기타부담의 증감이나 경제사정의 변동으로 인하여 상당하지 아니하게 된 때에는 당사자는 장래에 대하여 그 증감을 청구할 수 있다. 그러나 증액의 경우에는 대통령령이 정하는 기준에 따른 비율을 초과하지 못한다. (본조신설 83. 12. 30)

제 8 조 소액보증금의 보호

① 임차인은 소액의 보증금에 관하여 다른 담보물권자보다 자기채권의 우선변제를 받을 권리가 있다.

② 제 1 항의 경우에 소액보증금의 범위와 기준은 주택의 가액(대지의 가액을 포함한다)의 2분지 1의 범위 안에서 대통령령으로 정한다. (본조신설 83. 12. 30)

제 9 조 주택의 임차권의 승계

① 임차인이 상속권자 없이 사망한 경우에 그 주택에서 가정공동생활을 하던 사실상의 혼인관계에 있는 자는 임차인의 권리와 의무를 승계한다.

② 임차인이 사망한 경우에 사망당시 상속권자가 그 주택에서 가정공동생활을 하고 있지 아니한 때에는 그 주택에서 가정공동생활을 하던 사실상의 혼인관계에 있는 자와 2촌 이내의 가족은 공동으로 임차인의 권리와 의무를 승계한다.

③ 제 1 항 및 제 2 항의 경우에 임차인이 사망한 후 1월 이내에 임대인에 대하여 반대의사를 표시한 때에는 그러하지 아니하다.

④ 제 1 항 및 제 2 항의 경우에 임대차관계에서 생긴 채권·채무는 임차인의 권리의무를 승계한 자에게 귀속한다. (본조신설 83. 12. 30)

제10조 강행규정

이 법의 규정에 위반된 약정으로써 임차인에게 불리한 것은 그 효력이 없다.

제11조 일시사용을 위한 임대차

이 법은 일시사용을 위한 임대차임이 명백한 경우에는 이를 적용하지 아니한다.

제12조 미등기전세에의 준용

이 법은 주택의 등기하지 아니한 전세계약에 관하여 이를 준용한다. 이 경우 "전세금"은 "임대차의 보증금"으로 본다. (본조신설 83. 12. 30)

주택임대차보호법시행령

제정 1984. 6. 14 대통령령 제11441호
개정 1987. 12. 1 대통령령 제12283호

제 1 조 목적

이 영은 주택임대차보호법(이하 "법"이라 한다)에서 위임된 사항과 그 시행에 관하여 필요한 사항을 정함을 목적으로 한다.

제 2 조　차임 등 증액청구의 기준 등

① 법 제 7 조의 규정에 의한 차임 또는 보증금(이하 "차임 등"이라 한다)의 증액청구는 약정한 차임 등의 20분의 1의 금액을 초과하지 못한다.

② 제 1 항의 규정에 의한 증액청구는 임대차계약 또는 약정한 차임 등의 증액이 있은 후 1년 이내에는 이를 하지 못한다.

제 3 조　소액보증금의 범위 등

① 법 제 8 조의 규정에 의한 소액보증금의 범위를 서울특별시 및 광역시에서는 500만원 이하, 기타의 지역에서는 400만원 이하로 한다. (개정 87. 12. 1)

② 임차인의 소액보증금이 주택의 가액의 2분의 1을 초과하는 경우에는 주택의 가액의 2분의 1에 해당하는 금액에 한하여 우선 변제권이 있다.

③ 하나의 주택에 임차인이 2인 이상이고, 그 각 소액보증금의 합산액이 주택의 가액의 2분의 1을 초과하는 경우에는 그 각 소액보증금의 합산에 대한 각 임차인의 소액보증금의 비율로 그 주택의 가액의 2분의 1에 해당하는 금액을 분할한 금액을 각 임차인의 소액보증금으로 본다.

④ 하나의 주택에 임차인이 2인 이상이고, 이들이 그 주택에서 가정공동생활을 하는 경우에는 이들을 1인의 임차인으로 보아 이들의 각 보증금을 합산한다.

주택임대차보호법 중 개정법률

(법률 제4188호, 1989. 12. 30)

주택임대차보호법 중 다음과 같이 개정한다.

제 3 조의 2를 다음과 같이 신설한다.

제 3 조의 2 (보증금의 회수)　① 제 3 조 제 1 항의 대항조건과 임대차계약증서 상의 확정절차를 갖춘 임대인은 민사소송법 및 경매법에 의한 경매 또는 국세징수법에 의한 공매시 임대주택(대지를 포함한다)의 환가대금에서 후순위 권리자 기타 채권자보다 우선하여 보증금을 변제받을 권리가 있다. 다만 임차인이 당해 주택의 양수인에게 대항할 수 있는 경우에는 임대차가 종료된 후가 아니면 보증금의 우선변제를 청구하지 못한다.

② 임차인은 임차주택을 양수인에게 인도하지 아니하면 제 1 항의 규정에 의한 보증금을 영수할 수 없다.

③ 제 1 항의 규정에 의한 우선변제의 순위와 보증금에 대한 이의가 있는 이해관계인은 경매법원 또는 체납처분청에 이의를 신청할 수 있다.

④ 민사소송법 제590조 내지 제597조의 규정은 제 3 항의 규정에 대하여 경매법원에 이의를 신청하는 경우에 이를 준용한다.

⑤ 제 3 항의 규정에 대하여 이의신청을 받은 체납처분청은 이해관계인이 이의신청일

부터 7일 이내에 임차인을 상대로 소를 제기한 것을 증명한 때에는 당해 소송의 종결시까지 이의가 신청된 범위 안에서 임차인에 대한 보증금의 변제를 유보하고 잔여금액을 배분하여야 한다. 이 경우 유보된 보증금은 소송의 결과에 따라 배분한다.

제4조 제1항을 다음과 같이한다.

① 기간의 정함이 없거나 기간을 2년 미만으로 정한 임대차는 그 기간을 2년으로 본다.

제5조를 삭제한다.

제8조를 다음과 같이한다.

제8조 (보증금 중 일정액의 보호) ① 임차인은 보증금 중 일정액을 다른 담보물권자보다 우선하여 변제받을 권리가 있다. 이 경우 임차인은 주택에 대한 경매신청의 등기 전에 제3조 제1항의 요건을 갖추어야 한다.

② 제3조의 2 제1항 단서, 제3항 내지 제5항의 규정은 제1항의 경우에 이를 준용한다.

③ 제1항의 규정에 의하여 우선변제를 받을 임차인 및 보증금 중 일정액의 범위와 기준은 주택가격(대지의 가액을 포함한다)의 2분의 1의 범위 안에서 대통령령으로 정한다.

주택임대차보호법시행령 중 개정령

(대통령령 제12,930호, 1990. 2. 19)

주택임대차보호법시행령 중 다음과 같이 개정한다.

제3조의 제목 중 "소액보증금"을 "보증금 중 일정액"으로 하고, 동조 제1항 중 "소액보증금"을 "보증금 중 일정액"으로, "500만원 이하"를 "700만원 이하"로 "400만원 이하"를 "500만원 이하"로 하며, 동조 제2항 및 제3항 중 "소액보증금"을 각각 "보증금 중 일정액"으로 한다.

제4조를 다음과 같이 신설한다.

제4조 (우선변제를 받을 임차인의 범위) 법 제8조의 규정에 의한 우선변제를 받을 임차인의 범위는 보증금이 서울특별시 및 광역시에서는 2,000만원 이하, 기타의 지역에서는 1,500만원 이하인 임차인으로 한다.

주택임대차 보호법 시행령

(대통령령 제14785호, 1995. 10. 19)

제1조 (목적)

이 영은 주택임대차보호법(이하 "법"이라 한다)에서 위임된 사항과 그 시행에 관하여 필요한 사항을 정함을 목적으로 한다.

제 2 조 (차임 등 증액청구의 기준 등)

① 법 제 7 조의 규정에 의한 차임 또는 보증금(이하 "차임 등"이라 한다)의 증액청구는 약정한 차임 등의 20분의 1의 금액을 초과하지 못한다.

② 제 1 항의 규정에 의한 증액청구는 임대차계약 또는 약정한 차임 등의 증액이 있은 후 1년 이내에는 이를 하지 못한다.

제 3 조 (보증금 중 일정액의 범위 등)

① 법 제 8 조의 규정에 의한 보증금 중 일정액의 범위를 서울특별시 및 광역시에서는 1,200만원 이하, 기타의 지역에서는 800만원 이하로 한다. (개정 1987. 12. 1, 1990. 2. 19)

② 임차인의 보증금 중 일정액이 주택의 가액의 2분의 1에 해당하는 금액에 한하여 우선 변제권이 있다. (개정 1990. 2. 19)

③ 하나의 주택에 임차인이 2인 이상이고, 그 각 보증금 중 일정액의 합산액이 주택의 가액의 2분의 1을 초과하는 경우에는 그 각 보증금 중 일정액의 합산액에 대한 각 임차인의 보증금 중 일정액의 비율로 그 주택의 가액의 2분의 1에 해당하는 금액을 분할한 금액을 각 임차인의 보증금 중 일정액으로 본다. (개정 1990. 2. 19)

④ 하나의 주택에 임차인이 2인 이상이고 이들이 그 주택에서 가정공동생활을 하는 경우에는 이들을 1인의 임차인으로 보아 이들의 각 보증금을 합산한다. (개정 1990. 2. 19)

제 4 조 (우선변제를 받을 임차인의 범위)

법 제 8 조의 규정에 의한 우선변제를 받을 임차인의 범위는 보증금이 서울특별시 및 광역시에서는 3,000만원 이하, 기타의 지역에서는 2,000만원 이하인 임차인으로 한다.

부 칙

① (시행일) 이 영은 공포한 날로부터 시행한다.

② (소액보증금의 범위변경에 따른 경과조치) 이 영 시행 전에 임차주택에 대하여 담보물권을 취득한 자에 대하여는 종전의 규정을 적용한다.

부 칙(1990. 2. 19)

이 영은 공포한 날로부터 시행한다.

주택임대차보호법 일부개정법률안

(일부개정 2009. 5. 8 법률 제9653호)

주택임대차보호법 일부를 다음과 같이 개정한다.

제6조 제2항 중 "정하지 아니한 것"을 "2년"으로 한다.

제6조의 2 제1항 중 "제6조 제1항의 경우 임차인"을 "제6조 제1항에 따라 계약이 갱신된 경우 같은 조 제2항에도 불구하고 임차인"으로 한다.

제8조 제3항 중 "주택가액(대지의 가액을 포함한다)의 2분의 1의 범위에서 대통령령으로 정한다"를 "제8조의 2에 따른 주택임대차위원회의 심의를 거쳐 대통령령으로 정한다"로 하고, 같은 항에 단서를 다음과 같이 신설한다. 다만, 보증금 중 일정액의 범위와 기준은 주택가액(대지의 가액을 포함한다)의 2분의 1을 넘지 못한다.

제8조의 2를 다음과 같이 신설한다.

제8조의 2 (주택임대차위원회)

① 제8조에 따라 우선변제를 받을 임차인 및 보증금 중 일정액의 범위와 기준을 심의하기 위하여 법무부에 주택임대차위원회(이하 "위원회"라 한다)를 둔다.

② 위원회는 위원장 1명을 포함한 9명 이상 15명 이하의 위원으로 구성한다.

③ 위원회의 위원장은 법무부차관이 된다.

④ 위원회의 위원은 다음 각 호의 어느 하나에 해당하는 사람 중에서 위원장이 위촉하되, 다음 제1호부터 제5호까지에 해당하는 위원을 각각 1명 이상 위촉하여야 하고, 위원 중 2분의 1 이상은 제1호·제2호 또는 제6호에 해당하는 사람을 위촉하여야 한다.

1. 법학·경제학 또는 부동산학 등을 전공하고 주택임대차 관련 전문지식을 갖춘 사람으로서 공인된 연구기관에서 조교수 이상 또는 이에 상당하는 직에 5년 이상 재직한 사람
2. 변호사·감정평가사·공인회계사·세무사 또는 공인중개사로서 5년 이상 해당 분야에서 종사하고 주택임대차 관련 업무경험이 풍부한 사람
3. 기획재정부에서 물가 관련 업무를 담당하는 고위공무원단에 속하는 공무원
4. 법무부에서 주택임대차 관련 업무를 담당하는 고위공무원단에 속하는 공무원(이에 상당하는 특정직 공무원을 포함한다)
5. 국토해양부에서 주택사업 또는 주거복지 관련 업무를 담당하는 고위공무원단에 속하는 공무원
6. 그 밖에 주택임대차 관련 학식과 경험이 풍부한 사람으로서 대통령령으로 정하는 사람

⑤ 그 밖에 위원회의 구성 및 운영 등에 필요한 사항은 대통령령으로 정한다.

부 칙

이 법은 공포 후 3개월이 경과한 날부터 시행한다.

참고문헌

강대현, 「도시지리학」, 교학연구사, 1987.

강만길, 「토막민의 생활, 일제시대 빈민생활사연구」, 창작사, 1987.

강문수·김중웅, "주택금융의 현황과 발전방향," 한국개발연구원, 1987.

건설부, 「주택정책방안에 관한 연구」, 제 3 편, 1985.

건설부, 「도시재개발제도의 개선방안연구」, 1987.

건설부, "주택건설촉진과 저소득층 주거안정대책," 경제구조조정자문회의 제 9 차 회의 토론자료, 1988.

건설부, 「주택금융의 효율적 배분에 관한 연구」, 1989.

경제기획원, 「인구 및 주택센서스보고」, 경제기획원 조사통계국, 1982.

경제정의실천시민연합, 「땅, 집: 한국의 토지주택정책, 어디로 가야 할 것인가」, 비봉, 1990.

경제정의실천시민연합, 「집: 기쁨과 고통의 뿌리」, 비봉, 1993.

고철, "민간임대주택산업의 육성방안," 정책토론회, 국토개발연구원, 1996. 5

고철·양경환 외, 「근로자주거실태 및 주택수요파악 연구」, 건설부, 1990.

고철·염돈민 외, 「사회주택정책에 관한 연구」, 국토개발연구원, 1988.

곽세현, "임대료 규제의 의미와 효과," 「한겨레」, 통권 제19호, 1990.

교통개발연구원, 「수도권 통권·통학 실태조사보고: 1987」, 1989.

국토개발연구원, 「주거기준설정에 관한 연구」, 1986.

국토개발연구원, 「'80년대 주택정책의 성과와 과제연구」, 1987.

국토개발연구원, 「주택시장 수급체계 분석연구—'필터링'을 중심으로」, 1988.

국토개발연구원, 「민간임대주택 산업육성에 관한 정책토론회 결과보고서」, 1992.

국토개발연구원, 「개방에 대비한 주택산업발전방향에 관한 연구」, 1994.

국토개발연구원, 「주택시장안정을 위한 정책토론회 자료집」, 1995.

국회사무처 입법조사국, 「주요국의 임대주택제도」, 1990.

권태준, 「분배의 의식화 시대」, 나남, 1989.

김경석, "주택금융수요실태분석—'89년도 주택금융수요실태조사," 「주택금융」, 1990. 5.

김경환, "우리나라 주택부분의 비효율성," 서강대, 「상경논집」, 제18집, 1989.

김경환, "주택금융과 주택관련세제," 한국주택정책국제회의 발표논문, 현대경제사회연구원, 1990.

김광석, "주택수급정책," 국토개발연구원(편), 「'80년대의 주택정책방향」, 1979.

김병주, "한국주택금융의 현황분석과 개선방안," 황명찬(편), 「주택정책론」, 경영문화원, 1985.

김상용, "저당권의 유통화를 위한 권원보험제도의 필요성," 「주택금융」, 1986. 12.

김선기, "도시내 주거이동과 주거구조: 상호관계 및 정책적 시사," 「지방행정연구」, 제 3 권 4호, 1988.

김선기, 「주거이동과 주거구조의 공간적 특성 및 상호관계에 관한 연구」, 서울대 박사학위논문, 1991.

김수행, 「정치경제학원론」, 한길사, 1988.

김영석, 「도시빈민론」, 아침, 1985.

김용호, 「주택재개발의 이론과 실제」, 사법행정문화원, 1995.

김우진, "내수진작과 고용창출을 위한 주택건설 활성화," 「민간임대주택건설 촉진 및 주택경기 활성화 방안」, 주택산업연구원, 한국주택학회, 1998. 11. 28.

김정로(역), 「마르크스의 방법론 연구」, 지양사, 1986.

金政鎬, "도시가구의 주거이동과 정책적 시사," 「주택」, 주택공사, 1987.

金政鎬, "주택공급확대 촉진방안," 주택정책에 관한 국민토론회, 1990. 4.

金政鎬, "신경제시대의 주택산업육성방안," 「신경제시대 주택산업육성방안과 소비자보호를 위한 공청회」, 대한주택건설사업협회, 1993.

金正浩, 「우리나라 부동산 보유과세의 문제점과 개편방안」, 한국경제연구원, 연구조사자료, 1990.

金政鎬, "2000년대를 향한 주택정책방향," 국민주거생활안정을 위한 공청회, 국토개발연구원, 1990. 11.

金正浩, "우리나라 주택시장의 특성과 주택관련조세의 개선방향," 「국회보」, 1990. 12.

金政鎬·김재영, 「주택시장 수급체계분석 연구: 필터링효과를 중심으로」, 국토개발연구원, 1988.

金政鎬, "수도권 분양가 자율화의 필요성과 보완대책," 「수도권 주택분양가 자율화에 관한 공청회」, 한국소비자보호원·국토개발연구원, 1998. 1. 20.

김종구, "분양가 자율화와 소비자보호," 「수도권 주택분양가 자율화에 관한 공청회」, 한국소비자보호원·국토개발연구원, 1998. 1. 20.

김중수, "우리나라 주택수급결정요인의 시계열분석," 「한국개발연구」, 제 5 권 4호, 1983.

김중수, "전환기의 주택정책과제와 공공부문의 역할," 「주택금융」, 1987. 12.

김진애, 「우리의 주거문화 어떻게 달라져야 하나?」, 서울포럼, 1994.

김창선, 「분배의 정치경제학」, 동아출판사, 1990.

김태일, 「한국의 주택부문 공공지원의 소득계층별 혜택분석」, 서울대 행정대학원 석사학위논문, 1989.

김형국 · 하성규(편), 「불량주택재개발론」, 나남, 1998.
농림수산부, 「농어촌 발전대책」, 1989.
대한주택공사, 「한국주택정책의 발전방향에 관한 연구」, 1983.
대한주택공사, 「싱가폴 공공주택의 발전상」, 1986.
대한주택공사, 「주공아파트 입주자 실태조사보고서」, 1988.
대한주택공사, 「임대주택의 지역별 배분모형연구」, 1988.
대한주택공사, 「저소득층을 위한 공공주택사업 확대방안연구」, 1988.
대한주택공사, 「영세민 주거실태 및 의식조사연구」, 1989.
대한주택공사, 「임대주택확대공급에 따른 저소득층 주택시장변화연구」, 1990.
대한주택공사, 「구미의 주택정책 및 금융」, 1995.
대한주택공사, 「주요국의 임대주택제도 개관」, 1994.
대한주택공사, 「주택핸드북」, 1994.
도시정책과학연구회(역), 「도시경제학」, 대명출판사, 1989.
박신영, "임대주택의 효율적 관리방안," 정책토론회, 국토개발연구원, 1996. 5.
박전자, 「주거단지계획의 관리 및 방법론」, 세진사, 1990.
백인욱, "주택문제와 대중운동: 주택투쟁의 사회적 위상과 가능성," 「경제와 사회」, 통권 7호, 1990, 가을호.
변영진, 「불량무허가주택 재개발사업방식의 사회경제적 평가」, 서울대 석사학위논문, 1985.
변영진, "사회정의에 입각한 주택정책문제의 접근," 「주택금융」, 제166호, 1994.
서승환 · 이규황 · 윤재호, 「주택시장의 분양가격 자율화정책」, 삼성경제연구소, 1996. 11.
서울시정개발연구원, 「서울시 주택정책 기본방향」, 1994.
서울특별시, 「주택백서」, 1978.
서울특별시, 「합동재개발 세부지침」, 1984.
서울특별시, 「서울특별시 도시환경 정밀조사—종합보고」, 1980.
서울특별시, 「목동지구 택지개발계획개요」, 1988.
손경환 · 엄영균, "주택산업의 현황과 육성방안," 「주택산업육성 및 시장개방에 대비한 정책토론회」, 국토개발연구원/주택산업연구원, 1996.
송병락 · 김사현, "우리나라 주택수급모형 및 그 추계," 「한국개발연구」 제 2 권 1호, 한국개발연구원, 1980.
송용섭 외, "미국 Mortgage와 유동화," 「주택금융」, 1984. 11.
신기섭, "주택저당채권 유동화제도의 도입필요성과 도입방안," 「주택금융」, 한국주택은행, 1990. 1.
안국신, 「신경제학개론」, 율곡, 1990.
양진영, "저당채권의 유동화," 「외환은행월보」, 1989. 5.

양재섭, 「한국의 주택공급구조에 있어서 공공부문의 역할에 관한 연구: 대한주택공사의 역할을 중심으로」, 서울대 환경대학원 석사학위논문, 1990.

어수일, 「협동조합론」, 광림사, 1968.

연하청 외, 「중산층 실태분석과 정책과제」, 한국개발연구원, 1990.

유재현, "6천만원 전세아파트의 불쌍한 무주택자," 「국토와 건설」, 1988. 8.

유재현, "영구임대주택의 전망과 과제," 「주택금융」, 1990. 1.

유재현, "한국주택정책의 당면과제 - 저소득층 문제를 중심으로," 한·일 토지, 주택정책세미나, 경제정의실천시민연합, 1991.

윤명한, "미국의 주택금융제도개혁(I)," 「주택금융」, 1990. 3.

윤인숙(역), 「도시주택연구」, 한울, 1994.

윤주현(편), 「한국의 주택」, 통계청, 2002.

윤주현, "주택시장개방의 영향과 대책," 「주택사업육성 및 시장개방에 대비한 정책토론회」, 국토개발연구원/주택산업연구원, 1996.

이규방, "주택금융의 개선방향," 「국토정보 다이제스트」, 국토개발연구원, 1980.

이규방, "주택금융의 확대와 효율적 배분방안," 「주택금융」, 1990. 5.

이동성·고철, 「민간임대주택건설 및 주택경기 활성화 방안」, 주택산업연구원·대한주택건설사업협회, 1998. 11. 27.

이영환, 「영구임대주택의 정책결정과정」, 서울대 박사학위논문, 1995.

이정식, "외국의 신도시 건설정책," 「토지개발」, 한국토지개발공사, 1988. 4.

이효재·허석렬(편), 「제3세계의 도시화와 빈곤」, 한길사, 1983.

장세훈, 「도시무허가 정착지 철거정비정책에 관한 연구」, 서울대 대학원 석사학위논문, 1987.

장세훈, 「아파트 분양가 자율화정책의 현황과 과제」, 현안분석 제123호, 입법자료분석실, 1996. 7.

정경진(편역), 「노동자경제학」, 일송정, 1988.

정동익, 「도시빈민연구」, 아침, 1989.

정병호, 「협동조합론」, 대원출판사, 1987.

정찬길, 「한국협동조합의 발전」, 1983.

정희수, "적정주택규모," 「주택」, 제46호, 1987.

조성기, "한국민가연구서설," 「대한건축학회지」, 1980. 4.

주택산업연구원·국토개발연구원, 「주택산업 육성방안 연구」, 1996.

진정수·김근용, "민간임대주택사업의 수익성평가와 향후 발전방향," 「민간임대주택건설 촉진 및 주택경기 활성화 방안」, 주택산업연구원, 한국주택학회, 1998. 11. 28.

차병권, "주택자금 공급확대를 위한 세제상의 과제와 대책," 한국개발연구원, 한국주택은행, 「국민복지향상을 위한 주택정책심포지움 보고서」, 1979. 10.

최양부 외, 「21세기를 향한 농산어촌발전과 새전략」, 한국농촌경제연구원, 1989.
최양부 · 이정환, 「산업사회의 농촌발전전략」, 한국농촌경제연구원, 1987.
하성규, "주택순환과정의 실상," 「주택」, 제47호, 1986.
하성규, 「영국의 지역개발계획과 농촌개발정책」, 한국농촌경제연구원, 1986.
하성규, "정부의 역할과 공공임대주택공급: 영국의 공공임대주택을 중심으로," 「주택금융」 1986. 4.
하성규, "한국주택점유형태의 변화와 정책과제," 「사회과학연구」, 제 1 집, 중앙대, 1987.
하성규, "공공주택의 사회적 파급영향," 「주택」, 제48호, 1987.
하성규, "자조주택의 개념과 정책적 의미," 「주택금융」, 1988. 10.
하성규, "외국의 임대주택사례," 「지방행정」, 1989. 11.
하성규, "주택문제와 신도시개발," 「주택금융」, 제22권 3호, 1989. 6.
하성규, "도시재개발과 영세민의 주거실태," 「광장」, 1989. 3.
하성규, "사회주택정책의 이론적 논의," 「환경과학」, 제 1 집, 중앙대 환경과학연구소, 1989.
하성규, "실수요자 중심의 주택공급 방안," 국민주거생활안정을 위한 공청회, 국토개발연구원, 1990. 11.
하성규, "저소득층을 위한 주택공급의 문제점과 대책," 「국회보」, 1990. 12.
하성규, "한국사회와 주택의 분배구조," 「철학사상」, 서울대 철학사상연구소, 1992.
하성규, "불량주택 재개발제도개선에 관한 연구," 「중앙대 사회과학논문집」, 제36집, 1993.
하성규, "도시서민 주거불안정의 구조적 요인과 그 대책," 지방자치시대의 도시생활환경 심포지움, 한국도시연구소, 1994.
하성규, "저소득층의 주거안정을 위한 주택보조방식에 관한 연구," 「사회정책논총」, 제 4 집, 1994.
하성규, "도시지역사회개발을 위한 주거근린계획의 제접근," 「지역사회개발연구」, 제19집 1호, 1994.
하성규, "서민주거안정과 주택소요," 「한국사회정책연구」, 창간호, 1994.
하성규, "수도권 신도시와 주택문제," 「대한건축학회지」, 제39권 1호, 1995.
하성규, "불량주택 정비사업 개선방안에 관한 연구," 「지역사회개발연구」, 제21집 1호, 1995.
하성규, "재개발 · 재건축과 지역주민의 삶," 「건축문화」, 1995.
하성규, 「주택정책론」, 박영사, 1995.
하성규, "OECD가입과 한국의 주거복지," 「지역사회개발연구」, 제22집 1호, 1997.
하성규, "임대주택활성화를 위한 정부의 역할과 제도개선방향," 「국토계획」, 제33권 2호, 1998.

하성규,「한국인의 주거빈곤과 공공주택」, 집문당, 2007.
하성규,「주택정책 패러다임을 바꿔라」, 에세이, 2009.
하성규·김재익, "공동주택수요의 특성과 신도시 이주성향에 관한 연구,"「지역연구」, 제 6 권 1호, 1990.
하성규·김재익, "금융실명제의 주택시장파급효과분석과 정책대응방안,"「주택금융」, 1993. 9.
하성규·김재익, "주거지와 직장의 불일치 현상에 관한 연구,"「국토계획」, 제27권 1호, 1992.
하성규·김재익,「도시관리론」, 형설, 1995.
하성규·김재익·전명진·문태훈,「지속가능한 도시개발론」, 보성각, 1999.
하성규·김태섭, "IMF시대의 주택시장동향과 정책방향,"「지역사회개발연구」, 제23집 1호, 1998.
하성규·김연명, "한국의 주택정책과 이데올로기,"「국토계획」, 제26권 1호, 1991.
하성규 외,「공공임대주택정책의 재평가와 발전방향」, 한국도시연구소, 1995.
하성규·윤원근, "농촌주택의 실태와 정책방향,"「농촌경제」, 제12권 4호, 1989.
하성규·윤원근, "농가주택의 공간변화에 관한 영농형태적 접근,"「한국주택학회지」, 제 2 권 2호, 1994.
하성규·허재완, "주택투자의 지역경제파급효과분석,"「국토계획」, 제25권 1호, 1990.
한국개발연구원,「서민주택금융지원 확대방안」, 1990.
한국경제연구원,「종합토지세의 문제점과 개편방안」, 1991.
한국도시연구소,「공공임대주택정책의 재평가와 발전방향」, 1995.
한국장기신용은행,「주택금융 활성화를 위한 연구」, 1989.
한국주택은행,「주택투자의 파급효과분석」, 1987.
한국주택은행,「영국의 민간주택 금융시장」, 1987.
한국주택은행,「각종공용자금의 주택자금화에 대한 연구」, 1988.
한국주택은행,「주택저당채권 유동화 방안연구」, 조사자료, 1989.
한국주택은행,「일본의 임대주택제도」, 1989.
한국주택은행,「주택경제데이타북」, 1990.
한국주택은행,「주택금융수요실태조사」, 1990.
한국주택은행 조사부,「주요국의 주택저당채권유동화 제도」, 1988.
한국주택은행 조사부, "싱가포르의 주택정책과 주택금융제도(1),"「주택금융」, 1989. 4.
한국주택은행,「주택금융의 활성화방안에 관한 연구」, 1992.
한국주택은행,「지방자치에 따른 주택정책사무배분」, 1992.
한국주택은행,「주택배분의 기준과 정책」, 1992.

한국주택은행, 「분양가격규제의 경제적 효과」, 1992.
한국주택은행, 「주택경제에 관한 연구동향」, 1992.
한국주택은행, 「홍콩·싱가폴의 주택정책」, 1990.
한국주택은행, 「도시주택 가격동향조사」, 1997.
한국중소주택사업자협회, 민간임대주택 공급확대를 위한 촉진방안, 1989.
한국토지개발공사, 「공동체의식형성을 위한 주거단지계획기법에 관한 연구」, 1988.
한국토지개발공사, 「신도시 건설에 있어서 인구특성에 따른 주민중심주거단지개발에 관한 연구」, 1990.
한상진·한상연 외, 「알기쉬운 집의 경제학:주택문제의 실상과 허상」, 실천문학사, 1990.
한우근, 「한국통사」, 을유문화사, 1973.
허재완·하성규, "분양주택시장과 중고주택시장의 상호연관성에 관한 소고," 「주택금융」, 1990. 11.
허재완, "주택가격의 안정을 위한 정책방향," 「주택금융」, 1990. 5.
홍경희, 「도시지리학」, 법문사, 1981.
황명찬(편), 「주택정책론」, 경영문화원, 1985.
황명찬·홍갑선, "주택임대료 통제의 이론과 사례," 「주택금융」, 1990. 3.

Abrams, C., *Man's Struggle for Shelter in an Urbanizing World*, Cambridge: M.I.T. Press, 1964.
Abrams, C., "Squatting and Squatters," Abu-Lughod, J. and Hay Jr., R. (eds.), *Third World Urbanization*, Chicago: Maarouga Press, 1977.
Allen, I. L., *New Towns and the Suburban Dream*, Port Washington: Kennikat Press, 1977.
Alonso, W., "A Theory of the Urban Land Market," *Paper and Proceedings of the Regional Science Association*, Vol. 6, 1960.
Alonso, W., *Location and Land Use*, Cambridge: Harvard University Press, 1964.
Alonso, W., "Five Bell Shapes in Development," *Papers of the Regional Science Association*, Vol. 45, 1980.
Baerwald, T. J., "The Site Selection Process of Suburban Residential Builders," *Urban Geography*, Vol. 2, 1981.
Ball, M., *Housing Policy and Economic Power*, London: Methuen, 1983.
Ball, M., Harloe, M. and Martens, M., *Housing and Social Change in Europe and the USA*, London: Routledge, 1988.
Balchin, P., *Housing Policy in Europe*, London: Routledge, 1996.

Bassett, K. and Short, J., *Housing and Residential Structure*, London: Routledge and Kegan Paul, 1980.

Beckmann, M. J., "Equilibrium Models of Residential Location," *Regional and Urban Economics*, Vol. 3, 1973.

Beckmann, M. J., "Spatial Equilibrium and the Housing Market," *Journal of Urban Economics*, Vol. 1, 1974.

Berry, B. J. L., *Race and Housing: The Chicago Experience, 1960~1975*, Cambridge, Mass.: Ballinger, 1979.

Berry, B. J. L. and Bednarz, "A Hedonic Model of Prices and Assessments for Single-Family Home," *Land Economics*, 1975, Vol. 51, No. 1.

Boddy, M. and Gray, F., "Filtering Theory, Housing Policy and the Legitimation of Inequality," *Policy and Politics*, Vol. 7, 1979.

Bourne, L. S.(ed.), *Internal Structure of the City*, Oxford: Oxford University Press, 1971.

Bourne, L. S., "Housing Supply and Housing Market Behaviour in Residential Development," in Hervert, D. T. and Johnston, R. J. (eds.), *Social Areas in Cities*, Vol. 1, Spatial Process and Form, Chichester: Wiley, 1976.

Bourne, L. S., *The Geography of Housing*, London: Edward Arnold, 1981.

Bowley, M., *Housing and the State*, 1919~1944, London: George Allen and Unwin, 1945.

Brown, L. A. and Moore, E. G., "The Intra-Urban Migration Process a Perspective," *Geografiska Annaler*, Series 13, 1970.

Burgess, E. W., "Growth of the City," in Park, R. E., Burgess, E. W. and McKenzie. R. D.(eds.), *The City*, Chicago: Chicago University Press, 1925.

Burgess, R., *Marxism and Geography*, Occasional Paper of Department of Geography, No. 30, University College, University of London, 1976.

Burgess, R., "Self-Help Housing: A New Imperialist Strategy? A Critique of the Turner School," *Antipode*, Vol. 9, 1977.

Burgess, R., "The Politics of Urban Residence in Latin America," *IJURR*, Vol. 6, 1982.

Burgess, R., "Selp-Help Housing Advocacy," in Ward, P. M.(ed.), *Self-Help Housing: A Critique*, London: Mansell, 1982.

Burgess, R., "The Limits of State Self-Help Housing Programmes," *Development and Change*, Vol. 16, 1985.

Burns, L. S. and Grebler, Leo., *The Housing of Nations*, London: Macmillan Press, 1977.

Carter, H., *The Study of Urban Geography*, London: Edward Arnold, 1981.

Castells, M., "Advanced Capitalism, Collective Consumption and Urban Contradictions," in Lindberg, L. N.(eds.), *Stress and Contradiction in Modern Capitalism*, Heath: Lexington, 1975.

Castells, M., *The Urban Question*, London: Edward Arnold, 1982.

Castells, M., Goh, L. and Kwok, R. Y-W., *The Shek Kip Mei Syndrome: Economic Development and Public Housing in Hong Kong and Singapore*, London: Pion, 1990.

Cawson, A., *Corporatism and Political Theory*, Oxford: Blackwell, 1986.

Chambers, R., *Rural Development*, London: Longman, 1983.

Chapman, S. D.(ed.), *History of Working Class Housing*, Newton Abot: David and Charles, 1971.

Clapham, D., Kemp, P. and Smith, S. J., *Housing and Social Policy*, London: Macmillan, 1990.

Clapham, D. and Kintrea, K., "Rationing Choice and Contraint: the Allocation of Public Housing in Glasgow," *Journal of Social Policy*, Vol. 15, No. 1, 1986.

Committee on "Regional Plan of New York and its Environs," *Regional Survey of New York and its Environs*, Vol. 7, New York, 1929.

Cox, K.(ed.), *Power and Conflict in Market Economics*, London: Methuen, 1978.

Cullingworth, J. B., *Housing Needs and Planning Policy*, London: Routledge and Kegan Paul, 1960.

Cullingworth, J. B., *Essays on Housing Policy: the British Scene*, London: George Allen and Unwin, 1979.

Cutting, M., *A Housing Rights Handbook*, Harmondsworth: Penguin Books, 1979.

Danermark, B. and Elander, I., *Social Rented Housing in Europe: Policy, Tenure and Design*, Hague: Delft University Press, 1994.

Davie, M. R., "The Pattern of Urban Growth," Reprinted in Theodorson, G. A., *Studies in Human Ecology*, 77, New York, 1961.

de Leeuw, F. and Struyk, R. J., *The Web of Urban Housing*, Washington D.C.: The Urban Institute, 1975.

Dildine, L. and Massey, F., "Dynamic Model of Private Incentives of House Prices," *Southern Economic Journal*, Vol. 40, 1974.

DOE, English Housing Condition Survey, 1981, Part I: Report of the Physical Condition Survey, London: HMSO, 1982.

Doling, J., "A Two-state Model of Tenure Choice in the Housing Market," *Urban Studies*, Vol.10, 1973.

Doling, J., "The Family Life Cycle and Housing Choice," *Urban Studies*, Vol. 13, 1976.

Doling, J. and Davis, M., *Public Control of Privately Rented Housing*, Hampshire: Gower, 1984.

Donnison, D., *The Government of Housing*, Baltimore: Penguin, 1967.

Donnison, D. and Ungerson, C., *Housing Policy*, Harmondsworth: Penguin Books, 1982.

Drakakis-Smith, D., "Low-Cost Housing Provision in the Third World: some Theoretical and Practical Alternatives," in Murison, H. S. and Lea, J. P.(ed.), *Housing in Third World Countries*, London: Macmillan, 1979.

Dunleavy, P. J., "Protest and Quiescience in Urban Politics: a Critique of some Pluralist and Structuralist Myth," *International Journal of Urban and Regional Research*, Vol.1, No.2, 1977.

Dunleavy, P. J., *The Politics of Mass Housing in Britain, 1945~75*, Oxford: Clarendon Press, 1981.

Dunleavy, P. and O'Leary, B., *Theories of the State*, London: Macmillan, 1987.

Dunn, M., Rawson, M. and Rogers, A., *Rural Housing: Competition and Choice*, London: George Allen and Unwin, 1981.

Dwyer, D. J., *People and Housing in Third World Cities*, London: Longman, 1979.

Engels, F., *The Housing Question*, Moscow: Progress Publishing, 1872(reprinted 1954).

Evans, A. W., *The Economics of Residential Location*, London: Macmillan, 1973.

Evans, A. W., *Urban Economics*, Oxford: Basil Blackwell, 1985.

Fay, C. R., *Co-operation at Home and Abroad*, 4th Edition, London: King, 1936.

Ferchiou, R., *New Construction, Subsidies and Filtering of Dwellings in Tunis*, Unpublished Ph. D. Thesis. Michigan State University, 1975.

Follain, J., Lim, G. C. and Renaud, B., "The Demand for Housing in Developing Countries: The Case of Korea," *Journal of Urban Economics*, Vol.7, No.3, 1980.

Form, W. H., "The Place of Social Structure in the Determination of Land Use," *Social Forces*, Vol. 32, 1954.

Frankena, M., "Alternative Models of Rent Control," *Urban Studies*, Vol. 12, 1975.

Fuerst, J. S.(ed.), *Public Housing in Europe and America*, London: Croom Helm, 1974.

Gans, H. J., *People and Plans*, Harmondsworth: Penguin, 1972.

George, Vio and Wilding, Paul., *Ideology and Social Welfare*, London: R.K.P., 1976.

Gibson, M. S. and Langstaff, J. J., *An Introduction to Urban Renewal*, London: Hutchinson, 1982.

Gilbert, A. and Gugler, J., *Cities, Poverty and Development*, Oxford: Oxford University Press, 1982.

Gray, F., "Selection and Allocation in Council Housing," *Transactions of the Institute of British Geographers*, New Series, Vol. 1, 1976.

Grigsby, W., *Urban Housing Markets*, Philadelphia: University of Pennsylvania Press, 1963.

Grigsby, W. and Rosenburg, J., *Urban Housing Policy*, New York: A.P.S. Publications, 1975.

Grimes, O. F. Jr., *Housing for Low-Income Urban Families*, Washington D.C.: The World Bank, 1976.

Ha, Seong-Kyu, *State-Developed Housing in Korea*, Unpublished Ph.D. Thesis: University of London, 1984.

Ha, Seong-Kyu, "Substandard Urban Settlements and Government Response in Korea," *Community Development Review*, Vol. 10, 1985.

Ha, Seong-Kyu(ed.), *Housing Policy and Practice in Asia*, London: Croom Helm, 1987.

Ha, Seong-Kyu, "Housing Problems and Role of the Public Sector Housing In Seoul," *The Korean Journal of Regional Science*, Vol. 4, No. 1, 1988.

Ha, Seong-Kyu, "Housing, Urban Development and Social Inequality in Korea," in Lim G—C and Chang Wook(eds.), *Dynamic Transformation: Korea, NICs and Beyond*, Consortium on Development Studies, 1990.

Ha, Seong-Kyu, *Shelter Strategies for the Urban Poor in Korea*, Paper Presented in the International Conference on Korean Housing Policies, Seoul: Hyundai Research Institute, 1990.

Ha, Seong-Kyu, "Housing Needs and Co-operative Solutions in Korea, *Hous-*

ing Studies Review, Vol. 1, No. 2, 1992.

Ha, Seong-Kyu, "Low-income housing policies in the Republic of Korea," *Cities*, Vol. 11, No. 2, 1994.

Ha, Seong-Kyu, "Urban Renewal Programmes for the Low-Income group in Seoul," International Symposium on City Planning, Japan, 1994.

Ha, Seong-Kyu, "Housing Crisis and Perspectives of Housing Policy in Korea," International Symposium on Korean Housing Policy and Asian Regional Conference on Financing Strategies for Habitat Ⅱ, Seoul: Korea, 1995.

Ha, Seong-Kyu, "Housing and Poverty," *Combatting Poverty: The Korean Experience*, UNDP, 1998.

Ha, Seong-Kyu and Merrett, S., "Assessing Housing Consumption Requirements: The Case of Seoul," *Third World Planning Review*, Vol. 6, No. 4, 1984.

Haig, R. M., "Toward an Understanding of the Metropolis," *Quarterly Journal of Economics*, Vol. 40, 1926.

Hall, P., *Urban and Regional Planning*, Harmondsworth: Penguin, 1980.

Hanushek, E. and Quigley, J., "An Explicit Model of Intra-metropolitan Mobility," *Land Economics*, Vol. 54, 1978.

Harloe, M.(ed.), *Captive Cities: Studies in the Political Economy of Cities and Regions*, New York: John Wiley and Sons, 1979.

Harloe, M., *The People's Home*? Oxford: Basil Blackwell, 1995.

Harms, Hans, "Limitations of Self-Help," *Architectural Design*, Vol. 46, 1976.

Harris, C. D. and Ullman, E. L., "The Nature of Cities," *The Annual of American Academy of Political and Social Science*, Vol. 242, 1945.

Hartman, C. W., *Housing and Social Policy*, Englewood Cliffs: Prentice-Hall, 1975.

Harvey, D., *Social Justice and the City*, London: Arnold, 1973.

Harvey, D. and Chatterjee, L., "Absolute Rent and the Structuring of Space by Governmental and Financial Institutions," *Antipode*, Vol. 6, 1974.

Hayakawa, Kazuo, "Japan," in Ha, Seong-Kyu(ed.), *Housing Policy and Practice in Asia*, London: Croom Helm, 1987.

Headey, B., *Housing Policy in the Developed Economy*, London, Croom Helm, 1978.

Heikkla, E. *et al.*, "What Happened to the CBD−Distance Gradient?: Land Values in a Policentric City," *Environment and Planning A*, Vol. 21, 1989.

Heraud, B. J., "The New Towns and London's Housing Problem," *Urban Studies*, Vol. Ⅲ, No. 1, 1966.

Hirshman, A. D., *The Strategy of Economic Development*, Yale University Press, 1958.

Holm, L., "Consumer Research," in Ministry of Housing Physical Planning, Swedish Experience of Self-building, Co-operation, Consumer Research, Participation, Ministry of Housing Physical Planning, Stockholm, 1976.

Howard, E., *Garden Cities of Tomorrow*, London: Faber and Faber, 1965.

Howenstine, E. J., *Housing Vouchers: A Comparative International Analysis*, New Brunswick: the Center for Urban Policy Research, Rutgers University, 1986.

Hoyt, H., *The Structure and Growth of Residential Neighborhoods in American Cities*, Washington D.C.: Federal Housing Administration, 1939.

HSB National Federation, *Co-operative Housing*, Tiba Tryck, Stockholm: 1985.

Hurd, R. M., *Principles of City Land Values*, New York: The Record and Guide, 1903.

ICA Housing Committee, *Co-Operative Housing*, Leutzeallee: International Co-operative Alliance Housing Committee, 1980.

Johnston, R. J., "Spatial Patterns in Suburban Evaluations," *Environment and Planning A*, Vol. 15, 1973.

Kain, J. F., "Journey to Work as a Determinant of Residential Location," *Paper and Proceedings of the Regional Science Association*, Vol. 9, 1962.

Kain, J. F. and Quigley, J. M., "Measuring the Quality of the Residential Environment," *Environment and Planning*, Vol. 25, 1970.

Kain, J. F. and Quigley, J. M., "Housing Market Discrimination, Homeownership and Savings Behavior," *American Economic Review*, Vol. 62, 1972.

Kemp, P., "The Reform of Housing Benefit," *Social Policy and Administration*, Vol. 21, 1987.

Kim, J. H., *Residential Mobility and Housing Consumption Adjustment: Case in Seoul*, Unpublished Ph.D. Dissertation: University of Michigan, 1987.

Kim, Woo-Jin, *Economic Growth, Low Income and Housing in South Korea*, Unpublished Ph.D thesis, University of Glasgow, 1995.

Kirby, D. A., *The Politics of Location*, London: Methuen, 1982.

Kirby, D. A., "Housing," in Pacion, M.(ed.), *Progress in Geography*, London: Croom Helm, 1983.

Kirk, G., *Urban Planning in Capitalist Society*, London: Croom Helm, 1980.

Kuznets, S., "Quantitative Aspects of the Economic Growth of Nations, Part V, Long-term Trends in Capital Formation Proportions," *Economic Development and Cultural Change*, Part Ⅱ, 1961.

Lafferty, R. N. and Frech, H. E., "Community Environment and the Market Value of Single Family Homes: the Effect of Dispersion of Land Uses," *Journal of Law and Economics*, Vol. 21, 1978.

Lang, M. H., *Gentrification and Urban Decline: Strategies of American Older Cities*, Cambridge: Ballinger, 1982.

Lansing, J. B., Clifton, C. W. and Morgan, J. N., *New Homes and Poor People: A Study of Chains of Moves*, Michigan: University of Michigan, 1969.

Lansley, Stewart, *Housing and Public Policy*, London: Croom Helm, 1979.

Lave, L. B., "Congestion and Urban Location," *Papers and Proceedings, Regional Science Association*, Vol. 25, 1970.

Leven, C. L. *et al.*, *Neighbourhood Change: Lessons in the Dynamics of Urban Decay*, New York: Praeger, 1976.

Lewin, A. C., *Housing Co-operatives in Developing Countries*, Chichester: John Wiley and Sons, 1980.

Lewis, O., "The Culture of Poverty," in Lewis, O.(ed.), *Anthropological Essays*, Random, 1970.

Lindamood, S. and Hanna, S. D., *Housing, Society and Consumer*, St. Paul, West, 1979.

Lundevall, Owe., *Swedish Experience of Co-operative Housing*, Off-Print of Article Contained in the Documentation Prepared by the Swedish Ministry of Physical Planning to the U.N. Conference on Human Settlements, HABITAT, Vancouver, 1976.

Lundqvist, J. J., *Housing Policy and Equality: A Comparative Study of Tenure Conversion and Their Effects*, London: Croom Helm, 1986.

Lynch, K., *Site Planning*, The M.I.T. Press, 1971.

Maclennan, D., *Housing Economics*, London: Longman, 1982.

Maddala, G. S., *Econometrics*, New York: McGraw-Hill, 1977.

Malpass, P., *Reshaping Housing Policy*, London: Routledge, 1990.

Malpass, P. and Murie, A., *Housing Policy and Practice*, London: Macmillan, 1962.

Marshall, T. H., *Citizenship and Social Class*, Cambridge: Cambridge University Press, 1950.

Malpass, P., *Reshaping Housing Policy*, London, Routledge, 1990.

Malpass, P. and Murie, A., *Housing Policy and Practice*, London: Macmillan, 1982.

Mandelker, D. R., *Housing Subsidies in the U.S. and England*, New York: Bobbs-Merrill, 1974.

Marris, P. and Rein, M., *Dilemmas of Social Reform*, London: Nelson, 1966.

Mayo, S. K., "Theory and Estimation in the Economics of Housing Demand," *Journal of Urban Economics*, Vol. 10, 1981.

Mayo, S. K. and Malpezzi, S., *A Comparative Analysis of Housing Demand in Developing Countries*, Washington D.C.: The World Bank, 1983.

McAusian, P., *Urban Land and Shelter for the Poor*, London: Earthscan, 1985.

McCarthy, K., "The Household Life Cycle and Housing Choices," *Regional Science Association Paper*, Vol. 127, 1965.

McGee, T., "Urbanisation, Housing Hawkers: the Context for Development," in Murison, H. S. and Lea, J. P.(eds.), *Housing in Third World Countries*, London: Macmillan, 1979.

McGuire, C. C., *International Housing Policies*, Lexington: Lexington Books, 1981.

Mckenzie, R. D.(ed.), *The City*, Chicago: Chicago University Press, 1925.

McLeod, P. B., "The Demand for Local Amenity: An Hedonic Price Analysis," *Environment and Planning A*, Vol. 16, 1984.

Meehan, E. J., "The Rise and Fall of Public Housing in the United States: A Case Study of Programmed Failure in Policy Marking," in Blowers, A.(ed.), *Urban Change and Conflict: An Interdisciplinary Reader*, London: Harper and Row, The Open University Press, 1981.

Merrett, S., "Gentrification," in Edwards, M. *et al.*(eds.), *Housing Class in Britain*, London: Political Economic Housing Workshop, 1976.

Merrett, S., *State Housing in Britain*, London: Routledge and Kegan Paul, 1979.

Merrett, S., *Owner Occupation in Britain*, London: Routledge and Kegan Paul, 1982.

Michelson, W., *Environmental Choice, Human Behaviour and Regional Satis-faction*, New York: Oxford University Press, 1977.

Miliband, R., *Marxism and Politics*, Oxford, Oxford University Press, 1977.

Mills, E. S., "An Aggregate Model of Resource Allocation in a Metropolitan Area," *American Economic Review*, Vol. 57, 1967.

Ministry of Housing and Local Government, *Homes for Today and Tomorrow*, (Parker Morris), London: HMSO, 1961.

Mishra, R., *Society and Social Policy*, London: Macmillan, 1977.

Moore, E. G., *Residential Mobility in the City*, A. A. G. Resource Paper 13, Association of American Geographers, Washington D. C., 1972.

Moorhouse, J. C., "Optimal Housing Maintenance under Rent Control," *Southern Economic Journal*, Vol. 9, 1972.

Morrison, W. I. and Smith, P., "Nonsurvey Input-Output Techniques at the Small Area Level: an Evaluation," *Journal of Regional Science*, Vol. 14, No. 1, 1974.

Muchnick, D. M., "Urban Information Systems and Urban Management Decisions and Control," *Urban Affairs Quarterly*, Vol. 1, No. 4, 1966.

Mumford, L., *The Culture of Cities*, London: Secker and Warburg, 1938.

Murie, A., "Not so much a Housing Policy?" in Jackson, P. M.(ed.), *Government Policy Initiatives 1970~80*, London: Royal Institute of Public Administration, 1981.

Murie, A., Niner, P. and Watson, C., *Housing Policy and the Housing System*, London: George Allen and Unwin, 1976.

Murison, H. S. and Lea, J. P.(ed.), *Housing in Third World Countries*, London: Macmillan, 1979.

Muth, R., "The Derived Demand for a Production Factor and the Industry Supply Curve," *Oxford Economic Paper*, Vol. 16, 1964.

Muth, R., *Cities and Housing*, Chicago: University of Chicago Press, 1969.

Muth, R. F., "Moving Costs and Household Expenditure," *Journal of Urban Economics*, Vol. 1, No. 1, 1974.

Myers, D., *Housing Demography*, Madison: The University of Wisconsin Press, 1990.

Nevitt, A. A., *Housing, Taxation and Subsidies*, London: Nelson, 1966.

Norton, M., *Housing*, London: Wildwood House, 1980.

OSTI, *Self-Help Housing in the U.S.A.* Report to the U.S. Department of Housing and Urban Development by the Organization for Social and Technical Innovation, Mass., 1969.

Oxley, M and Smith, J., *Housing Policy and Rented Housing in Europe*, London: E & FN Spon, 1996.

Pahl, R. E., *Whose City?* 2nd edition, Harmondsworth: Penguin, 1975.

Palm, R., "Real Estate Agents and Geographical Information," *Geographical*

Review, Vol.66, 1976.

Palm, R., "Financial and Real Estate Institutions in the Housing Market: A Study of Recent House Price Changes in the San Francisco Bay Area," in Herbert, D. and Johnston, R.(eds.), *Geography and the Urban Environment*, Vol. Ⅱ, New York, 1979.

Papaeorgiou, G. J., "On Spatial Consumer Equilibrium," in Papageorgiou, C. J.(ed.), *Essays in Mathematical Land Use Theory*, Lexington: Lexington Books, 1976.

Paris, C., "Urban Renewal in Birmingham, England: An Institutional Approach," *Antipode*, Vol.6, 1974.

Parker, Julia., *Social Policy and Citizenship*, London: Macmillan, 1975.

Perlman, J., *The Myth of Marginality Urban Poverty and Politics in Rio de Janeiro*, University of California Press, 1976.

Perloff, H. S. and Sandberg, N. C.(ed.), *New Towns: Why and for Whom?* New York: Praeger Publishers, 1973.

Pickvance, C., "Marxist Approaches to the Study of Urban Politics: Divergences among some Recent French Studies," *International Journal of Urban and Regional Research*, Vol.1, No.2, 1977.

Pigou, A. C., *Wealth and Welfare*, London: Macmillan, 1912.

Pigou, A. C., *The Economics of Welfare*, Fourth Edition, London: Macmillan, 1952.

Polsby, N. W., *Community Power and Political Theory*, New Haven: Yale University Press, 1963.

Porell, F. W., *Models of Intraurban Residential Relocation*, Boston: Kluwer, Nijhoff, 1982.

Portes, A., "The Urban Slum in Chile: Types and Correlates," *Land Economics*, Vol.47, 1971.

Power, A., *Hovels to High Rise*, London: Routledge, 1993.

Presthus, Robert, "The Pluralist Framework," in Kariel, Henry S.(ed.), *Frontiers of Democratic Theory*, New York: Random House, 1970.

Pugh, C., *Housing in Capitalist Societies*, London: Gower, 1980.

Rex, J. and Moore, R., *Race, Community and Conflict*, London: Oxford University Press, 1967.

Richardson, H. W., *Urban Economics*, Harmondworth: Penguin, 1971.

Romanos, M. C., *Residential Spatial Structure*, Lexington: Lexington Books, 1976.

Rossi, P. H., *Why Families Moves: A Study in the Social Psychology of Urban Residential Mobility*, New York: Free Press, 1955.

Rowthorn, R. E., "Neo-Classicism, Neo-Richardianism and Marxism," *New Left Review*, Vol. 86, 1974.

Roxborough, I., *Theories of Underdevelopment*, London: Macmillan, 1979.

Sarkissian, Wendy, "The Idea of Social Mix in Town Planning: An Historical Review," *Urban Studies*, Vol. 13, No. 3, 1976.

Saunders, I., *Rural Society*, Englewood Cliffs: Prentice Hall, 1977.

Saunders, P., *Social Theory and the Urban Question*, London: Hutchinson, 1986.

Saunders, P., "Reflections on the Dual Politics Thesis: The Argument, Its Origins and Its Critics," in Goldsmith, M. and Villadson, S.(eds.), *Urban Political Theory and Management of Fiscal Stress*, Aldershot, Gower, 1986.

Sawyer, C. and Miller, R. E., "Experiments in Regionalization of National Input-Output Table," *Environment and Planning A*, Vol. 15, No. 11, 1983.

Schilderman, T., "Labour for Individual Housing in Dar es Salaam," *Dar es Salaam*, Centre for Housing Studies, mimeo, 1981.

Schnore, L. F., *The Uran Scene*, New York: Free Press, 1965.

Sennett, R., *The Use of Disorder: Personal Identity and City Life*, Harmondsworth, Penguin, 1973.

Short, J. R., "Residential Mobility," *Progress in Human Geography*, Vol. 2, No. 3, 1978.

Short, J. R., *Urban Geography*, London: Routledge and Kegan Paul, 1984.

Simmons, J. W., "Changing Residence in the City: A Review of Intra-Urban Mobility," *Geographical Review*, Vol. 58, 1968.

Skinner, R. J. and Rodell, M. J.(ed.), *People, Poverty and Shelter*, London: Methuen, 1983.

Smith, M. E. H., *Guide to Housing*, London: The Housing Centre Trust, 1983.

Smith, W. F., *Housing: The Social and Economic Elements*, Berkeley: University of California Press, 1970.

Song, B. N. and Struyk, R. J., *Korean Housing: Economic Appraisal and Policy Alternatives*, Korea Development Institute, 1976.

Stafford, D.C., *The Economics of Housing Policy*, London: Croom Helm, 1978.

Sternlieb G. and J. W. Hughes, *The Future of Rental Housing*, Center for Urban Policy Research, The State University of New Jersey, 1981.

Stone, M. E., *Shelter Poverty*, Philadelphia: Temple Unversity Press, 1993.

Strassmann, W. P., "The Construction Sector in Economic Development,"

Scottish Journal of Political Economy, Vol. 17, 1970.

Straszheim, M. H., *An Economic Analysis of the Urban Housing Market*, New York: National Bureau of Economic Research, 1975.

Stretton, H., *Capitalism, Socialism and the Environment*, London: Cambridge University Press, 1976.

Theil, H., *Principles of Econometrics*, New York: Wiley, 1971.

Thomas, R. Dye, *Understanding Public Policy*, 3rd ed., Englewood Cliffs, Prentice-Hall, 1978.

Turner, B., *et al.*, *The Reform of Housing in Eastern Europe and the Soviet Union*, London: Routledge, 1992.

Turner, J. F. C., "Uncontrolled Urban Settlement," Working Paper, U.N. International Seminar on Development Policies and Planning in Relation to Urbanization, Pittsburgh, U.S.A., 1966.

Turner, J. F. C., *Housing by People*, London: Marion Boyars, 1976.

Turner, J. F. C., "Issues in Self-Help and Self-Managed Housing," in P. Ward(ed.), *Self-Help Housing: A Critique*, London: Mansell, 1982.

United Nations, *Improvement of Slums and Squatter Settlements*, New York: UN, 1971.

United Nations, *Report of Habitat: United Nations Conference on Human Settlements*, New York: UN, 1976.

Wang, Aline K. and Yeh, Stephen H. K., *Housing a Nation, HDB*, 1985.

Ward, P. M., "Financing Land Acquisition for Self-Built Housing Schemes in Developing Countries," *Third World Planning Review*, Vol. 3, No. 1, 1981.

Ward, P.(ed.), *Self-Help Housing: A Critique*, London: Mansell, 1982.

Watson, C. J., *Household Movement of West Central Scotland*, Occasional Paper No. 26, Centre for Urban and Regional Studies, The University of Birmingham, 1973.

Wegelin, E., "From Building to Enabling Housing Strategies in Asia: Institutional Problems," in Skinner, R. J. and Rodell, M. J. (eds.), *People, Poverty and Shelter*, London: Methuen, 1983.

Weitz, R., *From Peasant to Farmer*, New York: Columbia University Press, 1971.

Wheaton, W. C. L., "Income and Urban Residence: An Analysis of Consumer Demand for Location," *American Economic Review*, Vol. 67, No. 4.

Wingo, L., *Transportation and Urban Land*, Baltimore: Johns Hopkins University Press, 1961.

Wirth, L., "Urbanism as a Way of Life," *American Journal of Sociology*, Vol. 44, 1938.

Wohl, A. S., *The Housing of Artisans and Labourers in Nineteenth Century London, 1815~1914*, Unpublished Ph.D. Thesis, Brown University, USA, 1966.

Wolman, H. L., *Housing and Housing Policy in the U.S. and U.K.*, Mass.: Lexington, 1975.

Wolpert, J., "Behavioural Aspects of the Decision to Migrate," *Paper and Proceedings of the Regional Science Association*, Vol. 15, 1965.

World Bank, *Sites and Services and Upgrading, a Review of Bank-assisted Projects*, Washington D. C.: World Bank, Urban Projects Department, 1978.

Yamada, M., "On the Theory of Residential Location: Accessibility, Space, Leisure and Environmental Quality," *Papers of Regional Science Associa-tion*, Vol. 29, 1972.

Yoon, Il-Seong, *Housing in a Newly Industrialized Economy*, Aldershot: Avebury, 1994.

인명색인

사항색인

著者略歴

서울대 환경대학원 도시계획학 석사, 영국 런던대학교(UCL) 도시 및 지역계획학 박사.
한국주택학회 회장, 한국지역개발학회 회장, 한국사회정책학회 회장 역임.
현재 중앙대학교 부총장, 도시 및 지역계획학과 교수.

著 書

Housing Policy and Practice in Asia(편저), London, Croom Helm, 1987.
「집: 기쁨과 고통의 뿌리」(공저), 비봉출판사, 1993.
「불량주택 재개발론」(공편), 나남, 1998.
「주택보장과 주택정책」(공저), 세종출판사, 1998.
「도시·환경과 계획」(공저), 한울 아카데미, 1998.
「도시개발의 성찰」(공역), 보성각, 2000.
「현대도시와 사회」(공저), 형설출판사, 2000.
「주택·도시·공공성」(공저), 박영사, 2000.
「지속가능한 도시론」(공저), 보성각, 2003.
「한국 도시재개발의 사회경제론」(공저), 박영사, 2003.
「도시성장과 관리: 정책과 수단」(공저), 형설출판사, 2004.
「현대도시관리론: 이론과 현실」, 형설출판사, 2008.
「한국인의 주거빈곤과 공공주택」, 집문당, 2007.
「주택정책 패러다임을 바꿔라」, 에세이, 2009.
Affordable Housing: An International Perspective 2008, International Federation for Housing and Planning, 2009.

제 4 전정증보판
주택정책론

1991년 8월 5일 초판발행
1995년 10월 15일 전정판발행
1999년 2월 28일 전정증보판발행
2004년 2월 20일 제 2 전정증보판발행
2006년 3월 20일 제 3 전정증보판발행
2010년 2월 20일 제 4 전정증보판발행
2023년 1월 30일 중판발행

저 자 하성규
발행인 안종만·안상준
발행처 (주) 박영사
서울특별시 금천구 가산디지털2로 53, 210호(가산동, 한라시그마밸리)
등록 1959. 3. 11. 제300-1959-1호(倫)
전 화 02)733-6771 fax 02)736-4818
www.pybook.co.kr e-mail: pys@pybook.co.kr

정 가 30,000원 ISBN 978-89-6454-018-3